村镇环境综合整治与生态修复丛书

NONGCUN GUTI FEIWU CHULI
JI ZIYUANHUA

农村固体废物处理及资源化

席北斗　杨天学　李鸣晓　侯立安　等编著

 化学工业出版社

·北京·

本书基于农村固体废物污染环境问题及资源循环利用需求，以落实农村人居环境整治、为"水污染防治行动计划"和"土壤污染防治行动计划"提供技术支撑为导向，对我国农村固体废物产生及污染现状进行分析，并梳理了农村固体废物对水、土壤和人居环境造成污染的成因，阐明了我国农村固体废物处理处置需求；对农村固体废物资源化及能源化技术的机理、工艺方法和工程应用经验进行整合，总结了适用于我国农村的固体废物处理与资源循环利用技术，以及基于农村状况的相关技术工艺设计及管理技术等。

本书具有较强的技术性和针对性，有助于从事固体废物处理处置的工程技术人员、科研人员和管理人员参考，也可供高等学校环境工程、生态工程、生物工程及相关专业师生参阅。

图书在版编目（CIP）数据

农村固体废物处理及资源化/席北斗等编著. —北京：化学工业出版社，2019.1
（村镇环境综合整治与生态修复丛书）
ISBN 978-7-122-33266-0

Ⅰ.①农… Ⅱ.①席… Ⅲ.①农村-固体废物处理②农村-固体废物利用 Ⅳ.①X710.5

中国版本图书馆 CIP 数据核字（2018）第 252518 号

责任编辑：刘兴春　卢萌萌　刘　婧　　　　装帧设计：王晓宇
责任校对：王素芹

出版发行：化学工业出版社（北京市东城区青年湖南街 13 号　邮政编码 100011）
印　　装：北京新华印刷有限公司
787mm×1092mm　1/16　印张 31¼　彩插 8　字数 735 千字　2019 年 1 月北京第 1 版第 1 次印刷

购书咨询：010-64518888　　　　　　售后服务：010-64518899
网　　址：http://www.cip.com.cn
凡购买本书，如有缺损质量问题，本社销售中心负责调换。

定　　价：158.00 元

前言
Preface

生态文明建设是关系中华民族永续发展的根本大计。"美丽中国"强调把生态文明建设放在突出地位，融入经济建设、政治建设、文化建设、社会建设各方面和全过程。十八大报告中首次将"美丽中国"纳为执政理念，十八届五中全会上，"美丽中国"被纳入"十三五"规划，十九大报告也指出，加快生态文明体制改革，建设美丽中国。美丽中国是环境之美、时代之美、生活之美、社会之美、百姓之美的总和。生态文明与美丽中国紧密相连，建设美丽中国，核心就是要按照生态文明要求，通过生态、经济、政治、文化及社会建设，实现生态良好、经济繁荣、政治和谐、人民幸福。

美丽乡村是美丽中国建设的重要内容，要求建设"生产发展、生活宽裕、乡风文明、村容整洁、管理民主"的社会主义新农村。美丽乡村建设是我国现代化进程中的重大历史任务，是全面建设小康社会的重要组成部分，是全面贯彻党的十九大精神和科学发展观的重要抓手，是促进农村经济社会科学发展、提升农民生活品质、加快城乡一体化进程的重大举措。乡村振兴战略要求坚持人与自然和谐共生，牢固树立和践行绿水青山就是金山银山的理念，落实节约优先、保护优先、自然恢复为主的方针，统筹山水林田湖草系统治理，严守生态保护红线，以绿色发展引领乡村振兴。

农村生态环境是美丽乡村建设的核心内容。近年来，我国农村生态环境状况总体形势不容乐观，其中，农村固体废物为农村环境中的重要污染来源。生活垃圾、农业废物和养殖废物等农村固体废物产生量大面广，但由于收运、处理基础设施建设滞后、技术的适用性达不到要求，导致农村固体废物无序排放问题严重，对周边的水、土、气等均造成污染，威胁到农村居民的健康。且由于农村固体废物来源多样、组分复杂，易形成叠加效应，给农村生态环境造成更大压力，影响到社会主义新农村建设的进程。乡村振兴要求"推进乡村绿色发展，打造人与自然和谐共生发展新格局"，其中"加强农村突出环境问题综合治理"为重要内容之一，要求加强农业面源污染防治，开展农业绿色发展行动，实现投入品减量化、生产清洁化、废弃物资源化、产业模式生态化。

目前在农村固体废物处理处置方面存在着一系列的难题。第一，农村固体废物分散、面广，收集难度大、成本高，难以形成规模化效应的同时也缺乏就地处理的技术；第二，农村存在生活垃圾、农业废弃物以及分散式或规模化养殖产生的畜禽粪便，导致农村固体废物来源多样、成分复杂，单一处理技术无法满足多源固体废物的协同处理；第三，农业废物中木质素、纤维素和半纤维素等分子结构复杂组分含量较高，而畜禽粪便中纤维素、半纤维素、木质素明显减少，主要为纤维素、半纤维素、木质素和蛋白质的分解成分、脂肪、有机酸、酶和各种无机盐类，因此，混合处理时如何保持不同组分协同降解成为技术难点；第四，废弃生物质中碳、氮、磷等存在危害环境和友好转化的双重特性，如何减少其以污染危害的形态进入环境、提高资源化与能源化水平成为技术难题。

本书基于农村固体废物污染环境问题及资源循环利用需求，以落实农村人居环境整治、为《水污染防治行动计划》（简称"水十条"）和《土壤污染防治行动计划》（简称"土十条"）提供技术支撑为导向，各章节内容参阅了当前国内外农村固体废物处理研究和应用文献资料，对我国农村固体废物产生及污染现状进行分析，并梳理了农村固体废物对水、土和人居环境造成污染的成因，阐明了我国农村固体废物处理处置需求；结合编著人员多年的研究成果、体会和实践经验，对农村固体废物资源化及能源化技术的机理、工艺方法和工程应用经验进行整合，总结了适用于我国农村的固体废物处理与资源循环利用技术，以及基于农村状况的相关技术工艺设计及管理技术等，旨在为专业人士和广大读者提供较全面的、能够反映目前国内外农村固体废物处理及资源化技术的资料。

本书由席北斗、杨天学、李鸣晓、侯立安等编著。具体编写分工如下：第1章由侯立安、席北斗、杨天学编著；第2章由席北斗、杨天学、赵越、黄彩虹编著；第3章由魏自民、席北斗、杨天学、党秋玲编著；第4章由杨天学、李英军、赵越、张颖编著；第5章由黄彩虹、杨天学、马志飞、彭星编著；第6章由侯立安、席北斗、杨天学、魏自民编著；第7章由席北斗、杨天学、吴伟祥、李鸣晓编著。另外，在本书编著过程中，李东阳、徐胜、李琦等承担了书稿的汇集和整理工作。本书最后由侯立安、席北斗、杨天学统稿并定稿。

限于编著者时间和水平，书中难免有不妥和疏漏之处，恳请广大读者赐教。

编著者

2018 年 6 月

目录
Contents

第 **1** 章

农村固体废物产生现状及处理技术进展
001

第 **2** 章

农村固体废物分类及收运技术
026

第**3**章
农村固体废物堆肥资源化
技术
065

第 **4** 章

农村固体废物厌氧发酵
能源化技术

209——————————

第 5 章

农村固体废物填埋处置技术

353————

附录

425

第1章 农村固体废物产生现状及处理技术进展

1.1 农村固体废物的来源

　　《中华人民共和国固体废物污染环境防治法》（以下简称《固废法》）中对"固体废物"做出了明确定义，是指在生产、生活和其他活动中产生的丧失原有利用价值，或者虽未丧失利用价值，但被抛弃或者放弃的固态、半固态和置于容器中的气态的物品、物质，以及法律、行政法规规定纳入固体废物管理的物品、物质[1]。顾名思义，农村固体废物是指产生于农村区域的相关固体废物，包括农村生活垃圾、农业废物、畜禽粪便等。由于农村固体废物产生量大、面广、分散、来源多样，同时当前由于农村地区固体废物收集和处理基础设施不完善，按照城市固体废物处置模式建立一套完善的固废收运及处理体系投入大、运行成本高、难度大，因此造成农村生活垃圾、农业废物和畜禽粪便等固体废物对农村环境的面源污染贡献大，且多源固体废物对周边的水体、土壤、大气及生态环境产生叠加的复合污染效应，已经威胁到农村居民、农业生产等的生态安全（图1-1），亟待从环境意识、治理技术、管理制度等方面进行重点防控。

　　农村固体废物是农村地区重要的环境污染源和疾病传播源，它以固态物质、渗出液态物质、释放气态物质以及传播疾病等方式污染环境，危害农村居民身体健康。同时，农村固体废物会通过水体的迁移、食物链的传递等过程，对生态环境造成污染，威胁到全人类的生命安全。近年来，随着城镇化进程的加速，资源消耗剧增，对原有的村镇农村功能和结构产生巨大冲击，农村经济的发展和农业结构与耕作方式的改变，促使农村固体废物呈现产生量增加、组分复杂化、污染程度加剧的趋势。同时，高速的城镇化与农村生态环境建设的滞后，不仅导致我国农村生态环境的急剧恶化，还给农村周边地区的生态系统与环境质量带来巨大的压力。垃圾堆放在房前屋后、坑边路旁甚至水源地、泄洪道、村内外池塘；城乡畜牧业的迅速发展，带来了畜禽粪便废物的排放处理和污染问题，对一些湖泊、水库造成污染，导致村中一些原本鱼虾游动、清澈见底的小河变成为臭气熏天、垃圾遍地的臭水沟塘；种植农业面源污染负荷加重；同时，以上多源农村生物质固废产生的污染存在叠加效应，导致农村水源、空气、土壤等环境污染问题更加严重，必将严重危害到人民群众身体健康，农村生态和农村居住环境问题引发的环境之痛令人忧虑（图1-2）。

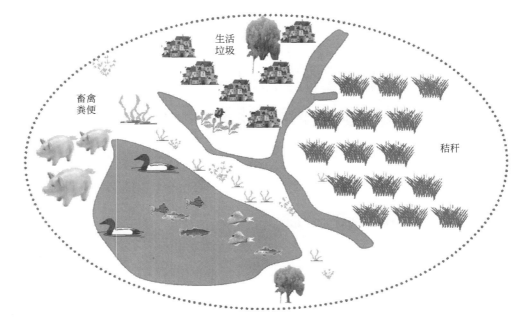

图 1-1　农村固体废物来源及环境影响

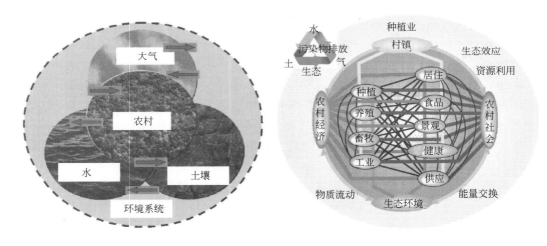

图 1-2　农村生态环境系统相互影响机理

1.1.1　生活垃圾

《固废法》中将生活垃圾定义为：在日常生活中或者为日常生活提供服务的活动中产生的固体废物以及法律、行政法规规定视为生活垃圾的固体废物。近年来，经济的发展、农村物质条件的改善加大了生活垃圾的产生量，但由于农村在垃圾分类、垃圾处理、垃圾管理和环境基础设施建设等方面尚存在缺失，因此，露天堆放的生活垃圾严重影响到农村生态系统的和谐发展。由于我国地域辽阔，不同区域农村生活垃圾的产生量具有较大差异，人均垃圾产生量位于 0.340～3.000kg/d 区间内，有研究报道显示平均值约 0.65kg/d[2]。因此，根据国家统计局公布的《中华人民共和国 2016 年国民经济和社会发展统计公报》，农村户籍人口 58973 万，则 2016 年农村生活垃圾产生量约 $1.4×10^8$ t。

我国农村生活垃圾主要组分包括厨余、灰土、橡塑、纸张和其他，其他类又主要包括废电池、过期药品、农药和杀虫剂包装等。近年来，农村地区对工业和塑料制成品消费的增加，农村生活垃圾组成复杂，且组分特征日趋城市化（图1-3）。而农村生活方式的转变导致传统的循环途径逐渐被阻断，有机垃圾就地消纳方式逐渐消失、秸秆还田减少，燃煤导致灰渣等无机垃圾量增加，电子废物、农药包装物及过期药品

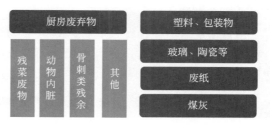

图 1-3 农村生活垃圾组成

等有毒有害物日益增多[3,4]。农村和乡镇生活垃圾在组分和性质上基本与城市生活垃圾相似，只是在组成的比例上有一定区别，有机物含量多，水分大，同时掺杂化肥、农药等与农业生产有关的废物。因此农村生活垃圾有其鲜明的特点，有害性一般大于城市生活垃圾。农村生活垃圾成分复杂，除含有碳、氮、磷、钾等植物所需的营养元素外，还含有一些有害元素。

1.1.1.1 南方典型区域农村生活垃圾调研

以湖南省长沙县作为调研对象，调研其生活垃圾产生量、类别以及生活垃圾的处理现状和对环境的污染状况（图1-4）。长沙县位于湖南省东部偏北，湘江下游东岸。东邻浏阳市，南接株洲市、湘潭市，西南滨湘江，西毗天心区、雨花区、芙蓉区、开福区、望城区等长沙市辖区，北靠平江县、汨罗市；地处东经 112°56′15″～113°36′00″，北纬 27°54′55″

图 1-4 湖南省长沙县农村垃圾产生及处理处置模式调研

~28°38′55″，东西宽约 55.9km，南北长约 81.85km，总面积 1756km²。长沙县获批为"国家现代农业示范区"，形成了粮食、蔬果、茶叶、生态养殖、花卉苗木、休闲旅游等六大农业产业。2016 年，长沙县农作物总播种面积 209.3 万亩（1 亩≈666.7m²，下同），各类新型农村合作经济组织 259 家，共有规模以上农产品加工企业 49 家，农村固体废物具有明显的产生量大、来源多样复杂等特征。

调查结果显示，长沙县农村人口大约为 73.9 万，农村人均垃圾产生量为 0.38kg/d（表 1-1），垃圾主要成分是可堆肥的草木灰和厨余垃圾（表 1-2），具有较好的资源化前景。

表 1-1　垃圾产生量及人均日产生量调查

地点	时间	户数	人数	垃圾产生量/kg	人均垃圾产生量/(kg/d)
长沙县开慧乡	2010.7.1	20	61	23.9	0.39
	2010.7.2	20	61	32.8	0.54
	2010.7.3	20	61	25.6	0.42
平均		20	61	27.4	0.45
长沙县开慧乡	2010.8.29	20	61	25.9	0.42
	2010.8.30	20	61	31.8	0.52
	2010.8.31	20	61	28.6	0.47
平均		20	61	28.8	0.47
长沙县果园镇	2010.7.17	20	53	17.1	0.32
	2010.7.18	20	53	11.2	0.21
	2010.7.19	20	53	19.1	0.36
平均		20	53	15.8	0.30
长沙县果园镇	2010.8.24	20	53	24.1	0.45
	2010.8.25	20	53	19.2	0.36
	2010.8.26	20	53	19.1	0.36
平均		20	53	20.8	0.39

表 1-2　生活垃圾物理组分百分比调查

地点	时间	草木灰/%	厨余/%	砖瓦/%	纸类/%	塑料/%	纺织品/%	玻璃/%	金属/%
长沙县开慧乡	2010.7.1	57.3	15.5	7.7	1.5	3.9	7.7	6.4	0
	2010.7.2	62.9	4.7	7.4	3.7	8.9	12.4	0	0
	2010.7.3	56.0	12.8	10.6	2.1	2.8	7.1	8.6	0
	2010.8.29	56.3	12.5	9.7	3.5	3.9	7.7	6.4	0
	2010.8.30	62.9	7.7	9.4	3.7	8.9	7.4	0	0
	2010.8.31	57.0	12.8	6.6	2.1	5.8	7.1	8.6	0
平均		58.7	11.0	8.6	2.8	5.7	8.2	5.0	0

续表

地点	时间	草木灰 /%	厨余 /%	砖瓦 /%	纸类 /%	塑料 /%	纺织品 /%	玻璃 /%	金属 /%
长沙县 果园镇	2010.7.17	28.2	13.8	0	12.3	9.7	5.5	16.5	14.0
	2010.7.18	30.0	28.6	12.8	5.7	11.4	4.3	7.2	0
	2010.7.19	27.4	14.7	20.8	6.9	3.1	8.8	18.3	0
	2010.8.24	24.2	16.8	15.9	9.3	9.7	9.8	13.3	0
	2010.8.25	32.0	25.6	13.2	5.7	11.4	4.9	7.2	0
	2010.8.26	29.4	14.7	17.8	6.9	6.1	8.8	3.3	13.0
平均		28.5	19.0	13.4	7.8	8.6	7.0	11.5	4.5

1.1.1.2　华北典型农村生活垃圾调研

安新县位于河北省中部，县境东与雄县、任丘相连；南与高阳接壤；西与清苑、徐水交界；北与容城毗邻。总面积 738.6km²。据统计，2011 年，全县设 9 镇 3 乡，共 12 个乡镇，207 个行政村，人口 393113 人。东田庄村位于白洋淀中，土地面积 5km²，总人口 1800 人，四周被白洋淀所环绕，主要的交通工具是船，交通不便，具有典型的北方特征，因此以其为对象开展了农村生活垃圾产生现状调研（图 1-5）。

图 1-5　东田庄村地理位置

调查结果显示，该村垃圾产生源是当地居民，由于特殊单位相对较少，因此各单位产生的垃圾占总垃圾量的比例较小，每人平均日产垃圾量约 135.7～213.5g，其中有机类与无机类垃圾比例为（4～5）∶1。对商业类用户日产生垃圾量调查结果表明，村内小卖部、卫生所产生生活垃圾量与普通居民产生量基本相当，种类并无特殊；饭店虽然规模较小，但生活垃圾产生量大幅增加，组成特征方面也有所不同，厨余类垃圾量明显上升，日产生厨余垃圾 3.5～4.5kg。另外，根据北方农村地区的传统，习惯将秸秆等作为柴火，因此每天有大量的炉灰产生，根据调查，人均产炉灰 0.008～0.01m³。垃圾成分分析结果显示，当地垃圾成分以厨余垃圾为主，含水率较高，其他成分所占的比例较少，同其他地区所不同的是芦苇类秸秆占有较大的比重，且呈季节性特征（表1-3）。

表1-3　东田庄村垃圾成分分析统计表（秋季）

类别		垃圾所占质量比例/%	合计/%
有机物	畜禽粪便	1～2	40～60
	厨余、有机质	38～59	
无机物	炉渣、渣土	10～20	30～40
	石块、陶瓷	20～30	
废品	塑料、橡胶	2	8～10
	废纸	1	
	玻璃	4	
	泡沫塑料	1	
	布类	1	
	金属	1	
植物残体	芦苇	8～10	8～10

1.1.1.3　西北典型农村生活垃圾调研

甘肃省位于我国西北，农村地区总体欠发达，具有明显的特征。以通渭县为调研对象，开展了农村生活垃圾的调研工作。通渭县位于甘肃省中部，定西市东侧，介于东经$104°57'～105°38'$、北纬$34°55'～35°29'$之间，海拔高度为1410～2521m。

调查结果显示，通渭县目前人均垃圾产量为0.7～1.3kg/d。参考通渭县和国内统计资料，确定通渭县各乡镇人均垃圾产量为0.8kg/d。根据国内外相关资料和通渭县实际情况，确定生活垃圾中COD、TN和TP排放量折算标准，每千克生活垃圾产生COD 0.05kg、TN 1.00g、TP 0.20g。经核算，2016年该县城镇生活垃圾主要污染物的排放量为COD 261.21t、NH_4^+-N 12.29t、TN 5.22t、TP 1.04t。

1.1.2　秸秆废物

农业废物来源于植物，主要是由C、H、O、N、S等元素组成，是植物光合作用的产物。我国农业废物主要来源于作物种植过程中产生的秸秆，如水稻、小麦、玉米等谷类作物，大豆、蚕豆、豌豆等豆类作物，甘薯、马铃薯、木薯等薯芋类作物，以及纤维作物（棉花、大麻、亚麻等）、油料作物（油菜、花生、芝麻、向日葵等）、糖料作物（甘蔗、甜菜等）、特用作物（烟草、茶叶、桑等）等秸秆（图1-6）。另外，农、林产业生产加工过程中产生的副产物，也是秸秆废物的重要来源。

农业废物在农村固体废物中占据着非常大的比重，而且我国农业废物总量高居世界榜首。据估计，目前我国年产各类农业废物总计约$20×10^8$t，其中林业及木材加工废物、农业秸秆的资源量分别约相当于$3×10^8$t标准煤和$2×10^8$t标准煤；玉米秸秆为我国各类农作物秸秆产量之首，2015年其产量约$2.5×10^8$t，可折合成$1.2×10^8$t标准煤；预计到2020年，我国农业废物年产出将相当于$12×10^8$t标准煤，可开发量相当于$9×10^8$t标准

(a) 水稻秸秆　　　　　　　　　　(b) 玉米秸秆

(c) 油菜秸秆　　　　　　　　　　(d) 甘蔗秸秆

图 1-6　农业秸秆来源

煤[5]。据调查分析，河南、山东、江苏、安徽、河北、湖北、广西、湖南、辽宁为我国农业废物丰度较高的 9 个省（自治区）[6]。且秸秆的产量呈逐渐增加的趋势。据统计，农作物秸秆产量位居全国第四位的黑龙江省，2003～2012 年主要粮食秸秆产量表现出显著升高的发展态势，2012 年秸秆产量较 2003 年提高约 2.5 倍；2012 年秸秆产量约为 $6.77 \times 10^7 t$，相当于标准煤 $6.56 \times 10^7 t$[7]。

1.1.3　畜禽粪便

畜禽粪便主要来源于养猪场、养牛场等养殖场产生的猪粪、牛粪、羊粪、鸡粪、鸭粪等（图 1-7）。其中，猪粪、牛粪、羊粪、家禽粪便在畜禽粪便资源中占有重要地位，猪粪所占百分比更是高达 57.5%。同时，我国畜禽粪便产生量呈逐渐增加的趋势，据相关研究统计，河南省 2011 年畜禽粪便产生量是 1990 年的 2 倍多[8]。

我国目前的畜禽养殖有很多种方式，最主要的有传统散户养殖和规模养殖，其中散养大多以家庭为生产单位，生产技术、管理水平和养殖效益较低，造成所产生的畜禽粪便收集处理率低；规模化养殖产生的畜禽粪便量大、集中，因此近年来随着环保要求的提高，收集与处理率也逐年提升。但总体上，畜禽粪便污染对我国生态环境造成的压力依然较大，

(a) 养猪场　　　　　　　　　　　(b) 养牛场

(c) 养羊场　　　　　　　　　　　(d) 养鸡场

图 1-7　畜禽粪便来源

据污染源普查动态更新调查数据，2010 年畜禽养殖业的 COD、NH_4^+-N 排放量分别达到 $1.148×10^7$t、$6.5×10^5$t，占全国排放总量的比例分别为 45%、25%，分别占农业源的 95%、79%，畜禽养殖污染已经成为环境污染的重要来源。

1.2　我国农村固体废物环境影响及问题成因

1.2.1　"垃圾围村"现象严重

农村生活垃圾产生量和堆积量逐年增多，垃圾成分日趋复杂，与城市垃圾相比，农村垃圾面积广、产生源分散，农村所采用的分散式就地消纳处理方式已经不能适应形势发展的需要；人均生活垃圾产量偏低，清理过程简单，但垃圾收运难度大；虽然户内外都有较高的消纳能力，但是垃圾随意堆放现象非常严重。

近年来，农村生活垃圾的污染与治理正逐渐引起社会越来越广泛的关注，浙江、江苏等发达地区逐步积累了一系列的工作经验，但总体上我国农村生活垃圾收集及处理设施严重不足，农村生活垃圾的收集与处理率低，对农村生态环境造成较大的压力。《全国农业可持续发展规划（2015—2030年）》也指出，农村垃圾收集与处理严重不足，农村环境污染将呈加重的态势。

首先，农村生活垃圾产生量不断增长，但农村生活垃圾收运及处理方面的资金投入严重不足，大部分地区垃圾收运及处理基础设施缺乏，仍未实现垃圾的集中收运和无害化处理，致使大量生活垃圾存放于村头、公路边、田边以及沟渠里，特别是离城市稍远的山村小溪沿岸、池塘边、泄洪道内长期堆放有大量的生活垃圾，这导致了越来越严重的农村生活面源污染（图1-8）。有调查研究结果显示，所调查的141个村中有75.9%的村落都受到了不同程度的污染，在众多污染源中生活垃圾污染源对农村环境的影响最大[9]。

(a)　　　　　　　　　　　　　　　　(b)

图1-8　农村垃圾随意丢弃

其次，已建成的生活垃圾收集处理设施存在不完善、不合理等问题，且缺乏配套管理措施，村民习惯于随地乱倒垃圾，导致已有的生活垃圾收集处理设施无法发挥最大功效，农村垃圾尚无法得到及时有效处理，给农村生态环境和农民身体健康带来巨大隐患，影响新常态下农村社会经济的可持续发展（图1-9）。

(a)　　　　　　　　　　　　　　　　(b)

图1-9　农村垃圾收集设施未发挥作用

再次，部分开展农村环境整治的地区，生活垃圾一般由村内自行收集，处理方式主要采取单纯填埋、临时堆放、随意倾倒与焚烧等简易方式（图1-10），导致生活垃圾污染削减量远小于预期，循环利用率也就更低。简易处理的生活垃圾经过长时间堆积，不同垃圾之间发生化学反应，加上微生物的分解作用，会产生甲烷、二氧化碳、醚等气体，统称

"填埋场气体"。产生的难闻气味气体，给周围的村民生活带来不便，而且产生的部分气体有毒，会影响周边居民的健康甚至威胁到居民的生命安全。

(a)　　　　　　　　　(b)

图 1-10　农村垃圾粗放式处理

此外，堆积成山的农村生活垃圾会产生大量渗滤液，由于未能得到有效收集和及时处理，垃圾渗滤液进入土壤、地下水、地表水体，造成土壤和水体污染，严重情况下还会造成周边的饮用水源地污染，村民饮用这样的地下水自然会对健康有害。丢弃在田里的农用垃圾、残留农药等也会随着降雨而渗入土层，影响土壤质量。另外，农用地膜的残留降低了耕地的渗透性，减少了土壤的含水量，影响了耕地的抗旱能力。

1.2.2　农业废物的环境影响及问题成因

根据联合国环境规划署（UNEP）2002 年数据，世界上种植的各种谷物每年可提供秸秆达 17×10^8 t，其中大部分未加工利用。我国的各类农业废物资源十分丰富，总产量超过 7×10^8 t，其中稻草 2.3×10^8 t，玉米秸秆 2.2×10^8 t，豆类和杂粮作物秸秆 1.0×10^8 t，花生和薯类藤蔓、菜叶等 1.0×10^8 t。过去，我国农民将农业废物作为有机肥使用，在促进物质能量循环和培肥地力方面发挥了巨大的作用。随着节约化农业的发展、化肥的大量使用，农业废物转化为有机肥料面临一系列新的问题和严峻的挑战，传统秸秆沤肥还田方式已不能适应现代农业的发展。因此，农业废物已成为严重污染生态环境的污染源（图 1-11）。

究其原因，第一，主要是我国目前缺乏针对秸秆的收运及处理技术模式，关键技术仍有缺陷，以及尚未形成统一协调的管理体制机制。秸秆的产生具有明显的季节性，且由于当前我国相当一部分的农业种植还停留在散户自发耕作方式上，规模化效应差，同时再加上我国区域差异明显，农业种植方式多样，目前尚未形成针对不同区域特征的秸秆收运模式，尤其是在专业化的收运方面几乎处于空白状态。第二，目前秸秆利用附加值偏低、秸秆生产分散、以农用为主、收集储运成本过高的现象还普遍存在。秸秆肥料化利用量较少，秸秆综合利用还处于初级阶段，规模小、分布零散不集中、利用形式较单一，未能形成规模化、产业化，许多应用技术还不能转化推广。第三，农作物秸秆量大、分散、体积

(a)　　　　　　　　　　　　　　　　　(b)

图 1-11　农业废物污染环境

蓬松、密度较低、季节性强，收割机、打捆机等配套设施缺乏，给秸秆的收集、储运带来很大困难，服务市场难以形成，服务体系尚未建立，制约着秸秆综合利用的产业化发展。农户处理秸秆的成本主要包括机械成本、劳动力成本和运输成本。农民处理秸秆的成本是非常高的，有些劳作得不偿失。因此，农民对秸秆其他利用方式积极性不高，往往选择了最为简单的秸秆焚烧。第四，利益机制尚未理顺，长效机制有待健全。秸秆资源市场化利用机制不完善，企业与农民之间尚未建立合理的利益分配关系，缺乏可持续利用秸秆的利益激励机制。

1. 2. 2. 1　适宜的秸秆收储运关键技术

我国农作物秸秆产量大、种类多，可利用潜力巨大。但秸秆作为一种散抛型、低容重的资源，具有分散、季节性、能量密度低、储运不方便等特点，严重地制约了其大规模应用，而完善的收储运体系、实用的收集技术和设备是其能源化与资源化利用的基础。秸秆收储运就是将分散在田间地头的秸秆，在保持其利用价值的前提下，采用经济、有效的收集方法和设备，及时进行收集、运输和存储或直接运输至秸秆利用厂，是资源化利用的基础。近年来，随着秸秆能源利用技术的推广，许多地区已经建立收储运试点，形成以秸秆经纪人或专业收储运公司为依托的收储运模式，为秸秆收储运体系工程建设奠定了良好的基础。目前形成的收储运模式主要有分散型和集中型两种。其中，分散型收储运模式以农户、专业户或秸秆经纪人为主体，把分散的秸秆收集后直接提供给企业；集中型收储运模式以专业秸秆收储运公司或农场为主体，负责原料的收集、晾晒、储存、保管和运输等任务，并按照能源化企业的要求，对农户或秸秆经纪人交售秸秆的质量把关，然后统一打捆堆垛存储。

欧洲、美国等发达国家和地区现代农业体系发展相对健全，农作物秸秆收集利用主要使用机械且以集中型模式为主，其中收储运模式的主要特点是要求有良好的收获、运输等配套机械，目前正朝着高密度、大型化方向发展。例如在丹麦，生产者与企业之间秸秆交易采用期货合同的形式，秸秆价格由供应商和购买商共同决定，以免任何一方随机操控价格。合同可直接与农场主签订，也可与秸秆生产者和承包商签订，通常会包括交货日期、供货数量、协议价格以及质量标准等内容。该收储运模式在丹麦已经得到了广泛应用，可以保证秸秆的持续供应，形成了比较完善的收储运体系。

综上所述，目前我国农作物秸秆传统收集方法主要靠人工获得，作业人员劳动强度大、效率低，收集机械大多为后置式、小机型为主；也缺少专业的配套设备和服务机制，没有建立稳定的价格体系。随着我国农业集约化的发展，亟需引进和自主研发适合我国农业类型特征的集中与分散并举的秸秆收储运实用技术与体系，以提高机械化收储运的水平。

1.2.2.2 农业废物缺乏资源化

农作物秸秆是地球上第一大可再生资源，专家测算，每生产 1t 玉米可产 2t 秸秆，每生产 1t 稻谷或小麦可产 1t 秸秆。根据 2008 年数据我国每年农作物秸秆产量约为 $6 \times 10^8 t$，拥有量居世界首位。农作物光合作用的产物约有 1/2 以上存在于秸秆中，秸秆富含有机质和氮、磷、钾、钙、镁、硫等多种营养成分，也是一种重要的生物质资源，可用作肥料、饲料、燃料及副业生产的原料等。秸秆作为重要的生物质资源，总能量基本和玉米、淀粉的总能量相当。秸秆燃烧值约为标准煤的 50%，秸秆蛋白质含量约为 5%，纤维素含量为 30%，还含有一定量的钙、磷等矿物质，1t 普通秸秆的营养价值约与 0.25t 粮食的营养价值相当。经过科学处理，秸秆的营养价值还可大幅度提高。秸秆蕴藏着丰富的能量，含有大量的营养物质，开发利用潜力巨大，发展前景十分广阔。

秸秆作为一种资源，做好综合利用可以转化为财富，成为农民增收的重要渠道。秸秆可实现燃料化（气化、燃烧、发电、沼气）、肥料化、饲料化、工业制品化（秸秆造板）。我国现有的农村秸秆处理和资源化利用技术包括秸秆还田技术、秸秆肥料技术、秸秆饲料技术、秸秆气化和固体燃料技术、秸秆发电技术、秸秆工业制品技术以及其他秸秆利用技术。欧洲、美国等国家和地区主要将秸秆作饲料处理，多余部分还田。丹麦是世界上首先使用秸秆发电的国家。美国也将秸秆作为饲料和用于发电，有的地方还用秸秆盖房，将整捆的秸秆高强度挤压后填充新房的墙壁；美国能源部将小麦秸秆作为可再生生物能源的一个重要来源。日本秸秆的主要处理方式为混入土中作为肥料，以及作粗饲料喂养家畜。

以上技术目前在我国已经有所研究，为秸秆的处理提供了一定的技术支撑，但由于秸秆种类多样、单一秸秆成分相对简单，因此在各技术应用过程中存在着处理速率慢、资源化水平低、成本高等问题，无法满足我国农村地区的秸秆处理处置需求。因此，亟需开发相关的实用技术，提高处理效率、增加秸秆的资源化水平，为秸秆的高质化利用提供技术支撑。

1.2.2.3 缺少适合不同区域类型的秸秆收储运与分质资源化集成技术体系

秸秆的收储运与处理处置是一个系统的工程，过程中涉及的工序和内容较多，单一技术难以完成其有效的收储运和资源化利用，且我国不同区域的秸秆产生类型与收储运和处理处置需求差异性明显，同时由于经济实力、技术性能等因素的限制，适合区域特点的秸秆收储运与处理的集成技术开发滞后，缺乏针对不同区域、不同类型特征的秸秆收储运技术、工程、管理和政策优化组合体系。因此，为解决秸秆的资源浪费和污染环境问题，需要对全过程进行综合集成，迫切需要秸秆收集、粉碎、储存、运输等工序的集成设备，完善秸秆综合利用前的收集、粉碎、储存、运输集成体系，结合不同分区、不同农业类型的特点，进一步开展秸秆收储运和资源化利用技术系统构建与示范研究，优化组合收、储、运、分质资源化集成技术，从而形成适宜于不同区域特点的低成本、低影响、低污染、高价值的"三低一高"集成技术体系，对秸秆的综合利用起到示范带动作用。

1.2.3 农村畜禽粪便产量大

随着经济的发展，我国传统的家庭式养殖逐渐转变为集约化、规模化、商品化养殖，总体产量也大幅跃升，禽蛋和肉类的产量早在 1986 年和 1991 年就已超过美国，与此同时，养殖业的发展也导致了畜禽粪便产量大幅增加，畜禽养殖业所排放的污染物包含粪便及其分解产物、伴生物和添加物，不仅滋生包括病原微生物（细菌、真菌、病毒）和寄生虫卵等伴生物，还会散发氨、硫化氢、挥发性脂肪酸、酚类、醛类、胺类、硫醇类等刺激性臭气，对环境造成严重影响。恶臭对人体健康有危害，使中枢神经系统的反射调节作用产生障碍，引起兴奋和抑制过程的紊乱，人会感觉烦躁不安，精神不振，思想不集中，判断能力和记忆力减退，产生厌倦感，心理状态变差，工作效率降低。

多个调查研究均发现，在养殖较集中的区域，畜禽粪便产生量大（图 1-12），养殖总量已经超过当地土地负荷警戒值，种植业与养殖业日益脱节，大多数养殖场产生的粪便、污水的储运和处理能力不足，利用率低；畜禽粪便中 COD 的排放量已远远超过工业废水和生活废水的 COD 排放量之和，对周围环境造成了恶劣的影响。

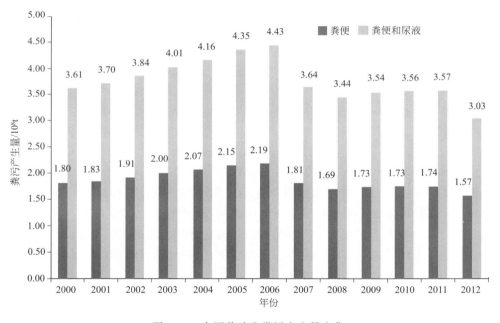

图 1-12　全国养殖业粪污产生量变化

1.3　我国农村固体废物资源化必要性及需求

加强农村环境治理是社会主义新农村建设的核心内容之一，也是推进美丽乡村建设的一项重要手段。农村固体废物是环境治理的重要抓手，加强农村固体废物的处理及资源化，不仅是建设生态文明的必然要求，也是建设美丽乡村的重要任务，更是城乡统筹发展的重要举措。

1.3.1　贯彻生态文明思想

习近平总书记在全国生态环境保护大会上强调，要加快构建生态文明体系，加快建立健全以生态价值观念为准则的生态文化体系，以产业生态化和生态产业化为主体的生态经济体系，以改善生态环境质量为核心的目标责任体系，以治理体系和治理能力现代化为保障的生态文明制度体系，以生态系统良性循环和环境风险有效防控为重点的生态安全体系。生态文明体系是习近平生态文明思想指导实践的具体成果，是对生态文明建设战略任务的具体部署，五大体系相辅相成，共同构成新时代生态环境保护和生态文明建设的全局性、根本性对策体系。生态文化体系是基础，生态经济体系是关键，目标责任体系是抓手，生态文明制度体系是保障，生态安全体系是底线。

加快建立健全以生态价值观念为准则的生态文化体系。价值观决定行为方式，造成生态环境问题的一个深层次的原因是工业革命以来形成的将人类凌驾于自然之上的盲目"征服自然"的价值观念。建设生态文明，首先要树立尊重自然、顺应自然、保护自然的社会主义生态文明观，像保护眼睛一样保护生态环境，像对待生命一样对待生态环境。构建生态文化体系，要将其融入社会主义核心价值观建设之中，对不同的社会主体和不同的发展阶段要有不同的侧重点和基本要求。对于各级党委政府及其工作部门，主要是培育在资源节约和生态环境保护要求这一刚性约束下进行各项社会经济发展决策和管理的文化自觉。对于公众，在不断提高其相关意识和认知的同时，还要培育节约资源和保护环境的生活方式和消费模式；同时，将树立社会主义生态文明观纳入学校常规教育体系之中。对于企业，重点是增强环境遵法守法意识，增强社会责任感。

加快建立健全以产业生态化和生态产业化为主体的生态经济体系。习近平总书记指出，生态环境保护的成败归根结底取决于经济结构和经济发展方式。通过全面推动绿色发展，建立健全以产业生态化和生态产业化为主体的生态经济体系，这是建设生态文明的根本出路。构建生态经济体系有三个重点：一是在优化国土空间开发布局、调整区域流域产业布局的前提下，调整经济结构、能源结构、产品结构，创新技术，提高生产领域的资源环境效率，实现产业生态化改造；二是培育壮大节能环保产业、清洁生产产业、清洁能源产业，实现资源节约和生态环境保护产业化；三是建立简约适度、绿色低碳的生活方式，倒逼和引导产业生态化和生态产业化，并通过资源节约和循环利用最终实现生产系统和生活系统内部和之间的循环链接。构建生态经济体系，要牢固树立"绿水青山就是金山银山"的理念：一是要让生态环境成为有价值的资源，与土地、技术等要素一样，成为现代经济体系高质量发展的生产要素；二是要建立生态环境服务功能的价值评估体系，使其进入国民经济统计核算体系中，真正让"绿水青山"转变为可计量、可考核、可获得的"金山银山"。

加快建立健全以改善生态环境质量为核心的目标责任体系。我们下大力气保护生态环境的出发点和最终目的就是改善生态环境质量，提供更多优质生态产品以满足人民日益增长的优美生态环境需要，最终形成中华民族永续发展的根本基础。构建目标责任体系是中国特色社会主义制度特征和优势的集中体现。党的十八大以来，在以习近平同志为核心的党中央的领导下，生态环境保护发生了历史性、转折性、全局性变化。中央环保督察、党政同责、一岗双责、严肃问责追责等制度实践反复证明，只要各地区各部门坚决维护党中央统一领导，坚决担负起生态文明建设的政治责任；只要地方各级党委和政府主要领导成为本行政区域生态环境保护第一责任人，做到守土有责、守土尽责，分工协作、共同发力；只要建立科学合理的考核评价体系，将考核结果作为各级领导班子和领导干部奖惩和提拔使用的重要依据；只要对那些损害生态环境的领导干部，真追责、敢追责、严追责，做到终身追责；只要有一支生态环境保护铁军，生态环境保护和生态文明建设就能取得实实在在的效果，实现党和人民预期的目标。

加快建立健全以治理体系和治理能力现代化为保障的生态文明制度体系。党的十八届三中全会以来，体现"源头严防、过程严管、后果严惩"思路的生态文明制度的"四梁八柱"基本形成，改革落实全面铺开。目前，生态文明制度体系建设要重视补齐制度短板、提升治理能力、狠抓落地见效：一是将生态文明建设全面融入经济社会发展全过程和各方面，建立健全绿色生产和消费的法律制度与政策导向；二是按照"山水林田湖草是生命共同体"的原则，建立健全一体化生态修复、保护和监管制度体系；三是建立健全农村环境治理的制度体系；四是建立健全全民参与的行动制度体系。

加快建立健全以生态系统良性循环和环境风险有效防控为重点的生态安全体系。生态系统的良性循环是生态平衡的基本特征，是生态安全的标志，也是人与自然和谐的象征。建设美丽中国，就是要让中华大地上各类生态系统具有合理的规模、稳定的结构、良性的物质循环、丰富多样的生态服务功能。当前，我国仍处于环境风险高峰平台期，长期积累的生态破坏、环境污染对人民群众生产生活造成严重影响的事件高发频发。我国生态安全体系建设，必须牢固树立底线思维，把生态环境风险纳入常态化管理，系统构建全过程、多层级生态环境风险防范体系：一是降低生态系统退化风险，通过实施国土空间管制和生态红线制度、采取生态系统修复和保护措施，确保物种和各类生态系统的规模和结构的稳定，提升生态服务功能水平；二是防范和化解生态环境问题引发的社会风险，维护正常生产生活秩序。

1.3.2 落实国家乡村振兴战略

习近平同志 2017 年 10 月 18 日在党的十九大报告中提出乡村振兴战略，并提出了"产业兴旺、生态宜居、乡风文明、治理有效、生活富裕"的乡村振兴战略总要求。2018年 2 月 4 日公布了《中共中央国务院关于实施乡村振兴战略的意见》；同年 3 月，国务院总理李克强在做政府工作报告时提到要大力实施乡村振兴战略。

实施乡村振兴战略，是解决人民日益增长的美好生活需要和不平衡不充分的发展之间矛盾的必然要求，是实现"两个一百年"奋斗目标的必然要求，是实现全体人民共同富裕的必然要求。当前我国农村基础设施和民生领域欠账较多，农村环境和生态问题比较突出，乡村发展整体水平亟待提升。实施乡村振兴战略需要推进乡村绿色发展，打造人与自然和谐共生发展新格局；需要"加强农村突出环境问题综合治理""实现投入品减量化、生产清洁化、废弃物资源化、产业模式生态化。推进有机肥替代化肥、畜禽粪污处理、农作物秸秆综合利用"。

在中国特色社会主义新时代，乡村是一个可以大有作为的广阔天地，迎来了难得的发展机遇。我们有党的领导的政治优势，有社会主义的制度优势，有亿万农民的创造精神，有强大的经济实力支撑，有历史悠久的农耕文明，有旺盛的市场需求，完全有条件、有能力实施乡村振兴战略。必须立足国情农情，顺势而为，切实增强责任感、使命感、紧迫感，举全党全国全社会之力，以更大的决心、更明确的目标、更有力的举措，推动农业全面升级、农村全面进步、农民全面发展，谱写新时代乡村全面振兴新篇章。

根据《国家环境保护"十二五"规划》中"完成 6 万个建制村（占全国总数的 10%）的环境综合整治任务""重点解决环境问题突出的村庄环境污染，全面推进农村环境综合整治。细化村庄环境综合整治技术要求，开发推广适用的综合整治模式与技术"，我国农村环境综合整治任务艰巨。目前，由于农村布局分散、面积大，缺乏适合农村尺度的高稳定、低价格、易使用的成套采样和监测技术设备，环境污染家底不清、问题不明，缺乏美丽乡村环境规划和优化调控方法；在治理技术方面，技术集成与技术整装滞后，污染治理技术研究与技术装备机械化、现代化的融合性亟待完善，缺乏围绕农村生态环境承载力提升和人体健康保障为目标的系统研发集成和综合示范应用；在管理方面，美丽乡村环境监管政策与体制机制亟需完善，产学研一体化创新平台和市场化推广机制亟待建立，亟需综合分析针对不同地区、不同环境问题的农村环境综合整治关键技术及应用案例。

1.3.3　建设美丽乡村和解决突出农村环境问题

2005 年新农村建设围绕"生产发展、生活宽裕、乡风文明、村容整洁、管理民主"20 字方针开展了一系列的工作，取得了明显的成效。但随着农民生活从原来的生活宽裕提升到生活富裕，在生态建设方面也要求从原来的村容整洁提升到生态宜居，实现了从外在美向外在美与满足人民日益增长的美好生活需要相统一的转变；在管理层面，从原来的管理民主提升到治理有效，在实现从管理向治理转变的同时也更加注重治理效率。在新型城镇化背景下，城镇生态环境治理越来越受到重视，不但投资力度不断加大，且组织、人员的配置和运行机制等也不断完善，相反农村生态环境却被边缘化。特别是在快速工业化、城镇化进程中，广大农村生态环境所面临的污染风险日益加大。党的十九大报告提出，"加快生态文明体制改革，建设美丽中国"。美丽乡村是美丽中国建设的重要组成部分，也是实现农村全面建成小康社会的重要内容。2013 年中央"一号文件"提出"努力建设美丽乡村"后，农业部办公厅随之发布了《关于开展"美丽乡村"创建活动的意见》，在全国范围内开展美丽乡村建设的系列行动。2014 年中央一号文件再次强调指出，要通过美丽乡村建设，建设农民美好生活的家园。

截至 2016 年年底，我国的城镇化率为 57.3%，仍有 42.7% 人口在农村地区[10]，同时农村还承载着农业、畜禽养殖业，因此农村地区生活垃圾、畜禽粪便、农作物秸秆等多源生物质固废并存[11]。据统计，2016 年我国农村年产生活垃圾 2.3×10^8 t、畜禽粪便 19.0×10^8 t、农作物秸秆约 12.5×10^8 t，其中长江经济带 11 个省（自治区）的农村固废产量占全国 30% 以上，其中农村年产生活垃圾 0.74×10^8 t、畜禽粪便 6.1×10^8 t、农作物秸秆约 4.0×10^8 t[12]。太湖流域农村年产生活垃圾 1.993×10^6 t、畜禽粪便 6.2297×10^7 t、秸秆 4.0981×10^7 t[13]，巢湖流域农村年产生活垃圾 3.212×10^6 t、畜禽粪便 2.6356×10^7 t、秸秆 1.7338×10^7 t[14]。

近年来，随着国家"以奖促治"、农村环境连片整治、农业可持续发展等行动，建设了一批农村生物质固废处理工程，一定程度上缓解了部分环境污染压力。促使农村生活垃圾收运及处理率提高了 26.1%、基础设施增加了 15%，2018 年城乡工程建设投入相较 2017 年增加了 10.9% 等[15,16]。但由于我国区域差异明显，部分工程适宜性差、运行效率达不到设计要求等，出现"建成即废""带病运行"等问题，农村生物质固废无序排放进入环境的趋势未得到根本扭转，生活垃圾收集率不足 65.6%，处理率仅为 36.3%，每年 1.3×10^8 t 的农村生活垃圾得不到任何处理而被随意弃置；畜禽粪便收集率不足 69.8%，处理率为 50.0%；农作物秸秆收集率不足 63.5%，处理率为 27.5%，且资源化能源化效率更低。经测算，由此携带进入水体、土壤、大气的 COD、NH_4^+-N、TP 可达 3.4×10^7 t/a、3.2×10^4 t/a 和 0.8×10^4 t/a[17,18]。

农村有机固废处理方式以减少污染排放为主，如收集后的生活垃圾 60% 以上为简易填埋；我国农村每年约产生 1.7×10^8 t（50.0%）的生活垃圾简易填埋，5.7×10^8 t（30.0%）的畜禽粪便传统好氧堆肥，2.5×10^8 t（20.0%）的秸秆直接还田、过腹还田、堆沤还田[19~21]；其中长江经济带 11 个省（自治区）农村每年 0.5×10^8 t（16.0%）的生活垃圾简易填埋，1.8×10^8 t（9.6%）的畜禽粪便传统好氧堆肥，0.8×10^8 t（6.4%）的秸秆直接还田、过腹还田、堆沤还田[22]。太湖流域各类生物质废物产生量总计 23636.6t，其中约 30% 生物质废物农户回收作为燃料，约 20% 生物质废物残留农田，自然分解后作为肥料，约占 50% 直接留田焚烧处理；四川农村[23]约 59.4% 生活垃圾均由自行焚烧或简易集中焚烧处理，34.6% 的生活垃圾被填埋，用于堆沤仅为 6.9%；其他重点区域的情况，如山东泰山[24]12% 秸秆被废弃或焚烧；部分地区所开展的"全域无垃圾""畜禽粪污治理""秸秆禁烧"等行动，重点都在"堵"污染，需要投入大量的成本来达到治理目的，缺乏"疏"，忽视了生物质固废的资源化与能源化属性，导致其中大量的碳源、氮磷营养物等组分被浪费。

目前针对污水、垃圾等污染问题的相关技术较多，农村大多是直接套用城市环境保护的技术体系，针对农村经济发展和社会条件的关键技术较少。日益突出的农村环境污染问题和关键技术的缺失，已经成为改善民生，深入贯彻落实科学发展观，全面建设资源节约型、环境友好型社会和实现全面建设小康社会、推动城乡统筹建设的重要制约因素。因环境问题具有明显的区域广泛性，不能简单地以行政区域来割裂解决，所以农村环境问题的解决不能就农村而论农村，需要从区域层次上，统筹考虑城乡环境保护，才能从根本上找到切实解决农村环境问题的方法与手段。

1.3.4 落实环保专项行动计划

在新型城镇化背景下，城镇生态环境治理越来越受到重视，不但投资力度不断加大，且组织、人员的配置和运行机制等也不断完善，相反农村生态环境却被边缘化。特别是在快速工业化、城镇化进程中，广大农村生态环境所面临的污染风险日益加大。党的十九大报告提出，"加快生态文明体制改革，建设美丽中国"。美丽乡村是美丽中国建设的重要组成部分，也是实现农村全面建成小康社会的重要内容。

1.3.4.1 以奖促治

新实施的《环境保护法》明确提出，地方各级人民政府应当对本行政区域的环境质量负责。地方政府作为农村环境质量的责任主体，应当不断提高农村环境保护公共服务水平。为加快解决农村突出环境问题，引导地方开展农村环境保护工作，国家实施"以奖促治"政策，中央财政在一段时期内设立农村环保专项资金，支持各地推进农村环境综合整治。2015 年中央一号文件在全面推进农村人居环境整治中，提出"完善村级公益事业一事一议财政奖补机制"。"以奖促治"政策实施以来，着力解决了一大批农村突出环境问题，农村环境面貌明显改善，广大农民群众得到实惠。然而，在新一轮财税体制改革中，中央农村环保专项资金属于引导类专项，按照国家清理、整合、规范专项转移支付要求，未来一个时期"以奖促治"政策走向仍有待进一步研究完善。

"以奖促治"政策以国家水污染防治重点流域、区域以及国家扶贫开发工作重点县为重点范围，以农村生活污水和垃圾处理、饮用水水源地保护等为重点内容，以连片整治为主要推进方式，扎实开展农村环境综合整治，农村人居环境得到明显改善。截至 2013 年年底，中央财政共安排农村环保专项资金 195 亿元，带动地方各级政府财政投入 260 多亿元，支持 4.6 万个村庄开展环境整治，8700 多万农村人口直接受益。整治过的村庄彻底改变了污水乱排、垃圾乱扔、畜禽粪便乱堆的"脏、乱、差"现象，村容村貌焕然一新。其中，安排中央农村环保专项资金 163 亿元，支持三批共 23 个省（自治区、直辖市、计划单列市）开展农村环境连片整治，涉及 3.8 万个村庄，受益人口 7200 万人。

但"以奖促治"政策在具体实施中仍存在以下的许多问题。

（1）中央与地方关于农村环境公共服务事权划定不清晰

中央通过大量专项转移支付对地方进行补助，如农村饮水安全项目建设、农村沼气项目建设、农村环保、中小河流治理项目等专项资金，客观上会不同程度地干预地方事权，地方也无动力做好本不适于地方承担的事务。个别地方政府对农村环境公共服务及农村环境综合整治的责任主体认识不清，"等、靠、要"思想严重，认为农村环境公共服务是中央政府的事。一些地方政府用其他中央专项资金充当农村环保专项资金配套资金，却未履行对农村环境质量应尽的责任。还有一些地方政府"重建设，轻管理"，部分"以奖促治"项目设施建成后未能正常稳定运行，浪费了国家的财力和物力，损害了政府在群众心中的形象。

（2）"以奖促治"政策受益区与非受益区客观上存在一定不公平性

中央农村环保资金重在引导和推动地方政府开展农村环境综合整治。但由于我国农村环境保护底子薄、基础差，在落实"以奖促治"政策过程中，为了突出重点、示范先行，采取了"自觉自愿、强者优先"的原则，一些经济条件较强、环保工作基础较好的地方，率先开展了农村环境综合整治。整治后的村庄人居环境改善明显，而未整治的村庄在短期内仍难以摆脱环境"脏、乱、差"的形象。从全国总体来看，目前已完成环境综合整治的建制村仅占全国的 7.6%，绝大多数村庄仍有待于进行环境综合整治，而未整治村庄群众对"以奖促治"政策的呼声很高，迫切盼望早日改善自身生存环境。

（3）一些老少边穷地区农村环境公共服务水平明显偏低

尽管"以奖促治"政策将国家扶贫开发工作重点县作为重点政策实施区，在解决部分贫困地区农村突出环境问题方面起到了积极作用，但从全国总体来看，一些革命老区、少数民族地区、边疆地区、贫困地区（老少边穷地区），由于经济欠发达、自然条件脆弱等，村庄环境公共服务水平仍较低，明显低于东部经济发达地区的平均水平，这与到 2020 年全面建成小康社会对农村环境要求相差甚远。

1.3.4.2　农村环境连片治理

加强农村环境综合治理是社会主义新农村建设的核心内容之一，也是推进美丽乡村建设的一项重要手段。农村环境保护事关农民的切身利益、农业的可持续发展以及农村的和谐稳定。加强农村环境保护，不仅是建设生态文明的必然要求，也是建设美丽乡村的重要任务，更是统筹城乡发展的重要举措。近年来，环境保护部（现生态环境部）、财政部认真落实党中央、国务院关于农村环境保护工作的决策部署，不断深化"以奖促治"政策，强化组织领导，注重规划引领，加大监督考核，指导和推动各地开展农村环境综合整治。地方各级政府和相关部门创新体制机制，完善政策措施，狠抓项目建设和管理，农村环境综合整治取得明显成效（《全国农村环境综合整治"十三五"规划》）。

（1）一大批农村突出环境问题得到解决

截至 2015 年年底，中央财政累计安排农村环保专项资金（农村节能减排资金）315亿元，支持全国 7.8 万个建制村开展环境综合整治，占全国建制村总数的 13%。各地设置饮用水水源防护设施 3800 多千米，拆除饮用水水源地排污口 3400 多处；建成生活垃圾收集、转运、处理设施 450 多万个（辆），生活污水处理设施 24.8 万套，畜禽养殖污染治理设施 14 万套，生活垃圾、生活污水和畜禽粪便年处理量分别达 2.77×10^7 t、7×10^8 t 和 3.04×10^7 t，化学需氧量和氨氮年减排量分别达 9.5×10^5 t 和 7×10^4 t。整治后的村庄环境"脏、乱、差"问题得到有效解决，环境面貌焕然一新。通过实施"以奖促治"政策，带动相关部门和地方加大农村环境整治力度，目前，全国 60% 的建制村生活垃圾得到处理，22% 的建制村生活污水得到处理，畜禽养殖废物综合利用率近 60%。

（2）农村环保体制机制逐步建立

出台了一系列农村环保政策和技术文件，国务院办公厅印发《关于改善农村人居环境的指导意见》，环境保护部（现生态环境部）、财政部等部门制定实施《全国农村环境综合整治"十二五"规划》《关于加强"以奖促治"农村环境基础设施运行管理的意见》《中央农村节能减排资金使用管理办法》《培育发展农业面源污染治理、农村污水垃圾处理市场主体方案》。环境保护部发布了有关农村生活污染防治、饮用水水源地环境保护等技术指南和规范。全国2/3以上的省份建立了农村环保工作推进机制，成立领导小组，出台加强农村环境保护的意见，制定规划或实施方案，明确农村环境保护目标任务和措施。在中央财政资金引导下，有关地方按照"渠道不乱、用途不变、统筹安排、形成合力"的原则，整合相关涉农资金，集中投向农村环境整治区域，提高村庄环境整治成效。

（3）农村环境监管能力得到提升

基层环保机构和队伍得到加强，2014年全国乡镇环保机构数量2968个，约占全国乡镇总数的10%，比2010年的1892个增加了60%；乡镇环保机构人员11900多人，比2010年的7100多人增加了68%。推进环境监测、执法、宣传"三下乡"。环境保护部出台了《关于加强农村环境监测工作的指导意见》，开展农村环境质量监测试点工作，累计监测村庄数量约5200村次。开展农村集中式饮用水水源地保护、生活垃圾和污水处理、秸秆焚烧、畜禽养殖污染防治等专项执法检查行动。采取多种形式宣传农村环保政策、工作进展和典型经验，普及农村环保知识，农民环保意识得到提升。累计举办14期全国乡镇领导干部农村环保培训班，共有1400多名乡镇领导干部和地方环保管理人员参加培训，农村环境管理能力和项目实施水平得到提高。

（4）农村环保惠农取得积极成效

各地结合农村环境综合整治工作，积极推广化肥农药减量控害增效技术，发展清洁、循环、生态的种养模式，推进农作物秸秆、畜禽粪便等农村有机废物综合利用，发展农家乐和乡村旅游，促进了环境保护、农业增产、农民增收的共赢。筛选推广农村环保实用技术，鼓励高校、科研院所、企业参与治理工程设计、项目建设和运行维护，带动了环保产业的发展。农村环境综合整治有力促进了生态乡镇、生态村建设，使示范地区环境质量不断改善，农村经济快速发展，党群关系、干群关系更加融洽。全国已有4590多个国家级生态乡镇，成为当地经济、社会与环境协调发展的典范，夯实了农村生态文明建设的基础。

江苏省为开展连片整治工作较早的省份之一。2010年，江苏省被列为全国首批农村环境连片整治示范省。在实践中，江苏省创新工作思路，充分发挥中央环保专项资金的引导效应，做大连片整治资金盘子，扩大连片整治范围，着力提升农村环境综合整治水平，探索出一条符合江苏省实际、具有江苏省特色的农村环境连片整治新路子，初步形成了"点上出精品、片上促提升、面上抓推广"的农村环境综合整治新格局。全省选取20个示范县（市、区），全面开展以农村生活污水、生活垃圾、畜禽粪便治理为主要内容的连片整治项目建设，以示范项目为龙头，以综合整治为核心，以机制创新为保障，推动示范区环境基础设施上水平，农村环境质量得到改善，农村环境管理有创新。坚持把连片整治国家示范项目作为全省农村环境综合整治精品工程来打造，着力建设一批看得见、摸得着、效益好、经得起实践检验的精品工程，努力做到"片片有特色，村村有亮点"。通过2010～2012年3年的努力，江苏省3年累计投入资金约23.2亿元（其中中央财政8.5亿元，省财政2.7亿元，市县财政10.3亿元，镇村1.7亿元，中央和地方投入比例为1∶1.73），共支持 217 个建制镇、3100 多个行政村开展连片整治工作，覆盖片区 $1.53 \times 10^4 km^2$，850 万农民群众直接受益。建成农村污水处理设施近 1000 套，铺设污水收集管网近 4500km，建成生活垃圾转运站 129 座，畜禽粪便集中处置中心 10 座，形成 COD 减排能力 11000t/a、氨氮 730t/a。通过实施连片整治，全省将建成一大批农村环保基础设施，推广一大批农村环保实用技术，解决农村存在的突出环境问题，有效改善农村环境质量和面貌。

自 2008 年国家部署开展农村环境综合整治工作以来，宁夏回族自治区以农村环境整治为抓手，大力开展试点示范工作，人民群众得到了实惠，农村人居环境显著改善，开创了洁净、美丽、宜居的农村新局面。2010~2015 年期间，累计投入农村环境整治示范资金 19 亿元，对全区 2362 个行政村及 241 个生态移民安置点进行了环境综合整治，有效保护农村集中式水源地 501 处，建设生活污水集中处理设施 160 座，铺设集污管网 1674km，建设垃圾中转站（点）与填埋场 285 座，购买和建造垃圾箱（池）20.8 万个，发放垃圾收转运车 10517 辆，实现了全区农村环境综合整治的行政村比例达到 100%。作为国家确定的全国农村环保工作先行先试的省区之一，宁夏回族自治区先后在全国率先出台了《关于加强农村环境保护工作的意见》《农村环境保护规划（2011—2020 年）》《农村环境连片整治项目管理暂行办法》等 12 项制度和《宁夏农村生活污水排放标准》等 15 个地方技术标准规范，22 个县（市、区）均建立了农村环保长效工作机制。同时，不断创新工作思路，破解项目资金难题，自治区本级财政全部承担了农村环境综合整治项目配套资金，从根本上减轻了市、县及乡镇的财政压力，确保了项目质量和进度。从 2010 年开始，宁夏回族自治区环保部门还将生态移民安置区的环境改善作为农村环境综合整治重点工作，纳入自治区人民政府为民办环保实事中重点实施，先后共投入 2.52 亿元，对 241 个生态（劳务）移民庄点进行环境综合整治，建设村镇生活污水集中处理设施 14 座，铺设集污管网 572km，建设垃圾中转站与填埋场 29 座，购买和建造垃圾箱（池）4.33 万个，发放垃圾收运车 890 辆，受益人口 77.61 万人。另外，为解决山川地形各异的问题，宁夏回族自治区结合区域特色，在沿黄区域、南部山区和生态移民区三大区域选择人口集中、水电路等基础条件配套的行政村进行示范整治，把示范项目建设与统筹城乡发展战略相结合，针对生活垃圾和生活污水，因地制宜，采取不同的处理模式进行治理，使多年积累的环境"脏、乱、差"问题一扫而光，乡村面貌焕然一新，切实改善了农村生产生活环境。

1.3.4.3　落实水污染防治行动计划

水环境保护事关人民群众切身利益，事关全面建成小康社会，事关实现中华民族伟大复兴中国梦。当前，我国一些地区水环境质量差、水生态受损重、环境隐患多等问题十分突出，影响和损害群众健康，不利于经济社会持续发展。为切实加大水污染防治力度，保障国家水安全，2015 年 4 月 2 日，国务院发布了《水污染防治行动计划》（简称"水十条"），要求全国各地要全面贯彻党的十八大和十八届二中、三中、四中全会精神，大力推进生态文明建设，以改善水环境质量为核心，按照"节水优先、空间均衡、系统治理、两手发力"原则，贯彻"安全、清洁、健康"方针，强化源头控制，水陆统筹、河海兼顾，对江河湖海实施分流域、分区域、分阶段科学治理，系统推进水污染防治、水生态保护和水资源管理。坚持政府市场协同，注重改革创新；坚持全面依法推进，实行最严格环保制度；坚持落实各方责任，严格考核问责；坚持全民参与，推动节水洁水人人有责，形成"政府统领、企业施治、市场驱动、公众参与"的水污染防治新机制，实现环境效益、经济效益与社会效益多赢，为建设"蓝天常在、青山常在、绿水常在"的美丽中国而奋斗。

根据计划安排，到 2020 年，全国水环境质量得到阶段性改善，污染严重水体较大幅度减少，饮用水安全保障水平持续提升，地下水超采得到严格控制，地下水污染加剧趋势得到初步遏制，近岸海域环境质量稳中趋好，京津冀、长江三角洲、珠江三角洲等区域水生态环境状况有所好转。到 2030 年，力争全国水环境质量总体改善，水生态系统功能初步恢复。到 21 世纪中叶，生态环境质量全面改善，生态系统实现良性循环。到 2020 年，长江、黄河、珠江、松花江、淮河、海河、辽河七大重点流域水质优良（达到或优于Ⅲ类）比例总体达到 70％以上，地级及以上城市建成区黑臭水体均控制在 10％以内，地级及以上城市集中式饮用水水源水质达到或优于Ⅲ类比例总体高于 93％，全国地下水质量极差的比例控制在 15％左右，近岸海域水质优良（Ⅰ类、Ⅱ类）比例达到 70％左右。京津冀区域丧失使用功能（劣于Ⅴ类）的水体断面比例下降 15％左右，长江三角洲、珠江三角洲区域力争消除丧失使用功能的水体。到 2030 年，全国七大重点流域水质优良比例总体达到 75％以上，城市建成区黑臭水体总体得到消除，城市集中式饮用水水源水质达到或优于Ⅲ类比例总体为 95％左右。

1.3.4.4 落实土壤污染防治行动计划

2016 年 5 月 28 日，国务院发布了《土壤污染防治行动计划》（简称"土十条"），要求全国各地要全面贯彻党的十八大和十八届三中、四中、五中全会精神，按照"五位一体"总体布局和"四个全面"战略布局，牢固树立创新、协调、绿色、开放、共享的新发展理念，认真落实党中央、国务院决策部署，立足我国国情和发展阶段，着眼经济社会发展全局，以改善土壤环境质量为核心，以保障农产品质量和人居环境安全为出发点，坚持预防为主、保护优先、风险管控，突出重点区域、行业和污染物，实施分类别、分用途、分阶段治理，严控新增污染、逐步减少存量，形成政府主导、企业担责、公众参与、社会监督的土壤污染防治体系，促进土壤资源永续利用，为建设"蓝天常在、青山常在、绿水常在"的美丽中国而奋斗。计划到 2020 年，全国土壤污染加重趋势得到初步遏制，土壤环境质量总体保持稳定，农用地和建设用地土壤环境安全得到基本保障，土壤环境风险得到基本管控。到 2030 年，全国土壤环境质量稳中向好，农用地和建设用地土壤环境安全得到有效保障，土壤环境风险得到全面管控。到 21 世纪中叶，土壤环境质量全面改善，生态系统实现良性循环。其中主要要求为：到 2020 年，受污染耕地安全利用率达到 90％左右，污染地块安全利用率达到 90％以上；到 2030 年，受污染耕地安全利用率达到 95％以上，污染地块安全利用率达到 95％以上。

为了实现以上目标，《土壤污染防治行动计划》中明确要求"推行秸秆还田、增施有机肥"、科学布局生活垃圾处理、危险废物处置、废旧资源再生利用等设施和场所，合理确定畜禽养殖布局和规模等，因此，占全国总人口的 1/2 以上，且面积占国土总面积绝大多数的农村环境的改善，是落实土壤污染防治行动计划的重要内容，而开展农村固体废物的处理及资源化利用，是落实土壤污染防治行动计划的重要抓手。

1.3.4.5 农村人居环境整治三年行动方案

为改善农村人居环境，建设美丽宜居乡村，中共中央办公厅、国务院办公厅印发了

《农村人居环境整治三年行动方案》(以下简称"方案")。

该方案是实施乡村振兴战略的一项重要任务,事关全面建成小康社会,事关广大农民根本福祉,事关农村社会文明和谐。近年来,各地区各部门认真贯彻党中央、国务院决策部署,把改善农村人居环境作为社会主义新农村建设的重要内容,大力推进农村基础设施建设和城乡基本公共服务均等化,农村人居环境建设取得显著成效。同时,我国农村人居环境状况很不平衡,"脏、乱、差"问题在一些地区还比较突出,与全面建成小康社会要求和农民群众期盼还有较大差距,仍然是经济社会发展的突出短板。

方案要求全面贯彻党的十九大精神,以习近平新时代中国特色社会主义思想为指导,紧紧围绕统筹推进"五位一体"总体布局和协调推进"四个全面"战略布局,牢固树立和贯彻落实新发展理念,实施乡村振兴战略,坚持农业农村优先发展,坚持绿水青山就是金山银山,顺应广大农民过上美好生活的期待,统筹城乡发展,统筹生产生活生态,以建设美丽宜居村庄为导向,以农村垃圾、污水治理和村容村貌提升为主攻方向,动员各方力量,整合各种资源,强化各项举措,加快补齐农村人居环境突出短板,为如期实现全面建成小康社会目标打下坚实基础。

① 因地制宜、分类指导。根据地理、民俗、经济水平和农民期盼,科学确定本地区整治目标任务,既尽力而为又量力而行,集中力量解决突出问题,做到干净整洁有序。有条件的地区可进一步提升人居环境质量,条件不具备的地区可按照实施乡村振兴战略的总体部署持续推进,不搞一刀切。确定实施易地搬迁的村庄、拟调整示范先行、有序推进。学习借鉴浙江等先行地区经验,坚持先易后难、先点后面,通过试点示范不断探索、不断积累经验,带动整体提升。加强规划引导,合理安排整治任务和建设时序,采用适合本地实际的工作路径和技术模式,防止一哄而上和生搬硬套,杜绝形象工程、政绩工程。

② 注重保护、留住乡愁。统筹兼顾农村田园风貌保护和环境整治,注重乡土味道,强化地域文化元素符号,综合提升田水路林村风貌,慎砍树、禁挖山、不填湖、少拆房,保护乡情美景,促进人与自然和谐共生、村庄形态与自然环境相得益彰。

③ 村民主体、激发动力。尊重村民意愿,根据村民需求合理确定整治优先序和标准。建立政府、村集体、村民等各方共谋、共建、共管、共评、共享机制,动员村民投身美丽家园建设,保障村民决策权、参与权、监督权。发挥村规民约作用,强化村民环境卫生意识,提升村民参与人居环境整治的自觉性、积极性、主动性。

④ 建管并重、长效运行。坚持先建机制、后建工程,合理确定投融资模式和运行管护方式,推进投融资体制机制和建设管护机制创新,探索规模化、专业化、社会化运营机制,确保各类设施建成并长期稳定运行。

⑤ 落实责任、形成合力。强化地方党委和政府责任,明确省负总责、县抓落实,切实加强统筹协调,加大地方投入力度,强化监督考核激励,建立上下联动、部门协作、高效有力的工作推进机制。

方案也制定了具体的行动目标,要求到2020年实现农村人居环境明显改善,村庄环境基本干净整洁有序,村民环境与健康意识普遍增强。东部地区、中西部城市近郊区等有基础、有条件的地区,人居环境质量全面提升,基本实现农村生活垃圾处置体系全覆盖,基本完成农村户用厕所无害化改造，厕所粪污基本得到处理或资源化利用，农村生活污水治理率明显提高，村容村貌显著提升，管护长效机制初步建立。中西部有较好基础、基本具备条件的地区，人居环境质量有较大提升，力争实现90%左右的村庄生活垃圾得到治理，卫生厕所普及率达到85%左右，生活污水乱排乱放得到管控，村内道路通行条件明显改善。地处偏远、经济欠发达等地区，在优先保障农民基本生活条件基础上，实现人居环境干净整洁的基本要求。

为了达到相关目标，方案中明确提出推进农村生活垃圾治理。统筹考虑生活垃圾和农业生产废物利用、处理，建立健全符合农村实际、方式多样的生活垃圾收运处置体系。有条件的地区要推行适合农村特点的垃圾就地分类和资源化利用方式。开展非正规垃圾堆放点排查整治，重点整治垃圾山、垃圾围村、垃圾围坝、工业污染"上山下乡"。开展厕所粪污治理，合理选择改厕模式，推进厕所革命。东部地区、中西部城市近郊区以及其他环境容量较小的地区村庄，加快推进户用卫生厕所建设和改造，同步实施厕所粪污治理。其他地区要按照群众接受、经济适用、维护方便、不污染公共水体的要求，普及不同水平的卫生厕所。引导农村新建住房配套建设无害化卫生厕所，人口规模较大村庄配套建设公共厕所。加强改厕与农村生活污水治理的有效衔接。鼓励各地结合实际，将厕所粪污、畜禽养殖废物一并处理并资源化利用。提升村容村貌，加快推进通村组道路、入户道路建设，基本解决村内道路泥泞、村民出行不便等问题。充分利用本地资源，因地制宜选择路面材料。整治公共空间和庭院环境，消除私搭乱建、乱堆乱放。大力提升农村建筑风貌，突出乡土特色和地域民族特点。加大传统村落民居和历史文化名村名镇保护力度，弘扬传统农耕文化，提升田园风光品质。推进村庄绿化，充分利用闲置土地组织开展植树造林、湿地恢复等活动，建设绿色生态村庄。完善村庄公共照明设施。深入开展城乡环境卫生整洁行动，推进卫生县城、卫生乡镇等卫生创建工作。完善建设和管护机制。明确地方党委和政府以及有关部门、运行管理单位责任，基本建立有制度、有标准、有队伍、有经费、有督察的村庄人居环境管护长效机制。鼓励专业化、市场化建设和运行管护，有条件的地区推行城乡垃圾污水处理统一规划、统一建设、统一运行、统一管理。推行环境治理依效付费制度，健全服务绩效评价考核机制。鼓励有条件的地区探索建立垃圾污水处理农户付费制度，完善财政补贴和农户付费合理分担机制。支持村级组织和农村"工匠"带头人等承接村内环境整治、村内道路、植树造林等小型涉农工程项目。组织开展专业化培训，把当地村民培养成为村内公益性基础设施运行维护的重要力量。简化农村人居环境整治建设项目审批和招投标程序，降低建设成本，确保工程质量。

参 考 文 献

[1] 《中华人民共和国固体废物污染环境防治法》（2016年11月7日修正版）.

[2] 韩智勇，费勇强，刘丹，等. 中国农村生活垃圾的产生量与物理特性分析及处理建议 [J]. 农业工程学报，2017，33（8）：1-14.

[3] 邱才娣. 农村生活垃圾资源化技术及管理模式探讨 [D]. 杭州：浙江大学，2008.

[4] 于晓勇，夏立江，陈仪，等. 北方典型农村生活垃圾分类模式初探：以曲周县王庄村为例 [J]. 农业环境科学学报，2010，29（8）：1582-1589.

[5] 李向辉，金福兰，刘玲. 基于专利数据的世界农业废弃物循环利用能源技术分析 [J]. 生物质化学工程，2015（2）：32-38.

[6] 左旭. 戴国农业废弃物新型能源化开发利用研究 [D]. 北京：中国农业科学研究院，2015.

[7] 张晓先. 黑龙江省农作物秸秆资源化工程发展方略研究 [D]. 哈尔滨：哈尔滨工业大学，2015.

[8] 王梦雅，李海华，赵宝帅，等. 河南省畜禽养殖污染调查及时空特征分析研究 [J]. 环境科学与管理，2014（10）：48-51.

[9] 唐丽霞，左停. 中国农村污染状况调查与分析：来自全国 141 个村的数据 [J]. 中国农村观察，2008（1）：31-38.

[10] 2017 年中国统计年鉴 [G]. 2017.

[11] 杨天学，席北斗，李翔，等. 城镇化过程中的村镇环境问题及污染控制对策 [C]. 中国环境科学学会学术年会论文集，2013.

[12] 黄新颖，蔡小龙，魏玉芹，等. 农村生活垃圾好氧堆肥及资源化利用 [J]. 山东化工，2017，46（1）：133-134.

[13] 刘焕金. 基于多源数据的太湖流域人口空间化研究 [D]. 南京：南京农业大学，2012.

[14] 陈慧玲，肖武，王铮，等. 巢湖流域地形起伏度及其与人口分布的相关性研究 [J]. 科学技术与工程，2016，16（17）：108-112.

[15] 中华人民共和国住房和城乡建设部. 中国城乡建设统计年鉴：2015 [M]. 北京：中国统计出版社，2016.

[16] 中华人民共和国住房和城乡建设部. 中国城乡建设统计年鉴：2016 [M]. 北京：中国统计出版社，2017.

[17] 王江滨. 山美水库流域面源污染物调查及分析 [D]. 福州：福建农林大学，2015.

[18] 胡宏. 万州区农村面源污染调查研究 [D]. 重庆：重庆三峡学院，2017.

[19] 2017 年中国统计年鉴 [G]. 2017.

[20] 包维卿，刘继军，安捷，等. 中国畜禽粪便资源量评估的排泄系数取值 [J]. 中国农业大学学报，2018（5）：1-14.

[21] 郭冬生，黄春红. 近 10 年来中国农作物秸秆资源量的时空分布与利用模式 [J]. 西南农业学报，2016，29（4）：948-954.

[22] 叶文忠，刘俞希. 长江经济带农业生产效率及其影响因素研究 [J]. 华东经济管理，2018（3）：83-88.

[23] 韩智勇，施国中，谢燕华，等. 四川省农村固体废物的处理现状、特性与农民环保意识分析 [J]. 环境污染与防治，2015，3（5）：96-102.

[24] 孔新，李光德，刘延春，等. 泰山区农村固体废弃物现状调查与分析 [J]. 农业资源与环境学报，2009，26（6）：1-5.

第2章 农村固体废物分类及收运技术

2.1 农村生活垃圾分类收运及处理处置现状

由于长期的城乡二元发展模式，国家和各方视点均集中于城市生活垃圾的收运和处理，而农村生活垃圾问题一直未得到重视，我国在农村的环保投入较少，虽然"以奖促治""农村环境连片整治"等专项资金投入了近 500 亿元，但相对于城市几千亿的环保设施投入明显偏少。因此，我国农村地区的固体废物收运及处理设施仍然薄弱，据不完全测算，我国仅有 65% 的行政村设有垃圾收集点，生活垃圾收集处理率较低，每年 1.3×10^8 t 的农村生活垃圾得不到任何处理而被随意弃置[1]。畜禽粪便和农作物秸秆的收运设施几乎为空白。长江经济带 11 个省和自治区临近示范村农村生活垃圾、畜禽粪便、农作物秸秆收运系统和基础处理设施投入情况不足 43.1%[2]。

由于垃圾收集基础设施薄弱，或者已建成的设施的适宜性不够，没有对转运站的布点选址做综合规划分析，造成转运站作业所产生的臭气、噪声、废水及灰尘等问题，给周边居民生活带来很大影响。此外，由于缺乏因地制宜的系统研究与管理，农村生活垃圾的清运均处于无序和低效的状态，社会效益、经济效益、环境效益较差。总体上，目前我国农村生活垃圾收运率低，不能够满足农村生活垃圾的收运需求。

农村生活垃圾[3]是指在农村居民日常生活中或为农村生活提供服务的活动中产生的固体废物。传统条件下，农村生活垃圾中的主要成分厨余物质多用作畜禽饲料，有的则回田或被回收，故垃圾总体产生量很少，对环境产生的影响也较小。但随着我国经济 30 年来的快速发展，农村生活水平得到大幅度提高，同时家庭养殖萎缩，导致农村生活垃圾带来的环境问题日益加剧。近年来随着新农村建设的推进，以及农村生活垃圾所带来环境问题的加重，农村生活垃圾问题开始得到关注。

随着农村经济的发展和城镇化进程的加快，农村生活垃圾的成分发生了较大的变化。从农民日常的饮食结构看[4]，生活垃圾中含有大量的厨余垃圾，即垃圾中含有大量的蔬菜、果品、肉食禽蛋等；从农民的燃煤结构看，由于当地没有铺设燃气管网，目前农民主要的燃料还是以秸秆和蜂窝煤炉为主，但是随着农村农田用地的不断减少，农村已经减少了秸秆作柴火的使用量，而广泛使用太阳能热水器和蜂窝煤炉。生活垃圾组成以有机物成分（厨余、果皮等）为主，玻璃、塑料、金属等可回收物质的比例相对不大，并且随着农村的发展和建设，垃圾组成会向城市垃圾成分变化，无机物含量，尤其是灰渣含量大幅降低，而易堆腐垃圾和可回收废品含量则持续增长。目前我国尚无农村生活垃圾的全面统计数据[5]，根据研究者实地调研和住建部的统计年鉴推算而得，2016年我国农村生活垃圾的产生量约为 1.4×10^8 t，人均垃圾产生量为 0.65kg/d。

据统计[6,7]，我国农村的垃圾大多数都由村内自己收运，一般放置于村内的露天垃圾池，没有特定的收运标准，也缺乏有效的监督和管理制度，约有 26% 的农村没有设生活垃圾收集点，仅部分农村配有足够的垃圾桶；垃圾池的设置也存在不同程度的位置设置不科学、数量设置不合理、无人清理或严重损坏等问题；垃圾收集车数目少而且存在陈旧老化的现状，在垃圾收运过程中容易导致垃圾散落滴漏、尘土飞扬等二次污染；因为资金等要素影响，收运系统未能完工或建成的系统因缺乏后期管理和维护，成为摆设。当前，除内蒙古自治区、黑龙江省、青海省、新疆维吾尔自治区外，有19个省（自治区、直辖市）开始使用并推广"户分类、村收集、乡镇中转"这种一体化垃圾收运模式，其中，北京市、天津市、青海省等地的垃圾实现了日产日清全覆盖。

（1）总体收运率低，经济欠发达地区尤为严重

我国绝大部分农村地区未开展生活垃圾清运工作，生活垃圾基本处于屋前屋后、路边河侧随地露天堆放的状态，仅有小部分经济较发达地区的农村建立了生活垃圾清运系统[3]。由于缺乏因地制宜的系统研究与管理，农村生活垃圾的清运均处于无序和低效的状态，社会效益、经济效益、环境效益较差。

（2）转运距离远，成本高，部分地区较城市高3倍以上

据统计，在生活垃圾的全过程管理中，农村居民受地形、道路等因素影响分布较为分散，垃圾收集点布置较为不合理，收运过程中难以设计最佳收集路线，过程中往往发生回路、循环、折返等重复路线，故收运路线较长，收运的费用较高，而收运的费用约占生活垃圾全过程管理总费用的 75%～85%。因此，开展"农村生活垃圾收运系统研究"工作，选择合理的收集和运输模式，建立布局合理、规模适当的垃圾收运系统，对于降低农村生活垃圾清运成本、提高垃圾的收运效率、加大垃圾减量化、资源化程度、控制农村环境污染都具有重要意义；同时还有助于填补、完善我国在农村生活垃圾收运系统方面的研究。

（3）农村生活垃圾基础设施建设滞后

农村生活垃圾[4,8,9]一般由村内自行收集，大部分村子以敞开式垃圾池收集为主并配一定数量的垃圾桶；在调查中发现，各村不同程度地存在垃圾池的设置数量少、服务半径不合理、垃圾桶缺失或损坏严重、垃圾收集车数量少、效率低的现象，特别是有些村子由于资金等诸多原因造成应建的收运设施及配套设备被搁浅等。

村内不具备垃圾收集设施，村内垃圾全部堆放在村子周围的道路边和河道内。农村垃圾的运输多由镇政府负责，但由于农村实际情况比较复杂和经济条件限制，部分比较富裕

的村子 40％ 左右的生活垃圾由镇里运走，镇里未运走的那部分垃圾由村里自己配车运往村内"填埋场"进行传统的简易填埋，而那些未配备垃圾桶（池）村子的垃圾几乎全部由村里自行处理。

农村垃圾的处理流程[10]必须经过村、镇（乡）、县的收集网络才能有效分类处理，目前很大一部分农村还缺乏资金开展村小组建垃圾池、村委会设垃圾收集点、镇（乡）建垃圾压缩中转站、县建垃圾填埋场的基础设施网络建设。一般农村的转运站都设在镇区中心或居民区旁边，没有对转运站的布点选址作综合规划分析，从而造成部分收集点运输距离远、运输费用高；转运站周围缺乏防护措施或离居民区距离太近，从而造成转运站作业所产生的臭气、噪声、废水及灰尘等问题，给周边居民生活带来很大影响。大部分农村的生活垃圾收集运输一般采用拖拉机或农用车的敞开式运输方式，运输过程容易造成垃圾的散落、废水滴漏和产生臭气等二次污染问题。

（4）缺乏因地制宜的系统研究与管理

由于缺乏因地制宜的系统研究与管理，农村生活垃圾的清运均处于无序和低效的状态，社会效益、经济效益、环境效益较差。农村生活垃圾的处理系统和城市生活垃圾处理系统类似，由收集、运输、中转和处理构成，其中收集、运输和中转构成垃圾收运系统。

（5）居民文化水平低，缺乏生活垃圾收运概念

农村生活垃圾治理工作需要全社会的共同参与和大力支持，需要动员全社会各方面力量来共同参与和管理，而现今我国绝大部分农村居民受教育程度低，缺乏生活垃圾处理和收运概念，部分村民垃圾分类意识淡薄、垃圾分类积极性不高，觉得分类和不分类对他们来说都是无关紧要的，从而使农村生活垃圾分类效果大打折扣，也给农村生活垃圾分拣和终端处理工作带来了很大的困难，呈现出"空喊口号，不见成效"的现象。生活垃圾主要弃置于居住地附近，自然堆置而致使垃圾遍村。

2.2　农村生活垃圾分类处理技术

农村生活垃圾分为可再生垃圾（废纸、废塑料、废金属、废玻璃制品、废旧家具等）、不可再生垃圾（厨余、果皮等）和有害垃圾（废电池、废灯管等），有很多东西是可以回收利用的。废物产生的初始环节入手进行分类回收，不仅可减少生活垃圾的总量，减轻末端处理的压力，降低垃圾填埋场的负荷，降低处理成本，而且可减少占用土地，减少对大气、土壤、地表水、地下水的不利影响；农村生活垃圾的分类还可以实现有用成分资源循环利用，提高金属、纸类、塑料、玻璃等的直接回收利用率，垃圾中的食物、草木和织物可以转化成有机肥料改良土壤，砖瓦、灰土可以加工成建材等，增加效益，从而进一步促进生活垃圾的无害化与减量化处理。

2.2.1 农村生活垃圾简易分类收集技术

2.2.1.1 工艺概况

简易分类收集方式适用于分散式村庄生活垃圾的收集，农村生活垃圾的简易分类收集主要是采取村户收集，利用垃圾收集容器（如垃圾桶、垃圾车和垃圾池）对生活垃圾进行混合收集，但必须分选出可回收垃圾和有害垃圾。

2.2.1.2 技术特点

简易分类收集是农村生活垃圾收集长期以来最为广泛采用的一种方法，具有以下特点。

① 垃圾收集方法相对简单，比较容易操作。

② 简易分类收集方法能够满足后续简易卫生填埋方式对垃圾成分要求不高的特征。

③ 由于灰土的大量存在，农村生活垃圾具有有机物含量低、热值低等特性，混合收运的农村垃圾未经处理仅适合简易填埋，制约了处理方式的选择，不利于垃圾处理资源化、减量化目标的实现。

2.2.1.3 相关要求

① 农户对有害垃圾应单独装袋、单独收集，以村为单元进行有害垃圾的单独储运；乡/镇/县要将辖区的有害垃圾每1个月收集1次，并运往危废处理厂/部门进行单独处理，如废电池、废日光灯管、废涂料桶等。

② 农户对于可回收垃圾应单独装袋、单独收集，在条件容许的地区农户可直接卖到废品回收站，对于偏远地区、山区等，由村/乡/镇每个月统一收购后转运至回收站。

③ 对于简易分类收集的地区，生活垃圾的收集率要达到90%以上，实现简易卫生填埋。

2.2.1.4 工艺内容

（1）工艺设计

根据生活垃圾的产生量结合各个村的总体规划，确定各种型号的垃圾收集设备的数量及布设方法，然后采取"户收集—村收集—镇转运—镇处理"的原则对生活垃圾进行收集，具体流程如图2-1～图2-3所示。

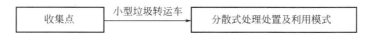

图 2-1 农村生活垃圾分散式收运工艺流程

图 2-2 农村生活垃圾连片村集中式收运工艺流程

图 2-3 农村生活垃圾城乡统筹一体化收运工艺流程

（2）建设规模

① 每户村民配备 1～2 个垃圾桶，垃圾桶容量为 5L。

② 多户垃圾桶为 40L 的垃圾收集箱/收集池，服务指标如下：a. 农户数量 5～15 户；b. 服务半径＜100m；c. 箱体上明确标示可回收种类。

（3）村内垃圾转运配备三轮垃圾收集车，1 辆车的服务能力如下：a. 服务人口＜550 人；b. 垃圾收集半径＜2km。

（4）工程构成

① 户用垃圾桶/垃圾箱：垃圾桶容量均为 4～8L。

② 多户垃圾桶/垃圾池。

③ 垃圾清扫工具。

④ 专用三轮垃圾收集车，多为人力车，在经济条件较好的地区，可以选择电动车，容积为 0.4～0.8m³，材质多为不锈钢板，箱板厚度需≥1.5mm，最大装载量需≥500kg。

2.2.2　农村生活垃圾源头分类收集技术

2.2.2.1　工艺概况

农村生活垃圾的分类收集也是以村为单位，但在垃圾进入垃圾收集容器之前会根据垃圾的性质对垃圾进行有效分类。根据农村生活垃圾的实际情况，按处理方式或资源回收利用的可能性把生活垃圾分为四类，每类所包含的成分见表 2-1。垃圾按此分类收集好后，再分别有针对性地进行处理，这样处理效率将大幅度提高。

表 2-1　农村生活垃圾的分类

类别	内　容
有机垃圾	剩余饭菜、树枝花草等植物类垃圾等
可回收垃圾	纸类、塑料、金属、玻璃、织物等
不可回收垃圾	砖石、灰渣等
危险废物	农药瓶、日用小电子产品、废涂料、废灯管、废日用化学品和过期药品等

2.2.2.2　技术特点

① 生活垃圾分类收集强调源头控制，重视垃圾的资源价值。通过对垃圾产生之后的第一个环节进行控制，将混乱无序的垃圾按照属性分类，实现垃圾处理全过程的资源有序输入，提高了垃圾资源的纯度和价值，减少了垃圾成分过于复杂造成的处置成本高、难度大的问题。

② 垃圾源头分类，可以通过垃圾产生者的分散劳动取代混合收集后的集中分选工作，省去了垃圾分选等预处理环节，简化了后续处理，降低了运行成本，延长了垃圾填埋场的

使用寿命。

③ 生活垃圾分类收集具有低成本的优势：农村地区的集体经济薄弱，政府财源短缺，以建设成本"省"和运行费用"低"为特点的垃圾分类收集应当首选。

④ 农村生活垃圾的分类收集需要解决人员、设备、设施等的投入，相应地能够解决农村的剩余劳动力转移、闲置资源利用等问题。

⑤ 分类收集的实现需要配套的垃圾资源化产业，需要农村配套建设废品回收、交易、加工等经济实体，从而带动服务、商贸、物流、加工等多种行业的共同发展，有利于改变农业的单一经济结构，创造更多的就业机会和经济增长点，拓展农村经济的增长空间。

2.2.2.3　相关要求

① 农户对有害垃圾应单独装袋、单独收集，以村为单元进行有害垃圾的单独储运；乡/镇/县要将辖区的有害垃圾每个月收集1次，并运往危废处理厂/部门进行单独处理，如废电池、废日光灯管、废涂料桶等。

② 农户对于可回收垃圾应单独装袋、单独收集，在条件容许的地区农户可直接卖到废品回收站，对于偏远地区、山区等，由村/乡/镇每个月统一收购后转运至回收站。

③ 对于简易分类收集的地区，生活垃圾的收集率要达到90%以上，且100%实现就地简易卫生填埋。

2.2.2.4　工艺内容

（1）工艺设计

结合乡镇垃圾转运设施现状，以垃圾收集箱和垃圾清运设施配备为重点，建立健全项目区农村垃圾收集、转运设施体系。农村生活垃圾的分类收集主要采取"户分类—村收集—镇转运—镇处理"的原则进行，如图2-4所示。

图2-4　农村生活垃圾分类收集工艺流程

（2）建设规模

① 每户村民配备2个垃圾桶（1个收集有机垃圾，另1个收集无机垃圾），垃圾桶容量均为4～8L。

② 多户垃圾桶为2个30～80L的垃圾收集箱/收集池（1个为有机垃圾收集池，1个为无机垃圾收集池），服务农户数量约5～15户，服务半径＜100m，实行分类区域，垃圾池或垃圾箱上要明确标示收集的垃圾种类。

③ 村内垃圾转运配备三轮垃圾收集车，1辆车的服务能力如下：需根据垃圾分类情况确定垃圾车种类或垃圾车的分类空间，服务人口300～500人，收集半径以小于2km为宜。

（3）工程构成

① 单户用垃圾桶/垃圾篓如图2-5所示。

② 多户用垃圾桶/垃圾池如图2-6所示。

图 2-5　单户用垃圾桶/垃圾篓实物图

图 2-6　多户用垃圾桶/垃圾池实物图

③ 单村垃圾收集站如图 2-7 所示。

(a)

(b)

(c)

(d)

图 2-7 单村垃圾收集站实物图

④ 垃圾清扫工具如图 2-8 所示。

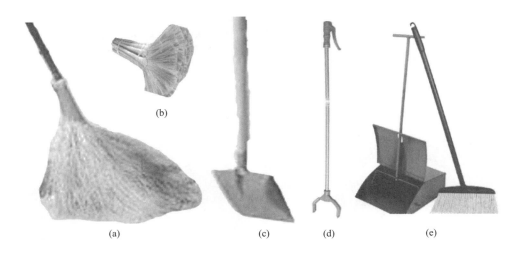

(b)

(a)   (c)   (d)   (e)

图 2-8 垃圾清扫工具实物图

⑤ 单村垃圾收集三轮车如图 2-9 所示。

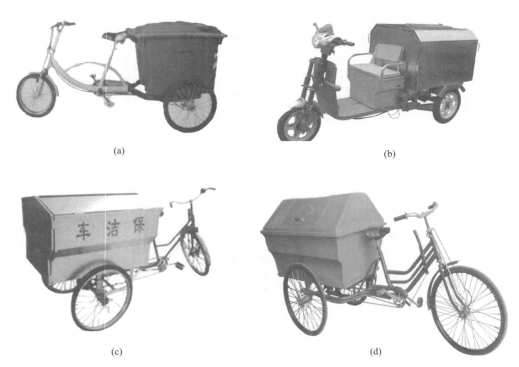

(a)   (b)

(c)   (d)

图 2-9　单村垃圾收集三轮车实物图

⑥ 连片村垃圾转运车如图 2-10 所示。

(a)   (b)

(c)   (d)

图 2-10　连片村垃圾转运车实物图

2.2.3 农村生活垃圾原位分类资源化技术

2.2.3.1 技术概况

在传统农业模式下，农村产生的大部分生活垃圾，特别是易腐垃圾，往往通过各种方式进行就地消纳。然而，随着城镇化和新农村建设的持续推进和农村居民生活水平的不断提高，就地消纳已经逐渐无法适应垃圾产生量的迅速增长与组分的日趋复杂化，取而代之的是简易填埋与露天（或土法）焚烧。但是，由于缺乏相应的污染防治设施，由垃圾简易填埋/焚烧处理造成的污染有增无减，农村生态环境日趋恶化，严重阻碍了我国新时代建设"美丽乡村"的进程。

为缓解农村日益严峻的垃圾污染问题，国内经济较为发达的地区普遍采用"村集、镇运、县处理"的混合垃圾集中处理模式，这种模式在获得规模效应的同时也给城市生活垃圾处理终端带来更大的压力，使得原就有限的垃圾处理设施难以为继。而且含水率较高的易腐垃圾与其他垃圾直接混合，不仅会增加填埋场的安全隐患、降低垃圾焚烧热值，还严重浪费了资源，尤其是易腐垃圾的资源价值被严重忽视。因此，现阶段亟需一种适合我国农村实际的生活垃圾处理新技术与新模式。

针对我国农村生活垃圾快速增长、污染加剧、资源流失严重等现状，以简易分类为基础、资源化利用为优先、污染控制为重点，通过优化集成垃圾分类、分质预处理、生物强化发酵制肥与废水废气生物净化等关键技术，创建了一套可复制、可推广、经济、适用、简易的农村垃圾分类与分质资源化处理技术。

2.2.3.2 技术特点

（1）分类模式简单有效，可复制可推广

针对农村生活垃圾易腐有机成分高的特点，简化城市生活垃圾"四分法"，建立了基于"二分法"（易腐垃圾和其他垃圾）的垃圾分类资源化处理模式，可接受性更强、效果更好，适合进一步推广应用。

（2）易腐垃圾堆肥资源化，环境经济效益实现双赢

易腐垃圾原位资源化处理，在获得有机肥料、土壤调节剂，促进农作物增产的同时，也可减少垃圾的长途运输费用与终端处理处置设施（填埋场或焚烧厂）的运行负荷，有效降低垃圾综合收运处理成本，实现环境保护与经济节约的双丰收。

（3）垃圾减量效果明显，末端处置压力大幅度减小

易腐垃圾分出后进行原位资源化处理，可实现农村生活垃圾外运总量降低40%以上，从而延长垃圾填埋场的服务年限或减少垃圾焚烧设施的处理负荷。

（4）全过程污染控制，真正做到无害化处理

封闭式垃圾分类收运，避免了跑、冒、滴、漏现象发生；易腐垃圾生物强化好氧堆肥，在实现垃圾资源化、无害化处理的同时，废水、废气也得到集中收集、原位处理达标排放，真正实现垃圾处理无害化。

2.2.3.3 相关要求

为实现农村生活垃圾的无害化处理，易腐垃圾堆肥过程应满足《生活垃圾堆肥处理技

术规范》(CJJ 52—2014) 的相关要求，例如：主发酵堆层各试点温度应达到 55℃以上，且持续时间不应少于 5d；或达到 65℃以上，持续时间不应少于 4d；设计主发酵时间不宜小于 5d；堆肥产品的种子发芽指数不应小于 60％等。

目前易腐垃圾堆肥产品多用于园林绿化、作物种植，为保证其不会对植物的正常生长产生不利影响，堆肥质量本应满足《城镇垃圾农用控制标准》（GB 8172—1987）与《粪便无害化卫生要求》(GB 7959—2012)，但是《城镇垃圾农用控制标准》已于 2017 年 3 月 23 日废止，而目前国家尚未出台关于城镇生活垃圾农用的新标准，现可参考浙江省地方标准《农村生活垃圾分类处理规范》（DB33/T 2091—2018）中关于易腐垃圾堆肥质量的要求，具体如表 2-2 所列。

表 2-2 浙江省地方标准中关于易腐垃圾堆肥产品质量要求

项目	技术指标
有机质的质量分数(以烘干基计)/%	≥30
水分(鲜样)的质量分数/%	≤30
酸碱度(pH 值)	5.5~8.5
总砷(As)(以烘干基计)/(mg/kg)	≤15
总汞(Hg)(以烘干基计)/(mg/kg)	≤2
总铅(Pb)(以烘干基计)/(mg/kg)	≤50
总镉(Cd)(以烘干基计)/(mg/kg)	≤3
总铬(Cr)(以烘干基计)/(mg/kg)	≤150

当以堆肥产品作为有机肥料使用时，其应该满足农业行业标准《有机肥料》（NY 525—2012）标准要求，相比于《农村生活垃圾分类处理规范》（DB33/T 2091—2018），《有机肥料》对有机质的要求更高（≥45％），并对肥料的外观与总养分做了要求：肥料外观颜色为褐色或灰褐色，粒状或粉状，均匀，无恶臭，无机械杂质；总养分（氮＋五氧化二磷＋氧化钾）的质量分数（以烘干基计）不小于 5.0％。

为实现农村生活垃圾处理全过程污染控制，堆肥过程产生的废水、废气处理应分别达到《生活垃圾填埋场污染控制标准》（GB 16889—2008）与《恶臭污染物排放标准》（GB 14554—1993）要求。

2.2.3.4 技术内容

生活垃圾分类收集与混合收集最大的不同在于前者强调源头控制，重视垃圾的资源属性。通过对垃圾产生之后的第一个环节进行控制，将混乱无序的垃圾按照属性分类，实现垃圾处理全过程的资源有序输入，提高了垃圾资源的纯度和价值，减少了垃圾成分过于复杂造成的处置成本高、难度大的问题。

（1）农村生活垃圾分类收集方式

农村生活垃圾与城市生活垃圾的基本构成相似，各种组分所占的比例有所差异。由于农村分类收集的实践刚刚开始，而且国家也没有制定统一的农村生活垃圾分类标准，因此农村生活垃圾的分类方式可借鉴城市生活垃圾分类标准，以实现生活垃圾的分类规范、收集有序、处理高效。按照国家发改委与住房城乡建设部最新发布的《生活垃圾分类制度实施方案》（国办发〔2017〕26 号），生活垃圾被分为易腐垃圾、可回收物、有害垃圾和其他垃圾 4 个类别，具体种类见表 2-3。

表 2-3 城市生活垃圾分类类别与内容

分类类别	内　　　容
易腐垃圾	家庭产生的厨余垃圾,相关单位食堂、宾馆、饭店等产生的餐厨垃圾,农贸市场、农产品批发市场产生的蔬菜瓜果垃圾、腐肉、肉碎骨、蛋壳、畜禽产品内脏等
可回收物	废纸,废塑料,废金属,废包装物,废旧纺织物,废弃电器电子产品,废玻璃,废纸塑铝复合包装等
有害垃圾	废电池(镉镍电池、氧化汞电池、铅蓄电池等),废荧光灯管,废温度计,废血压计,废药品及其包装物,废涂料、溶剂及其包装物,废杀虫剂、消毒剂及其包装物,废胶片及废相纸等
其他垃圾	除易腐垃圾、可回收物、有害垃圾以外的生活垃圾。如不可降解一次性用品、塑料袋、卫生间废纸(卫生巾、纸尿裤)、餐巾纸、普通无汞电池、烟蒂、庭院清扫渣土等生活垃圾

由于农村生活垃圾与城市生活垃圾分类面对的人群在生活方式、文化水平、经济承受能力等方面存在很大差别,其收集处理不可照搬城市已建立的比较成熟的模式,应因地制宜,在城市生活垃圾分类模式的基础上进行简化、本土化,探索出一套适合农村的垃圾分类收集处理模式。

通过开展杭州市农村生活垃圾分类及减量化、资源化工作调研,对调研涉及的 6 个区(县、市)中各选取一个未进行垃圾分类的行政村,以该村垃圾集中投放点内的生活垃圾作为垃圾组分特征分析的材料,使用《生活垃圾采样和分析方法》(CJ/T 313—2009)中所述方法进行组分特征分析,农村生活垃圾的组分特征如图 2-11 所示。

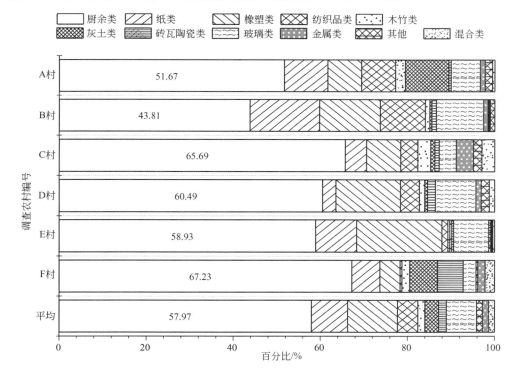

图 2-11 农村生活垃圾物理组分特征

由图 2-11 可见,农村生活垃圾中,以厨余类为主的易腐垃圾占比最大,占到垃圾总量的 60% 左右;塑料类、纺织品类、玻璃金属类等可回收物组分占垃圾总量的 20%~

25%；有害垃圾所占比例极小，仅占垃圾总量的 1.4% 左右。

在日常生活中，由于农村居民淳朴与节约、居住空间较为宽松，具有足够的空间存放纸类、塑料、金属、玻璃等可回收物，对于大部分经济价值较高的可回收物会经存储后集中出售，因此混入生活垃圾中的可回收物经济价值普遍偏低，基本不具有回收价值；而且农村有害垃圾产生量很少，可做定时集中收集，由具有相关处理资质的企业集中进行安全无害化处理。

因此，在农村生活垃圾分类工作推进初期，采用表 2-4 所列的"二分法"，将农村生活垃圾分为易腐垃圾（或称为可腐烂垃圾、可腐有机垃圾）和其他垃圾（不可腐烂垃圾）应是较为理想的源头分类方法。该法既能保证农村易腐垃圾的资源化利用与无害化处理，又能在降低生活垃圾处理对环境影响的前提下，满足社会对简单易懂的垃圾分类方法的需求意愿，有助于农村地区生活垃圾分类工作的顺利推进。

表 2-4　农村生活垃圾分类类别与内容

分类类别	内容
易腐垃圾（或可腐烂垃圾、可腐有机垃圾）	主要指家庭生活、农业生产过程中产生的植物或动物类生物可降解垃圾，包括剩菜剩饭与西餐糕点等食物残余；菜根、菜叶，水果残余，果壳瓜皮，茶叶渣等；禽类排泄物，动物残体，骨头等；枯枝落叶，豆梗，秸秆等田地有机废物
其他垃圾（不可腐烂垃圾）	主要指除厨余垃圾、动植物类可降解垃圾之外的一些废物，包括报纸、旧书、纸质包装盒等纸类垃圾，旧铁锅、罐头盒等金属制品，玻璃瓶罐等，橡胶制品、饮料瓶、塑料袋、废旧塑料盒等，庭院、房间、客厅等清扫泥渣

当然，为避免有害垃圾混入易腐垃圾中，影响后续的资源化处理效果，可在"二分法"的基础上，按照实际情况分类收集生活垃圾中的有毒有害垃圾，形成"2＋T"（"2"为"二分法"，"T"为有害垃圾）的分类方法。

（2）农村生活垃圾处理技术

研究表明，当垃圾中可生物降解的有机物含量大于 40% 时，通过微生物堆肥处理即可使垃圾达到无害化、减量化的目的。同时，结合农村现有的垃圾收运及处理现状，综合经济、生态、环境等因素考虑，好氧静态堆肥＋焚烧/填埋处理的生活垃圾处理处置模式更能保证农村生活垃圾的减量化、资源化及无害化处理。图 2-12 为该处理模式下的生活垃圾收集与处理流程。

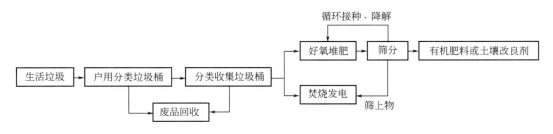

图 2-12　村域生活垃圾收集与处理系统操作流程

在该处理模式下，生活垃圾分类从居民开始，然后进行分类收集运输，最终通过堆肥及焚烧发电或填埋处理达到减量化及资源化利用的目的，其中生活垃圾堆肥是核心，焚烧/填埋处理是辅助的处理技术。由于农村地区具有相当数量的耕地面积，能够保证产生的肥料可以完全就地消纳，易腐垃圾的堆肥化无疑是一种贴合现实、集垃圾减量与当地土壤肥力提升效益为一体的处理手段。此外，通过堆肥处理对垃圾进行分流，可有效保证垃圾焚烧的热值要求，降低焚烧成本及污染。这种垃圾处理模式不仅处理成本低，而且方式简单易行，十分适合经济欠发达的农村地区。

好氧堆肥又称高温堆肥，是指在有氧条件下将易腐垃圾送入微生物堆肥发酵单元进行高温发酵，通过强化通风与机械搅拌，在较短时间内产出腐熟的有机肥或其中间产物，实现易腐垃圾资源化和无害化的过程。

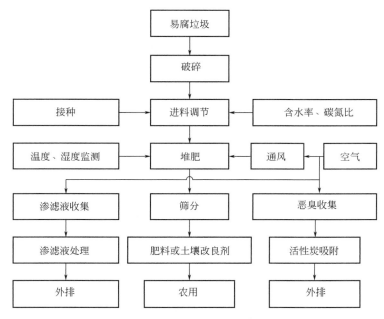

图 2-13　好氧堆肥的工艺流程

该工艺最终的目的不仅是要使垃圾达到减量化和无害化，更重要的是使垃圾实现资源化。如图 2-13 所示，源头分类收集的易腐垃圾，首先通过破碎机破碎，达到符合要求的颗粒后与堆肥辅料混合。然后，进行含水率、碳氮比及微生物调节，并添加或引进微生物菌剂，保证堆肥的迅速启动及腐熟化，缩短堆肥周期并减少后续处理中存在的问题。在微生物堆肥发酵过程中，堆体进行强制通风与机械搅拌，同时监测温度、湿度，保证堆肥过程中水、气、温度能够得到较好控制，为堆肥成功奠定基础。腐熟的堆肥出仓后，经过筛分机进行筛分，并通过一定的加工，制成有机肥料作为农用肥料或者土壤改良剂。

易腐垃圾堆肥发酵过程中，进料含水率约为 65％，若要实现堆肥产品中含水率达到标准要求（≤30％），理论上 1t 堆肥原料至少要去除 500kg 水分，除了少部分通过蒸发逸出，大部分还是以渗滤液形式流出。经测试分析，渗滤液样品 COD（化学需氧量）、总氮、氨氮、总磷的平均浓度分别达到 32383mg/L、835mg/L、682mg/L、166mg/L，相对于《生活垃圾填埋场污染控制标准》（GB 16889—2008）表 2 的相关要求，分别超标 322 倍、21 倍、27 倍、55 倍，若直接排放将会对周围环境造成严重污染。此外，在通风不足的情况下，堆肥过程亦会产生臭味。因此，对于发酵过程中产生的渗滤液及恶臭气体必须进行集中收集处理，防止二次污染。

对于易腐垃圾以外的其他垃圾，主要采用焚烧或填埋处理。相比于分类收集之前，运往焚烧发电厂的垃圾量有所下降，末端处置压力明显减小，无需新建或扩建垃圾处理处置设施，也可实现日益增长的垃圾得到有效处理。此外，易腐垃圾分出后，其他垃圾的含水率大幅下降、焚烧热值提高，可以有效促进垃圾稳定焚烧，削减烟气污染物的产生量；若以填埋方式处理也可减少填埋场垃圾渗滤液的产生量。

2.2.4　典型地区农村生活垃圾分类减量经济性分析

现阶段，我国经济相对发达地区农村生活垃圾的收运与处理主要以"村收集、镇（乡）转运、县处理"的传统全集中模式（CTP）为主。浙江省于2014年在全国范围内率先开展了农村生活垃圾分类减量资源化处理试点，经过3年的努力成功打造了"金东模式"，即基于"二分法"（易腐垃圾与其他垃圾）基础上的生活垃圾分类减量资源化处理新模式，并进行了广泛的推广应用，成效显著，引起全国广泛关注。然而，目前有关农村垃圾治理经济性分析的研究主要针对CTP，对分类减量资源化模式（SCTP）研究仅停留在理论和小规模示范层面。但农村生活垃圾的SCTP运行维护费用可能高于CTP。因此，以浙江省开展了近3年生活垃圾分类减量资源化处理工作的杭州市7县（市、区）的涉农乡镇为研究对象，经实地调研、问卷调查和查阅档案等方法，从分类投放、分类收集、分类运输和分类处理4个环节系统分析基于"二分法"的农村生活垃圾SCTP的运行费用，并与CTP的经济性进行了比较。

2.2.4.1　典型区调研

（1）基本概况

本次调研随机抽样调查了杭州市7个县（区、市）共计16个乡镇及所辖16个行政村的垃圾收运与处理现状。16个选点在2014年1月～2017年5月之间均由垃圾收运处理CTP过渡到基于"二分法"（易腐垃圾与其他垃圾）基础上的SCTP。因此，本节重点对照研究16个选点前后两种生活垃圾收运处置模式及其经济性。

（2）当前模式

1）CTP　CTP指农户家中产生的生活垃圾由村级收运人员运输至镇级中转站，经过压缩脱水后再由镇级运输人员转运至该区域内的县级处置终端。农村生活垃圾CTP具有操作简单、管理方便等特点，但收集和运输成本高昂，普遍高于城市。

2）SCTP　杭州市农村地区普遍推行生活垃圾"二分法"，其中"二"指易腐垃圾和其他垃圾。图2-14详细梳理了杭州市现代农村生活垃圾SCTP。

现代农村生活垃圾SCTP由垃圾的分类投放、分类收集、分类运输和分类处理4个主要环节组成。

① 分类投放。分类投放有3种形式：a. 门前投放，指直接在自家门口分类投放；b. 集中投放，指定时分类投放至本区域内设定的集中投放点；c. "门前＋集中"投放方式，则需将易腐垃圾投放至门前小型分类垃圾桶，而其他垃圾需投放至集中投放点。

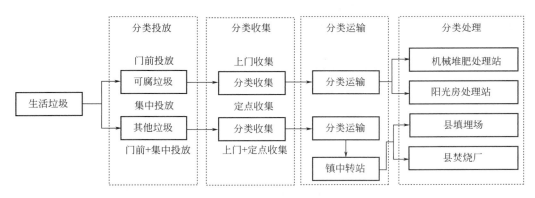

图 2-14 SCTP 流程图

② 分类收集。与分类投放方式相对应，分类收集同样为 3 种方式：a. 上门收集方式，需要收运人员挨家挨户上门收集分类垃圾；b. 定点收集，指收运人员收集集中点的分类垃圾；c. "上门＋定点"收集与"门前＋集中"投放方式，指上门收集易腐垃圾，定点收集其他垃圾。易腐垃圾量多，易腐臭，日产日清，其他垃圾干燥且量相对较少，集中投放，每 2 天收集 1 次。

③ 分类运输。村级收运人员将易腐垃圾运输至临近的资源化处理站，其他垃圾运至镇级垃圾中转站后再由镇级清运人员转运至县级焚烧厂或填埋场。

④ 分类处理。分类收运后的易腐垃圾主要通过太阳能静态堆肥或机器成肥技术进行资源化处理，其他垃圾主要通过焚烧或卫生填埋两种方式进行无害化处理。

根据上述 4 个环节的介绍，表 2-5 总结了 16 个选点地区不同分类投放、分类收集与分类处理的方式的组合情况。不同方式的组合意味着基础设施配置、人员配置、车辆运输距离及末端处置成本的不同，这也是各地区 SCTP 之间经济性差异的主要原因。

表 2-5　SCTP 具体操作方法选择

序号	地点	分类投放 分类收集 分类运输	分类处理	说明
1 2 3 4 5 6 7	临岐 闻堰 新桐 潜川 城南 横村 於潜	门前投放 上门收集 分类运输	机器成肥 太阳能静态堆肥	每户 2 个小垃圾桶、不设置集中点,配置 2 辆收集车分别上门收集易腐垃圾与其他垃圾
8 9 10 11 12 13	径山 永昌 莲花 千岛湖 衙前 更楼	集中投放 定点收集 分类运输	太阳能静态堆肥 机器成肥	每 10～20 户设置集中投放点(240L 垃圾桶 2 只),每村 2 辆收集车定点收集易腐垃圾与其他垃圾
14 15 16	富春江 杨村桥 新街	门前＋集中投放 上门＋定点收集 分类运输	机器成肥	每户 1 个易腐垃圾小桶,每 10～20 户设置其他垃圾集中投放点,每村两辆收集车分别上门收集易腐垃圾,定点收集其他垃圾

2.2.4.2　处理成本计算

生活垃圾处理成本通过垃圾收运与处置各环节涉及的固定资产折旧费用、人工投入、动力消耗费用（水、电）、维修费用以及部分材料费用（辅料）与相应的生活垃圾处理量来计算。其中，SCTP 考虑了垃圾分类引起的垃圾量分流因素，对调研区域生活垃圾资源化处理费用与焚烧或填埋等无害化处理费用做了加权平均。

（1）CTP 处理成本计算

计算公式如下：

$$C_{CTP} = C_{m\text{-collection}} + C_{m\text{-transportation}} + C_{m\text{-disposal}} \tag{2-1}$$

式中　　C_{CTP}——CTP 生活垃圾处理成本，元/t；

$C_{m\text{-collection}}$——村收集环节成本，元/t；

$C_{m\text{-transportation}}$——镇转运环节成本，元/t；

$C_{m\text{-disposal}}$——县处理环节成本，元/t。

（2）SCTP 处理成本计算

计算公式如下[11,12]：

$$C_{SCTP} = C_{c\text{-throwing}} + C_{c\text{-collection}} + C_{c\text{-transportation}} + C_{c\text{-disposal}} \tag{2-2}$$

式中　　C_{SCTP}——SCTP 生活垃圾处理成本，元/t；

$C_{c\text{-throwing}}$——分类投放环节成本，元/t；

$C_{c\text{-collection}}$——分类收集环节成本，元/t；

$C_{c\text{-transportation}}$——易腐垃圾单独运输单位成本，元/t；

$C_{c\text{-disposal}}$——易腐垃圾资源化处理成本，元/t。

① 分类投放成本计算

$$C_{c\text{-throwing}} = [R + \sum p_i n_i (1-SV)/t + \sum S_s]/W \tag{2-3}$$

式中　　R——分类投放环节宣传、奖励成本，元/年；

p_i——不同种类收集设施购置成本，元/个；

n_i——不同种类收集设施数量，个；

SV——固定资产折旧残值，%；

t——固定资产折旧年限，年；

S_s——督导员人工劳务费，元/年；

W——垃圾量，t/年。

② 分类收集成本计算

$$C_{c\text{-collection}} = [M(1-SV)/t + \sum E_c + \sum S_c]/W \tag{2-4}$$

式中　　M——收集车辆购置费用，元；

SV——固定资产折旧残值，%；

t——固定资产折旧年限，年；

E_c——收集车辆能耗费用，元/年；

S_c——收集人员人工劳务费，元/年。

③ 分类运输成本计算

$$C_{\text{c-transportation}} = \omega_p C_{\text{i-transportation}} + (1-\omega_p) C_{\text{m-transportation}} \qquad (2\text{-}5)$$

式中　　ω_p——生活垃圾中易腐垃圾所占比例，%；

$C_{\text{i-transportation}}$——易腐垃圾运输费用，由于易腐垃圾就地处理，该项等于零；

$C_{\text{m-transportation}}$——分类后其他垃圾的清运费用，等同于 CTP 这部分垃圾的清运费用。

④ 分类处理成本计算

$$C_{\text{c-disposal}} = \omega_p \times \frac{[D \times 10000 \times (1-SV)/t + \sum E_d + \sum S_d + X + F]}{W_f} + (1-\omega_p) C_{\text{m-disposal}}$$

$$(2\text{-}6)$$

式中　　D——易腐垃圾资源化设施或设备的一次性投入，万元；

E_d——资源化设施或设备的运行能耗费，元；

S_d——运行维护人员劳务费，元/年；

X——资源化设施或设备维修费用，元/年；

W_f——经资源化处理的易腐垃圾量，元/年；

F——易腐垃圾资源化过程中添加辅料（菌剂、木屑、谷糠等）的费用，元/年；

$C_{\text{m-disposal}}$——分类后其他垃圾的处置费用（填埋、焚烧），等同于 CTP 这部分垃圾的处置费用。

2.2.4.3　经济性比较

（1）CTP 经济性

CTP 垃圾处理成本计算结果见表 2-6。从结果可以看出，CTP 垃圾平均处理成本为 369.17 元/t，其中，村收集环节平均成本 119.60 元/t，镇转运环节平均成本 110.18 元/t，县处理环节采用焚烧方式平均成本 145.29 元/t，采用填埋方式平均成本 62.94 元/t。垃圾处理成本中，收集与运输成本约占 62.24%，是主要的经济投入。其中，余杭区径山镇（JS）由于距离现有的焚烧厂运输距离较远，转运成本高达 270 元（其中路桥费约占 190 元），而大部分运距规划合理的乡镇，平均镇转运成本仅约 66.2 元。考虑生活垃圾处理量的条件下，经过计算，各乡镇生活垃圾 CTP 处理费用平均约为 249.72 万元/年。

表 2-6　CTP 垃圾处理综合成本分析

序号	地点	村收集成本/(元/t)	镇转运成本/(元/t)	县处理成本/(元/t)	CTP 处理成本/(元/t)	CTP 处理费用/(万元/年)
1	衢前	110.00	60.00	167.00	337.00	241.09
2	新街					327.19
3	径山	116.70	270.00	110.00	496.70	725.18
4	新桐	126.44	64.00	150.00	340.44	78.28
5	永昌	131.51	64.00	150.00	345.51	97.11
6	潜川	304.41		60.88①	365.29	214.66
7	於潜	121.20	68.00	120.00	309.20	339.70
8	城南	266.72		160.00	426.72	181.21
9	千岛湖	114.16	170.28	160.00	444.44	161.34
10	更楼	117.21	75.00	65.00①	257.21	131.41
	平均	119.60	110.18	126.99	369.17	249.72

① 处理方式为填埋，其余为焚烧。

（2）SCTP 经济性

SCTP 垃圾处理成本的计算结果见表 2-7。从结果可以看出，SCTP 垃圾平均处理成本 488.14 元/吨，其中，分类投放环节平均成本为 76.53 元/吨，分类收集分类运输环节平均成本 207.80 元/吨，分类处理环节平均成本 203.81 元/吨。同样，在考虑到生活垃圾处理量的情况下，各乡镇生活垃圾 SCTP 处理费用约为 313.92 万元/年，超出 CTP 处理费用 25.71%。各地区处理成本的差异主要在分类投放与分类处理环节，而分类投放的成本差别取决于投放方式选择、政府重视程度及宣传力度的差异，分类处理环节的成本差别取决于资源化处理技术先进性差异。

表 2-7　SCTP 垃圾处理综合成本分析

序号	地点	分类投放成本/(元/吨)	分类收集和分类运输成本/(元/吨)	分类处理成本/(元/吨)	SCTP 处理成本/(元/吨)	SCTP 处理费用/(万元/年)
1	衔前	36.34	183.07	229.62	449.03	321.24
2	新街	78.54	193.31	232.81	504.66	489.97
3	径山	41.27	207.80	89.77	338.84	494.71
4	新桐	37.36	191.76	178.47	407.59	93.73
5	永昌	54.36	230.21	176.92	461.49	129.70
6	潜川	96.48	206.66	99.83	402.98	236.81
7	於潜	146.35	243.31	192.77	582.43	639.89
8	城南	72.48	202.97	301.22	576.67	244.89
9	千岛湖	51.65	235.60	411.03	698.28	253.49
10	更楼	150.51	183.28	125.65	459.44	234.74
	平均	76.53	207.80	203.81	488.14	313.92

2.2.4.4　模式优选

分类投放与分类收集环节的人均投入如图 2-15 所示。分类投放环节中，"门前＋集中"投放方式人均投入明显高于门前投放方式，门前投放方式明显高于集中投放方式（$P < 0.05$）；分类收集环节中，"上门＋定点"收集方式稍高于上门收集方式，明显高于定点收集方式（$P < 0.05$）。上述两环节中不同方式间产生差异的主要原因是基础设施数量的不同与收集方式的不同而导致的。此外，现场调查分析表明，集中投放＋定点收集方式虽然成本最低，但是无法保证和追溯垃圾源头分类质量，分类正确率明显低于其他两种方式（集中投放＋定点收集方式垃圾分类正确率 51.26%，其他两种分别为 90.34% 和 82.88%）；分类处理环节中，易腐垃圾单位处理成本从 69.53 元到 662.05 元不等（图 2-16）。总体上，机器成肥技术处理成本明显高于太阳能静态堆肥技术（图 2-16 中，JS 与 YuQ）。不过，机器成肥技术具有资源化效率高、占地小、肥料品质高等优势，而太阳能静态堆肥技术的应用也因二次污染严重及占地面积大等问题受到了限制。调研选点中机器成肥设备处理规模在 0.5～3t/d 范围内，从图 2-17 可以看出，运行成本随处理规模增大而减小，设备购置成本则随处理规模的增大而逐渐增大。此外，对于机器成肥设备运营来说，规模越大，单位处理能力所需的人员配置费用和土建投资费用就越低，如图 2-17 所示。因此，适度集中、规模适中的资源化站房建设及机器成肥设备选择更具经济可行性。综上所述，通过易腐垃圾资源化处理经济性、高效性和先进性的分析，农村生活垃圾 SCTP 最佳方式组合应为"门前投放—上门收集—机器成肥"。

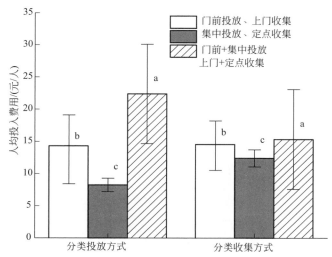

图 2-15 分类投放与分类收集环节的人均投入

（注：a、b、c 代表在 $P=0.05$ 的水平下差异显著）

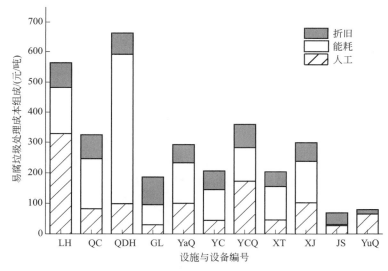

图 2-16 易腐垃圾处理综合运行成本组成

2.2.4.5 模式经济性分析

总体上，不考虑资源化产品（有机肥料）经济价值的前提下，SCTP 垃圾处理成本比 CTP 高（约 118.97 元/t），主要的原因是分类投放与收集基础设施的完善配套和资源化处理运行成本较高。若考虑其经济价值，按照易腐垃圾堆肥减重率为 54.36% ～ 64.89%[14] 与有机肥料售价[15] 进行估算，SCTP 垃圾处理成本与 CTP 基本持平，处理费用会明显降低。因此，SCTP 的良好运行还有赖于政府政策支持（如建立资源化产品的绿色回购计划等）。其次，从图 2-18 看出，CTP 中，垃圾收集、运输环节平均成本 229.78 元/t，占总成本 64.40%，而 SCTP 中，分类收运成本仅为 207.80 元/t，占总成本的 42.57%。原因是 SCTP 实现了易腐垃圾就地资源化，大幅度减少了农村生活垃圾的外运

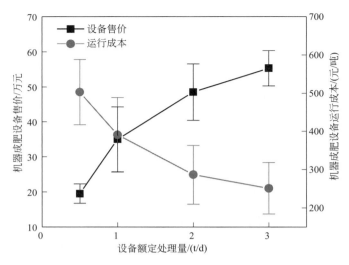

图 2-17 机械成肥设备售价与运行成本

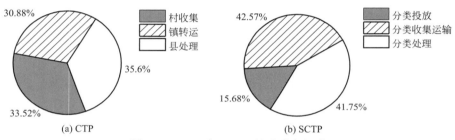

图 2-18 CTP 与 SCTP 处理成本组成

量，进而减少了运输成本。CTP 中，垃圾末端处置平均成本为 126.99 元/t，SCTP 中垃圾处置平均成本（机器成肥与焚烧或填埋加权平均）为 203.81 元/t，后者成本高主要是由于现行易腐垃圾资源化处理技术，尤其是机器成肥设备运行成本高昂所致。随着资源化处理技术的节能降耗提标改造、处理规模的适度集中以及政府对资源化产品的绿色回购，SCTP 的总费用会逐渐下降，其经济可行性将会进一步提高。

除了经济效益以外，SCTP 较之 CTP 更具良好的社会效益和环境效益，不仅有助于健全农村生活垃圾分类与处理体系和提高农户分类意识与知晓率，还补齐了农村基础设施短板，从根本上改善了农村人居环境。

2.3 农村生活垃圾转运技术

2.3.1 农村生活垃圾收运主要模式

根据中国村落分布较为分散的实际情况，在城镇周边和环境敏感的示范区域，生活垃圾的收运模式[11]为"户分类、村收集、镇转运、县（区）处理"的生活垃圾收运模式，而在布局分散、经济欠发达、交通不便的村庄[12]实行"户分类、村集中、镇处理"。尽快将各个村都纳入到镇生活垃圾收运体系中来，形成完善的收运体系，在我国绝大部分地区未实行垃圾分类收运，实行"混合收集转运模式"。

2.3.1.1 户分类、村收集、镇转运、县（区）处理模式

城镇化程度较高的农村地区，距离乡镇较近，生活垃圾收运处理实行"户分类、村收集、镇转运、县（区）处理"的农村生活垃圾集中收运处理体系为基础，以"分类投放、二次分拣、分类运输"为重要手段。农户在家中对垃圾进行分类后，将垃圾投放到收集点的分类垃圾桶中，保洁员对收集点的生活垃圾进行二次分拣，主要挑选出可回收垃圾。保洁员将可堆肥的树叶、杂草、菜叶等送往就近的生物降解池掩埋，可回收垃圾送往回收点，其他垃圾运至垃圾收集站或转运站进行转运至填埋场或焚烧厂进行无害化处理。典型流程如图 2-19 所示[11]。

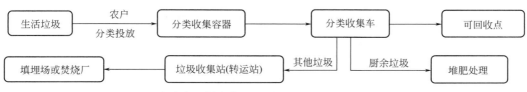

图 2-19 户分类、村收集、镇转运、县（区）处理模式流程

2.3.1.2 户分类、村集中、镇处理模式

而对于布局分散、经济欠发达、交通不便的农村地区，实行"户分类、村集中、镇处理"，具体流程如图 2-20 所示。

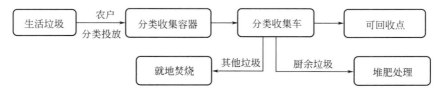

图 2-20 户分类、村集中、镇处理模式流程

2.3.1.3 混合收集转运处置处理模式

现今我国农村生活垃圾收运系统主要以混合收集、运输为主，农村居民排放的前源生活垃圾未进行分类，直接混合投置于垃圾收集点，经垃圾收运车定期转运至中转站，后运输至垃圾填埋场，而对于部分受地理条件影响的农村地区，不设置垃圾中转站直接转运至填埋场。我国农村生活垃圾混合收运系统如图 2-21 所示。

2.3.1.4 浙江典型地区农村生活垃圾分类收运模式

杭州市作为全国首批垃圾分类试点城市之一，在推进农村生活垃圾分类及减量化资源化工作上走在全国前列。2015 年，杭州市制定了《杭州市农村生活垃圾分类及减量化资源化处理三年行动计划（2016—2018 年）》，要求将农村生活垃圾按"二分法"（分为易腐垃圾和其他垃圾两类）分别收运，并广泛采用堆肥化方式处理易腐垃圾，到 2018 年年底基本实现农村生活垃圾减量化、资源化处理全覆盖。杭州市农村生活垃圾中易腐垃圾、

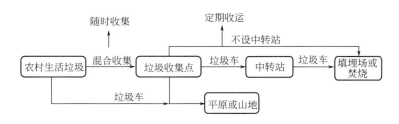

图 2-21　我国农村生活垃圾混合收运系统

有害垃圾和可回收物的比例分别为 55％、1％和 20％，易腐垃圾比例较高，且适于用堆肥化方式处置；采用"二分法"对农村生活垃圾进行分类有助于易腐垃圾的堆肥化处理，同时应极力避免有害垃圾混入易腐垃圾，在无害化的基础上实现农村生活垃圾减量化及资源化。在"二分法"的背景下，上门收运农户门前分类垃圾桶中易腐垃圾和其他垃圾，具有降低农村生活垃圾分类工作的经济成本，提高农村居民分类投放垃圾的正确率、易腐垃圾的有效收运比例、垃圾分类工作的基层管理效能以及农村居民对垃圾分类工作的接受度等优势，是较适宜的农村生活垃圾分类收运方法。

（1）杭州市农村生活垃圾源头分类方法的适用性

调研涉及的 6 个区（县、市）中典型行政村内生活垃圾的物理组成特征如表 2-8 所列。根据估算，杭州市农村生活垃圾中主要组分为厨余类、纸类、橡胶塑料类、纺织品类、灰土类和玻璃类等，其中厨余类占比约 55％，纸类、橡胶塑料类、纺织品类、灰土类和玻璃类等组分共占比约 35％，且这 5 类组分之间占比差距不大，均不足厨余类的 1/5，而木竹类、砖瓦陶瓷类、金属类、其他和混合类等非主要组分的总占比不足 10％。

表 2-8　杭州市农村生活垃圾物理组成特征

地点		质量分数 w/%										
		厨余类	纸类	橡胶塑料类	纺织品类	木竹类	灰土类	砖瓦陶瓷类	玻璃类	金属类	其他	混合类
萧山区 WY 街道 SH 村		51.67	10.00	7.78	7.78	2.22	10.00	0.56	6.65	1.11	1.67	0.56
余杭区 JS 镇 SX 村		43.81	15.98	13.92	10.31	1.03	0.52	1.03	10.82	1.03	0.52	1.03
富阳区 YC 镇 YC 村		65.69	4.90	7.84	3.92	2.94	0.98	0.98	3.92	3.92	1.96	2.95
临安区 YQ 镇 QX 村		60.49	3.09	14.81	4.32	1.23	0.63	1.85	9.26	1.23	1.86	1.23
桐庐县 FCJ 镇 MP 村		58.93	9.38	19.3	1.34	0.45	0.45	0.45	8.01	0.45	0.44	0.45
建德市 LH 镇 XJ 村		67.23	5.46	4.62	1.42	1.68	6.30	5.88	2.94	0.62	1.68	2.17
杭州市农村	加权平均值 1[①]	56.24	8.81	10.86	5.69	1.70	3.92	1.55	7.16	1.39	1.38	1.30
	加权平均值 2[①]	55.61	9.14	10.87	5.88	1.71	4.03	1.49	7.23	1.40	1.36	1.28

① 加权平均值 1 的权数为各区（县、市）2016 年农村户数；加权平均值 2 的权数为各区（县、市）2016 年农村人口数[17]。

调研结果表明，杭州市农村生活垃圾中易腐垃圾比例较高，且较适于用堆肥化方式处理。根据表 2-8 所列，包括绝大部分厨余类和一部分木竹类组分在内的易腐垃圾在杭州市农村生活垃圾总量中占比约 55％；10 个受访行政村均具有一定面积的耕地，能够为有机肥料提供充足的消纳空间，说明杭州市农村具备通过堆肥化集中处置易腐垃圾的前提条件，即易腐垃圾比例大于 40％[13]，且有机肥料有良好的消纳体系[14]。

杭州市农村生活垃圾中有害垃圾所占比例极小，实施垃圾分类后，有害垃圾混入易腐垃圾中的风险较低。根据表 2-8，主要包括废电池、废涂料、废杀虫剂等有害垃圾在内的其他类组分仅占比 1.4％左右；而调查发现，除农药废弃包装物以外的有害垃圾，包括废电池、废荧光灯管、废水银温度计、废血压计、废药品、废日用化妆品、废涂料和废消毒剂及其包装物等，在农户家中均鲜有产生；至于废弃农药瓶等在农村数量庞大的农药废弃包装物，浙江省已于 2015 年 9 月 1 日起实施农药废弃包装物回收和集中处置，目前部分地区已经形成农药废弃包装物回收体系，明显削减了进入农村生活垃圾收运和处置系统的农药废弃包装物数量[15]。上述情况说明杭州市农村生活垃圾中的有害垃圾比例极小，可能仅约 1％，但考虑到有害垃圾的高环境风险，应极力避免其混入易腐垃圾。此外，问卷调查发现，农村居民对有害垃圾和易腐垃圾的认知正确率分别可达 65％和 95％，因此，农村地区实施垃圾分类后有害垃圾进入生活垃圾收运体系并混入易腐垃圾中的风险较低。

进入杭州市农村生活垃圾收运体系中的可回收物的经济价值较低，不具有回收价值。根据表 2-8，主要包括废纸、废塑料、废旧纺织物、废玻璃等低价值可回收物在内的纸类、橡胶塑料类、纺织品类和玻璃类等 4 类组分的总占比约 30％。其中可回收的纸类极少，绝大部分是水溶性强的不可回收纸，如面巾纸、卫生纸等，报纸、书籍等可回收纸占比很小；而橡胶塑料类、纺织类和玻璃类等组分除一部分由于受到污染而难以回收以外，其余均可归类为可回收物。据此，杭州市农村生活垃圾中低价值可回收物占比约 20％。

综上所述，杭州市农村易腐垃圾产生量大且适于用堆肥化处理，进入生活垃圾收运体系的有害垃圾量极少且其混入易腐垃圾中的风险较低，并且可回收物的经济价值大多较低而不具有回收价值，因此在杭州市农村生活垃圾分类工作推进初期，"二分法"（分为易腐垃圾和其他垃圾两类）是较理想的源头分类方法，既能保证农村易腐垃圾的无害化处理及资源化利用，又能在节约垃圾分类工作经济成本和降低生活垃圾处理对环境影响的前提下，满足社会对简单易懂的垃圾分类方法的需求意愿，使农村生活垃圾分类工作迅速推进。

（2）杭州市农村生活垃圾分类收运模式的综合评价

在以"二分法"为农村生活垃圾源头分类方法的背景下，杭州市各区（县、市）以行政村为单元分类收运农村生活垃圾，逐渐形成 3 种分类收运模式，如图 2-22 所示。

A 模式：上门收运农户门前分类垃圾桶中易腐垃圾和其他垃圾。

图 2-22　杭州市农村生活垃圾分类收运模式

B 模式：定点收运行政村垃圾集中投放点内的易腐垃圾和其他垃圾。

C 模式：上门收运农户门前垃圾桶中的易腐垃圾，并定点收运行政村垃圾投放点内的其他垃圾。

调查发现，采用不同的分类收运模式对农村生活垃圾分类工作的经济成本、运行状况和社会接受度均有重要影响，可从这3个角度分别评价杭州市农村生活垃圾分类收运模式，以明确上述3种分类收运模式的选择优先级。

（3）杭州市农村生活垃圾分类收运模式经济成本评价

经济成本是垃圾分类工作管理层选择农村生活垃圾分类收运模式时考虑的首要因素，而分类收运模式决定了生活垃圾分类投放、收集和运输的形式。因此，按不同分类收运模式开展垃圾分类工作的经济成本差异主要包括生活垃圾分类投放与收运环节的设施建设、工具配备、宣传奖励及运维管理等费用的差异。调查地区开展垃圾分类工作的人均经济成本如表2-9所列。

表 2-9　调查地区农村生活垃圾分类工作人均经济成本

调研地点	主要收运模式	涉及人口/10^4	人均经济成本[①]/万元			
			设施建设与工具配备	宣传奖励与运维管理	投放与收运环节成本	总成本
萧山区 XJ 街道	A	1.9	29.6	18.8	48.4	65.0
富阳区 XT 乡	A	0.9	9.4	21.6	31.0	72.7
临安区 YQ 镇	A	4.3	21.2	21.3	42.5	74.2
桐庐县 HC 镇	A	2.0	20.0	30.3	50.3	86.1
萧山区 YQ 镇	B	2.8	7.5	14.3	21.8	59.5
余杭区 JS 镇	B	0.7	3.1	29.4	32.5	79.6
富阳区 YC 镇	B	1.1	7.7	13.8	21.5	52.4
建德市 GL 街道	B	2.0	31.0	18.6	49.6	85.4
桐庐县 FCJ 镇	C	2.2	21.8	22.2	44.0	80.6
建德市 YCQ 镇	C	2.0	17.0	50.8	67.8	111.3
模式平均值	A	2.3	20.1	23.0	43.1	74.5
	B	1.7	12.3	19.0	31.3	69.2
	C	2.1	19.4	36.6	56.0	96.0

① 投放与收运环节成本即设施建设与工具配备以及宣传奖励与运维管理两者成本之和。

由表2-9可见，采用3种不同的分类收运模式在投放与收运环节投入的人均经济成本存在明显差异。3种模式的投放与收运环节人均成本由高到低依次为C＞A＞B，其中C模式比A模式高29.9%，差异主要来源于宣传奖励与运维管理；而B模式比A模式低27.4%，差异主要来源于设施建设与工具配备。由于投放与收运环节人均成本占人均总成本的比例介于40%～60%之间，且人均总成本和投放与收运环节人均成本呈显著正相关（$P < 0.01$），可见农村生活垃圾分类收运模式的选择是影响各行政村开展垃圾分类工作经济成本的重要因素。

值得一提的是，尽管3种模式的人均总成本由高到低仍为C＞A＞B，但与C模式的人均总成本仍比A模式高28.8%相比，A模式与B模式之间人均总成本的差距相较两者投放与收运环节人均成本的差距大幅缩小，B模式仅比A模式低7.1%，这可能是由于按B模式开展垃圾分类工作时分类正确率较低，易腐垃圾纯度不能满足堆肥化处理的需求，需要投入额外的资金进行人工二次分选来弥补，因而A模式和B模式之间人均总成本较接近，与C模式相比，分别低22.4%和27.9%。综上所述，采用A模式或B模式可有效降低农村生活垃圾分类工作的经济成本。

（4）杭州市农村生活垃圾收运模式运行状况评价

易腐垃圾纯度和生活垃圾分类投放正确率是评价农村生活垃圾分类收运模式效能最直观有效的指标。堆肥化处理对易腐垃圾的纯度有一定要求，在一定范围内，进入堆肥化处理阶段的易腐垃圾纯度越高，堆肥化处理的效果越好[16]。因此，在农村生活垃圾源头分类环节，农村居民分类投放生活垃圾的正确率至关重要。调查地区农村居民分类投放易腐垃圾和其他垃圾的正确率如图 2-23 所示，采用的分类收运模式不同，垃圾的分类投放正确率存在显著差异（$P<0.01$），且与在生活垃圾分类投放与收运环节投入的人均经济成本呈正相关（$P<0.1$）。3 种模式下农村居民分类投放垃圾的正确率由高到低也依次为 C>A>B，其中 C 模式和 A 模式的正确率分别接近 90% 和 80%，基本能够满足堆肥化处理对易腐垃圾纯度的要求；相比之下，B 模式的正确率仅约 60%，易腐垃圾中杂质较多，不宜直接进入堆肥化处理环节，需要先进行人工二次分选。

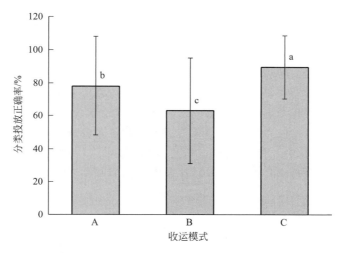

图 2-23　调查地区农村生活垃圾分类投放正确率
（注：a、b、c 代表在 $P=0.05$ 的水平下差异显著）

此外，采用的分类收运模式不同，各地区的易腐垃圾堆肥化处理比例存在差异。调查地区易腐垃圾堆肥化处理站的基本运行情况如表 2-10 所列，采用不同分类收运模式的地区之间，易腐垃圾的堆肥化处理比例由高到低依次为 A>B>C。B 模式的堆肥化处理比例较 A 模式低 25% 以上，而 C 模式较 A 模式低 50% 以上，在一定程度上说明按 A 模式开展垃圾分类工作能够提高易腐垃圾的有效收运比例。因为在大部分易腐垃圾堆肥化处理站的额定处理量小于其负责区域的日产易腐垃圾量的情况下，多数处理站的实际处理负荷仍在 80% 以下，说明在大部分地区，易腐垃圾堆肥化处理站的额定处理量并不是限制易腐垃圾堆肥化处理比例的主要因素；同时调查发现，由于在推进农村生活垃圾分类工作的过程中往往更注重推广普及，在短时间内提高农村垃圾分类工作的覆盖率，而忽略了同步建立长效的运行管理及维护保障机制的重要性，垃圾集中投放点等设施的选址与建设不当，分类垃圾桶等工具的选型和使用不当等问题非常普遍，导致易腐垃圾的有效收运比例不高，从而限制了易腐垃圾堆肥化处理比例。

表 2-10　调查地区易腐垃圾堆肥化处理站基本运行情况

易腐垃圾堆肥化处理站	收运模式	额定处理量/(t/d)	实际处理量/(t/d)	实际处理负荷/%	日产易腐垃圾量/(t/d)	堆肥化处理比例/%
萧山区 XJ 街道生活垃圾资源化处理站	A	3.0	2.0	66.7	5.7	35.3
富阳区 XT 乡农村生活垃圾资源利用站	A	3.0	1.5	50.0	2.6	58.6
临安区 YQ 镇生活垃圾处理站	A	5.0	1.4	28.0	5.7	24.6
桐庐县 HC 镇 YSF 村垃圾资源化利用站	A	0.3	0.4	133.0	0.5	83.4
萧山区 YQ 镇生活垃圾资源化处理站(中片)	B	2.0	1.7	85.0	4.1	41.6
余杭区 JS 镇阳光堆肥房	B	3.0	1.5	50.0	4.5	33.5
富阳区 YC 镇生活垃圾分类处理场	B	2.0	1.5	75.0	5.6	26.8
建德市 GL 街道垃圾资源化处理站	B	1.0	0.5	50.0	5.1	9.8
桐庐县 FCJ 镇 LC 村垃圾资源化利用站	C	0.5	0.3	60.0	1.5	19.8
建德市 YCQ 镇垃圾资源处理站	C	2.0	1.8	90.0	10.2	17.6
模式平均	A	2.8	1.3	46.9	3.6	36.8
	B	2.0	1.3	65.0	4.8	27.0
	C	1.3	1.1	84.0	5.9	17.9

注：实际处理负荷平均值的权数为各处理站额定处理量，堆肥化处理比例平均值的权数为各区域日产易腐垃圾量。

（5）杭州市农村生活垃圾分类工作社会接受度评价

农村居民是农村生活垃圾分类工作的核心，其对垃圾分类工作，尤其是垃圾分类收运模式的接受度在很大程度上决定了垃圾分类工作的实施状况；而在垃圾分类工作推进阶段，基层管理执行人员对农村居民的指导、管理和监督大幅度影响了垃圾分类工作的实施状况。因此，调查从认知（分类观念）、情感（满意度）和行为意向（参与度）3 个方面评价农村居民对垃圾分类工作的接受度，并考察其对基层管理执行人员管理效能的评估，结果如图 2-24 所示。

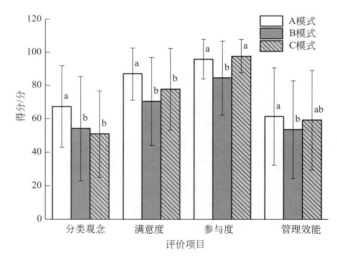

图 2-24　调查地区农村生活垃圾分类工作社会接受度评价

（注：a、b、ab 代表在 $P=0.05$ 的水平下差异显著）

调查结果显示，采用不同的分类收运模式，农村居民对农村生活垃圾分类工作的接受度存在显著差异，其综合评价得分由高到低依次为 A＞C＞B。首先，A 模式下农村居民的垃圾分类观念最强，显著高于 B 模式和 C 模式，表明按 A 模式开展垃圾分类工作更有助于农村居民养成和保持分类投放垃圾的习惯；其次，A 模式下农村居民对垃圾分类工作实施情况的满意度最高，显著高于 B 模式和 C 模式，表明农村居民可能更倾向于按 A 模式开展垃圾分类工作；此外，在采用 A 模式或 C 模式的情况下，农村居民在垃圾分类工作实施过程中的参与度更高，显著高于 B 模式，表明采用 A 模式或 C 模式时农村居民参与垃圾分类工作的积极性更高；最后，A 模式下基层管理执行人员对农村居民的管理效能更好，显著高于 B 模式，而 C 模式则介于两者之间，表明按 A 模式开展垃圾分类工作时，基层管理执行人员能更有效地执行收运、监督和指导等工作，也有更多机会进行宣传、教育和考核等管理工作。综上所述，采用 A 模式更有利于提升农村居民对农村生活垃圾分类工作的接受度。

2.3.2　农村生活垃圾收运及处理主要模式选择

针对我国农村存在分散型村庄、城郊型村庄、连片集中型村庄等类型，农村生活垃圾垃圾整治的方式主要为分散型单村处理模式、连片村处理模式和城乡统筹处理模式，同时结合项目所在地区位条件、地形地貌、水文地质条件、经济水平和处理规模，选择不同的收运、处理处置及综合利用模式。

2.3.2.1　连片村生活垃圾整治设计方案

如表 2-11 所列为农村生活垃圾连片整治涉及方案。

表 2-11　农村生活垃圾连片整治涉及方案

序号	处理模式	处理方案	定义
1	单村分散型	单村分散处理	简易分类收集后，分选出有害垃圾和可回收类物质后，直接进行单村分散型简易卫生填埋
2	连片村集中式	户分选＋单村收集＋无机垃圾就地分散处理＋有机垃圾连片村集中处理	先分选出纸张、玻璃、金属、塑料等可回收利用成分，危险类不能回收的垃圾直接简易填埋，有机成分进行压缩转运后，连片村集中处理
3	城乡统筹	户分选＋连片村收集＋城乡统筹集中处理	先分选出纸张、玻璃、金属、塑料等可回收利用成分，不能回收的垃圾直接单村分散简易卫生填埋，有机成分进行压缩转运后，城乡统筹处理

2.3.2.2　技术筛选流程

图 2-25 为农村生活垃圾处理技术模式筛选流程。

2.3.3　农村生活垃圾常规转运

2.3.3.1　工艺概况

常规转运是指将收集到的生活垃圾，不加任何处理，直接进行转运的一种工艺。

2.3.3.2　技术特点

常规转运无需进行压缩处理，避免垃圾收集及转运站产生大量渗滤液，但不能实现垃圾转运前的减容，不便于运输。

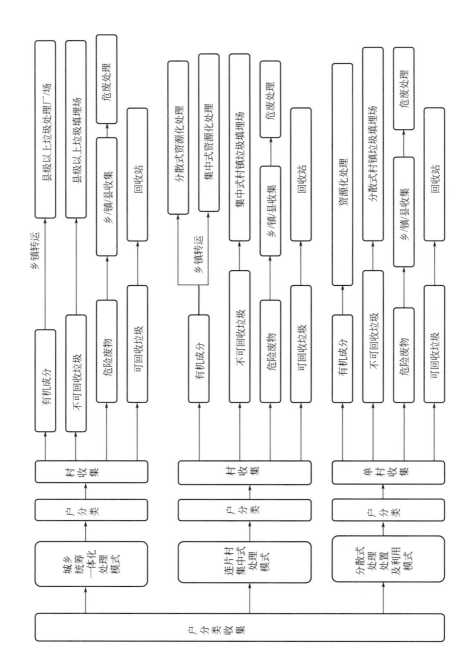

图 2-25 农村生活垃圾处理技术模式筛选流程

2.3.3.3　相关要求

① 夏季每天转运一次，压缩后及时转运。

② 春秋两季结合垃圾产生量、垃圾转运能力设置，压缩转运周期为 3d。

③ 冬季结合垃圾产生量、垃圾转运能力设置确定转运时间，但最多不超过一周。

④ 对分类收集的有机垃圾进行 100％转运。

2.3.3.4　工艺内容

如图 2-26 和图 2-27 所示为Ⅰ级和Ⅱ级村垃圾收运体系。

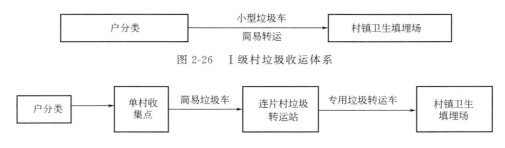

图 2-26　Ⅰ级村垃圾收运体系

图 2-27　Ⅱ级村垃圾收运体系

2.3.4　农村生活垃圾压缩转运

2.3.4.1　工艺概况

压缩转运是通过压缩装置对生活垃圾进行压缩后，再进行转运处理的一种工艺。

2.3.4.2　技术特点

通过压缩，可以大大减少垃圾中的水分，实现垃圾的减容，便于运输。本方法可以实现垃圾的减量化，但是由于压缩过程中会产生渗滤液，所产生的废水需进行合理处理处置。

2.3.4.3　相关要求

① 夏季每天转运前压缩一次，压缩后及时转运。

② 春秋两季结合垃圾产生量、垃圾转运能力设置，压缩转运周期为 3d。

③ 冬季结合垃圾产生量、垃圾转运能力设置确定压缩转运时间，但最多不超过一周。

④ 压缩率：对分类收集的有机垃圾进行 100％压缩。

⑤ 压缩渗滤液需进行适当处理后，达标排放。

2.3.4.4　工艺内容

（1）工艺设计

如图 2-28 为Ⅲ级村垃圾转运体系。

（2）建设规模

① 压缩装置处理处置能力：5t/d。

② 单村压缩转运：人口规模 300 人以上，服务半径为 1km 以内。

③ 连片村压缩转运：压缩装置为 5000 人/台，服务半径为 5km（需增加短程常规转运）。

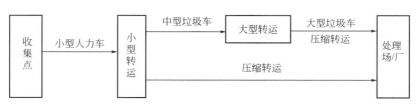

图 2-28　Ⅲ级村垃圾转运体系

（3）工程构成

转运站主体工程设施包括站房、进出站道路、垃圾集装箱、垃圾装卸料/压缩装置、垃圾渗滤液及污水处理装置、通风除臭装置、灭虫装置，资源回收物品分类存放点及宣传站房。

主要工程构成如下。

① 垃圾中转站站房：如图 2-29 所示为农村垃圾中转站实物图。

图 2-29　农村垃圾中转站实物图

② 垃圾压缩装置：如图 2-30 所示为垃圾压缩装置实物图。

2.3.5　基于物联网技术的农村生活垃圾收运模式

物联网技术[17]是通过射频识别（RFID）、GPS 导航、地理信息系统（GIS）、二维码系统、激光扫描器等信息传感设备，按约定的协议，把任何物品与互联网相连接，进行信息交换和通信，以实现对物品的智能化识别、定位、跟踪、监控和管理的一种网络。

农村生活垃圾需要用物联网技术，可以实现农村生活垃圾收运系统中农村生活垃

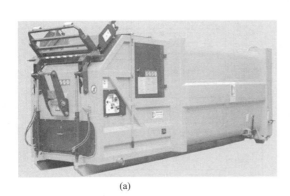
(a)

(b)

(c)

(d)

图 2-30　垃圾压缩装置实物图

圾深埋收集站的满桶报警，以及收运车辆行驶路线的智能化规划，并实现对运输车辆以及工作人员的实时监管，从而实现农村生活垃圾从收集到运输整个阶段的智能化、信息化。

农村生活垃圾收运系统模块功能如图 2-31 所示。

农村生活垃圾系统模块功能主要分为基础数据采集模块、基础数据管理模块、车辆调度管理模块以及系统管理模块[18,19]。

（1）基础数据采集模块

主要包括深埋收集站的基本信息、车辆的基础信息、车辆在收运过程中的状态、运输人员的基本信息。深埋收集站的地理位置、车辆的车牌号以及所归属的管理区域、运输人员的基本信息等写入 RFID 标签中，并给深埋收集站、运输车辆、运输人员分配相应的 RFID 标签并通过读取 RFID 标签的方式来完成数据的采集。通过 GPS 定位、摄像装置等

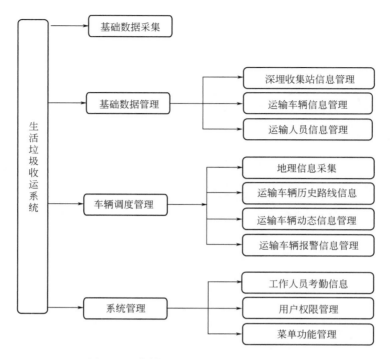

图 2-31　农村生活垃圾收运系统模块功能

来实现车辆的实时监控。

（2）基础数据管理模块

主要包括对深埋收集站的信息管理、运输车辆信息管理和运输人员信息管理。深埋收集站作为生活垃圾的起源点，是对农村生活垃圾管理信息化的源头，通过传感器来实现填埋桶的预警功能，当垃圾收集量达到收集桶容积的 80％时填埋桶通过无线通信向系统发出满桶预警信息，系统通过判断需要转运垃圾的收集站的位置进行车辆及人员的调度以及车辆收集路线的规划。运输车辆在运输过程中通过 GPS 对车辆的位置信息进行管理同时通过对车辆行驶速度、油耗、载重等信息的监控来实现对车辆的监管。当车辆不在规定的行驶路线行驶时系统会提示管理人员对车辆状态进行查看，以规范运输车辆的管理，减少运输成本。生活垃圾运输人员由管理员进行驾驶车辆的分配，根据运输人员的工作状态来进行人员的调度，当驾驶员在同一天驾驶时间达到设定值时，系统将不会给该工作人员进行任务分派，从而避免驾驶员疲劳驾驶。

（3）车辆调度管理模块

主要包括地图信息管理、车辆运输历史路线信息管理、运输车辆动态信息管理、运输车辆报警信息管理等功能。地理信息管理主要包括地图的扩大或缩小的管理，在后期运营中随着填埋式收集桶的增多或减少，地理信息会发生变化，管理人员可在此模块中进行地图的修改。车辆运输历史路线信息管理通过对历史路线的查询，可实时掌控运输人员是否按规操作，加强车辆及运输人员的规范性管理，为管理部门提供科学的管理依据。运输车辆的动态管理可实现对清运车辆的远程实时监控，需要借助现代信息技术，调度中心向车载终端发出指令，终端会依照指令不间断地传输定位数据给调度中心，经 GIS 做必要处理后，将车辆的实时位置显示于电子地图上，以达到对车辆的跟踪定位，当运输车辆在遇到紧急情况时会向系统发出警报信号，后台管理人员根据实际情况向车辆发出相应的指令，这样有利于车辆运输过程中的安全管理。

（4）系统管理模块

系统管理模块是为了方便后台管理而设计的，工作人员考勤信息管理主要是为了考察工作人员是否按时上下班以及在上班时间是否在自己的工作区域内，以此来对工作人员进行监管。上层管理人员可在此模块中对下级管理人员的权限进行设置。

2.4　农业废物收运技术

农业废物是指农业生产过程中产生的、不能有效利用并可直接或间接引起环境污染的物质，通常农业废物主要包括畜禽粪便、作物秸秆等[20]。由于作物秸秆分布更广、更分散，收获季节性强，能量密度低，储运不方便等，导致其收集、存放和运输成了大规模利用的瓶颈，严重影响了农村循环经济的发展，因此秸秆的收运过程间接决定了秸秆的利用效率。作物秸秆收储运过程是指在保持秸秆利用价值的前提下，采用经济有效的方法和设备，收集、运输、转运或存储至秸秆利用厂等一系列过程的综合，是秸秆处理处置工艺的首要环节[21]。

目前我国两种代表性的秸秆收储运模式是分散型收储运模式和集约型收储运模式[22]。分散型收储运模式以农户或秸秆经纪人为主体，距离秸秆利用企业较近地区的农户直接向其提供秸秆，距离秸秆利用企业较远的地区，则由秸秆经纪人收集秸秆再集中售给企业，故也可将分散型模式分为"公司＋散户"型和"公司＋经纪人"型两种形式。该模式由农户存储运输，将收晒储存问题化整为零解决，可以降低企业购买秸秆的成本，但同时该模式管理松散，价格不稳，适用于秸秆资源丰富、原料供应充足、竞争性用途少的地区[23]。集中型收储运模式以农场或秸秆收储公司为主体，由这些公司筹措资金建立小型的秸秆收储站，将秸秆送至企业前进行收集、晾晒、储存、保管和运输等，再统一打捆、堆垛、存储，可以分为"公司＋基地"型和"公司＋收储运公司"型两种形式。该模式供应量大，运行稳定，技术设备现先进，利用率较高，但占地面积大，还需防雨、防火等维护管理，导致总体成本较高[24]。

欧美地区在秸秆的收储运方面比较成熟，农业体系发展比较健全[25]。由于欧美地区主要是农场种植，大型农田种植作物单一，且一年只种一季作物，故有充裕的时间和土地对秸秆进行机械打捆，由运输公司将打捆后的秸秆送至企业进行出售。该模式使秸秆成为一种流动型商品，保证了秸秆的持续供应，企业也有固定的供货渠道，形成了比较完善的收储运体系，目前也在丹麦得到广泛应用[26]。美国常用的秸秆收储运体系是 BioFeed 路线，即将收获作物后的秸秆散落在田间，通过晾晒降低秸秆的水分，再将其收集打捆，然后根据需求对其进行农场露天储存、田间覆盖储存、青贮饲料储存或集中覆盖储存等，再通过运输将秸秆送至秸秆利用厂进行加工利用[27]。目前欧美地区秸秆的收储运模式正朝着高密度、大型化方向发展。

秸秆收储运过程的成本主要包括购买秸秆、加工、运输、储存费用的总和，能量消耗则主要在秸秆收集、处理、运输、装载方面，其中，集约型收储运模式成本和能耗较分散型低，故当人工收集秸秆量小于 2.5×10^5 t 或机械收集小于 5.0×10^5 t 时建议选择集中型收储运模式，否则可选择分散型收储运模式[28]。于兴军等[29]在东北通过对几种不同处理的玉米秸秆收储运模式进行成本分析，发现在秸秆收储运模式中，涉及环节多，机械化程度低，耗能高且排污量大，劳动力成本和燃油消耗费用占比较大，且通过在田间对秸秆就地加工，可有效降低秸秆的收储运成本，也能显著降低能耗和污染物排放。平英华等[30]对收储运模式的影响因素进行分析，发现主体、管理、资金、购销渠道、设备、收购地和价格都对收储运体系有一定影响，可通过产业体系配套原则和市场化运作原则等方面的协调来优化收储运体系。

随着秸秆市场需求的扩大和规模化利用的普及，集中型收储运模式将成为我国主要的秸秆收储运发展方向。秸秆收储运体系不仅需要考虑其经济成本，还需要考虑能量消耗、劳动力消耗和对环境的影响，目前我国秸秆的收储运体系仍处于初步阶段，相关技术、设备和体系尚不成熟，需要更深入探索，建立健全的秸秆收储运服务体系，和农户达成协议代为存储，考察农田分布情况，合理布局以秸秆为原料的规模化生产企业，加强制度和政策建设，研发出适合我国农田和作物分布性质的配套体系和设备，寻求更加经济有效的收储运方法。

2.5 畜禽粪便收运技术

我国畜禽粪便产生量在 2011 年达到了 21.21×10^8 t，并将进一步随着畜禽养殖量的增加而迅速增加，到 2020 年和 2030 年预计将分别达到 28.75×10^8 t、37.43×10^8 t，比 2010 年将分别增加 26% 和 64%[31]。近年来，我国畜禽粪便总量不断上升，有效处理率却不到 50%。马有祥表示力争到 2020 年，75% 以上的规模畜禽养殖场（区）配套建设废物储存处理利用设施。查阅文献资料显示，四川成都邛崃市每年的猪粪量达 1.4×10^6 t，全市的抽粪车由 2014 年初的 40 多辆增加到 150 辆，按照每辆车运输量为 6000t，150 辆粪车能运输沼肥 9.0×10^5 t，加上大型养殖场就近循环利用及部分散户自用，全市每年 1.4×10^6 t 猪粪基本可以资源化利用[32]。

我国畜牧业发展面临着废物排放面积广、排泄物数量大、环境污染严重等巨大挑战[33]，因此将禽畜粪便合理收运非常必要。随着我国禽畜养殖场的规模逐渐扩大，且禽畜种类逐渐增多，通常采用蓄粪池收集，然后由吸粪车运至集中处理中心进行无害化处置，最终用作有机肥施用于农田的处理方式。

① 建立蓄粪池收集　首先在养殖户附近建立蓄粪池，收集畜禽粪便，并组织保洁人员定期清理，避免产生恶臭气体、滋生细菌、污染周边土壤和地下水资源等。畜禽养殖场

粪污收集处理技术主要包括水冲粪工艺、干清粪工艺、水泡粪工艺，这些工艺的主要目的是及时、有效地清除畜禽舍内的粪便、尿液，保持畜禽舍内的环境清洁，或者采用生态环保型的养殖模式，使动物粪尿废物转化为有用物质和能量[34]。

② 由吸粪车进行转运　建立畜禽粪便处理中心，将畜禽养殖场的粪污由吸粪车运输至畜禽粪便处理中心，进行集中处理。针对畜禽粪便运输问题，可以在车上安装 GPS 定位系统，由监控指挥中心进行监管，防止吸粪车随地排放粪便，同时提高吸粪车的质量，让车辆排粪口与处理设施无缝对接，避免臭味蔓延，并且使蓄粪池有序排放，避免在同一时间运输到禽畜粪便处理中心。查阅文献资料显示，李思铭在 2016 年 3 月申请发明了一种病死畜禽收运方法，该发明可以将养殖户的位置和病死畜禽的相关数据传输给调度中心，根据数据信息派送小型运输车收取病死畜禽，每天定时将收集的病死禽畜与平板车交接，再由平板车将集中的病死畜禽输送到无公害处理厂中处理[35]。江苏省如东县袁庄镇运营了首个畜禽粪污收运合作社，该合作社动员养殖大户配套蓄粪池以暂存粪污，购买吸粪车、吸粪泵等设备用来保障后期清运工作，然后将粪污送到当地蔬菜基地、水产养殖基地、绿化基地用作肥料，通过"蓄粪池＋吸粪车"的良性连接，每年清运全镇及周边3000 多吨蓄粪池无法容纳的粪污，杜绝了养殖户直排的现象，有效缓解了环境压力[36]。

③ 将粪污还田　为使畜禽粪便变废为宝，有效解决畜禽粪便处理处置问题，将收运的畜禽粪便施用于农田，并且可以采用生态种养结合模式，通过建立养殖业和种植业结合模式，将禽畜废物和种植业中的作物秸秆和果蔬等充分结合，将养殖场的畜禽粪便干燥固化后成为有机肥归还农田，种植产生的作物秸秆等又被用于养殖饲草或饲料，使禽畜废物实现能源化、肥料化的循环过程。

2.6　展望

随着农村生活水平的提高，农村生产、生活方式逐渐发生转变，生活垃圾产量也相应地增长。而农村教育水平程度较低，环保意识差，并且我国绝大部分农村地区尚未建立完善的生活垃圾收运系统，农村乡镇、村庄普遍不具备垃圾收集、转运设施和相应管理人员，生活垃圾收运体制未建立，没有能力将农村生活垃圾收集、转运至垃圾场进行卫生填埋处理，只能就地排放处理，生活垃圾逐渐从遍村发展到围村的程度，其清运处理迫在眉睫。

部分农村地区已建设的垃圾收运系统也存在很多问题，如垃圾处理设施和转运系统建设不同步，垃圾收集位点受道路条件和农村分散式居住方式影响，垃圾收集点不能覆盖农村地区，主要分布在道路（村道）附近，距离农村居民住处较远；收运系统缺乏管理，部分垃圾不能及时清运或收运，腐烂发臭，渗滤液溢流，滋生蚊蝇害虫；收运系统缺乏最优路线设计，如垃圾收集车负责一块区域，收运路线随意，运输成本高，如广东省部分农村地区未纳入城镇垃圾收运系统，并缺乏农村财政投入和生活垃圾收运体系规划，致使农村生活垃圾就地处理或随意堆放。

2.6.1　政府主导，完善机制

近年来虽然通过 PPP 等模式吸纳了众多第三方的参与，推动了农村生活垃圾的处理处置，但农村生活垃圾的收运及处理属于公益性行业，政府是推进农村生活垃圾治理工作的核心，一个有效的垃圾收运处理系统中政府通常发挥着至关重要的作用。因此，各地需结合当地的特色，构建"省、市、县、乡/镇、村、村民小组"多级联动农村生活垃圾收运及处理机制，明确不同层级的责任主体，通过层层签订城乡生活垃圾治理责任状，将任务落实到具体责任部门和责任人。在具体管理上，要打破城乡分割二元体制，将政府生活垃圾管理职能向农村延伸，建立城乡一体化的生活垃圾管理服务体系和基础设施体系；实行属地管理、分级负责，对辖区城乡生活垃圾日常管理负总责。此外，还应制订环境卫生工作制度，实施制度化、常态化的环境卫生作业制度，实现农村生活垃圾日产日清。

2.6.2　加强宣传，全民参与

农村生活垃圾治理工作需要全社会的共同参与和大力支持，需要动员全社会各方面力量来共同参与和管理。因此，需要把优化整合各方面资源、发挥各方面优势和调动各方面积极性作为推进农村生活垃圾管理工作的重要保证措施。在实际操作过程中，首先，需要充分利用农村宣传阵地，大力宣传农村生活垃圾治理的工作意义，使之家喻户晓；其次，充分发挥舆论的导向作用，通过电视、报纸和广播等新闻传媒开设专栏的形式，分步骤向广大群众宣传生活垃圾管理方面的法律法规。通过宣传教育，使得群众对垃圾转运站和终端处理设施的认可度与支持度提高，进而促进农村生活垃圾收运处理设施选址和建设工作的顺利开展。

2.6.3　规划先行，完善布局

各县（市）要组织编制各自行政辖区范围内的城乡生活垃圾收运处理设施规划，合理布局生活垃圾收运处理设施，以县（市）和连片乡镇组团式建设的无害化处理场为节点，不断扩大服务辐射范围，连片治理、区域共享，实现县（市）域收运处理全覆盖。通过设施规划，统筹安排农村生活垃圾收运和处理设施的规模、布局和用地，并纳入土地利用总体规划、城市总体规划和近期建设规划。在规划编制过程中应广泛征求公众意见，并在经批准生效后及时向社会公开。设施用地纳入城市黄线保护范围并预留足够的建设用地和防护距离，禁止擅自占用或改变土地用途。

参　考　文　献

[1]　张颖，张林楠，李婉赢，等.中国农村生活垃圾处理现状分析 [J].环境保护前沿，2017，7（5）：373-379.

[2]　中国统计年鉴 [G].2017.

［3］　曾建萍. 成都典型地貌区农村生活垃圾收运系统研究［D］. 成都：西南交通大学，2012.

［4］　李颖，许少华. 我国农村生活垃圾现状及对策［J］. 建设科技，2007（7）：62-63.

［5］　蔡焕媛. 农村生活固体垃圾的排放特征、处理现状与管理［J］. 农业资源与环境学报，2011，28（2）：1-6.

［6］　郭占景，丁战辉，赵伟，等. 石家庄市农村垃圾与污水处理现状［J］. 职业与健康，2012，28（15）：1892-1893.

［7］　曲展，孙成林. 石家庄郊区农村垃圾处理现状调查及应用研究［J］. 少年发明与创造：中学版，2010（2）：46-47.

［8］　陈群，杨丽丽，伍琳瑛，等. 广东省农村生活垃圾收运处理模式研究［J］. 农业资源与环境学报，2012，29（6）：51-54.

［9］　关法强，马超. 浅谈农村生活垃圾的收运与处理［J］. 黑龙江生态工程职业学院学报，2009（6）：7-8.

［10］　张立秋，张英民，张朝升，等. 农村生活垃圾处理现状及污染防治技术［J］. 现代化农业，2013（1）：47-50.

［11］　郑维明，苏艺伟，林跃杰. 农村生活垃圾处理模式研究［J］. 低碳世界，2014（14）：18-19.

［12］　黄维，艾海男，祖金利. 重庆市柳荫镇农村环境整治工程设计实例［J］. 中国给水排水，2014（4）：53-56.

［13］　张明玉. 苕溪流域农村生活垃圾产源特征及堆肥化研究［D］. 郑州：河南工业大学，2010.

［14］　Sonesson U. Calculating transport labour for organic waste from urban to rural areas［J］. Resources，Conservation and Recycling，1998，24（3-4）：335-348.

［15］　唐建明，王道泽，叶基瑶，等. 杭州市农药废弃包装物回收处置工作机制的探索与实践［J］. 杭州农业与科技，2017，23（4）：17-19.

［16］　Guardia de A，Mallard P，Teglia C，et al. Comparison of five organic wastes regarding their behaviour during composting：Part 1，biodegradability，stabilization kinetics and temperature rise［J］. Waste Management，2010，30（3）：402-414.

［17］　张利，顾涓涓. 基于物联网技术的农村生活垃圾收运系统的设计方案［J］. 安徽农学通报，2016，22（8）：134-136.

［18］　李季，张云. 沈阳市农村生活垃圾收运管理探讨［J］. 环境卫生工程，2012，20（3）：26-27.

［19］　Ying Z，Zhang L，Li W，et al. Analysis of current situation of rural domestic garbage disposal in China［J］. 2017，7（5）：373-379.

［20］　晏晓红. 农业固体废物回收及利用［J］. 江西化工，2009（3）：32-35.

［21］　李铌. 城市居民固体废弃物收运与规划布局优化研究［D］. 长沙：中南大学，2010.

［22］　张艳丽，王飞，赵立欣，等. 我国秸秆收储运系统的运营模式、存在问题及发展对策［J］. 可再生能源，2009，27（1）：1-5.

［23］　吕风朝. 秸秆在不同收储运模式下的经济分析［D］. 郑州：河南农业大学，2017.

［24］　徐亚云，侯书林，赵立欣，等. 国内外秸秆收储运现状分析［J］. 农机化研究，2014，36（09）：60-64，71.

［25］　吴娟娟，霍丽丽，赵立欣，等. 国内外农作物秸秆供应模式研究进展［J］，农机化研究，2016（3）：263-268.

［26］　田宜水. 秸秆能源化技术与工程［M］. 北京：人民邮电出版社，2010：32-39.

［27］　Shastri Y，Hansen A，Rodriguez L，et al. Development and application of BioFeed model for optimizationof herbaceous biomass feedstock production［J］. Biomass and Bioenergy，2011，35（7）：

2961-2974.

[28] 徐亚云，田宜水，赵立欣，等. 不同农作物秸秆收储运模式成本和能耗比较 [J]. 农业工程学报，2014，30（20）：259-267.

[29] 于兴军，王黎明，王锋德，等. 我国东北地区玉米秸秆收储运技术模式研究 [J]. 农机化研究，2013，35（05）：24-28.

[30] 平英华. 江苏农作物秸秆收储运体系研究 [J]. 中国农机化学报，2014，35（5）：326-330.

[31] 朱宁，马骥. 中国畜禽粪便产生量的变动特征及未来发展展望 [J]. 农业展望，2014，10（1）：46-48.

[32] 乔金亮. 我国畜禽养殖每年产生 38 亿吨畜禽粪便，有效处理率却不到 50％——治理养殖污染？教你几招 [J]. 新农村：黑龙江，2016（20）：50-52.

[33] 马凤才，张仕颖，刘畅. 大庆市禽畜粪便资源化利用分析 [J]. 大庆社会科学，2018（1）：59-61.

[34] 隋元成. 畜禽养殖场粪污处理的方式 [J]. 当代畜牧，2015（10）：62-63.

[35] 李思铭. 一种病死禽畜收运方法 [P] CN105701711A. 2016.

[36] 缪小龙. 如东：畜禽粪污收运也有了合作社 [J]. 农家致富，2017（6）：45-45.

第**3**章　农村固体废物堆肥资源化技术

农村固体废物具有污染和资源化的双重特征（图 3-1），好氧堆肥能够实现对农村固体废物减量化和无害化的同时实现资源化利用，通过资源化促进无害化。

图 3-1　农村固体废物的污染与资源化双重特性

农村固体废物中有机物主要是由单糖、蛋白质、脂类、半纤维素、纤维素、木质素等以不同比例组成的混合物，不仅含丰富的含碳有机物，而且含有大量的植物生长所需的营养元素及微量元素等可利用物质。通过堆肥处理，系统内的微生物通过吸收、氧化、分解，将复杂、不稳定的有机物转化为简单、稳定的状态，实现有机固废的减量化；同时通过过程中间释放热量，形成高温环境，杀灭病原菌，实现无害化；另外，腐熟的堆肥产品中富含大量有益物质，如多种有机酸、肽类以及包括氮、磷、钾在内的丰富的营养元素，不仅能为农作物提供全面营养，而且肥效长，可增加和更新土壤有机质，促进微生物繁殖，改善土壤的理化性质和生物活性，实现农村固体废物的资源化。

农村固体废物联合堆肥具有一定的优势，将生活垃圾中的有机成分、畜禽粪便、农作物秸秆混合堆肥，可克服生活垃圾单独堆肥时受有机质和营养成分含量的制约导致产品品质低的缺陷，提高堆肥效率及产品品质；畜禽粪便含水率过高、粒度小、黏度大，单独堆肥时影响到堆体内的通风供氧，堆肥难以顺利进行等缺点；秸秆单独堆肥含碳量高，且难降解成分含量高，降解率低。

3.1　基本情况

3.1.1　技术简介

堆肥是一种在复杂的原料中，利用土著微生物（如细菌、放线菌、真菌等）或人工接种剂，通过多种微生物在适宜的条件下对有机物进行生物降解的过程。堆肥反应通常自然发生，好氧堆肥是通过对堆肥过程中的温度、供氧量、水分含量给予优化控制，保持垃圾一定的水分、温度、C/N 比等，通过好氧微生物的作用，由群落结构演替多个微生物群体共同作用，将极大促进堆肥反应进程。堆肥过程包含堆肥材料的矿质化和腐殖化两个相互交替的过程，其中矿质化过程即有机物质在微生物作用下分解产生对植物有效的营养成分的过程，腐殖化过程即矿质化过程的中间产物重新合成腐殖质的过程。一般情况下，堆肥初期矿质化过程占优势；后期则腐殖化过程占优势。

对堆肥技术进行科学研究始于 20 世纪初，即英国农学家霍华德发明的印多尔法。该方法对堆料主要采用厌氧发酵，隔数月翻堆 1~2 次。随后，Bangalore 则建立了完全通风以实现堆料好氧发酵处理的贝盖洛尔堆肥法。1933 年，在丹麦出现了 Dano（丹诺）法，其采用滚筒堆肥装置进行好氧发酵，发酵周期较短。此后，堆肥化的技术和理论得到了越来越广泛的关注和规模化发展。目前，工厂化处理有机固体废物最常用的堆肥工艺一般为好氧堆肥，至今，国内外用于有机固体废物处理的好氧堆肥技术主要有条形堆肥、静态好氧堆肥和装置式堆肥。其中，条形堆肥是最原始的堆肥方式，堆料呈条状平行堆置，采用翻堆和自然对流的供气方式；静态好氧堆肥中，则以堆料与膨松剂（如木屑）混成堆体来增强堆体空隙，采用强制通气方式提供氧气并调节温度；装置式堆肥主要在一封闭的容器内进行，受外界环境因素的影响较小，并可对堆肥过程中主要的影响因子进行人工调控，能有效去除臭味，适宜于垃圾处理量相对较小的情况[1]。然而，随着我国经济的快速发展，农业固体废物的排放量不断增加，成分日趋复杂，为提高固体废物的处理效率，人们不再局限于单一的、传统的堆肥处理技术，而是将不同的技术有机结合逐步向多元化发展，如蚯蚓堆肥技术[2]。该处理技术是以有机废物为底物，经蚯蚓消化系统和微生物共同作用将有机物分解。高温快速堆肥技术与蚯蚓堆肥技术相结合，可有效地解决高温快速堆肥过程中因处理时间短，腐熟度达不到，产品需进一步处理等问题。普通堆肥与蚯蚓堆肥相结合，具有缩短反应时间、提高堆肥质量、对环境危害小、很好的控制病原菌等优点[3]。综合堆肥处理技术不仅能加快堆肥的腐熟过程，更能有效地解决堆肥处理过程中的处理率和堆肥应用间的矛盾。

3.1.2　堆肥方式

3.1.2.1　自然通风堆肥

自然堆肥是指利用自然堆存、被动通风的方式对固废进行堆肥处理。该工艺过程中不添加外来微生物，各种工艺技术均围绕提高土著微生物的活性而展开，利用固体废物中的土著微生物对垃圾进行生物降解[4]。

自然通风堆肥工艺适合农村分散式住户日常垃圾的处理处置，且需要特定、专业的小型化垃圾堆肥设备，提高垃圾的堆肥效率，避免堆肥过程中对周围的环境造成影响，且不会产生二次污染物。

（1）主要特点

主要特点包括：a. 堆料可选择的范围广；b. 基础设施建设及堆肥运行投资少；c. 由于堆肥条件不易控制，降解较缓慢；d. 根据堆肥过程控制能力的不同，腐熟周期一般为12～20周，甚至更长时间；e. 可以露天堆肥，或搭建挡雨篷；f. 恶臭气体及渗滤液等二次污染物不易控制[5]。

（2）工艺参数

① 堆置方式可选择室外、室内堆制，室外条垛式堆肥对场地所在区域的气候，尤其是气温和降水量有较高的要求，一般在气温温暖、雨量较少的区域推广效果较好。

② 室外条垛纵向长度在10m以上，宽度为6～9m，篷檐高度以大于2.0m为宜，便于铲车翻堆。

③ 篷顶材料可根据当地的气候条件进行选择，如在温带地区可以采用透明塑料，充分利用太阳能增加温度；而在亚热带及热带地区可采用不透光材料。

④ 通常情况下，采用室内或室外条形垛式堆肥，为了使堆料均匀一致，提高堆料的通气性，均对堆体进行定期翻拌。特别是在堆肥的一次发酵时期，由于此时期对氧的需求量大，同时堆体温度较高，因此对堆料翻拌的频率也要相应增加，而在堆肥腐熟后期翻拌的频次可适当减少。

⑤ 堆肥物料C/N值在20～30之间，湿度在60%左右。

3.1.2.2　强制好氧通风堆肥

为了改善静态条垛的堆肥条件，在条垛堆肥系统的基础上开发了强制通风静态垛系统，一般采用强制通风方式或机械搅拌方法来达到通风要求，堆体需定期翻动，主要采用强制通风方式或机械搅拌方法来达到通风要求，从而达到通风供氧的目的[6]。

与机械翻堆比较，强制通风工艺主要目的不是为了提高堆肥质量，但可以缩短堆腐时间。另外，采用强制通风工艺给堆肥过程中的恶臭气体及渗滤液处理带来有利条件。强制通风系统有多孔管道式、地面式等形式，其中多孔管道式系统中布气管一般埋藏于堆料底部；地面式则由鼓风机、连接管道及地面布气槽组成；通常状态下，通风系统由鼓风机及相应的连接设备组成，供气方式有鼓风式和抽气式两种。鼓风式系统一般空气由堆料底部强行鼓入，而抽气式系统则是采用风机从堆体上方或下方进行抽气达到堆体通风供氧的目的。在实际堆肥过程中，为了减少能耗、降低运行成本，一般采用间歇供气工艺，如1h范围内，可连续供气10min，停止50min，如此反复。

（1）管道式通风主要特点

主要特点包括：a. 堆肥系统成本低，无需翻堆；b. 堆体表面覆盖腐熟堆料层，减少恶臭气体排放；c. 与翻堆式比较，更能有效利用空间；d. 堆肥原料的准备要求较为严格；e. 堆肥过程中需要对堆料的温度及恶臭气体给予一定的控制；f. 堆肥结束后对通气管的移除有一定的难度；g. 堆肥周期一般为10～12周。

（2）地面式通气主要特点

主要特点包括：a. 建厂及投资运行中等；b. 需要鼓风机对堆肥进行强制通风；c. 堆肥原料准备要求较为严格；d. 为减少恶臭气体排放，堆体表面覆盖吸附基质；e. 为加快堆肥效率，通常对堆体温度及通气量进行控制；f. 堆腐周期一般为 6～12 周。

3.1.2.3　生物强化好氧堆肥

生物强化好氧堆肥是在强制通风好氧堆肥基础上发展起来的，克服了土著微生物活性尚不能快速降解有机物的需求。生物强化堆肥工艺主要利用特殊的微生物促进剂，促进微生物高速的繁殖及其快速的新陈代谢作用来处理垃圾废物。所用的细菌群为好氧性细菌群，在整个处理过程中必须保证有足够的氧气和湿度。在理想的氧气及湿度下，细菌的生活动力增加，形成高效发酵效应，进而产生 60～70℃的高温，在连续 2～3 周高温下，几乎所有有毒害及杂草种子都将被高温杀死。所以最终产品将是一个稳定、酸碱值近乎中性的高效生物有机肥。

生物强化过程中，所涉及的微生物类型主要为微生物繁殖促进剂、生物除臭剂等。具体内容如下。

（1）微生物繁殖促进剂

其是把好氧性细菌群培养在高蛋白有机腐殖土内的小颗粒固体，湿度在 15％左右，包装在 50kg 的桶内能保持 2～3 年不变质。在翻拌过程中添加，一般每吨垃圾一个反应周期只需使用一次，每吨垃圾需加入 0.757L 微生物繁殖促进剂，其湿度要保持 60％。

（2）生物除臭剂

液态的生物除臭剂是一种无毒、无污染、生态平衡的除臭剂，含有 10％的菌群及香料，其主要作用是利用微生物对有机质的分解作用将臭味去除。但微生物分解不能在极短的时间内见效，所以在液体中加入了香料以达到立即除臭的效果。快速反应除臭剂在排堆翻拌过程中防止臭气散发时使用，其成分为酸、乙醛、酒精，是挥发性极高的产品，可将氨基化合物、硫化氢的衍生物、二硫化物所产生的怪味在数秒钟内快速反应的除臭剂中和掉，使用这种除臭剂必须配备加大气体压力的装置，目的是使液态的除臭剂变成雾状的除臭剂。这套设备是在垃圾翻拌过程中有臭气溢出时立刻被雾状的除臭剂所清除。

3.1.3　技术适用范围及优缺点

相对于填埋及焚烧来说，有机固体废物好氧堆肥工艺简单、占地面积小、投资少[7]。堆肥不仅有效地解决了生活垃圾的污染问题，也为农业生产提供了适用的肥料，达到提高产量、影响作物品质的目的。由于我国持续大量施用化肥，使土壤理化性质、生物特性逐年恶化。堆肥中还含有作物生长所需的氮、磷、钾等营养元素，同时含有硫、钙、镁、锌等微量元素，与化肥相比具有不偏肥、不缺素、稳供、长效等优点。堆肥中含有氨基酸、蛋白质、糖、脂肪、腐植酸等各种有机养分，其中有些成分可以被植物直接吸收利用，有的经分解后再被植物吸收利用，是作物的重要营养源，对改善作物品质有重要意义。堆肥产品的施用可以向土壤中带入大量的微生物和酶，加速有机物的分解、转化，活化土壤养分，提高了土壤供肥能力。堆肥中含有生物质、抗生素等，能增强作物的抗逆性和对不良环境的适应能力，堆肥肥效平稳、养分全面，因而施用堆肥能有效地防止病害发生。

3.2 好氧堆肥的技术进展

3.2.1 堆肥系统及设备

3.2.1.1 堆肥系统

20世纪60年代以来，高效快速堆肥技术已成为国内外研究的重点[8]。根据堆肥的研究与实践，堆肥工艺主要有垛式堆肥、箱式堆肥、槽式堆肥、封闭式容器堆肥等。条垛系统是在好氧条件下将混合好的固体废物堆成垛状，并让其分解。早期为静态条垛堆肥系统，但产生了一系列的二次污染问题，堆体太大时易在堆体中心发生厌氧发酵，产生强烈臭味，影响周围环境[5]，如条垛系统处理污泥时产生强烈的臭味和大量的病原菌。因此，在条垛系统的基础上开发了强制通风静态垛系统，一般采用强制通风方式或机械搅拌方法来达到通风要求，且堆体需定期翻动，从而达到通风供氧的目的[6]。

3.2.1.2 反应器系统

堆肥的处理效率与堆肥设备投资呈正相关，投资越少，堆肥容量小，堆肥周期较长，处理效率较低；堆肥设备投资高，堆肥容量大，堆肥效率高[9]。O'Brien报道了一种管式堆肥系统，该系统是一个长方形卧式反应器，空气与有机固体废物流向平行，通气方式为正压/负压方式。另有报道，用滚筒反应器系统进行有机固体废物的好氧堆肥，筒为搅拌釜式结构。对于塔式发酵仓的好氧堆肥也有相关研究，该反应器充分利用了发酵产生的生物热，发酵速度快，有利于水分蒸发，机械化程度高，发酵条件容易控制，占地面积小；缺点是设备投资大，维修麻烦[8,10,11]。目前适用的反应系统多停留在实验室小试阶段，距实际应用还有很大差距，研究高效低耗堆肥反应器——翻转式堆肥反应器对于提高堆肥效率具有重要意义[12]。

3.2.2 堆肥的条件控制

堆肥过程中单一因素的控制相对容易，但由于各种控制条件是相互影响、相互制约的，要想达到堆肥条件的整体优化，必须相互协调，使各种控制条件都比较适宜才能保证堆肥的顺利进行。通过多年的研究和应用，国内外在堆肥过程中条件的优化、营养物质的配比等方面已经积累了大量的经验[13~15]。

3.2.2.1 堆肥原料

堆肥原料主要有污泥、城市固体废物、农业废物、畜禽粪便、食品废物。高温好氧堆肥要求原料适宜的有机质含量为20%～80%，当其低于20%时不能为微生物提供足够的能源物质，影响微生物活性，产热量下降，无法达到无害化的目的；高于80%时，堆肥过程中对供氧的要求高，往往达不到良好的好氧条件而产生恶臭[16]。有研究表明，我国生活垃圾中有机成分含量较少，势必影响到其堆肥效果；同时，如果堆肥物料含水率过高，堆体内易形成厌氧环境，不利于堆肥的进行。所以众多学者对物料含水率调节进行了大量研究，调理剂主要集中于锯末、作物秸秆、粉碎的废橡胶轮胎末，如把木屑和秸秆等加进高湿度的原料中，不仅可以起到降低物料含水率的作用，还可以维持堆垛结构的完整性和多孔性[17]。孙先锋等[18]研究表明，新鲜猪粪中加入锯末、干粪及菇渣作为填料，初始物料含水率调至 65% 左右，并接入合适的微生物菌剂有利于猪粪发酵腐熟。王岩等[19]在牛粪堆制过程中分别添加锯末、稻壳、稻草等，发现它们对氨挥发都有抑制作用，其中锯末抑制氨气挥发的效果最好。但是调理剂成分一般情况下都比较复杂，较生活垃圾与畜禽粪便更难以降解，从而影响堆肥的腐熟和物料稳定化程度的均一性。

3.2.2.2 堆体的通风

堆肥系统通风方式主要有自然通风、定期翻堆、被动通风及强制通风等。其中，采用强制通风的好氧堆肥体系对有机物的分解和转化速度快、堆肥周期短，通入的空气可将堆积层中由微生物呼吸作用释放的 CO_2 吹出、去除过多的水分，还可以调节堆体的温度[20,21]。通风量影响堆体内微生物活性及有机物的分解速度，为微生物的活动提供足够的氧气，通气量过大或不足都将减缓堆体的升温速率，降低堆体温度，不利于有机物的去除[22]。目前对好氧堆肥通风的大量研究表明，通风量低到通入 $0.04 \sim 0.08L/(min \cdot kg)$ 空气，高到 $0.87 \sim 1.87L/(min \cdot kg)$。Mathur 认为堆肥的高温阶段适宜通风量为 $0.6 \sim 1.8m^3/d$ 空气 $[0.42 \sim 1.25L/(min \cdot kg)]$，Sadaka 认为家庭生活垃圾通风为 $0.003m^3/d$ $[0.05L/(min \cdot kg)]$ 较适宜[23]。Kulcu 等[21]等对农业废物堆肥进行研究的结果表明，在 $0.4L/(min \cdot kg)$ 通风条件下有机物降解程度最大，过程温度最高。张智等[22]采用卧螺旋式污泥好氧堆肥装置，考察了通气量对厌氧消化污泥堆肥效果的影响，结果表明装置的最佳通气量为 $6.7 \sim 8.3m^3/(h \cdot t)$。

3.2.2.3 物料的含水率

好氧堆肥系统中含水率是一个重要的物理因素，堆肥原料水分直接影响好氧堆肥反应速度和堆肥的质量，甚至关系到堆肥工艺的成败。微生物分解有机物的过程是在有机固体废物颗粒表面的一层薄薄的液态膜中进行的，所以堆肥期间微生物需要水环境作为媒介才能完成对有机物的分解，而堆肥中水分可以溶解有机固体废物中的有机物，同时堆肥过程中水分蒸发时能够带走热量，起到调节堆体温度的作用。如果堆肥系统含水率过低会影响到有机固体废物表面液态膜的形成，从而影响到微生物的生态转化行为。从原理上讲，堆肥原料含水率越高微生物活性越强，但含水率超过 70% 会导致堆肥物质颗粒之间充满水，使系统的孔隙率降低，而氧气在气态中的扩散速度是在液态中的 10000 倍，阻碍通风供氧，所以过高的含水率会导致氧气供给不足，使系统出现厌氧情况，不利于好氧微生物生长且产生 H_2S 等恶臭气体；含水量太高，堆体内自由空间将减少、通透性变差，形成微生物发酵的厌氧状态，产生臭味、减慢降解速度、延长堆腐时间[24,25]，这与陈世和等[16]研究认为含水率超过 65%、堆体内将有厌氧环境存在结果一致。同时，即便在满足通风供氧的条件下大量水分气化产生的潜热也会导致堆体温度因水分吸热而下降，现代化堆肥中通常堆料不是单一物质，而是由不同物料经混合后而进行的堆肥，因此需要结合物料的种类和比例来确定混合堆肥最适宜的含水率。一般认为堆肥最适宜初始含水率为 50% ～

60%，如果水分含量低于 10%～15%，在缺水的状态下细菌的代谢作用会普遍停止，而 Robert[26] 研究则认为堆肥含水率应是堆制材料最大持水量的 60%～75%。

3.2.2.4 起始物料的 C/N

可进行堆肥的有机固体废物种类较多，如畜禽粪便、人粪尿、动植物残体、污泥、城市有机生活垃圾等。各类有机废物的 C/N 比变化较大：人粪尿为 6～10、牛粪为 8～26、马粪为 25 左右、猪粪为 7～15、鸡粪为 5～10、下水生污泥为 5～15、活性污泥为 5～8、各种剪碎的草为 10～20、秸秆为 48～150、锯屑为 200～511、纸类为 173～438、各种非豆科蔬菜废物为 11～12、各种禾本科植物混合物为 19、肉和骨头为 4、土豆和胡萝卜为 30[27～29]。大量研究表明，微生物生长每利用 1 份 N 大约需要 25～30 份的 C，堆肥进料的 C/N 比过高或过低均不利于堆肥反应的进行。C/N 比低导致氮以氨的形式挥发；C/N 比超过 50：1 时堆肥进程慢，当 C/N 比在 80 以上时堆肥无法进行，Bishop 等[30] 通过研究得出 C/N 初始比率为 30～35 之间最有利于市政废物的快速堆肥化，卢杰等用发酵罐进行堆肥的研究结果表明最佳 C/N 比为 30～40。同时，易利用碳或微生物可利用碳直接关系到底物的降解和氮的转化，所以在堆肥过程中易利用碳或微生物可利用碳是重要的参数。

3.2.3 堆肥过程中温度的动态变化研究

一个完整的好氧堆肥过程分升温、高温和降温 3 个阶段[31]，堆肥过程中的有机质在微生物作用下分解为 CO_2 和 H_2O，同时产生大量的热使堆体温度上升，所以堆肥过程中温度的动态变化可直接反映堆体内微生物的活性。同时对于好氧堆肥系统而言，温度又是影响微生物活性和堆肥工艺过程的重要因素，是堆肥状态的表观体现，堆体温度的高低决定堆肥速度的快慢。大量研究表明，堆体高温的最高温度与高温持续时间与堆肥物料的无害化水平直接相关，一般认为堆肥温度在 55～60℃之间较佳，但也有研究认为堆肥的最佳温度为 45～70℃[32]；美国 EPA 规定堆肥在 55℃以上持续 3～5d 即达无害化要求；席北斗等研究认为，堆体中最高堆温达 50～55℃，持续 5～7d，是杀灭物料中所含的致病微生物、保证堆肥的卫生学指标合格和堆肥腐熟的重要条件；也有实验证明，理想的无害化温度和时间分别为 50℃、120h，可保证蛔虫卵的杀灭率为 100%[33]。我国的《粪便无害化卫生标准》(GB 7959—1987) 中规定，堆肥温度在 50～55℃以上维持 5～7d 达无害化要求。实际应用中，堆肥过程的控制都是为了加快堆肥起始阶段的升温速率和使堆体能够维持足够的高温持续时间，从而有效杀灭堆体内的病虫卵等有害微生物，使堆体内的有机质快速地稳定化，提高堆肥的效率。

3.2.4 堆肥腐熟度及其评价指标体系

3.2.4.1 腐熟度定义

腐熟度（maturity）即堆体内的有机质经过矿化、腐殖化过程最后达到稳定化的程度[34]，堆肥产品要达到稳定化、无害化，对环境不产生不良影响，其使用不影响作物的生长和土壤的耕作能力。有机固体废物的堆肥化是借助微生物分解的作用，使废物中能分解的有机物稳定化、腐殖化的过程，这种稳定化程度即堆肥腐熟程度的确定对于堆肥化理论研究、堆肥工艺及设备的设计和评价、堆肥成品品质的控制与分级等都具有重要意义。腐熟度的经验判断可通过产品温度、气味和颜色来直观定性判断，但国内外许多研究人员为了更加科学地评价堆肥腐熟度，在腐熟度判定方面进行深入研究与探讨，并提出了许多判定标准，推动了堆肥研究的发展。一般情况下堆肥腐熟度评价指标分为物理学指标、化学指标和生物学指标三类。Frost Donna Iannotti 等[35]认为腐熟度的检测应该包括腐熟程度的检测和稳定程度的检测，腐熟程度的检测主要侧重于堆肥产品后续使用对植物的影响，如水芹植物毒性测试；稳定程度的检测则侧重于生物学性质和微生物活性，如耗氧速率。但是，由于各种评判指标的局限性和不成熟性，导致目前尚未形成统一堆肥腐熟度评定标准。

3.2.4.2 物理评价指标

物理评价指标也称表观分析法，包括温度、气味、颜色等指标。

（1）温度

堆肥过程中堆体温度的动态变化直接反映了微生物活性的变化，一个完整的好氧堆肥过程一般均经历升温、高温和降温3个阶段[12]，虽然堆肥物料不同，但其堆体温度一般从开始的环境温度迅速上升至60～70℃的高温，并在这一水平持续一段时间后逐渐下降。当堆体温度与环境温度趋于一致，不再明显变化时，表明有机质的分解接近完全，有机质已经实现了稳定化，堆肥可被认为已达稳定。但由于堆体为非均相体系，其各个区域的温度分布不均衡，限制了温度作为腐熟度定量指标的应用，但其仍是堆肥过程最重要的常规检测指标之一。

（2）气味

一般情况下，由于有机固体废物中含有大量不稳定物质，所以堆肥原料均不同程度地产生恶臭气体。但是如果堆肥工艺切实可行，不稳定物质将逐渐被降解或转化为稳定的腐殖质类物质，所以随着堆肥的进行，恶臭气味逐渐减弱并在堆肥结束后消失。例如，Chanyasak 等[36]对庭院垃圾进行堆肥试验表明，低分子量挥发性脂肪酸是引起不愉快气味的主要成分之一，每次翻堆后以及堆肥结束堆体产生的气体中没有不愉快的气味，并具有潮湿泥土的气息。

（3）颜色

随着堆肥的进行，堆料逐渐发黑，腐熟后的堆肥产品呈黑褐色或黑色，湿透后呈浓茶色，放置1～2d后表面会有白色或灰色的霉菌长出，而未腐熟的堆肥呈浅褐色。通过大量研究，Sugahara 等[37]提出了堆肥色度的概念，用下面的回归关系式表示：

$$\gamma = (0.388 C/N) + 8.13 \ (R^2 = 0.749)$$

式中　γ——响应值（颜色分析值）。

通过试验提出 γ 值在11～13的堆肥产品是腐熟的，但是这一指标受原始物料成分以及取样的影响，在应用过程中无法得到统一，所以制约了其在实际堆肥腐熟程度评价中的应用。

3.2.4.3 化学指标

（1）固相碳氮比（Cs/Ns）

Cs/Ns 是最常用的堆肥腐熟度评价指标之一。大量研究表明，堆肥起始 Cs/Ns 值在（25∶1）～（30∶1）之间为堆肥的最佳 Cs/Ns 条件，这有利于微生物的正常生长繁殖和有机物的快速降解。微生物的 Cs/Ns 在 16 左右，堆体内微生物在利用有机物的过程中，将一部分碳素用于合成自身繁殖所需的营养成分的同时，将多余的碳素转变成 CO_2。因此，一些研究者认为，腐熟的堆肥理论上应趋向于微生物菌体的 Cs/Ns[38]。但也有研究结论认为，堆体的 Cs/Ns 从最初的 25～30 降到 20 以下时即可认为堆肥已基本腐熟。但由于许多堆肥原料的初始 Cs/Ns 较低，所以此时 Cs/Ns 就不适合单独作为堆肥腐熟度评价指标，应该结合堆肥产品的有机成分结构分析，说明堆体内有机物的稳定程度，从而对堆肥的腐熟程度进行判定。

（2）T 值 $[T=(终点 Cs/Ns)/(初始 Cs/Ns)]$

鉴于不同堆肥原料初始 Cs/Ns 的差异性，难以直接利用堆肥结束时的 Cs/Ns 作为腐熟度的判定指标，所以研究人员在对起始物料与堆肥产品 Cs/Ns 研究的基础上提出终点 Cs/Ns 与初始 Cs/Ns 的比值可以作为堆肥腐熟程度的判定指标。实际堆肥过程中，随着堆肥腐熟程度的不断增加，T 值是不断下降的。Morel 等[39]建议采用 T 值来评价城市垃圾堆肥的腐熟度，并提出当 T 值小于 0.6 时堆肥达到腐熟；Vuorinen 等[40]认为，腐熟猪粪与稻草混合堆肥的 T 值应在 0.49～0.59 之间；Itavaara 等[41]的研究则表明，当包装废物堆肥的 T 值下降到 0.53～0.72 之间，堆肥即达到腐熟。综上所述，T 值可以作为不同物料堆肥的腐熟度评价的重要指标之一。

（3）WSC/WSN（水溶态有机碳/水溶态有机氮）

Chanyasak 和 Kubota[36]报道称堆肥后 WSC/WSN 总维持在 5～6 之间，这与 Garcia 等[42]的研究结论相一致。研究表明，一般情况下，腐熟堆肥的 WSC/WSN 为 5～7，但由于微生物的分解作用，堆肥基质中的淀粉、脂类、蛋白质和半纤维素等较易分解的物质被转化为水溶性物质，从而造成水溶性氮和水溶性碳的含量增加，然后随着微生物对水溶性物质的优先利用，水溶性氮、水溶性碳呈逐渐降低的趋势，至堆肥结束时水溶性氮、水溶性碳比堆肥起始时有所减少。

（4）水溶性碳/总有机氮

随着堆肥的进行，堆肥物料的水溶性碳/总有机氮存在着下降的趋势。Garcia 等[43]报道认为水溶性碳/总有机氮与堆肥时间有较好的相关性，同时 Hue[44]通过对 17 种物料堆肥研究认为，水溶性碳/总有机氮可作为腐熟堆肥很好的指标。稳定的腐熟堆肥水溶性碳/总有机氮之比为 0.32，未腐熟堆肥水溶性碳/总有机氮比值为 1.1，原始物料的水溶性碳/总有机氮比值为 3.0，有关专家建议采用水溶性碳/全有机氮比值为 0.70 作为堆肥腐熟的一个指标。

3.2.4.4 生物活性指标

反应堆肥腐熟和稳定情况的生物活性指标有呼吸作用、微生物种群和数量、酶学分析、植物毒性指标等。其中较为普遍使用的是呼吸作用指标，即耗氧速率和 CO_2 产生速率。

（1）呼吸作用

在堆肥中，好氧微生物的主要生命活动形式就是在分解有机物的同时消耗 O_2 产生 CO_2，研究表明，CO_2 生成速率与耗氧速率具有较好的相关性。微生物好氧速率变化反映了堆肥过程中微生物活性变化，标志着有机物的分解程度和堆肥反应的进行程度，因此，以耗氧速率作为腐熟度标准是符合生物学原理的[45]。但目前的研究只是停留在认为稳定的堆肥其 CO_2 生成速率与耗氧速率均处于较低的水平，而没有明确说明其范围，所以在实际操作中难以定量地反应堆肥的腐熟程度。

（2）微生物种群和数量

在堆肥的不同时期，堆肥的温度不同，微生物的种群和数量也随之发生相应变化，特定的微生物种群和数量的变化也是反映堆肥代谢发生的依据。堆肥初期嗜温菌较为活跃并大量繁殖，当堆肥达到 $50\sim60℃$ 时嗜温菌受到抑制甚至死亡，嗜热菌开始大量繁殖。在整个堆肥过程中微生物种群的演替可很好地指示堆肥的腐熟程度。因此用微生物来评价堆肥过程是合适的，特别是可以用它来指示堆肥是否达到稳定阶段或是否已经腐熟，但由于微生物在不同生长环境其数量有很大差异，因而迄今为止尚未能提出评价堆肥腐熟的统一标准，实际堆肥过程中难以进行定量分析。

（3）酶学分析

在堆肥过程中，多种氧化还原酶和水解酶与 C、N、P 等基础物质代谢密切相关，分析相关酶的活力，可间接反映微生物的代谢活性和酶特定底物的变化情况，从而在一定程度上反映堆肥的腐熟程度。在堆肥复杂系统中，当大量的简单有机化合物已被消耗殆尽时木质素成为微生物群落主要碳源之一，降解木质素的过氧化物酶的活性增加就意味着堆肥稳定性的提高。研究人员通过对畜禽粪便与稻草的混合堆肥研究中发现，堆制一段时间后，堆肥的脱氢酶活性比新鲜物料要高，且在堆制 $2\sim3$ 个月后趋于稳定。Fang 等[46]采用污泥和粉煤灰进行堆肥试验发现，所有酶活性均随着堆肥时间的推进逐渐下降，β-葡萄糖苷酶、碱性磷酸酶和脲酶活性之间具有较好的相关性，但嗜热细菌与酶活性间没有相关性。从酶活性的变化可以了解堆肥的稳定程度，但对于如何利用酶活性作为堆肥腐熟度的评价还需进一步研究。

（4）植物毒性指标

许多植物种子在堆肥原料和未腐熟堆肥萃取液中生长受到抑制，而随着堆肥的进行，这种抑制作用不断降低。因此，堆肥腐熟度可以通过堆肥产品对种子发芽和植物生长的抑制程度进行评价。考虑到堆肥腐熟度的实用意义，植物生长试验应是评价堆肥腐熟度的最终和最具说服力的方法。发芽指数（GI）是一种常用的评价堆肥腐熟度的指标，可间接表征堆肥中的生物毒性作用，一般认为植物种子的 GI 变化体现了堆肥毒性的发展趋势，随着堆肥腐熟度的增加，种子的发芽指数不断增加，在堆肥起始阶段，堆肥对种子发芽几乎完全抑制。Garcia 等[42]研究发现新鲜污泥几乎完全抑制大麦种子的发芽，而堆肥后却未发现。所以种子发芽实验是堆肥植物毒性的一种直接而又快速的方法。

$$GI = \frac{堆肥处理的种子发芽率 \times 种子根长}{对照种子的发芽率 \times 种子根长}$$

从理论上讲，$GI<100\%$时，可判断堆肥没有植物毒性，但实际上一般认为发芽指数 $>50\%$即表明堆肥产品基本没有毒性，堆肥达到腐熟，如 Zueconit 等[34]通过研究认为GI $>50\%$时，堆肥对植物已基本没有毒性，堆肥已基本腐熟。通过发芽指数判定堆肥腐熟程度的方法已被意大利政府用作评价有机废物和粪便堆肥腐熟度的标准，而当$GI>80\%$时可认为堆肥已经腐熟了。虽然种子发芽实验被认为是评价堆肥腐熟度最具说服力的方法，但不同植物种类对植物毒性的抵抗能力和适应性存在很大差异。因而，在对堆肥程度进行评定时，结合当地的具体植物种类进行相应的种子发芽实验更为可靠。

3.2.4.5 堆肥腐熟度的综合评价

堆肥腐熟度是反映有机固体废物中有机物降解和生物化学稳定程度的指标，腐熟度判定对堆肥工艺和堆肥产品的质量控制以及堆肥使用后对环境的影响都具有重要意义。国内外对各种物料堆肥腐熟度做过大量研究，提出了各种评定腐熟度的指标与方法。但是中国土壤学会农业化学专业委员会指出堆肥过程是有机物的生化转化过程，由于有机物降解过程的复杂性，单一指标无法全面反映实际堆肥过程的腐熟特征[47]。物理学指标可作为经验判断，定性描述堆肥过程所处状态，但作为唯一指标则缺乏可比性；化学指标可信度比较高，能客观地表征堆肥过程，但单个化学指标评价很难克服因化学指标之间的相互影响而导致的评价偏差；生物学指标可靠性较好，但针对性太强，缺乏普遍性。

采用多种分析方法测定堆肥的多个指标，然后对这些指标进行综合分析，能更加实际地反映出堆肥腐熟状况，同时由于影响堆肥腐熟度的众多因素具有不确定性和模糊性，所以鉴于当前未形成一个合理的腐熟度评价方法，模糊评价法不失为腐熟度评价的一种较好的分析方法。模糊评价法是把模糊数学应用到判别事物和系统优劣领域的方法，所揭示的是客观事物之间差异的中介过渡性引起的划分上的一种不确定性，根据给出的评价标准和实测值，经过模糊变换后对事物或系统做出综合评价[48,49]。

3.2.4.6 荧光光谱学分析技术在腐熟度测定上的应用

有机固体废物好氧堆肥中将形成胡敏酸（humic acid，HA）类、富里酸类（fulvicacid，FA）等物质，堆肥起始阶段 HA 含量低而 FA 含量较高，随着堆制过程的推进，FA 含量下降或保持不变，而 HA 含量增加。Chefetz 等[50]研究表明，通过堆肥 HA 逐渐成为腐殖质的主要部分；Sugahara 等[51]通过城市生活垃圾堆肥腐殖质组分分析同样证实，HA 增加，而 FA 则呈降低趋势。同时，HA 类物质结构的复杂化程度是决定堆肥质量及腐熟度的重要因素之一，堆肥产品培肥土壤后 HA 类物质对土壤的理化性质及生物学特性具有十分重要的影响，并且会对作物的生长发育产生积极的作用。

由于胡敏酸分子中存在芳香类和酚类等荧光物质，因此采用荧光光谱学分析技术，可实现对有机物质的精细分析，有利于了解碳水化合物的降解和腐殖化进程[52]，一般情况下，堆肥过程中水溶性有机物（DOM）中含有 HA，所以 DOM 的组成与结构的变化较固相组分更能灵敏地反映堆肥腐熟状况[53~57]。虽然堆肥过程中有机物质的光谱特性变化与腐熟度存在相关性，且目前对于利用荧光光谱学分析方法对堆肥腐熟度进行了大量的研究工作[54~57]，但仍然没有形成一套基于光谱学分析方法确定堆肥腐熟度的量化标准，在实际工作中可以将荧光光谱学分析方法和其他指标相结合对腐熟度加以辅助性说明。

3.2.5 堆肥产品营养成分的指标体系

堆肥质量是指由物理、化学及生物特征所综合反映的堆肥产品的整体状态。国家环境监测总站 2002 年对我国部分城市垃圾堆肥产品质量进行了监测。结果表明：北京某堆肥厂产品的总钾含量、南宁某堆肥厂产品的总氮、总磷、总钾含量均不达标。由于堆肥产品品质较低造成的产品滞销，使得相当数量的堆肥厂处于停产和半停产的状态。

综合前人的研究及生产经验，应从堆肥的原料来源、分选技术、堆肥的过程控制途径等方面考虑提高堆肥的质量。改善堆肥质量的途径包括推广垃圾分类收集技术及加强预处理工艺和通过优化堆肥工艺条件改善堆肥质量，从而提高堆肥营养成分含量，减少堆肥过程营养成分的散失量，如 N 素。

3.3 生活垃圾好氧堆肥

3.3.1 基本理化参数变化率

3.3.1.1 堆肥过程中温度的动态变化

堆肥过程中温度变化如图 3-2 所示。堆肥开始阶段，堆料温度迅速提高，接种微生物的两个堆肥处理的温度都在第 3 天升到 50℃ 以上，其中，多阶段接种（T_1）处理在堆肥的第 3 天即进入高温期 52℃，最高温度达 74℃，在堆肥周期内，高于 55℃ 持续 13d。CK、T_1、T_2 处理高于 55℃ 停留时间则分别为 8d、13d 和 12d。

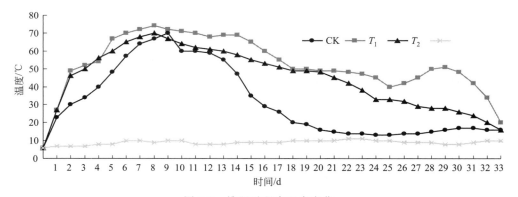

图 3-2 堆肥过程中温度变化

从整个堆肥过程的温度变化来看，接种菌剂的两个堆肥处理的温度要明显高于 CK 组，主要体现在三个阶段：一是接种菌剂能加速升温期堆体温度的升高，缩短堆肥起爆时间；二是接种菌剂能使高温期持续的时间增加；三是分阶段接种菌剂对降温期以后的温度影响较大，能使降温期以后的温度较长时间保持在 30～50℃ 之间，这是一个有利于微生物生长的温度范围，有利于腐熟阶段堆料的降解。

T_1 和 T_2 两个处理、两种不同接种方式对堆体温度变化的影响也有不同，堆肥进行的第 18 天之前两种接种方式对温度的影响差别不大，但堆肥进行到第 18 天时 T_1 的温度降到 50℃，此时向 T_1 处理中接种纤维素分解菌，此后温度一直维持在 45～50℃ 之间；在堆肥的第 24 天 T_1 温度为 45℃，此时接种木质素分解菌，菌剂经历短暂的适应期后开始作用于堆料物质，释放热量，使堆体温度又开始上升进入二次发酵，45℃ 以上维持 4d，最高达 51℃。而 T_2 在堆肥进行的初期接种的微生物菌剂由于经历一个长时间的高温作用阶段，使微生物的活性受到了极大的抑制，随着降温期容易利用的营养物质消耗殆尽，微生物代谢逐渐停止使堆体温度不断下降。由于堆肥过程中，温度的升高是由微生物活动释放的热量引起的，因此，在一定范围内堆料的温度变化与微生物的生长繁殖存在着正相关。堆肥实验表明，接种微生物堆肥温度升高最快，同时高温持续时间长，表明堆肥中接种微生物可加速有机物的降解，从而提高堆肥效率。采用多阶段接种的方式能明显提高堆肥腐熟期的温度，使堆肥物料得到更充分的降解，提高堆肥的腐熟程度。

3.3.1.2 堆肥过程中 pH 值变化

对于堆肥微生物来说，最佳 pH 值为 6.0～8.5，堆料的初始 pH 值为 7.13。如图 3-3 所示：整个堆肥过程中 3 个堆肥体系均维持在一个相对稳定的弱碱性环境中，腐熟期的 pH 值均在 7.5 以下，pH 值升高均在高温期中后期，这与 Masó 等[58]的研究所得结论相似。3 个处理的 pH 值变化都遵循升高-降低-升高-降低的趋势，其中，在堆肥过程中 CK 处理和 T_2 处理的 pH 值变化趋势相同，只是在高温期中后期 T_2 的 pH 值始终高于 CK 处理，表明接种微生物菌剂能使堆体中蛋白质降解加快，使 NH_3 的释放速率加快，能加速堆肥的进行。然而，T_1 处理的 pH 值变化情况显著不同于 T_2 和 CK 处理，T_1 的 pH 值降低的拐点较其他两个处理提前 4d，分析原因一方面可能是由于堆肥初期接种菌剂可加速分解较简单的有机物质（蛋白质、氨基酸、脂类、糖类），产生小分子的有机酸，使 pH 值降低；另一方面可能是由于堆肥初期接种的氨氧化细菌和硝化细菌能迅速地将 NH_3 氧化成 NO_2^- 和 NO_3^-，使 pH 值又降低。T_1 处理在高温期中后期时的 pH 值显著高于其他两个处理，可能是由于随着堆肥进行，在微生物的代谢作用下，堆肥过程有机酸的数量逐渐减少，含氮有机物降解产生 NH_3 增加，使堆料中的 pH 值逐渐升高。说明采用分阶段接种的方式进行堆肥能最大限度地发挥接种微生物的优势作用进而激发土著微生物的生长繁殖，使堆体中微生物的代谢能力加强，显著提高堆肥效率。

3.3.1.3 堆肥过程中含水率变化

堆肥过程中含水率变化如图 3-4 所示。从含水率变化来看，3 个堆肥处理对堆肥过程中的含水率变化的影响不大。3 个处理的含水率均在 50%～62% 之间波动，有研究表明堆体最适含水率为 55%～65%，含水率低于 30% 微生物的生长繁殖将受到抑制，高于 70% 空隙率低，空气不足，堆体将进行厌氧发酵。堆肥初期原料的含水率为 60.11%，在堆肥结束时含水率都略有下降，但下降幅度不大，可能和堆肥的外界环境温度有关，由于本次堆肥是在北京的 3 月进行，环境温度较低，堆肥反应器内外温差较大，致使物料降解过程中产生的水分无法排出，但整个堆肥过程中的含水率均在 50%～62% 之间，是一个适合微生物生长繁殖的含水率范围，有利于堆肥物料的降解。

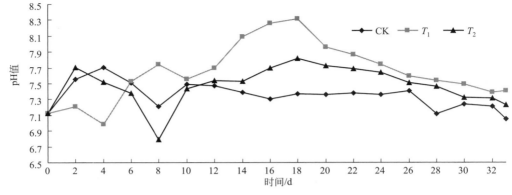

图 3-3 堆肥过程中 pH 值变化

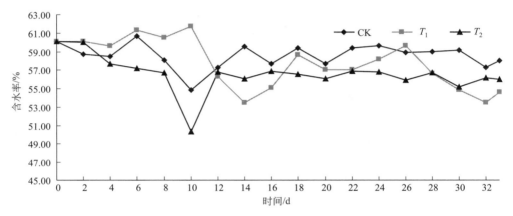

图 3-4 堆肥过程中含水率变化

3.3.1.4　堆肥过程中碳氮比变化

堆肥过程中微生物通常不能直接利用堆料中的有机质作为营养物质，需将其分解为水溶性成分才能加以利用。堆肥中水溶性碳氮比（即水溶性有机碳/水溶性有机氮）的变化，比固态的 C/N 更能反映堆肥进行的程度。如图 3-5 所示，整个堆肥过程中水溶性 C/N 呈下降趋势，尤其在堆肥初期，堆料水溶性碳氮比迅速下降，T_1 处理由初始的 34.7 降到5.02。李国学等[59]研究认为当堆肥腐熟时的水溶性 C/N 的比值处在 4～6 之间，T_1 在堆肥进行到第 24 天时比值已经降到 5.67，比 T_2 提前 4d 达到腐熟，然而 CK 处理在第 33天时的比值为 6.42，还没有达到腐熟标准，说明接种堆肥能加速堆肥的腐熟进程，多阶段接种堆肥能明显缩短堆肥的腐熟周期。

3.3.2　堆肥过程中有机质含量变化

用恒重法测定新鲜生活垃圾的有机质含量为 55.81%，如图 3-6 所示，在堆肥过程中3 个堆肥处理的有机质含量均呈下降趋势，堆肥结束后 T_1、T_2 和 CK 的有机质含量分别为 23.11%、28.89% 和 32.31%，分别下降 32.70%、26.92% 和 23.5%，由此可见接种

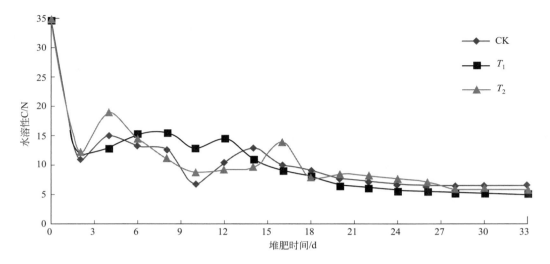

图 3-5 堆肥过程中水溶性 C/N 的动态变化

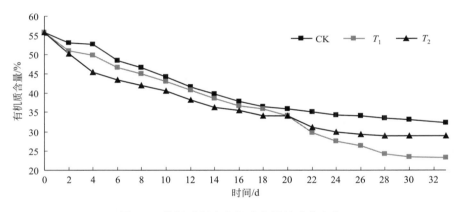

图 3-6 堆肥过程中有机质含量的动态变化

堆肥对有机质的降解效率要高于不接种处理，T_1 处理的有机质降解效率要明显高于其他 2 个处理。在堆肥进行的前 10d，接种菌剂的两个处理中 T_2 的降解速率大于 T_1 处理，可能是由于前期 T_2 接种的微生物菌剂种类和数量均多于 T_1 处理，由于有机质的降解是种类丰富的微生物代谢作用的结果，因此在一定范围内有机质的降解效率与微生物量的多少成正相关。然而从第 20 天开始一直到堆肥结束，T_1 的有机质降解速率显著高于 T_2 处理，说明采用多阶段接种的方式能增加堆肥后期的微生物量，使其能加速堆肥后期的有机质降解，使堆肥腐熟度增加。

3.3.3 堆肥过程中水溶性 NH_4^+-N 和水溶性 NO_3^--N 变化

图 3-7 表示堆肥过程中 NH_4^+-N 的变化规律。在堆肥初期，由于有机物质的矿化和氨化，NH_4^+-N 浓度呈递增趋势。在第 8 天、第 14 天和第 10 天，T_1、T_2 和 CK 处理中

NH_4^+-N 的含量分别达到最大值 1056.6mg/kg、1482.5mg/kg 和 975mg/kg。T_1 堆体在第 8 天便已达到最大值，是因为堆温升温较快，且最高堆体温度高于其他 2 个堆体，说明分阶段接种的微生物菌剂使 T_1 堆体的堆肥反应十分剧烈，氨化作用强烈；经过初期增长之后，由于氨气的挥发和微生物的作用，3 个堆体中的 NH_4^+-N 均出现了明显下降，最后趋于稳定，这主要是由于 NH_3 的挥发以及硝化细菌的硝化作用造成的。堆肥结束后，T_1、T_2 和 CK 处理堆体的 NH_4^+-N 含量分别为 324.6mg/kg、409.1mg/kg 和 523.1mg/kg。Zucconi 等[34]认为腐熟堆肥的 NH_4^+-N 含量应小于 400mg/kg。可以看出 T_1 堆体的 NH_4^+-N 含量已达到堆肥腐熟标准，T_2 堆体的 NH_4^+-N 含量也基本达到腐熟要求，CK 堆体中 NH_4^+-N 的含量较高，堆体尚未完全腐熟。

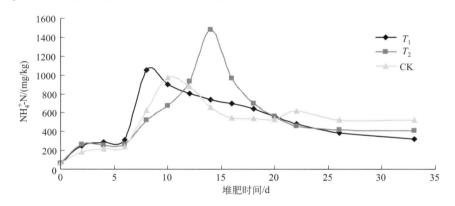

图 3-7 堆肥过程中水溶性 NH_4^+-N 的动态变化

如图 3-8 所示，堆肥产品的 NO_3^--N 含量在 3 个堆体中均保持先降低后上升的趋势。在堆肥初期，由于堆体温度急剧上升，抑制了硝化菌的活性及生长繁殖，并且由于堆体局部厌氧导致的反硝化作用造成了 NO_x 的逸出，所以堆料中的水溶性 NO_3^--N 含量呈逐渐减小趋势。随着堆肥的进行，堆体中经历高温作用后存活下来的优势菌群开始发挥作用，随着温度的逐渐下降，硝化作用增强及有机物大量被降解，硝化菌活性大大增加，使 NH_4^+-N 易被转化为 NO_3^--N，导致堆肥后期堆肥产品中 NO_3^--N 含量大幅度增加。在堆肥结束时，T_1、T_2 和 CK 堆体的 NO_3^--N 含量分别为 339mg/kg、274mg/kg、241mg/kg。可见，与 CK 相比，接种堆肥的两个堆体的硝化作用要有所增强，而 T_1 堆体的硝化过程十分明显，堆肥的腐熟程度也较高。表明分阶段进行接种堆肥能明显提高堆肥过程的硝化作用强度，减少堆肥过程中由于 NH_3 挥发所造成的氮素损失。

3.3.4 堆肥过程中氨气挥发和 H_2S 变化

生活垃圾在高温堆肥过程中会产生大量有害气体，其中 NH_3 和 H_2S 是最主要的恶臭物质，这些气体不但污染环境，还对人类健康造成极大威胁。因此，采取有效措施，最大限度地降低有害气体的产生和排放，使其转化成可利用的物质，是生活垃圾无害化处理亟待解决的问题。由图 3-9 可知，在整个堆肥升温及高温阶段，NH_3 挥发呈缓慢上升的趋

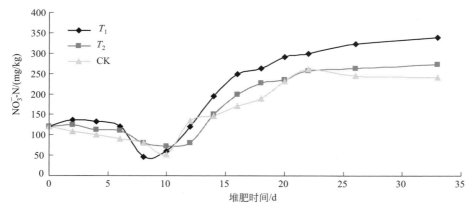

图 3-8　堆肥过程中水溶性 NO_3^--N 的动态变化

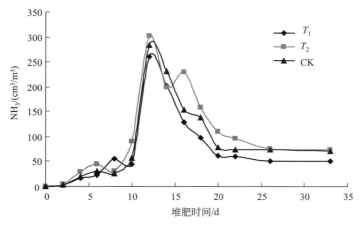

图 3-9　堆肥过程中氨挥发动态变化

势，并且不同处理之间差别不明显。在堆肥降温阶段，NH_3 挥发在第 12 天产生一个峰值，随后逐渐降低，并在堆肥的腐熟后期相对稳定。通过不同处理间 NH_3 比较表明，接种微生物明显影响堆肥中 NH_3 的挥发，通过 NH_3 挥发峰值比较，T_2 处理是 CK 处理的 1.16 倍，CK 处理是 T_1 处理的 1.09 倍。因此，本实验采用的前阶段接种功能菌剂在某种程度上加快了堆肥过程氮素的损失，而采用多阶段的方式，在堆肥初期接种了硝化细菌和氨氧化细菌后能明显减少 NH_3 的挥发。

堆肥过程中硫素形态间转化是一个复杂的过程，硫素主要以元素硫、硫化物、硫酸盐、亚硫酸盐和有机硫等形式存在。在堆肥过程中，随着温度升高，含硫有机化合物在异养微生物作用下分解生成含硫气体，是堆肥中硫素损失和臭味产生的主要原因。含硫有机化合物被异养微生物分解生成 H_2S 部分挥发到空气中，部分被异养微生物转化为硫酸盐，转化得越多，全硫减少得越少，H_2S 释放越少。如图 3-10 所示：3 个处理的 H_2S 释放量都在堆肥进入高温期后增加，在堆肥进行到第 16 天时达到最大，到堆肥结束时趋于稳定。接种堆肥的 2 个处理的 H_2S 释放量小于 CK 处理，表明接种除臭菌剂能减少堆体中 H_2S 的释放，对于 T_1 和 T_2 2 个处理的 H_2S 释放量 T_1 要小于 T_2，表明 H_2S 释放量与接种菌剂起作用情况有关系，T_2 前期接种多种功能菌剂可能存在菌剂之间的竞争作用，或菌剂与土著菌间的竞争作用较 T_1 严重，导致接种的除臭菌剂不能更好地发挥作用，然而采用多阶段接种的方式进行堆肥，能够很好地改善这种微生物间的竞争作用，使其更好地发挥作用，减少堆肥中 H_2S 的释放量。

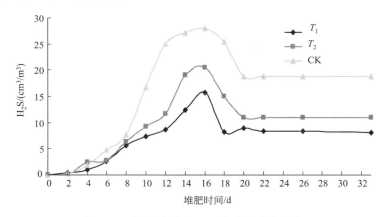

图 3-10 堆肥过程中 H_2S 产生量动态变化

3.3.5 堆肥过程中木质纤维降解率变化

堆肥中木质纤维的主要结构形式是纤维素约占 40%，半纤维素占 20%～30%，木质素占 20%～30%，尽管许多微生物能分解单独存在的纤维素和木质素，但由于在细胞壁中纤维素受到木质素的保护，而木质素具有完整坚硬的外壳，不易被微生物降解，两者互相缠结，使木质纤维素的分解受到限制，因此木质纤维素等大分子物质的降解速率成为决定堆肥腐熟进程的一个关键因素[60,61]。如图 3-11 所示，3 个处理的半纤维素降解伴随着

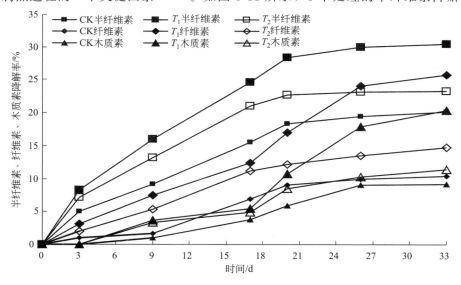

图 3-11 堆肥过程中半纤维素、纤维素、木质素含量的动态变化

堆肥的整个过程；T_1 处理的纤维素降解从堆肥的高温期开始直至堆肥结束，T_2 则主要发生在堆肥的高温期，后期降解缓慢；T_1 处理的木质素降解从堆肥的高温期末期开始直至堆肥的发酵结束，T_2 主要发生在堆肥的降温期，堆肥结束后 T_1 的半纤维素降解率、纤维素降解率和木质素降解率比 T_2 分别提高了 7.19%、10.89% 和 8.98%，比 CK 处理分别提高了 10.35%、15.26% 和 11.13%。说明采用多阶段接种的方式进行堆肥能有效提高堆肥过程中木质纤维的降解速率，使堆肥充分腐熟。

3.4 生活垃圾与畜禽粪便联合堆肥技术

供试畜禽粪便（牛粪、猪粪、鸡粪等）采自上海市浦东新区美商国际集团周边的养殖场，并利用大棚种植产生的秸秆作为调理剂调节 C/N 比。生活垃圾的物料组成见表 3-1，分选后的生活垃圾、畜禽粪便及秸秆的基本性质见表 3-2。

表 3-1 生活垃圾的物料组成（干重）

塑料类/%	织物类/%	玻璃类/%	金属/%	可燃物/%	砖石、土/%	废电池/%	打火机/%	有机质/%
4.30	4.40	0.51	0.82	16.34	13.50	0.08	0.01	60.86

表 3-2 分选后的生活垃圾、畜禽粪便及秸秆的基本性质（干重）

项目	含水率/%	有机质含量/%	全氮含量/%	全钾含量/%	全磷含量/%
分选后的生活垃圾	66.70	40	1.5	0.9	0.5
畜禽粪便	75.39	76.87	2.29	1.81	2.56
秸秆	35.22	86.17	1.44	2.47	0.63

堆肥实验设备主要为翻转式堆肥反应器（见图 3-12）。装置内反应筒高 1400mm、直径 330mm，总容积 99L，出气管直径 6mm，配有渗滤液收集装置、供气及计量系统、温控系统、报警系统及在线监测系统。

3.4.1 堆肥腐熟度评价方法

堆肥腐熟度是反映有机固体废物中有机物降解和生物化学稳定程度的指标，腐熟度判定对堆肥工艺和堆肥产品的质量控制以及堆肥使用后对环境的影响都具有重要意义。国内外对各种物料堆肥腐熟度做过大量研究，提出了各种评定腐熟度的指标与方法。但是堆肥过程是有机物的生化转化过程，由于有机物降解过程的复杂性，单一指标无法全面反映实际堆肥过

图 3-12 堆肥装置

程的腐熟特征（中国土壤学会农业化学专业委员会，1989）。物理学指标可作为经验判断，定性描述堆肥过程所处状态，但作为唯一指标则缺乏可比性；化学指标可信度比较高，能客观地表征堆肥过程，但单个化学指标评价很难克服因化学指标之间的相互影响而导致评价偏差；生物学指标可靠性较好，但针对性太强，缺乏普遍性。

采用多种分析方法测定堆肥的多个指标，然后对这些指标进行综合分析，能更加实际地反映出堆肥腐熟状况，同时由于影响堆肥腐熟度的众多因素具有不确定性和模糊性，所以鉴于当前未形成一个合理的腐熟度评价方法，模糊评价法不失为腐熟度评价的一种较好的分析方法。模糊评价法是把模糊数学应用到判别事物和系统优劣领域的方法，所揭示的是客观事物之间差异的中介过渡性引起的划分上的一种不确定性，根据给出的评价标准和实测值，经过模糊变换后对事物或系统做出综合评价。

（1）建立评价因子及确定等级

考虑到本研究是通过对 8 个不同堆肥工艺的评价获得较优的堆肥工艺，所以研究过程中，结合实测数据、经验值和专家评分，建立评价因子以及相应因子的分级数据。

（2）建立评价因子的隶属度

本研究采用的隶属度模型是：

$$r_{\text{I}}(C_i) = \begin{cases} 1 & 0 \leqslant C_i \leqslant \text{I} \\ \dfrac{\text{II} - C_i}{\text{II} - 1} & 1 < C_i < \text{II} \\ 0 & C_i \geqslant \text{II} \end{cases} \quad \text{（模型 3-1）}$$

$$r_{\text{II}}(C_i) = \begin{cases} 0 & C_i \leqslant 1 \text{ 或 } C_i \geqslant \text{III} \\ \dfrac{C_i - \text{I}}{\text{II} - \text{I}} & \text{I} < C_i < \text{II} \\ \dfrac{\text{III} - C_i}{\text{III} - \text{II}} & \text{II} < C_i < \text{III} \end{cases} \quad \text{（模型 3-2）}$$

$$r_{\text{III}}(C_i) = \begin{cases} 0 & C_i \leqslant \text{II} \text{ 或 } C_i \geqslant \text{IV} \\ \dfrac{C_i - \text{II}}{\text{III} - \text{II}} & \text{II} < C_i < \text{III} \\ \dfrac{\text{IV} - C_i}{\text{IV} - \text{III}} & \text{III} < C_i < \text{IV} \end{cases} \quad \text{（模型 3-3）}$$

$$r_{\text{V}}(C_i) = \begin{cases} 0 & C_i \leqslant \text{IV} \\ \dfrac{C_i - \text{IV}}{\text{V} - \text{IV}} & \text{IV} < C_i < \text{V} \\ 1 & C_i \leqslant \text{V} \end{cases} \quad \text{（模型 3-4）}$$

将各项评价因子实测值代入相应的隶属函数，m 个评价因子隶属于 n 个不同级别的隶属度组成隶属度矩阵 R（R 为 $m \times n$ 阶）。

（3）权数确定

$$W_i = (C_i/S_i)/\sum(C_i/S_i) \quad (3-1)$$

式中　i——各项评价因子；

W_i——某项指标的权重；

C_i——第 i 个因子的实测值；

S_i——第 i 个因子的分级均值；

对表观指数、高温持续时间等数值越大表示程度越好的权重取倒数，为了进行模糊运算，各项权重应归一化：

$$W_{i归}=W_i/\sum W_i$$

（4）确立隶属关系，获得模糊评判矩阵

采用模糊统计方法，由专家和资深人士对各因素进行评分，统计并归一化，从而获得模糊评判矩阵：

$$R=(R_1,R_2,\cdots,R_n)^T$$

式中 R_i——$R_i=(r_{i1},r_{i2},\cdots,r_{im})^T$，第 i 个因素的模糊评判向量，所以单因素的模糊评判向量构成多因素模糊评判矩阵。

（5）模糊复合运算及结果评定

将隶属度矩阵 R 与权重矩阵 W 进行模糊复合运算，再根据复合运算结构判定相应工艺堆肥产品的等级。其中模糊复合运算按下式计算：

$$B=W\times R$$

3.4.2 混合物料堆肥工艺无害化水平分析

一个完整的堆肥过程，升温速率和达到高温所需的时间不仅能够直观地反映出堆肥是否能够进行，影响到堆肥的效率和堆肥成本，同时高温持续时间还能反映出堆肥的无害化效果。蛔虫卵和大肠杆菌的测定无疑是无害化指标的最直接证据，但是蛔虫卵和大肠杆菌的测定稳定性、时效性不够高。基于温度指标的快速直观和蛔虫卵、大肠杆菌检测结果说服力较强但程序较复杂的特点，将两者结合，探讨堆肥工艺的无害化水平，以提高分析的速度、科学性与精确性，降低评价结果的不稳定性。

堆肥过程中，堆料中的可溶性有机成分被微生物直接吸收，固体和胶体状的有机污染物首先附着在微生物体外，由微生物分泌的胞外酶分解可溶性物质，再渗入细胞。微生物从有机物吸收能量，并通过自身的生命活动——氧化还原和生物合成过程，把吸收的有机物一部分氧化成简单的无机物，并释放能量供微生物生长；另一部分合成新细胞的原材料。通过一系列放热反应将大分子有机物分解为比较简单、稳定的小分子物质（CO_2、水蒸气等），使堆温逐渐上升。

研究表明，一个完整的堆肥过程堆体温度会经历升温、高温和降温 3 个阶段[31]，这主要是因为堆肥开始时微生物分解有机固体废物中较易降解的糖类、脂肪、蛋白质等有机物，同时获得营养物和能量以维持微生物的生长繁殖，由于易降解有机物营养丰富，微生物活动剧烈，这时堆肥温度在 $30\sim40℃$ 之间，优势微生物属中温菌；随着反应热量的产生，温度逐渐升高至 $50\sim65℃$，高温微生物大量生长从而代替中温微生物，很多好热微生物，主要包括细菌、放线菌和丝状真菌等，是分解纤维素和果胶类物质能力很强的微生物，因此，在高温阶段能快速分解生活垃圾及畜禽粪便中的难降解物质，同时高温能杀死寄生虫卵和有害微生物并产生腐殖质。但当温度超过 65℃，好热丝状真菌几乎全部停止了活动，而好热放线菌和芽孢杆菌的活动占优势；当达到 70℃ 以上，只有好热芽孢杆菌在活动。当生活垃圾及畜禽粪便中的营养物质不能满足高温微生物生长的需要时，高温微生物死亡，中温微生物又开始活跃，进一步使生活垃圾与畜禽粪便达到腐熟。一般好氧高温堆肥仅需 10～30d 就可腐熟，并杀死堆肥中的病原微生物，对周围环境污染较小，因而好氧堆肥法成为有机固体废物处理处置的一种非常有前景的方法，典型的堆肥过程包括矿化和生物转化[62]。

3.4.2.1 堆肥过程中温度动态变化分析

好氧堆肥是在复杂的堆肥原料中，多种微生物在适宜的条件下对有机物进行生物降解的过程，对于高温好氧堆肥发酵工艺来说，堆料含水率、温度、通风供氧是最主要的发酵控制条件，堆体温度直接反应堆肥是否顺利进行，同时温度指标又能直观地反映出堆体内微生物的活性以及堆肥是否达到无害化[62]。大量研究表明，堆体的最高温度和高温持续时间与堆肥物料的无害化水平直接相关[63～65]。实际应用中，堆肥过程的控制都是为了加快堆肥起始阶段的升温速率和使堆体能够维持足够的高温持续时间，从而有效杀灭堆体内的病虫卵等有害微生物。

(1) 工艺 1 堆肥过程中温度的动态变化

工艺 1 堆肥温度动态变化如图 3-13 所示。

图 3-13 显示，工艺 1 堆肥过程中温度的动态变化曲线符合堆肥温度变化的 3 阶段理论[31]，起始阶段随着堆肥的进行，堆体温度由起始温度逐渐上升，在堆肥的 30d 内，最高温度约为 55℃，且温度曲线呈现升温-降温-升温的波浪式变化趋势；但在温度变化的每个周期中，高温持续时间较短暂，难以达到堆肥无害化对堆体高温维持时间的要求[66]。这可能主要是因为堆肥工艺 1 的通风量为 0.3L/(min·kg)，通气量较小，导致堆体内氧气供应量不足，难以满足微生物生长繁殖对氧气的需求，使堆体内厌氧程度较高，好氧微生物的生长与繁殖受到抑制，活性降低，产生的热量也随之较少，导致堆肥过程中的最高温度较低和难以长时间地维持高温。从图 3-13 还可以看出，每过 48h 温度曲线出现短暂快速上升的现象，这可能是由于翻堆后，暂时消除了堆体内的厌氧区域，堆体内氧气浓度相对增加，使堆体内好氧微生物的活性能够上升，降解有机物的能力增强，产生的热量也随之增加，从而使堆体温度上升。但随着堆肥时间的增加，堆体内的微生物量增加，氧气浓度逐渐降低，导致氧气对好氧微生物生长繁殖的限制作用增加，从而导致微生物的活性降低，产热量减少，表现为堆体温度的下降。

(2) 工艺 2 堆肥过程中温度的动态变化

从图 3-14 可以看出，工艺 2 堆肥过程中温度的动态变化曲线基本符合堆肥温度变化三阶段理论[31]，堆体温度在堆肥进行 60h 左右时达到高温线（≥50℃），且堆体能够维持足够的高温时间（488h 左右），初步说明堆肥工艺 2 能够满足堆体内微生物生长繁殖的需要。但是从图上也可看出，每次翻堆后，温度出现上升，且上升的速率较大，同时每个温度峰的肩宽较窄，这可能是由于以下两种原因造成的：一是由于堆体温度达到最高温度时，高温环境导致堆体内的一部分微生物死亡，微生物活性下降，从而导致产热量减少，温度下降；二是在 0.6L/(min·kg) 的通风量情况下，不能够满足在该堆肥体系下微生

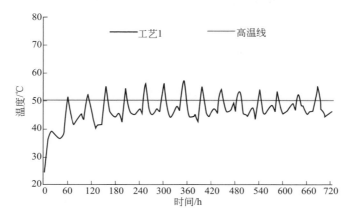

图 3-13　工艺 1 堆肥温度动态变化

物生长繁殖对氧气的需求，导致翻堆后堆体内氧气浓度出现短暂增加，所以在翻堆后的初始时期内微生物活性急剧增加，但是随着堆肥时间的延长和微生物对氧气消耗量的增加，氧气供应量相对不足，厌氧区域也迅速扩大，从而使堆体内微生物活性以相对较快的速率下降，产热量随之减少，导致堆体温度出现快速下降。图 3-14 的温度动态变化曲线在堆肥进行 22d 后，堆体温度没有随着翻堆而使堆体温度上升，主要原因可能是由于堆体含水率或营养成分的消耗，堆肥体系不能继续维持微生物生长繁殖的需要，微生物活性降低，产热量与散热量之间不能维持平衡，导致表观堆体温度下降，该现象也可作为堆肥腐熟的直观判定指标之一。

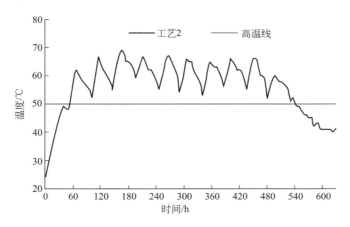

图 3-14　工艺 2 堆肥温度动态变化

（3）工艺 3 堆肥过程中温度的动态变化

从图 3-15 可以看出，通过温度在线监测动态变化曲线显示，堆肥时间达到 200h 左右时温度由起始温度上升到 50℃，升温速率较工艺 1 和工艺 2 的起始升温速率相对较低，这主要是因为工艺 3 的起始含水率为 65%，高于工艺 1 和工艺 2 的含水率，影响了堆体内的通风供氧，限制了好氧微生物的生长与繁殖，微生物活性较低，产生的热量不足以使堆体温度升高到高温线以上。当堆体温度达到高温后（≥50℃），温度曲线以 48h 为周期呈现波浪式变化，且峰的宽度较工艺1和工艺2要宽，这说明由于工艺3的通风量高于工艺1与工艺2，堆体内微生物的生长繁殖时氧气浓度的限制作用要比工艺1和工艺2低。整个堆肥过程中高温持续达300h以上，满足堆肥无害化对温度的要求[66]；但是当堆肥到工艺安排的22d时堆体温度还未出现下降，所以缺少了堆肥温度变化三阶段理论中的降温阶段，不是一个完整的堆肥过程，直观可以判定堆肥未能腐熟。

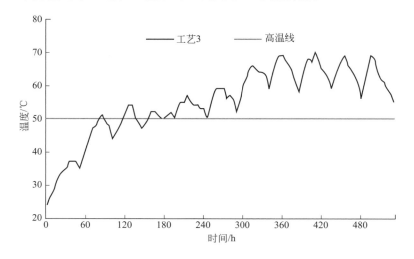

图3-15 工艺3堆肥温度动态变化

时间为该工艺的最大限制因素之一，主要原因是由于物料初始含水率过高，致使堆肥初期微生物活性较低，对有机固体废物的降解量较少，即堆肥初期的堆肥效率较低。随着堆肥的进行，尾气携带出水分，使堆体含水率下降到微生物生长较适宜的水平以后，含水率对好氧微生物的生长繁殖的限制作用下降，好氧微生物活性增强，对堆体内的有机物进行快速降解，使之逐渐稳定，但是当堆肥时间达到22d后，有机物的稳定化程度不够高，堆体内微生物的生长活性依然较高，产生的热量高于散失的热量，从而表现为堆体温度未能出现下降的趋势，所以时间成为该堆肥工艺的主要限制因素之一。

（4）工艺4堆肥过程中温度的动态变化

堆肥工艺4的温度动态变化曲线如图3-16所示，在整个堆肥过程中，温度虽然总体趋于上升的趋势，但是堆体温度一直没有达到高温（≥50℃），说明该工艺在堆肥的18d内，堆体温度一直处于堆肥温度三阶段变化理论中的升温阶段，未能进行到高温阶段和降温阶段。这主要是因为该工艺中堆肥起始物料含水率过高（71%），严重影响到堆体内的通风供氧效果，堆体内的厌氧程度较高，致使好氧微生物的生长繁殖受到严重地抑制，活性较低，产生的热量不能够使堆体温度出现快速上升，从而导致堆肥效率较低，在实际应用中必然影响到堆肥的成本，所以明显不能满足生活垃圾与畜禽粪便无害化、减量化与资源化，特别是市场化推广的需要。在整个堆肥过程中温度曲线呈现一个缓慢上升的趋势，其原因可能主要是以下两点：一方面可能是由于堆体内厌氧微生物和兼性厌氧微生物以及少量的好氧微生物的生长繁殖活动产生的热量在堆体内的积累量超过散失量，使得堆体温度出现缓慢上升；另一方面可能是随着堆肥的进行，堆体内的一部分水分被气体带出，使堆肥物料的含水率有所降低，相对改善了堆体内的氧气环境，使氧气对微生物生长的限制作用出现降低，从而使兼性厌氧微生物和好氧微生物的活性增强，降解能力增加，产生的热量也随之上升，从而使堆体温度表现为上升。

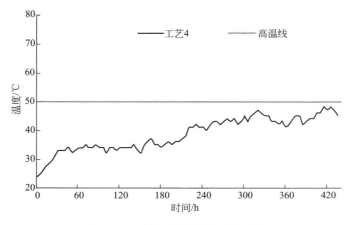

图 3-16 工艺 4 堆肥温度动态变化

（5）工艺 5 堆肥过程中温度的动态变化

图 3-17 为堆肥工艺 5 的温度动态变化曲线，在堆肥的起始阶段，堆体温度迅速上升，在 30h 左右就已达到高温水平，而且堆体达到的最高温度较高；同时温度动态变化曲线上的温度周期性变化的波浪形曲线峰宽度明显增加，这主要可能是因为该工艺的物料初始含水率仅为 50%，较适于微生物的生长与繁殖[67]，在通风量足够的情况下，氧气供应充足，不再是微生物生长繁殖的限制因素，从而使得堆体内好氧微生物的活性较高，对有机固体废物的降解能力较强，产生的热量也较多，远高于散热量，从而表现为堆体温度快速上升，也直观地说明该堆肥工艺下，堆肥起始的效率较高。但是从图上又可明显看出，虽然堆体温度的动态变化曲线满足温度变化的三阶段理论，经历了升温、高温和降温阶段，但堆体高温维持了约 150h 后又表现为快速下降的趋势，这主要是由于堆肥物料起始含水率仅为 50%，在通风量为 1.5L/(min·kg) 和堆体温度较高的情况下，水分的挥发速率较大，被气体携带出的水分量也增加，导致堆体含水率快速下降，堆肥进行 6d 后微生物的生长繁殖受到含水率太低的限制，从而活性下降，降解能力减弱，产热量减少，温度降低。

（6）工艺 6 堆肥过程中温度的动态变化

工艺 6 堆肥过程中温度的动态变化曲线如图 3-18 所示，整个堆肥过程中的温度变化满足堆肥温度三阶段温度变化理论，说明工艺 6 堆肥能够顺利进行。在堆肥起始阶段，堆体温度快速上升，迅速达到高温水平，这可能是因为在初始物料含水率为 56% 和通风量 [1.8L/(min·kg)] 充足的堆肥条件下，堆体内微生物能够获得足够的氧气，在适宜的水环境条件下，通过同化吸收分解有机固体废物所产生的小分子有机化合物，与此同时释放部分热量到堆肥中，从而使堆体温度快速上升。同时整个堆肥过程中高温持续时间也较长（383h），所以可以从表观上直观地说明该堆肥工艺能够很好地实现堆肥的无害化要求，这可能是由于该堆肥工艺堆肥过程中，在安排的工艺参数下，能够很好地满足堆体内微生

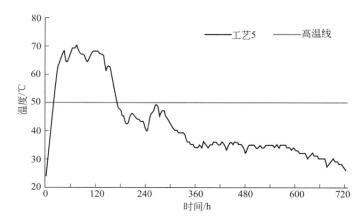

图 3-17　工艺 5 堆肥温度动态变化

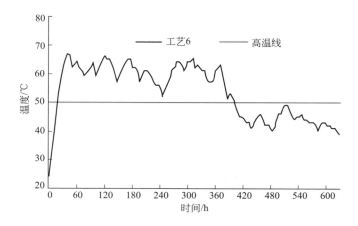

图 3-18　工艺 6 堆肥温度动态变化

物生长繁殖的要求，使堆肥能够顺利进行，实现堆肥中不稳定的有机物质被降解或转化为稳定的物质，使生活垃圾与畜禽粪便达到稳定化的要求。

（7）工艺 7 堆肥过程中温度的动态变化

图 3-19 为生活垃圾与畜禽粪便混合堆肥工艺 7 的温度动态变化曲线，整个堆肥过程中的温度变化也满足堆肥温度三阶段温度变化理论，说明工艺 7 堆肥能够顺利进行。在堆肥起始阶段，堆体温度快速上升，迅速达到高温水平，但是其升温速率要比工艺 6 的升温速率低，这可能是因为该工艺起始物料含水率为 62%，堆体内微生物的活性部分受到抑制，同时由于通风量较大 [2.1L/(min·kg)]，携带出的热量也较多，在堆肥的起始阶段产生热量有限的情况下影响到堆体的升温速率，使堆体的升温速率下降。

（8）工艺 8 堆肥过程中温度的动态变化

从图 3-20 可以看出，工艺 8 堆肥过程中温度的动态变化与堆肥工艺 3 相似，这是因为在堆体起始物料含水率为 68% 的情况下，堆肥起始阶段微生物的活性明显受到抑制作用，降解能力较低，导致产热量较少，不能使堆体温度快速上升，从而严重影响堆肥起始阶段的堆肥效率。但是随着堆肥时间的增加，由于堆体内微生物产生的热量逐渐累积和物

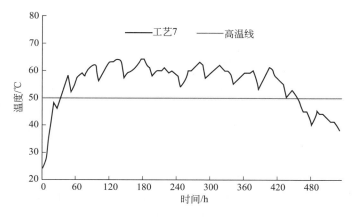

图 3-19 工艺 7 堆肥温度动态变化

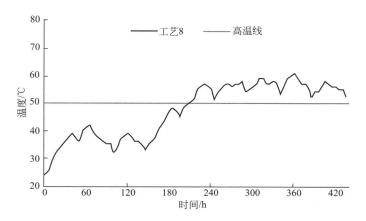

图 3-20 工艺 8 堆肥温度动态变化

料水分散失微生物活性逐渐增强的情况下,当堆肥时间达到 220h 左右时温度上升到 50℃,堆体温度达到高温阶段。从曲线图上还可以看出,堆肥工艺 8 在堆肥的 18d 内没有出现降温,曲线缺乏降温阶段,这可能是因为该工艺的堆肥时间仅有 18d,堆肥时间不足,时间成为堆肥达到腐熟的主要限制因素之一,从而使堆肥缺乏降温过程,未能达到腐熟的目的,所以初步判断该工艺不能使生活垃圾与畜禽粪便达到合理处理处置的目的。

3.4.2.2 堆体过程中相关温度指标的直观统计分析

一个完整的堆肥过程,达到高温的时间和升温速率不仅能够影响到堆肥的效率和堆肥成本,还能直观地反映出堆肥是否能够进行,同时间接地说明堆肥的无害化效果。

表 3-3 不同堆肥的堆体温度特性

温度参数	工艺 1	工艺 2	工艺 3	工艺 4	工艺 5	工艺 6	工艺 7	工艺 8
到 50℃所需时间/h	60	52	116	0	21	17	31	210
升温速率/(℃/h)	0.433	0.50	0.22	0	1.24	1.53	0.84	0.12
≥50℃持续的时间/h	3	488	412	0	151	383	424	222

由表 3-3 可知,生活垃圾与畜禽粪便混合堆肥的 8 种工艺中,起始升温速率大小依次

为工艺 6>工艺 5>工艺 7>工艺 2>工艺 1>工艺 3>工艺 8>工艺 4，堆肥工艺 4 整个堆肥过程未能达到高温，所以起始速率近于 0，也就不存在高温时间，所以可以明显看出堆肥工艺 4 不能满足生活垃圾与畜禽粪便无害化、减量化和资源化的需要。工艺 6 的升温速率最大，达到 1.53℃/h，其次是工艺 5 的 1.24℃/h 和工艺 7 的 0.84℃/h，说明生活垃圾与畜禽粪便混合堆肥的 8 种工艺中，在工艺 6 的堆肥体系下微生物生长活性较高，堆体能够以最快的速度达到高温（≥50℃）。

高温持续时间长短依次为工艺 2>工艺 7>工艺 3>工艺 6>工艺 8>工艺 5>工艺 1>工艺 4，其中，只有工艺 2、工艺 3、工艺 5、工艺 6、工艺 7 和工艺 8 达到《粪便无害化卫生标准》（GB 7959—1987）[66]中规定的堆肥温度在 50～55℃ 以上维持 5～7d 的要求，工艺 1 和工艺 4 明显未能达到无害化的要求，工艺 1 可能是由于通风量过小，不能满足堆体内微生物生长繁殖的需要，使得氧气浓度成为堆肥顺利进行的主要限制因素之一；工艺 4 则可能是由于堆肥起始物料的含水率过高，严重影响到堆体内的通风效果，使得堆体内厌氧程度较高，最终在氧气供应不足的情况下，使堆体内好氧微生物的生长与繁殖受到抑制。

3.4.2.3 温度指标的模糊评价

图 3-13～图 3-20 和表 3-3 能够直观地说明堆肥的进行程度，但是不能量化地判断堆肥的无害化水平，所以过程中，利用 3.4.1（2）部分中的评价因子建立和分级数据的确定方法，以高温持续时间和升温速率作为无害化水平判断的评价因子，并依据表 3-3 中的数据，确定分级数据（见表 3-4），从而实现对生活垃圾与畜禽粪便混合堆肥的 8 种不同工艺的无害化水平进行分级，获得可直接进行比较的量化指标，实现对 8 种不同堆肥工艺的无害化水平的优选，最终满足生活垃圾与畜禽粪便得到无害化处理处置的要求。

表 3-4 堆肥温度的分级数据

项目	1 级（未达标）	2 级（可能达标准）	3 级（达标）	4 级（较好达标）
高温持续时间/h	0～120	120～240	240～480	480～720
升温速率/（℃/h）	0～0.5	0.5～1	1～1.5	1.5～2

结合表 3-3 中的实测数据和表 3-4 中的分级数据，应用层次分析法，代入式(3-1) 中，得出不同工艺的各分级指标的权数（表 3-5）。

表 3-5 不同工艺的温度指标权数确定

实验工艺	模糊评价矩阵	实验工艺	模糊评价矩阵
工艺 1	$W = \{0.019, 0.981\}$	工艺 5	$W = \{0.253, 0.747\}$
工艺 2	$W = \{0.731, 0.269\}$	工艺 6	$W = \{0.410, 0.590\}$
工艺 3	$W = \{0.839, 0.161\}$	工艺 7	$W = \{0.584, 0.416\}$
工艺 4	—	工艺 8	$W = \{0.837, 0.163\}$

将隶属度矩阵 R 与权重矩阵 W 进行模糊复合运算，从而得出不同工艺基于堆肥过程中高温持续时间和升温速率的评价等级，其结果如表 3-6 所列。

由表 3-6 可知，综合考虑到堆肥过程中高温持续时间和升温速率时，8 个不同堆肥工艺的温度综合评价结果大小为：工艺 2（4 级）＝工艺 6（4 级）＞工艺 3（3 级）＝工艺 5（3 级）＝工艺 7（3 级）＞工艺 8（2 级）＞工艺 1（1 级）＞工艺 4（1 级）。说明生活垃圾与畜禽粪便混合堆肥工艺 2 和工艺 6 能够较好地实现物料中有害病虫卵的杀灭,工艺 3 和工艺 5 能够基本实现物料的无害化,工艺 1 和工艺 4 则明显不能够实现堆肥过程中物料的无害化要求;工艺 8 属于可能达无害化标准一级,所以暂时不能明确说明,需要结合蛔虫卵和大肠杆菌的测定结果进行分析说明。

表 3-6 温度参数的模糊评价

实验工艺	模糊评价矩阵	评价等级
工艺 1	$W \cdot R = \{0.634, 0.366, 0, 0\}$	1 级
工艺 2	$W \cdot R = \{0.235, 0.235, 0.467, 0.533\}$	4 级
工艺 3	$W \cdot R = \{0.138, 0, 0.783, 0.217\}$	3 级
工艺 4	—	—
工艺 5	$W \cdot R = \{0.248, 0.711, 0.02, 0\}$	3 级
工艺 6	$W \cdot R = \{0, 0, 0.455, 0.545\}$	4 级
工艺 7	$W \cdot R = \{0, 0.373, 0.627, 0.267\}$	3 级
工艺 8	$W \cdot R = \{0.14, 0.767, 0.233, 0\}$	2 级

3.4.2.4 堆肥中蛔虫卵及大肠杆菌检测结果分析

对堆体内蛔虫卵及大肠杆菌的检测,可以直接判定堆肥的无害化水平,过程中对不同工艺堆肥产品的蛔虫卵及大肠杆菌的检测结果如表 3-7 所列。

表 3-7 不同工艺堆肥产品蛔虫卵及大肠杆菌检测结果

检测项	工艺 1	工艺 2	工艺 3	工艺 4	工艺 5	工艺 6	工艺 7	工艺 8
蛔虫卵杀灭率/%	12.39	100.00	100.00	4.72	100.00	100.00	100.00	99.78
大肠杆菌检出率	$>10^{-1}$	$<10^{-1}$	$<10^{-1}$	$>10^{-1}$	$<10^{-1}$	$<10^{-1}$	$<10^{-1}$	$<10^{-1}$

由表 3-7 可知,工艺 1 和工艺 4 堆肥产品中的蛔虫卵杀灭率分别为 12.39% 和 4.72%,远小于畜禽《粪便无害化卫生标准》(GB 7959—1987)中杀灭率 95%～100% 的要求,且大肠杆菌的检出率均大于 $>10^{-1}$,也未达到标准中 $<10^{-2}$ 的要求,所以工艺 1 和工艺 4 不能达到使生活垃圾与畜禽粪便无害化的要求。工艺 8 的蛔虫卵杀灭率及大肠杆菌检出率分别为 99.78% 和 $<10^{-1}$,均达到畜禽《粪便无害化卫生标准》(GB 7959—1987)[66] 的要求,结合表 3.4.1.3 中温度模糊分析结果说明,堆肥工艺 8 堆肥过程中能够实现生活垃圾与畜禽粪便的无害化;工艺 2、工艺 3、工艺 5、工艺 6 和工艺 7 的蛔虫卵杀灭率及大肠杆菌检出率均明显达到畜禽粪便无害化标准的要求,所以,工艺 2、工艺 3、工艺 5、工艺 6 和工艺 7 均能够实现生活垃圾与畜禽粪便无害化的要求,能够较好地杀灭生活垃圾与畜禽粪便中的有害病虫及微生物。

3.4.2.5 初筛结果分析

综合堆肥过程中高温持续时间、升温速率的模糊评价结果与病虫卵杀灭率检测分析结果,两者的分析结果总体上相一致,并实现了优势互补,从而总结各工艺的无害化判断结果。如表 3-8 所列。

由表 3-8 可知,综合温度模糊分析结果与病虫卵检测结果说明,工艺 2、工艺 3、工艺 5、工艺 6 和工艺 7 好氧堆肥时,能够较好地实现生活垃圾与畜禽粪便的无害化要求,且无害化水平较高;工艺 8 基本能够实现生活垃圾与畜禽粪便混合堆肥达到无害化的要求；工艺 1 和工艺 4 则不能达到使生活垃圾与畜禽粪便无害化的要求。

表 3-8 基于温度模糊评价及病卵检测的无害化水平

项目	工艺 1	工艺 2	工艺 3	工艺 4	工艺 5	工艺 6	工艺 7	工艺 8
较好达到无害化		是	是		是	是	是	
基本达到无害化								是
未达到无害化要求	是			是				

3.4.3 堆肥产品腐熟度分析

堆肥物理学指标中的堆体温度与环境温度趋于一致时堆肥可被认为已达稳定，表现为堆肥原料产生的恶臭气体在堆肥后消失、腐熟堆肥产品呈黑褐色或黑色，随堆肥腐熟程度的增加，化学指标中的 Cs/Ns 逐渐降低、T 值下降、WSC/WSN 逐渐降低、水溶性碳/总有机氮下降、NH_4^+-N 和 NO_3^--N 的比值下降，种子发芽实验是堆肥对植物毒性的一种直接而又快速的检测方法，以表观指数、Cs/Ns、T 值、WSC/WSN、水溶性碳/总有机氮、氨态氮/硝态氮和种子发芽指数作为堆肥腐熟度模糊评价的指标。

3.4.3.1 堆肥产品物理学指标分析

通过表 3-8 直观描述，以堆肥产品温度、气温和颜色为评价因子，再利用 3.4.1 部分中分级数据的确定方法，得出物理学指标分级数据如表 3-9 所列。

表 3-9 表观指数赋值

腐熟等级	温度指标	赋值
1 级（完全腐熟）	深褐色,无臭味,呈疏松的团粒结构	9
2 级（较好腐熟）	暗褐色,轻微臭味,表观较疏松,部分粒径较大	7
3 级（基本腐熟）	褐色,略有臭味,表观较疏松,部分结块	5
4 级（未腐熟）	浅褐色,明显臭味,粒径较大或明显结块	2

当以堆肥产品的物理学参数中的温度、气味和颜色为腐熟度评价指标时，根据实测结果，经过专家评分后，获得初步筛选出的 6 种生活垃圾与畜禽粪便混合堆肥工艺的堆肥产品腐熟度等级，为不同工艺堆肥产品的腐熟度比较提供了量化指标分析依据。不同工艺堆肥产品表观指数如表 3-10 所列。由表 3-10 可知，堆肥产品的等级依次为工艺 6＝工艺 7＞工艺 3＝工艺 5＝工艺 8＞工艺 2，其中工艺 6 和工艺 7 的堆肥产品达到完全腐熟，工艺 3、

表 3-10 不同工艺堆肥产品表观指数

处理类型	温度	气味及颜色	专家评分	腐熟等级
工艺 2	34℃	褐色,略有臭味,部分粒径较大,部分疏松,30％左右结块	4	1 级（未腐熟）
工艺 3	40℃	褐色,略有臭味,表观较疏松,25％左右结块	5	2 级（基本腐熟）
工艺 5	26℃	褐色,略有臭味,表观较疏松,部分硬性结块	5	2 级（基本腐熟）
工艺 6	34℃	深褐色,无臭味,呈疏松的团粒结构,水分较少	8	4 级（完全腐熟）
工艺 7	30℃	介于深褐色与暗褐色之间,轻微臭味,表观较疏松,部分粒径较大	8	4 级（完全腐熟）
工艺 8	36℃	褐色,略有臭味,表观较疏松,部分结块,水分较少	5	2 级（基本腐熟）

工艺 5 和工艺 8 的堆肥产品基本达到腐熟，堆肥工艺 2 的堆肥产品未达到腐熟的要求。

3.4.3.2 堆肥产品化学指标分析

（1）C_s/N_s 的动态变化结果分析

C_s/N_s 是常用的堆肥腐熟度评价方法之一。堆肥起始 C_s/N_s 值在（25∶1）～（30∶1）之间为堆肥最佳条件，有利用微生物的正常生长繁殖和有机物的快速降解。因为微生物体的 C/N 在 16 左右，在堆肥过程中多余的碳素将转变成 CO_2，因此，一些研究者认为腐熟的堆肥理论上应趋向于微生物菌体 C/N 在 16 左右[38]。

不同工艺堆肥过程中 C_s/N_s 的动态变化如图 3-21 所示。

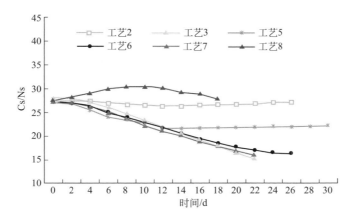

图 3-21 不同工艺堆肥过程中 C_s/N_s 的动态变化

由图 3-21 可知，工艺 8 堆肥过程中 C_s/N_s 的变化表现为先上升后下降，主要原因可能是该工艺的起始物料含水率较高，影响到堆体内氧气的传递，使堆体内厌氧程度较高，氮流失严重，超过了有机物的降解率，从而使得堆肥初期的 C_s/N_s 增大；但是随着堆肥的进行，尾气携带出堆体内的部分水分，物料含水率降低，透气性得以改善，从而使得好氧微生物的活性增强，对生活垃圾与畜禽粪便中的有机物的降解率增加，从而表现为 C_s/N_s 下降。工艺 2 在堆肥初始的 12d 内，C_s/N_s 出现小幅下降，然后又出现上升，主要原因可能是由于堆肥初始阶段，通风量能够满足堆体内微生物的生长繁殖需要，起始物料中有机质降解速率大于 N_s 的流失速率，但随着好氧发酵反应的进行，微生物量的增加，导致氧气供应量相对不足，有机质降解速率小于 N_s 的降解速率。工艺 3、工艺 6 和工艺 7 在堆肥过程中 C_s/N_s 一直呈下降的趋势，说明这 3 个工艺相对较好，能够达到通过堆肥使堆肥产品稳定化的目的。工艺 5 在堆肥的前 12d 内 C_s/N_s 不断下降，此后变化很小，其主要原因可能是物料在堆肥的 12d 后含水率降为 41.16%，水分成为微生物生长和繁殖的限制因素，从而使得堆体内微生物活性较低，C_s 和 N_s 的变化较小。

（2）堆肥产品的 C_s/N_s 分析

由图 3-22 可知，不同工艺堆肥产品的 C_s/N_s 分别为工艺 3(15.1)＜工艺 7(15.8)＜工艺 6(16.2)＜工艺 5(22.1)＜工艺 2(27.3)＜工艺 8(27.9)。说明工艺 3、工艺 6 和工艺 7 在堆肥过程中有机质的降解速率大于氮的流失率，原因在于随着堆肥过程的进行，碳在微生物新陈代谢过程中约有 2/3 被消耗掉变成 CO_2 而散失，其余很少一部分逐渐转化为更加稳定的腐殖质类物质，而氮主要用于细胞质的合成，堆体内的氮素的下降比例小于碳素的下降比例，表现为堆肥过程中堆肥物料的 Cs/Ns 比越来越小，堆肥物料的稳定性增高，堆肥的腐熟度增加。工艺 2 和工艺 8 堆肥起始与结束时的 Cs/Ns 变化不大，可能有以下两种原因：一是由于工艺 2 和工艺 8 两种工艺参数不能很好地满足堆体内微生物生长繁殖的需要，微生物活性较低，导致堆肥过程中物料特性发生明显的变化；另一可能是由于堆肥过程中碳素和氮素的变化比例相仿，虽然物料特性发生了较大的变化，但是堆肥结束时堆肥 Cs/Ns 的变化不大，然而根据前人的研究可以肯定的是工艺 2 和工艺 8 明显没有达到腐熟的要求。工艺 5 堆肥结束时的 Cs/Ns 仍然高于 20，所以也说明工艺 5 的堆肥未能达到腐熟的要求，当其产品施入土壤后将会使土壤微生物大量生长与繁殖，不利于作物的生长。

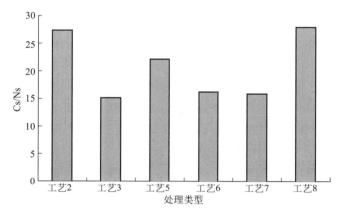

图 3-22　不同处理堆肥产品中 Cs/Ns 分析

（3）T 值 [（起始 Cs/Ns）/终点（Cs/Ns）]

不同处理堆肥过程中 T 值的动态变化如图 3-23 所示。

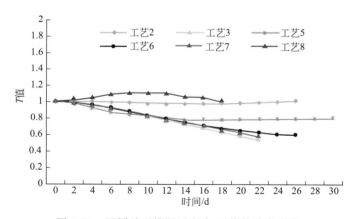

图 3-23　不同处理堆肥过程中 T 值的动态变化

由图 3-23 可知，随着堆肥的进行，工艺 3、工艺 7、工艺 5 和工艺 6 的 T 值是逐渐减小的，与前人的研究一致，符合随着堆肥的进行腐熟度增加、T 值随之减少的研究结论。但图 3-23 也显示，随着堆肥的进行，工艺 1 的 T 值不断上升，工艺 8 的 T 值随着堆肥的进行，在开始的 12d 是逐渐上升的，随后又出现下降的趋势。说明一个完整的堆肥过程，总体趋势是 T 值逐渐减小，并最终下降到合理的 T 值水平，但是由于原料来源、物料含水率以及堆肥过程中其他因素的影响，导致堆体内有机质和氮素在堆肥的不同阶段降低速率的不同，表现为 Cs/Ns 的变化趋势不一致，从而使得整个堆肥过程中 T 值并不是一直呈现下降趋势的。

由图 3-24 可知，堆肥结束时，初筛出 6 种生活垃圾与畜禽粪便混合堆肥工艺堆制出的产品 T 值排列顺序依次是：工艺 2＞工艺 8＞工艺 5＞工艺 7＞工艺 6＞工艺 3，说明初筛出 6 种生活垃圾与畜禽粪便混合堆肥工艺的堆肥产品腐熟程度依次为工艺 2＜工艺 8＜工艺 5＜工艺 7＜工艺 6＜工艺 3，但如果以 Morel 等的研究结果认为 T 值小于 0.6 时堆肥即达到腐熟要求，则 6 个工艺中达到腐熟的只有工艺 3、工艺 6 和工艺 7，工艺 5 的堆肥产品接近腐熟，而工艺 2 和工艺 8 堆肥产品则与腐熟堆肥的要求有较大的差距。

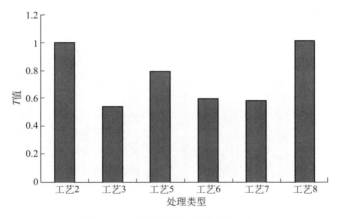

图 3-24　不同处理堆肥产品 T 值

（4）WSC/WSN（水溶性有机碳和水溶性有机氮之比）

Chanyasak 等[36]指出，堆肥反应是微生物对堆肥原料中有机物的生物转化过程，其代谢作用发生在水溶相，通过检测堆肥浸提液中水溶性成分的变化可找出合适的堆肥腐熟度评价参数。由图 3-25 可知，已达到无害化要求的 6 种生活垃圾与畜禽粪便混合堆肥工艺的 WSC/SWN 的大小依次为工艺 7＞工艺 8＞工艺 6＞工艺 3＞工艺 5＞工艺 2，如果以 Chanyasak 等[36]的研究结论 WSC/SWN 为 5～6 时堆肥达到腐熟为参照标准，则达到腐熟的堆肥为工艺 3、工艺 5、工艺 7 和工艺 8，工艺 5 的堆肥产品接近腐熟，工艺 2 堆肥产品与腐熟堆肥的要求有较大的差距，这与 T 值分析结果相一致。

（5）氮组分分析

堆肥过程中，在微生物的作用下原料内的有机质不断地发生生化降解，同时也伴随着明显的消化反应过程，含氮成分发生降解产生氨气，释放的氨气或被微生物同化吸收，或由固氮微生物氧化为亚硝酸盐或硝酸盐，或散失入大气，部分氨气通过消化作用转化为硝酸盐氮和亚硝酸盐氮。所以随着堆肥腐熟程度的增加，有机氮含量不断增加，氨态氮不断减少。

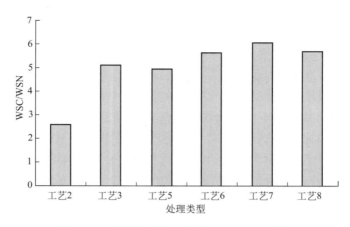

图 3-25　不同处理堆肥产品 WSC/WSN 分析

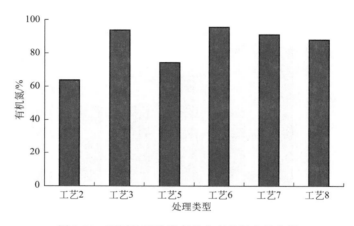

图 3-26　不同处理堆肥产品中有机氮含量分析

1）有机氮含量　由图 3-26 可知，堆肥结束时，已达到无害化要求的 6 种生活垃圾与畜禽粪便混合堆肥工艺的堆肥产品中有机氮含量大小依次为：工艺 6＞工艺 3＞工艺 7＞工艺 8＞工艺 1＞工艺 5，如果以赵由才等[38]研究认为腐熟堆肥有机氮含量达到 90％为标准，堆肥达到腐熟的为工艺 6、工艺 3 和工艺 7，工艺 8 的有机氮含量达 87.6％，接近腐熟，而工艺 5 和工艺 2 的有机氮含量与 90％的要求差距较大，所以可以认为工艺 2 和工艺 5 的堆肥明显没有达到腐熟堆肥的要求。

2）氨态氮含量　由图 3-27 可知，堆肥结束时，初筛出 6 种生活垃圾与畜禽粪便混合堆肥工艺的堆肥中有机氮含量大小依次为工艺 6＜工艺 8＜工艺 3＜工艺 7＜工艺 5＜工艺 2，如果以赵由才等[38]的研究认为腐熟堆肥氨态氮含量低于 0.04％为标准，堆肥中氨态氮含量达到要求的为工艺 6、工艺 8、工艺 3 和工艺 7，分别为 0.027％、0.033％、0.037％和 0.039％；工艺 2 和工艺 5 的氨态氮含量分别为 0.093％和 0.082％，明显没有达到腐熟要求。

3）全氮中氨态氮/硝态氮的比值　由图 3-28 可知，初筛出 6 种生活垃圾与畜禽粪便混合堆肥工艺中堆肥产品氨态氮/硝态氮大小依次为工艺 6＜工艺 7＜工艺 3＜工艺 8＜工

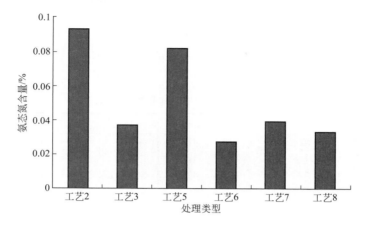

图 3-27 不同处理堆肥产品中氨态氮含量分析

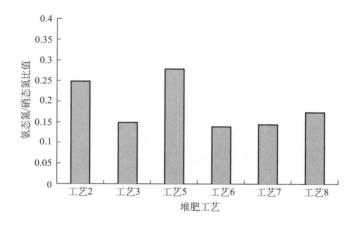

图 3-28 不同工艺堆肥产品中氨态氮/硝态氮分析

艺 2＜工艺 5，工艺 6 堆肥产品的氨态氮/硝态氮比值最小（0.140），满足腐熟堆肥中小于 0.16 的要求，达到腐熟要求的还有工艺 3（0.148）和工艺 7（0.145），工艺 8（0.175）接近腐熟，而工艺 2 和工艺 5 分别为 0.25 和 0.28，远未达到腐熟的要求。

3.4.3.3 堆肥产品植物毒性指标分析

种子发芽实验是堆肥植物毒性的一种直接而又快速的方法。植物在未腐熟的堆肥中生长受到抑制，在腐熟的堆肥中生长得到促进。未腐熟堆肥的植物毒性主要来自于小分子的有机酸和大量的 NH_3、多酚类物质，厌氧条件下的堆肥极易生成大量有机酸[62]。

不同工艺堆肥样品发芽指数测定如表 3-11 所列。

由表 3-11 可知，工艺 2、工艺 5 和工艺 8 对水芹、小麦、玉米、大豆、水稻和棉花 6 种植物的发芽指数没有随着堆肥的进行发生变化，且没有达到 50％的腐熟要求，说明工艺 2、工艺 5 和工艺 8 不能使生活垃圾与畜禽粪便达到无害化、减量化和资源化的要求。工艺 3、工艺 6 和工艺 7 在堆制 14d 后对 6 种植物的发芽指数均达到 50％以上，且随后随着堆肥时间的延长，发芽指数呈上升趋势，并由图 3-29 可知，堆肥结束后工艺 3、工艺 6

和工艺 7 对 6 种植物的平均发芽指数分别为 83.93％、92.52％和 82.65％，如果以发芽指数为腐熟度指标，则说明工艺 6 的腐熟程度最好，其次为工艺 3 和工艺 7。综上所述，工艺 3、工艺 6 和工艺 7 堆肥产品的腐熟度较高，能够满足生活垃圾与畜禽粪便减量化和稳定化的要求。

表 3-11　不同工艺堆肥样品发芽指数测定

处理类型	植物	0	10	14	18	22	26	30
工艺 2	水芹	42	44.4	47.1	42.5	40.9	49.5	
	小麦	41.9	46.5	37.6	47.6	48.3	40.1	
	玉米	46.5	46.2	46.2	46.8	47.2	45.3	
	大豆	40.7	50.3	45.9	47.3	41.5	40.4	
	水稻	40.7	40.7	41.3	40.2	40.5	39.3	
	棉花	42.6	41	40.9	44.4	47.2	42.5	
工艺 3	水芹	46.3	41.9	52.5	66.1	83.9		
	小麦	32.1	46.5	58.9	72.2	81.6		
	玉米	38.5	44.3	50.6	74.7	85.3		
	大豆	43.1	49.9	47.3	66.8	73.8		
	水稻	47.9	56.2	58.4	77.7	86.1		
	棉花	40.8	41.5	56.2	64.4	74.9		
工艺 5	水芹	46.2	45.5	47.9	49.3	46.5	48.2	48.3
	小麦	32.7	37.3	42.4	45.9	42.9	43.9	42.4
	玉米	38.5	40.2	42.7	33.2	49.6	48.5	42.7
	大豆	43.4	44.6	48.2	47.9	44.3	42.2	47.9
	水稻	47.5	41.7	45.5	43	49.9	44.4	45.5
	棉花	41.3	39.6	49.7	41.2	47.1	45.3	42.1
工艺 6	水芹	41.1	46.6	51.3	63.2	81.9	93.6	
	小麦	42.5	41.7	58.2	68.5	83.4	88.5	
	玉米	47.5	43.7	59.4	62.7	84.8	91.3	
	大豆	41.8	47.9	69.4	63.1	80.7	95.7	
	水稻	40.5	43.4	54.4	60.4	85.5	94.4	
	棉花	42.4	45.4	51.2	63.4	81.6	91.6	
工艺 7	水芹	46.2	43.9	53.5	88.8	83.2		
	小麦	40.6	44.3	54.5	86.3	79.2		
	玉米	38.5	47.1	56.8	87.4	82.3		
	大豆	43.4	49.3	56.4	85.8	87.4		
	水稻	47.7	43.2	59.9	89.9	79.7		
	棉花	42	43.4	52.3	83.4	84.1		
工艺 8	水芹	41.8	47.7	49.8	43.7			
	小麦	39.7	37.3	42.4	45.9			
	玉米	48.5	40.2	42.7	43.2			
	大豆	33.4	44.6	48.2	47.9			
	水稻	37.5	41.7	45.5	43			
	棉花	42.3	39.3	46.5	41.6			

注：0、10、14、18、22、26、30 代表时间分别是 0d、10d、14d、18d、22d、26d、30d 的堆肥样品。

3.4.3.4　堆肥腐熟度的模糊评价

对堆肥产品腐熟度模糊评价选定的指标为表观指数、Cs/Ns、T 值、WSC/WSN、有机氮、氨态氮、氨态氮/硝态氮、发芽指数，实测值如表 3-12 所列。

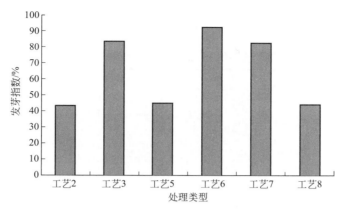

图 3-29 不同处理堆肥产品发芽指数

表 3-12 各堆肥腐熟度指标的实测值

项目	工艺 2	工艺 3	工艺 5	工艺 6	工艺 7	工艺 8
表观指数	4	5	5	8	8	5
Cs/Ns	27.31	15.08	22.11	16.20	15.82	27.85
T 值	1.00	0.54	0.80	0.59	0.58	1.01
WSC/WSN	2.56	5.09	4.93	5.66	6.08	5.70
有机氮/%	63.60	93.60	74.10	95	90.90	87.60
氨态氮/%	0.093	0.0366	0.082	0.027	0.039	0.033
氨态氮/硝态氮	0.250	0.148	0.280	0.140	0.145	0.175
发芽指数/%	42.85	83.93	49.82	92.52	82.65	44.22

利用 3.4.1 中的评价因子建立和分级数据的确定方法，确定腐熟度评价中的评价因子为表观指数、Cs/Ns、T 值、WSC/WSN、有机氮、氨态氮、氨态氮/硝态氮和发芽指数，分级数据如表 3-13 所列。

表 3-13 堆肥腐熟度的分级数据

项目	1 级（极未腐熟）	2 级（未腐熟）	3 级（基本腐熟）	4 级（较好腐熟）
表观指数	0~4	4~6	6~8	8~10
Cs/Ns	26~30	22~26	18~22	14~18
T 值	1.7~1.4	1.4~1.1	1.1~0.8	0.8~0.5
WSC/WSN	1~3	3~5	5~7	7~9
有机氮/%	0~0.55	0.55~0.7	0.7~0.85	0.85~1
氨态氮/%	0.2~0.1	0.1~0.05	0.05~0.04	0.04~0.02
氨态氮/硝态氮	0.200~0.300	0.160~0.200	0.145~0.160	0.130~0.145
发芽指数/%	30~50	50~70	70~85	85~100

结合表 3-12 中的实测数据和表 3-13 中的分级数据，应用层次分析法，代入式（3-1）中，得出不同工艺的各分级指标的权数（表 3-14）。

将隶属度矩阵 R 与权重矩阵 W 进行模糊复合运算，从而得出不同工艺堆肥产品的腐熟等级，其结果如表 3-15 所列。

由表 3-15 可知，通过对腐熟度的多指标进行模糊评价，6 个不同堆肥工艺的堆肥产品腐熟程度大小依次是工艺 3＝工艺 6＞工艺 7＞工艺 5＝工艺 8＞工艺 1。工艺 1、工艺 5

和工艺 8 虽然能够达到无害化的要求，但是堆肥产品未腐熟；工艺 3、工艺 6 和工艺 7 既能够达到无害化水平，产品又能达到腐熟标准。

表 3-14　不同工艺的腐熟度指标权数确定

实验工艺	腐熟度指标权数
工艺 2	$W=\{0.101,0.120,0.196,0.040,0.087,0.393,0.059\}$
工艺 3	$W=\{0.163,0.100,0.092,0.138,0.196,0.132,0.176\}$
工艺 5	$W=\{0.141,0.160,0.090,0.174,0.167,0.154,0.117\}$
工艺 6	$W=\{0.233,0.100,0.091,0.137,0.179,0.087,0.174\}$
工艺 7	$W=\{0.229,0.090,0.088,0.145,0.168,0.124,0.152\}$
工艺 8	$W=\{0.139,0.190,0.112,0.198,0.194,0.061,0.102\}$

表 3-15　堆肥腐熟度的模糊评价

实验工艺	模糊评价矩阵	评价等级
工艺 2	$W\cdot R=\{0.2,0.2,0.172,0.2\}$	1 级
工艺 3	$W\cdot R=\{0.11,0.163,0.199,0.231\}$	4 级
工艺 5	$W\cdot R=\{0.167,0.174,0.174,0.111\}$	2 级
工艺 6	$W\cdot R=\{0.105,0.162,0.199,0.209\}$	4 级
工艺 7	$W\cdot R=\{0.103,0,0.199,0.199\}$	3 级
工艺 8	$W\cdot R=\{0.099,0.203,0.145,0.203\}$	2 级

3.4.3.5　堆肥产品品质分析

实践表明，根据市场需求有针对性地提高堆肥产品品质，以满足不同的生产需要，关系到垃圾堆肥工艺市场化的发展，基于堆肥产品中有机质、TN、TP、TK 及腐植酸含量来对堆肥产品品质进行综合评价，以优选出堆肥产品中营养成分含量较高的有机肥，满足市场对高品质有机肥的需要。

（1）堆肥过程中有机质动态变化及产品中有机质含量研究

由图 3-30 可知，随着堆肥的进行，工艺 3、工艺 6 和工艺 7 堆肥中的有机质不断下降，且最终堆肥产品的有机质分别为 35.63%、43.93% 和 21.06%。从图上还可粗略看出，工艺 3、工艺 6 和工艺 7 堆肥过程中有机质的降解速率相差不大，堆肥最终产品中有机质含量的差异主要是由堆肥原料中有机质含量的差异引起的，再通过工艺 3、工艺 6 和工艺 7 起始原料中生活垃圾与畜禽粪便的配比数据可知，将生活垃圾与畜禽粪便混合堆肥，可以明显提高堆肥产品中有机成分含量，提高堆肥产品品质。

（2）堆肥产品中 TN、TP、TK 含量研究

由图 3-31 可以看出，工艺 6 堆肥产品中 TN、TP、TK 含量均比工艺 3 和工艺 7 的堆肥产品中的高。其主要原因可能是由于工艺 3、工艺 7 的堆肥原料中畜禽粪便含量分别为 33% 和 0，低于工艺 6 中的畜禽粪便 67% 的比重。而由表 3-2 可知，畜禽粪便中的 TN、TP、TK 含量远高于生活垃圾中的 TN、TP、TK 含量，说明通过生活垃圾与畜禽粪便混合堆肥，堆肥产品中的 TN、TP、TK 含量高于单纯的生活垃圾堆肥产品，且远高于有机肥标准 NY 525—2002 中 TN≥0.5、TP≥0.3 和 TK≥1.0 的要求。

（3）堆肥产品中腐植酸含量研究

由图 3-32 可知，工艺 3、工艺 6 和工艺 7 堆肥产品中腐植酸的含量大小依次是工艺 6

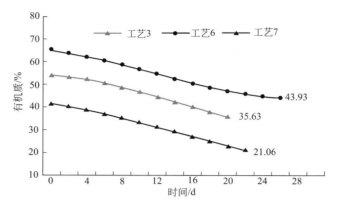

图 3-30　不同工艺堆肥过程中有机质的动态变化

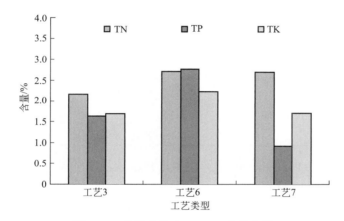

图 3-31　堆肥产品中 N、P、K 含量分析

（13.9%）＞工艺 3（22.1%）＞工艺 7（15.4），其主要原因可能有以下两点：一是工艺 6 堆肥产品中的有机质含量较高，所以腐植酸含量相对增加；二是与不同工艺堆肥产品的腐殖化程度有关。

（4）堆肥产品营养成分的模糊评价

利用 3.4.1 中的评价因子建立和分级数据的确定方法，得出堆肥产品中营养成分的评价因子为 N、P、K 及腐植酸含量，相应的分级数据如表 3-16 所列。

表 3-16　堆肥产品营养成分的分级数据

项目	1 级（培养基质）	2 级（普通肥料）	3 级（优级有机肥）	4 级（特优有机肥）
有机质含量/%	70～50	50～45	45～40	40～20
N 含量/%	0.8～1.5	1.5～1.9	1.9～2.3	2.3～3
P 含量/%	1～1.5	1.5～2	2～2.5	2.5～3
K 含量/%	1～1.4	1.4～1.8	1.8～2.1	2.1～2.5
腐植酸含量/%	8～12	12～16	16～20	20～25

注：1 级（培养基质）指堆肥产品品质较低，能够满足园艺栽培需要，但不能满足农作物的生长需要；2 级（普通肥料）指该产品能够满足一般性农业需要，但需与化学粉料配合使用；3 级（优级有机肥）指该堆肥产品一般情况下单使用就可满足农作物的生长需要；4 级（特优有机肥）指该产品肥效较高，完全可以单独使用。

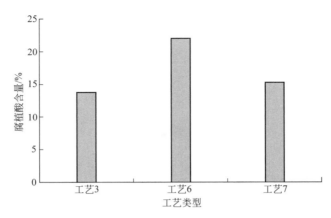

图 3-32 不同工艺堆肥产品中腐植酸含量分析

结合表实测数据和表 3-13 中的分级数据，应用层次分析法，代入式（3-1）中，得出不同工艺的各分级指标的权数（表 3-17）。

表 3-17 不同工艺的营养成分指标权数确定

实验工艺	腐熟度指标权数
工艺 3	$W = \{0.185, 0.297, 0.219, 0.256, 0.027\}$
工艺 6	$W = \{0.187, 0.276, 0.267, 0.244, 0.026\}$
工艺 7	$W = \{0.167, 0.278, 166, 0.349, 0.037\}$

将隶属度矩阵 R 与权重矩阵 W 进行模糊复合运算，从而得出不同工艺堆肥产品的腐熟等级，其结果如表 3-18 所列。

表 3-18 堆肥产品营养成分的模糊评价

实验工艺	模糊评价矩阵	评价等级
工艺 3	$W \cdot R = \{0.212, 0.178, 0.332, 0.145\}$	3 级
工艺 6	$W \cdot R = \{0, 0.125, 0.162, 0.353\}$	4 级
工艺 7	$W \cdot R = \{0.17, 0.417, 0.35, 0.101\}$	2 级

从表 3-18 中可知，堆肥工艺 6 的堆肥产品品质达到 4 级（特优有机肥）标准，高于工艺 3 的 3 级（优级有机肥）和工艺 4 的 2 级（普通肥料），说明堆肥工艺 6 为最佳堆肥工艺。

3.4.3.6 堆肥参数优化研究结果分析

综上所述，通过温度指标模糊评价的初筛、腐熟度模糊评价的复筛及对堆肥产品中营养成分模糊评价的终筛，结果表明，工艺 6 为最佳堆肥工艺：通风量为 1.8L/(min·kg)、物料含水率为 56%、生活垃圾（干重）为 33%、堆肥时间为 26d，该工艺堆肥过程中无害化水平较高、腐熟度较好、堆肥品质较优，能够实现生活垃圾与畜禽粪便的无害化、减量化和资源化处理，而且市场化推广前景较好。

（1）温度、腐熟度和营养成分的模糊评价

鉴于模糊评价过程中由于分级标准存在着一定的主观因素，所以其中综合了初筛过程中的温度指标、复筛中的腐熟度指标和产品中主要营养成分指标，利用模糊评价方法对 8

种不同的工艺进行多指标模糊评价。

评价因子建立和分级数据的确定利用 3.4.1 中的方法，分级数据如表 3-19 所列。

表 3-19　全指标的分级数据

项目	1级（完全未达标）	2级（接近达标）	3级（优级工艺）	4级（特优工艺）
高温持续时间/h	0～120	120～240	240～480	480～720
升温速率/(℃/h)	0～0.5	0.5～1	1～1.5	1.5～2
表观指数	0～4	4～6	6～8	8～10
C_s/N_s	14～18	18～22	22～26	26～30
T 值	1.7～1.4	1.4～1.1	1.1～0.8	0.8～0.5
WSC/WSN	1～3	3～5	5～7	7～9
有机氮/%	0～0.55	0.55～0.7	0.7～0.85	0.85～1
氨态氮/%	0.2～0.1	0.1～0.05	0.05～0.04	0.04～0.02
氨态氮/硝态氮	0.250	0.148	0.280	0.140
发芽指数/%	30～50	50～70	70～85	85～100
有机质含量/%	70～50	50～45	45～40	40～20
N 含量/%	0.8～1.5	1.5～1.9	1.9～2.3	2.3～3
P 含量/%	1～1.5	1.5～2	2～2.5	2.5～3
K 含量/%	1～1.4	1.4～1.8	1.8～2.1	2.1～2.5
腐植酸含量/%	8～12	12～16	16～20	20～25

注：1 级（完全未达标）指该工艺不能满足堆肥的需要，或产品品质极低；2 级（接近）指该工艺堆肥未能满足堆肥需要和品质要求，但通过适当改进可以达标；3 级（优级工艺）指该工艺能够满足堆肥无害化、减量化，且堆肥产品一般情况下单独使用就可满足农作物的生长需要；4 级（特优工艺）指该工艺能够很高地满足堆肥无害化、减量化和资源化的要求，且产品肥效较高，完全可以单独使用。

结合表 3-19 中温度、腐熟度、营养成分的各实测数据和表 3-19 中的分级数据，应用层次分析法，代入式(3-1) 中，得出不同工艺的各分级指标的权数（表 3-20）。

表 3-20　不同工艺的全指标权数确定

实验工艺	腐熟度指标权数
工艺 1	$W=\{0.070, 0.257, 0.095, 0.117, 0.325, 0.010, 0.125\}$
工艺 2	$W=\{0.101, 0.120, 0.196, 0.040, 0.087, 0.393, 0.059\}$
工艺 3	$W=\{0.163, 0.100, 0.092, 0.138, 0.196, 0.132, 0.176\}$
工艺 4	$W=\{0.048, 0.250, 0.095, 0.158, 0.210, 0.109, 0.127\}$
工艺 5	$W=\{0.141, 0.160, 0.090, 0.174, 0.167, 0.154, 0.117\}$
工艺 6	$W=\{0.233, 0.100, 0.091, 0.137, 0.179, 0.087, 0.174\}$
工艺 7	$W=\{0.229, 0.090, 0.088, 0.145, 0.168, 0.124, 0.152\}$
工艺 8	$W=\{0.139, 0.190, 0.112, 0.198, 0.194, 0.061, 0.102\}$

将隶属度矩阵 R 与权重矩阵 W 进行模糊复合运算，从而得出不同工艺堆肥产品的腐熟等级，其结果如表 3-21 所列。

由表 3-21 可知不同工艺堆肥的产品综合评价优劣依次是工艺 6(4 级)＞工艺 3(3 级)＝工艺 7(3 级)＞工艺 1(2 级)＝工艺 2(2 级)＝工艺 5(2 级)＝工艺 8(2 级)＞工艺 1(1 级)，工艺 6 为最佳堆肥工艺，其堆肥产品腐熟度及品质均较高，达到 4 级（特优工艺），能够很高地满足堆肥无害化、减量化和资源化的要求，且产品肥效较高，完全可以单独使用。

表 3-21　堆肥工艺的模糊评价

实验工艺	模糊评价矩阵	评价等级
工艺 1	$W \cdot R = \{0.1, 0.196, 0.140, 0.144\}$	2 级
工艺 2	$W \cdot R = \{0.099, 0.099, 0.088, 0.018\}$	2 级
工艺 3	$W \cdot R = \{0.087, 0.108, 0.151, 0.132\}$	3 级
工艺 4	$W \cdot R = \{0.161, 0.161, 0.11, 0.137\}$	1 级
工艺 5	$W \cdot R = \{0.116, 0.132, 0.121, 0.077\}$	2 级
工艺 6	$W \cdot R = \{0.057, 0.088, 0.118, 0.119\}$	4 级
工艺 7	$W \cdot R = \{0.08, 0.099, 0.142, 0.142\}$	3 级
工艺 8	$W \cdot R = \{0.106, 0.118, 0.126, 0.126\}$	2 级

　　基于以上分析说明，模糊分析方法能够真实地反映不同工艺在进行生活垃圾与畜禽粪便混合堆肥时的实际处理效果，置信度较高。

　　（2）最优堆肥工艺堆肥产品荧光光谱分析

　　利用荧光分析法高灵敏度、高选择性、操作简便快捷等诸多优点，以及堆肥过程中 DOM 组成与结构的变化较之固相组分更能灵敏地反映堆肥的腐熟状况的特性，对优选出的最优工艺的堆肥产品 DOM 进行荧光光谱分析，以期更准确地反映混合物料堆肥的腐熟度，为生活垃圾与畜禽粪便的联合资源化利用提供依据，实现生活垃圾和畜禽粪便无害化、资源化的综合工艺利用，提高固体废物资源循环利用的水平。

　　1）DOM 发射荧光光谱特性研究　　发射荧光光谱可较好地提供胡敏酸和富里酸的结构信息，一般在相同条件下，待测有机物不饱和结构（主要是含苯环类物质）的多聚化或联合程度越大，则波峰强度越小[68]。

　　图 3-33 是为工艺 6 堆肥前后物料 DOM 在激发波长为 220nm 下的发射光谱图。从图中看出堆肥前 DOM 在 350nm 附近有一个十分强的荧光峰，堆肥结束后 350nm 附近特征峰的强度下降，同时有较为明显的红移现象，这种红移现象是腐植酸类分子通过能量传递，形成激发态的原子、分子或激态复合物，提高双分子缩合的概率，进而显著增强腐植酸类分子中多个荧光基团聚合度。350nm 附近特征峰明显变宽，说明生活垃圾与畜禽粪便混合物料的腐熟堆肥水溶性有机物分子中共轭作用加强，分子结构的缩合度增加。堆肥前，在 450nm 附近（类富里酸峰）有一个弱峰，堆肥腐熟后，该峰的强度明显增加，与魏自民等[62]生活垃圾堆肥的研究结果相一致。对发射荧光光谱图的分析表明，利用工艺 6 对生活垃圾与畜禽粪便混合物料经进行堆肥，腐熟堆肥的 DOM 中类富里酸类物质明显增加，腐熟程度较高。

　　2）DOM 同步荧光光谱特性研究　　图 3-34 为工艺 6 进行生活垃圾与畜禽粪便混合物料堆肥工艺前后 DOM 的同步荧光扫描光谱，堆肥前 DOM 在 335nm 处有一个肩峰，在 385nm 有一个主峰，455nm 有一个中等强度峰；堆肥工艺后 335nm 处的荧光峰红移至 354nm 处，与发射荧光图谱中荧光峰红移现象说明堆肥后 DOM 分子中共轭作用加强，分子结构的缩合增加相一致。研究认为[69]波长 335nm 特征峰相当于 2 环芳烃化合物、350mn 特征峰为 3 环芳烃化合物、400nm 附近的特征峰为 3、4 环芳烃化合物、450mm 则相当于 5 环芳烃化合物。从图 3-34 中的红移至 354nm 的荧光峰明显变宽、385nm 处和 457nm 处荧光峰强度相对堆肥前荧光峰强度均大幅增加，并与魏自民[70]、陈广银等[71]

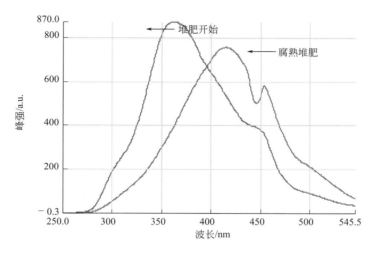

图 3-33 工艺 6 堆肥前后荧光发射光谱图

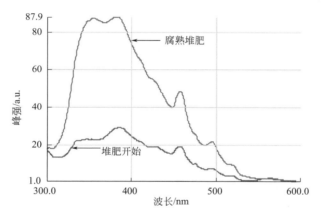

图 3-34 工艺 6 堆肥前后同步荧光光谱

等报道的城市生活垃圾、污泥中富里酸的特征峰基本类似，说明生活垃圾与畜禽粪便混合物料的腐熟堆肥 DOM 中 2 环、3 环、4 环及 5 环芳烃化合物均有不同程度的增加，利于作物生长的富里酸含量也出现了增加。

3）DOM 三维荧光光谱特性研究　三维荧光光谱（3DEEM）法能够获得激发波长和发射波长同时变化的荧光强度信息，通过对生活垃圾与畜禽粪便的混合物料中 DOM 的三维荧光光谱特性的分析研究，能够揭示样品中有机物的分类情况[72]，探讨堆肥的稳定化程度，为堆肥的腐熟程度分析与评价提供理论依据和应用参考。同时三维荧光分析技术的快速发展使得短时间内快速获取以发射波长为横坐标、激发波长为纵坐标、荧光强度为 Z 轴的 DOM 样品三维荧光光谱成为可能。

书后彩图 1 为生活垃圾与畜禽粪便混合堆肥前后 DOM 的三维荧光光谱图，彩图 1(a) 中荧光峰 A 和 C 为类富里酸荧光，被认为与腐殖质结构中的羰基和羧基有关，其中荧光峰 A 称为紫外区类富里酸荧光 $[E_{ex}/E_{em}=(210\sim220)/(410\sim430)]$，荧光峰 C 为可见区类富里酸荧光 $[E_{ex}/E_{em}=(320\sim340)/(410\sim420)]$。荧光峰 B 属于类蛋白荧光 $[E_{ex}/$

$E_{em}=(260\sim290)/(345\sim375)]$，与 DOM 中的芳环氨基酸结构相关，一般认为荧峰 B 可分为类色氨酸荧光（tryptophan-like）和类酪氨酸荧光（tyrosine-like）。荧光峰 D 也被认为与微生物降解产生的类蛋白物质有关[73]。堆肥结束后，DOM 的荧光特性发生了很大变化，荧光基团从结构简单的类蛋白物质转变为结构复杂的类腐植酸物质，荧光峰 D 和类蛋白荧光峰 B 消失，这与堆肥过程中蛋白脂类、简单糖类被降解转化为更为复杂的结构相一致。已有研究表明，腐熟堆肥中有机物主要为难降解的腐植酸类，腐植酸类物质的多少可衡量堆肥的腐熟程度。从三维图谱的等高线可以明显看出，生活垃圾与畜禽粪便混合堆肥的腐熟堆肥中，类富里酸荧光峰强度明显增强，这与发射荧光图谱、同步荧光图谱中的类富里酸荧光峰增强相符合。

4）DOM 荧光光谱特性综合分析　生活垃圾与畜禽粪便混合堆肥将有利于堆肥的进行和提高堆肥产品的质量。通过对堆肥前后 DOM 光谱学特性进行分析表明，优化后的工艺能够使生活垃圾和畜禽粪便混合堆肥物料达到腐熟，腐熟后的 DOM 中类富里酸类物质明显增加，对于活化土壤元素及对有机、无机污染物在环境中迁移的影响较强，同时会对土壤中养分的有效性及刺激植物生长产生明显的影响。

3.5　沼渣和畜禽粪便混合堆肥

3.5.1　堆肥原料

沼渣取自北京顺义区北郎中猪场，猪粪、鸡粪分别取自乐亭基地养猪场、养鸡场，为调节碳氮比并保持通风良好，添加玉米秸秆（取自乐亭基地附近农户），堆肥材料基本性质如表 3-22 所列。

表 3-22　堆肥材料的主要理化性质

| 原料 | 有机质 | | | 含水率 | TN | TP | TK |
	C/N	%	pH 值	%	g/kg	g/kg	g/kg
沼渣	31.40	35.70	7.58	82.45	13.12	15.03	4.18
猪粪	25.30	80.90	8.05	71.23	33.69	35.56	16.16
鸡粪	9.10	45.30	7.82	73.42	27.88	18.57	11.39
玉米秸秆	43.10	92.70	5.77	11.62	8.30	6.22	7.95

3.5.2　混合物料堆肥过程与堆肥效率

3.5.2.1　堆肥温度

堆肥过程中堆料的温度变化对微生物的活力影响显著，在一定温度范围内，温度每升高 10℃，有机体的生化反应速率提高 1 倍。在堆肥过程中，温度升高到 55℃以上，并维持一定的时间，可以消灭堆料中的病原菌及蛔虫卵，达到无害化处理的要求。目前，研究者根据堆料温度变化将堆肥过程划分为若干阶段，但不同的研究者划分标准不一。有的划分为 4 个阶段，即升温阶段（由常温升至 50℃）、高温阶段（50～70℃）、降温阶段（＜50℃）、后腐熟阶段（堆料中温度稍大于外界环境温度）；有的划分为 3 个阶段，即升温过程、持续高温过程、降温过程。这两种划分法基本无差异，不同之处是前者从降温阶段中划分出后腐熟阶段，以便减少通气，保存养分。

从图 3-35 可见：T_1、T_2、T_3、T_4 温度变化趋势大致相同，呈波浪式变化，图中低谷是由于翻堆造成的。在前 150h，每次翻堆过后，所有处理出现短暂快速上升的现象，可能是因为翻堆暂时消除了堆体内的厌氧区域，堆体内氧气浓度相对增加，好氧微生物的活性增高，降解有机物的能力增强，产生的热量也随之增加，从而使堆体温度上升[76]。所有处理温度前 150h 明显高于后 200h，原因可能是前期易降解有机质充足，微生物大量繁殖，代谢活性高，释放大量热量，后期堆肥中主要含难降解的木质素、纤维素、半纤维素等物质，微生物代谢活性低，难以维持堆料的高温。

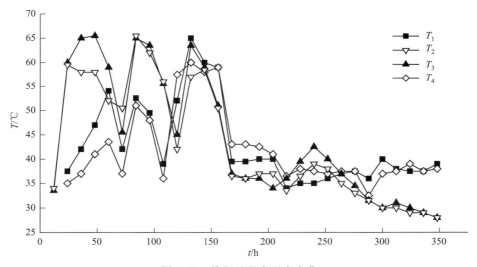

图 3-35　堆肥过程中温度变化

由图 3-35 和表 3-23 可见，堆肥初期，T_2、T_3 升温速率明显大于 T_1、T_4，T_2、T_3 达到 50℃所需时间仅为 20.17h、20h，而 T_1、T_4 分别为 55.56h、82.35h。高温（＞50℃）维持时间，T_2、T_3 明显长于 T_1、T_4，我国的《粪便无害化卫生标准》（GB 7959—1987）中规定，堆肥温度在 50～55℃以上维持 5～7d 达无害化要求[66]。T_2、T_3 高温维持时间为 132h、120h，达到无害化水平，T_1、T_4 高温维持时间仅为 72h、60h，未达标。4 个处理中，T_2、T_3 达到的最高温度均为 65.5℃，高于 T_1、T_2 的 65℃、60℃。

表 3-23　堆肥过程中温度变化

项目	达到50℃所需时间/h	升温速率/(℃/h)	50℃以上持续时间/h	最高温度/℃
T_1	55.56	0.90	72	65
T_2	20.17	2.48	132	65.5
T_3	20	2.50	120	65.5
T_4	82.35	0.61	60	60

从温度的角度来看，T_3 的升温速率最大、高温维持时间最长，高温期达到的最高温度最高，T_2 次之，T_1、T_4 最差。

3.5.2.2 堆肥 pH 值

pH 值的变化是反映堆肥过程的重要参数之一。适宜的 pH 值，一方面可使物料中的微生物快速繁殖生长，提高有机物的降解速率；另一方面，可以保留堆肥中的有效氮，减少氨氮的损失。因而堆料中 pH 值过高或过低都会影响堆肥转化效率和堆肥品质，一般认为 pH 值在 7.5～8.5 时可获得最大堆肥速率[74]。

由图 3-36 可见，各处理堆肥过程 pH 值变化趋势相同，都经历升高-降低-升高的过程，pH 值变化平稳，整体在 8.0 附近波动，最终都能达到腐熟堆肥呈弱碱性的标准。第6天，各处理堆肥正处于高温期，堆料中有机物高温快速降解[78]，生成的小分子有机酸如乙酸、丁酸的挥发和含氮有机物产生的氨共同作用，导致 pH 值升高；随后，由于氨挥发，小分子有机酸产生的 pH 值降低效应大于氨对 pH 值的升高作用，所以，堆料 pH 值降低。在堆肥结束时，堆料中小分子有机酸消耗殆尽，剩下的是难降解的木质素、纤维素、半纤维素等物质，堆肥 pH 值有所回升，最后都呈弱碱性。

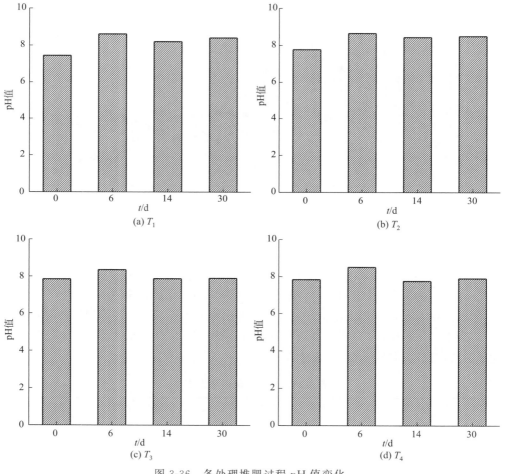

图 3-36　各处理堆肥过程 pH 值变化

各处理堆肥 pH 值相差不大，堆肥结束时，T_1、T_2 时 pH 值略大于 T_3、T_4 时 pH 值。

3.5.2.3　堆肥有机质

堆肥过程也就是利用微生物在好氧条件下分解可降解有机物质的过程，因此有机质被大量分解为 CO_2 和 H_2O，并产生大量的热量，有机物含量的变化能在一定程度上反映堆肥的进程[75]。

由图 3-37 可见，堆肥结束时各处理有机质损失量达初始值的 30% 左右。其中，T_3 有机质损失量最高，达初始有机质含量的 34.16%；T_2 次之，为 28.33%；T_1 为 23.64%；T_4 最低，仅为 22.91%。堆肥过程中大量易降解有机物如简单碳水化合物，脂肪和氨基酸等迅速被微生物利用而降解，其他较复杂的有机物如纤维素、半纤维素、木质素和蛋白质则被部分以较低的降解速率分解；在堆肥腐熟后期，有机质含量变化逐渐平稳，因此堆肥是有机质的部分矿化，碳素损失，而且使剩余有机物质趋于更加稳定的过程。

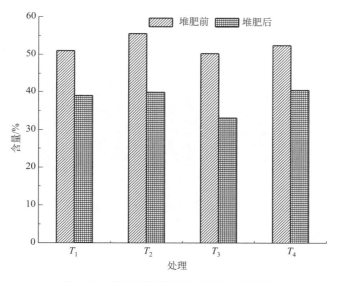

图 3-37　各处理堆肥前后有机质含量变化

可以得出结论：堆料中沼渣、猪粪、鸡粪的组成比例对有机质的降解有较大影响，这可能与不同物料中有机质组成不同有关，沼渣中易降解有机质含量低，较复杂难降解的有机物含量较高，而猪粪、鸡粪中易降解有机物含量较高，所以不同的沼渣、猪粪、鸡粪配比堆肥有机质降解率不同。

3.5.2.4　堆肥 C/N 比值

碳源是微生物利用的能源，氮源是微生物的营养物质。在堆肥过程中碳源被消耗，转化成二氧化碳和腐殖质物质，而氮则以氨气的形式散失，或变为亚硝酸盐和硝酸盐，或是由生物体同化吸收。因此，碳和氮的变化是堆肥的基本特征之一。因为微生物体的 C/N 比值在 16 左右，在堆肥过程中众多的碳素将转变成 CO_2。因此，一些研究者认为，腐熟的堆肥理论上讲趋向于微生物菌体的 C/N 比值，即 16 左右。有研究提出，堆体中的 C/N 比值从最初的 30∶1 降到（15～20）∶1 时，可以认为已经腐熟。

由图 3-38 可见，堆肥结束后，T_1、T_4 时 C/N 比值最高，T_2 次之，T_3 最低，如果按照 C/N 比值达到 16 即腐熟的标准，T_1、T_2、T_3、T_4 都可认为已经腐熟，其中 T_2、T_3 的腐熟程度较高。但对一些原料（例如污泥）来讲，其本身的 C/N 比值便不足 15:1，所以，C/N 比值降到 16 左右难以作为广义的指标参数使用，而且在不同的堆肥条件下，堆料中氮素含量的变化不尽相同。Morel 等[39]建议采用 $T =$（终点 C/N 比值）/（初始 C/N 比值）来评价腐熟度，认为当 T 值小于 0.6 时堆肥达到腐熟。张鸣等实验也表明 T 值小于 0.6 时堆肥基本达到腐熟[83,84]。T_1、T_2、T_3、T_4 的 T 值分别为 0.49、0.48、0.47、0.50，差异很小，可以认为 4 个处理基本达到腐熟。

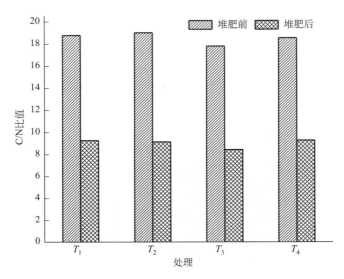

图 3-38 各处理堆肥前后 C/N 比值分析

3.5.2.5 堆肥氨氮含量

由图 3-39 可见，4 个堆肥处理的 NH_4^+-N 变化规律是一致的，都经历升高-降低的过程。在堆肥升温期，由于粪便中不稳定氮化合物蛋白质降解，NH_4^+-N 大量产生，造成堆体内 NH_4^+-N 含量增高。随着堆肥的进行，可降解氮成分减少，NH_4^+-N 的产生量随之降低；同时，在降温期 NH_4^+-N 因 pH 值升高随通风作用而挥发掉，在堆肥腐熟期 NH_4^+-N 被硝化细菌转化为 NO_3^--N，NH_4^+-N 含量逐步减少。腐熟期内，各堆肥处理 NH_4^+-N 含量继续减小，趋于稳定。

有研究认为高 NH_4^+-N 含量代表堆肥的不稳定性，并提出了城市垃圾堆肥产品 NH_4^+-N 含量应小于 0.04% 的极限值[76]。从图 3-39 看出堆制 30d 后各处理堆肥 NH_4^+-N 含量从小到大排序为 $T_3 < T_2 < T_1 < T_4$，其中 T_3、T_2、T_1 时，NH_4^+-N 含量分别为 0.25mg/g、0.34mg/g、0.35mg/g，满足堆肥腐熟标准；T_4 时 NH_4^+-N 含量为 0.42mg/g，未达到腐熟标准。

3.5.2.6 堆肥 NH_4^+-N/NO_3^--N

堆肥高温期堆体温度超过 50℃，硝化细菌在 40℃ 以上活动就受到抑制，硝化过程不

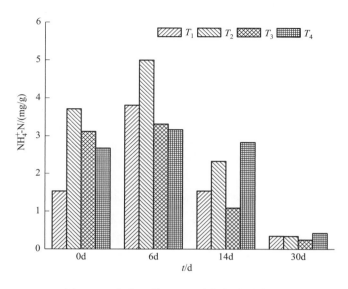

图 3-39 各处理堆肥过程中氨氮含量变化

能进行[77]；另外，堆肥高温期高浓度 NH_3 对硝化细菌也有抑制作用，所以硝态氮的形成主要是在降温期和腐熟期。堆肥后期堆体温度下降，硝化细菌活性增强，堆料中的 NH_4^+-N 通过硝化作用而转化为 NO_3^--N，其含量出现上升的趋势，腐熟期 NO_3^--N 含量增加较多[78]。NH_4^+-N/NO_3^--N 随着堆肥进行应逐渐减小，并在腐熟期达到最小值。Bernal 等[79]通过对多种原料的堆肥试验，提出 NH_4^+-N/NO_3^--N < 0.16 的堆肥腐熟指标。

由图 3-40 可见，堆肥结束后各处理 NH_4^+-N/NO_3^--N 从小到大排序为：$T_3 < T_2 < T_1 < T_4$，其中，T_1、T_4 的 NH_4^+-N/NO_3^--N 分别为 0.20、0.40；未达到腐熟堆肥 NH_4^+-N/NO_3^--N < 0.16 的标准；T_3、T_2 的 NH_4^+-N/NO_3^--N 分别为 0.12、0.16，可认为已腐熟。

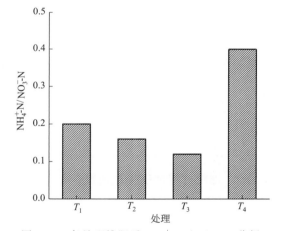

图 3-40 各处理堆肥后 NH_4^+-N/NO_3^--N 分析

3.5.2.7 堆肥总养分含量

堆肥过程中，在微生物降解含碳有机化合物形成稳定腐殖质的同时，还伴随着氮、磷、钾等主要营养元素的固定与释放过程。因此，研究氮、磷、钾、腐殖质及其组分含量的变化特征，对于控制堆肥腐熟进程并加快堆肥腐熟，提高堆肥产品质量具有重要作用。

堆肥结束后，各处理总养分含量见表 3-24，总养分含量从大到小排序为 $T_3 > T_2 > T_1 > T_4$。

表 3-24　堆肥后养分含量

处理	总碳/(g/kg)	TN/(g/kg)	TP/(g/kg)	TK/(g/kg)	总养分含量/(g/kg)
T_1	251.8	29.6	32.8	17.305	79.705
T_2	290.4	22.9	36.8	24.453	84.153
T_3	277.8	25.1	37.5	24.308	86.908
T_4	313.9	24.9	35.4	18.479	78.779

堆肥过程中 TN 含量，均呈先降低后增加的变化趋势。这是由于堆肥高温期开始时堆料的 pH 值较高（8.5 左右），而且微生物分解有机酸，高温作用导致低分子有机酸大量挥发；同时，微生物的矿化作用产生了大量的铵根，在较高的堆肥温度和湿度下大量的 NH_3 挥发逸出，造成氮素的大量损失。在高温发酵期和降温期，由于有机物的矿化分解，CO_2 的损失和水分的蒸发引起干物质的减少，以及氮素损失的减少而使 TN 含量呈逐渐增加的趋势。腐熟稳定时期，有机物分解较为缓慢，堆温降低，氮素也不再损失，堆料逐步趋于稳定，因此 TN 含量变化较小，略有升高后逐渐趋于平缓。也有学者认为，堆肥后期固氮菌也有助于堆肥产品 TN 含量的升高。

堆肥过程中，TP、TK 含量不断增加，而且在一次发酵期间增幅较大，在腐熟稳定期逐渐趋于稳定。这是由于高温期微生物分解活动较强，有机物质或分解为 CO_2、H_2O 及 NH_3，或转化为易挥发有机质而损失，使堆料干物质含量降低，而磷和钾的绝对含量变化较小，因而堆肥 TP、TK 的含量会因"相对浓缩"而不断升高。

3.5.2.8　堆肥粪大肠菌值

对堆肥中粪大肠菌值进行检测，可直接判断堆肥的无害化水平，根据《粪便无害化标准》（GB 7959—1987）规定，经无害化处理后的堆肥应达到粪大肠菌值 $10^{-2} \sim 10^{-1}$ 的卫生标准。由表 3-25 可见，T_2、T_3 粪大肠菌值分别为 10^{-1}、10^{-2}，已达无害化标准；T_1、T_4 粪大肠菌值均为 1，未达标，这与前述温度的分析结果是一致的。

表 3-25　堆肥后粪大肠菌值

处理	粪大肠菌值	处理	粪大肠菌值
T_1	1	T_3	10^{-2}
T_2	10^{-1}	T_4	1

3.5.2.9　堆肥过程种子发芽指数变化

通过对堆肥毒性敏感植物种子的毒性研究，不但可以检测堆肥样品中的残留植物毒性，而且也能预计毒性的发展。从理论上说，GI（种子发芽指数）<100％就可判断有植物毒性。Zucconi 等[34]最初认为，如果当 GI>50％时，说明堆肥已腐熟并达到了可接受的程度，即基本没有毒性。但是随着堆肥毒性相关研究的开展，包括 Zucconi 在内的众多研究学者普遍认为，在所有状况下，当发芽指数 GI 达到 80％～85％时这种堆肥就可以认为是没有植物毒性或者说堆肥已腐熟。

由图 3-41 可见，各处理 GI 在堆肥过程中都呈持续上升的趋势，堆肥结束后都能达到 80％～85％的标准，可以认为各处理堆肥已腐熟。随着堆肥的进行，对植物有抑制作用的物质逐渐减少，是 GI 持续升高的主要原因。不同处理在堆肥同一时期 GI 值差异较大，且堆肥初期各处理 GI 差异尤为显著，这可能与各处理物料配比不同有关。不同物料组成成分不同，适宜繁殖的微生物种群也不同，所以，在高温堆肥过程中不同物料配比处理产生的挥发性脂肪酸（volatile fatty acids）及酚酸（phenolic acids）等引起植物毒性物质的含量不同，所以各处理 GI 值差异大。

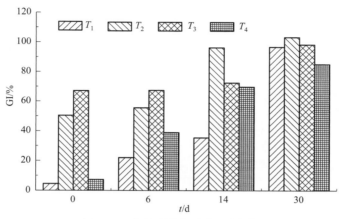

图 3-41 各处理堆肥过程 GI 变化

堆肥结束后，各处理 GI 按从大到小排序为 $T_2 > T_3 > T_1 > T_4$。

3.5.2.10 堆肥发酵效果评价

根据表 3-26 堆肥效果评价指标及标准对每个处理进行加权评分，各处理综合得分见表 3-27。T_3 得分最高，为 7.6 分；其次为 T_2，得分为 7.2；此后是 T_1、T_4 得分最低。将各处理的综合得分进行正交因素分析，见表 3-28。

表 3-26 堆肥效果评价指标及标准[91]

评价指标	评分标准
温度(3分)	(1)温度未上升至50℃,发酵不成功,得0分; (2)升温速度快,高温持续时间长,进入二次发酵后温度较高、保温效果好,得3分; (3)介于上述两者之间,结合发酵升温速度或二次发酵的温度,得1分或2分
堆肥样品 T 值(3分)	各处理样品的 T 值按从大到小进行排序,排序名次与0.3的乘积为该处理得分
感官效果(3分)	(1)堆料依然泾渭分明,未腐熟,堆体有严重恶臭,得0分; (2)秸秆略有腐熟,堆体异味较大,得2分; (3)堆料已经完全混融,堆体虽有异味,但能接受,得3分
总养分含量(1分)	堆肥结束各处理样品总养分含量按从小到大进行排序,排序名次与0.1的乘积为该处理得分

表 3-27 发酵效果评价表

处理	T_1	T_2	T_3	T_4
温度指标	1	3	3	1
T 值	0.6	0.9	1.2	0.3
总养分含量	0.2	0.3	0.4	0.1
感官经验	2	3	3	1
总分	2.8	7.2	7.6	2.4

从表 3-28 各因素的极差值来看，沼渣＞鸡粪＞猪粪，表明影响沼渣、猪粪、鸡粪混合堆肥发酵效果的最主要因素是沼渣，鸡粪和沼渣的影响作用很小。通过比较沼渣、猪粪、鸡粪的不同水平的平均效果值，可知沼渣量 5.85kg 得分高于 7.02kg，猪粪量 7.425kg 得分高于 8.49kg，鸡粪量 8.19kg 得分高于 6.825kg，由此得出沼渣、猪粪、鸡粪混合堆肥最佳配比为 5.85∶7.425∶8.19。

表 3-28　正交试验结果

处理	沼渣量/kg	猪粪量/kg	鸡粪量/kg	综合得分/分
T_1	7.02	7.425	8.19	3.8
T_2	5.85	7.425	6.825	7.2
T_3	5.85	8.49	8.19	7.6
T_4	7.02	8.49	6.825	2.4
均值 1	3.100	5.500	5.7	
均值 2	7.400	5.000	4.8	
极差	4.300	0.500	0.900	

3.5.3　混合物料堆肥 DOM 光谱学分析

3.5.3.1　DOM 紫外光谱

有机化合物的紫外吸收光谱决定于分子的结构，随有机分子复杂度的不同而异。图 3-42 为 4 个处理不同堆肥时期 DOM 的紫外吸收光谱曲线。从图 3-42 可以看出，堆肥 DOM 紫外吸收强度随波长的增加而呈降低趋势，在 280nm 附近出现一吸收平台，随着堆肥的进行整个研究波段的紫外吸收强度增加。已有的研究显示，280nm 附近的吸收平台为腐殖质物质中木质素磺酸及其衍生物的光吸收所引起的，并且随着腐殖质芳香族和不饱和共轭双键结构的增加，腐殖质物质单位摩尔紫外吸收强度增强。因此，上述不同堆肥阶段 DOM 的紫外吸收曲线及其变化趋势表明，堆肥 DOM 中含有腐殖质类物质，并且随着堆肥的进行，腐殖质物质的芳香度和不饱和度增加，腐殖化程度加大[80]。

从图 3-42 还可看出，在堆肥过程中水溶性有机物的紫外光谱缺乏较为明显的特征，没有明显的最高峰和最低峰。所有处理紫外光谱基本一致，但在各波长下的吸光度有所差异，堆肥结束后各处理吸光度从大到小依次为 T_3、T_2、T_1、T_4。一般情况下，随着 DOM 分子结构复杂化程度的增加，其紫外光谱各波长对应的吸光度均呈增加趋势[81]，因此由图可得堆肥结束后 T_3 的芳构化程度最高。

有研究认为，相同碳浓度的 DOM 在 254nm 波长下吸光度的变大意味着非腐殖质向腐殖质的转化；有专家研究水体中有机物表明，有机物在波长 280nm 下的吸光度可提供有关 DOM 腐殖化程度、分子量及分子缩合度等方面的信息；在有机质的紫外光谱研究中，除了特定波段或波长吸收值的研究外，另一个常用的参数是两个特定波长吸光度的比值，有研究表明 E_{250}/E_{365} 和 E_{253}/E_{203} 可反映 DOM 的腐殖化程度，将这两个参数用于混合堆肥 DOM 腐殖化研究。

由表 3-29 可见，各处理 $SUVA_{254}$、$SUVA_{280}$、E_{253}/E_{203} 随堆肥时间均呈升高的趋

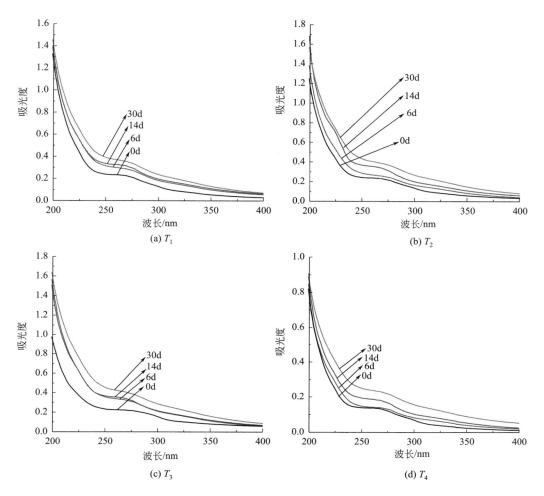

图 3-42　各处理堆肥 DOM 紫外光谱

势，这说明随着堆肥进行 DOM 分子量不断变大、分子结构的缩合度和不饱和度也逐渐变大，DOM 腐殖化程度呈升高趋势，这与前人的研究结果一致。分别比较各处理堆肥结束后（即第 30 天）上述 3 个参数大小，可发现 $SUVA_{254}$、$SUVA_{280}$、E_{253}/E_{203} 从大到小排序均为 $T_3 > T_2 > T_1 > T_4$，说明 T_3 处理腐殖化程度最高，T_4 处理最低。与上述 3 参数不同，各处理 E_{250}/E_{365} 随堆肥进行基本呈降低趋势，有研究表明，该值与有机质分子量呈反比关系，说明在堆肥过程中 DOM 分子量是逐渐变大的。堆制 30d 后，各处理 E_{250}/E_{365} 从小到大排序均为 $T_3 < T_2 < T_1 < T_4$，这与上述紫外波段光谱研究结果一致。

3.5.3.2　DOM 发射光谱

不同堆肥阶段水溶性有机物的荧光发射光谱表现为宽而单一的荧光峰，随着堆肥的进行荧光强度不断增强（见图 3-43）。一般而言，发射光谱的峰宽由 2 个因素决定，即基态能级变化及水溶性有机物中结构类似物的多少[82]，前者在不同物质中一般是固定的，因此水溶性有机物的发射光谱峰宽主要取决于结构类似物的多少，故不同堆肥阶段水溶性有机物荧光发射光谱中出现的较宽荧光峰表明堆肥水溶性有机物是一大类结构类似物的集合体[83]。

表 3-29　各处理混合堆肥过程中 DOM 紫外特征参数变化

项目		$SUVA_{254}$	$SUVA_{280}$	E_{250}/E_{365}	E_{253}/E_{203}
T_1	0d	0.235	0.193	5.382	0.220
	6d	0.306	0.256	3.843	0.266
	14d	0.330	0.272	3.658	0.289
	30d	0.380	0.316	3.643	0.308
T_2	0d	0.240	0.201	4.943	0.236
	6d	0.277	0.230	4.284	0.246
	14d	0.363	0.285	4.107	0.278
	30d	0.418	0.351	3.539	0.314
T_3	0d	0.227	0.209	3.182	0.279
	6d	0.345	0.290	3.875	0.265
	14d	0.359	0.294	3.673	0.290
	30d	0.440	0.370	3.465	0.316
T_4	0d	0.138	0.110	7.165	0.212
	6d	0.145	0.121	4.533	0.218
	14d	0.191	0.152	4.548	0.267
	30d	0.245	0.206	3.321	0.300

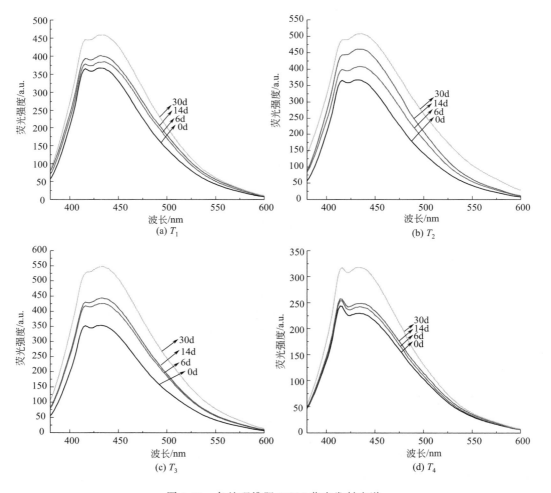

图 3-43　各处理堆肥 DOM 荧光发射光谱

从图 3-43 发现 4 个处理堆肥 DOM 有相似的发射光谱图，图中出现了一个以 440nm 为中心、波长范围较宽的谱带，这类似于 Senesi 等报道的污泥中富里酸的荧光发射光谱，图中出现的 410～415nm 处的峰是水的 Raman 肩峰[84,85]。一般相同条件下，待测有机物不饱和结构（主要是含苯环类物质）的多聚化或联合程度越大，则波峰强度越小。随着堆肥的进行，各处理堆肥 DOM 的荧光强度不断增强，说明各处理 DOM 芳构化程度不断增加。4 个处理堆肥 DOM 发射光谱基本一致，但荧光峰强度有所差异，从大到小排序为 $T_3 > T_2 > T_1 > T_4$，说明堆肥结束后各处理腐殖化程度最高的是 T_1，其次是 T_2、T_1，T_4 腐殖化程度最低。

3.5.3.3　DOM 同步光谱

堆肥水溶性有机物同步荧光光谱主要出现了 4 个荧光峰，280nm 附近有一个十分强的荧光强度峰；340nm 和 385nm 附近分别有中等强度峰；430nm 附近有一个荧光强度十分弱的肩峰（见图 3-44）。根据已有的报道可知，280nm 附近的荧光峰与堆肥样品中的类蛋白质物质和含高度共轭结构的挥发性脂肪族有机酸的存在有关[86]，激发波长 335nm 特征峰相当于 2 环芳烃化合物，400nm 附近的特征峰为 3、4 环芳烃化合物；450nm 则相当于 5 环芳烃化合物。随着堆肥的进行，水溶性有机物中类蛋白峰荧光强度呈下降趋势，而 340nm、385nm 和 430nm 附近的荧光峰强度都呈上升趋势，显示在堆肥进行时，蛋白质类物质不断降解，而水溶性有机物中 2 环、3 环、4 环及 5 环芳烃化合物均有不同程度的增加。同时，280nm 附近的荧光峰有较为明显的红移现象，这种红移现象说明堆肥后水溶性有机物分子中共轭作用加强，分子结构的缩合增加。堆肥过程中，4 个处理荧光同步扫描光谱形状基本相似，但荧光强度有明显差别，堆肥结束后，激发波长在 300～500nm 范围内，由大到小依次为 T_3、T_2、T_1、T_4。表明堆肥后，T_3 处理水溶性有机物分子结构最复杂、芳构化和腐殖化程度最高。$T_1 \sim T_4$ 处理 DOM 荧光同步光谱见图 3-44～图 3-47。

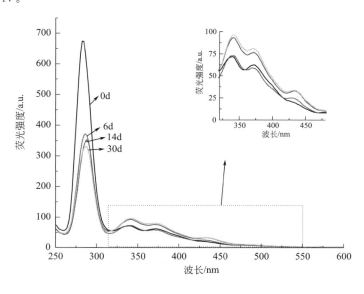

图 3-44　T_1 处理 DOM 荧光同步光谱

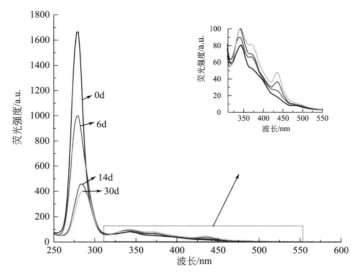

图 3-45　T_2 处理 DOM 荧光同步光谱

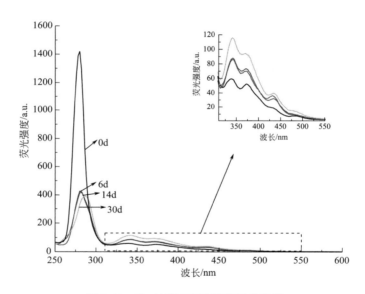

图 3-46　T_3 处理 DOM 荧光同步光谱

3.5.3.4　DOM 三维荧光光谱

　　书后彩图 2～彩图 5 是 4 个处理不同堆肥时期 DOM 的三维荧光光谱，根据已有的报道可知，荧光峰 T_1 属于类色氨酸荧光，T_2 为类蛋白峰，它们来自堆肥物质中以游离的形式存在或结合在蛋白质和/或腐殖质中的色氨酸及其降解产物，荧光峰 A 为紫外区类富里酸峰，荧光峰 C 为可见区类富里酸峰[87]。堆肥起始时只存在荧光峰 T_1、T_2，随着堆肥的进行 T_1、T_2 的荧光强度都不断变弱，而两个类富里酸峰出现后其荧光强度不断增强。Baker 等研究表明，紫外区类富里酸峰主要来自一些低分子量，高荧光效率的物质，而可见区类富里酸峰则是由相对稳定、高分子量的芳香性类富里酸物质所产生[88]。因此，

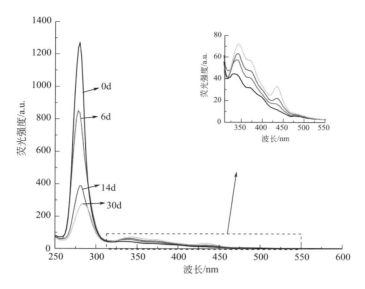

图 3-47 T_4 处理 DOM 荧光同步光谱

堆肥 DOM 三维荧光特性解析证实，随着堆肥的进行，DOM 中的有机成分发生显著变化，由堆肥初期的简单的类蛋白类物质逐渐转变为结构较为复杂的类富里酸类物质。同时也表明，堆肥过程中随着腐殖质的形成，堆肥中 DOM 的腐殖化程度也呈明显增加的趋势。

荧光峰 A 和 C 荧光强度的比值 r（A，C）是一个与有机质结构和成熟度有关的信息，可能会揭示一些有关堆肥稳定化或腐熟度的信息[89]。从书后彩图 2～彩图 5 可看出，堆肥过程中，4 个处理 DOM 三维荧光光谱图基本类似，4 个处理 r（A，C）都大致呈下降趋势，说明其腐殖化程度在不断变大。堆肥结束后，4 个处理 r（A，C）从小到大排序为 $T_3 < T_2 < T_1 < T_4$，即 4 个处理混合堆肥 DOM 腐殖化程度排序为 $T_3 < T_2 < T_1 < T_4$。

3.5.4 基于 PCR-DGGE 方法的混合物料堆肥过程细菌群落演替规律分析

3.5.4.1 堆肥微生物基因组 DNA 提取效果分析

由于堆肥过程中会产生大量的腐殖质类物质，有研究表明腐殖质会严重影响 DNA 的提取和 PCR 的扩增效果，因此在用土壤 DNA 试剂盒提取之前对样品进行了预处理，分别用 PBS 缓冲溶液和添加了 PVP 的脱腐缓冲溶液进行充分的洗涤，直至溶液呈现较清的颜色。如书后彩图 6 所示，经试剂盒提取后的基因组 DNA 片段大小在 23kb 左右，无需纯化可直接进行 PCR 扩增。

3.5.4.2 堆肥过程中细菌 16SrDNAV3 区 PCR 扩增效果分析

如书后彩图 7 所示，细菌的基因组 DNA 经过 PCR 扩增后的产物片段在接近 200bp，经 PCR 产物纯化试剂盒纯化回收后的各个样品均适宜进行后续 DGGE 分析。

3.5.4.3 堆肥过程中细菌群落演替规律研究

（1）混合堆肥过程中细菌 DGGE 图谱分析

　　从书后彩图 8 可以看出 4 个堆肥处理的 DGGE 条带种类和分布表现出了明显的差异，T_2 和 T_3 的细菌种类和数目明显高于 T_1 和 T_4，尤其是在堆肥高温期以后，表现出了较高的多样性。条带 E、H、J、K、L、M、N、O、R、S、T、V、W、Y 为 4 个处理的共有条带，但在不同处理堆肥过程中各条带亮度和持续时间都有所不同。它们的共同特征是在 T_2、T_3 处理中亮度高、宽度大和持续时间长，尤其是在 T_3 处理，大多数共有条带贯穿整个堆肥过程，可视为 T_3 处理的优势菌群；共有条带在 T_1、T_4 处理，尤其在 T_4 处理中亮度低、宽度窄、持续时间很短。原因可能是 T_2、T_3 处理猪粪和鸡粪含量高，营养物质丰富，为微生物菌群生长创造了适宜的条件。T_1、T_4 处理微生物数量少原因可能是沼渣含量高，难降解的木质素、纤维素、半纤维素含量高，仅能被少数微生物种群降解。

　　条带 A 为处理 T_1、T_4 的特有条带，仅在堆肥开始时出现，可能是 A 菌群不能耐受高温。条带 B 仅在 T_1 处理堆肥起始出现，可能是混合堆肥环境不适合其生存或其对温度的耐受性差。条带 C 分别出现在 T_1 的 14d 和 T_2 的 6d。条带 D 在 T_3 整个堆肥过程中持续存在，分别在 T_2 和 T_4 的 30d 和 0d 出现。条带 F 仅出现在 T_4 处理的 0d。条带 G 仅出现在 T_3 的 30d 和 T_4 的 30d。条带 I 分别出现在 T_1、T_2、T_3 的 6d 和 14d。条带 P 分别出现在 T_1、T_2 的 6d 和 T_3 的 30d。条带 Q 分别出现在 T_1 的 6d、T_2 的 6d 和 14d。条带 U 分别出现在 T_1 的 0d 和 6d、T_2 的 6d 和 14d。条带 X 分别出现在 T_2、T_3 的 14d 和 30d。条带 Z 分别出现在 T_1、T_2、T_3 的 6d。条带 A_1 分别出现在 T_2、T_3 的 14d 和 30d。

　　分析以上现象可以发现：a. 非共有条带主要分布在 T_1、T_2、T_3 处理，T_4 处理较少，原因可能是 T_1、T_2、T_3 处理的沼渣含量相对较少，易降解有机质含量丰富的猪粪和鸡粪量较多，导致微生物种群数多；b. 非共有条带在各个处理分布的时期大致相同，说明温度是决定非共有条带存在的一个主要因素；c. 在混合堆肥中温度对微生物群落的梯度效应表现得不太明显。

　　总之，不同配比混合堆肥过程中微生物种类和分布有很大的差异。

　　(2) 混合堆肥过程中细菌群落相似性分析

　　对不同时间的堆肥样品的相似性指数（表 3-30）和条带的聚类分析图（图 3-48）可以看出不同堆肥处理第 0 天样品聚为一类、第 6 天样品聚为一类、第 14 天和第 30 天样品分别聚为一类，且三类中两两相似性很低，说明不同堆肥时期菌群组成差异较大。同一种堆肥处理样品的图谱除 T_3 外相似性较低，不同堆肥处理相同堆肥时期的图谱相似性较高，如 T_4 第 0 天样品和 T_1 第 0 天样品图谱相似性为 62%，T_2 第 6 天样品和 T_1 第 6 天样品图谱的相似性为 71.5%，T_1 第 14 天样品和 T_2 第 14 天样品图谱相似性为 62.9%，T_3 第 30 天样品和 T_2 第 30 天样品图谱相似性为 77.2%。说明温度变化是 T_1、T_2、T_4 处理中微生物群落结构跃迁的一个至关重要的因素，但对 T_3 处理的影响不明显，说明在堆料中有机质含量充足的情况下温度对细菌群落的筛选作用会变小。

　　(3) 混合堆肥过程中细菌群落多样性分析

　　生物多样性指数是有效表征生态环境中物种丰富度及分布均匀性的一个重要指标。通过计数 DGGE 图谱中的条带数和计算 Shannon-Weaver 指数来分析堆肥过程中的细菌多样性，从图 3-49 可以看出：T_1 和 T_2 处理的条带数和 Shannon-Weaver 指数在堆肥周期中变化趋势相同，但在堆肥第 14 天和第 30 天 T_2 处理条带数和 Shannon-Weaver 指数明显

表 3-30 基于戴斯系数（CS）的相似性矩阵

	1	2	3	4	5	6	7	8	9	10	11	12	13	14	15	16
	戴斯系数															
1	100.0	45.8	31.0	27.5	52.3	41.2	42.4	34.4	44.0	31.1	39.9	34.4	62.0	25.6	6.6	35.2
2		100.0	42.8	34.0	18.4	71.5	55.4	55.9	38.6	44.1	63.0	52.4	29.4	49.2	10.3	48.8
3			100.0	66.1	16.1	41.6	62.9	64.9	52.2	63.4	49.6	60.6	21.5	35.0	25.9	50.1
4				100.0	20.8	30.4	60.3	56.2	58.1	70.6	38.2	57.8	22.3	36.0	38.4	62.7
5					100.0	16.2	19.0	13.3	25.6	6.3	21.0	14.9	38.6	7.8	0.0	21.3
6						100.0	49.8	60.1	29.9	40.1	63.1	46.9	32.3	33.4	11.0	51.1
7							100.0	65.1	61.8	66.6	55.3	71.9	32.2	47.4	42.9	58.9
8								100.0	53.8	74.8	65.2	77.2	34.0	37.6	32.1	57.7
9									100.0	65.6	46.1	58.6	52.3	38.3	25.3	48.5
10										100.0	47.1	75.8	27.8	40.6	40.5	62.3
11											100.0	64.2	38.1	41.6	13.0	48.3
12												100.0	31.0	43.7	31.2	55.8
13													100.0	0.0	21.5	35.5
14														100.0	0.0	31.5
15															100.0	43.6
16																100.0

注：1～16 表示 T_1 0d、6d、14d、30d～T_4 0d、6d、14d、30d。

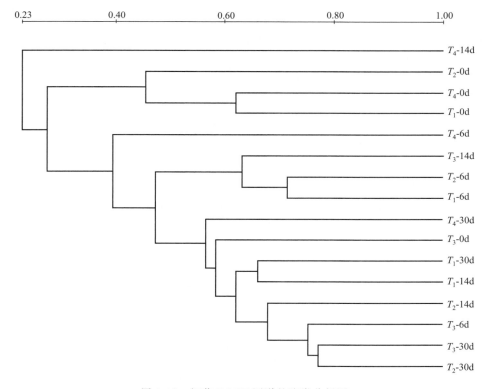

图 3-48 细菌 DGGE 图谱的聚类分析图

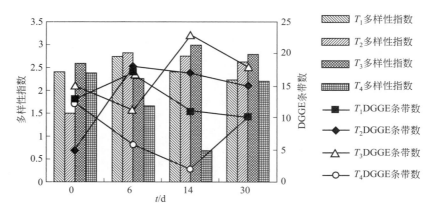

图 3-49　堆肥过程中多样性指数演替

高于 T_1，原因可能是 T_2 处理猪粪和鸡粪含量多，供给微生物生长繁殖的营养物质丰富，细菌多样性高。T_3 处理的条带数和 Shannon-Weaver 指数与 T_4 表现出显著差异（$p <$ 0.05），在堆肥高温期后（第 6 天后）T_3 的条带数和 Shannon-Weaver 指数明显高于 T_4 处理，这说明堆料营养物质丰富可以提高堆肥降温期和腐熟期细菌多样性。比较 4 个处理 14d 和 30d 的带数和 Shannon-Weaver 指数可以发现，4 个处理从大到小排序为 $T_3 > T_2 > T_1 > T_4$，这与 4 个处理堆料中猪粪和鸡粪总和所占比例从大到小排序顺序是一致的，这也说明堆料营养物质丰富可以提高堆肥降温期和腐熟期细菌多样性。另外，由图 3-49 还可看出，T_3 处理在高温期过后，条带数和多样性指数明显降低，随后由于堆温降低，条带数和多样性指数明显回升，在堆肥末期堆料中易降解有机质消耗殆尽，剩下难降解的木质纤维类大分子物质，其条带数和多样性指数又逐渐降低。

（4）混合堆肥过程中细菌优势群落分析

表 3-31 是对 4 个处理堆肥过程中的优势条带测序并将测序结果提交到 Genebank 中进行比对后获得的比对结果。在沼渣混合物料堆肥过程中检测到了变形菌门细菌、厚壁菌门细菌、不动杆菌属细菌、堆肥细菌和大量的用传统方法不能培养但在堆肥过程中发挥了重要作用的细菌。这与解开治等[90] 分别在研究海洋动物资源堆肥和猪粪堆肥过程中检测到的结果相似。另外，还检测到了具有木质纤维素降解功能的梭菌属细菌、拟杆菌属细菌、假单胞菌、解木聚糖细菌。值得注意的是在沼渣混合物料堆肥中检测到了未培养的厌氧细菌、脱硫肠杆菌属细菌和嗜冷杆菌属细菌，说明与单一物料堆肥相比，沼渣、猪粪、鸡粪混合堆肥功能微生物多样性高。

表 3-31　条带测序的比对结果

编号	登录号	相似性最大的种属	相似性/%
A	HQ731452.1	*Acinetobacter* sp. BN-HKY5	100
B	JQ069959.1	*Psychrobacter* sp. BSw21684	99
C	EU551120.1	未培养 *Bacteroidetes* 细菌克隆 B9	100
D	DQ141183.1	*Ruminofilibacter xylanolyticum* 菌株 S1	100
E	FJ599513.1	*Clostridium thermocellum* 菌株 CTL-6	98
F	JQ269284.1	细菌 WHC3-10	100

续表

编号	登录号	相似性最大的种属	相似性/%
G	JN834841.1	未培养 *Bacteroidetes* 细菌克隆	99
H	FN436048.1	未培养细菌 clone HAW-R60-B-727d-	99
I	HQ433472.2	*Pseudomonas* sp. A84(2010)	100
J	AB436739.1	*Desulfonosporus* sp. AAN04	95
K	DQ839147.1	*Clostridium* sp. 富集克隆 Lace	95
L	JQ268616.1	未培养厌氧细菌克隆 XA3	100
M	JF915345.1	*Acinetobacter junii* 菌株 NW123	100
N	HQ731452.1	*Acinetobacter* sp. BN-HKY5	98
O	EF629964.1	未培养 *alpha proteobacterium* 克隆	100
P	FJ675561.1	未培养细菌克隆 LL141-8K15	100
Q	CU918603.1	未培养 *Firmicutes* 细菌克隆	93
R	AB437998.1	未培养堆肥细菌	97
S	FN667411.1	未培养堆肥细菌克隆 PS2677	100
T	AM491470.1	*Psychrobacter* sp. Nj-69 16S rRNA 基因,菌株	100
U	AB507775.1	未培养 *Firmicutes* 细菌	96
V	EF414143.1	未培养 *alpha proteobacterium* 克隆	100
W	HQ224821.1	未培养细菌克隆 ABRB33	100
X	DQ141183.1	*Ruminofilibacter xylanolyticum* 菌株 S1	100
Y	JN368260.1	未培养细菌克隆 LSW-L1-126	100
Z	JN834841.1	未培养 *Bacteroidetes* 细菌克隆	100
A′	HQ154860.1	未培养原核生物克隆	100

3.6 生物强化技术堆肥生化特性变化

堆肥是有机物质在微生物的作用下分解为简单物质的生物化学过程。好氧堆肥过程中，充足的氧气、适宜的湿度及孔隙度是促进堆肥产品稳定化的重要因素[63]。在堆肥过程中，温度通常作为一个可控变量指示堆肥生化反应进程。同时为了确保堆肥产品的无害化，必须有一个高温过程[91]。多年来，大量的文献报道从不同角度探讨了堆肥过程的生化特性，如微生物特性变化[92,93]，化学组成变化[94]，堆肥技术参数优化[95,96]及堆肥过程中的模型研究[97]。

3.6.1 堆肥中的微生物及其研究方法

3.6.1.1 堆肥微生物的种类

好氧堆肥是在有氧条件下，利用堆体中的土著菌或人工接种微生物菌剂，使可降解有机物质向腐殖质转化，并使其稳定化的过程，它是一种实现有机废物资源化的重要技术。在好氧堆肥过程中，有机物的降解是在微生物群体及其分泌的酶共同作用下进行的，微生物是堆肥作用的主题[98,99]。从生物学的角度分析，可以把堆肥微生物分为细菌、放线菌、真菌（包括霉菌和酵母菌）和病原体等。根据微生物对不同温度条件的耐受能力，还可以把堆肥微生物分为嗜冷微生物（0～25℃）、嗜温微生物（25～45℃）和嗜热微生物（>45℃）[100]。

（1）细菌

大量的研究表明：细菌是堆肥过程中数量最大、最普遍的微生物群体，在堆肥过程中发挥着重要作用，堆肥升温期的嗜温性细菌非常活跃，对有机质、糖、蛋白质等容易降解的有机物进行分解，有利于发酵温度的快速升高；随着堆肥化的延续，堆肥温度的升高，嗜温性细菌生物活性受到抑制甚至死亡，在堆肥的高温阶段细菌的总量减少，存活的都是高温细菌；降温期嗜温性细菌又开始活跃。目前，在堆肥过程中检测到的细菌种属有 *Aneurinibacillus*、*Lactobacillus*、*Themus thermophilic*、*Xanthomonas campestris*、*Brevibacillus*、*Hysrogenobacter* spp.、*Saccharococcus themophilus*、*Rhodococcus*、*Rhodotheermus marinus*、*Actinobacteria*、*Thermophilic Baacillus*、*Saccharomonospora*、*Pseudomonas*、*Gordonia*、*Corynebacterium*、*Clostridium thermolacticum*、γ-*Proteobacteria* 等。芽孢杆菌属细菌是堆肥高温阶段的主要作用菌群，它们依靠高温阶段形成芽孢来抵抗高温，如枯草芽孢杆菌属（*B.subtilis*）、地衣芽孢杆菌属（*B.licheniformis*）、环状芽孢杆菌属（*B.circulans*）等。

（2）放线菌

放线菌是具有丝状分支结构的原核微生物，由于放线菌的菌丝具有较强的机械穿插作用，能对堆体中的木质纤维类物质进行降解，研究表明，放线菌是堆肥高温期的主要优势菌群[101]，由于放线菌的G+C含量较一般细菌高，其耐热能力较强，在堆肥体系有机物的降解过程中发挥着重要作用，尤其是对于堆肥高温期的木质纤维素的降解起着至关重要的作用。同时，由于放线菌能够形成孢子来抵抗不利环境，是高温时期的优势菌群，其中包括诺卡氏菌（*Nocardia*）、链霉菌（*Streptomyces*）、高温放线菌（*Thermoactinomyces*）和单孢子菌（*Micromonospora*）等，它们除了继续分解易分解的有机物外，还对半纤维素、纤维素等难降解有机物起到了降解作用，有利于堆肥的腐殖化进程。

（3）真菌

虽然真菌是地球上的主要降解者，但在堆肥过程中发挥的作用却不如细菌。由于真菌的耐高温能力较差，在堆肥过程中堆体自身散发热量使堆温升高以致真菌难以存活，当温度高于65℃时大部分的真菌容易发生自燃[102]。真菌主要出现在堆肥初期和中温期，嗜温性真菌地霉菌（*Geotrichumsp*）和嗜热性真菌烟曲霉（*Aspergillus fumigatus*）是堆肥生料中的优势种群。研究表明嗜温性白腐真菌能够分泌胞外木质素降解酶系，对木质素具有很强的降解能力[103]，其他一些真菌，如担子菌（*Basidiomycotina*）、子囊菌（*Ascomycotina*）、橙色嗜热子囊菌（*Thermoascus aurantiacus*）也具有较强的分解木质纤维素的能力。因此，真菌的存在对于堆肥物质的腐熟具有非常重要的意义。

3.6.1.2　接种微生物强化堆肥研究进展

在堆肥过程中，微生物起着重要的作用，因此，微生物强化接种堆肥中的微生物学研究也就至关重要[104]。早在20世纪40～50年代，美国就已经开始尝试通过接种微生物菌剂和堆肥物料回流的方式来缩短堆肥周期，以达到加快堆肥进程的目的。近年来，随着国内外微生物研究的不断深入，推动了微生物强化接种堆肥理论研究的进步。针对不同的堆肥原料，从接种单一微生物菌剂到接种高效复合微生物菌剂堆肥，人们做了大量的研究探索，李秀艳[105]、胡菊[106]、王利娟[107]等的研究表明：在堆肥过程中人工接种微生物菌剂可以增加堆层中微生物总数，增强堆体中微生物生态系统的功能，使堆体中不稳定的有机物得到更好的降解，进而达到了提高堆肥效率和堆肥产品质量的目的。赵小蓉[108]、席北斗[109]、程刚[110]等对微生物强化接种堆肥进行了研究，研究表明，单一的微生物群体，无论其活性多高，在提高堆肥效率上都不如多种微生物群体的协调作用。在堆肥过程中接种高效复合微生物菌剂，不仅可以增加堆体中微生物量，还可以减少菌群之间的拮抗性，充分发挥复合微生物菌群的相互协同作用，有助于物料的高效降解，使堆肥充分腐熟，提高堆肥效率。席北斗等[5]根据不同比例配置的复合菌剂的产酶能力的大小，从5组复合微生物菌剂中优选出一组高效复合微生物菌剂 V 其配比为：康氏木霉：白腐菌：变色栓菌：EM菌：固氮菌：解磷菌：解钾菌＝15：15：15：25：10：10：10。随后，席北斗等[12]又用筛选的复合微生物菌剂 V，对微生物强化接种堆肥技术进行了研究。结果表明，在原料配比一定的情况下，与接种等量灭活菌的对照组相比，接种复合微生物菌剂的堆肥体系的微生物量较高，不仅能控制臭气的产生，还能提高堆肥效率，使堆肥腐熟度得到提高。於林中等[111]研究了产物接种对生活垃圾水解/好氧复合生物预处理的影响，结果表明，在复合生物预处理过程中产物接种加剧了水解阶段的酸化抑制效应，减少了细菌数量并降低了相关水解酶活性，产物接种可促进纤维素分解菌的生长繁殖，提高CMC酶、滤纸纤维素酶的活性，从而有利于难降解生物质的分解。王慧杰等[112]利用传统培养方法研究微生态调节剂对猪粪堆肥过程中的微生物生理群的影响时发现，接种 ZZMZ 堆肥微生态调节剂可以激发堆体中微生物的生长繁殖，使堆体中微生物总数呈现明显的升高趋势，可以提高堆体中的细菌和放线菌总数，但会使真菌的数量下降。王慧杰等[113]又利用传统培养方法研究微生态调节剂对猪粪堆肥过程中微生物生理群的影响，结果发现接种 ZZMZ 堆肥微生态调节剂可以提高好氧性纤维素分解细菌、氨化细菌、氨氧化细菌和亚硝酸氧化细菌数量，可明显降低厌气性纤维素分解细菌和反硝化细菌数量。

目前应用的接种剂主要有微生物培养剂、商业添加剂和有效的自然材料3种。有效自然材料主要是指粪便堆肥、牛粪、马粪、耕层土壤和菜园土等，其中含有种类丰富的微生物群体。微生物分解垃圾中有机物的过程受一系列环境条件的制约[114]。

堆肥原料中的物质成分比较复杂，包括微生物比较容易分解利用的营养物质，如碳水化合物、蛋白质、脂肪和纤维素、半纤维素；不易为微生物分解的营养物质，如纤维素、木质素等，微生物代谢中能够利用的无机盐，微生物不能利用的无机盐、重金属、有机化合物和多聚化合物等毒性污染物，以及活性污染物，如病原体、虫卵、杂草种子等。表 3-32 列出了堆肥中微生物分解营养物质的主要情况。

从表 3-32 可知，堆肥中较难降解的物质是纤维素，最难降解的是木质素，因此纤维素、木质素的破坏意味着细胞物质的解体和腐殖质的产生，这是堆肥腐熟过程中的最重要的物理性状变化。为此，各种加速纤维素、木质素分解的技术（如人工接种高效纤维素分解菌）均具有积极意义[114,115]。

表 3-32　堆肥中微生物分解营养物质的主要情况

分解成分	微生物种类	分解率	最　终　产　物
碳水化合物、脂肪、蛋白质	多种微生物	高	H_2O、CO_2、NH_3、N_2（中间产物为氨基酸、有机酸、醇类）
半纤维素	放线菌为主	高	H_2O、CO_2（中间产物五碳糖、六碳糖）
纤维素	好氧菌、放线菌、真菌、高温厌氧菌	中	H_2O、CO_2、CH_4（中间产物为葡萄糖、醇类）
木质素	放线菌为主	低	H_2O、CO_2（中间产物为酚类化合物等）

（1）纤维素分解菌剂

纤维素是植物残体中最丰富的部分，它是由 β(1-4) 糖苷键连接葡萄糖单元所组成的长链状大分子。通常一条链中含有 10000 多个葡萄糖分子，其葡萄糖亚基排列紧密有序，形成类似晶体的不透水的网状结构，以及分子间结合不甚紧密、排列不整齐的无定形区域。纤维素易与木质素等难分解的物质相复合，因此，纤维素不溶于水，难以水解，分解需要至少 3 组水解酶的协同作用，即纤维素内切酶（endo-cellulase）、端解酶（exo-cellulase）和纤维素二糖酶（cellobiase）。纤维素分解首先是纤维素的晶体消失，继而生成纤维二糖、戊二糖，最后经纤维二糖酶作用分解成便于吸收的葡萄糖。

多种微生物，如假单胞菌（Pseudomonas）、色杆菌（Chromobacterium）、芽孢杆菌（Bacillus）及多种真菌诸如木霉（Trichoderma）、毛壳素菌（Chaetomium）、青霉（Penicillium）等可利用纤维素酶分解纤维素。

国内彭家元和陈禹平从堆肥中分离筛选出好热性纤维素分解菌，扩大培养后制成菌剂，称为元菌剂，作为堆肥的接种剂应用。另外，前东北农科所推广的札札菌，是从厩肥、堆肥或马粪中分离出来的好热性纤维素分解芽孢杆菌。将这种札札菌加富培养制成菌剂，使用时用水稀释，将稀释液浇泼到堆肥各层中可以加速堆肥的腐熟。中国科学院成都生物研究所近年来就在分离筛选城市生活垃圾处理功能微生物方面进行了大量工作。中国科学院南京土壤所进行了"垃圾堆肥微生物接种实验"研究。他们从 22 个垃圾堆肥、畜粪、土样等样品中分离获得纤维素分解菌 198 株，选其中 2 株生长快、粗纤维分解能力强的菌株制成菌剂，以 0.05%～0.1% 的接种量加入二次发酵垃圾堆肥中，结果显示接种堆肥比不接种堆肥升温快、堆温高、高温维持时间长，真菌和纤维素分解菌数量增多，腐殖质含量提高 21%～26%。肥效试验证明，施用堆肥比不施用堆肥可使青菜增产 9.9%。近年来，四川省绿色环境保护产业发展有限公司分离筛选到一些高温纤维素分解微生物，将几种功能明确的微生物扩大培养后按一定的比例混合制成速效垃圾发酵菌剂，用于高温堆肥发酵，明显缩短了垃圾堆肥发酵腐熟时间。沈根祥等[116]研究了 Hsp 菌剂对牛粪堆肥发酵影响时发现，Hsp 菌剂能迅速提高发酵温度，加快腐熟化进程，有效杀灭粪中所含的杂草种子和虫卵病菌，具有快速堆肥熟化和无害化的功效。蒲一涛等[117]研究了混合培养对固氮菌和纤维素分解菌生长及固氮的影响，结果表明：在混合培养条件下，两种菌能相互利用、相互促进，混合培养液的菌数增加，固氮菌的固氮能力提高，这两种菌可混合培养制成混合菌剂。研究人员经过 CMC 平板、滤纸液化和摇瓶培养实验，发现 6 株菌中产黄纤维单胞菌（Cellulomonas F1）和康氏木霉（Trichodermakonigii）2 株菌分解纤维素类物质的能力比较强，但对来源不同的纤维素类物质分解能力差异很大；同时也证明真菌与细菌一起接种时分解纤维素类物质的速度明显高于其中任何一个单一菌株，说明纤维素类物质的分解需要多种微生物的联合作用。

（2）木质纤维素分解菌

木质素是目前公认的微生物难降解的芳香族化合物之一，木质素是由苯丙烷结构单元组成的复杂、近似球状的芳香族高聚体，由对羟基肉桂醇（p-hydroxycinnamylalcohols）脱氢聚合而成，分子大（分子量＞1.0×10^5）、溶解性差，含有各种生物学稳定的复杂键型，没有任何规则的重复单元或易被水解的键（图3-50）。木质素的分解是一个微生物作用下的氧化过程，首先被胞外酶分解成小分子物质，然后这些小分子物质被植物细胞所吸收，部分转化成石炭酸和苯醌，然后和氧化酶一起排放到环境中。但是与其他成分如纤维素、半纤维素等降解物不同，微生物及其分解的胞外酶不易与之结合，同时木质素又对酶的水解作用呈抗性，使得其难以降解。

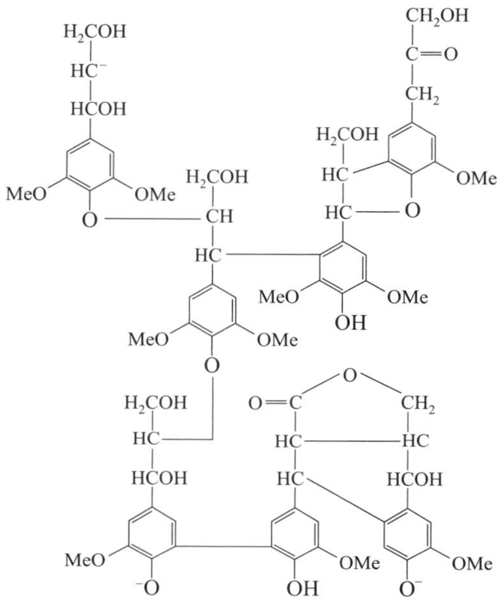

放线菌在一定程度上可改变木质素的分子结构，继而分解溶解的木质素，它通常由许多细胞菌丝缠绕在一起，在高温阶

图 3-50 木质素结构示意

段、降温阶段和熟化阶段出现，且数量相对较多，以至于在堆肥表面肉眼可见。在堆肥过程的后期，由于易利用和较易利用的有机物逐渐消耗，仅剩下木质素等极难分解的物质，微生物之间的竞争也日趋激烈，能在一定程度上分解木质素并产生抗生素的放线菌逐渐占优势。但由于土著放线菌难以大量降解木质素，使得成熟堆肥中腐殖质主要是由木质素、多聚糖和含氮化合物所形成的腐植酸，芳香结构和羟基较多，碳水化合物较少[118,119]。在不利的条件下，放线菌能形成孢子，较耐高温和各种酸碱度，所以在高温阶段放线菌对分解木质素、纤维素起着重要的作用。高温放线菌可以从自然界中许多地方分离出来，如砂子、成熟肥堆、马粪、果园土等。主要包括诺卡氏菌属（*Nocardia*）、链霉菌属（*Streptomyces*）、高温放线菌属（*Thermoactinomyces*）、小单孢菌属（*Micromonospora*）。

在堆肥过程中，真菌对堆肥物料的分解和稳定起着重要作用。在自然环境中高温真菌生长在庭院垃圾堆肥、鸟粪、木炭，植物残体、冷却管及排水管中，在许多农产品中及木片堆中和泥炭土中也有高温真菌存在[120]。高温真菌对纤维素、半纤维素、木质素有很强的分解作用，它们不仅能分泌胞外酶，而且其菌丝具有机械穿插作用，共同降解堆肥中难降解有机物，促进生物化学反应，它们在堆肥中的作用如表3-33所列。

真菌中的木腐菌对木质素的生物降解起着至关重要的作用，木腐菌主要分为白腐菌、褐腐菌和软腐菌。褐腐真菌主要分解纤维素和半纤维素（都是糖的聚合物）[121]。软腐真菌在中温环境下对木质素有降解能力，它能降解硬木或软木，但其降解速度非常慢。在自然界中木质素的降解主要靠白腐菌，大多数白腐菌既可降解硬木又可降解软木，其对木质素的降解速度和效率与其他菌种相比具有明显的优越性，因此，对白腐菌的研究最为广泛。黄茜等[122]从6株常见的食用白腐菌中筛选出了生长优势较强、产漆酶酶活高的平菇HF，为了让秸秆得到更好的降解和利用，采用平菇和康氏木霉二步混合发酵法；通过不同的组合方式，发现H6-T10组合得出的降解效果最好，其木质素降解率达到44.77%，纤维素降解率达到41.48%。陈芙蓉[123]选取由农林废物堆肥中筛选出的木质素降解优势土著微生物枯草芽孢杆菌、铜绿假单胞菌、黑曲霉、简青霉、栗褐链霉菌，通过正交试验以优化混合比例，开发出1种基于木质素降解的高效堆肥化接种剂。该混合菌剂具有较强的木质素降解能力，其对木质素的降解是木质素过氧化物酶、锰过氧化物酶、漆酶、纤维素酶和半纤维素酶共同作用的结果；当按照个数比细菌：放线菌：真菌为85：5：10、枯草芽孢杆菌：铜绿假单胞菌为55：25、黑曲霉：简青霉为2：1配比时，木质素、纤维素、半纤维素降解率最高，分别达到22.13%、48.97%和55.93%。

表 3-33 对堆肥中纤维素木质素有分解能力的真菌

菌种名称	分解物质	菌种名称	分解物质
黑曲霉 *Aspergillus niger*	纤维素	绿色木霉 *Trichoderma viride*	木质素、纤维素
血红栓菌 *Trametes sanguinea*	纤维素	木质素木霉 *T. lignorum*	木质素、纤维素
卧孔菌 *Poria sp.*	纤维素	康氏木霉 *T. koningii*	木质素、纤维素
伊利亚青霉 *Penicillium iriensis*	木质素、纤维素	嗜热毛壳 *Chaetomium thermophile*	木质素、纤维素
绳状青霉 *P. funiculosun*	木质素、纤维素	腐皮镰孢菌 *Fusarium solani*	纤维素
多变青霉 *P. variabile*	木质素、纤维素	白腐菌 *White-rot*	木质素、纤维素
变色多孔菌 *Polyporus versicolor*	纤维素	褐腐菌 *Brown-rot*	纤维素、半纤维素
乳白耙齿菌 *Irpex lacteus*	纤维素	软腐菌 *Soft-rot*	木质素、纤维素

（3）其他堆肥菌剂

国外在多年的微生物学研究和应用过程中，一些高性能、分解能力强的降解菌被发现并已实现商业化生产。日本琉球大学比嘉照夫教授多年潜心研究开发的高效生物技术产品——EM有效微生物菌群，由10属80多种微生物如酵母菌、放线菌、乳酸菌、固氮菌、纤维素分解菌等经特殊方法培养而成，对提高堆肥效率、去除臭气等方面效果明显。日本微生物专家岛本觉也研究开发酵素菌应用于环保方面也取得了一定成果。酵素菌的主要作用原理：酵素菌是由细菌、酵母菌和放线菌等24种有益微生物组成的群体，它们能够产生活性很强的各种酶（如淀粉酶、蛋白酶、纤维素酶、氧化还原酶等几十种），具有很强的好氧性发酵能力，能够迅速催化分解各种有机物质、难溶性矿质、纤维素等，使之在短时间内转化成为可供利用的成分，尤其能够分解含有毒素的有机物，使之变为无毒、无害物质。因此，堆肥过程中加入酵素菌，可加强分解难溶性矿物质、纤维素、木质素等的能力，提高这些物质的转化率和利用率，在短时间里分解转化成为可供植物利用的有效成分。

此外，奥卡尼克公司（http：//www.bedminster.se/index.html）开发的堆肥降解菌，含大量具有显著降解作用的被驯化的兼氧性微生物群。包括两种菌群：一种为嗜热性细菌群，在有足够氧气和湿度的前提下，能迅速开始新陈代谢并大量繁殖，从而快速进食有机物料，形成高效发酵效应，还配有特殊的除臭菌群，主要作用是锁住氨气、硫化氢等臭味气体；另一种为常温性细菌群，当高温过后温度逐渐降为常温后加入（加入量为100g/t 垃圾）便可大量繁殖，将未被降解的有机物转化为腐殖质。该菌群在降解过程中也具有除臭功能，并会在细胞周围黏附一部分从挥发性气体来的氮、磷、钾等营养成分。

从目前我国复合微生物菌剂的研究状况可以看出，主要侧重于研究复合微生物菌剂的应用效果，对混合菌系中菌株间相互关系和作用机制的研究不够深入；虽然我国对复合微生物菌剂的构建也有了一些研究，但对复合培养的发酵过程及各菌群之间的相互作用和机理还不是很清楚，导致菌剂稳定性不强，群体结构易受环境影响从而导致菌剂的群体优势被改变。

3.6.1.3　微生物强化接种堆肥工艺

目前，国内外对于堆肥接种工艺的研究已经有了较大的进展，明显促进了初期堆肥化进程，同时保持较高的降解速度。席北斗等[124]在堆肥接种剂上进行了一系列研究，提出了三阶段控温接种法，利用自身产热和少许外源加热，使堆体温度4h 内迅速上升到70℃以上，并维持8h，从而降低堆体中土著微生物的浓度，并起到软化堆料的作用；待温度冷却至35～45℃时，接种复合微生物菌剂，使其快速生长繁殖，并保持优势地位，从而达到快速分解垃圾中有机物的目的。试验研究表明，利用三阶控温段接种法，在堆肥的不同阶段接种高效微生物复合菌剂，不仅加快堆肥反应速率，而且可以有效控制 H_2S 等臭气的产生，改善堆肥环境。

陈耀宁等[125]提出在堆肥的过程中两次添加不同功能的两种复合菌剂的接种堆肥工艺。其主旨是在堆肥开始时添加有利于堆料中易降解有机物降解的复合菌剂A，加速物料降解的同时还可以使堆体温度快速升高。是在堆体温度升至55～60℃后添加具有纤维素类降解功能的复合菌剂B，促进堆料中的纤维类物质的深度降解，提高堆肥的腐熟度。本方法的优点是工艺简单，效果显著，既能保留堆料中土著微生物的降解功能，又能高效发挥接种微生物的优势作用，既提高了堆肥的效率又改善了堆肥的质量。该法也存在一定的缺点，如菌剂相对单一，堆肥过程并未完全按堆肥微生物群落结构演替、物质转化规律进行等。

彭绪亚等[126]提出一种堆肥垃圾渗出液循环强化培养接种堆肥工艺，主要是利用垃圾渗滤液自身丰富的微生物资源，采用人工方法对其强化培养制成高温菌剂和纤维素分解菌剂，在堆肥初期接种高温菌剂，在降温期接种纤维素分解菌剂。该方法将堆肥土著微生物富集培养后重新接种堆肥，能很好地避免接种外源微生物菌剂所带来的菌剂适应能力差、接种菌剂与土著菌之间存在竞争等不利因素。

王一明等[127]提出梯次循环接种温控堆肥的工艺方法，在堆肥过程的三个不同阶段根据堆肥温度的变化分别接种三种不同的具有促腐降解作用的功能菌剂，且在每个阶段的堆制发酵过程中取出其中的一部分原料作为功能菌剂供下一轮堆肥接种使用。即在堆肥初期，将中低温促腐降解菌剂混入堆肥原料中进行堆制发酵；堆温上升到55～60℃、维持5d以上后，添加嗜高温促腐降解菌剂进行堆制发酵；进入堆肥降温阶段、堆温下降到30～40℃后，添加半纤维素、纤维素、木质素促腐降解菌剂进行堆制发酵。上述三个阶段，在每个阶段的堆制发酵过程中取出其中的一部分原料作为功能菌剂供下一轮堆肥接种使用。由于不需要每次发酵都接种新菌剂，明显降低了堆肥成本，且循环接种能有效克服外接微生物与土著微生物的拮抗问题，充分发挥了土著微生物的积极作用，达到事半功倍的效果。

3.6.1.4 堆肥中微生物的研究方法

微生物在堆肥过程中起着至关重要的作用，然而由于堆肥物料及过程非常复杂，堆料中含有大量的腐殖质等大量干扰研究的物质，给堆肥微生物的研究带来了相当大的困难。随着生命科学技术的不断发展，研究手段的不断进步，也使得人们对堆肥微生物的认识逐渐深入。

堆肥微生物的研究方法主要包括传统的培养法和借助于分子、生化手段的非培养法两大类。传统的培养方法大多选用相应的限制性培养基进行分离纯化和培养选育，再结合菌落形态和生理生化特性来进行分析，从而对其中的微生物群落及其多样性进行研究，是目前研究者研究堆肥微生物学的主要方法。咸芳[128]从厨余垃圾堆肥过程中采用特定的培养基将厨余垃圾中的土著微生物进行分离，获得43株优势菌株，通过对其生理生化性质进行鉴定后通过正交分析构建成复合微生物菌剂，并经过堆肥试验验证该复合菌剂对厨余垃圾具有较好的降解活性。虽然，目前已经有很多研究者从堆肥中分离到了一些能对堆肥产生积极作用的微生物物种[129,130]或者添加某些菌种对堆肥工艺进行了某些改善[104]，但是对于复杂的堆肥系统中众多的微生物种群各自所发挥的作用我们目前仍然不明了，对堆肥的微生物学机理研究还很不透彻。随着人们对堆肥微生物的原位生存状态研究发现，借助于传统的培养方法只能分离到环境微生物总量的0.1%～1%[131]，严重地限制了人们对堆肥微生物真实性和全面性的认识；此外，用传统的方法从堆肥中分离和计数微生物不能得到堆肥微生物在堆肥体系中的原位生活特征和生态功能的信息[132]。由于传统的平板培养方法的局限性，不能充分反映堆肥微生物生态信息和生态功能，以致大量的在堆肥过程中发挥重要作用的微生物无法被人们所认识和发现，严重地限制了堆肥微生物学机理的深入研究。而近年来迅速发展起来的分子生态学方法则为人们对环境微生物的研究提供了一把钥匙。

Torsvik首先从土壤中提取DNA，并发现1g土壤中有约4000个以上不同的细菌种类，说明土壤微生物的种类非常丰富[133,134]。自此，基于DNA基础的环境微生物的研究方法也迅速发展起来，其中包括现已发展和应用成熟的限制片段长度多态性分析（restriction fragment length polymorphism，RFLP）[135]、末端限制片段长度多态性分析（terminal restricton fragment length polymorphism，T-RFLP）[136]、随机扩增多态性DNA分析（random amplified polymorphic DNA，RAPD）[137]、单链构象多态性分析（single-stranded conformational polymorphisms，SSC）[138]、克隆文库技术（clone libraries)[139]、荧光原位杂交技术（fluorescence in situ hybridization，FISH）[140] 以及基于磷脂基础之上的磷脂脂肪酸分析（phospholipid fatty acid，PLFA）[141,142]等，这些技术都在实际的研究应用中发挥了重要作用。其中，基于 16SrDNA/18SrDNA 的变性梯度凝胶电泳技术（denaturing gradient gel electrophoresis，DGGE）由于其独特的原理和优点目前已经被广泛应用到固体废物、水体和土壤的研究中去[143~146]。

3.6.1.5　堆肥微生物群落演替规律研究方法

堆肥是由群落结构演替非常迅速的多个微生物群体共同作用而实现固体废物资源化、无害化的动态过程，对堆肥过程中的微生物群落结构变化规律进行有效的研究是了解堆肥作用机理的必要前提，传统的研究方法主要采用以细菌、放线菌和真菌的分类培养方法研究堆肥过程中的微生物群落的动态变化，或者按照 G⁺菌、G⁻菌、嗜温菌、氨化细菌、硝化细菌等方法进行研究。

随着人们对堆肥微生物机理探索脚步的不断前进，传统的微生物培养方法已经不能够准确揭示堆肥的微生物学奥秘，而随着研究手段的不断改进，目前国内外研究者试图应用各种有效手段来对堆肥过程中的微生物群落结构变化规律进行研究，Bonito 等[147]利用克隆文库技术（clone library）分析城市有机垃圾堆肥中的真菌群落变化，研究发现在堆肥的起始阶段（29.4℃）检测到了大量的酵母菌序列，包括人类病原菌、热带念珠菌和克鲁斯氏念珠菌。高温期后期（55℃）电泳结果中有 1/2 的基因序列是担子菌纲，不仅有能产生子实体的担子菌纲还有大量不产子实体的担子菌纲。堆肥末期（51.7℃）的真菌克隆中绝大多数都是红色链霉菌属。研究中没有发现接合菌亚纲和曲霉属。Bonito 等的这些研究结果将引导我们对关于堆肥微生物的种类的一直持有的观点进行重新评价。

杨恋[148]研究城市生活垃圾好氧堆肥过程中嗜热微生物群落结构变化规律，结果发现：细菌总数、真菌总数和放线菌总数分别呈"升高—降低""降低—升高"和"升高—降低—升高"的趋势，这与高温期有机质降解率呈"下降—上升—下降—上升"的变化规律有着密切的关系。DGGE 分析结果显示：高温期嗜热细菌较真菌、放线菌种类要多，但优势菌种没有真菌明显；嗜热真菌优势菌明显，但整体菌群种类不多；嗜热放线菌优势菌不及同时期嗜热真菌明显，但菌群种类比嗜热细菌少、比嗜热真菌多。

喻曼等[149]在稻草固态发酵体系中同时接种土壤微生物和黄孢原毛平革菌，用磷脂脂肪酸（PLFA）谱图分析法研究发酵过程的微生物群落和生物量变化，同时监测木质纤维素降解率的变化。结果表明，发酵后木质纤维素的降解率可达 44%。根据标记性脂肪酸的变化，在发酵第 6 天，革兰阳性菌、革兰阴性菌、真菌的含量都达到了最高值，其中，革兰阳性菌的含量较低；真菌和细菌的脂肪酸含量比值变化范围为 0.2~0.5，说明真菌是降解木质纤维素的主要群落。主成分分析结果显示，发酵后期以 18 碳不饱和脂肪酸为主，与标记性脂肪酸分析结果一致，同时跟木质纤维素降解率的变化趋势对应，因此 PLFA 分析法可以较好地反映稻草固态发酵过程中的微生物群落结构和生物量的变化。

王芳[150]运用 PCR-DGGE 技术快速、准确地显示了堆肥过程中细菌群落的动态变化，细菌种群数量的变化随着堆肥温度的变化表现出"升高—降低—升高"的规律。接种菌剂改变了堆肥微生物的菌落变化，增加了优势菌群的数量和堆肥腐熟期微生物群落的多样性。

郁红艳[151]利用 Biolog 法分析细菌功能群落变化与木质纤维素的降解关系，研究发现：细菌群落在农业废物堆肥化进程中对有机物的转化起着重要作用。堆肥初期细菌生长快速、群落丰富，随着堆制的进行，其平均活性逐渐下降。细菌群落结构在一次发酵期间发生着剧烈变化，二次发酵期间趋于稳定。能转化 Biolog GN2 板上第一、二类碳源的细菌是农业废物堆肥化进程中的主要细菌种群，且与木质纤维素的转化有关系。第四、六类碳源可表征堆肥化中耐受高温的细菌，其中第四类碳源转化细菌与木质纤维素的降解有关，而第六类碳源转化细菌属于易降解有机物转化细菌。

3.6.2 堆肥过程基本理化参数变化

3.6.2.1 堆肥过程中温度变化

堆肥过程中堆料的温度变化对微生物的活力影响显著，在一定温度范围内，温度每升高 $10℃$，有机体的生化反应速率提高 1 倍。在堆肥过程中，温度升高到 $55℃$ 以上，并维持一定的时间，可以消灭堆料中的病原菌及蛔虫卵，达到无害化处理的要求。目前，研究者根据堆料温度变化将堆肥过程中划分若干阶段，但不同的研究者划分标准不一。有的划分为 4 个阶段，即升温阶段（由常温升至 $50℃$）、高温阶段（$50\sim70℃$）、降温阶段（$<50℃$）、后腐熟阶段（堆料中温度稍大于外界环境温度）；有的划分为 3 个阶段，即升温过程、持续高温过程、降温过程。这两种划分法基本无差异，不同之处是前者从降温阶段中划分出后腐熟阶段，以便减少通气，保存养分。

本实验研究表明，堆肥开始阶段，堆料温度迅速提高（图 3-51），CMP 处理在堆肥的第 1 天即达到 $61℃$，最高温度达 $67℃$，在堆肥周期内，高于 $55℃$ 持续 5d。CK、CP 处理分别在堆肥的第 2 天达到 $64℃$、$61℃$，高于 $55℃$ 停留时间则为 4d。堆肥过程中，温度的升高由微生物活动释放的热量引起，因此，在一定范围内堆料的温度变化与微生物的生长繁殖存在着正相关。堆肥实验表明，接种微生物堆肥温度升高最快，同时高温持续时间长，表明堆肥中接种微生物可加速有机物的降解，从而提高堆肥效率。

3.6.2.2 堆肥过程中耗氧速率、CO_2 释放率变化

堆肥过程中微生物消耗 O_2，将有机大分子物质降解成小分子物质，最后转化为 CO_2 和 H_2O，因此，堆肥过程耗氧速率与二氧化碳产生速率具有显著的正相关。分析堆肥过程中耗氧速率、CO_2 产生速率能进一步深入了解堆肥变化过程及反应进行的程度。从图 3-52、图 3-53 可以看出，堆肥过程中耗氧速率、CO_2 释放率均在高温阶段达到峰值，分别为：CMP 处理，耗氧速率 $0.128mol/(h \cdot kg)$，CO_2 释放率 $0.118mol/(h \cdot kg)$；CP 处理，耗氧速率 $0.092mol/(h \cdot kg)$，CO_2 释放率 $0.85mol/(h \cdot kg)$；CK 处理，耗氧速率 $0.082mol/(h \cdot kg)$，CO_2 释放率 $0.078mol/(h \cdot kg)$。并且 CMP 处理达到峰值所需时间分别比 CP、CK 处理提前 24h，耗氧速率、CO_2 释放率最大峰值分别是 CK 处理的 1.57、1.51 倍。在堆肥 $0\sim120h$，CMP 处理耗氧速率、CO_2 释放率均明显高于其他处理，而在堆肥的第 144 小时后又明显低于其他处理，并分别在堆肥的 216h、240h 达到零值，而 CP、CK 处理在第 240 小时仍消耗氧气并产生 CO_2。通过堆肥过程中的耗氧速率及 CO_2 产生率分析表明，接种微生物可明显增加堆料中微生物的数量及其对有机物质的分解效率，提高堆肥分解旺期的耗氧速率及 CO_2 释放率，进而缩短堆肥周期。

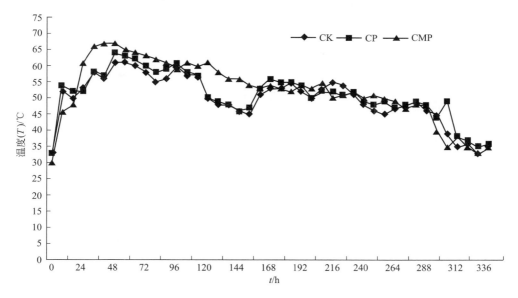

图 3-51　堆肥过程中温度变化

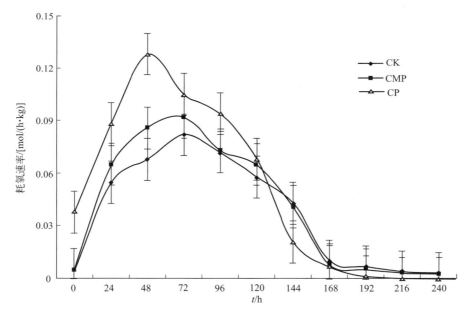

图 3-52　堆肥过程耗氧速率变化

3.6.2.3　堆肥过程中氨挥发变化

由图 3-54 可知，在整个堆肥升温及高温阶段，NH_3 挥发呈缓慢上升的趋势，并且不同处理之间差别不明显。在堆肥降温阶段，NH_3 挥发在 192h 产生一个峰值，随后逐渐降低，并在堆肥的腐熟后期相对稳定。通过不同处理间 NH_3 比较表明，接种微生物明显影响堆肥中的 NH_3 挥发，通过 NH_3 挥发峰值比较，CMP 处理是 CK 处理的 1.34 倍。因此，本实验采用的接种复合菌剂在某种程度上加快了堆肥过程氮素的损失，在今后的研究

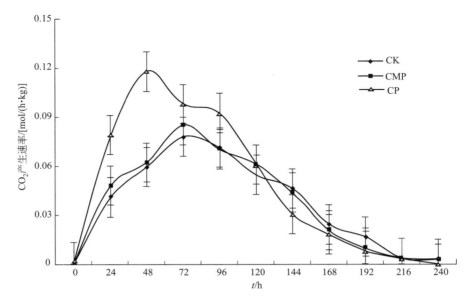

图 3-53　堆肥过程 CO_2 产生速率变化

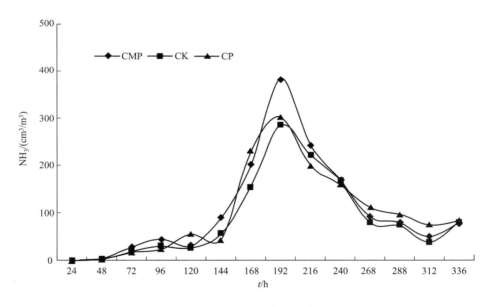

图 3-54　堆肥过程中氨挥发变化

工作中如何抑制堆肥过程的 NH_3 应给予重点关注。

3.6.2.4　堆肥过程中 pH 值变化

　　堆肥过程中，pH 值总体呈上升趋势（图 3-55），各处理分别由堆肥初期的 pH 值为 5.4～5.5 增加至堆肥后期的 pH 值为 6.5～7.0。其中 CK、CP 处理 pH 值在堆肥的不同阶段差别不明显，而 CMP 处理则在堆肥的 24～216h 均显著低于其他处理。尤其在堆肥的 0～72h，pH 值呈明显的降低趋势，这是由于接种高温分解无机磷微生物后，随着堆肥温度的升高，堆料中的高温分解磷微生物活性增强，一方面，分解无机磷细菌可通过分泌有机酸释放堆料中难溶性磷源；另一方面，可通过加速分解较简单的有机物质（蛋白质、氨基酸、脂类、糖类），产生小分子的有机酸。随着堆肥进行，堆肥过程有机酸的数量逐渐减少，使堆料中的 pH 值逐渐升高。

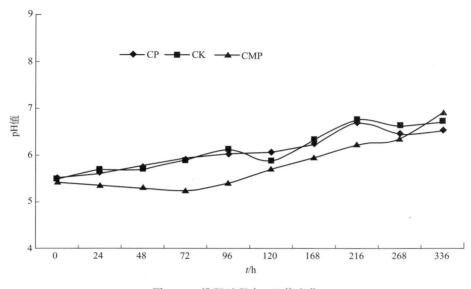

图 3-55　堆肥过程中 pH 值变化

3.6.3　堆肥过程中主要酶活性变化

可降解固体废物的堆肥过程是在微生物分泌的体外酶的作用下把复杂的有机物质转化成简单的有机物质和无机物质，即矿化过程。但是有机物质的变化并不限于分解，与此同时还进行新的有机物质合成，这就是在酶促作用下进一步把矿化的早间产物合成复杂的腐殖质。因此，酶系活性强弱直接决定堆肥的进行和强度。

3.6.3.1　纤维素酶活性变化

生活垃圾中含有大量的纤维素，纤维素可降解固体废物中一种难分解的成分，但它可在纤维素酶作用下水解为纤维二糖，进而水解为葡萄糖。因此，纤维素酶活性变化可以反映堆肥过程中含碳素有机物的降解状况。图 3-56 表明，纤维素酶活性在堆肥升温阶段（0~24h），CK、CP 处理略有降低，CMP 处理则明显增加；而在堆肥的高温初始阶段，则呈明显的增加趋势，并在 48h 达到一峰值，此后随堆肥温度的下降，纤维素酶活性亦随之减少。在堆肥过程中，CK、CP 处理各阶段纤维素活性无显著差异，而 CMP 处理堆肥的 0~144h 纤维素酶活性明显高于其他处理，通过纤维素酶活性的峰值比较，CMP 处理是 CK 处理的 1.16 倍。

由于堆料中分泌纤维素分解酶的微生物是一个群体，堆肥过程中纤维素酶活性的变化可能是这一微生物群体不同种类消长的结果。堆肥初期温度迅速上升，这时耐高温、嗜中温的微生物未能大量产生，而分泌纤维素酶的低温微生物又受到高温影响活动减弱，分泌

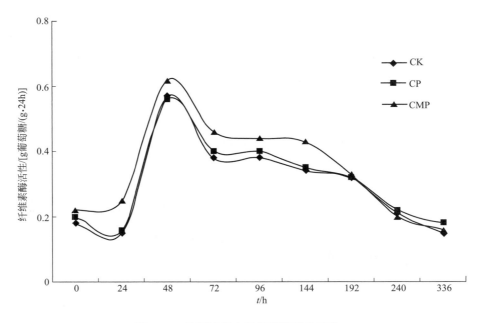

图 3-56　堆肥过程中纤维素酶活性变化

酶量减少，因此，CK、CP 处理纤维素酶活性下降。而 CMP 处理由于接种了耐高温微生物，适应堆肥的高温环境，因此纤维素酶活性呈增加的趋势。当温度升高后，堆料中耐高温、嗜中温的微生物随之增多，致使纤维素分解酶活性出现峰值。此后，过高的温度可能使一些分泌纤维素酶的微生物致死，因此，CK、CP 处理纤维素酶活性出现迅速下降。堆肥的降温阶段，是纤维素大量分解的时期，因此，这一阶段的纤维素酶活性一直保持较高水平。

3.6.3.2　蔗糖酶活性变化

堆肥过程中的蔗糖主要是纤维素分解产生的，也有一少部分来源于堆料有机物中。堆肥过程中蔗糖在蔗糖酶的作用下分解为单糖，而蔗糖酶作用的底物则是纤维素酶分解的产物，因此，蔗糖酶的活性与纤维素酶的活性密切相关。堆料中纤维素酶活性增大，产生的蔗糖量增加，进而促进分解蔗糖的微生物活动旺盛，导致蔗糖酶数量增加，活性增强。由图 3-57 可以看出，堆肥过程中蔗糖酶活性变化与纤维素酶活性变化类似，同样在堆肥的第 48 小时达到峰值，堆肥的降温阶段蔗糖酶活性比较平稳。堆肥过程 CMP 处理蔗糖酶活性在堆肥的不同时期均明显高于其他处理，但 CK、CP 处理蔗糖酶活性差别不明显。

3.6.3.3　多酚氧化酶活性变化

多酚氧化酶不仅能催化可降解固体废物中的木质素，还能使木质素氧化后的产物醌与氨基酸缩合生成胡敏酸[152,153]。从图 3-58 可以看出，堆肥初期，随温度的升高，多酚氧化酶活性呈增加趋势，并在堆肥的降温中期达到峰值。多酚氧化酶在堆肥的中后期活性明显高于堆肥前期，这可能与堆肥过程中木质素在中后期分解及胡敏酸的合成有关。在堆肥的不同时期，CMP 处理多酚氧化酶活性均明显高于 CK、CP 处理，表明接种微生物堆肥可促进堆肥过程中木质素的分解及胡敏酸物质的形成。

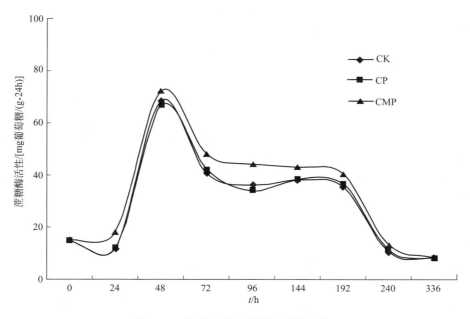

图 3-57 堆肥过程中蔗糖酶活性变化

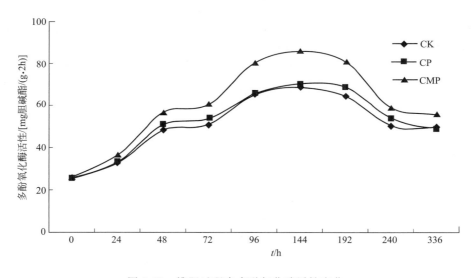

图 3-58 堆肥过程中多酚氧化酶活性变化

3.6.4 生物过程中有机物质转化

堆肥过程实质上是有机物质稳定化和腐殖化的过程。因此，国内外学者对城市污泥、垃圾和牛粪等堆肥过程中各种有机物的变化特征做了许多研究，但对接种微生物后堆肥过程中有机物的变化特征仍缺乏深入探讨。堆肥中腐殖质含量、组成是评价堆肥质量的重要因素。在堆肥产品培肥土壤后，腐殖质及其组分对土壤的理化性质及生物学特性具有十分重要的影响，并且对作物的生长发育产生积极的作用。因此，采用合适的堆肥工艺，可以缩短堆肥周期，提高堆肥质量，对固体废物堆肥资源化处理的成功运行具有重要意义。在不同堆肥物料的堆肥中，其腐殖质及其组分存在差异。Chefetz 等[154]研究认为，废物经过堆肥处理后腐殖质含量会显著增加；另有研究发现，城市垃圾等固体废物经过堆肥处理后，其腐殖质增加得很少或没有变化。因此，到目前为止不同学者所得到的研究结论并不一致。

易分解有机质和水溶性有机质（DOC）是有机质中比较活跃的部分，对土壤微生物活动等许多过程均有明显的影响，其在堆肥产品中的含量无疑会直接影响到堆肥产品的质量及其应用效果。但目前对于堆肥过程中易分解有机质和 DOC 的动态变化过程的报道很少，对此问题仍待深入研究。

3.6.4.1 总有机碳含量（TOC）的变化

生活垃圾堆肥是在高温下，通过好氧微生物的生命活动，使有机物质分解的过程，因此城市生活垃圾堆肥实际上也是一个有机碳含量减少的过程，试验也证明了这一点（图 3-59）。随着堆肥的进行，各处理有机碳含量均呈现明显的降低趋势，与堆肥初期相比，CM、CK 有机碳含量分别降低了 48.48%、45.28%。并且在堆肥中、前期有机碳的下降幅度较大，而在堆肥后期下降幅度则趋于缓慢。这是由于在堆肥过程中，微生物首先利用易降解的无机物和简单的有机物（可溶性糖、有机酸、淀粉等）进行生命活动，有机碳的分解速率加快；而在堆肥后期，随着易分解物质被完全降解之后，微生物只能利用较难降解的有机物质（纤维素、半纤维素和木质素等）作为碳源，因此，有机碳降解速率相对缓慢。由图 3-59 可以看出，在堆肥不同时期内，CM 处理有机碳含量明显低于 CK，表明采用接种微生物可明显增加堆肥有机物质的降解速度。

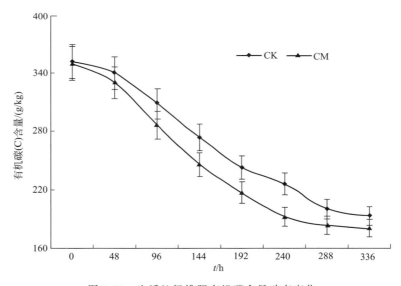

图 3-59　生活垃圾堆肥有机碳含量动态变化

3.6.4.2 易分解有机质的动态变化

如图 3-60 所示，从总体上看，易分解有机质经历了一个降低—升高—降低的波动过程，但在堆肥结束时其含量明显减少。在升温阶段，堆料中的易分解有机质减少的速度很快，CK、CM 处理分别由开始的 168g/kg、170g/kg 降低到 120g/kg、112g/kg，与 CK 处理相比，CM 处理降低幅度增大。表明在堆肥的升温阶段，堆体的氧气含量较高，有利于易分解有机质的分解，由于 CM 处理堆料中微生物浓度较高，活性较大，使易分解有机质此阶段降解速率加快。高温阶段，CK、CM 处理分别由前期的低点上升至 140g/kg、155g/kg，其中 CM 处理易分解有机质的上升幅度是 CK 处理的 2 倍。这是由于当堆体处于高温阶段时，CM 处理中较多的外源微生物活动非常活跃，大量有机质被分解，在消耗易降解有机质的同时还会形成更多的易分解有机质，使其净含量反而呈上升趋势。到了降温阶段，微生物分解有机物的能力下降，降解的易分解有机质主要满足微生物本身的需要，所以此阶段堆体中易分解有机质含量呈减少的趋势；在后腐熟阶段，易分解有机质含量稳定在相对较低的水平。

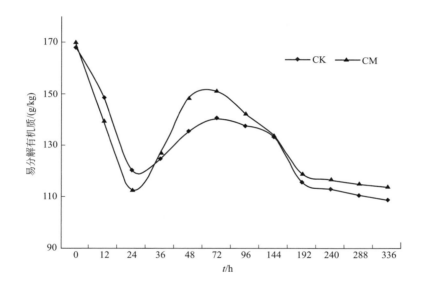

图 3-60　堆肥过程中易分解有机质变化

3.6.4.3　水溶性有机碳（DOC）含量的变化

图 3-61 表明，堆肥过程中，DOC 含量总体呈明显的下降趋势。但在堆肥的初期(0～48h) DOC 浓度相对稳定，这是由于在堆肥的升温阶段，虽然微生物的生命活动要消耗一定的 DOC，但由于易分解脂肪、碳水化合物的快速降解，生成 DOC，使堆体中 DOC 得到补充。随着堆肥的进行，微生物迅速繁殖，堆体中 DOC 逐渐被微生物利用，致使 DOC 浓度明显降低。与堆肥初期相比，堆肥后 CK、CM 处理 DOC 下降幅度依次为 37.38%、41.20%。在堆肥周期内，CM 处理 DOC 浓度均明显低于 CK。由于微生物不能直接利用堆料中的固相成分，需通过微生物分泌胞外酶将堆料中的可降解成分水解为水溶性成分才能加以利用，因此通过水溶性成分随堆肥过程的变化，可以判断堆肥的腐熟度。研究者们通过堆体中 DOC 含量变化来评价堆肥腐熟度进行了有益的尝试，但由于堆肥条件及物料的不同，DOC 变化存在一定差异。

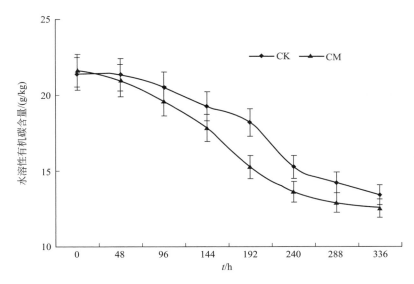

图 3-61　生活垃圾堆肥水溶性有机碳含量动态变化

3.6.4.4　腐殖质及其组分含量的变化

（1）腐殖质（HS）含量变化

堆肥过程中，堆体腐殖质呈现先降低后增加的趋势（图 3-62）。一方面，堆肥初期堆体中腐殖质结构较简单，芳构化程度较低，堆肥中腐殖质也存在一定程度的矿化。另一方面，堆肥初期降解的有机物质主要是简单的碳水化合物，腐殖质的形成率较低，因此，堆体中腐殖质含量减少；在堆肥的中后期，微生物主要利用较难降解的纤维素、木质素等物质为碳源，在这类物质降解的同时，逐渐形成了结构复杂的腐殖质类物质，使腐殖质的含量呈明显增加的趋势。由图 3-62 可以看出，在堆肥的 0～96h，CM 处理腐殖质含量明显低于 CK；而在堆肥的腐熟时期（144～336h），腐殖质含量则明显高于 CK。与最低点比较，堆肥后 CM、CK 处理腐殖质含量依次增加 15.34%、8.11%。在堆肥过程中，一方面是有机物质在微生物作用下进行分解，另一方面分解产物在一定条件下又重新合成新的腐殖质类物质。堆肥产品培肥土壤后，腐殖质类物质对土壤的理化性质及生物学特性将产生重大的影响，因此，堆肥中腐殖质含量是堆肥质量的重要影响因素之一。由图 3-62 可见，与 CK 相比，堆肥 336h 后 CM 处理腐殖质含量增加 8.61%，表明微生物接种技术对提高堆肥产品质量效果显著。

（2）胡敏酸（HA）及富里酸（FA）含量变化

胡敏酸与富里酸是腐殖质的重要组成成分，并对腐殖质性质具有十分重要的影响。堆肥过程中胡敏酸含量呈明显上升趋势（图 3-63）（标题中没有 HA 和其他图不一样），在堆肥 0～336h，处理 CM、CK 分别由 25.0g/kg、26.5g/kg 增加至 46.7g/kg、40.0g/kg，其中 CM 处理在堆肥各个时期均明显高于 CK。而富里酸含量在堆肥过程中呈明显降低趋势（图 3-64），并且在堆肥的各个时期，CM 处理富里酸含量明显低于 CK 处理。由于堆肥原料及堆肥工艺条件的不同，对堆肥过程中腐殖质、胡敏酸、富里酸变化规律的研究的报道也不完全一致，但综合以往报道，堆肥过程中胡敏酸与富里酸的比值（腐殖化指数，

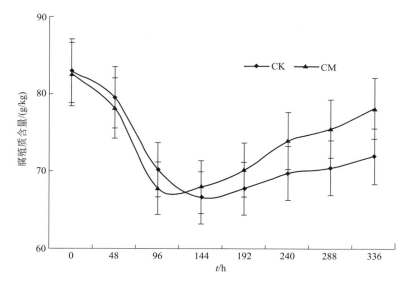

图 3-62　堆肥过程腐殖质含量变化

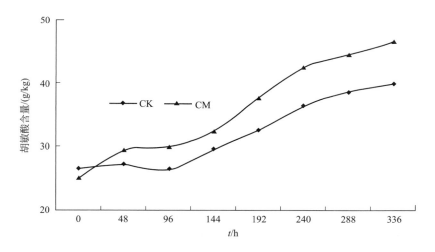

图 3-63　堆肥过程中胡敏酸（HA）变化

HI）均呈明显增加的趋势。因此，一些学者也尝试用 HI 值变化判断堆肥的腐熟度，虽然目前应用于不同物料堆肥腐熟度评价还存在一定的局限性，但堆肥过程中 HI 值升高，表明堆肥腐殖化、稳定化程度增强，这一点已基本达成共识。因此，由图 3-65 可见，采用接种微生物堆肥技术可明显增加堆肥各个时期的 HI 值，进而加强堆肥中腐殖质类物质的芳构化程度，促进堆肥快速腐熟。

（3）胡敏酸元素组成分析

堆肥初期及堆肥后期胡敏酸元素组成如表 3-34 所列，与堆肥初期相比，堆肥 C、H 元素含量呈明显降低的趋势，N 元素含量较为稳定，而 O 元素含量则呈增加态势。胡敏酸原子比率 C/N 值降低，C/H、O/C 值则表现为明显的增加。

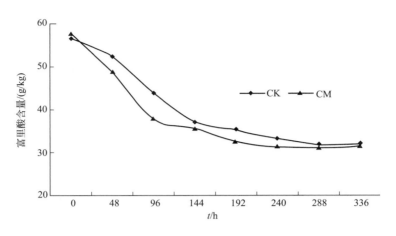

图 3-64 堆肥过程中富里酸（FA）变化

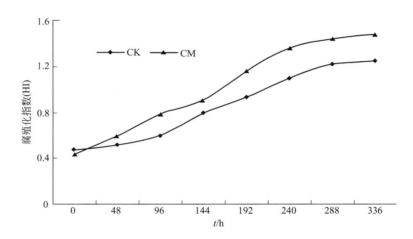

图 3-65 堆肥过程中腐殖化指数（HI）变化

表 3-34 堆肥前后胡敏酸元素组成分析

处理	时间/h	C/%	N/%	H/%	O/%	C/N	C/H	O/C
CK	0	48.32	2.76	6.46	35.45	20.43	0.62	0.55
	336	44.50	3.05	5.46	36.38	17.03	0.68	0.61
CM	0	48.28	2.74	6.40	34.96	20.56	0.63	0.54
	336	43.28	3.28	5.18	37.27	15.39	0.70	0.65
HA[①]		56.20	3.20	4.80	35.50	20.50	1.00	0.50

① 土壤胡敏酸元素组成引自文献 Schnitzer（1978）。

堆肥前后，CK、CM 处理胡敏酸元素组成的变化趋势一致，但与堆肥初期相比，各种元素及其原子比率变化的幅度不同。CK 处理胡敏酸中 C、H 含量降低幅度依次为7.90%、15.48%，O 元素含量、C/H、O/C 分别增加 2.62%、9.68%、10.91%；CM处理胡敏酸中 C、H 含量降低幅度依次为 10.36%、19.06%，O 元素含量、C/H、O/C分别增加 6.61%、11.11%、20.37%。由于堆肥实质是有机物质在微生物作用下降解，同时也是腐殖质合成与复杂化的过程，堆肥后期胡敏酸 C/H、O/C 值增加是其分子缩合度、芳构化程度增加的体现，也是堆肥进入稳定化、腐熟化进程的标志。因此，通过对堆肥后期胡敏酸分子元素分析表明，采用接种微生物堆肥可以缩短堆肥的腐熟进程，进而提高堆肥效率。但与土壤胡敏酸相比，堆肥中胡敏酸 C 元素含量较低、H 元素含量较高，因此 C/H 值较低，表明堆肥产品中胡敏酸分子中脂族类化合物相对较高，芳构化程度相对简单，活性较强。

3.6.5 堆肥过程中微生物数量变化

图 3-66 为堆肥过程微生物数量的动态变化，在堆肥过程中，微生物数量在堆肥第 48 小时达到峰值，CK、CP、CMP 处理微生物浓度分别为 $10^{8.46}$ CFU/g、$10^{9.12}$ CFU/g、$10^{10.22}$ CFU/g，随后呈明显降低趋势。在堆肥周期内的不同时期，接种微生物处理（CMP）微生物数量明显高于其他处理，其次为 CP 处理。表明堆料进行接种后，外源微生物能够顺利生长繁殖，致使堆肥不同阶段堆料中微生物数量明显增加。另外，堆料中加入磷矿粉，提高了堆料中的磷素，由于磷是微生物生长所必需的营养元素，丰富的磷源，促进了微生物的生长繁殖，因此与 CK 相比 CP 处理微生物数量明显增加。

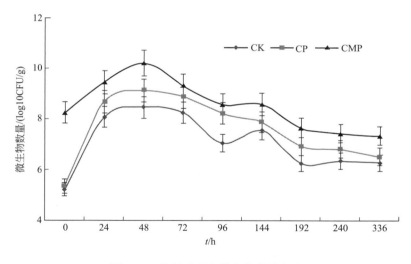

图 3-66 堆肥过程中微生物数量变化

3.7 多阶段接种生物强化堆肥

堆肥过程中采用多阶段的方式进行强化接种能使堆肥高温期作用时间延长，并能有效提高堆肥二次发酵期的堆体温度，使其更有利于微生物的生长繁殖。接种方式对生活垃圾好氧堆肥过程中的 pH 值和含水率影响不大，但多阶段接种堆肥能提高有机质的降解效率；能减少堆肥过程中 NH_3 的挥发和 H_2S 等臭气的产生，同时能增强堆肥过程中的硝化作用。多阶段的方式强化接种堆肥能提高堆肥过程中木质纤维素的降解效率，使堆料充分腐熟。多阶段接种堆肥能促进微生物群落结构的演替，能显著提高堆肥腐熟期的细菌、放线菌和真菌种群的种类、数量和种群多样性，能提高堆肥降温期和腐熟期的纤维素降解菌和木质素降解菌的数量，能有效抑制杂菌的生长（图 3-67）。

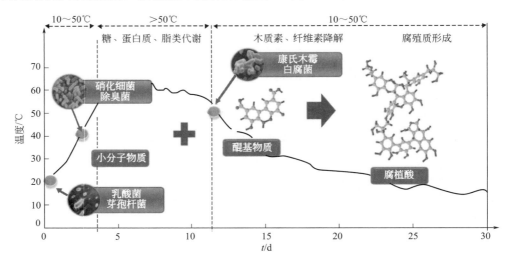

图 3-67　多阶段接种工艺示意

采用多阶段接种的方式进行堆肥能够有效避免接种菌剂之间、接种菌剂和土著微生物之间的竞争，使接种菌剂有效定植于堆体之中，帮助有机物质的降解，同时能激发堆体中优势土著微生物的生长繁殖，提高堆体中的优势微生物种群多样性。接种方式和温度变化都是导致堆肥过程中微生物群落演替的重要因素，在多阶段接种堆肥过程中检测到变形菌门细菌、厚壁菌门细菌，其中具有纤维素降解功能的嗜热微生物 *Clostridium thermocellum* 一直是整个堆肥过程中的优势细菌；检测到了放线菌门的 *Corynebacterium* sp.、*Mycobacterium* sp.、*Streptomyces* sp.、*Thermotoga* sp.、*Dietzia* sp.、*Saccharothrix* sp.、*Actinomyces* sp. 8 个属的放线菌；堆肥过程中起作用的真菌主要为子囊菌（*Ascomycota*）和担子菌（*Basidiomycota*）门的真菌和一些未培养真菌；在堆肥过程中还检测到了大量的用传统方法不能培养但在堆肥过程中发挥了重要作用的微生物，其有助于堆肥高效接种菌剂的开发，有待深入研究。

3.7.1　多阶段接种技术对堆肥物质转化的影响

堆肥过程中，有机物质的转化效率可以直接反应堆肥的腐殖化进程。通过多阶段接种技术与常规接种模式进行对比，利用现代光谱学仪器分析手段，分析堆肥不同阶段腐殖质、水溶性有机物等物质的光谱学特征，从物质结构的角度揭示有机物质主要官能团的演变趋势，定性、定量地描述堆肥的腐殖化进程，结合堆肥过程中挥发性恶臭气体的监测，对采用多阶段接种技术提高堆肥的稳定化进程、改善堆肥质量可达性，进行科学合理评价，结果表明如下。

① 接种堆肥由于增加了目标微生物的活性，产生的小分子有机酸类物质增加，导致物料 pH 值低于试验对照组，且升温期较短，最高温度能够达到 63.9℃，且高温持续时间较长，为 11d，含水率降低程度要高于一次接种堆肥和试验对照组。

② 接种堆肥对有机质的降解效率要高于不接种处理，且多阶段接种堆肥要优于一次接种堆肥，堆肥结束后 T_1、T_2 和 CK 的有机质含量分别为 23.11%、28.89% 和 32.31%，分别下降 32.70%、26.92% 和 23.5%。

③ 采用多阶段接种的方式进行堆肥能有效提高堆肥过程中木质纤维素的降解速率，木质素降解从堆肥的高温期末期开始直至堆肥的二次发酵结束，堆肥结束后半纤维素降解率、纤维素降解率和木质素降解率比对照组分别提高了 7.19%、10.89% 和 8.98%。

④ 多阶段堆肥过程中 DOC 含量总体呈明显下降的趋势，对红外光谱分析结果表明，多阶段接种堆肥技术处理的样品在堆肥结束后，$2900 \sim 3000 cm^{-1}$ 及 $3300 \sim 3400 cm^{-1}$ 吸收峰强度增强 2 倍左右，说明脂族类饱和碳原子增多；$1590 cm^{-1}$ 处吸收峰明显红移至胡敏酸的芳族特征峰（$1650 cm^{-1}$），表明水溶性有机物中芳构化程度增强；同时 $1400 cm^{-1}$ 处吸收增强，表明堆肥后羧酸类物质的增加；堆肥前 $1317 cm^{-1}$、$1268 cm^{-1}$、$774 cm^{-1}$ 处吸收峰消失，表明木质素类、多糖类及醇酚类物质的减少，这与荧光光谱的分析结果相一致。

3.7.1.1 多阶段接种堆肥过程中物料平衡图

通过对生活垃圾堆肥过程中的物质流分析，为 MSW 的减量化和资源化提供科技支撑，实现对城市生活垃圾主要问题的脉络诊断，主要考虑的是城市生活垃圾分选后的有机成分堆肥前后理化性质的变化，以堆肥过程为单元进行物质流分析，即可堆肥的有机成分至堆肥腐熟阶段的物质流动状态，如图 3-68 所示。考虑到堆肥中有机质、全氮、全磷、全钾、含水率等因素直接影响到堆肥的腐熟情况和堆肥产品品质，是堆肥工艺优化和提升的依据，故选择对堆肥中的有机质、全氮、全磷、全钾、水分等进行物质流分析。

3.7.1.2 多阶段接种技术对堆肥过程中主要理化指标的变化规律

（1）多阶段接种堆肥过程中温度变化

堆肥开始阶段，堆料温度迅速提高，接种微生物的堆肥处理的温度都在第 3 天升到 50℃以上；其中，多阶段接种（T_1）处理在堆肥的第 3 天即进入高温期 51.3℃，最高温度达 63.9℃，在堆肥周期内高于 55℃持续 14d。CK、T_2 处理高于 55℃停留时间则分别为 5d 和 10d。堆肥进行到第 24 天时一次发酵结束，向 T_1 处理中接种木质素分解菌，堆肥温度又开始上升进入二次发酵，45℃以上维持 5d，最高达 50℃，而其他没有接种的堆肥处理温度没有升高。堆肥过程中，温度的升高由微生物活动释放的热量引起，因此，在一定范围内堆料的温度变化与微生物的生长繁殖存在着正相关。堆肥实验表明，接种微生物堆肥温度升高最快，同时高温持续时间长，表明堆肥中接种微生物可加速有机物的降解，从而提高堆肥效率。

（2）多阶段接种堆肥过程中 pH 值变化

堆肥过程中，pH 值总体呈上升趋势（图 3-69），各处理 pH 值分别由堆肥初期的 $5.4 \sim 5.5$ 增加至堆肥后期的 $6.5 \sim 8.0$。其中 CK 处理 pH 值在堆肥的不同阶段差别不明

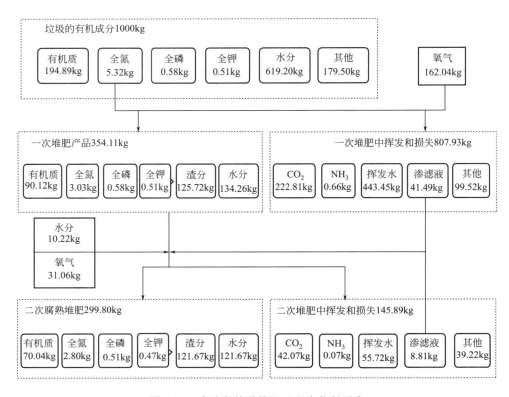

图 3-68 多阶段接种堆肥过程中物料平衡

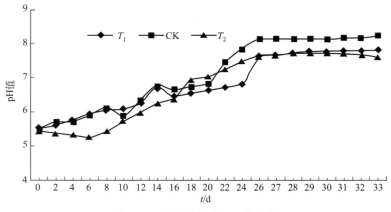

图 3-69 堆肥过程中 pH 值变化

显，而其余 3 个处理则在堆肥的 2～9d 均显著低于其他处理。尤其在堆肥的 0～3d，pH 值呈明显的降低趋势，这是由于接种高温菌剂后，随着堆肥温度的升高，堆料中的微生物活性增强，一方面，降解无机磷细菌可通过分泌有机酸释放堆料中难溶性磷源；第二方面，可通过加速分解较简单的有机物质（蛋白质、氨基酸、脂类、糖类），产生小分子的有机酸；第三方面，由于接种硝化细菌减少了堆肥中的氨挥发。随着堆肥进行，堆肥过程有机酸的数量逐渐减少，使堆料中的 pH 值逐渐升高。

（3）多阶段接种堆肥过程中含水率变化

从图 3-70 含水率变化来看，T_1 处理一次发酵结束时（24d）堆肥含水率已降到 45.5%，T_2 处理、CK 处理分别降到 43.9%、46.5%，而到二次发酵结束时的 T_1 处理的含水率降到了 32.5%，T_2 处理降到 36.8%，而 CK 处理的含水率仍然为 44.1%，说明接种复合微生物菌剂堆肥，由于含有足够多的高活性微生物，使堆料反应更彻底，温度更理想，堆料产生的水分得到充分蒸发。因此，在同样条件下出料含水率较低，有利于堆肥的后续处理。

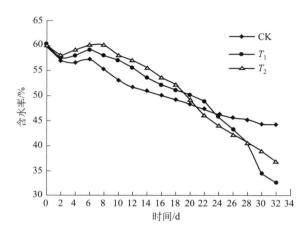

图 3-70　堆肥过程中含水率变化曲线

（4）多阶段接种堆肥过程中有机质含量变化

用恒重法测定新鲜生活垃圾的有机质含量为 55.81%，如图 3-71 所示，在堆肥过程中 3 个堆肥处理的有机质含量均呈下降趋势，堆肥结束后 T_1、T_2 和 CK 处理的有机质含量分别为 23.11%、28.89% 和 32.31%，分别下降 32.70%、26.92% 和 23.5%，由此可见接种堆肥对有机质的降解效率要高于不接种处理，T_1 处理的有机质降解效率要明显高于其他两个处理。在堆肥进行的前 10d，接种菌剂的两个处理中 T_2 的降解速率大于 T_1 处理，可能是由于前期 T_2 接种的微生物菌剂种类和数量均多于 T_1 处理，由于有机质的降解是由种类丰富的微生物代谢作用的结果，因此在一定范围内有机质的降解效率与微生物量的多少成正相关。然而从第 20 天开始一直到堆肥结束，T_1 的有机质降解速率显著高于 T_2 处理，说明采用多阶段接种的方式能增加堆肥后期的微生物量，使其能加速堆肥后期的有机质降解，使堆肥腐熟度增加。

（5）多阶段接种堆肥过程中木质纤维素降解率变化

木质纤维素等大分子物质的降解速率是决定堆肥腐熟进程的一个关键因素。如图 3-72 所示，3 个处理的半纤维素降解伴随着堆肥的整个过程；T_1 处理的纤维素降解从堆肥的高温期开始直至堆肥结束，对照组 T_2 则主要发生在堆肥的高温期，后期降解缓慢；T_1 处理的木质素降解从堆肥的高温期末期开始直至堆肥的二次发酵结束，对照组的主要发生在堆肥的降温期，从第 12 天开始 T_1 的降解速率明显大于对照组；堆肥结束后多阶段接种处理的半纤维素降解率、纤维素降解率和木质素降解率比对照组分别提高了

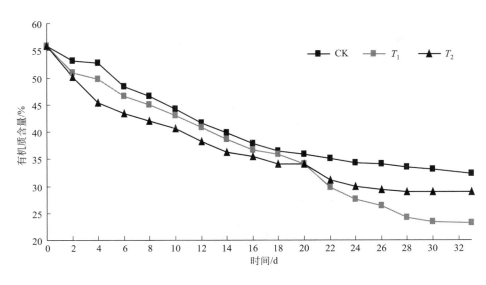

图 3-71　堆肥过程中有机质含量的动态变化

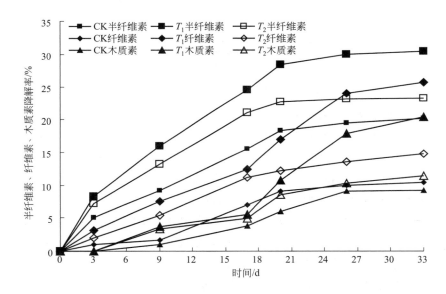

图 3-72　堆肥过程中木质纤维含量的动态变化

7.19%、10.89%和8.98%。说明采用多阶段接种的方式进行堆肥能有效提高堆肥过程中木质纤维的降解速率，使堆肥充分腐熟。

3.7.1.3　堆肥过程中水溶性有机物特性的分析评价

（1）水溶性有机碳（DOC）含量及结构的变化

多阶段堆肥过程中DOC含量总体呈明显的下降趋势，但在堆肥的初期（0～48h），DOC浓度相对稳定，这是由于在堆肥的升温阶段，虽然微生物的生命活动要消耗一定的DOC，但由于易分解脂肪、碳水化合物的快速降解，生成DOC，使堆体中DOC得到补充。随着堆肥的进行，微生物迅速繁殖，堆体中DOC逐渐被微生物利用，致使DOC浓度明显降低。

选择工厂化堆肥产品，对不同阶段 DOC 进行研究，结果如书后彩图 9 所示，堆肥初期 DOC 主要为一些结构简单的蛋白类物质，随着堆肥的进行，这些物质不断被降解，腐殖质类物质不断增多，结构趋于复杂。

（2）堆肥过程中 DOM 的光谱学特性变化

1）DOM 红外光谱分析

红外光谱法（FTIR）是对堆肥中有机物质转化分析广泛采用的手段。红外光谱可以辨别化合物的特征官能团，核磁共振法可提供有机分子骨架的信息，能更敏感地反映碳核所处化学环境的细微差别，为测定复杂有机物提供帮助。有了碳谱的化学位移及其他必要的分析数据，基本上可以确定有机物的结构。

有研究表明，$3000\sim3500cm^{-1}$ 是不饱和脂族 C—H、—COOH、醇及苯酚中的—OH 的伸缩振动吸收峰；$2900\sim3000cm^{-1}$ 应是饱和脂族 C—H 伸缩振动吸收峰；$1600\sim1700cm^{-1}$ 可能是苯环上—C≡C—和分子间或分子内形成氢键的羧基中—C≡O 的伸缩振动吸收峰；$1400cm^{-1}$ 为对称羧基阴离子—COO^{-1} 伸缩振动吸收峰，—C—O—H 的面内弯曲谱带或键合的芳香环类的吸收峰；$1040\sim1124cm^{-1}$ 是多糖类的—C—O 伸缩振动吸收峰，最可能是纤维素、半纤维素的—C—O 振动吸收峰；$500\sim700cm^{-1}$ 是芳香环类的特征峰。

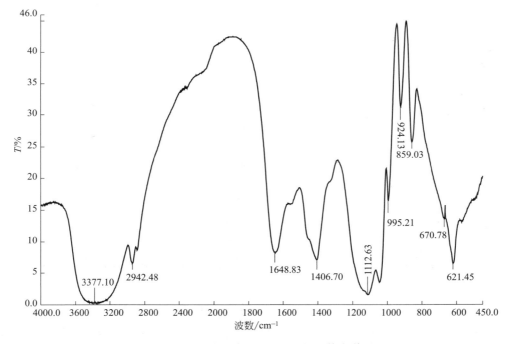

图 3-73 CK 处理堆肥后 DOM 的红外光谱图

图 3-73 为堆肥后水溶性有机物的红外光谱图，其分别在 $3300\sim3400cm^{-1}$、$1590cm^{-1}$、$1400cm^{-1}$、$1112cm^{-1}$、$620cm^{-1}$ 均出现较强的振动吸收峰；而在 $2900\sim3000cm^{-1}$ 出现一较弱的振动吸收峰；同时在 $1270\sim1320cm^{-1}$、$500\sim1000cm^{-1}$ 之间出现若干组较弱的振动吸收峰。对图谱进行解析，$3000\sim3500cm^{-1}$ 和 $2900\sim3000cm^{-1}$ 存在振

动吸收峰表明城市生活垃圾水溶性有机物中存在脂族类饱和及不饱和碳原子；1400cm^{-1} 吸收峰表明有—COOH 存在；而 1112cm^{-1} 处吸收峰表明存在多糖类物质。

堆肥结束后，2900～3000cm^{-1} 及 3300～3400cm^{-1} 吸收峰明显增强（图 3-74，图 3-75）；特别是 T_2 强度增强，说明脂族类饱碳原子增多，1590cm^{-1} 处吸收峰明显向近红外方向移动，出现在 1650cm^{-1} 左右，靠近城市生活垃圾胡敏酸的芳族特征峰（1650cm^{-1}），表明堆肥后，水溶性有机物中芳构化程度增强；同时 1400cm^{-1} 处吸收增强，表明堆肥后羧酸类物质的增加；堆肥前 1317cm^{-1}、1268cm^{-1}、774cm^{-1} 处吸收峰消失，表明木质素类、多糖类及醇酚类物质的减少。分析表明堆肥结束后，水溶性有机物中小分子的化合物逐渐减少，形成含有稳定复杂结构的芳香族类物质。可以看出，城市生活垃圾堆肥后，各处理水溶性有机物的红外光谱谱形基本相似，说明不同处理城市生活垃圾堆肥结束后水溶性有机物具有基本一致的结构；但不同处理水溶性有机物在某些特征峰吸收强度有较大差异，特别是 T_2 处理堆肥后红外光谱与堆肥前相比差异最大，说明了不同堆肥处理对水溶性有机物的结构单元和官能团数量有明显的影响，多阶段接种堆肥技术能够更有效腐熟物料，使其结构更加复杂，腐殖化程度更高。

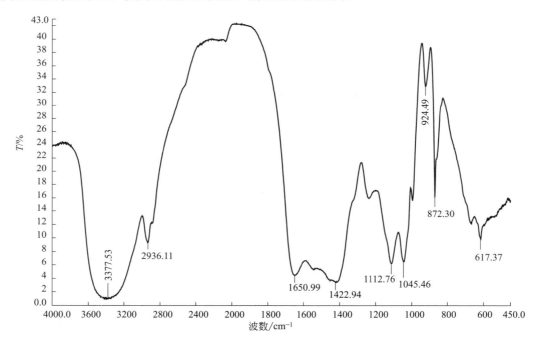

图 3-74　T_1 堆肥后 DOM 的红外光谱图（处理 T_1）

通过红外光谱软件分析，大体可以得到城市生活垃圾堆肥水溶性有机物含有以下基团。

$$—CH—CH_2—\overset{\displaystyle OH}{\underset{|}{C}}—$$

一般情况下，可利用 1650cm^{-1}（芳族碳）峰密度分别与 3390cm^{-1}（脂族碳）、2940cm^{-1}（脂族碳）、1420（羧基碳）、1040cm^{-1}（多糖），1420cm^{-1}（羧基碳）与 2940cm^{-1}（脂族碳）；1420cm^{-1}（羧基碳）与 1040cm^{-1}（多糖）等处峰密度的比值的变

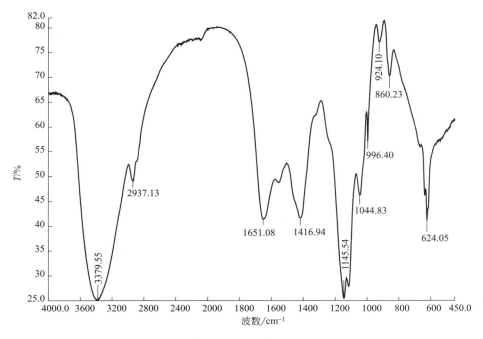

图 3-75　T_2 处理堆肥后 DOM 的红外光谱图

化来判断堆肥的腐熟度[36,53]。

城市生活垃圾堆肥结束后，由水溶性有机物红外光谱特征峰的比值（表 3-35）可以看出，各处理堆肥后的 1650/3390、1650/2940、1650/1420、1650/1040 比值与堆肥前比较都有不同程度的变化，CK 规律性较弱。1650/3390 比值的增加表明芳族碳增加，脂族碳减少；1650/1420 比值的增加表明芳族碳增加，羧基碳减少；1650/1040 比值的增加表明芳族碳增加，多糖类物质减少。其中 T_2 处理 1650/3390、1650/2940、1650/1420、1650/1040 比值都呈明显增加的趋势，T_2 处理能使水溶性有机物中芳族碳的比例增加，脂族碳、多糖类物质减少，水溶性有机物的结构逐渐复杂。1420/1040、1420/2940 的增加表明堆肥结束后，水溶性有机物中小分子多糖类及脂族碳减少，进一步说明了多阶段接种堆肥能使水溶性有机物的结构趋于复杂。

表 3-35　不同处理堆肥结束后水溶性有机物红外光谱特征峰比值

处理	特征峰比值					
	1650/3390	1650/2940	1650/1420	1650/1040	1420/1040	1420/2940
堆肥前	0.412	0.811	0.487	0.1141	0.633	0.303
CK	—	1.125	1.143	—	—	1.056.
T_1	2.125	2.055	1.572	0.786	0.672	0.473
T_2	1.688	0.894	0.982	0.895	0.894	0.857

2）DOM 三维荧光光谱分析

不同波长下的 DOM 荧光峰进行定性表征，其中：类富里酸荧光峰有两个区域，分别为紫外区类富里酸荧光峰（$E_x/E_m = 235 \sim 255nm/410 \sim 450nm$）、可见区类富里酸荧光峰

$(E_x/E_m=310\sim330\text{nm}/410\sim450\text{nm})$，类富里酸荧光可能与腐殖质结构中的羰基和羧基有关。

类蛋白荧光峰，一般认为，波长 $E_x/E_m=270\sim290\text{nm}/320\sim350\text{nm}$ 属于类色氨酸荧光（tryptophan-like）；波长 $E_x/E_m=270\sim290\text{nm}/300\sim320\text{nm}$ 属于类酪氨酸荧光（tyrosine-like），这两处荧光峰产生与 DOM 中的芳环氨基酸结构有关；另外，在一些 DOM 三维荧光谱中，$E_x/E_m=220\sim240\text{nm}/300\sim350\text{nm}$、$E_x/E_m=220\sim240\text{nm}/280\sim300\text{nm}$ 也被认为与微生物降解产生的类蛋白物质有关。

随着堆肥的进行类蛋白峰的荧光强度不断变弱，而类富里酸峰的荧光强度不断增强，逐渐形成紫外区类富里酸峰。各处理堆肥初期的三维荧光图谱（书后彩图 10～彩图 13）皆表明 DOM 中主要成分为类蛋白质类化合物，结构比较简单。通过 DOM 荧光测试表明，类蛋白峰荧光强度极强，随着一次发酵的结束，堆肥的类蛋白荧光峰荧光强度逐渐降低，同时逐渐形成新的可见区类富里酸荧光峰，荧光强度逐渐增强，并且在二次发酵过程中逐渐形成明显可见区类富里酸峰。因此，堆肥后期 DOM 三维荧光特性解析证实，随着堆肥的进行，DOM 中的有机成分发生显著变化，由堆肥初期的简单的类蛋白类物质逐渐转变为结构较为复杂的类富里酸类物质。同时也表明，堆肥过程中随着腐殖质的形成，堆肥中 DOM 的腐殖化程度也呈明显增加的趋势。

在不同阶段堆肥样品荧光光谱中 T_2 处理 DOM 中有机成分发生显著变化，各阶段类蛋白荧光峰的发射波长明显发生红移，并且紫外、可见区域内类富里酸荧光强度明显高于其他处理，表明多阶段接种处理相较于其他处理加速堆肥 DOM 中类富里酸物质数量的积累。

紫外区类富里酸峰主要来自一些低分子量、高荧光效率的物质，而可见区类富里酸峰则是由相对稳定、高分子量的芳香性类富里酸物质所产生，荧光峰 A 和 C 荧光强度的比值 $r_{(A,C)}$ 是一个与有机质结构和成熟度有关的信息，可揭示一些有关堆肥稳定化或腐熟度的信息。表 3-36 中显示随着堆肥进行各处理的 $r_{(A,C)}$ 总体呈现大体降低的趋势，其他堆肥处理该值在不同阶段比值出现了波动，但均未超过堆肥起始的比值，只有 T_2 处理 $r_{(A,C)}$ 呈线性下降，T_2 处理其 DOM 中类富里酸物质含量最高，羟基、羧基较多，结构最为复杂，物质最为稳定。说明 T_2 处理能够更大程度地提高物料腐殖化程度（表 3-36）。

表 3-36　四种堆肥处理不同阶段 DOM 特征荧光参数变化

处理	I_{355}/I_{275}	$A_{470\sim640}$	$A_{435\sim480}/A_{300\sim345}$	$r_{(A,C)}$
堆前	0.177	606.54	0.917	2.977
CK-7d	0.223	669.47	1.07	2.761
CK-12d	0.277	847.796	0.966	2.984
CK-25d	0.353	1300	1.71	2.107
CK-33d	0.967	1724.79	1.97	1.623
T_1-7d	0.217	741.234	0.756	3.241
T_1-12d	0.281	869.782	0.793	3.211
T_1-25d	0.388	1330.217	1.25	2.711
T_1-33d	0.985	1865.414	2.21	2.101
T_2-7d	0.226	770.696	0.936	3.689
T_2-12d	0.289	946.047	1.449	3.421
T_2-25d	0.373	1334.707	1.71	2.412
T_2-33d	1.052	2051.632	2.25	2.003

3）DOM 紫外光谱分析

紫外-可见光谱与 DOM 分子结构有关，其中 254～280nm 的紫外吸光度在 DOM 的 π-π 电子转移区域，经常被用来作为表征 DOM 芳香性的指标。

不同堆肥处理 DOM 的紫外吸收光谱曲线显示各种处理堆肥 DOM 紫外吸收强度皆随波长的增加而降低，在 280nm 处出现一肩峰，此为 n-π^* 电子跃迁引起。至堆肥结束后，所有处理 280nm 处肩峰皆有减弱的趋势，表明在 DOM 组分中，分子结构单键数目减少，逐渐转化为稳定物质。堆肥后所有处理紫外吸收光谱，特别是紫外区域，明显强于堆肥前，此区域主要是腐殖质中木质素磺酸及其衍生物的光吸收所引起，随着堆肥的进行，整个研究波段的紫外吸收强度随芳香族和不饱和共轭双键结构的增加及腐殖质物质单位摩尔紫外吸收强度增强而增强，表明随着堆肥进行，堆肥 DOM 中含有的腐殖质物质共轭作用增强，不饱和度增加，芳构化程度变大，芳香族化合物含量增加，物质腐殖化程度增强。各处理相比，堆肥结束后 DOM 腐殖化程度依次为 T_2 处理、T_1 处理、CK 处理，表明多阶段接种技术可通过对堆肥不同阶段接种不同功能菌剂的方式，促进微生物降解物质，缩短堆肥附属周期，提高腐殖质质量，促进堆肥腐殖化进程（表 3-37）。

表 3-37 不同堆肥处理 DOM 紫外表征参数变化分析

处理	时间/d	$SUVA_{254}$	$SUVA_{280}$	$A_{226\sim400}$	E_{250}/E_{365}	E_{253}/E_{203}
	0	0.069	0.056	19.441	4.443	0.211
CK	7	0.085	0.068	19.753	4.397	0.205
	12	0.096	0.068	23.835	3.397	0.194
	25	0.099	0.072	29.102	3.110	0.217
	33	0.104	0.088	34.036	3.987	0.253
T_1	7	0.058	0.047	21.346	4.007	0.173
	12	0.0930	0.079	25.641	3.986	0.185
	25	0.112	0.093	31.663	3.17	0.213
	33	0.157	0.118	38.224	1.937	0.396
T_2	7	0.107	0.089	20.198	3.764	0.234
	12	0.149	0.185	24.176	3.702	0.279
	25	0.141	0.128	32.336	3.045	0.318
	33	0.189	0.149	39.221	3.633	0.547

目前堆肥样品在特定波段范围内有机质吸收光谱和两个特定波长下吸光度比值的研究结果可不同程度上揭示腐殖化及结构特征，如有机质在 254nm 和 280nm 下的吸光度与 DOM 中带苯环化合物的含量有关，此外还有一些吸收光谱参数，如 250nm 与 365nm 下吸光度的比值 E_{250}/E_{365} 及 253nm 与 203nm 下吸光度的比值 E_{253}/E_{203}，也常用于水体有机质腐殖化或结构特征的研究。

① $SUVA_{254}$ 与 $SUVA_{280}$ 在波长为 254nm 及 280nm 下的吸光度作为衡量有机物指标的一项重要控制参数，在国外经过近 20 年的不断研究已被普遍接受和使用，且证明其值与 DOM 芳香性及其中带苯环化合物的含量有关。

单位浓度的 DOM（以水溶性碳表示）在 254nm 下的吸光度值，它可以从某种程度上反映物质的芳香性，紫外吸收主要代表包括芳香族化合物在内的具有不饱和碳碳键的化合物，该波长吸光值的增加意味着非腐殖质向腐殖质的转化，可以有效地表征堆肥垃圾物料的稳定。DOM 在 280nm 下的吸光度随着腐殖化程度的增强及苯环结构的增多，其分子量相应增大。表 3-37 显示，随着堆肥的进行，DOM 在 254nm、280nm 下的吸光度不断增加，CK、T_1、T_2 分别从堆肥起始的 0.069 及 0.056 增至堆肥结束的 0.104、0.157、

0.189 及 0.088、0.118、0.149。相较于其他处理 T_2 处理 DOM 的 $SUVA_{254}$、$SUVA_{280}$ 在堆肥各阶段皆高于其他处理，至堆肥后达到最大，说明其堆肥腐殖质物质的芳香度、腐殖化程度最大。

② $A_{226\sim400}$ 226～400nm 附近的吸收带，由具有多个共轭系统的苯环结构所产生，研究 DOM 在 226～400nm 范围内的吸光度的积分值 $A_{226\sim400}$ 最能代表堆肥腐熟度变化的吸收光谱信息，可以表述堆肥有机质中苯环结构的变化，研究其稳定程度，表明堆肥有机质的腐殖化程度。表 3-37 显示 $A_{226\sim400}$ 呈不断增大的趋势，表明物质变化不断趋于稳定，至堆肥结束其物质稳定程度依次为 T_2、T_1、CK。说明 T_2 能够有效增强 DOM 腐殖化程度，推进堆肥腐殖化进程。

③ E_{250}/E_{365}、E_{253}/E_{203} 特定波长的紫外/可见吸收比常被用来指示腐植酸的腐殖化、团聚化程度和分子量的大小，其中应用最广泛的是 E_{250}/E_{365} 以及 E_{253}/E_{203}。E_{250}/E_{365} 是最常用的有机质腐殖化程度指标，此比值与有机物的团聚化程度或分子量成负相关。从表 3-37 可以看出，随着堆肥的进行，各处理 DOM 在 E_{250}/E_{365} 值皆呈大体下降趋势，堆肥结束时该值增大，表明随着堆肥的进行有机质分子量增大、团聚化程度相对增强。至堆肥结束，各处理 E_{250}/E_{365} 大小依次为 CK、T_1、T_2，表明 T_2 处理更能够促进生活垃圾堆肥物料稳定，加速堆肥腐殖化进程。这与上述分析结果一致。

芳环的取代程度、取代基的种类可以由 E_{253}/E_{203} 的大小来衡量，该值越大，说明有机质芳环上的取代基脂肪链含量越少，取代基中羰基、羧基、羟基、酯类含量越多。表 3-37 显示，随着堆肥的进行，E_{253}/E_{203} 呈不断上升趋势，表明 DOM 中苯环类化合物上取代基中的脂肪链含量不断减少，并且逐渐转化为含羰基、羧基、酯类等较复杂的物质。这有可能与微生物三羧酸循环（TCA）有关，TCA 是微生物体内物质糖、脂肪或氨基酸有氧氧化的过程，在堆肥过程中微生物有可能通过 TCA 令有机物在体内氧化供能，经氧化脱羧、脱氢作用产生大量含羰基、羧基、酯类等较复杂物质的中间产物，并提供能量促使微生物继续降解难降解物质。与其他堆肥处理相比，T_2 处理的 E_{253}/E_{203} 值在堆肥不同阶段皆明显小于其他处理，说明其物质复杂度高于其他处理，物料腐熟程度最优。说明根据堆肥过程中微生物降解特点在不同阶段接种不同微生物，可能更加促进微生物 TCA 及其他代谢功能，提高微生物利用效率，加速堆肥反应进程。

（3）堆肥过程中水溶性 NH_4^+-N 和水溶性 NO_3^--N 变化

图 3-76 表示堆肥过程中 NH_4^+-N 的变化规律。在堆肥初期，由于有机物质的矿化和氨化，NH_4^+-N 浓度呈递增趋势。在第 8 天、第 14 天和第 10 天，T_1、T_2 和 CK 中 NH_4^+-N 的含量分别达到最大值 1056.6mg/kg、1482.5mg/kg 和 975mg/kg。T_1 堆体在第 8 天便已达到最大值，是因为堆体升温较快，且最高堆体温度高于其他两个堆体，说明分阶段接种的微生物菌剂使 T_1 堆体的堆肥反应十分剧烈，氨化作用强烈；经过初期增长之后，由于氨气的挥发和微生物的作用，3 个堆体中的 NH_4^+-N 均出现了明显的下降，最后趋于稳定，这主要是由于 NH_3 的挥发以及硝化细菌的硝化作用造成的。堆肥结束后，T_1、T_2 和 CK 堆体的 NH_4^+-N 含量分别为 324.6mg/kg、409.1mg/kg 和 523.1mg/kg。Zucconi 等[34]认为腐熟堆肥的 NH_4^+-N 含量应小于 400mg/kg。可以看出 T_1 堆体的 NH_4^+-N 含量已达到堆肥腐熟标准，T_2 堆体的 NH_4^+-N 含量也基本达到腐熟要求，CK 堆体中 NH_4^+-N 的含量较高，堆体尚未完全腐熟。

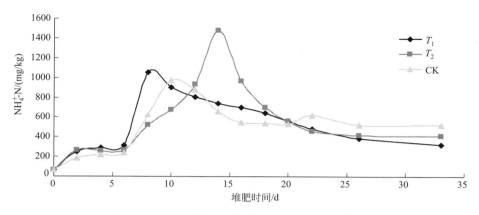

图 3-76 堆肥过程中水溶性 NH_4^+-N 的动态变化

如图 3-77 所示，堆肥产品的 NO_3^--N 含量在 3 个堆体中均保持先降低后上升趋势。在堆肥初期，由于堆体温度急剧上升，抑制了硝化菌的活性及生长繁殖，并且由于堆体局部厌氧导致的反硝化作用造成了 NO_x 的逸出，所以堆料中的水溶性 NO_3^--N 含量呈逐渐减小趋势。随着堆肥的进行，堆体中经历高温作用后存活下来的优势菌群开始发挥作用，随着温度的逐渐下降硝化作用增强及有机物被大量降解，硝化菌活性大大增加，使 NH_4^+-N 易被转化为 NO_3^--N，导致堆肥后期堆肥产品中 NO_3^--N 含量大幅度增加。在堆肥结束时，T_1、T_2 和 CK 堆体的 NO_3^--N 含量分别为 339mg/kg、274mg/kg、241mg/kg。可见，与 CK 相比，接种堆肥的 2 个堆体的硝化作用要有所增强，而 T_1 堆体的硝化过程十分明显，堆肥的腐熟程度也较高。表明分阶段进行接种堆肥能明显提高堆肥过程的硝化作用强度，减少堆肥过程中由于 NH_3 挥发所造成的氮素损失。

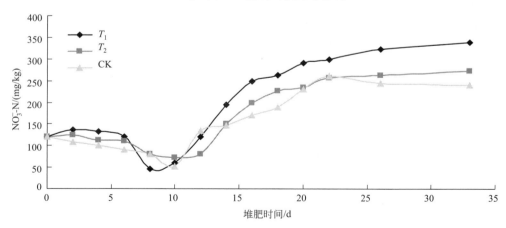

图 3-77 堆肥过程中水溶性 NO_3^--N 的动态变化

3.7.1.4 多阶段接种技术过程挥发性气体产生规律研究

生活垃圾在高温堆肥过程中会产生大量有害气体，其中 NH_3 和 H_2S 是最主要的恶臭物质，这些气体不但污染环境，还对人类健康造成极大威胁。因此，采取有效措施，最大限度地降低有害气体的产生和排放，使其转化成可利用的物质，是生活垃圾无害化处理亟待解决的问题。由图 3-78 可知，在整个堆肥升温及高温阶段，NH_3 挥发呈缓慢上升的趋势，并且不同处理之间差别不明显。在堆肥降温阶段，NH_3 挥发在第 12 天时产生一个峰值，随后逐渐降低，并在堆肥的腐熟后期相对稳定。通过不同处理间 NH_3 比较表明，接种微生物明显影响堆肥中的 NH_3 挥发，通过 NH_3 挥发峰值比较，T_2 处理是 CK 处理的 1.16 倍，CK 处理是 T_1 处理的 1.09 倍，因此本实验采用的前阶段接种功能菌剂在某种程度上加快了堆肥过程氮素的损失，而采用多阶段的方式，在堆肥初期接种了硝化细菌和氨氧化细菌后能明显减少 NH_3 的挥发。

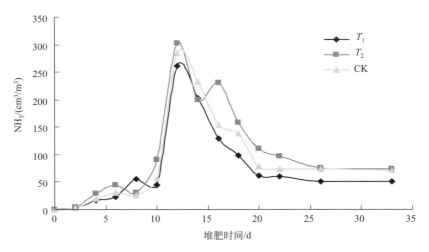

图 3-78　堆肥过程中氨挥发动态变化

堆肥过程中硫素形态间转化是一个复杂的过程，硫素主要以元素硫、硫化物、硫酸盐、亚硫酸盐和有机硫等形式存在。在堆肥过程中，随着温度升高，含硫有机化合物在异养微生物作用下分解生成含硫气体，是堆肥中硫素损失和臭味产生的主要原因。含硫有机化合物被异养微生物分解生成 H_2S 部分挥发到空气中，部分被异养微生物转化为硫酸盐，转化的越多，全硫减少得越少，H_2S 释放越少。如图 3-79 所示，3 个处理的 H_2S 释放量都在堆肥进入高温期后增加，在堆肥进行到第 16 天时达到最大，到堆肥结束时趋于稳定。接种堆肥的两个处理的 H_2S 释放量小于 CK，表明接种除臭菌剂能减少堆体中 H_2S 的释放，对于 T_1 和 T_2 两个处理的 H_2S 释放量 T_1 要小于 T_2，表明 H_2S 释放量接种菌剂起作用情况有关系；T_2 前期接种多种功能菌剂可能存在菌剂之间的竞争作用，或菌剂与土著菌间的竞争作用较 T_1 严重，导致接种的除臭菌剂不能更好地发挥作用，然而采用多阶段接种的方式进行堆肥，能够很好地改善这种微生物间的竞争作用，使其更好地发挥作用，减少堆肥中 H_2S 的释放量。

3.7.1.5　多阶段接种技术堆肥过程中主要酶活性及有机酸变化规律研究

（1）主要酶活性变化规律研究

可降解固体废物的堆肥过程是在微生物分泌的体外酶的作用下把复杂的有机物质转化成简单的有机物质、无机物质，即矿化过程。但是有机物质的变化并不限于分解，与此同时还进行新的有机物质合成，这就是在酶促作用下进一步把矿化的初期产物合成复杂的腐

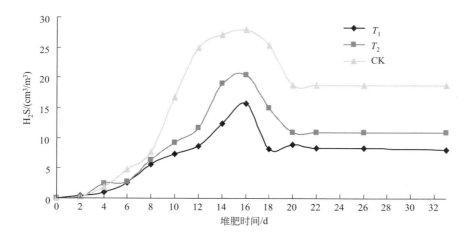

图 3-79　堆肥过程中 H_2S 产生量动态变化

殖质。因此，酶系活性强弱直接决定堆肥的进行和强度。

1) 纤维素酶活性变化　生活垃圾中含有大量的纤维素，纤维素是固体废物中一种难分解的成分，但它可在纤维素酶作用下水解为纤维二糖，进而水解为葡萄糖。研究过程中纤维素酶活性在堆肥的高温初始阶段，则呈明显的增加趋势，并在第 48 小时达到一峰值，此后随堆肥温度的下降，纤维素酶活性亦随之减少。

2) 蔗糖酶活性变化　堆肥过程中的蔗糖主要是纤维素分解产生的，也有一小部分来源于堆料有机物中。堆肥过程中蔗糖在蔗糖酶的作用下分解为单糖，而蔗糖酶作用的底物则是纤维素酶分解的产物，因此蔗糖酶的活性与纤维素酶的活性密切相关。堆料中纤维素酶活性增大，产生的蔗糖量增加，进而促进分解蔗糖的微生物活动旺盛，导致蔗糖酶数量增加，活性增强。堆肥过程中蔗糖酶活性变化与纤维素酶活性变化类似，同样在堆肥的第 48 小时达到峰值，堆肥的降温阶段蔗糖酶活性比较平稳。

3) 多酚氧化酶活性变化　多酚氧化酶不仅能催化可降解固体废物中木质素降解，还能使木质素氧化后的产物醌与氨基酸缩合生成胡敏酸。堆肥初期，随温度的升高，多酚氧化酶活性呈增加趋势，并在堆肥的降温中期达到峰值。多酚氧化酶在堆肥的中后期活性明显高于堆肥前期。

（2）小分子有机酸变化规律研究

有机酸是垃圾堆肥过程中的一类重要的中间产物，挥发性脂肪酸是垃圾堆肥中异味气体的主要物质，在环保研究中受到重视。在植物营养方面，有机酸有两方面的作用：一是影响土壤养分的有效性，如通过螯合作用减少磷的固定，提高微量营养元素的有效性；二是对植物产生抑制作用，直接影响植物的生长发育。但由于有机肥料的种类繁多，性质差别较大，因此各种有机肥料中有机酸的种类、数量及变化规律也可能完全不同。全面研究多阶段接种技术堆肥过程中有机酸的变化规律，对探索多阶段接种技术堆肥的营养机理，缩短堆制时间、合理施用有机肥料大有裨益。

1) 挥发性有机酸的变化　在多阶段接种堆肥过程中，挥发性有机酸含量在堆肥初期呈明显的增加趋势，而在堆肥后期又呈明显的降低趋势。在整个堆肥周期内，各处理分别出现两个挥发性有机酸的峰值。

2）不挥发性有机酸的变化　与挥发性有机酸相似，不挥发性有机酸在堆肥期间同样出现两个峰值，但峰值出现的时期与挥发性有机酸不同。

3）总有机酸的变化　多阶段接种技术堆肥过程中，外源微生物处理所产生的有机酸总量明显高于不接种外源微生物处理，外源微生物处理在堆肥后期，其有机酸总量明显降低，并且在堆肥第 49 天有机酸总量基本处于稳定，而不接种外源微生物处理还在保持下降的趋势。因此，以有机酸的变化来判断外源微生物堆肥可至少使堆肥周期提前 14d。

3.7.2　多阶段接种微生物动态演替规律

3.7.2.1　基因组 DNA 提取及 PCR 扩增效果

（1）基因组 DNA 提取分析

由于堆肥过程中会产生大量的腐殖质类物质，有研究表明腐殖质会严重影响 DNA 的提取和 PCR 的扩增效果[155]，因此在用土壤 DNA 试剂盒提取之前对样品进行了预处理，分别用 PBS 缓冲溶液和添加了 PVP 的脱腐缓冲溶液进行充分的洗涤，直至溶液呈现较清的颜色。如书后彩图 14 所示，经试剂盒提取后的基因组 DNA 片段大小在 23kb 左右，无需纯化可直接进行 PCR 扩增。

（2）PCR 扩增效果分析

以细菌和放线菌 16S rDNAV3 区和真菌 18S rDNAV1+V2 区作为研究对象，如书后彩图 15～彩图 17 所示，细菌、放线菌和真菌的基因组 DNA 经过 PCR 扩增后的产物片段分别在 230bp、310bp 和 400bp 左右，经 PCR 产物纯化试剂盒纯化回收后的各个样品均适宜进行后续 DGGE 分析。

3.7.2.2　细菌的动态变化规律研究

（1）细菌数量的动态变化

由图 3-80 所示，3 个处理的可培养细菌数量均呈现升高—降低—升高的趋势，整个堆肥过程中接种的堆肥处理（T_1 和 T_2）的细菌数量要明显高于不接种处理（CK），表明堆料中进行接种后外源微生物能够顺利生长繁殖，致使堆肥不同阶段堆料中微生物数量明显增加，因此，与 CK 处理相比，T_1 和 T_2 处理微生物数量明显增加。在 T_1 和 T_2 处理之间，在堆肥进行的前 5d T_2 的细菌数量略高于 T_1 处理，第 5 天之后 T_1 处理的可培养细菌数量就略高于 T_2 处理，可能是由于 T_2 处理在堆肥初期接种了数量较多的不同功能的微生物菌剂，增加接种菌剂与土著细菌间的竞争作用，致使接种菌剂不能较好地发生作用，又抑制了土著微生物的作用。T_1 和 T_2 处理之间的细菌数量出现较明显的差距是在一次发酵末期和二次发酵期，T_1 处理的细菌数量呈现迅速的增长态势，到堆肥结束时远远高于 T_2 处理。这是由于随着堆体温度的下降细菌数量有所增加，同时在堆肥进行的第 18 天和第 24 天分别向 T_1 中接种了纤维素分解菌和木质素分解菌，接种的外源微生物能将难降解的木质纤维类大分子物质降解成容易被其他微生物利用的小分子物质，从而激发其他功能微生物的生长繁殖，使 T_1 处理堆体中的细菌数量迅速增多，因此与 T_2 相比，在堆肥的二次发酵期 T_1 处理的细菌数量远高于 T_2 处理，采用多阶段接种的方式能增加堆肥腐熟期的可培养细菌的数量，这些细菌和堆肥的腐熟有着非常密切的联系。

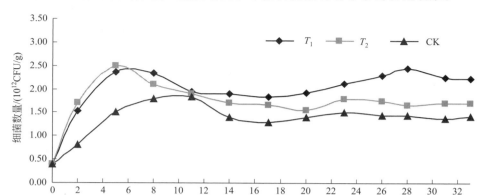

图 3-80　堆肥过程中细菌数量的动态变化

（2）细菌群落演替规律研究

从书后彩图 18 可以看出 3 个堆肥处理的 DGGE 条带种类和分布表现出了明显的差异，多阶段接种处理中的细菌种类和数目多于对照组，尤其是在堆肥降温期以后多阶段接种处理的微生物种类和数目明显高于对照组，表现出了较高的多样性。条带 A-L 所代表的微生物为堆体中的土著微生物，其中条带 A、B、C、D、E、F 为接种堆肥处理（T_1 和 T_2）的共有条带，条带 A、E、F 为 3 个处理的共有条带，但在堆肥过程中持续的时间和条带的亮度都有所不同，条带 E、F 在 3 个处理中都持续了较长的时间，为堆肥过程中的优势菌群，但在 T_1 处理中的亮度要明显高于 T_2 处理和 CK 处理。条带 G、H、I、J、K、L 只出现在 T_1 处理的 DGGE 图谱上，且条带亮度较高，然而在其他两个对照组中都没能监测到，说明多阶段接种工艺能有效提高堆体中土著微生物的种类和数量，使其作为优势菌群促进堆肥的腐熟。

接种菌剂的 16SrDNAV3 区 PCR 扩增产物作为 DGGE 图谱中的对照条带，在图谱上标记为条带 I-Ⅵ。条带 I 只出现在 T_1 处理的前 2d，之后便在 DGGE 图谱上消失，在 T_1 和 T_2 处理的图谱上没有发现条带Ⅳ，可能与条带 I 和Ⅳ所代表的微生物对复杂的堆肥环境的适应能力差，不能很好地利用体系中的营养物质，另外还与菌剂的耐高温能力不强有关，当堆温逐渐升高时其活性受到抑制。条带Ⅱ出现在 T_1 的第 17 天和第 26～33 天，条带Ⅲ出现在 T_1 的第 9～33 天，说明条带Ⅱ和Ⅲ所代表的接种菌剂能够很快适应堆肥环境迅速定植于多阶段接种的高温期。条带Ⅴ和Ⅵ分布在凝胶的下方，所代表的微生物是 G＋C 含量较高的纤维素分解菌，在 T_1 处理的第 18 天接种，在 DGGE 图谱上的第 20～33 天一直为优势条带，条带较亮。说明在此阶段接种的菌剂能够有效地作用于堆料中的纤维素类物质，将其降解成微生物可利用的小分子物质，供其他微生物吸收利用。然而在对照组的图谱上只有条带Ⅲ和Ⅴ出现，且条带的亮度要低于多阶段接种处理。

分析以上现象出现的原因，可能是在 T_2 处理中将多种具有不同生理功能的微生物菌剂混合接种会出现菌剂之间的相互抑制作用，使接种菌剂不能很好地生长，同时由于接种菌剂与土著菌之间存在竞争，使堆体中的微生物量降低。在 CK 处理中，没有外源微生物菌剂接入，堆肥过程完全依靠堆体内土著微生物的作用，由于土著菌的耐高温能力和适应堆体条件变化的能力有限，导致 CK 处理中的微生物不能存活，使堆体中的微生物量降低。然而，采用多阶段的方式进行接种可以更好地避免接种菌剂之间的竞争，使接种菌剂都能有效地利用堆体中的营养物质，同时少量分批次的接种能有效地避免接种菌剂和土著微生物之间竞争，使堆肥过程中微生物的多样性提高。

（3）细菌群落相似性分析

由不同时间堆肥样品的相似性指数和条带的聚类分析图（图 3-81）可以看出：同一种堆肥处理样品的图谱相似性较高，聚为一类；不同堆肥处理样品的图谱相似性较低，如 T_2 处理和 T_1 处理的图谱相似性仅为 33%，T_1 处理和 CK 处理图谱的最大相似性仅为 42%。说明堆肥过程中的微生物接种方式不同，其细菌群落的组成就有较大的差异，接种微生物堆肥与自然堆肥的细菌群落组成也存在较大的差异。对于同一个堆肥处理的相同堆肥时期的 DGGE 图谱相似性较大，如 T_2 处理 50℃ 以上的堆肥样品的相似性为 74%，T_1 处理 55℃ 以上的堆肥样品的相似性为 69%，对于同一堆肥处理的不同堆肥阶段的样品的图谱相似性较低，如 T_2 的高温期与降温期样品的相似性仅为 33%。说明除了接种方式的影响外，温度变化是导致微生物群落结构跃迁的另一个至关重要的因素。

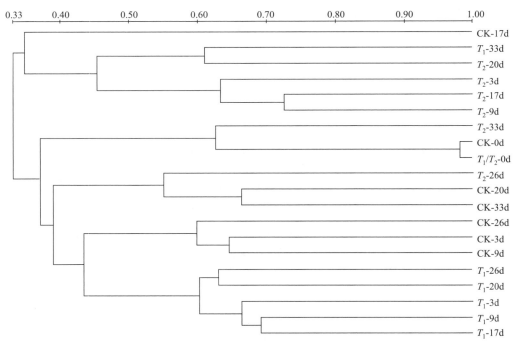

图 3-81　细菌 DGGE 图谱的聚类分析图

（4）细菌群落多样性分析

生物多样性指数是有效表征生态环境中物种丰富度及分布均匀性的一个重要指标。通过计数 DGGE 图谱中的条带数和计算 Shannon-Weaver 指数来分析堆肥过程中的细菌多样性，从表 3-38 可以看出：3 个处理的 Shannon-Weaver 指数表现出极显著差异。在堆肥的升温期 T_1 处理的条带数和多样性指数略低于 T_2 处理，此时 T_2 处理接种的微生物种类

和数量要多于 T_1 处理，然而在进入高温期后 T_1 处理的条带数和多样性指数一直远大于 T_2 处理，说明采用多阶段接种进行堆肥的方法能有效地避免接种菌剂和土著微生物之间的竞争性抑制作用，提高堆体中微生物的多样性。尤其是在堆肥进入二次发酵期时多样性指数差别更为明显，在堆肥的第 26 天 T_1 的多样性指数增至 2.53，而 T_2 处理处于极低水平（1.91），分析原因可能是分阶段接种的纤维素分解菌和木质素分解菌逐渐适应堆体环境后将堆体中的木质纤维类大分子物质降解为容易被其他微生物利用的小分子物质，致使二次发酵过程中的微生物多样性大大提高，而普通接种法由于一次发酵结束后容易利用的营养物质消耗殆尽，接种的微生物不能较长时间地耐受堆肥高温而使微生物活性下降，多样性降低。然而与 T_1、T_2 接种堆肥的两个处理相比，CK 处理的多样性指数一直处于较低的水平，说明自然堆肥过程中的土著微生物活性较低。从 3 种堆肥方式下的多样性指数变化情况可以看出：在堆肥过程中，受温度变化和接种方式的影响，微生物的群落结构发生了明显的变化，多阶段接种堆肥能明显提高堆肥过程中的细菌多样性。

表 3-38 细菌 Shannon-Weaver 指数表

堆肥时间/d	T_1	T_2	CK
0	2.19±0.00cd	2.19±0.00cd	2.19±0.00cd
3	2.19±0.01cd	2.47±0.01ab	2.19±0.01cd
9	2.38±0.01abc	2.47±0.01ab	2.39±0.01abc
17	2.53±0.01a	2.28±0.01bc	2.07±0.01de
20	2.37±0.01ab	2.47±0.01ab	2.18±0.01cd
26	2.53±0.01a	1.91±0.02e	2.17±0.01cd
33	2.46±0.01ab	1.60±0.01f	1.93±0.01e

注：a～f 代表在 $p=0.05$ 水平下差异显著，下同。

（5）细菌优势群落分析

表 3-39 和图 3-82 是对堆肥过程中的优势条带测序并将测序结果提交到 Genebank 中进行比对后获得的比对结果。在生活垃圾多阶段接种堆肥过程中检测到了变形菌门细菌、厚壁菌门细菌和大量的用传统方法不能培养但在堆肥过程中发挥了重要作用的细菌。很多厚壁菌可以产生内生孢子，它可以抵抗脱水和极端环境。具有纤维素降解功能的嗜热微生物 *Clostridium thermocellum* 一直是整个堆肥

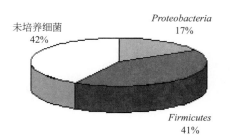

图 3-82 DNA 测序中检测到的细菌门类

过程中的优势细菌，说明该菌对生活垃圾中纤维素的降解起到重要作用，这与解开治[156]和 Niisawa[157]等分别在研究海洋动物资源堆肥和猪粪堆肥过程中检测到的结果相似。

表 3-39 细菌条带测序的比对结果

编号	登录号	相似性最大的种属	相似性/%
A	GU996482.1	未培养细菌克隆 MNO302B8	97
B	X58198.1	*H. obtusa* 16S rRNA 克隆	95
C	DQ413143.1	*Hydrogenophaga sp.* EMB7	98
D	HM830860.1	未培养细菌克隆 nby485e03c1	96

续表

编号	登录号	相似性最大的种属	相似性/%
E	FJ599513.1	*Clostridium thermocellum* 菌株 CTL-6	98
F	AB084065.1	*Bacillus* sp. MSP06G 基因	99
G	AB298562.1	未培养堆肥细菌	99
H	AY466703.1	*Bacillaceae* 细菌 NS1-316S	98
I	AM268424.1	*Bacillus* sp. HB5	97
J	DQ839147.1	*Clostridium* sp. 富集克隆 Lace	95
K	AB507775.1	未培养 *Firmicutes* 细菌	96
L	FN563151.1	未培养细菌	96

3.7.2.3 放线菌的动态变化规律研究

（1）放线菌数量动态变化

如图 3-83 所示，T_2 处理和 CK 处理的可培养放线菌数量均呈现升高—降低的趋势，T_1 处理呈现升高—降低—升高的趋势。整个堆肥过程中，接种的堆肥处理（T_1 和 T_2）的可培养放线菌数量要明显高于不接种处理（CK），在 T_1 和 T_2 处理之间，在一次发酵的末期，T_2 处理的细菌数量略高于 T_1 处理，然而在一次发酵结束进入二次发酵，T_1 处理的细菌数量呈现迅速的增长态势，到堆肥结束时远远高于 T_2 处理。表明堆料中进行接种后，外源微生物能够顺利生长繁殖，致使堆肥不同阶段堆料中微生物数量明显增加，因此，与 CK 相比，T_1 和 T_2 处理微生物数量明显增加。一次发酵末期堆体中的容易利用的营养物质消耗殆尽，3 个处理的放线菌数量明显减少，但此时对 T_1 处理中接种了纤维素分解菌和木质素分解菌，接种的外源微生物能将难降解的木质纤维类大分子物质降解成容易被其他微生物利用的小分子物质，使 T_1 处理堆体中的放线菌数量迅速增多，因此和 T_2 处理相比，在堆肥的二次发酵期 T_1 处理的放线菌数量远高于 T_2 处理。

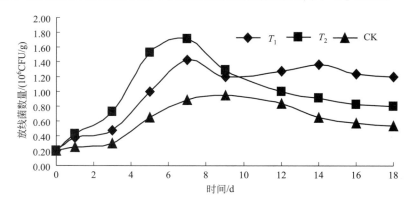

图 3-83 堆肥过程中放线菌数量的动态变化

（2）细菌、放线菌和基因片段 PCR 扩增

项目开展过程中，对多阶段接种堆肥过程中细菌和放线菌 16SrDNAV3 区和真菌 18SrDNAV1＋V2 区 PCR 扩增，如书后彩图 19～彩图 21 所示，细菌放线菌和真菌的基因组 DNA 经过 PCR 扩增后的产物片段分别在 230bp、310bp 和 400bp 左右，经 PCR 产物纯化试剂盒纯化回收后的各个样品均适宜进行后续 DGGE 分析。

（3）放线菌群落演替规律研究

1）放线菌 DGGE 图谱分析　采用 PCR-DGGE 的方式研究了不同堆肥方式下的微生物群落演替规律，DGGE 图谱中的每一个条带代表微生物的一个分类单元，每一个分类单元代表一种微生物。从书后彩图 22 可以看出多阶段接种和普通接种堆肥处理的放线菌 DGGE 条带种类和分布表现出了明显的差异，T_1 处理中的放线菌种类和优势条带的数目多于 T_2 和 CK，尤其是在堆肥降温期以后（第 20 天开始）T_1 处理的 DGGE 优势条带数明显高于 T_2 和 CK，表现出了较高的放线菌多样性。堆肥初期的样品中放线菌种类和数量较少，随着堆肥的进行，堆料中有机物质的降解会激发放线菌的生长繁殖。多阶段接种处理中的放线菌种类和数目多于对照组，尤其是在堆肥降温期（第 20 天）以后多阶段接种处理的微生物种类和数目明显高于对照组，表现出了较高的多样性。条带 L、M、N、O、R 所代表的微生物为堆肥原料中的放线菌种类，条带 E、L、M、N、P、R 为 3 个处理的共有条带，但在 3 个处理中持续的时间和条带的亮度都明显不同，其中条带 E、L、M、N、R 一直存在于 T_1 处理的 DGGE 图谱上，表明其所代表的放线菌为多阶段接种堆肥过程中的优势菌群；而在 T_2 和 CK 中只有 L、M 持续存在，说明采用多阶段接种的方式进行堆肥能有效激活堆体中的放线菌种类和数量，增加堆肥过程中的优势菌群的数量。条带 A、B、C、D、K 为 T_1 处理降温期以后特有的条带，研究表明，堆肥进入降温期是堆料中腐殖质类物质快速形成的阶段，在 T_1 处理中这些特有条带的出现能加速堆肥过程中腐殖质的形成，帮助堆肥快速腐熟，说明从微生物的角度来看，本研究中所采用的分阶段的方式接种外源微生物菌剂强化堆肥能激发堆体中土著放线菌的活性，有效提高堆肥腐熟期的放线菌种类和数量，使其作为优势菌群在堆肥的腐熟过程中发挥重要作用。

2）放线菌群落相似性分析　对不同时间的堆肥样品的相似性指数和条带的聚类分析图（图 3-84）可以看出：同一种堆肥处理样品的图谱相似性较高，聚为一类；不同堆肥处理样品的图谱相似性较低，如 T_2 和 T_1、CK 的图谱相似性仅为 33%。说明堆肥过程中的微生物接种方式不同，其放线菌群落的组成就有较大的差异，接种微生物堆肥与自然堆肥的放线菌群落组成也存在较大的差异。对于同一个堆肥处理的相同堆肥时期的 DGGE 图谱相似性较大，如 T_1 处理 50℃ 以上的堆肥样品的最大相似性为 81%，对于同一堆肥处理的不同堆肥阶段的样品的图谱相似性较低，如 T_1 的高温期与堆肥结束时的样品的相似性仅为 48%。说明除了接种方式的影响外，温度变化是导致微生物群落结构跃迁的另一个至关重要的因素。

3）放线菌群落多样性分析　从表 3-40 可以看出：3 个处理的 Shannon-Weaver 指数表现出显著差异。在堆肥的升温期微生物代谢活性较高，放线菌的群落结构演替较快，多样新指数都有所提高，进入高温期之后，T_1 和 T_2 的多样性指数高于 CK，可能是由于土著放线菌耐热能力较差，堆肥温度升高会使放线菌逐渐失去其代谢活性，而接种的微生物菌剂会激发堆体中耐高温放线菌的生长繁殖，使堆体中放线菌数量增加。对于 T_1 和 T_2 两个处理进入高温期以后，T_1 的多样性指数高于 T_2，说明多阶段的方式接种外源细菌真菌菌剂能更好地发挥其对土著放线菌的激发作用，使其多样性指数提高。从以上分析可以看出，采用多阶段接种的方式进行堆肥能更好地避免接种菌剂与土著放线菌之间的竞争，更好地发挥接种菌剂对土著放线菌的激发作用。

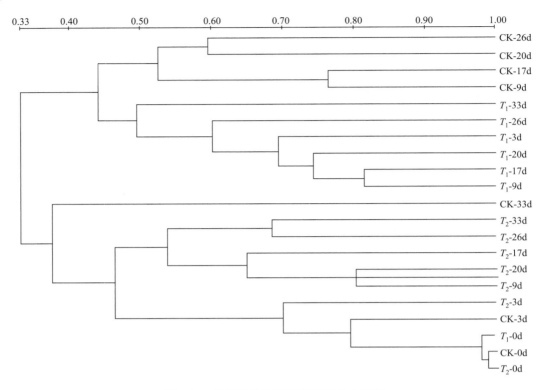

图 3-84   放线菌 DGGE 图谱的聚类分析图

表 3-40   放线菌 Shannon-Weaver 指数表

堆肥时间/d	T_1	T_2	CK
0	1.94±0.01ef	1.93±0.01ef	1.94±0.01ef
3	2.07±0.01de	2.47±0.01ab	2.17±0.00de
9	2.48±0.00ab	2.17±0.01cd	2.08±0.00de
17	2.38±0.01bc	2.29±0.01ab	2.07±0.01de
20	2.47±0.01ab	2.43±0.01cd	1.79±0.00f
26	2.55±0.01a	2.39±0.00ab	2.48±0.00ab
33	2.53±0.01a	2.19±0.01cd	1.78±0.01f

4）放线菌优势群落分析   表 3-41 和图 3-85 是对堆肥过程中放线菌优势条带测序并将测序结果提交到 Genebank 中进行比对后获得的比对结果。Altschul 等[158]认为测序结果经 BLAST 后，相似性大于 97％的序列才可以被归属于同一个分类单元，本研究中测序的 18 种微生物中有 15 种的 BLAST 结果的相似性在 97％以上，条带 a、i、o 经 BLAST 后的最大同源性分别为 94％、94％、96％，可以认为这 3 种微生物为对应属下的新物种。

在生活垃圾多阶段接种堆肥过程中检测到了 *Corynebacterium* sp.、*Mycobacterium* sp.、*Streptomyces* sp.、*Thermotoga* sp.、*Dietzia* sp.、*Saccharothrix* sp.、*Actinomyces* sp.，它们同属于 *Actinobacteria* 门。

表 3-41 放线菌条带测序的比对结果

编号	登录号	相似性最大的种属	相似性/%
a	FN995733.1	未培养细菌	94
b	X89005.1	*Corynebacterium* sp.	97
c	AY211127.1	*Corynebacterium* sp.	99
d	GU142927.1	*Mycobacterium phlei*	98
e	GQ015951.1	未培养细菌	99
f	GU142928.1	*Mycobacterium thermoresistibile*	98
g	AB540246.1	未培养 *Thermotoga* sp.	97
h	GU142928.1	*Mycobacterium thermoresistibile*	99
i	HM080151.1	未培养 *Actinomycetales*	94
m	AB373965.1	*Streptomyces* sp.	97
n	AF480575.1	*Mycobacterium acapulcensis*	98
o	GU549424.1	未培养 *Streptomyces* sp.	96
A	EU196471.1	*Dietzia* sp.	98
B	AY643401.3	*Dietzia papillomatosis*	97
C	AY734992.1	*Mycobacterium flavescens*	98
D	HM467170.1	*Saccharothrix* sp.	97
E	NR025568.1	*Actinomyces nasicola*	97
F	AB588632.1	*Saccharomonospora viridis*	98

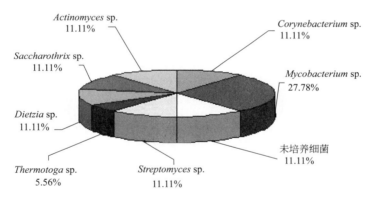

图 3-85 DNA 测序中检测到的微生物种属比例

3.7.2.4 真菌的动态变化规律研究

（1）真菌数量动态变化

如图 3-86 所示，CK 处理的可培养真菌数量均呈现升高—降低的趋势，T_2 处理的可培养真菌数量均呈现升高—降低—升高—降低的趋势，T_1 呈现升高—降低—升高的趋势。整个堆肥过程中，接种的堆肥处理（T_1 和 T_2）的真菌数量要明显高于不接种处理（CK），在 T_1 和 T_2 处理之间，在高温期的前期，T_2 的真菌数量略高于 T_1，然而在高温期持续进行阶段至堆肥结束，T_1 的真菌数量始终高于 T_2 处理。表明在高温期前期对堆料中进行接种后，外源微生物能够顺利生长繁殖，致使堆肥不同阶段堆料中微生物数量明显增加，因此，与 CK 相比，T_1 和 T_2 处理可培养真菌数量明显增加。在高温持续阶段由于真菌的耐热能力差，数量下降，T_2 处理下降速度较 T_1 快的原因可能是 T_2 在堆肥初期接种的 4 种不同功能的菌剂之间存在竞争性抑制作用，加之激烈的高温环境致使堆体中的真菌数量急剧下降。在一次发酵末期堆体中的容易利用的营养物质消耗殆尽，3个处理的细菌数量明显减少，但此时对 T_1 中接种了纤维素分解菌和木质素分解菌，接种的外源微生物能将难降解的木质纤维类大分子物质降解成容易被其他微生物利用的小分子物质，使 T_1 堆体中的真菌数量迅速增多，因此与 T_2 相比，T_1 在堆肥的二次发酵期的真菌数量远高于 T_2。

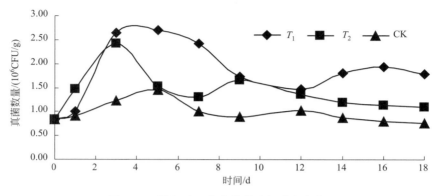

图 3-86　堆肥过程中真菌数量的动态变化

（2）真菌群落演替规律研究

1）真菌 DGGE 图谱分析　有研究表明，真菌的耐高温能力差，当温度超过 50℃ 时容易发生自燃。从书后彩图 23 可以看出 3 个堆肥处理的 DGGE 条带种类和分布表现出了明显的差异，多阶段接种处理中的真菌种类和数目明显多于对照组。条带 A-P 所代表的微生物为 T_1 处理的土著真菌，其中，条带 I、J、K、L、M、N、O、P 位于图谱的下方，是 G+C 含量较高的真菌，耐热能力较好，所以一直出现在 T_1 处理的整个堆肥周期中；T_2 处理中条带 L、M、N、P 也持续存在，在 CK 中只有条带 L、M、P，且条带较暗，说明接种菌剂能增加堆体中的优势真菌的种类和数量，使堆体中的耐高温真菌的量大大提高。从图中标记的条带信号可以看出 T_1 的条带种类要多于 CK，T_2 处理的条带种类最少，T_1 和 CK 的嗜中温菌（出现在图谱上半部）的条带数量要多于 T_2，说明前阶段接种菌剂会影响中温真菌在高温环境中的生存能力，可能是由于前阶段接种的真菌菌剂与中温土著真菌之间存在竞争。同时可以看出，条带 E、F、G、H 一直存在于 T_1 处理中的前 20d，而在对照组中几乎没有，多阶段接种前期接种的细菌菌剂能激发堆体中真菌的种类和数量。

接种菌剂的 18SrDNAV1＋V3 区 PCR 扩增产物作为 DGGE 图谱中的对照条带，在图谱上标记为条带 Ⅷ-Ⅺ。4 种接种菌剂从接种开始后的第 2 天就一直出现在 T_1 的 DGGE 图谱上，而在 T_2 中没能检测到条带 Ⅷ，条带 Ⅸ 和 Ⅹ 只是在堆肥的高温期前期出现之后便消失，条带 Ⅺ 只出现在 T_3 处理高温期前期和降温期以后。说明在高温期后期和降温期分别接种纤维素降解菌和木质素降解菌，可避免接种菌剂与土著菌之间的竞争，使接种菌剂更好地发挥作用。

2）真菌群落相似性分析　对不同时间的堆肥样品的相似性指数和条带的聚类分析图（图 3-87）可以看出：同一种堆肥处理样品的图谱相似性较高，聚为一类；不同堆肥处理样品的图谱相似性较低，如 T_1 与 T_2、CK 处理的图谱相似性仅为 43%，T_2 与 CK 处理的图谱相似性仅为 51%。说明堆肥过程中的微生物接种方式不同，其细菌群落的组成就有较大的差异，接种微生物堆肥与自然堆肥的真菌群落组成也存在较大的差异。对于同一个堆肥处理的相同堆肥时期的 DGGE 图谱相似性较大，如 T_2 处理高温期的堆肥样品的相似性为 76%，CK 处理高温期的堆肥样品的相似性为 78%。对于同一堆肥处理的不同堆肥阶段的样品的图谱相似性较低，如 T_1 的降温期开始（第 20 天）与堆肥结束时的样品相似性仅为 43%。说明除了接种方式的影响外，温度变化是导致真菌群落结构跃迁的另一个至关重要的因素。

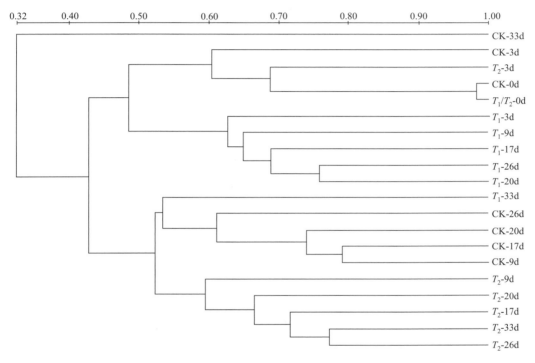

图 3-87 真菌 DGGE 图谱的聚类分析图

3）真菌群落多样性分析 从表 3-42 可以看出：3 个处理的 Shannon-Weaver 指数表现出极显著差异。在整个堆肥过程中接种堆肥的两个处理 T_1 和 T_2 的多样性指数都高于 CK，说明接种外源微生物菌剂能有效提高堆肥过程中真菌的多样性，其多样性指数的提高可能有以下两方面原因：一是由于接种的外源微生物菌剂在堆体中大量繁殖，使多样性指数提高；二是由于接种外源微生物菌剂能激发堆体中土著真菌的数量，使多样性指数提高。对 T_1 和 T_2 两个接种堆肥处理的多样性指数比较，整个堆肥过程中 T_1 的多样性指数远高于 T_2，分析原因可能是由于 T_2 在堆肥初期接种的 4 类不同功能的菌剂之间存在竞争作用，致使接种的菌剂不能最大限度地发挥其作用。从以上分析可以看出，采用多阶段接种的方式进行堆肥，能更好地发挥接种菌剂的优势作用，提高堆体中的真菌种类和数量。

4）真菌优势群落分析 表 3-43 和图 3-88 是对堆肥过程中真菌优势条带测序并将测序结果提交到 Genebank 中进行比对后获得的比对结果。经 BLAST 后的真菌序列主要为

表 3-42　真菌 Shannon-Weaver 指数表

堆肥时间/d	T_1	T_2	CK
0	3.10±0.01a	3.10±0.01de	3.10±0.01de
3	2.76±0.01ab	2.71±0.01e	2.41±0.01bcde
9	2.81±0.01a	2.32±0.02cde	2.12±0.02e
17	2.62±0.01a	2.34±0.01abc	1.92±0.01f
20	2.96±0.01abcd	2.23±0.01de	1.69±0.02f
26	2.64±0.01abcd	1.74±0.02f	1.76±0.01f
33	2.41±0.01bcde	2.11±0.02e	1.78±0.01f

表 3-43　真菌条带测序的比对结果

编号	登录号	相似性最大的种属	相似性/%
A	HM475259.1	未培养真菌克隆	100
B	AY242225.1	*Candida* sp.	99
C	HM161746.1	*Candida* sp.	98
D	HQ190246.1	未培养真菌克隆	100
E	AB032665.1	*Mrakia frigida*	97
F	FJ360521.1	*Neurospora crassa*	98
G	AB075546.1	*Filobasidium globisporum*	100
H	EU784644.1	*Meyerozyma guilliermondii*	98
I	EF060444.1	*Laboulbeniales* sp.	100
J	EF023178.1	*Athalamea* 环境样本	95
K	HM490243.1	未培养真核细胞克隆	100
L	GU918260.1	未培养真核细胞	99
M	FJ236972.1	未培养真菌	100
N	DQ237872.1	*Halosphaeriaceae* sp.	99
O	GU453340.1	*Enchytraeus albidus*	98
P	AY342015.1	*Brachyconidiella monilispora*	100

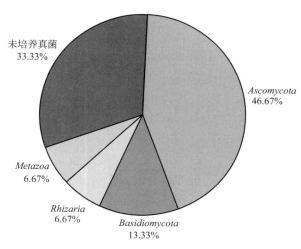

图 3-88　DNA 测序中检测到的真菌门类

子囊菌（*Ascomycota*）、担子菌（*Basidiomycota*）和一些未培养真菌。其中子囊菌门类真菌在堆肥的各个时期均有出现，所占比例较大，且作为堆肥过程中的优势菌群对堆肥物料的降解发挥重要作用。从 DGGE 条带的测序结果可以发现，DGGE 图谱中在胶的下方出现的真菌测序后的结果有很多为未培养真菌，如条带 K、L、M，条带较清晰并且在堆肥中持续时间较长，由此可见，基于传统的培养方法尚不能对堆肥过程中起重要作用的耐热能力强的真菌进行分离培养，严重限制了堆肥高效接种菌剂的开发。

3.7.2.5 堆肥过程中纤维素及木质素分解菌的动态变化

由于木质纤维素的结构上的复杂性，许多关于木质纤维素降解菌的筛选研究都是选用木质纤维素降解的中间产物或结构类似物来进行筛选，本研究中选用 CMC-Na 选择性培养基和价格低廉的木质素磺酸钠选择性培养基来对堆料中的纤维素分解菌和木质素分解菌进行菌落计数。如图 3-89 和图 3-90 所示，由于堆肥原料的温度较低，不利于堆体中微生物的生长，因此采用平板计数法测得的堆肥原料中的纤维素降解菌的数量为 $0.06 \times 10^4 \mathrm{CFU/g}$ 和 $0.007 \times 10^4 \mathrm{CFU/g}$，随着堆肥温度的升高木质纤维素降解微生物的数量逐渐增多，当进入高温期一段时间后，由于微生物对高温的耐受能力较差使木质纤维素降解微生物的数量又开始降低，T_1、T_2 和 CK 3 个处理的纤维素降解微生物的最大值为 $2.2 \times 10^4 \mathrm{CFU/g}$、$2.4 \times 10^4 \mathrm{CFU/g}$、$0.89 \times 10^4 \mathrm{CFU/g}$；$T_1$、$T_2$ 和 CK 3 个处理的木质素素降解微生物的最大值为 $2.1 \times 10^4 \mathrm{CFU/g}$、$2.2 \times 10^4 \mathrm{CFU/g}$、$1.4 \times 10^4 \mathrm{CFU/g}$。整个堆肥周期中 T_1 和 T_2 处理的木质纤维素降解微生物的数量都高于 CK，表明接种外源微生物菌剂能增加堆体中木质纤维素降解菌的数量。对于 T_1 和 T_2 处理，在堆体进行的前期 T_2 处理中的木质纤维素降解数量始终高于 T_1 处理，可能和堆肥初期在 T_2 中接种了木质纤维素降解菌有关，但随着堆肥的进行，一方面由于接种菌剂经过长时间高温作用后其活性降低，另一方面由于堆体中容易利用的有机物下降导致堆体中的木质纤维素降解菌数量下降。然而，T_1 处理在堆肥进行的第 18 天和第 24 天分别接种了木质纤维素降解微生物，后接种的外源功能微生物能把堆体中难降解的木质纤维素降解成小分子物质，供其他微生物生长，导致堆肥后期的木质纤维降解微生物的数量增高。

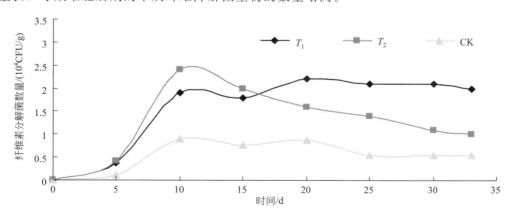

图 3-89 堆肥过程中纤维素分解菌数量的动态变化

以上分析表明，采用分阶段的方式进行接种能提高堆肥腐熟期的木质纤维素降解微生

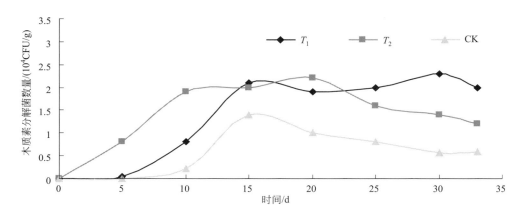

图 3-90　堆肥过程中木质素分解菌数量的动态变化

物的数量，加速堆肥的腐熟化进程，提高堆肥产品质量。

3.7.3　多阶段接种技术对堆肥腐熟度的影响

多阶段接种技术可以促进堆体内有机物质的腐质化，从而提高产品的腐熟度（图 3-91）。

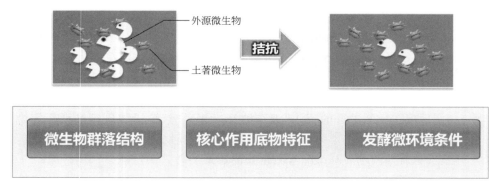

图 3-91　多阶段接种生物强化堆肥技术原理

通过对堆肥的几个腐熟度指标（固液 C/N、腐殖化指数、发芽指数、耗氧速率、二氧化碳释放率等）进行动态监测，阐明其相关性，结合有机物质转化的光谱学特性分析，揭示多阶段接种技术对堆肥腐熟周期的影响，结果表明如下。

① 堆肥过程中微生物需将有机物分解为水溶性成分才能加以利用，因此堆肥中水溶性碳氮比的变化比固态 C/N 更能反映堆肥腐熟程度，多阶段接种堆肥结束时水溶性 C/N 为 5.02，比一次接种堆肥和试验对照组的比值低，说明多阶段接种堆肥能够促进堆肥的腐熟。

② 多阶段接种技术堆肥中前期腐殖质含量下降速度较快，胡敏酸的含量呈先降低后增加的趋势，富里酸含量总体呈现逐渐降低趋势。

③ 腐殖化率 HR、腐殖化指数 HI、胡敏酸的百分含量 HP 可以反映多阶段接种技术堆肥的腐殖化程度，多阶段接种堆肥过程中，各外源微生物处理可明显增加胡敏酸的缩合

度，使多阶段接种技术堆肥腐殖化程度提高。

3.7.3.1 堆肥腐熟度指标测定

（1）水溶性碳氮比变化

堆肥过程中微生物通常不能直接利用堆料中的有机质作为营养物质，需将其分解为水溶性成分才能加以利用。堆肥中水溶性碳氮比（即水溶性有机碳/水溶性有机氮）的变化，比固态的 C/N 更能反映堆肥进行的程度。如图 3-92 所示，整个堆肥过程中水溶性 C/N 呈下降趋势，尤其在堆肥初期，堆料水溶性碳氮比迅速下降，T_1 处理的碳氮比由初始的 34.7 降到 5.02，李国学等[114]研究认为当堆肥腐熟时的水溶性 C/N 的比值处在 4～6 之间，T_1 在堆肥结束时的水溶性 C/N 为 5.02，比其他两个处理的比值低，腐熟得更充分。

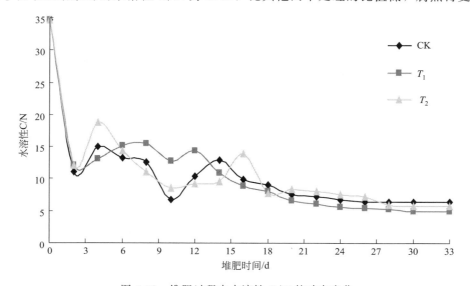

图 3-92 堆肥过程中水溶性 C/N 的动态变化

（2）铵态氮含量的变化

由图 3-93 可知，3 组处理铵态氮的变化规律一致。在堆肥高温期由于含氮有机物的降解，铵态氮大量产生，造成堆体内铵态氮含量增高。随着堆肥的进行，可降解氮成分减少，铵态氮的产生量随之降低；同时铵态氮在堆肥腐熟期硝化作用明显增强转化为硝态氮，因通风作用而挥发掉，所以铵态氮含量逐渐减小。

（3）腐殖质含量的变化

在多阶段接种技术堆肥过程中，总腐植酸的含量与有机碳的变化呈较显著的正相关，在堆肥的中前期腐殖质含量下降速度较快，并且外源微生物处理的下降幅度明显高于不接种外源微生物处理。胡敏酸与富里酸是腐殖质的重要组成成分，在很大程度上对腐殖质的质量起决定性作用。在生活垃圾堆肥过程中，随着生活垃圾堆肥的进行，胡敏酸的含量呈先降低然后增加的趋势。在多阶段接种技术堆肥过程中，富里酸含量的变化与胡敏酸不同，总体呈现逐渐降低趋势。由于富里酸类物质分子量相对较小，分子结构简单，在堆肥过程中一部分可能被微生物分解，而另一部分则通过转化形成分子量较大，结构复杂的胡敏酸类物质。

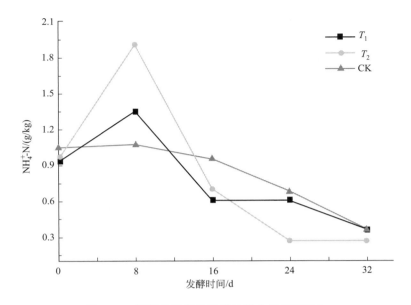

图 3-93　不同处理样品堆肥过程中铵态氮变化

（4）腐殖化程度分析

通常情况下，多阶段接种技术堆肥的腐殖化程度，可以用 3 个参数来表示，即腐殖化率 HR ［humification ratio，HR＝(HA＋FA)×100/TOC，TOC 为总有机碳］、腐殖化指数 HI（humification index，HI＝HA/FA）、胡敏酸的百分含量 HP（HP＝HA×100/HS）。多阶段接种技术堆肥过程中 HR 值出现 2 个低谷，而在堆肥的腐熟时期，HR 值呈现较为明显的增加趋势。在多阶段接种技术堆肥过程中，接种外源微生物菌有利于腐殖质与胡敏酸的形成，腐殖化程度增加，并且腐植酸的品质优于不加外源微生物处理。

（5）胡敏酸的光谱分析

随着堆肥的进行，胡敏酸的芳构化程度明显增强，与不加外源微生物处理相比，各外源微生物处理可明显增加胡敏酸的缩合度，使多阶段接种技术堆肥腐殖化程度提高。多阶段接种技术堆肥后，各处理胡敏酸的红外光谱谱形基本相似，说明不同处理城市生活垃圾中胡敏酸具有基本一致的结构；此外，不同处理胡敏酸在某些特征峰吸收强度上有明显差异，反映了不同外源微生物处理对胡敏酸结构单元和官能团数量有明显的影响。堆肥结束后，各处理之间扫描光谱图形基本一致，最大波峰位置没有明显变化，外源微生物接种于多阶段接种技术堆肥中可促使胡敏酸的结构复杂化，向成熟方向发展。

3.7.3.2　腐熟度评价

（1）腐熟度评价指标的筛选

1）不同腐熟度指标相关性分析　通过对堆肥过程中含水率、发芽指数（GI）、C/N 的降解速率（$\eta_{C/N}$）、ρ_{TOC}、ρ_{TN}、$\rho_{NH_4^+-N}$ 的降解速率（$\eta_{NH_4^+-N}$）、ρ_{WSC} 的降解速率（η_{WSC}）等指标的测定及计算，采用数学统计法对各指标参数之间的相关性进行了分析（见表 3-44），结果表明：η_{WSC} 与 $\eta_{NH_4^+-N}$ 呈正相关，$\eta_{C/N}$ 与 ρ_{TOC} 呈正相关，与 ρ_{TN} 呈负相关。其他各指标无明显的相关性。

表 3-44 相关性分析结果

指标	含水率	GI	$\eta_{C/N}$	η_{WSC}	ρ_{TOC}	ρ_{TN}	$\eta_{NH_4^+-N}$
含水率	1	−0.328	0.706	−0.308	0.801	−0.736	0.546
GI	−0.328	1	0.057	−0.648	−0.741	−0.359	−0.288
$\eta_{C/N}$	0.706	0.057	1	−0.701	0.899	−0.916	0.264
η_{WSC}	−0.308	−0.648	−0.701	1	−0.228	0.841	0.912
ρ_{TOC}	0.801	−0.741	0.899	−0.228	1	−0.456	0.147
ρ_{TN}	−0.736	−0.359	−0.916	0.841	−0.456	1	−0.304
$\eta_{NH_4^+-N}$	0.546	−0.288	0.264	0.912	0.147	−0.304	1

2）评价指标的筛选 在实际的综合评价中，并非评价指标越多越好，关键在于评价指标所起作用的大小，指标间信息的重叠会夸大评价结果。其中 C/N 的数值来自于 ρ_{TOC} 和 ρ_{TN} 所测数值比值的计算，这 3 个指标具有相关性，在评价中承担了相同的作用。为了避免信息重复，只选取 C/N 作为评价指标。综合国内一些评价方法，并根据参数指标相关性分析结果（表 3-44），选择有相关性的参数作为评价指标，最后选取含水率、GI、$\eta_{C/N}$、η_{WSC}、$\eta_{NH_4^+-N}$ 5 个指标进行评价。各指标腐熟度等级的评价标准见表 3-45。5 个指标堆肥第 30 天的实测值列于表 3-46。

表 3-45 堆肥腐熟度评价标准

腐熟等级	含水率/%	GI/%	$\eta_{C/N}$/%	η_{WSC}/%	$\eta_{NH_4^+-N}$/%
腐熟	<40	>80	≥60	≥60	≤30
较腐熟	40~50	60~80	60~30	50~60	30~40
基本腐熟	50~65	50~60	30~12	40~50	40~50
未腐熟	>65	<50	<12	30~40	>50

表 3-46 各堆肥样品在第 30 天的实际测定值

样品种类	含水率/%	GI/%	$\eta_{C/N}$/%	η_{WSC}/%	$\eta_{NH_4^+-N}$/%
T_1	48.40	67.04	15.23	17.32	24.91
T_2	35.45	80.53	95.21	86.60	27.11
CK	23.11	48.61	6.34	36.85	37.18

3）模糊综合评价法的应用

① 隶属度的确定。首先建立 4 个级别的隶属度函数。将评价因子的实测值代入隶属度函数求出各指标的隶属度，结果见表 3-47。

表 3-47 模糊综合评价各指标的隶属度

处理方式	含水率/%	GI/%	$\eta_{C/N}$/%	η_{WSC}/%	$\eta_{NH_4^+-N}$/%
T_1	1	0.35	0	0	0
	0	0.65	0	0	0
	0	0	0.1794	0	0
	0	0	0.8206	1	1
T_2	0	1	1	1	0
	0	0	0	0	0
	0	0	0	0	0
	1	0	0	0	1

处理方式	含水率/%	GI/%	$\eta_{C/N}$/%	η_{WSC}/%	$\eta_{NH_4^+-N}$/%
CK	0	0	0	0	1
	0	0	0	0	0
	0	0	0	0.685	0
	1	1	1	0.315	0

② 权重确定。因素的权重（w_i）确定公式：

$$w_i = \frac{c_i}{s_i} \tag{3-2}$$

式中　c_i——某指标的实测值；

　　　s_i——某项指标的分级标准平均值。

计算结果见表 3-48。

表 3-48　模糊综合评价指标权重的计算结果

处理方式	含水率/%权重	GI/%权重	$\eta_{NH_4^+-N}$/%权重	$\eta_{C/N}$/%权重	η_{WSC}/%权重
T_1	0.2667	0.3027	0.1303	0.1086	0.1914
T_2	0.0934	0.1739	0.3887	0.2598	0.0840
CK	0.1427	0.2461	0.0575	0.2592	0.2942

③ 综合评价结果。

将各隶属度与权重进行乘积得出综合评价结果，计算结果见表 3-49。

表 3-49　模糊综合评价结果

处理方式	腐熟	较腐熟	基本腐熟	未腐熟	所属级别
T_1	0.3726	0.1968	0.5381	0.6737	未腐熟
T_2	0.8224	0	0	0.1774	腐熟
CK	0.2942	0	0.1775	0.8221	未腐熟

根据最大隶属度原则，由表 3-47 可知，T_1、T_2、CK 在各处理最大隶属度分别为 0.6737、0.8224、0.8221；又根据各最大隶属度所在等级可推出 T_1、T_2、CK 处理分别归入未腐熟、腐熟、未腐熟等级。

（2）灰色关联分析法的应用

1）计算关联系数　关联分析的基本公式是关联系数公式，在评价过程中将关联系数公式表示为

$$L_{0i(k)} = \frac{\min\limits_{i}\min\limits_{k}|x_0(k)-x_i(k)| + \rho\max\limits_{i}\max\limits_{k}|x_0(k)-x_i(k)|}{|x_0(k)-x_i(k)| + \rho\max\limits_{i}\max\limits_{k}|x_0(k)-x_i(k)|} \tag{3-3}$$

式中　$x_0(k)$——参考数列值；

　　　$x_i(k)$——比较数列值；

　　　ρ——分辨系数，一般取 0.5。

2）计算关联度　通过式(3-2)求出被比较序列 $\{x_i(k)\}$ 与参考序列 $\{x_0(k)\}$ 之间的关联度：

$$r_{0i} = \frac{1}{4} \sum_{k=1}^{4} L_{0i}(k) \tag{3-4}$$

3）灰色关联法的评价结果 通过公式计算可以得出 3 个处理样品与四级腐熟度标准之间的关联度，结果见表 3-50。

表 3-50 灰色关联度的计算结果

处理方式	腐熟	较腐熟	基本腐熟	未腐熟	所属级别
T_1	0.6053	0.6196	0.7658	0.7117	基本腐熟
T_2	0.8712	0.8549	0.6665	0.5636	腐熟
CK	0.6306	0.6379	0.7616	0.7869	未腐熟

其中 T_1、T_2、CK 处理的最大关联度分别为 0.7658、0.8712、0.7869，因此可以判定 T_1、T_2、CK 处理分别归入基本腐熟、完全腐熟、未腐熟等级。

（3）属性识别的应用

1）属性测度的确定 根据实测值和腐熟度分级标准来计算属性测度，计算结果见表 3-51。

表 3-51 属性测度的计算结果

处理方式	含水率/%	GI/%	$\eta_{C/N}$/%	η_{WSC}/%	$\eta_{NH_4^+-N}$/%
T_1	0.16	0.35	0.179	0	1
	0.84	0.65	0.820	0	0
	0	0	0	0	0
	0	0	0	1	0
T_2	1	1	1	1	1
	0	0	0	0	0
	0	0	0	0	0
	0	0	0	0	0
CK	1	0	0	0.685	0.282
	0	0	0	0.315	0.718
	0	0	0	0	0
	0	1	1	0	0

2）确定评价指标的权重 借用属性测度和信息熵概念计算指标的权重，计算结果见表 3-52。

表 3-52 属性识别指标权重计算结果

处理方式	含水率/%权重	GI/%权重	$\eta_{C/N}$/%权重	η_{WSC}/%权重	$\eta_{NH_4^+-N}$/%权重
T_1	0.1768	0.1344	0.1709	0.2588	0.2588
T_2	0.2000	0.2000	0.2000	0.2000	0.2000
CK	0.2440	0.2440	0.2440	0.1343	0.0328

3）属性测度向量的确定 计算样品隶属于各级别的属性测度向量，结果见表 3-53。

表 3-53 属性测度向量的计算结果

处理方式	腐熟	较腐熟	基本腐熟	未腐熟	所属级别
T_1	0.3649	0.3761	0	0.2588	较腐熟
T_2	1	0	0	0	腐熟
CK	0.3451	0.0658	0	0.4880	未腐熟

得到综合属性测度向量后，采用置信度准则的方法评判腐熟的类别，取置信度（λ）为 0.65，其结果是 T_1、T_2、CK 处理分别隶属于较腐熟、腐熟、未腐熟等级。

对于 T_1 处理，3 种判别方法都有不同的结果的主要原因是 3 种判别方法精确度的不同。模糊综合评价中隶属度函数的建立与属性识别中属性测度的计算颇为相似，两种方法的不同在于权重的计算方法上。模糊综合评价中权重主要根据实测值来确定，如式（3-1）所示，得到的权重都是相同的。但实际上，实测值在不同腐熟等级各级标准中所占比例又是不同的，所以对于不同的腐熟等级各评价指标的权重应该是不同的。属性识别法的权重计算是隐藏在属性测度之中的，而属性测度反映的是每一个实测值在不同分级标准中所占概率，又用信息熵表示概率的分散程度，也就是求得的权重。而模糊综合评价的实测值对于 4 个级别所占概率都是相同的，所以用属性识别法计算出的权重更加准确。模糊综合评价得到的 T_1 为未腐熟；属性识别得到的 T_1 为较腐熟；而灰色关联分析法是实测值与不同腐熟等级相异程度的比较，根据相异程度判断与不同腐熟等级的接近程度。灰色关联法较模糊综合评价法更加准确，因为实测值对于不同腐熟等级的接近程度在这里已经量化，不再是实测值在不同分级标准中所占比率相同。所以有灰色关联法和属性识别法得出的结果划分幅度较小，更加精准。

利用模糊综合评价法、属性识别、灰色关联分析法分别对 3 个不同接种工艺堆肥第 30 天的样品腐熟度进行综合评判。比较 3 种方法得到的评价结果可知，T_2、CK 处理得到的结果一样都为腐熟和未腐熟，而 T_1 处理腐熟度评价结果则存在较大的分歧，模糊综合评价得到的 T_1 为未腐熟；属性识别得到的 T_1 为较腐熟；灰色关联分析法得到的 T_1 为基本腐熟。3 种评价方法都证明 T_2 处理的多阶段接种堆肥腐熟度最优，而 CK 处理未腐熟，这与理论推测相一致。说明根据堆体温度变化（升温期、高温期、降温期、二次发酵）接种不同功能微生物可提高堆肥腐熟进程。灰色关联分析和属性识别法避免了模糊综合评价对于权重划分的不科学性，更加符合实际情况，是堆肥评价的较优方法。

（4）光谱学指标

不同堆肥处理下有机质分子的物理化学特性会有所不同，并且通过光谱学特性表现出来，因此可以利用图谱的变化分析有机质的物质结构特性；并通过一些特定的荧光及紫外特征吸收参数对有机质变化达到定量分析（表 3-54、表 3-55）。

表 3-54　不同堆肥处理 DOM 光谱学指标

处理方式		254nm	280nm	250nm/365nm	465nm/665nm	253nm/203nm
T_1	3d	0.1767	0.1580	2.888	3.3779	0.3386
	8d	0.8233	0.6799	2.9441	1.8779	0.3137
	18d	0.6139	0.4951	3.5539	1.8686	0.2858
	25d	0.1631	0.1471	2.8881	1.9852	0.3289
	30d	0.5542	0.4412	3.6159	1.8049	0.1798
T_2	3d	0.1429	0.1205	2.5757	2.3815	0.3489
	8d	0.1912	0.1588	2.9065	1.8942	0.3076
	18d	0.2000	0.1675	2.8082	1.4430	0.3317
	25d	0.5247	0.4229	3.8796	1.7493	0.3742
	30d	0.8372	0.6690	4.1797	1.9430	0.2975

续表

处理方式		254nm	280nm	250nm/365nm	465nm/665nm	253nm/203nm
CK	3d	0.2080	0.1702	3.0141	1.3283	0.3319
	8d	0.2124	0.1780	2.8957	1.8286	0.3117
	18d	0.6648	0.5347	3.4930	1.8971	0.2822
	25d	0.4814	0.3947	3.5355	1.8247	0.3347
	30d	0.3736	0.3090	3.2838	1.7382	0.3225

表 3-55 不同堆肥处理 DOM 光谱学指标

处理方式		A4/A1	f450/f500	I436/I383	FLR	HLR
T_1	3d	0.3333	2.8378	0.6862	1810.5113	6836.6482
	8d	0.4957	2.8569	0.7602	4627.8818	17757.4796
	18d	4.2700	3.0689	0.6629	586.8210	6288.3199
	25d	0.6442	2.7918	0.6482	4146.2039	12915.4498
	30d	0.9351	2.6846	0.6931	3751.4806	14181.8821
T_2	3d	0.4723	2.9410	0.7131	3420.3635	11313.5644
	8d	0.4886	2.7367	0.7363	4749.1430	14106.2736
	18d	4.7415	3.3485	0.6611	315.1372	4627.7836
	25d	0.5080	2.8178	0.6676	5830.9857	18395.4610
	30d	0.7869	2.1998	0.7496	5671.4078	28248.6841
CK	3d	0.3300	3.1241	0.6289	1829.8516	6635.9315
	8d	0.4021	2.8987	0.7592	4012.5490	13411.6982
	18d	4.2356	3.2374	0.6347	463.338	6110.2932
	25d	0.6302	2.7364	0.7100	5315.2927	19723.3976
	30d	0.7086	2.6933	0.6699	4704.7151	16125.3815

运用灰色关联法，根据已测得的理化指标对各个时期的样品进行综合判定，所得结果见表 3-56。

表 3-56 各个样品的腐熟等级

处理方式		腐熟	较腐熟	基本腐熟	未腐熟
T_1	3d				※
	8d				※
	18d			※	
	25d			※	
	30d			※	
T_2	3d				※
	8d				※
	18d			※	
	25d				
	30d	※	※		
CK	3d				※
	8d				※
	18d				※
	25d				※
	30d				※

注：※表示相应处理的腐熟等级。

根据已得出的各个样品的腐熟等级来确定光谱学指标的腐熟度分级标准，见表 3-57。

表 3-57　光谱学指标腐熟度分级标准

光谱学指标	腐熟	较腐熟	基本腐熟	未腐熟
A4/A1	≥0.7	0.6~0.7	0.5~0.6	≤0.5
f450/f500	≤2.6	2.7~2.6	2.8~2.7	≥2.8
I436/I383	≤0.6	0.6~0.7	0.7~0.8	≥0.8
FLR	≥5600	4200~5600	3700~4200	≤4200
254nm	≥0.7	0.5~0.7	0.3~0.5	≤0.3
280nm	≥0.6	0.4~0.6	0.2~0.4	≤0.2
250/365	≤4	3.5~4	3.5~3	≤3
465/665	≥1.9	1.8~1.9	1.7~1.8	≤1.7

根据灰色关联筛选法对各指标关联度大小进行比较，关联度较大的指标 A4/A1、I436/I383、254nm、280nm、465nm/665nm，其关联度分别为 0.7960、0.894、0.6841、0.7116、0.8148，被确定为光谱学评价指标。

运用光谱学指标得出的评价结果 T_1、T_2、CK 分别为较腐熟、腐熟、基本腐熟，这与之前运用普通理化指标所得结果完全一致，T_1、T_2 多阶段接种的堆肥都达到了较腐熟、完全腐熟。不同指标体系对于 CK 处理给出了基本腐熟和未腐熟两种不同结论，由于 CK 是未添加菌剂的处理所以腐熟速度较慢，在堆肥结束时也未达到完全腐熟，光谱学指标体系给出了更加精准的判别，把 CK 归入基本腐熟阶段，较符合客观实际。

3.8　污泥与餐厨垃圾混合蚯蚓堆肥氮素转化

3.8.1　蚯蚓堆肥的研究进展

3.8.1.1　蚯蚓堆肥的原理

根据蚯蚓在自然生态系统中具有促进有机物质分解转化的功能，近年来人们在固体废物堆肥（composting）的基础上研发了蚯蚓堆肥（vermicomposting），可以利用蚯蚓对城市生活垃圾中的有机部分、农业有机废物进行生物处理，处理后的产品为生物肥料——蚯蚓粪和兼有饲用、药用等开发价值的蚯蚓。

蚯蚓是一种杂食性的环节动物，它在自然生态中具有促进有机物质分解转化的功能。研究表明，蚯蚓在其新陈代谢过程中吞食有机物质，并将其与土壤混合，通过砂囊的机械研磨作用和肠道内生物化学作用进行分解转化[159]。蚯蚓堆肥处理方法是利用蚯蚓食性广、食量大及其体内可分泌出分解蛋白质、脂肪、碳水化合物和纤维素的各种酶，通过蚯蚓的新陈代谢作用，将有机废物转为物理、化学和生物学特性俱佳的蚯蚓粪[160]。蚯蚓处理有机废物涉及重建一个物质再循环的过程，在这一过程中蚯蚓以其特殊的生物学功能与环境中的微生物协同作用，加速有机废物中有机物质的分解转化。而且，通过蚯蚓在粪便中的运动还可以改进粪便中的水汽循环，使得粪便和其中的微生物得以运动、相互混合，从而加强蚯蚓和微生物对粪便处理的协同作用。蚯蚓的吞食量很大，1亿条蚯蚓1d可吞食40~80t垃圾，排出20t蚯蚓粪[159]。蚯蚓堆肥处理方法简单，不需要复杂的设备及处理过程，因此，广大农村和城市郊区尤其适用，并且堆肥处理产物有较好的生物活性，有利于提高堆制后物料的品质。

蚯蚓堆肥处理有机废物的技术已经得到国际上的认可，城市有机混合垃圾和农业有机废物经过蚯蚓处理，其产物将成为无公害农业生产的生物肥料，减轻了对环境的污染问题，这对保护生态环境、促进农业可持续发展具有重要意义。

3.8.1.2 蚯蚓堆肥的研究现状

日本学者前田古颜在1973年培育成了繁殖倍数极高、适合于人工养殖的蚯蚓品种"大平2号"，使蚯蚓堆肥这项生物技术得到革命性发展。自从20世纪70年代美国研究者Hartentitein有目的地将蚯蚓用于处理有机废物以来，该项技术迅速在美国、日本、英国、澳大利亚、印度、古巴及其他国家得到了广泛的研究，并在全世界范围内得以推广和应用。随着研究领域的不断扩展和研究程度的不断加深，蚯蚓堆肥所应用的范围越来越广，从以前单纯的处理畜禽粪便逐渐将范围延伸到其他领域，如利用蚯蚓处理污泥和生活垃圾。

（1）蚯蚓处理固废的研究现状

城市污泥的蚯蚓处理技术（vermicomposting）是一项新兴的污泥处理技术，兴起于20世纪70年代末，利用蚯蚓处理城市污泥，不仅可以将污泥中的重金属富集于蚯蚓体内、去除病原菌、转移消化有机有害物，而且可将城市污泥转化为富含营养物质（氮、磷、钾和钙）的生物有机肥；同时蚯蚓本身又是一种高蛋白饲料[161]。因此，蚯蚓处理污泥是一种无害化、生态环保的处理城市污泥的有效途径。

蚯蚓分解污泥的基础研究多集中在蚯蚓品种的选用，污泥的预处理和其他物料的配比，蚯蚓处理污泥的温度、湿度，及蚯蚓的生物量等方面。从文献报道上来看，研究大多数表居型蚯蚓时，大多数学者对污泥进行了预处理[162~167]，包括添加一些辅料（稻草，牛粪和锯末等）。污泥中添加辅料，一方面为蚯蚓处理污泥提供一定的孔隙度，为蚯蚓和微生物提供充足的氧气；另一方面，为蚯蚓和微生物提供一定的碳源和氮源。Haimi等[168]研究结果表明，蚯蚓能够处理自己体重1/2的污泥量，Neuhauser等[169]研究认为，蚯蚓的摄食水平与摄食种类有关，在马粪中蚯蚓的最佳生长密度为0.8kg/m²，活性污泥中为2.9kg/m²。Ndegwa等[170]的研究表明，每天每千克蚯蚓在污泥中的最佳投喂量为0.75kg。Ndegwa等[171]对此用不同物料，不同C/N做了相关研究表明，蚯蚓在污泥中的最佳生长的C/N是25:1。Dominguez等[172]研究了废纸、废纸箱、杂草、松针、锯末和食品废物与城市污泥的混合物对蚯蚓生长和繁殖的影响，结果表明，蚯蚓在污泥和食品废物混合物中生长速度最快，可达（18.64±0.6）mg/d；在污泥与锯末混合物中生长速度最慢，为（11.04±0.7）mg/d；在废纸、纸箱与污泥混合物中繁殖速度较快，每周的产卵量分别为（2.82±0.93）个和（3.19±0.30）个，单独喂养污泥的对照组产卵量只有（0.05±0.01）个。

（2）蚯蚓处理有机废物的研究现状

蚯蚓处理有机废物作为一种古老又年轻的环保的固体废物处理技术，近来越来越受到人们的欢迎。1991 年法国在罗纳河畔的 Lavoulte 市建立的世界上第一座利用蚯蚓处理城市生活垃圾的垃圾处理场，日处理垃圾 20～30t，仅需 4 个工人操作，垃圾的处理成本每吨约为 360 法郎。2000 年澳大利亚悉尼奥运会期间，利用 16 万条蚯蚓处理奥运村生活垃圾，可以做到垃圾不出村就地消纳[173]。美国加利福尼亚某公司养殖 5 亿条蚯蚓，每天可处理 200t 工业废物。日本兵库县蚯蚓养殖场，养殖有 10 亿条蚯蚓，专用于处理食品厂和纤维加工厂的废物；日本静冈县蚯蚓养殖场，面积 $1.65 \times 10^4 m^2$，养殖蚯蚓用于处理有机废物和造纸厂的纸浆废渣等，每月可处理有机废物 3000t[174]。近年来，美国的一些城市实施"后院蚯蚓堆肥法"工程，大力推广养殖蚯蚓处理家庭生活垃圾的做法，日本的许多家庭都利用蚯蚓处理日常的生活垃圾。

蚯蚓作为自然界物质循环的分解者，能无污染地处理有机废物，将其转换成有机肥料，在一些发达国家正盛行用蚯蚓处理生活垃圾以转化为生物肥料。我国对蚯蚓处理有机废物的起步稍晚，清华大学环境工程研究所在 20 世纪 80 年代中期便开始开展养殖蚯蚓处理城市生活垃圾的可行性研究；2000 年北京海淀区环卫所在清华大学工作的基础上，在三星庄垃圾处理场建立了 1 座蚯蚓处理生活垃圾中试装置，并投入生产运行[173]。近年来，福建省农科院利用蚯蚓处理果蔬加工业固体废物实验研究，结果表明，采用人工养殖蚯蚓的方式处理菠萝及香蕉假茎叶是可行的，经过蚯蚓处理后的残渣可以作为优质的农用有机肥。

（3）蚯蚓堆肥的条件控制

蚯蚓是喜温、喜湿、喜安静、怕光、怕盐的动物，在生长发育过程中对养分、温度、湿度、空气、光照、pH 值等均有一定的要求。严格的技术参数控制是获得理想堆肥产品的必要条件，但影响蚯蚓堆肥的可控因素还很多，归纳起来主要有以下几个方面。

堆肥原料对蚯蚓堆肥有很大影响。堆肥原料主要有污泥、城市固体废物、农业废物、畜禽粪便、食品废物。蚯蚓堆肥要求原料适宜的有机质含量为 20%～80%，当其低于20% 时不能为蚯蚓提供足够的能源物质，影响蚯蚓活性，蚯蚓无法生存；高于 80% 时，堆肥过程中对供氧的要求高，往往达不到良好的好氧条件而产生恶臭[16]。有研究表明，我国生活垃圾中有机成分含量较少，势必影响到其堆肥效果。如果堆肥物料含水率过高，堆体内易形成厌氧环境，不利于堆肥的进行。所以众多学者对物料含水率调节进行了大量研究，调理剂主要集中于锯末、作物秸秆、粉碎的废橡胶轮胎，如把木屑和秸秆等加进高湿度的原料中，不仅可以起到降低物料含水率的作用，还可以维持堆垛结构的完整性和多孔性。有研究表明，新鲜猪粪中加入锯末、干粪及菇渣作为填料，初始物料含水率调至65% 左右，并接入合适的微生物菌剂有利于猪粪发酵腐熟。在牛粪堆制过程中分别添加锯末、稻壳、稻草等，发现它们对氨挥发都有抑制作用，其中锯末抑制氨气挥发的效果最好。但是调理剂成分一般情况下都比较复杂，较之于生活垃圾与畜禽粪便要难于降解，从而影响堆肥的腐熟和物料稳定化程度的均一性。

物料的含水率也是蚯蚓堆肥过程中影响蚯蚓生长、繁殖的一个重要因素。在牛粪预堆制时，其适宜含水率为 50%～60%。但是在蚯蚓堆肥时情况会有所不同，因为蚯蚓属于湿生动物，具有特殊的呼吸机制，蚯蚓的呼吸是通过体表吸收溶解在体表含水层的氧气，氧气再通过扩散作用而不是主动运输过程进入蚯蚓体内的，因此对蚯蚓来说环境湿度对其生存非常重要，是蚯蚓生存的限制因子之一。蚯蚓对水分的吸收和丧失主要通过体壁及蚓体的各孔道进行，当外界水分不足，蚯蚓的呼吸和新陈代谢就会产生困难。但是为了维持生命活动，它能利用体内储存的水分来克服不良的环境条件。在水分过多或淹水时，蚯蚓虽能在水下生存2～4d，甚至多达几个月，但是许多蚯蚓还是逃离水下，爬出地表或死亡，其原因很复杂，其中过多的水分把蚯蚓本身排泄在孔道粪粒中的氨、硝酸盐、三甲基胺的氧化物、土壤有机质的分解产物以及施入土壤中的可溶性盐分渗到蚯蚓周围，这些物质对蚯蚓产生刺激或毒害，从而引起蚯蚓逃逸或死亡。赤子爱胜蚓在处理马粪时最适宜的环境湿度为60%～70%。在研究利用蚯蚓处理污水处理厂污泥时发现，在湿度为70%～85%时可获得最大的蚯蚓生物量。Reinecke和Venter[175]推断，*E. feotida* 生存在牛粪中的最适湿度为75%。有研究比较了不同湿度（70%，75%，80%，85%，90%）对牛粪和猪粪中 *E. feotida* 的生长、繁殖和存活的影响，当牛粪湿度为90%时，蚯蚓达到了最高的生长率，在猪粪中这个湿度为75%；蚯蚓的最高繁殖率在牛粪和猪粪中分别出现在75%和80%的湿度条件下。仓龙等用室内接种法研究了赤子爱胜蚓处理牛粪、猪粪及鸡粪和药渣混合物的最适湿度，结果表明：赤子爱胜蚓处理未腐熟牛粪、未腐熟猪粪及未腐熟鸡粪和药渣混合物的最佳湿度分别为70%、75%、65%。刘亚纳[176]发现，蚯蚓适宜的湿度范围：牛粪和猪粪为65%～75%，鸡粪为60%～70%。堆料湿度不仅影响蚯蚓的生长，也对蚓茧的数量和孵化有一定的影响。研究人员用腐熟的马粪饲养赤子爱胜蚓，在同样饲养条件下，饲料水分含量在60%～70%时对其生产蚓茧和孵化都有利，但含水量大于70%或低于50%时对蚓茧和孵化都有不利影响。

　　C/N比也是蚯蚓堆肥过程中的一个必须考虑的因素。待处理的有机废物不仅是蚯蚓的处理对象，同时也是蚯蚓新陈代谢和生长繁殖所需物质和能量的供应者，待处理物料对蚯蚓的适口性以及营养性决定了蚯蚓的处理效率。有研究发现，物料的C/N比对于蚯蚓的生长和繁殖有较大影响。C/N过高，氮素营养少，蚯蚓发育不良，生长缓慢；C/N比过低，氮素含量过高，容易引起蚯蚓蛋白质中毒症，导致蚓体腐烂。Ndegwa P M 等[177]在对蚯蚓处理造纸厂污泥的研究中认为，在物料C/N比为25时蚯蚓可以获得最高的生殖率，而且堆制后的产物具有较高的肥力，并对环境污染最小。刘艳玲等[178]的研究认为，物料的C/N比在20左右比较适合。家畜粪和秸秆的C/N比调节比较简单，一般两者搭配调整C/N比到30～40。但实践证明，由于C/N比在28左右时发酵过程最快，故正常情况下，C/N比为25～35时最佳。牛粪的C/N比一般为20～30，所以非常适宜蚯蚓处理生长。

　　在蚯蚓处理有机废物过程中，蚯蚓的接种密度决定着处理效率，在一定范围内处理效率与蚯蚓密度成正比，但是蚯蚓的种群密度受到环境因子的影响，当密度过大时蚯蚓个体之间会产生抑制作用，并且容易发生疾病，从而影响处理效率。Dominguze和Edwards[179]的研究认为，即使在温度、湿度等物理条件都理想的情况下，蚯蚓投加密度过大会影响蚯蚓的生长。研究表明[180]，*Eisenia andrei* 在猪粪中最适的接种密度是每43.61g干重猪粪中接种8条蚯蚓。Ndegwa 等[171]的研究表明在造纸厂污泥中养殖蚯蚓的最适密度为 1.60kg 蚯蚓/m²。

3.8.2 蚯蚓堆肥过程中全氮（TN）含量变化

图 3-94 显示了 4 种不同物料配比下蚯蚓堆肥过程中全氮（TN）含量随堆肥时间的变化情况。从图 3-94 中可看出，尽管 TN 含量的变化曲线是波动的，但除处理 4 外，其他处理在经历了短暂的下降之后还是呈上升的趋势，而且最终超过了 TN 的初始浓度。这与黄国锋等[181]研究得出的结论基本一致。这是因为在堆肥初期，相比其他处理，处理 4 的 TN 含量略有升高，可能是由于餐厨垃圾单独进行堆肥，其初始 C/N 比较高，堆体中碳素含量较高，在堆肥过程中可以形成较多的腐殖质，对 NH_4^+-N 起到很强的固定作用，从而降了了氮素的挥发损失；同时通过蚯蚓和微生物的协同作用有机物被缓慢地分解，使堆体干物质含量降低，TN 含量就会呈不断增加的趋势。其他处理堆肥初期，蚯蚓和微生物协同大量分解含氮化合物的同时，大量 NH_4^+-N 不能及时转化为有机态氮，在较高的 pH 值和湿度条件下氮素以 NH_3 形式挥发而大量损失，因此呈急剧下降的趋势，至第 7 天时处理 1、处理 2 和处理 3 分别降为 23.2g/kg、16.61g/kg 和 9.58g/kg；堆肥中期，氮素损失速率下降，蚯蚓不断将有机质分解成 CO_2 和 H_2O 而散失，使堆体干物质不断损失，因此单位干物质中 TN 相对含量就呈增加趋势；堆肥后期，有机物分解较为缓慢，干物质损失减少，氮素也不再损失，堆料逐步趋于稳定，因此 TN 含量变化较小，升高后逐渐趋于平缓。至第 35 天堆肥结束时，相比初始值，各处理 TN 含量均有不同程度的增加，处理 1、处理 2、处理 3 和处理 4 并最终分别稳定在 54.11g/kg、47.74g/kg、29.55g/kg 和 10.69g/kg。

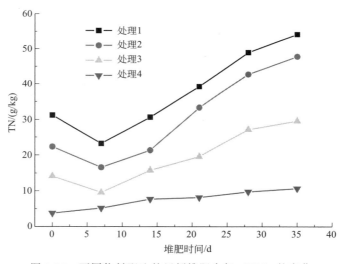

图 3-94　不同物料配比的蚯蚓堆肥全氮（TN）的变化

3.8.3 蚯蚓堆肥过程中 NH_4^+-N 含量变化

图 3-95 显示了 4 种不同物料配比下蚯蚓堆肥过程中 NH_4^+-N 含量随堆肥时间的变化

情况。从图 3-95 中可看出，4 个处理的 NH_4^+-N 变化规律是一致的，均表现为先增加后减少。这与李承强等[182]的研究结果一致。只是到达峰值的时间不同，处理 1 与处理 2 于第 7 天时达到最高值，分别为 1.88g/kg 和 1.47g/kg；处理 3 与处理 4 于 14d 时达到最高值，分别为 1.36g/kg 和 0.91g/kg。在堆肥初期，NH_4^+-N 的含量迅速增加，这是由于 pH 值升高以及蚯蚓活动引起氨化作用的结果。随着堆肥的进行，可降解氮成分减少，NH_4^+-N 的含量随之降低；同时，蚯蚓活动使硝化细菌的数量、活性大大提高，从而使硝化作用增强，NH_4^+-N 转化成 NO_3^--N 的量不断增加[183,184]。因此，NH_4^+-N 含量在堆肥后期逐步减少，其中处理 2 和处理 3 两个处理的 NH_4^+-N 含量急剧下降，至第 35 天堆肥结束时分别降为 0.26g/kg 和 0.35g/kg。而处理 1 和处理 4 两个处理的 NH_4^+-N 含量下降缓慢，堆肥结束时仍维持在 0.71g/kg 和 0.36g/kg 的较高浓度。这与杨国义等[185]的研究一致。这是由于处理 1 和处理 4 中仅有污泥和餐厨垃圾单独进行蚯蚓堆肥，造成堆体内物料不均匀，阻碍了 NH_4^+-N 的转化。因此，污泥和餐厨垃圾不宜单独堆肥，混合堆肥可以改善堆肥的物理性质，物料均衡，以加快 NH_4^+-N 的转化，减轻由此而产生的对蚯蚓的毒害作用。

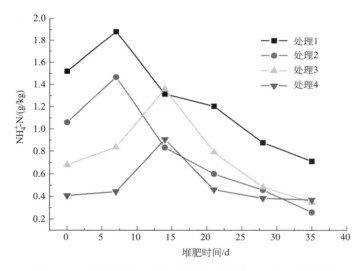

图 3-95　不同物料配比的蚯蚓堆肥水溶性 NH_4^+-N 的变化

3.8.4　蚯蚓堆肥过程中 NO_3^--N 含量变化

图 3-96 显示了 4 种不同物料配比下蚯蚓堆肥过程中 NO_3^--N 含量随堆肥时间的变化情况。从图 3-96 中可看出，4 个处理的 NO_3^--N 变化趋势相一致，均表现为在堆肥初期 NO_3^--N 含量很低，这是由于堆肥初期氨氮浓度较高严重抑制了蚯蚓活动引起的矿化作用，从而抑制了硝化细菌的生长和活动，因此影响了硝化作用的顺利进行[186]。经过高浓度氨氮堆肥阶段后，处理 1 和处理 2 在第 7 天时 NO_3^--N 含量开始增加，处理 3 和处理 4 在第 14 天时 NO_3^--N 含量开始增加，至第 35 天堆肥结束时处理 2 增加最快且明显高于其

他处理，而处理 1 的 NO_3^--N 含量最低。处理 2 和处理 3 的 NH_4^+-N 含量在堆肥过程中降低最快，堆肥结束时含量最低，两者 NO_3^--N 含量升高最快，堆肥结束时含量最高，并且分别为 1.65g/kg 和 1.49g/kg。这也充分说明了两种物料混合进行蚯蚓堆肥有利于堆体内物料均衡和物理性状的改善，促进 NH_4^+-N 向 NO_3^--N 转化。

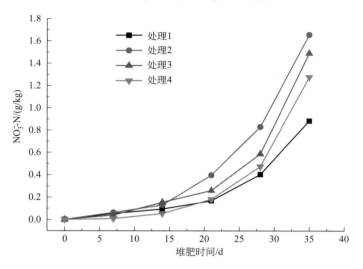

图 3-96 不同物料配比的蚯蚓堆肥水溶性 NO_3^--N 的变化

3.8.5 蚯蚓堆肥过程中 NH_4^+-N/NO_3^--N 含量变化

大多试验证明，不同形态和比例的氮素对堆肥腐熟的影响不同，过高的 NH_4^+-N/NO_3^--N 比例均会引起蚯蚓数量的减少，其中 NH_4^+-N 的影响尤为严重。蚯蚓堆肥产物的多种生物学和化学指标及相关分析表明：NH_4^+-N/NO_3^--N 可作为反映蚯蚓堆肥处理腐熟度的优选指标[187]。图 3-97 显示了 4 种不同物料配比下蚯蚓堆肥过程中 NH_4^+-N/NO_3^--N 随堆肥时间的变化情况。从图 3-97 中可看出，4 个处理初始 NH_4^+-N/NO_3^--N 值均较高并且差别很大，处理 1、处理 2、处理 3 和处理 4 初始 NH_4^+-N/NO_3^--N 值分别为 2328、1000、420.4 和 281.8，但随着堆肥进行均呈迅速下降趋势，尤其在 0～7d 期间下降幅度最大，这与鲍艳宇等[188]研究得出的结论基本一致，其主要是由于堆肥初始时的 NO_3^--N 含量极低，导致堆料中 NH_4^+-N/NO_3^--N 值较高，随着堆肥的进行，NO_3^--N 含量逐渐增加，NH_4^+-N 含量降低，使 0～7d 内 NH_4^+-N/NO_3^--N 迅速下降，在随后的 7～35d 其下降趋势减缓；至第 35 天堆肥结束时，处理 1、处理 2、处理 3 和处理 4 的 NH_4^+-N/NO_3^--N 值分别为 0.81、0.16、0.23 和 0.29。除处理 1 外，其他处理的 NH_4^+-N/NO_3^--N 值均小于 0.5。根据加拿大政府有关堆肥标准，当 NH_4^+-N/NO_3^--N≤0.5 或 NO_3^--N/NH_4^+-N≥2 时堆肥腐熟，则除处理 1 外，其他处理经过蚯蚓堆肥都能达到腐熟要求，并且达到腐熟的速度由大到小为：处理 2＞处理 3＞处理 4＞处理 1，即物料配比为 33：67 的处理首先达到腐熟。

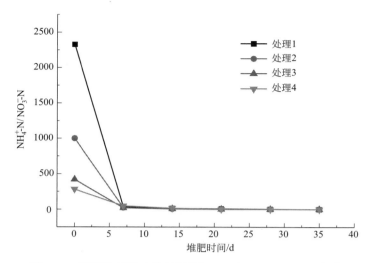

图 3-97　不同物料配比的蚯蚓堆肥 NH_4^+-N/NO_3^--N 的变化

3.9　堆肥处理设计

3.9.1　大中型堆肥设计

3.9.1.1　设计原则

大中型堆肥设计是指建立专门的堆肥厂，配备相应的附属设备，对收集转运来的多个村镇的生活垃圾进行集中处理，将堆肥原料放置在场地上堆成条垛或条堆进行发酵，通过自然通风、翻堆或强制通风方式，供给有机物降解所需的氧气，经过一次发酵、二次发酵、后处理、脱臭及储存等工序完成堆肥的过程，如图 3-98 所示。

3.9.1.2　设计方法

（1）选址

经过实地调研和现场踏勘，选定符合当地需求的堆肥厂址。

1）符合区域规划　根据堆肥厂所需接纳的农村生活垃圾来源，结合当地的规划，开展队堆肥厂址选择、设计等。

2）易于落实用地　农村生活垃圾堆肥厂址的选择需要结合土地资源情况、土地性质、征地成本等。

3）有利于提高操作经济性　要求堆肥厂的选址有利于交通便利，便于原料的进入及堆肥产品的消纳。

4）有利于达成环境保护目标　生活垃圾在综合处理厂处置的过程中产生的堆肥臭气、渗滤液等二次污染物，经由生物滤池及渗滤液处理设备进行处理，达到国家相关排放标准，符合国家环境保护的要求。

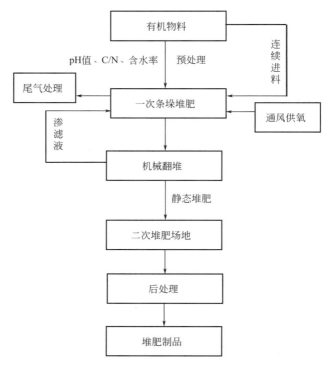

图 3-98　农村生活垃圾大中型堆肥系统设计流程

（2）堆肥厂房工程设计

1）设计荷载

① 恒载：钢屋架 0.5kN/m²。

② 钢筋混凝土屋面装修荷载：2.0～3.0kN/m²。

③ 活载：屋面 0.5kN/m²。

④ 基本风压：0.55kN/m²。

⑤ 基本雪压：0.2kN/m²。

2）设计标准

① 建筑结构安全等级为二级。

② 结构设计使用年限 50 年。

③ 建筑抗震设防 Ⅰ 类别：焚烧车间为乙类，其余为丙类。

3）主要结构材料

① 混凝土：房屋建筑现浇钢筋混凝土构件 C30；盛水构筑物 C30，抗渗等级 S6；素混凝土垫层 C15。

② 钢材：HPB235（φ 表示）f_y=210N/mm²；HRB335（Φ 表示）f_y=300N/mm²；支撑及围护结构采用 Q235 或 Q335 钢；网架由专业厂家设计制作。

③ 砖砌体：设计地坪以下墙体采用 Mu10 蒸压灰砂砖，M7.5 水泥砂浆砌筑；设计地坪以上墙体采用 Mu10 蒸压灰砂砖，M7.5 混合砂浆砌筑。

（3）基础设计

拟采用桩基础，钢筋混凝土墙体采用连续墙基础。综合厂房采用钢筋混凝土柱和钢网架屋盖结构，屋面采用彩钢板结构，围护除局部混凝土砌块外，采用彩钢板。厂房内部构造。卸料平台、操作控制室、发酵槽挡墙、生物滤池等均采用钢筋混凝土结构，渗滤液和冷凝水调蓄池深3m，采用钢筋混凝土池体，混凝土抗渗等级S6。

（4）场地准备

场地应留有足够的空间，使堆肥设备在条垛间操作方便，堆体的形状应维持不便，还应重视对周围环境的影响和渗漏问题。

场地表面应满足一下要求：必须坚固，常用沥青混凝土作面料，其设计施工标准与公路相似；必须有坡度，便于渗滤液及时排出，当采用硬质材料时场地的表面坡度不小于1%，采用砾石或炉渣等材料时坡度不小于2%；场地需配置渗滤液收集、排出及处理系统，如排水沟、储水池、生物处理滤池等；对于寒冷地区，由于冬季寒冷多风，因此堆肥车间应加盖屋顶，并建有防风墙。

（5）给水排水

1）厂区给水

① 生活、生产用水量。厂区用水包括生活用水、生产用水及消防用水等几个方面，其生产、生活用水量主要来源及用水量见表3-58。

表 3-58　生产、生活用水量主要来源及用水量

类别	用水定额
生活用水	$60\sim100\mathrm{L}/(\text{人}\cdot\mathrm{d})$
实验室用水	$300\sim500\mathrm{L/d}$
受料与前处理工序冲洗水	$2\sim4\mathrm{L}/(\mathrm{m}^2\cdot\mathrm{d})$
预处理发酵仓冲洗水	$1\sim2\mathrm{L}/(\mathrm{m}^2\cdot\mathrm{d})$
卸料平台冲洗水	$0.8\sim1.2\mathrm{L}/(\mathrm{m}^2\cdot\mathrm{d})$
中间处理和堆肥场地冲洗水	$1.6\sim2.4\mathrm{L}/(\mathrm{m}^2\cdot\mathrm{d})$
厂内车辆冲洗水	$300\sim400\mathrm{L}/(\text{辆}\cdot\mathrm{d})$
道路浇洒用水	$0.8\sim1.2\mathrm{L}/(\mathrm{m}^2\cdot\text{次})\times1\text{次}/\mathrm{d}$
绿地浇灌用水	$0.6\sim0.8\mathrm{L}/(\mathrm{m}^2\cdot\text{次})\times1\text{次}/\mathrm{d}$
未预见用水量	$3.0\sim6.0\mathrm{L}/(\mathrm{m}^2\cdot\mathrm{d})$

② 室外消防用水量。室外消防用水量为20L/s。

③ 室内消防用水量。按《建筑设计防火规范》（GB 50016—2014），根据厂内各建筑物设计生产类别，整个厂区不设置室内消火栓系统。

④ 给水水源。处理厂生活、生产用水与消防用水合用。根据工程总体布置，在厂区内设计给水管网。

⑤ 给水管网。厂区给水管采用埋地UPVC给水管，覆土一般为0.70~0.80m，布置在道路或绿化带内。

2）厂区雨水系统设计　采用雨污水分流制。综合厂房的渗滤液、发酵仓冲洗水和冷凝液，进入厂房内的调蓄池，渗滤液（车间内利用后剩余）和冲洗水通过专用管道送至现

填埋场渗滤液处理站，处理至纳管标准后排放。

① 汇水面积：全厂面积为 $29.68 \times 10^4 \, m^2$。

② 雨水管网：厂区道路上设置雨水管网。雨水管管径 $=DN400 \sim 800mm$，管径 $\leqslant DN400mm$ 采用埋地硬聚氯乙烯排水管，管径 $>DN400mm$ 采用钢筋混凝土管。

室内排水系统按污水、废水去向分流。室外污水、废水合流排入厂区污水管。生产厂房污水、废水按处理去向设专用管道排入填埋场处理。厂区污水管网布设在厂区道路上，污水管管材采用埋地硬聚氯乙烯排水管。

3.9.1.3 堆肥作业

（1）前处理

大中型生活垃圾堆肥厂堆肥前，物料前处理工艺主要包括破碎、分选、筛分等程序，主要达到以下目的。

① 去除粗大生活垃圾和不能堆肥的物质，提高堆肥物料的有机质含量。

② 调整物料粒度：适宜的物料粒径范围为 $12 \sim 60mm$，最佳粒径随生活垃圾物理特性的变化而变化；同时，还应从经济方面考虑，因此破碎的具体粒径由技术设计单位进行综合确定。

③ 调整物料的含水率：可以结合农村废物特性，将人粪尿、畜禽粪便、高浓度有机废水、秸秆作为堆肥物料的水分调节剂。

④ 调节 C/N 比：通常使用木屑等作为 C/N 比的调节剂。

⑤ 微生物含量：可以根据堆肥发酵工艺，适当接种一些高效堆肥菌种或酶制剂，从而提高堆肥效率。

（2）建堆

建堆方法与物料特性相关，如无添加物可直接进行建堆，如有添加物应根据添加物的掺入和混合方式建堆，主要方式如下。

① 采用一层生活垃圾一层添加物的方法建堆，通过后期的翻堆实现物料的混合。

② 生活垃圾和掺入物同时建堆，边混合边堆置。

③ 推荐的条垛适宜尺寸为：底宽 $2 \sim 6m$，高 $1 \sim 3m$，长度不限。

（3）一次发酵

通常，在严格通风供氧的条件下，从堆体温度升高至降低为止的阶段称为一次发酵，该阶段在微生物的作用下，物料开始发酵，将易分解有机物分解，产生 CO_2 和 H_2O，放出热量，使堆温上升，同时微生物吸取营养成分进行自身的生长与繁殖。该阶段的持续时间在不接种的情况下一般为 $30 \sim 45d$，在进行生物强化堆肥情况下发酵时间一般为 $4 \sim 12d$。

（4）二次发酵

一次发酵产生的半堆肥产品被运送至后发酵工序，并将一次发酵产生的渗滤液调节物料含水率至 $55\% \sim 60\%$，以保证堆肥物料中微生物生长的最佳含水率。经过二次发酵，将一次发酵尚未分解的有机物进一步降解，是指转化成为比较稳定的有机物，得到完全腐熟的堆肥制品。

该阶段可以根据堆肥厂将条垛堆置成底宽 $2 \sim 3m$，长度一般为 $20 \sim 50m$，堆高为 $1 \sim$

2m，通过自然通风和间歇性翻堆，发酵时间为 20～30d。

（5）后加工

经二次发酵的物料，几乎所有的有机物都已细碎和变形，数量也有所减少，需要对物料进行烘干并进一步粉碎，具体工艺可根据有机肥品质的高低，进行相应的有机肥加工。

3.9.1.4　其他

（1）环境卫生

1）生活垃圾处理的无害化　处理厂产生一定数量的生活垃圾用于环境中的成品堆肥，因此保护环境最主要一步是保证腐熟堆肥的质量，使之不对环境造成不利影响。

主要采取下述有效措施：a. 对生活垃圾中主要含重金属组分（Pb 贡献率约 50%）的街道保洁生活垃圾进行源头分流，不进入处理设施；b. 严格按照堆肥工艺来操作，使发酵过程中达到 55℃的高温，并维持一定的时间，以满足生活垃圾无害化的要求；c. 通过发酵使有机物质充分腐熟，以避免成品堆肥施用于农田后形成局部厌氧区域。

2）对大气的保护措施　整个生活垃圾处理过程都在室内进行，需对产生的臭气进行有组织的处理和排放。

在生活垃圾前处理、中间处理、发酵等过程工序中选用相应的通风装置，有效地控制处理车间的扬尘点，并把含尘空气集中净化，使处理车间中空气中含尘量不大于规定值。

中心控制室内装有监控工业电视和自动控制的微机系统，可通过空调及空气过滤装置来保证操作室内实现较高的环境质量。

为防止卸料室内的臭气外溢，设有空气帘幕及通风设施，使卸料室处于负压状态。

针对各臭气产生源进行源头脱臭或源头收集，收集的臭气通过生物滤池处理后排放。

处理后的臭气排放应满足《恶臭污染物排放标准》（GB 14554—1993）中规定的标准。

对生活垃圾运输车辆采取密闭措施，防止臭气的无组织排放。

3）渗滤液处理设计原则　渗滤液污水首先经过预处理，拦截机械性杂质和砂砾，在保证水质均和的前提下进入调节池停留 24h。污水进入 H 池，利用 H 池中填充的大量微生物降解渗滤液中含有的胡敏酸、富里酸等难降解的多酚类高分子化合物，有效时间 20d。出水经过沉淀后进入 RBS 处理工艺阶段。污水在此进行降解、硝化与反硝化——氮素得以脱除、有机污染物得以较彻底分解。脱氮池出水经过沉淀池沉淀，污泥回流到反硝化池前端，上流液体经过再曝气，进行 COD、BOD 的去除和硝化处理。经过混凝后流入后续的深度处理装置和设施。污水首先通过炉渣的吸附（吸附及其配套泵等设备设置于现有设备间），出水固性物通过超滤拦截后排放。

4）处理厂噪声及保护措施

① 尽可能选用低噪声设备。

② 总图布置符合整个基地的总体布置，将生产区与管理生活区分开，生产区与周围环境均以绿化带隔离。

③ 对噪声级别较高的设备根据不同情况采取隔声、消声、吸声及减震等控制措施，使作业场所和环境噪声达到标准要求。

（2）蚊蝇的控制

对蚊蝇的控制贯穿于生活垃圾产生、运输及处置的全过程，从根本上破坏蝇类的滋生繁殖环境，消除蝇类对人类的影响。主要采取以下的措施：a. 生活垃圾的运送尽量密闭运输，减少吸引蝇类的机会；b. 在卸料室等蝇类滋生处应喷洒灭蚊蝇的药水，在夏、秋高温高湿季节蝇类繁殖高峰期，特别是雨刚过及闷热阴天，蝇类较多，应增加喷药杀蝇次数；c. 在处理厂绿化中应搭配种植具有杀虫灭菌作用的植物种类如苦楝、臭牡丹、白头翁根、辣蓼等。

宁夏地区农村生活垃圾进行分散式处理时，提倡进行资源化处理，主要方式及工程为庭院式堆肥工程、户式厌氧发酵工程。

3.9.2　庭院式堆肥设计

3.9.2.1　设计原则

庭院式堆肥是指将污泥、格栅截留物、厨余垃圾等废物以简单的堆垛形式进行堆制，在堆制期间进行定期翻垛。一家一户的家庭堆肥处理，可在庭院里采用木条、铁丝网等材料围成 $1m^3$ 左右的空间，用于堆放可腐烂的有机生活垃圾。堆肥围护材料可就地取材（如木条、树木枝丫、砖石、钢筋或其他材料）；堆肥时间一般 2～3 个月以上。庭院堆肥处理要远离水井，并用土覆盖。

农村生活垃圾庭院式堆肥处理设计原则按宁夏《农村生活垃圾处理技术规范》（DB 64/T 701—2011）执行，可参考图 3-99 设计。

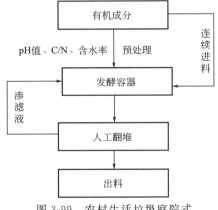

图 3-99　农村生活垃圾庭院式堆肥系统设计流程

3.9.2.2　设计方法

（1）堆肥装置选型

① 塑料桶；

② 滚筒堆肥反应装置；

③ 二室堆肥反应装置；

④ 其他适宜的堆肥装置。

（2）建设规模设计

配备的生活垃圾堆肥装备的处理能力如下：

$$R = \frac{MQt}{0.64} \qquad (3-4)$$

式中　R——堆肥装备的容积，L；

　　　M——人均产生生活垃圾的量，kg/d（农村生活垃圾日均产生量为 0.65～0.9kg/d，具体生活垃圾量以实际调研数据为准）；

　　　Q——单户人口数量，人，一般为 3～6 人；

t——生活垃圾的堆肥周期，d（一般为 $30\sim40d$，具体时间由技术部门提供）；

0.64——容积调节系数，根据生活垃圾平均容重 0.8 和堆肥装备的装样量 0.8 进行计算获得。

3.9.3 农村固体废物生物强化菌剂制备及应用

3.9.3.1 除臭菌株的筛选

自 ACCC 库中，选出一些功能菌株，用于垃圾除臭菌株的组合，从表 3-59 可以看出酵母菌株 ACCC20060 和 ACCC200065 效果较差，选择 ACCC30166 和乳酸菌组合除臭效果较好。从图 3-100 可以看出，菌株之间的相互拮抗作用为阴性，可以用于除臭剂的组合。

表 3-59 接种 10mL 菌液的发酵除臭测定

项目 菌种	用去硫酸溶液 体积 V_1/mL	用去硫代硫酸钠 溶液体积 V_2/mL	感官测定 臭气等级	氨气含量 n_1 $/10^{-3}$ mol	硫化氢含量 n_2 $/10^{-3}$ mol
30166	0.25	8.30	+	0.00035	0.23844
20060	3.21	8.15	+++	0.01515	0.24261
20065	4.45	8.00	+++	0.02135	0.24678
10600	1.20	8.23	++	0.00510	0.24039
11016	1.35	8.50	++	0.00585	0.23288
J	1.30	8.28	++	0.00560	0.23900

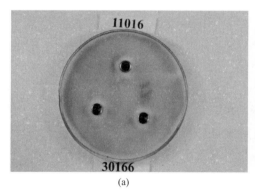
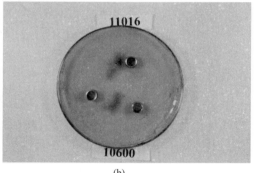

(a)　　　　　　　(b)

图 3-100 功能菌株相互作用

3.9.3.2 功能菌株筛选及符合菌剂配置

对木质纤维素降解菌、固氮菌、解磷菌进行再次筛选，以提高复合菌剂对本试验的适用性。

筛选出 4 株木质纤维素降解菌，对其生长曲线及稻草降解率进行了研究，通过比较降解效率从 4 株木质纤维素降解菌中优选出 1 株作为复合菌剂的组成菌，并测试了该株降解菌的 3 种木质素降解酶活性，如图 3-101 所示。

木质素降解菌可以产生 3 种木质素降解酶，其中 Lip 和 MnP 活力较高，而漆酶活力相对较小，3 种酶都是在第 3 天开始产酶，即进入对数生长期时开始产生次级代谢产物——木质素降解酶，进入稳定期后酶活力开始减小。

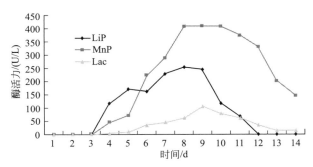

图 3-101　木质纤维素降解菌的 3 种木质素降解酶的活力

筛选出 3 株固氮菌测定它们的生长曲线与酶活性，由图 3-102 可以看出，菌株 G3 的生长速度最快，在第 6 天即达到最大浓度，固氮酶活力也为最强。因此，选用菌株 G3 作为最优菌株。

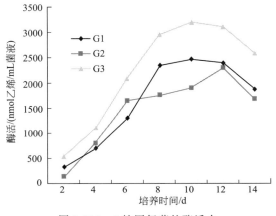

图 3-102　3 株固氮菌的酶活力

将筛选出的木质纤维素降解菌、解磷菌，固氮菌在相应的培养基上扩大培养，具体步骤如图 3-103 所示。

图 3-103　复合菌剂制备流程

按 UniformDesign3.00 软件随机产生的百分比复合培养得到 5 种复合微生物菌剂（Ⅰ、Ⅱ、Ⅲ、Ⅳ、Ⅴ），其配比如表 3-60 所列，具体步骤如下所述。

表 3-60　复合微生物菌剂配比　　　　　　　　　　　　　　单位：mL

复合菌剂号	木质纤维素降解菌	固氮菌	解磷菌
Ⅰ	68.4	22.1	9.49
Ⅱ	45.2	16.4	38.3
Ⅲ	29.3	63.6	7.07
Ⅳ	16.3	41.8	41.8
Ⅴ	5.13	9.49	85.4

（1）产脱氢酶能力

各个配比实验数据如表 3-61 所列。

表 3-61　脱氢酶实验结果

菌群	Ⅰ	Ⅱ	Ⅲ	Ⅳ	Ⅴ	备注
气泡反应	++	+++	+	++	++	

从表 3-61 可以看出木质纤维素降解菌和解磷菌配比较少的Ⅲ号产脱氢酶能力较差，三者按较均一比例配制的Ⅱ号复合微生物菌剂产脱氢酶能力最强，Ⅰ、Ⅳ、Ⅴ三者产脱氢酶能力居中。

（2）淀粉分解实验结果

淀粉分解实验结果如表 3-62 所列。

表 3-62　淀粉分解实验结果

菌剂	透明圈/cm	菌落直径/cm	HC 比值
Ⅰ	6.3	5.3	1.2
Ⅱ	5.9	4.8	1.2
Ⅲ	4.4	3.5	1.2
Ⅳ	4.1	3.7	1.1
Ⅴ	1.6	1.5	1.0

从表 3-62 可以看出：复合微生物菌剂Ⅰ、Ⅱ产淀粉酶能力明显优于复合微生物菌剂Ⅲ、Ⅳ、Ⅴ，其中最强的是复合微生物菌剂Ⅰ，其在平板上产生的透明圈最大。

（3）产纤维素酶活力的测定

产纤维素酶活力测定结果如表 3-63 所列。

表 3-63　产纤维素酶活力测定结果

菌剂	透明圈/cm	菌落直径/cm	HC 比值
Ⅰ	5.4	4.8	1.1
Ⅱ	6.3	5.5	1.1
Ⅲ	4.0	3.5	1.1
Ⅳ	2.6	2.4	1.0
Ⅴ	1.4	1.2	1.1

从表 3-63 可以看出：复合微生物菌剂Ⅰ和Ⅱ由于含有木质纤维素菌较多，在平板上透明圈直径相对较大，具有较高的产纤维素酶能力；其中，菌剂Ⅱ的透明圈较大可能是由于纤维素分解菌与固氮菌的协同作用的结果，而复合微生物菌剂Ⅲ、Ⅳ、Ⅴ，纤维素分解菌含量相对较少，透明圈直径相对较小，产纤维素酶较小。

（4）产木质素酶活力测定

产木质素酶活力测定结果如表 3-64 所列。

由于木质素酶和纤维素酶都是由同一菌株所产生的，因此产木质素酶活力与产纤维素酶活力的结果相似。

综合以上结果，选取菌株Ⅱ作为本章堆肥部分的主要复合菌剂。

表 3-64　产木质素酶活力测定结果

菌剂	透明圈/cm	菌落直径/cm	HC 比值
Ⅰ	5.8	5.2	1.1
Ⅱ	4.9	4.2	1.1
Ⅲ	3.7	3.3	1.1
Ⅳ	2.7	2.5	1.0
Ⅴ	1.8	1.6	1.1

3.9.3.3　多阶段堆肥工艺参数优化

根据多阶段接种工艺，共设计了 4 个堆肥处理、3 个接种菌剂组（T_1、T_2、T_3）、1 个空白对照组（CK）。各个处理说明如下（表 3-65）：堆料中复合微生物菌剂接种量为 5mL/kg（干重），堆肥初期将含水率调节至 60%，供氧量为 0.5L/（min·kg），堆料为 10kg。将堆肥原料设定为 0d，直至最终堆体温度接近环境温度并基本保持不变，整个过程大约持续 30d；从堆肥开始每隔 24h 在堆心 10cm、15cm、20cm 深度处分别取等量样品 5g 进行混匀，平均分为 2 份，1 份样品用来测定实时 pH 值、含水率等参数和微生物富集分析，另 1 份保存于-20℃冰箱用于后续分析。

表 3-65　试验设计

实验组	接种方式	升温期（30℃）	高温期	降温期（<50℃）	二次发酵期（40℃）
T_1	多阶段接种	除臭菌：硝化细菌＝1：1	不接种	纤维素分解菌	木质素分解菌：除臭菌＝1：1
T_2	两阶段接种	除臭菌：硝化细菌＝1：1	不接种	纤维素分解菌：木质素分解菌＝1：1	不接种
T_3	前阶段接种	除臭菌：硝化细菌：纤维素分解菌：木质素分解菌＝1：1：1：1	不接种	不接种	不接种
CK	自然堆肥	不接种	不接种	不接种	不接种

目前各个处理堆肥实验已基本完成，相关样品的分析指标正在测定。

3.10　畜禽粪便好氧生命周期评价

研究对象为某规模化养牛场，年存栏量为 400 头奶牛，粪便采用干清粪方式处理，粪、尿及生产废水的产生量见表 3-66，牛粪成分见表 3-67，生产废水中污染物浓度见表 3-68。

表 3-66　牛粪尿的产生量

项目	排泄系数/[kg/（头·d）]	产生量/（kg/d）
牛粪	30	12000
尿液	18	7200
生产废水	48	19200

表 3-67 牛粪成分表[4] 单位：%

水分	N	P₂O₅	K₂O	CO₂	TOC	MgO
80.1	0.42	0.34	0.34	0.33	9.1	0.16

表 3-68 生产废水中污染物浓度

COD$_{Cr}$/(mg/L)	NH$_3$-N/(mg/L)	TN//(mg/L)	TP/(mg/L)
918～1050	41.6～60.4	57.4～78.2	16.3～20.4

在人工控制的好氧条件下，在一定水分、C/N 比和通风条件下，通过微生物的发酵作用，将对环境有潜在危害的有机质转变为无害的有机肥料的过程。在此过程中，有机物由不稳定状态转化为稳定的腐殖质物质。

3.10.1 目标和范围的定义

以分别处理 1t 牛粪为评价的功能单位，分析好氧堆肥过程中的能源投入、污染物的排放，生命周期的起始边界为牛粪收集转运至处理区域，终止边界为固废形成成熟的堆肥产品，废水能达标排放。具体研究范围如图 3-104 所示。

图 3-104 好氧堆肥工艺研究范围

3.10.2 清单分析

采用中国科学院成都生物研究所研究开发的一次性静态好氧堆肥技术，槽式翻堆自然通风，主发酵期（7d）后，在同一发酵槽内进行降温干燥，直至腐熟。主发酵期内每天翻堆一次。翻堆机型号 RY-2000，处理能力 400～500m³/d。翻堆总能耗为 3kW·h。

秸秆与牛粪的混合比按式(3-5) 计算：

$$M = \frac{(W_m - W_c)}{(W_b - W_m)} \tag{3-5}$$

式中 M——秸秆与牛粪质量的混合比；

W_m——混合物料含水率,%, 取 55%；

W_b——秸秆含水率,%；

W_c——牛粪便含水率,%。

已知秸秆含水率 10%，牛粪便的含水率为 80.1%，计算得秸秆与牛粪质量的混合比为 0.56，即好氧堆肥处理 1t 牛粪需添加农作物秸秆 560kg。

堆肥过程中，温室气体的排放系数参见陆日东等的研究结果 CO₂、CH₄、NO₂ 的排放速率变化范围分别为 41.25mg/(kg·L)、1.35mg/(kg·L) 和 94.41μg/(kg·L)；

NH_3 的排放系数采用关升宇[189]在牛粪发酵过程中的氮磷转化的研究成果，见表 3-69。

表 3-69 氨挥发试验结果

项目	培养天数			
	7d	14d	20d	30d
累积氨挥发量/(mg/kg)	868.0	927.6	933.3	961.2
占总挥发量的百分数/%	90.3	96.5	97.1	100

养殖废水的处理采用活性污泥法，在处理过程中约有 1/3 的有机物被分解生成 CO_2 等，并提供能量；其余的 2/3 被转化，进行微生物自身生长繁殖。排放的主要污染物为 CO_2，功能单位 CO_2 的排放量为 23.091kg。

沼液处理后的出水达到《畜禽养殖业污染物排放标准》（GB 18596—2001）的要求，则 BOD_5、COD、SS、NH_3-N、TP 排放量分别为 0.24kg、0.64kg、0.32kg、0.128kg、0.013kg。

3.10.3 影响评价

影响评价包括特征化、标准化和加权评估 3 个步骤。

3.10.3.1 特征化

特征化是对环境排放清单进行分类计算并计算环境影响潜力的过程。本章主要考虑富营养化潜力（Eutrophication Potential，EP）、全球变暖潜力（Globle Warming Potential，GWP）、酸化潜力（Acidification Potential，AP）3 种环境影响类型，特征化的计算采用当量系数法。全球变暖以 CO_2 为参照当量，CO、CH_4、NO_x 的当量系数分别为 2、21、310。环境酸化以 SO_2 为参照物，NO_x 和 NH_3 的当量系数分别为 0.7 和 1.89；富营养化以 PO_4^{3-} 为参照物，NO_x、NO_3^--N 和 NH_3 的当量系数分别为 0.1、0.42 和 0.35。

3.10.3.2 标准化

标准化的方法一般是用基准量去除类型参数：

$$N_i = C_i / S_i \tag{3-6}$$

式中 N——标准化的结果；

C——特征化结果；

S——基准量；

i——环境影响类型。

本章采用 Stranddorf 等[190]2005 年 11 月发布的世界人均环境影响潜力作为环境影响基准。

3.10.3.3 加权

本章根据王明新等[191]对以环境科学和农业生态为主要背景的 16 位专家调查确定的权重系数，进行标准化后取全球变暖（0.32）、酸化效应（0.36）和富营养化（0.32）为权重系数，然后进行加权。

3.10.4 生命周期解释

经分析（表3-70），粪便处理生命周期环境影响较大的是全球变暖、环境酸化和富营养化，好氧堆肥3种环境影响潜力分别为0.0067、0.0533和0.0092，即利用好氧堆肥工艺处理1t牛粪产生的全球变暖、环境酸化、富营养化潜力相当于2005年世界人均环境影响潜力的0.67%、5.33%和0.92%；经加权后好氧堆肥的综合环境影响潜力为0.0243。

表 3-70 好氧堆肥综合环境影响值

项目	全球变暖	环境酸化	富营养化	合计
权重	0.32	0.36	0.32	1
好氧堆肥	0.0067	0.0533	0.0092	0.0243

3.10.5 小结

本章以某规模化养牛场为例，应用生命周期评价方法，对畜禽粪便好氧堆肥方式进行生命周期污染物排放清单分析，在此基础上进行生命周期环境影响评价。结果表明，粪便处理生命周期环境影响较大的是全球变暖、环境酸化和富营养化，好氧堆肥三种环境影响潜力分别为0.0067、0.0533和0.0092，即利用好氧堆肥工艺处理1t牛粪产生的全球变暖、环境酸化、富营养化潜力相当于2005年世界人均环境影响潜力的0.67%、5.33%和0.92%。

参 考 文 献

[1] 黄丹莲. 堆肥微生物群落演替及木质素降解功能微生物强化堆肥机理研究 [D]. 长沙：湖南大学，2011.

[2] Ndegwa P M，Thompson S A. Integrating composting and vermicomposting in the treatment and bioconversion of biosolids [J]. Bioresource Technology，2001，76（2）：107-112.

[3] 徐轶群. 城市生活污泥的蚯蚓堆肥特性及其对植物生长的影响 [D]. 南京：南京农业大学，2010.

[4] 王兰，张清敏，等. 现代环境微生物学 [M]. 北京：化学工业出版社，2006.

[5] 周琼. 台湾畜牧场臭味污染的防治技术 [J]. 台湾农业探索，2008，3：68-70

[6] Macgregor S T，Miller F C，Psarianos K M，et al. Composting process control based on interaction between microbial heat output and temperature. [J]. Applied & Environmental Microbiology，1981，41（6）：1321.

[7] 李国学，张福锁. 固体废弃物堆肥化与有机复混肥生产 [M]. 北京：化学工业出版社，2000.

[8] 魏源送，李承强. 浅谈堆肥设备 [J]. 城市环境与城市生态，2000，1（5）：17-20.

[9] Xi Beidou，Meng Wei，Liu Hongliang，等. The Variation of Inoculation Complex Microbial Community in Three Stages MSW Composting Process Controlled by Temperature 三阶段控温堆肥过程中接种复合微生物菌群的变化规律研究 [J]. 环境科学，2003，24（2）：152-155.

[10] 张锐. 好氧堆肥反应器系统研究进展 [A]. 中国农业工程学会. 农业工程科技创新与建设现代农

业——2005 年中国农业工程学会学术年会论文集第五分册 [C]. 中国农业工程学会:，2005：7.

[11] Lufkin C，Loudon T，Kenny M，et al. Practical applications of on-farm composting technology [J]. Biocycle，1995，36（12）：76-78.

[12] 席北斗，刘鸿亮，白庆中，等. 堆肥中纤维素和木质素的生物降解研究现状 [J]. 环境工程学报，2002，3（3）：19-23.

[13] Herrmann R F. Examination of microbial ecology of municipal solid waste composting [D]. OH：University of Cincinnati，1995.

[14] Carpenter-Boggs L，Kennedy A C，Reganold J P. Use of phopholipid fatty acidsand carbon source utilization patterns to track microbial community succession in developing compost [J]. Applied Environmental Microbiology，1998，64：4062-4065.

[15] Slater R A，Frederickson J. Composting municipal waste in the UK. Some lessons from Europe [J]. Resources Conservation and Recycling，2001，32：369-374.

[16] 陈世和，张所明. 城市垃圾堆肥原理与工艺 [M]. 上海：复旦大学出版社，1990.

[17] 李国学. 固体废弃物处理与资源化 [M]. 北京：中国环境科学出版社，2000

[18] 孙先锋，邹奎，等. 堆肥工艺和填充料对猪粪堆肥的影响研究 [J]. 土壤肥料，2004，（4）：28-30.

[19] 王岩，等. 水分调节材料对牛粪堆肥氨气挥发的影响 [J]. 农村生态环境，2003，19（4）：56-58.

[20] 常勤学，魏源送，刘俊新. 通风控制方式对动物粪便堆肥过程的影响 [J]. 环境科学学报，2006（04）：595-600.

[21] Kulcu R，Yaldiz O. Determination of aeration rate and kinetics of composting some agricultural wastes [J]. Bioresource Technology，2004，93（1）：49-57.

[22] 张智，罗金华，等. 卧螺旋式好氧堆肥装置的通气量研究 [J]. 中国给水排水，2004，20（4）：50-52.

[23] Sadaka S，Taweel A E. Effects of Aeration and C：N Ratio on Household Waste Composting in Egypt [J]. Compost Science & Utilization，2003，11（1）：36-40.

[24] Jimemz E I. Garcia V P. Composting of domestic waste and sludge. I. evaluation of temperature，PH，C/N ratio and cation-exchange eapacity [J]. Conservation and Recyling，1991，6，45-60

[25] Huang G F，Wong J W C，et al. Effect of C/N on omposting of pig manure with sawdust [J]. Waste Manage，2004（24）：805-813.

[26] Robert R. Monitoring moisture in composting systems [J]. Biocycle，2000，41（10）：53-58.

[27] Eklind Y，Kirchmann H. Composting and storage of organic household waste with different litter amendments. Ⅰ：carbon turnover [J]. Bioresource Technology. 2000a，74（2）：115-124.

[28] Eklind Y，Kirchmann H. Composting and storage of organic household waste with different litter amendments. Ⅱ：nitrogen turnover and losses [J]. Bioresource Technology，2000b，74（2）：125-133.

[29] Barrington S，Choinière D，Trigui M，et al. Effect of carbon source on compost nitrogen and carbon losses [J]. Bioresource Technology 2002，83（2）：189-194.

[30] Bishop P L，Godfrey C. Nitrogen transformations during sludge composting [J]. Biocycle，1983，24（4）：34-39.

[31] 席北斗，孟伟，等. 三阶段控温堆肥过程中接种复合微生物菌群的变化规律研究 [J]. 环境科学，2003，24（2）：152-155.

[32] Haug R T. The practical Handbook of Compost Engineering [M]. Boca Raton：Lewis Publishers，USA，1993.

[33] 彭新华，陆才正，杨英. 快速堆肥的可控技术及温控模型研究 [J]. 华东工学院学报，1992，62：80-84.

[34] Zucconi. Biological evaluation of cornpost maturity [J]. Biocycle，1981，22：27-29.

[35] Frost Donna Iannotti，Toth Barbara L，Hoitink Harry A J. Compost stability [J]. Biocyele Emmaus，1992，33 (11)：62-67.

[36] Chanyasak V，Kubota H. Carbon/organic nitrogen ration in water wxtracts as a measure of compost degradation [J]. J Ferment Technol，1981，59：215-221.

[37] Sugahara K，Inoko A. Composition analysis of humus and characterization of humic acid obtained from city refuse compost [J]. Soil Sci. Plant Nutr. 1981，27 (2)：213-224.

[38] 赵由才，刘洪. 我国固体废物处理与资源化展望 [J]. 苏州城建环保学院学报，2002 (01)：1-9.

[39] Morel T L，Colin F，Germon J C et al. Methods for the evaluation of the maturity of municipal refuse compost. In：Gasser J K R. Composting of agriculture and other wastes [M]. Elsevier Applied Science publishers，London & New York，1985，56-72.

[40] Vuorinen A H，Saharinen M H. Evolution of microbiological and chemical parameters during manure and straw co-composting in a drum composting system [J]. Agriculture，Ecosystem and Environment，1997，66 (1)：19-29.

[41] Itavaara M，Vikman M. Window of composting of biodegradable packingmaterials [J]. Composting Science & Utilization，2005，5 (2)：84-92.

[42] Garcia C，Hemandez T，Costa F，et al. Phytotoxicity due to the agricultured use of urban wastes [J]. Germination experiments. J. Sci. Food Agric. 1992，59：313-319.

[43] Garcia C，Hemandez T，Costa F. Agronomic value of urban waste and the growth of ryegrass in a calciorthid soil amended with this waste [J]. J Sci Food Agric，1991，56：457-467.

[44] Hue N V. Predicting compost stability [J]. Compost Science and Utilization，1995，3 (2)：8-18.

[45] 赵由才，龙燕，张华. 生活垃圾填埋技术 [M]. 北京：化学工业出版社，2004.

[46] Fang M，Wong J W C，Ma K K，et al. Co-composting of sewage sludge and coalfly ash：nutrient transformations [J]. Bioresource Technology，1999，67：19-24.

[47] 中国土壤学会农业化学专业委员会. 土壤农业化学分析 [M]. 北京：科学出版社，1989.

[48] 李春萍，李国学，李玉春，等. 北京南宫静态堆肥隧道仓不同区间的垃圾堆肥腐熟度模糊评价 [J]. 农业工程学报，2007 (02)：201-206.

[49] 袁荣焕，彭绪亚，吴振松，等. 城市生活垃圾堆肥腐熟度综合指标的确定 [J]. 土木建筑与环境工程，2003，25 (4)：54-58.

[50] Chefetz B，Adani F，Genevini P，et al. Humic acid transformations during composting of municipal solid waste [J]. J. Environ. Qual. 1998，27：794-800.

[51] Sugahara K，Inoko A. Composition analysis of humus and characterization of humic acid obtained from city refuse compost [J]. Soil Sci. Plant Nutr. 1981，27 (2)：213-224.

[52] 俞天智，滕秀兰，张子瑜，等. 用荧光光谱研究腐殖酸与金属离子 Al^{3+} 的配合作用 [J]. 环境化学，1999，18 (6)：557-560.

[53] Chen Y. Chemical and spectroscopical analytical of organic matter transformations during composting in relation to compost maturity [A]，In：Hoitink H A J，Keener H M (ed.). Science and engineering of composting：Design，environmental，microbiological and utilization aspects [C]. Renaissance Publ，Worthington，OH，1993：551-600.

[54] Wei Z M，Wang S P，Xu J G. The Technology of the Municipal Soil Wastes Composting [J]. Na-

ture and Science，2003，1（1）：91-93.

[55] Wei Z M，Xi B D，et al. The fluorescence characteristic changes of dissolved organic matter during municipal solid waste composting [J]. Journal of Environmental Science. 2005b，17（6）：953-956.

[56] Wei Z M，Xi B D，Zhao Y，et al. Effect of inoculation microbes in municipal solid waste composting on the characteristics of humic acid [J]. Chemosphere，2007a，68（2）：368-374.

[57] Wei Z M，Xi B D，Zhao Y，et al. Effect of inoculation microbes in municipal solid waste composting on the characteristics of humic acid [J]. Chemosphere，2007b，68（2）：368-374.

[58] Masó M A，Blasi A B. Evaluation of composting as a strategy for managing organic wastes from a municipal market in Nicaragua [J]. Bioresource Technology，2008，99（11）：5120-5124.

[59] 李国学，黄懿梅，姜华. 不同堆肥材料及引入外源微生物对高温堆肥腐熟度影响的研究 [J]. 应用与环境生物学报，1999，5（s1）：139-142.

[60] 崔宗均，李美丹，朴哲，等. 一组高效稳定纤维素分解菌复合系 MC1 的筛选及功能 [J]. 环境科学，2002，23（3）：36-39.

[61] 王伟东，王小芬，刘长莉，等. 木质纤维素分解菌复合系 WSC-6 分解稻秆过程中的产物及 pH 动态 [J]. 环境科学，2008，29（1）：219-224.

[62] 魏自民，席北斗，等. 生活垃圾微生物强化技术堆肥技术 [M]. 北京：中国环境科学出版社，2008.

[63] Haug R T. The practical Handbook of Compost Engineering [M]. Boca Raton：Lewis Publishers，USA，1993.

[64] 席北斗，赵越 ，魏自民，等. 生活垃圾三阶段温度控制堆肥接种法对有机氮变化规律的影响 [J]. 环境科学，2007，28（1）：220-224.

[65] 彭新华，陆才正，杨英. 快速堆肥的可控技术及温控模型研究 [J]. 华东工学院学报，1992，62：80-84.

[66] GB 7959—1987.

[67] 鲍艳宇，陈佳广，颜丽，等. 堆肥过程中基本条件的控制 [J]. 土壤通报，2006，37（1）：164-169.

[68] Senesi N，Miano T M，Provenzano M R，et al. Characterization，Differentiation，And Classification Of Humic Substances By Fluorescence Spectroscopy [J]. Soil Science，1991，152（4）：248-252.

[69] Liu Wei，Hu Bin，Yu Dun-yuan，et al. Three Dimensional Fluorescence Character of Heavy Oil in China and its Geological Significance [J]. Geophysical ＆ Geochemical Exploration，2004，28（2）：123.

[70] 魏自民，席北斗，赵越，等. 城市生活垃圾外源微生物堆肥对有机酸变化及堆肥腐熟度的影响 [J]. 环境科学，2006，27（2）：376-380.

[71] 陈广银，王德汉，吴艳，等. 蘑菇渣对落叶堆肥中水溶性有机光谱学特性的影响 [J]. 环境化学，2008，27（2）.

[72] Baker A. Fluorescence Excitation-Emission Matrix Characterization of Some Sewage-Impacted Rivers [J]. Environ. Sci. Technol.，2001，35（5）：948-953.

[73] Chen W，Westerhoff P，Leenheer Jerry A，et al. Fluorescence Excitation-Emission Matrix Regional Integration to Quantify Spectra for Dissolved Organic Matter [J]. Environmental Science and Technology，2003，37（24）：5701-5710.

[74] 胡伟. 有机固废好氧发酵过程中的 pH 变化与原材料性质对产物 pH 的影响 [D]. 扬州：扬州大学，2017.

[75] 李自刚. 农业有机固体废弃物堆肥过程中微生物多样性与物质转化关系研究 [D]. 南京：南京农

业大学，2006.

[76] 曹凯. 消化污泥及其堆肥氮素赋存形态变化规律的研究 [D]. 西安：陕西科技大学，2017.

[77] 刘学玲. 猪粪高温堆肥中氮转化复合微生物菌剂及其保氮机理的研究 [D]. 杨凌：西北农林科技大学，2012.

[78] 周唯. 农业废物好氧堆肥中反硝化细菌的多样性研究 [D]. 长沙：湖南大学，2014.

[79] Bernal M P，Alburquerque J A，Moral R. Composting of animal manures and chemical criteria for compost maturity assessment. A review [J]. Bioresource Technology，2009，100（22）：5444-5453.

[80] 李鸣晓，何小松，刘骏，等. 鸡粪堆肥水溶性有机物特征紫外吸收光谱研究 [J]. 光谱学与光谱分析，2010，30（11）：3081-3085.

[81] 席北斗，魏自民，赵越，等. 垃圾渗滤液水溶性有机物荧光谱特性研究 [J]. 光谱学与光谱分析，2008，28（11）：2605-2608.

[82] 魏自民，席北斗，赵越，等. 生活垃圾微生物堆肥水溶性有机物光谱特性研究 [J]. 光谱学与光谱分析，2007，27（4）：735-738.

[83] 王威，李成，魏自民，等. 不同来源水溶性有机物光谱学特性研究 [J]. 东北农业大学学报，2011，42（6）：135-140.

[84] Senesi N，Mian T M，et al. Characterization，differentiation and classification of humic substances by fluorescence spectroscopy [J]. Soil Sci，1991，152（4）：259-271.

[85] 刘晓明，余震，周普雄，等. 污泥超高温堆肥过程中 DOM 结构的光谱分析 [J]. 环境科学，2018（8）：3808-3811.

[86] 李晔，魏自民，席北斗，等. 多阶段生活垃圾接种堆肥水溶性有机物荧光特性表征研究 [J]. 农业资源与环境学报，2012，29（1）：79-85.

[87] 张丰松，李艳霞，杨明，等. 畜禽粪便堆肥溶解态有机质三维荧光光谱特征及 Cu 络合 [J]. 农业工程学报，2011，27（1）：314-319.

[88] 田伟. 牛粪高温堆肥过程中的物质变化、微生物多样性以及腐熟度评价研究 [D]. 南京：南京农业大学，2012.

[89] 热合曼江·吾甫尔，刘英，包安明，等. 博斯腾湖沉积物孔隙水中溶解有机质的三维荧光光谱特征 [J]. 干旱区研究，2014，31（1）：176-181.

[90] 解开治，徐培智，张发宝，等. 接种微生物菌剂对猪粪堆肥过程中细菌群落多样性的影响 [J]. 应用生态学报，2009，20（8）：2012-2018.

[91] Salter C，Cuyler A. Pathogen reduction in food residuals composting [J]. Biocycle，2003，44（9）：42-51.

[92] Gamo M，Shoji T. A Method of Profiling Microbial Communities Based on a Most-Probable-Number Assay That Uses BIOLOG，Plates and Multiple Sole Carbon Sources [J]. Applied & Environmental Microbiology，1999，65（10）：4419-24.

[93] Tiquia S M，Lloyd J，Herms D A，et al. Effects of mulching and fertilization on soil nutrients，microbial activity and rhizosphere bacterial community structure determined by analysis of TRFLPs of PCR-amplified 16S rRNA genes.[J]. Applied Soil Ecology，2002，21（1）：31-48.

[94] Pichler M，Heike Knicker A，Kögelknabner I. Changes in the Chemical Structure of Municipal Solid Waste during Composting as Studied by Solid-State Dipolar Dephasing and PSRE 13C NMR and Solid-State 15N NMR Spectroscopy [J]. Environmental Science & Technology，2000，34（18）：4034-4038.

[95] Qiao X，Ho D M，Pascal R A. Ein außerordentlich verdrillter，polycyclischer aromatischer Kohlen-

wasserstoff [J]. Angewandte Chemie, 1997, 109 (13-14): 1588-1589.

[96] Wong J W C, Min F. Effects of lime addition on sewage sludge composting process. [J]. Water Research, 2000, 34 (15): 3691-3698.

[97] Lopez Zavala M A, Funamizu N, Takakuwa T. Modeling of aerobic biodegradation of feces using sawdust as a matrix. [J]. Water Research, 2004, 38 (5): 1327-1339.

[98] 席北斗, 刘鸿亮, 孟伟, 等. 高效复合微生物菌群在垃圾堆肥中的应用 [J]. 环境科学, 2001, 22 (5): 122-125.

[99] 牛俊玲, 高军侠, 李彦明, 等. 堆肥过程中的微生物研究进展 [J]. 中国生态农业学报, 2007, 15 (6): 185-189.

[100] 丁文川, 李宏, 郝以琼, 等. 污泥好氧堆肥主要微生物类群及其生态规律 [J]. 重庆大学学报, 2002, 25 (6): 113-116.

[101] Das M, Royer T V, Leff L G. Diversity of fungi, bacteria, and actinomycetes on leaves decomposing in a stream [J]. Applied & Environmental Microbiology, 2007, 73 (3): 756-767.

[102] Bonito G, Isikhuemhen O S, Vilgalys R. Identification of fungi associated with municipal compost using DNA-based techniques [J]. Bioresour Technol, 2010, 101 (3): 1021-1027.

[103] 郁红艳, 曾光明, 胡天觉, 等. 真菌降解木质素研究进展及在好氧堆肥中的研究展望 [J]. 中国生物工程杂志, 2003, 23 (10): 57-61.

[104] 黄丹莲, 曾光明, 黄国和, 等. 微生物接种技术应用于堆肥化中的研究进展 [J]. 微生物学杂志, 2005, 25 (2): 60-64.

[105] 李秀艳, 吴星五, 高廷耀, 等. 接种高温菌剂的生活垃圾好氧堆肥处理 [J]. 同济大学学报 (自然科学版), 2004, 32 (3): 367-371.

[106] 胡菊, 秦莉, 吕振宇, 等. VT 菌剂接种堆肥的作用效果及生物效应 [J]. 农业环境科学学报, 2006 (b09): 604-608.

[107] 王利娟, 谢利娟, 杨桂军, 等. 不同填充剂及复合微生物菌剂对蓝藻堆肥效果的影响 [J]. 环境工程学报, 2009, 3 (12): 2261-2265.

[108] 赵小蓉, 孙焱鑫. 纤维素分解菌对不同纤维素类物质的分解作用 [J]. 微生物学杂志, 2000 (3): 12-14.

[109] 席北斗, 刘鸿亮, 孟伟, 等. 高效复合微生物菌群在垃圾堆肥中的应用 [J]. 环境科学, 2001, 22 (5): 122-125.

[110] 程刚, 耿冬梅, 马梅荣, 等. 生活垃圾接种堆肥中试研究 [J]. 哈尔滨工业大学学报, 2004, 36 (10): 1417-1419.

[111] 於林中, 何品晶, 张冬青, 等. 产物接种对生活垃圾水解/好氧复合生物预处理的影响——微生物及水解酶活性变化 [J]. 环境科学学报, 2008, 28 (12): 2534-2539.

[112] 王慧杰, 李自刚, 叶传林, 等. 微生态调节剂对猪粪堆肥过程中微生物群落的影响 [J]. 中国农学通报, 2007, 23 (8): 62-65.

[113] 王慧杰, 杨向科, 刘党标. 微生态调节剂对猪粪堆肥过程中微生物生理群的影响 [J]. 中国农学通报, 2009, 25 (2): 109-113.

[114] 李国学, 李玉春, 李彦富. 固体废物堆肥化及堆肥添加剂研究进展 [J]. 农业环境科学学报, 2003, 22 (2): 252-256.

[115] Lazzari L, Sperni L, Salizzato. Gas chromatographic determination of organic micropollutants in samples of sewage sludge and compost: Behaviour of pcb and pah during composting [J]. Chemosphere. 1999, 38 (8): 1925-1935

[116] 沈根祥，袁大伟，凌霞芬，等. Hsp 菌剂在牛粪堆肥中的试验应用 [J]. 农业环境科学学报，1999（2）：62-64.

[117] 蒲一涛，钟毅沪. 混合培养对固氮菌和纤维素分解菌生长及固氮的影响 [J]. 中国土壤与肥料，2000，22（1）：35-37.

[118] Godden B，Ball A S，Helvenstein P，et al. Towards elucidation of the lignin degradation pathway in actinomycetes. [J]. Journal of General Microbiology，1992，138（11）：2441-2448.

[119] Gould S J，Zhang Q. Cytosinine：pyridoxal phosphate tautomerase，a new enzyme in the blasticidin S biosynthetic pathway [J]. Journal of Antibiotics，1995，48（7）：652.

[120] 黄茜，黄凤洪，江木兰，等. 木质素降解菌的筛选及混合菌发酵降解秸秆的研究 [J]. 中国生物工程杂志，2008，28（2）：66-70.

[121] Beniteza E，Nogalesa R，Elviraa C，et al. Enzymeactivities as indicators ofthe stabilization of sewage sludges composting with Eisenia foetida [J]. Biore-source Technology，1999，67（3）：297-303.

[122] 黄茜，黄凤洪，江木兰，等. 木质素降解菌的筛选及混合菌发酵降解秸秆的研究 [J]. 中国生物工程杂志，2008，28（2）：66-70.

[123] 陈芙蓉. 农林废物堆肥化中木质素生物降解研究及接种剂开发 [D]. 长沙：湖南大学，2008.

[124] 席北斗，刘鸿亮，白庆中，等. 堆肥中纤维素和木质素的生物降解研究现状环境污染治理技术与设备 [J]. 2002，3（3）：19-23.

[125] 陈耀宁，曾光明，黄国和，等. 两次接种微生物复合菌剂堆肥法 [S]. 中国. 03118137. 6，2005. 2. 16.

[126] 彭绪亚，丁文川，吴正松，等. 垃圾渗出液微生物循环强化培养菌剂在堆肥中的应用 [J]. 环境科学学报，2005，25（7）：959-964.

[127] 王一明，林先贵. 梯次循环接种温控堆肥法 [S]. 中国. 200710190996，2008. 05. 28

[128] 咸芳. 餐厨垃圾高效处理复合微生物菌剂的研究 [D]. 长春：吉林大学，2009.

[129] 郁红艳，曾光明，黄国和，等. 木质素降解真菌的筛选及产酶特性 [J]. 应用与环境生物学报，2004，10（5）：639-642.

[130] 郁红艳，曾光明，黄国和，等. 简青霉 Penicillium simplicissimum 木质素降解能力 [J]. 环境科学，2005，26（2）：167-171.

[131] Amann R I，Ludwig W，Schleifer K H. Phylogenetic identification and in situ detection of individual microbial cells without cultiwation [J]. Microbiological Reviews，1995，59（1），143-169.

[132] Macura J. Trends and advances in soil microbiology from 1924 to 1974 [J]. Geoderma，1974，12：311-329.

[133] Torsvik V L. Isolation of bacterial DNA from soil [J]. Soil Biology ＆ Biochemistry，1980，12（1）：15-21.

[134] Torsvik V，Salte K，Sørheim R，et al. Comparison of phenotypic diversity and DNA heterogeneity in a population of soil bacteria [J]. Applied ＆ Environmental Microbiology，1990，56（3）：776-81.

[135] Liu W T，Marsh T L，Forney L J. Determination of the microbial diversity of anaerobic-aerobic activated sludge by a novel molecular biological technique [J]. Wat Sci Tech，1997，37（4-5）：417-422.

[136] Pace N R. New perspective on the natural microbial world：molecular microbial ecology [J]. Asm

News，1996，62（9）：463-470.

[137] Williams J G，Kubelik A R，Livak K J，et al. DNA polymorphisms amplified by arbitrary primers are useful as genetic markers.［J］. Nucleic Acids Research，1990，18（22）：6531-6535.

[138] Lee D H，Zo Y G，Kim S J. Nonradioactive method to study genetic profiles of natural bacterial-communities by PCR-single strand conformation polymorphism［J］. Apply Environment Microbiology. 1996，62：3112-3120.

[139] Dees P M，Ghiorse W C. Microbial diversity in hot synthetic compost as revealed by PCR-amplified rRNA sequences from cultivated isolates and extracted DNA［J］. Fems Microbiology Ecology，2001，35（2）：207-216.

[140] Amann R I，Krumholz L，Stahld A. Fluorescent oligonucleotide probing of whole cells for determi-native，phylogenetic，and environmental studies in microbiology［J］. J Bacteriol. 1990，172：762-770.

[141] White D C，Davis W M. Determination of the Sedimentary Microbial Biomass by Extractible Lipid Phosphate［J］. Oecologia，1979，40（1）：51-62.

[142] Tunlid A，Baird B H，Trexler M B，et al. Determination of phospholipid ester-linked fatty acids and poly β-hydr.［J］. Canadian Journal of Microbiology，1985，31（12）：1113-1119.

[143] Callia B，Mertoglua B，Roestb K，et al. Comparison of long-term performances and final microbial compositions of anaerobic reactors treating landfill leachate［J］. Bioresour. Technol. 2006，97：641-647.

[144] Zwart G，Hiorns W D，Methé B A，et al. Nearly Identical 16S rRNA Sequences Recovered from Lakes in North America and Europe Indicate the Existence of Clades of Globally Distributed Fresh-water Bacteria［J］. Systematic & Applied Microbiology，1998，21（4）：546-556.

[145] Philips S，Verstraete W. Effect of repeated addition of nitrite to semi-continuous activated sludge reactors［J］. Bioresour Technol. 2001，80：73-82.

[146] Wang G H，Jin J. Bacterial community structure in a mollisol under long-term natural restoration，cropping，and bare fallow history estimated by PCR-DGGE［J］. Soil Science Society of China. 2009，19（2）：156 - 165.

[147] Bonito G，Isikhuemhen O S，Vilgalys R. Identification of fungi associated with municipal compost using DNA-based techniques［J］. Bioresource Technology. 2010，101：1021-1027.

[148] 杨恋. 城市生活垃圾好氧堆肥试验及嗜热微生物群落研究［D］. 长沙：湖南大学，2008.

[149] 喻曼，曾光明，陈耀宁，等. PLFA法研究稻草固态发酵中的微生物群落结构变化［J］. 环境科学. 2007，28（11）：2603-2608.

[150] 王芳. 不同菌剂处理对猪粪堆肥效果的影响及 PCR-DGGE 研究堆肥微生物群落变化［D］，成都：四川农业大学，2008.

[151] 郁红艳. 农业废物堆肥化中木质素的降解及其微生物特性研究［D］. 长沙：湖南大学，2007.

[152] 谢春艳，宾金华. 多酚氧化酶及其生理功能［J］. 生物学通报，1999（6）：11-13.

[153] 王宜磊. 白腐菌多酚氧化酶研究［J］. 山东理工大学学报（自然科学版），2003，17（1）：100-102.

[154] Chefetz B，Hatcher P G，Hadar Y，et al. Chemical and biological characterization of organic matter during composting of municipal solid waste［J］. Journal of Environmental Quality，1996，25（25）：776-785.

[155] 杨朝辉，曾光明，蒋晓云，等. 城市垃圾堆肥过程中的生物学问题研究［J］. 微生物学杂志，2005，25（3）：57-61.

[156] 解开治，徐培智，张发宝，等. 接种微生物菌剂对猪粪堆肥过程中细菌群落多样性的影响 [J]. 应用生态学报. 2009，20（8）：2012-2018.

[157] Niisawa C，Oka S，Kodama H，et al. Microbial analysis of a composted product of marine animal resources and isolation of bacteria antagonistic to a plant pathogen from the compost [J]. J. Gen. Appl. Microbiol. 2008，54：149-158.

[158] Altschul S F，Madden T L，Schaffer A A，et al. Gapped BLAST and PSI-BLAST：a new generation of protein database search programs [J]. Nucleic Acids Res. 1997，25：3389-3402.

[159] 刘庄泉，杨健. 蚯蚓在城市垃圾处理中的综合应用 [J]. 环保科技，2003，9（1）：39-43.

[160] 罗海力. 蚯蚓堆肥池循环处理牛粪的试验 [J]. 吉林农业，2011（3）：90-90.

[161] 高莉红，周文宗，张略. 城市污泥的蚯蚓分解处理技术研究进展 [J]. 中国生态农业学报，2008，16（3）：788-793.

[162] Koeik A，Truehan M，Rozen A. Application of willows（Salix viminalis）and earthworms（Eisenia fetida）in sewage sludge treatment [J]. soil Biol，2007，43：327-331.

[163] Hait S，Tare V. Transformation and availability of nutrients and heavy metals during integrated composting-vermicomposting of sewage sludges [J]. Ecotoxicology and Environmental Safety，2012，79（none）：0-224.

[164] 孙颖，桂长华，孟杰，等. 利用蚯蚓活动改善污泥性状的实验研究 [J]. 环境化学，2007，26（3）：343-346.

[165] Hartenstein R，Hartenstein F. Physico-chemical changes affected in activated sludge by the earthworm Eisenia foetida [J]. J Environ Quality，1981，10：377-382.

[166] Garg P，Gupta A，Satya S. Vermicomposting of different types of waste using Eisenia foetida：A comparative study [J]. Bioresour Technol，2006，97：391-395.

[167] 白春节. 低繁殖量蚯蚓养殖法处理剩余污泥的可行性研究 [J]. 安全与环境学报，2006，6（6）：9-12.

[168] Haimi J，HuthaV. Capacity of various organic residues to support adequate earthworm biomass in vermicomposting [J]. Biol. Fertil. Soils，1986，2：23-27.

[169] Neuhauser E F，Hartenstein R，Kaplan D L. Growth of the earthworm Eisenia foetida in relation to population density and food rationing [J]. Oikos，1980，35（1）：93-98.

[170] Ndegwa P M，Thompson S A，Das K C Effeets of stocking density and feeding rate on Vermicomposting of biosolids [J]. Bioresource Technology，2000，71：5-12.

[171] Ndegwa P M，Thompson S A. Effects of C-to-N ratio on vermicomposting of biosolids [J]. Bioresource Teehnology，2000，75：7-12.

[172] Dominguez J，Edwards C A，Webster M. Vermicomposting of sewage sludge：Effect of bulking materials on the growth and reproduction of the earthworm Eisenia andrei [J]. Pedobiologia，2000，44（l）：24-32.

[173] 郝桂玉，黄民生，徐亚同. 蚯蚓及其在生态环境保护中的应用 [J]. 环境科学研究，2004，17（3）：75-77.

[174] 杨珍基，谭正英，蚯蚓养殖技术与开发利用 [M]. 北京：中国农业出版社，1999.

[175] Reinecke A J，Venter J M. Moisture preferences，growth and reproduction of the compost worm Eisenia fetida，（Oligochaeta）[J]. Biology & Fertility of Soils，1987，3（1-2）：135-141.

[176] 刘亚纳. 赤子爱胜蚓处理畜禽粪便的工艺条件研究 [D]. 郑州：河南农业大学，2005.

[177] Ndegwa P M，Thompson S A. Integrating composting and vermicomposting in the treatment and

bioconversion of biosolids [J]. Bioresource Technology, 2001, 76 (2): 107-112.

[178] 刘艳玲, 马忠海, 黄丽华. 室内蚯蚓养殖技术条件初探 [J]. 微生物学杂志, 2000, 20 (3): 63-64.

[179] Dominguze J, Edwards CA. Effect of stocking rate and moisture content on the growth and maturatinon of Eisenia Foetida (Oligochaete) in pig manure. Soil Biol. Biochem., 1997, 29 (3/4): 742-746.

[180] Kaplan D. L, Hartenstein R. Neuhauser E. F, et al. Physicochemical requirements in the environment of the earthworm Eisenia Foetida [J]. Soil Biology and Biochemistry, 1980, 12: 347-352.

[181] 黄国锋, 钟流举, 张振钿, 等. 猪粪堆肥化处理过程中的氮素转变及腐熟度研究 [J]. 应用生态学报, 2002, 13 (11): 1459-1462.

[182] 李承强. 污泥堆肥的腐熟度研究 [D]. 北京: 中国科学院研究生院. 2000.

[183] 李辉信, 胡锋. 蚯蚓堆制处理对牛粪性状的影响 [J]. 农业环境科学学报, 2004, 23 (3): 588-593.

[184] 韩清鹏, 成杰民. 蚯蚓活动对锌污染土壤中氮素转化影响的研究 [J]. 江苏农业研究, 2001, 22 (3): 34-38.

[185] 杨国义, 夏钟文, 李芳柏, 等. 不同填充料对猪粪堆肥腐熟过程的影响 [J]. 土壤肥料, 2003 (3): 29-33.

[186] Wei Y S, Zhu H, Wang Y W, et al. Nutrients release and phosphorus distribution during oligochaetes predation on activated sludge [J]. Biochemical Engineering Journal, 2009, 43 (2009): 239-245.

[187] 仓龙, 李辉信, 胡锋, 等. 蚯蚓堆制处理牛粪的腐熟度指标初步研究 [J]. 农村生态环境, 2003, 19 (4): 35-39.

[188] 鲍艳宇, 周启星, 颜丽, 等. 畜禽粪便堆肥过程中各种氮化合物的动态变化及腐熟度评价指标 [J]. 应用生态学报, 2008, 19 (2): 374-380.

[189] 关升宇. 牛粪发酵过程中的氮磷转化 [D]. 哈尔滨: 东北农业大学, 2006.

[190] Heidi K. Stranddorf, Leif Hoffmann Anders Schmidt. Update on impact categories, normalization and weighting in LCA. Danish Environmental Protection Agency [R]. Version 1.0 November 2005.

[191] 王明新, 包永红, 吴文良, 等. 华北平原冬小麦生命周期环境影响评价 [J]. 农业环境科学学报 2006, 25 (5): 1127-1132.

第4章 农村固体废物厌氧发酵能源化技术

厌氧发酵产沼气的过程，实际上是微生物的物质代谢和能量转换过程，在分解代谢过程中微生物获得能量和物质，以满足自身生长繁殖，同时大部分物质转化为甲烷和二氧化碳。其基本过程通常可分为液化、产酸、产甲烷三个阶段。不过目前比较权威的是把沼气发酵理论分为二阶段厌氧发酵理论和三阶段厌氧发酵理论[1]。二阶段理论主要针对一些可溶性的复杂有机物，第一阶段是在产酸菌的作用下，有机物被分解为低分子的中间产物如有机酸（乙酸、丁酸等及氢气）、二氧化碳等气体；第二阶段是产甲烷菌将第一阶段产生的中间产物继续分解为甲烷和二氧化碳。三阶段理论主要针对不溶性的复杂有机物，相对二阶段理论，主要是多了1个水解和发酵的阶段，在这一阶段，复杂有机物在微生物（发酵菌）作用下进行水解和发酵：多糖先水解为单糖，再通过酵解途径进一步发酵成乙醇和脂肪酸等；蛋白质则先水解为氨基酸，再经脱氨基作用产生脂肪酸和氨；脂类转化为脂肪酸和甘油，再转化为脂肪酸和醇类。

厌氧发酵技术一般有以下分类方式：按照工艺连续性可分为连续型、半连续型和序批式；按照发酵温度，可分为常温发酵、中温发酵和高温发酵；按照反应器类型可分为CSTR、USR、AC、UASB、IC等；按照物料总固体（TS）含量可分为干式发酵、半干式发酵和湿式发酵。厌氧发酵技术处理有机固体废物是一个复杂的反应过程，包含多个不同的反应途径。反应底物是厌氧发酵所用的物料，亦称为发酵底物。厌氧发酵以农村废物为反应底物时，因其来源广泛、受季节和区域的影响大，不同类型的废物之间物化组分复杂、可生化性不同等因素，会对厌氧发酵启动阶段的操作、反应底物停留时间、转换效率有一定程度的影响。水解阶段是整个厌氧发酵的限速步骤。对高TS含量的反应底物进行适当的预处理，可以改变其物理结构、化学性质，以及反应底物与微生物的接触面积，进而提高有机固体废物的水解速率，加速发酵过程。预处理方法大致可分为物理法、化学法、生物法及联合预处理法。物理预处理法主要是采用切碎、研磨、高温、微波和超声波等方法，改变有机固体废物的晶体结构、减小有机固体废物的粒径，使其与微生物接触的更充分，从而提高最终产气量。Mshandete等[2]以剑麻纤维为反应底物进行厌氧发酵产气量研究时，均发现经过切碎和研磨预处理后，最终产气量要比未预处理时高出20%左右；化学预处理主要包括酸碱浸泡和氧化法，是将复杂的高分子有机质降解为易生物降解的小分子化合物，提高发酵基质浓度。Ghosh等[3]对城市固体垃圾采用碱预处理，发现甲烷总产量提高了35%；生物预处理法，是指利用微生物产生的胞外酶或外加的菌剂来加速反应底物水解的过程。石卫国[4,5]采用复合菌剂对秸秆进行预处理，发现可以缩短启动时间，且产气量与对照组相比较提高了42.2%～52.4%。为了进一步提高反应底物的水解程度和可发酵性，常常将多种预处理方法进行联合。常用的联合预处理法有热-化学预处理法和生物-物理预处理法等。在厌氧发酵反应器启动之前，加入适量的厌氧发酵微生物作为接种物是极为重要的。接种物不仅可以快速地启动反应器，而且有利于提高产气中甲烷含量。但是，接种物的种类、接种量及接种方式均会对厌氧发酵产生影响。因不同种类的接种物含有的微生物群体、微生物活性不同，干式厌氧发酵的促进作用也不同。TS 含量是影响有机固体废物进行厌氧发酵效果的重要参数。适宜的 TS 含量，有利于促进有机固体废物的降解，提高最终产气量。不同类型反应器，其最佳的 TS 含量不同。Fernández 等[5]在研究 TS 含量对城市有机固体废物厌氧发酵影响时，发现 TS 含量从 20% 提高到 30% 后，COD 的去除率从 80.7% 降低到 69.1%，最终产气量也降低了 17%。在实际工程中，应根据厌氧发酵对最终产物的要求，结合反应器的构型来调整底物的 TS 含量。

4.1 基本情况

4.1.1 技术简介

厌氧生化处理工艺是在缺氧情况下，利用自然界固有的微生物厌氧菌（特别是甲烷菌），将垃圾中有机物作为它的营养源，经过甲烷菌的新陈代谢等生理功能，将垃圾中有机物转化为沼气和沼肥的整个生产工艺过程，同时伴有甲烷和 CO_2 产生，统称"有机物垃圾厌氧消化作用"。

4.1.2 技术原理

液化阶段主要是发酵细菌起作用，包括纤维素分解菌和蛋白质水解菌，产酸阶段主要是醋酸菌起作用，产甲烷阶段主要是产甲烷菌，他们将产酸阶段产生的产物降解成甲烷和 CO_2，同时利用产酸阶段产生的氢将 CO_2 还原成甲烷（图 4-1）。

第一阶段是复杂有机聚合物，如糖类、脂肪和蛋白质等，在产酸菌的作用下被分解为低分子的中间代谢产物（主要为低分子有机酸和醇类）的水解酸化。

复杂有机物在酶和微生物的作用下水解和酸化。大分子的聚糖水解为低分子糖类，低分子糖再被产酸菌进一步酵解生成乙醇和脂肪酸；脂类被转化为甘油和脂肪酸，甘油在甘油激酶和磷酸甘油脱氢酶的作用下被分解成磷酸二羟丙酮，磷酸二羟丙酮被转化生成丙酮酸，再进一步分解为醇类；蛋白质则被分解成氨基酸，氨基酸再经过脱氨基作用进一步分解为脂肪酸和氨。这一阶段的主要微生物为产酸细菌，产酸细菌代谢能力强，繁殖速度快，环境适应能力强。

第二阶段是产氢产乙酸阶段。各种水溶性产物（除甲酸、乙酸、甲醇和甲胺外）经产氢产乙酸菌等微生物降解形成甲烷合成底物，主要是乙酸、氢气和二氧化碳。这一阶段主

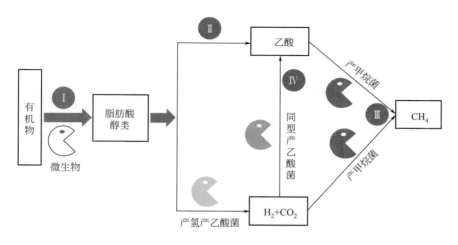

图 4-1 厌氧发酵技术原理

要微生物为产氢产乙酸细菌。反应如下：

丙酸转化为乙酸：$CH_3CH_2COO^- + 3H_2O \longrightarrow CH_3COOH + 3H_2 + HCO_3^-$

丁酸转化为乙酸：$CH_3CH_2CH_2COO^- + 2H_2O \longrightarrow 2CH_3COO^- + 2H_2 + H^+$

乳酸转化为乙酸：$CH_3CH(OH)COO^- + H_2O \longrightarrow CH_3COOH + H_2 + HCO_3^-$

乙醇转化为乙酸：$CH_3CH_2OH + H_2O \longrightarrow CH_3COOH + 2H_2$

第三阶段为产甲烷菌利用降解产物（甲酸、乙酸、甲醇、甲胺、氢气和二氧化碳等）生产 CH_4 和 CO_2 的过程[6,7]。其中约 2/3 的甲烷的产生是来自于乙酸的分解，约 1/3 的甲烷是来源于 H_2 和 CO_2 的合成[8]。这一阶段的主要微生物为产甲烷菌，产甲烷菌种类相对较少，能利用的基质有限、繁殖速度慢、受环境因素影响大。两种主要途径的产甲烷反应如下。

分解乙酸产甲烷型：$CH_3COOH \longrightarrow CH_4 + CO_2$

H_2 和 CO_2 合成产甲烷型：$CO_2 + 4H_2 \longrightarrow CH_4 + 2H_2O$

其他产物产甲烷反应如下。

甲酸产甲烷：$HCOOH + 3H_2 \longrightarrow CH_4 + 2H_2O$

甲醇产甲烷：$CH_3OH + H_2 \longrightarrow CH_4 + H_2O$

甲胺产甲烷：$4CH_3NH_2 + 2H_2O + 4H^+ \longrightarrow 3CH_4 + CO_2 + 4NH_4^+$

厌氧发酵过程中也存在一些可逆反应，即由小分子合成大分子物质的过程。不论是 2 阶段理论，还是 3 阶段、4 阶段理论，厌氧消化实际上是一个具有各种不同功能的微生物菌群在生态环境中共同生存，相互依赖和相互制约形成一个整体的过程，整体共同完成厌氧发酵产沼气过程。

有机物的微生物厌氧菌分解发酵过程分为液化、酸化、产甲烷 3 个阶段：a. 液化阶段，厌氧菌利用胞外酶对垃圾有机物进行酶解，使固态物变成可溶于水的物质；b. 酸化阶段，依靠产酸菌将上述可溶物生成酸性中间物；c. 产甲烷阶段，由甲烷菌利用酸性中间物以及物料中的其他碳类化合物转化为甲烷，即沼气。其固态物——沼渣经过再次微生物发酵后，便是价值较高的有机肥。

4.1.3 技术类型

厌氧发酵生物处理技术发展到今天，开发出的各种厌氧反应器种类很多，目前普遍应用的能源生态型厌氧消化反应器主要有升流式厌氧污泥床（UASB）、升流式厌氧固体反应器（USR）和混合式厌氧反应器（CSTR）。

4.1.3.1 升流式厌氧污泥床（UASB）

升流式厌氧污泥床反应器（Upflow Anaerobic Sludge Bed/Blanket，UASB）是利用厌氧生物法处理污水，又叫上流式厌氧污泥床。UASB由荷兰Lettinga教授于1977年发明，其构造特点是集生物反应与沉淀于一体，是一种结构紧凑的厌氧反应器。反应器主要由下列几个部分组成（见图4-2）。

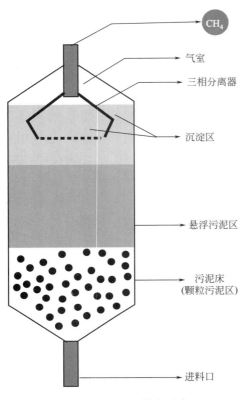

图 4-2　UASB 设备示意

① 进料系统将进入反应器的原液均匀地分配到反应器整个横断面，并均匀上升，起到水力搅拌的作用，也是反应器高效运行的关键环节。

② 反应区是UASB的主要部位，包括颗粒污泥区和悬浮污泥区。在反应区内存留大量厌氧污泥，具有良好凝聚和沉淀性能的污泥在池底部形成颗粒污泥层。废水从污泥床底部流入，与颗粒污泥混合接触，污泥中的微生物分解有机物，同时产生的微小沼气气泡不断放出。微小气泡上升过程中不断合并，逐渐形成较大的气泡。在颗粒污泥层的上部，由于沼气的搅动，形成一个污泥浓度较小的悬浮污泥层。三相分离器由沉淀区、回流缝和气室组成，其功能是将气体（沼气）、固体（污泥）和液体（废水）等三相进行分离。沼气进入气室，污泥在沉淀区进行沉淀，并经回流缝回流到反应区。经沉淀澄清后的废水作为处理水排出反应器。

③ 三相分离器的分离效果将直接影响反应器的处理效果。

④ 气室，也称集气罩，其功能是收集产生的沼气，并将其导出气室送往沼气柜。

⑤ 排出系统，功能是均匀地收集沉淀区水面上的处理水，并将其排出反应器。此外，在反应器内根据需要还要设置排泥系统和浮渣清除系统。

一般情况下，反应器底部有一个高浓度、高活性的污泥床，污水中的大部分有机污染物在此间经过厌氧发酵降解为甲烷和二氧化碳。因水流和气泡的搅动，污泥床之上有一个悬浮污泥区。反应器上部设有三相分离器，用以分离消化气、消化液和污泥颗粒。消化气自反应器顶部导出；污泥颗粒自动滑落沉降至反应器底部的污泥床，消化液从澄清区

图中标注：CH₄、气室、三相分离器、沉淀区、悬浮污泥区、污泥床（颗粒污泥区）、进料口

排出。

UASB 负荷能力很大，适用于高浓度发酵液的厌氧发酵，运行良好的 UASB 有很高的有机物降解率，不需要搅拌，能适应较大幅度的负荷冲击、温度和 pH 值变化。有机物在厌氧条件下经微生物降解，转化成甲烷、二氧化碳等，所产气体（沼气）含甲烷大于50%，可作为能源再次利用，主要用于发电、锅炉燃烧等，既可去除有机污染物又可回收能源。

UASB 工艺流程是发酵液首先被尽可能均匀地引入 UASB 反应器底部，在厌氧状态下，微生物分解有机物，产生沼气。通过气、液、固三相分离器，可使反应器中保持高活性及良好的沉淀性能的厌氧微生物沉淀到污泥床的表面，气体进入集气室。出水往往需进一步好氧处理，进行达标排放。UASB 是一种以环保治理为主、生产能源为辅的能源环保型沼气工艺工程，其工艺流程如图 4-3 所示。

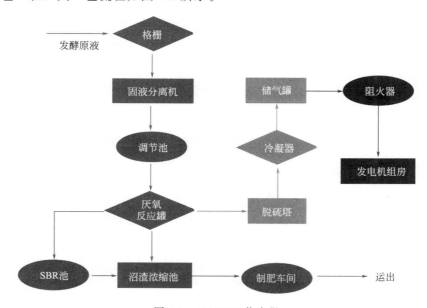

图 4-3 UASB 工艺流程

UASB 厌氧反应器的优点比较明显：首先，污泥床内生物量多，折合浓度计算可达20～30g/L；其次，容积负荷率高，在中温发酵条件下，一般可达 10kgCOD/（m³·d）左右，甚至能够高达 15～40kgCOD/（m³·d），废水在反应器内的水力停留时间较短，因此所需池容大大缩小；再者，设备简单，运行方便，无需设沉淀池和污泥回流装置，不需要充填填料，也不需在反应区内设机械搅拌装置，造价相对较低，便于管理，且不存在堵塞问题。

4.1.3.2 升流式厌氧固体反应器（USR）

升流式厌氧固体反应器（USR）是一种结构简单、适用于高悬浮固体有机物原料的反应器（见图 4-4）。原料从底部进入消化器内，与消化器里的活性污泥接触，使原料得到快速消化。未消化的有机物固体颗粒和沼气发酵微生物靠自然沉降滞留于消化器内，上清液从消化器上部溢出，这样可以得到比水力滞留期高得多的固体滞留期（SRT）和微生物滞留期（MRT），从而提高了固体有机物的分解率和消化器的效率。USR 在当前畜禽养殖行业粪污资源化利用方面有较多的应用。许多大中型沼气工程均采用该工艺。

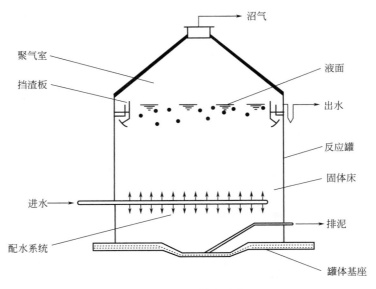

图 4-4　USR 设备示意

USR 工艺流程是先对各类畜禽粪便及其他有机物进行预处理，除去大颗粒和粗纤维物质（进料 TS 浓度 3%～5%）后，进入 USR 反应器，USR 反应器采用上流式污泥床原理，不使用机械搅拌，产气率视温度不同在 0.3～0.5m³/m³ 之间；当 TS 大于 5% 时，必须采用强化搅拌措施，此时产气率会提高至 0.3～0.7m³/m³ 之间。沼渣沼液 COD 浓度含量很高，不适宜好氧处理达标排放，一般用于农田施肥进行生态化处理，是典型的能源生态型沼气工艺工程。采用 USR 工艺产生的沼气如进行热电联产（CHP），热能输出部分可满足 20℃左右原料的升温要求，在我国北方地区的冬季，自身热量无法满足运行要求，需要使用锅炉或其他能量进行加热。

经过 USR 处理后产生的沼液属于高浓度有机废水。该废水具有有机物浓度高、可生化性好、易降解的特点，不能达到排放标准，因此除用于花卉蔬菜等的肥料外，剩余沼液需回流至集水池，经过好氧处理后达标回用或达标排放。针对该沼液含氨氮较高的特点，通过预处理可将溶于水的挥发性氨氮部分去除。沼液中的有机物则通过生物法进行处理，即利用水中微生物的新陈代谢作用，将有机污染物降解，达到净化水质、消除污染的目的。

4.1.3.3　混合式厌氧反应器（CSTR）

连续搅拌反应器系统（continuous stirred tank reactor，CSTR），或称混合式厌氧反应器，是指带有搅拌桨的槽式反应器，是一种使发酵原料和微生物处于完全混合状态的厌氧处理设备（图 4-5）。CSTR 工艺可以处理高悬浮固体含量的原料，搅拌的目的在于使物料体系达到均匀状态，避免了分层，有利于反应的均匀和传热，增加了物料和微生物接触的机会。投料方式采用恒温连续投料或半连续投料运行。新进入的原料由于搅拌作用很快与发酵器内的全部发酵液菌种混合，使发酵底物浓度始终保持相对较低状态。

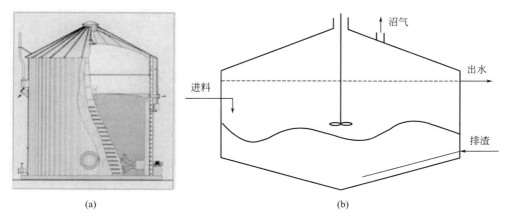

(a)　　　　　　　　　　　　　　(b)

图 4-5　CSTR 设备示意

　　一般情况下，CSTR 设备设有搅拌、保温和污泥回流装置，与传统厌氧消化罐相比效率大大提高，适合高固体高浓物料的沼气发酵。在德国、奥地利等一些欧洲国家，85% 以上畜禽粪便污水处理沼气工程采用完全混合式厌氧消化工艺（CSTR），其余为推流式工艺或者推流式与混合式的组合工艺。

　　CSTR 工艺流程是先对各类畜禽粪便及其他有机物进行粉碎处理，调整进料 TS 浓度在 8%～13% 范围内，进入 CSTR 反应器后 CSTR 反应器采用下进料上出料方式，并带有机械搅拌（图 4-6）。

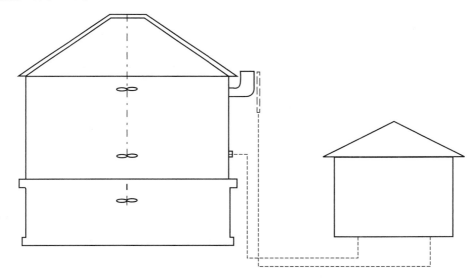

图 4-6　CSTR 工艺流程

　　产气率视原料和温度不同在 $0.5\sim1.5\mathrm{m^3/m^3}$ 之间。沼渣沼液 COD 浓度和 TS 浓度含量高，一般不经固液分离即可直接用于农田施肥，是典型的能源生态型沼气工艺工程。采用 CSTR 工艺产生的沼气如进行热电联产（CHP），热能输出部分可满足大部分北方地区冬季的原料加热要求，基本不需外来能源加热。在实际应用中升流式厌氧消化器和升流式厌氧污泥床因无动力搅拌，系统结构简单，管理使用方便，但升流式厌氧污泥床采用液体回流搅拌或气体搅拌，搅拌力度小，无法使料液充分混合，特别是牛粪原料纤维粗易漂浮，底部的料液不能充分消化长期沉积池内，久而久之形成反应器顶部料液结壳，反应器底部沉渣堆积堵塞，影响沼气的正常发酵生产。

4.2 厌氧发酵技术研究进展

厌氧生物处理反应器内存在着一个完整的微生物生态系统，微生物种类繁多、关系复杂，如产氢产乙酸菌、耗氢耗乙酸菌以及食氢产甲烷菌、食乙酸产甲烷菌等厌氧微生物，在缺氧条件下，厌氧微生物将有机物作为营养源，进行的一系列生物化学的偶联反应，经新陈代谢作用将有机物转化成 N、P 等无机化合物和甲烷、二氧化碳等气体的过程。厌氧处理系统中，甲烷的产生是整个微生物区系中各种微生物相互协同作用的结果，产甲烷菌则是厌氧生物链上的最后一个成员。

湿式厌氧发酵理论研究认为，微生物对有机物的作用过程主要分为水解酸化阶段、产氢产乙酸阶段、产甲烷阶段三个阶段（图 4-7）。

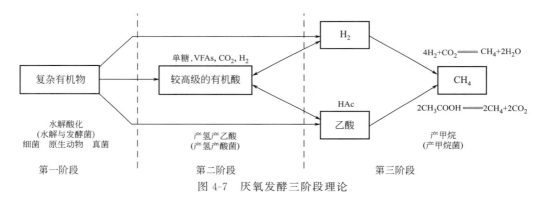

图 4-7 厌氧发酵三阶段理论

（1）水解酸化阶段

液化阶段主要是发酵细菌起作用，包括纤维素分解菌和蛋白质水解菌，厌氧菌种利用胞外酶对垃圾有机物进行酶解，使固态物变成可溶于水的物质。不可溶的大分子有机物在胞外酶的作用下，水解为水溶性的小分子有机物，随后被系统内的发酵细菌摄入细胞体内，经一系列生化反应代谢为挥发性脂肪酸（VFAs）。该过程中，发酵微生物在进行水解酸化的同时，也将部分有机物降解转化成自身细胞的组成物质。

（2）产氢产乙酸阶段

该阶段主要的微生物是产氢产乙酸菌及同型产乙酸菌，依靠产酸菌将水解酸化阶段产生的可溶物进一步转化为乙酸、氢气、碳酸以及新的细胞物质。且产氢产乙酸菌与水解酸化菌和产甲烷菌之间是共生的，降解水解酸化阶段的末端产物在产氢产乙酸阶段被产氢产乙酸菌转化为乙酸、氢气和二氧化碳，产生的氢气为还原 CO_2 生成 CH_4 的电子供体。

（3）产甲烷阶段

产甲烷阶段主要是产甲烷菌将产酸阶段产生的中间物以及物料中的其他碳类化合物，降解成甲烷和 CO_2，同时利用产乙酸阶段产生的氢将 CO_2 还原成甲烷。产甲烷细菌将乙酸、氢气、碳酸、甲酸和甲醇等转化为甲烷、二氧化碳和新的细胞物质有两个途径：一是利用 CO_2 和 H_2 生成甲烷；二是利用乙酸生成甲烷。通常情况下，发酵系统内 70% 的甲烷来自乙酸降解，30% 来自 H_2 还原 CO_2 获得。

4.2.1 厌氧发酵原料及预处理工艺研究

4.2.1.1 厌氧发酵原料

由于厌氧发酵实质上是微生物降解转化有机物的过程，因此只要是含有可生物降解的有机成分，理论上均可作为厌氧发酵的原料。目前已作为厌氧发酵原料的有机物主要为农业废物、杂草、树木等植物体为主的秸秆类物质，水果和蔬菜残体物，生活垃圾中的有机成分，以及水生生物和畜禽粪便等，但不同底物的组成成分有很大差别，其厌氧发酵效果也不一样。生活垃圾中由于含有有机可生化降解的物质，厌氧发酵技术可以作为生活垃圾中有机成分降解转化的方式之一，促进生活垃圾中有机成分由污染特性向资源化特性转变。

目前在厌氧发酵技术处理生活垃圾方面，研究内容主要涉及厌氧发酵的可行性、厌氧发酵技术对有机物的削减及资源化能力等。结果表明[6]，部分情况下，厌氧发酵处理生活垃圾优于传统的好氧堆肥方法，尤其是在臭气控制、资源循环利用等方面；同时，厌氧发酵能较大程度实现生活垃圾的减量化，Nguyen 等[7]采用间歇式厌氧发酵工艺对城市固体废物进行发酵后，使 61% 的 VS 被消减，且甲烷产量为 260L/gVS；刘晓等[8]通过研究建立城市生物质废物中温单级厌氧消化中试系统，对城市生活垃圾进行厌氧发酵，使容积产气率达到 $4.25m^3/(m^3 \cdot d)$，VS 去除率为 62.2%。

由于挥发性脂肪酸（VFAs）的积累，易导致发酵系统内酸中毒，成为果蔬垃圾厌氧发酵过程中的限制因素，而果蔬垃圾发酵过程中 VFAs 产生量要高于生活垃圾，因此，果蔬垃圾发酵过程中的有机负荷要小于其他类型的有机物。Mata-Alvarez 等[9]采用单相 CSTR 反应器对菜市场废物进行中温消化，发现果蔬废物最大有机负荷为 $3kg\ VS/(m^3 \cdot d)$，相对其他废物而言明显偏低；而 Bouallagui 等[10]在固体含量为 8% 的批量式系统中发现，水果和蔬菜废物由于挥发酸的大量积累产生了抑制作用，体系 pH 值降低后难以再次上升。同时，不同物料的甲烷产生能力也有差别，Forster-Carneiro 等[11]研究发现，当厨余垃圾的 TS 含量为 20% 时，甲烷产率可达 0.49L/gVS。Yu 等[12]以草坪草进行干式厌氧发酵，发现草坪草 VS 的 CH_4 产率达到 0.15L/gVS，沼气中甲烷含量达到 71%。叶小梅等[13]对不同生长状态水葫芦产气潜力的研究结果表明，水葫芦产气潜力达到 336mL/gTS 和 517mL/gVS，但处于越冬缓慢生长期的水葫芦产气潜力仅为 231mL/gTS 和 266mL/gVS，甲烷最高含量可达 75%。

畜禽粪便由于其物料特征，也成为厌氧发酵的重要原料之一。Chae 等[14]研究了 TS 含量为 23.9% 的鲜猪粪厌氧发酵过程，结果发现，发酵温度为 30～35℃ 时，猪粪 VS 的

CH_4 产率为 $0.39 \sim 0.40L/g$。青鹏等[15]用牛粪为发酵原料,认为在发酵原料 C/N 比为 19.8、TS 为 25%、接种量为 30% 的条件下,池容产气率最高达 $0.5m^3/(m^3 \cdot d)$。

农作物秸秆组成复杂,由细胞壁和细胞内容物组成,一般细胞壁所占比例在 80% 以上。秸秆细胞壁主要由纤维素、半纤维素和木质素组成,其次是蛋白质、角质、蜡质。秸秆结构组分十分复杂,纤维素、半纤维素和木质素之间相互交联,不利于微生物的降解利用。近年来,随着我国农业的发展以及农村地区生活方式的转变,秸秆量不断增加,因此秸秆厌氧发酵技术也日益受到重视。陈智远等[16]开展了玉米秸秆作为原料的厌氧发酵工艺研究,该工艺研究以接种比例为研究对象,结果表明,接种物与玉米秸秆 TS 的比例为 1:10,厌氧发酵产沼气的效果最佳(470mL/gVS)。梁越敢等[17]研究发现,稻草干式厌氧发酵 60d 单位挥发固体累积产气量为 278.1mL/gVS。

厌氧发酵的菌种存在于多种环境中,如池塘底部的污泥、厌氧环境的土壤、市政污泥、湿地土壤、沼气池污泥等。早在 1958 年,Golueke[18]就开展了高固体浓度的污泥厌氧消化工艺研究,王治军等[19]通过厌氧产甲烷实验证明,污泥经过热处理厌氧消化总 COD 去除率可达 56.8%。

4.2.1.2 秸秆颗粒微观结构特性

秸秆的主要成分是纤维素、半纤维素和木质素。秸秆颗粒在干式厌氧发酵过程中,其微观结构主要包括颗粒表面形态、颗粒内部纤维素类物质的紧密结合程度以及分子表面的特征官能团,这些微观结构影响到颗粒物与发酵系统内微生物、酶类等物质之间的结合可能性与结合程度,从而影响到有机物质的降解。由于秸秆表面存在着保护层,因此颗粒物的降解必须发生表面的破坏,同时秸秆颗粒内部的降解是与颗粒的结构相关的,当粒度粒径变化时,需要经过一定的量变积累,当粒径降低到某一范围时,随之才会发生质的变化,使颗粒物变成易于被微生物或其他物质降解的物质。秸秆受到物理、化学及生物作用时,由于其空间结构的复杂性,避免了其结构的破坏,也降低了纤维素酶的转化率。相关研究表明,要提高秸秆内有机物的降解效率和资源化水平,必须通过适宜的预处理方法,破坏颗粒的表面结构,去除表面的壳层,降低原有结构中的结晶度,从而增加酶与颗粒内部纤维素类物质接触面积以提高酶降解效率,使纤维素、半纤维素和木质素相互剥离,进而提高对秸秆的利用效率[20,21]。因此,秸秆的微观结构及其内部的结构组成对于秸秆的厌氧发酵具有重要意义。

纤维素结晶度是主要的超分子结构参数之一,决定了水解的速率,很多研究报告都认为结晶度为高纤维物质降解的主要障碍之一[22]。纤维素的结晶度是指纤维素结晶部分占纤维素总量的比例,它反映纤维素聚集时形成结晶的程度[23]。降低纤维素的结晶度,可增加生物质秸秆的比表面积,有利于微生物分解利用,所以纤维素的结晶程度可以反映纤维素类物质的降解情况。在各种测量方法中,X 射线衍射(XRD)方法具有不损伤样品、无污染、快捷、测量精度高、能得到有关晶体完整性的大量信息等优点[24]。由衍射原理可知,物质的 XRD 峰与物质内部的晶体结构有关,每种结晶物质都有其特定的结构参数(包括晶体结构类型,晶胞大小,晶胞中原子、离子或分子的位置和数目等),两种不同的结晶物质不会给出完全相同的衍射峰。因此,通过分析待测试样的 XRD 峰,不仅可以知道物质的化学成分,还能知道它们的存在状态,即能知道某元素是以单质存在或者以化合物、混合物及同素异构体存在。同时根据 XRD 试验还可进行结晶物质的定量分析、晶粒大小的测量和晶粒的取向分析。利用 XRD 方法在分子结构方面的研究主要有：物相定性分析（即固体由哪几种物质构成）、物相定量分析、结晶度的测定、宏观应力的测定[25]、晶粒大小的测定、晶体点阵参数的确定。

借助 X 射线衍射方法来测定试样中宏观应力具有以下优点：不用破坏试样即可测量；可以测量试样上小面积和极薄层内的宏观应力，如果与剥层方法相结合，还可测量宏观应力在不同深度上的梯度变化；测量结果可靠性高等。XRD 可以通过宏观测试揭示微观结构，从而找出材料性能变化的原因。由于 XRD 在分析时，有着对物体不产生损伤等优点，因此，XRD 技术很早就被研究者作为对晶体的表层结构研究的一种不可或缺的分析手段。在物相分析、晶体结构鉴定、织构分析、应力分析等方面发挥着重要作用。

傅里叶变换红外光谱法是用连续红外光照射物质，当物质中分子的振动频率或转动频率和红外光的频率一样，偶极矩发生变化，发生振动和转动能级的跃迁，从而形成分子的吸收光谱，由于各个官能团的振动（或转动）频率差异，可用于确定物质的分子结构。傅里叶变换红外光谱分析速度快，多种成分能够同时分析、分析无污染，样品不需要特别的预处理，不使用有毒、有害试剂，无损伤分析，操作简单，分析成本低[26,27]。刘美义[28]研究认为，红外吸收谱的特征频率反映了化合物结构上的特点，各种官能团和化学键的特征频率与化合物的结构有关，可以用来鉴定未知物的结构组成或确定其官能团。应用傅里叶变换红外光谱法进行化合物或者是官能团定性分析特征性比较强。不同的官能团或者化合物具有各自特征性的傅里叶变换红外光谱图，其谱峰数目、位置、形状和强度只与官能团/化合物的种类有关。分子中的某些化学键或者官能团在不同的化合物中对应的谱带波数较为固定，或者在小波段范围内发生移动，所以如羟基、氨基、甲基和亚甲基在傅里叶变换红外光谱中均具有各自的特征吸收峰，因此，可以通过测定未知样品的红外光谱图，判断存在着哪些有机官能团/连接键，为未知物化学结构的确定提供理论和技术支撑。依据化合物的谱图就像辨别人的指纹一样确定官能团或者化合物的种类，因此，人们把用傅里叶变换红外光谱法进行的定性分析称为指纹分析。其次，由于傅里叶变换红外光谱法测定方便，不受样品形态、分子量和溶解性能等的限制，并且测试用量较少，所以在化合物或者官能团结构鉴定和指认方面有广泛应用，依据化合物或者官能团结构的特点分析傅里叶变换红外光谱产生的吸收峰，然后同测定的样品谱图进行对照或者与文献上的谱图进行对照，是傅里叶变换红外光谱法用于化合物结构分析的重要应用。物质的傅里叶变换红外光谱反映了其分子结构的信息，谱图中的吸收峰与分子中各官能团的振动形式相对应。通常把能代表官能团存在并有较高强度的吸收谱带称为官能团特征频率，其所在的位置一般又称为特征吸收峰。掌握各种官能团的特征频率及其位移规律，可以应用傅里叶变换红外光谱法来确定化合物中官能团的存在及其在化合物中的位置。常见官能团在 $400 \sim 4000 \mathrm{cm}^{-1}$ 范围内，产生吸收带，按照光谱与分子结构的特征可将整个傅里叶变换红外光谱大致分为以下两个区域，官能团区主要位于 $1300 \sim 4000 \mathrm{cm}^{-1}$ 波段处，该区为目前已知化合物官能团特征吸收峰出现较多的波数区段，主要原因是该区官能团特征频率受分子中其他部分的影响较小，大多产生官能团特征吸收峰。有研究人员，又将该区细分为 3 个区域，分别是 $2500 \sim 4000 \mathrm{cm}^{-1}$ 波段区间的 X—H 伸缩振动区、$1900 \sim 2500 \mathrm{cm}^{-1}$ 波段区间的叁键和累积双键、1200～1900cm^{-1} 波段区间的双键伸缩振动区，在 X—H 伸缩振动区（X 主要为 C、O、N 或 S），主要是 C—H、O—H、N—H 和 S—H 键伸缩振动特征峰，叁键和累积双键区域主要是 C≡C 和 C≡N 键伸缩振动区，以及 C=C=C、C=C=O 等累积双键的不对称性伸缩振动区；而双键伸缩振动区主要有 C=O 和 C=C 键伸缩振动特征峰。傅里叶变换红外光谱法另一个主要的区域为 400～1300cm^{-1} 波段处的"指纹"区，该区域的吸收光谱比较复杂，有重原子单键的伸缩振动峰及各种变形振动峰，该类物质的振动频率相近，且不同振动形式之间易于发生振动耦合作用。但是该区的优点在于即使吸收带位置与官能团之间没有固定的对应关系，但能够灵敏地反映分子结构的微小差异，相当于化合物的"指纹"，结构不同的两个化合物一定不会有相同的"指纹"特征，因此可以应用于鉴定化合物。

4.2.1.3 秸秆内难降解物质

纤维素、半纤维素和木质素（简称为"三素"）为秸秆中难降解成分，"三素"的破坏意味着细胞物质的解体和腐殖质的产生，是生物发酵过程中最重要的物理性状变化。为此，各种加速纤维素、半纤维素和木质素分解的技术均具有积极意义[29]。

（1）纤维素

纤维素是秸秆的主要成分之一，由 $\beta(1\text{-}4)$ 糖苷键连接葡萄糖单元所组成的长链状高分子聚合物（图 4-8），通常一条链中含 10000 多个葡萄糖分子，且葡萄糖亚基排列紧密有序。纤维素大分子中的定型区为类似晶体的不透水网状结构，同时也有分子间结合不紧密、排列不整齐的无定形区域。结晶区分子排列整齐，高度的水不溶性；不定型区分子排列不整齐，较容易被纤维素酶和化学物质降解，且由于其易与木质素等难分解的物质结合，不溶于水，使其在发酵过程中更加难以被水解。纤维素大分子在降解过程中至少需要纤维素内切酶（endo-cellulase）、端解酶（exo-cellulase）和纤维素二糖酶（cellobiase）三组水解酶的协同作用。据研究表明，纤维素分解首先是纤维素的晶体消失，继而生成纤维二糖、戊二糖，最后经纤维二糖酶作用分解成便于吸收的葡萄糖，因此研究秸秆颗粒内部的结晶度至关重要。

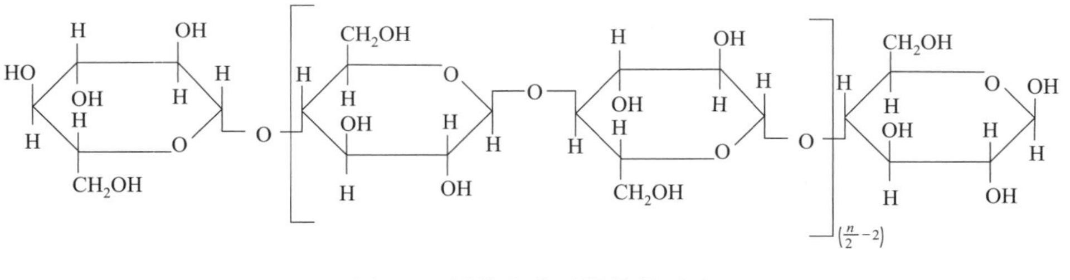

图 4-8　纤维素分子链结构通式

（2）半纤维素

半纤维素也称易水解多糖，为"三素"中相对容易水解的物质，主要成分是由 60～150 戊糖缩合而成的多缩戊糖 $(C_5H_8O_4)_n$，结构式如图 4-9 所示，可以看成是一个环戊糖分子的半缩醛基与另一环戊糖分子的第 4 位碳原子上的羟基经脱水缩合而成的多聚物。半纤维素在有酸的水溶液中加热会溶解，并进一步水解，即加水分解成为很多单分子的戊糖。多缩戊糖水解生成的戊糖，有木糖和阿拉伯糖两种。如玉米秸秆，含有大量的半纤维素，组成半纤维素的结构单元主要有木糖、阿拉伯糖、葡萄糖、甘露糖和半乳糖等，各种糖所占比例随原料不同而变化，一般木糖占 1/2 以上[30]。

（3）木质素

木质素是最难被微生物降解的芳香族化合物之一[31,32]，是由苯丙烷结构单元组成的复杂、近似球状的芳香族高聚体，由对羟基肉桂醇（p-hydroxycinnamylalcohols）脱氢聚合而成，分子量大（$>1.0\times10^5$）、溶解性差，含有各种生物学稳定的复杂连接键，没有任何规则的重复单元或易被水解的键（图 4-10）。木质素分子结构中存在着芳香基、酚羟基、醇羟基、羰基、甲氧基、羧基、共轭双键等活性官能团，可以进行氧化、还原、水解、醇化、酸解、光解、酰化、磺化、烷基化、卤化、硝化、缩聚或接枝共聚等许多化学反应。

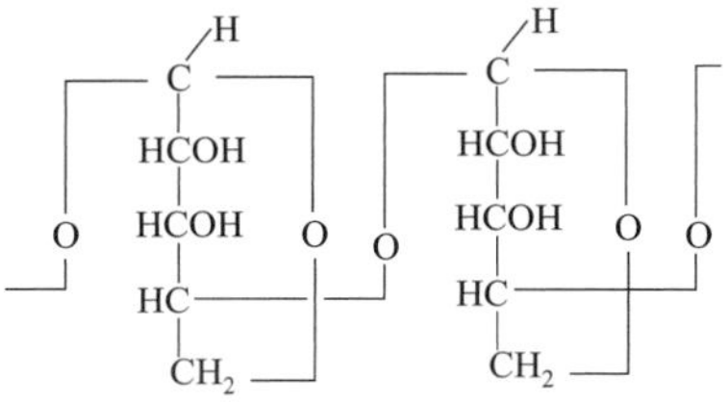

图 4-9 半纤维素的分子链结构通式

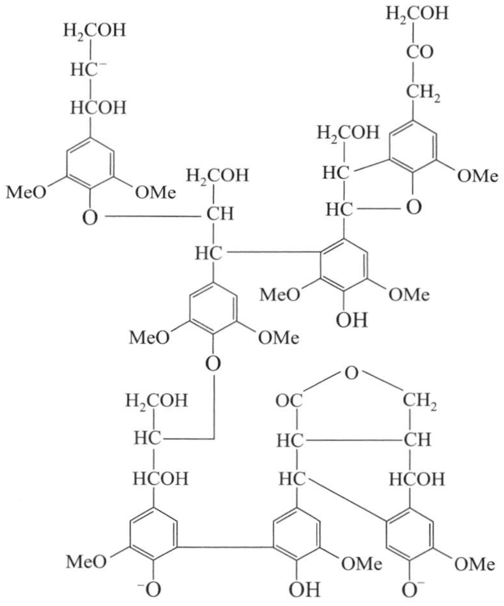

图 4-10 木质素分子链结构通式

厌氧发酵过程中，木质素的分解是一个微生物作用过程，在胞外酶的催化作用下，复杂的团粒结构分解成小分子物质，随后小分子物质被植物细胞所吸收，部分转化成苯酚和苯醌。但木质素被认为是把纤维素层和半纤维素层互相连接起来成一个复杂结构[33]，与纤维素、半纤维素等降解物不同，微生物及其分解的胞外酶难以与之结合，同时木质素又对酶的水解作用呈抗性，使得其难以降解。因此，木质素在发酵过程中的降解转化受到限制。一些研究表明，LCH 的结构和形态的变化对减少生物量和提高纤维素的水解是至关重要的[34]。目前针对发酵过程中木质素的研究主要集中于预处理，通过物理、化学和生物等方法预处理结构，可以打破多聚糖与木质素之间的键，降低纤维素结晶度，进而使微生物更方便摄取，主要目的是通过预处理方法，改变木质纤维素的物理和化学结构[35]。

针对纤维素、半纤维素、木质素在厌氧发酵过程中降解速度缓慢、降解程度低等问题，部分学者开展了难生物降解固废的预处理方法研究，这些研究主要目的是为了破坏秸秆类物质中有机物颗粒的壳层，使可生化降解的部分与微生物及酶类充分接触，从而提高难生物降解固废的降解效率。同时部分学者也开展了通过接种高效木质素降解菌或改进工艺，提高发酵过程中难生物降解固废的降解速率和降解效率的研究，以上研究的目的是提高发酵体系内微生物的活性，从而达到了加快反应速率和提高降解程度的目的。秸秆内的纤维素、半纤维素与木质素是植物细胞壁的主要成分，存在着保护层，且结构复杂，难以被微生物降解，从而被定义为难生物降解成分，成为制约有机固废快速稳定化、资源化转化水平的重要因素。更多的研究是利用化学或物理的方法破坏高纤维类有机物颗粒的空间结构，使可生化降解的部分与微生物及酶类充分接触，从而提高难生物降解固废的降解效率。

4.2.1.4 秸秆预处理工艺

秸秆的预处理为厌氧发酵工艺的重点，物料的形态对其在发酵过程中的降解影响较大，有研究表明有机物质水解成可溶性物质是固体废物降解的限速步骤[36]，其中，Pavlostathis[37]研究发现反应器中少量水解物质的积累并推断纤维素类物质转变成溶解性物质是整个反应过程的限速步骤，Lee[38]在纤维素发酵过程中也观察到低浓度的可溶性化合物，认为水解阶段为限速阶段；Galisteo[39]和Delgenes[40]及Chulhwan[41]等的研究也证明了这一点。底物水解速率除受自身生物可降解性、C/N比等影响外，还受底物物理结构、性状以及它们与水解酶接触难易程度的影响，有研究表明，底物比表面积大、底物与酶接触容易等均会提高水解速率，加速产气。

Mshandete等[42]认为较小的颗粒增加了与微生物的接触面积，促进了营养物质的利用。因此，为了减轻限速阶段的影响，人们通过不同的预处理方法来减小有机物的颗粒直径，改善底物与酶的亲和能力，以期提高复杂有机物的水解速率与产气量。

目前采用的预处理方法有物理预处理、化学预处理、生物预处理及各个方法相互结合的预处理方法。

（1）物理预处理方法

物理预处理方法为秸秆常用的方法之一，主要有机械破碎、微波处理、蒸汽爆破等方法，主要目的是通过物理处理来减小物料颗粒的粒径、改变物料的晶体结构，增加厌氧微生物或酶与底物的有效接触面积，促进有机物在发酵过程中的降解效率。

1）机械破碎 Menardo[43]等通过机械处理使小麦、大麦、稻草和玉米茎秆的粒径破碎为5.0cm、2.0cm、0.5cm、0.2cm，经厌氧发酵后，甲烷产量提高了80%，且研究结果发现小麦和大麦最佳粒径分别为0.2cm和0.5cm；Kouichi等[44]采用珠磨法对厨余垃圾进行物理破碎，当垃圾颗粒直径由0.843mm减小为0.391mm后，有机物溶出率提高了30%，且当垃圾颗粒直径为0.718mm时，最有利于甲烷的产生；Mshandete等[42]发现剑麻纤维废物颗粒粒径从100mm减小到2mm后，总纤维降解量由31%提高到了70%，甲烷产量也随之增加了23%。但是颗粒物粒径也不是越小越好，有研究证明，颗粒物粒径过小的发酵系统内，挥发性有机酸（VFAs）易形成累积效应，反而阻碍了发酵进行，这与有机质溶出率高时甲烷产量不一定高的研究结论相对应。而牛俊玲等[45]研究发现，1cm粒度的预处理粉碎程度比较适宜。

2）微波处理 微波处理技术也是秸秆物理预处理的重要方法之一，有研究发现[46]，采用超声波处理物料可使污泥中的硝化细菌的活性增强，硝化反应加快；涂绍勇等[47]利用微波方法预处理稻草的研究结果表明，稻草经微波预处理后，可以提高其降解效率。侯丽丽等[48]研究发现，物料经微波处理5min，系统内的纤维素酶酶活增加程度最大，且羧甲基纤维素酶活和纤维蛋白肽 A 酶活分别提高了135.6％和82.7％。微波处理方法虽然有着一定的优点，但由于成本较高，特别是在应用过程中的技术限制，导致其无法开展大规模的工程应用。

3）蒸汽爆破 部分研究人员开展了蒸汽爆破预处理技术研究，其中，李鲁予等[49]开展的数控超音速蒸汽爆破预处理蔗渣、玉米秸秆、农产品加工垃圾研究结果表明，甲烷产量得以提高，且沼气中的甲烷含量可以达到95％以上。

（2）化学预处理方法

碱处理秸秆可以通过化学作用，改善秸秆的可生化特性，也受到相关学者和工程人员的重视。化学预处理方法主要有酸水解法、碱水解法、湿氧化法等，化学预处理方法可以破坏秸秆颗粒内部结构，使木质素与纤维素、半纤维素的交联断裂，将纤维素释放出来，从而被微生物或酶利用，促使复杂的有机质转变成易降解的小分子物质，提高降解效率，缩短后续发酵反应时间，且可防止底物在发酵过程中出现酸中毒。

酸水解方法处理秸秆时，可以破坏秸秆颗粒内部的纤维素晶体，使结构变得疏松，因此有关酸水解的工艺研究成为研究热点之一。陈尚钘等[50]研究发现，稀酸处理玉米秸秆后，纤维表面和细胞壁受到不同程度的破坏，导致表面积增大、孔洞增加、结晶度降低；覃国栋等[51]采用不同浓度的酸对水稻秸秆预处理后进行厌氧发酵，结果表明，酸处理能提高产气效率，并认为酸浓度为 6％的处理效果最好；闫志英等[52]开展了酸水解参数优化研究，发现酸预处理玉米秸秆的最佳稀硫酸浓度为 1.0％，且在温度 120℃、水解时间 75min 等条件下水解效果最好，戊糖得率可达 64.4％；同时，李岩等也发现硫酸浓度为 1.0％时秸秆的水解效果较好。

碱处理不仅破坏木质纤维结构，还破坏核酸、氨基酸等含氮物的结构，将其中的氮以 NO_3^--N 和 NH_4^+-N 的形式释放出来。碱水解法主要用氢氧化钠、氢氧化钙、尿素等进行处理，康佳丽等[53]的研究发现，经 4％～10％ NaOH 预处理后的麦秸，总产气量、单位 TS 产气量、TS 和 VS 去除率显著提高，厌氧消化时间最大可缩短 22d[52]；Fdez.-Güelfo 等[54]利用 NaOH 对城市有机固体垃圾进行预处理，结果表明，在温度 180℃、NaOH 浓度为 3g/L 和 0.1MPa 的处理条件下，系统内的可溶性 COD 增加了将近 24.6％。研究人员利用 $Ca(OH)_2$ 预处理城市有机固体废物，结果表明最大产气量为 $0.15m^3CH_4/kgVS$，是对照组的 172％；程旺开等[55]开展的 $Ca(OH)_2$ 预处理麦秸秆结果表明，酶解效果较显著，提高了酶的可及性；刘娇等研究发现，经湿氧化法处理后，使秸秆中的纤维素含量增加 4.5％，半纤维素和木质素含量分别减少 17.5％和 1.9％；虽然化学预处理时采用的试剂各不相同，但根据以往的研究表明，采用氢氧化钠预处理比其他碱性试剂更有效[56]。杨懂艳等研究发现，NaOH 预处理玉米秸的产气效果最好[57]。

（3）生物预处理方法

秸秆的生物预处理方法是利用接种剂中的微生物及其次生代谢物等在发酵前对秸秆进

行水解，将复杂的有机物降解为微生物容易利用的物质，从而缩短厌氧发酵的时间、提高干物质的消化率和产气率。生物预处理方法由于成本低、对后续发酵的影响小等优点，较早就成了秸秆预处理方法的研究热点和难点之一。

目前用于生物预处理的接种物主要有生物菌剂、活性污泥、沼渣和腐熟堆肥等。Fdez等[58]用干草料的腐熟堆肥作为接种物，开展工业有机固体废物预处理后进行厌氧发酵，结果表明，接种量为 2.5%（体积百分数）时处理 24h，可使沼气和甲烷产量分别提高 60.0% 和 73.3%。有关生物预处理方法的研究主要集中于微生物的作用效果和微生物菌剂的筛选，目前，可用于预处理菌剂主要为各自实验室所筛选的高效纤维素分解菌，包括细菌、真菌和放线菌，Muller 等[59]早在 1986 年就筛选出了降解木质素最快的菌种 *Pleurotus florida*，但是目前尚未看见大规模应用的报道；李伟[60]利用沼液进行接种堆沤预处理秸秆后，发现 30 天内的累计产气量提高了 42.22%；石卫国[61]利用复合菌剂预处理秸秆，使产气量提高了 42.2%～52.4%。白腐菌是降解秸秆木质素类化合物能力最强的微生物。因此对其的研究最为广泛。

Ghost 等[62]利用褐腐菌 *Polyporus ostreiformis*（Po）和白腐菌 *Phanerochaete chrysisporium*（Pc）处理秸秆，Pc、Po 处理后稻秆的沼气和甲烷产量分别提高了 34.7% 和 46.1%、21.1% 和 31.9%。杨玉楠等[63]发现经白腐菌处理秸秆中木质素含量降低，厌氧发酵过程中甲烷转化率为 47.6%。

4.2.2 有机酸产生及微生物学研究

4.2.2.1 有机酸的产生研究

在水解阶段次生代谢产物包括氨基酸、脂肪酸、葡萄糖、甘油等溶解性小分子有机物；挥发性脂肪酸；无机物 CO_2 和 H_2；有机物甲烷、甲醇、甲胺、乙酸、丙酸、丁酸、戊酸、己酸、乳酸等有机酸，以及乙醇、丙酮等。其中有机酸对厌氧发酵系统影响和作用较大。

发酵过程中的物料种类和组成对有机酸的产生及有机酸与发酵系统的相互作用是有影响的。施建伟等[64]研究了农业有机废物的沼气发酵机制，得出的结论认为沼气发酵底物和发酵工艺对发酵过程中挥发性有机酸的种类和含量均有影响；董保成等[65]研究发现，单一有机酸作底物时存在一个浓度阈值，高于此值会抑制甲烷产生，但有机酸共同存在时，可以产生协同优势，且甲酸积累不易对发酵过程产生抑制作用，而丙酸累积最易造成抑制；叶小梅等[66]采用批次方法研究了不同生长状态水葫芦厌氧发酵过程中的酸化特征，认为水葫芦厌氧发酵系统的酸化过程较快，pH 值经短暂下降后迅速恢复至 7.0 左右，且有机酸的主要成分是乙酸和丙酸，分别为 46.7% 和 46.4%；任洪艳等[67]对蓝藻厌氧发酵过程中丁酸和有机酸产量研究结果表明，蓝藻经过 pH 值为 10 的碱性预处理后调节初始 pH 值为 5.0 的厌氧发酵的丁酸及有机酸产量最高，分别为 4.4g/L 和 6.0g/L，比空白提高了近 1 倍；李长春等[68]研究结果表明，天然牧草青处理后乳酸、乙酸和丙酸的含量在菌剂添加量为 0.50g/kg 时达到最大值，乳酸的含量为 63.7mmol/g，乙酸为 30.1mmol/g、丙酸为 36.5mmol/g，而丁酸的含量则降低到 0mmol/g。

发酵物料的 C/N 也对有机酸的产生具有影响，陈羚等[69]通过混合物料厌氧消化反应启动时污泥种类和碳氮比对固体酸化过程的影响认为，有机酸质量浓度可达 14g/L，乙酸、丙酸的质量分数分别在 50% 和 20% 左右，挥发性固体降解率达 23%；刘和等[70]通过初始 C/N 比对污泥发酵产酸类型的影响及产酸代谢途径研究，认为在低 C/N 比条件下，乙酸的累积主要是通过氨基酸之间的 Stickland 反应形成，随 C/N 比值的增大，丁酸和丙酸的主要代谢途径转变为糖酵解的丙酮酸途径。

发酵过程的 pH 值对有机酸的产生具有影响，史红钻等[71]开展的 pH 值对厨余垃圾酸化的影响研究结果表明，丙酸生成酸化的最佳 pH 值为 7，此条件下 VFAs 的产量最高可达 35.1gVFAs/L，TS 的去除率高达 65.3%；高永清等研究了 pH 值在 4.0～12.0 区间变化时，污泥水解酸化过程中溶出的可溶性有机物（SCOD）、挥发性脂肪酸（VFAs）和氮磷的质量浓度变化结果表明，污泥水解酸化效率递减顺序为碱性＞酸性＞中性；陈娟[72]对负荷和碱性 pH 值对稻杆厌氧发酵产酸效果研究结论认为，负荷和 pH 值对稻秆厌氧发酵都有较大影响，pH 值为 8.0 时，VFAs 浓度最高达 6632.59mg/L，且乙酸占 VFAs 比例随 pH 值上升而提高。

厌氧发酵的工艺方式也对乙酸的产生有影响，如陈大鹏[73]采取批次发酵连续运行 1000d，发酵过程中乙酸和丙酸是主要的末端发酵产物，且乙酸的产量在运行的前 60d 占挥发酸总量的 66% 以上；丙酸含量最高为 32.4%；赵庆良等[74]通过高温/中温两相厌氧发酵研究认为，高温相的主要作用是用于水解产酸，而中温相作用在于各脂肪酸被分解去除而产生沼气；段小睿等[75]通过改变机械搅拌速率对剩余污泥中 $SCOD_{Cr}$、VFAs 等的溶出研究表明，搅拌越快越利于 $SCOD_{Cr}$ 值的生成，搅拌速率为 410～430r/min 时产生的 $SCOD_{Cr}$ 值明显大于较低搅拌速率时 $SOCD_{Cr}$ 值。

乙酸为厌氧发酵过程中重要的有机酸，张晶晶等[76]研究了 pH 值为 5、6、7、8、9、10 对污泥厌氧发酵产酸的影响，结果表明，在所有 pH 值条件下，乙酸均为主要产物；倪哲等[77]开展的鸡粪厌氧发酵结果表明，乙酸是发酵产物中含量最多的酸，其次是丙酸和正丁酸。

4.2.2.2　厌氧发酵微生物学研究

厌氧发酵是借助厌氧微生物在无氧条件下的生命活动制备微生物菌体本身，或其直接代谢产物或次级代谢产物的过程，厌氧降解有机物生成甲烷的过程是由多种不同营养型的微生物类群完成的，各类群微生物各具有其特殊的功能，进行着特殊的生化反应。厌氧消化的效能和稳定性高度依赖于反应过程中的活性微生物群体。微生物群落结构决定其生态功能，发酵过程中微生物群落结构和数量变化都将直接关系到产气效率，因此，微生物群体结构的特点对于分析和提高厌氧消化效率非常关键[78]。甲烷的形成与菌群互营密切相关，非产甲烷菌和产甲烷菌相互依赖，相互制约。

深入了解厌氧系统微生物菌群的组成结构和功能是优化厌氧发酵系统的前提。基于培养的微生物学方法是研究环境中微生物群落特征的传统方法，研究内容包括细胞形态、pH 值、呼吸速率、生长温度、微生物总量、DNA 的 GC 含量和酶活性等，但由于培养条件的局限性，导致环境中可培养的微生物的数量仅占总的微生物数量的 0.01%～10%[79]；同时由于高浓度营养物质的加入，微生物群落结构在新选择压力下通常会发生变化，适应丰富营养条件的菌种可能取代自然条件下的优势种而成为新的、人为选择的优势种。因此，传统的微生物培养方法不能全面真实地反映环境中的微生物群落结构，也不能反应特征微生物的代谢功能。

20 世纪 80 年代末科学界发展了以核酸（基因）为基础的分子生物学技术，可以在非培养条件下直接对微生物的遗传信息进行分析，大大地减轻了对微生物培养的依赖性，克服传统分析检测方法中的缺点，提高分析检测的速度和结果的准确度、完整性，可广泛地应用于微生物群落结构的分析[80]。目前，已用于研究厌氧发酵系统内微生物群落的分子生物学方法主要为聚合酶链反应（PCR）、变性梯度凝胶电泳（DGGE）、荧光原位杂交（FISH）和限制性片段长度多态性（RFLP）[81~83]。

在产甲烷菌群多样性研究中，变形梯度凝胶电泳（DGGE）最为常见，DGGE 是根据DNA 在不同浓度的变性剂中解链行为的不同而导致电泳迁移率发生变化，由于这种变性具有序列特异性，因此，DGGE 能将同样大小的 DNA 片段很理想地分开。师晓爽等[84]运用 DGGE 技术研究了湿式厌氧发酵微生物的种类及优势种群，得出了微生物种群及优势菌群随不同发酵时期而发生变化的结论。王彦伟等[85]采用 DGGE 和 Real-TimePCR 技术研究了低温沼气池中产甲烷古菌群落，并分析了发酵前后产甲烷古菌优势群落的变化，结果表明，沼气低温发酵的过程中，不同沼泥样品发酵前期、后期产甲烷古菌的优势群落差异明显且数量上也存在较大差异。

但是，由于干式厌氧发酵技术在近些年才逐渐受到重视，导致目前有关厌氧发酵过程中的微生物学研究主要针对湿式厌氧发酵过程，且所开展的微生物学研究均以Zehnder[86] 和 Bryant[87] 等创建的三阶段理论为基础，该理论认为，厌氧发酵过程需经历三个阶段，分别为第一个阶段的水解酸化菌、第二个阶段的产氢产乙酸菌和第三个阶段的产甲烷菌。第一阶段中有机物质经水解和发酵性细菌作用生成有机酸、醇类、氢和二氧化碳，第二阶段是产氢产乙酸菌还原第一阶段生成的产物，转化成氢和乙酸，第三阶段是产甲烷细菌将氢和乙酸转化成甲烷。但针对干式厌氧发酵过程中的微生物群落特征研究较少，其中仅有 Si-Kyung 等[88] 关于利用分子技术分析餐厨垃圾中温干式厌氧发酵过程中产甲烷菌的报道。

4.2.3 干式厌氧发酵技术研究

干式厌氧发酵是指以固体有机废物（其总固体浓度 TS 达到 20%～30%）为原料的厌氧发酵处理[89]，与湿式厌氧发酵技术相比，干式厌氧发酵具有很多明显的优势：反应器体积小，占地面积少；容积产气率较高；加热能耗低，总甲烷损失量低；用水量少，不会存在湿发酵中出现的浮渣、沉淀等问题；后处理容易，沼渣可直接作为有机肥利用[90]。

因此，干式厌氧发酵技术为我国目前重要的废物资源处理处置的研究方向，其应用前景更广泛。本书对生物质干式厌氧发酵技术的机制机理，不同的工艺类型和原料预处理方式的大量研究进行总结讨论，并对干式厌氧发酵技术的应用前景进行分析，旨在为我国采用干式厌氧发酵工艺利用生物质能源提供参考。

4.2.3.1 干式厌氧发酵技术机理

厌氧发酵是一个多步骤、多种微生物共同参与的复杂过程。近几十年，人们对厌氧发酵理论的认识逐渐深入。为提高干式厌氧发酵效率，部分学者开展了干式厌氧发酵过程的机理研究，主要集中在产甲烷微生物的动态变化、乙酸产甲烷途径的影响因素、产甲烷阶段电子转移规律等方面。且研究发现，干式厌氧发酵的机理满足湿式厌氧发酵的三阶段理论，整个发酵过程[91~93]可分为水解、产乙酸和产甲烷三个阶段[94,95]：第一阶段是水解阶段，厌氧菌将不溶于水的有机质降解为可溶于水的有机质；第二阶段是产乙酸阶段，可溶性有机质进一步降解生成乙酸等有机酸；第三阶段是产甲烷阶段，乙酸等有机酸进一步产生 CH_4、CO_2 等气体，如图 4-11 所示。

在三阶段理论的基础上，部分研究人员对不同阶段的机理进行了深入研究，结果表明，水解阶段是整个干式厌氧发酵过程的限速阶段，厌氧发酵水解速率除了和底物特性有关外，还与底物物理结构、性状等有关。研究表明通过改变底物组成如底物协同发酵，预处理技术如物理预处理法、化学预处理法和生物预处理法等可改善底物水解，促进干式厌氧发酵[96]。近年来，研究者也对干式厌氧发酵微生物机理展开了研究，主要集中在非产甲烷菌和产甲烷菌之间的相互关系、产甲烷菌的生态学特征及微生物的群落演替机制等方面[97]。由于干式厌氧发酵过程中的含固率较高，挥发性脂肪酸（VFAs）的形成对干式厌氧发酵产甲烷至关重要，相关研究人员通过对 VFAs 产生的动态规律、VFAs 组成及影响因素等进行研究，结果表明干式厌氧发酵中当 TS 浓度在 18%~27% 之间，没有 VFAs 累积；并且 VFAs 的产生量受温度影响，随着温度的升高其产生量逐渐增大，当温度由 25℃ 上升到 35℃ 和 55℃ 时，VFAs 产量分别增加 1.3 倍和 5.8 倍；且干式厌氧发酵中，VFAs 主要由碳原子含量为 2~5 的小分子酸组成，即乙酸、丙酸、丁酸、丁酸和戊酸[98,99]。

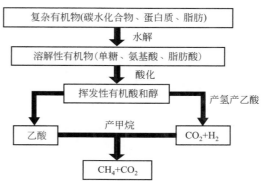

图 4-11　干式厌氧发酵三阶段理论示意

4.2.3.2 干式厌氧发酵技术影响因素

干式厌氧发酵技术的总固体含量在 20%~40% 之间，呈固态，无沼液消纳问题。相比于湿式厌氧发酵技术，干式厌氧发酵技术具有需水量低或不需水，容积产气率高，处理成本低及产生沼液少、无湿法工艺中的浮渣、沉淀等问题、基本上实现污染物零排放，且运行过程稳定，物料适应范围广等优点[100,101]，具有广阔的应用前景。但干式厌氧发酵技术在工程上的推广应用还有一定难度，原因是干式厌氧发酵技术物料浓度高，搅拌困难，传质能力较差，易造成 VFAs 局部积累，影响产甲烷过程，从而导致发酵过程稳定性差[102]，因此大量学者对此展开相关研究。

相对于湿式厌氧发酵，干式厌氧发酵基质的 TS 含量对发酵系统的影响更加明显，杨天学[103]通过对玉米秸秆进行干式厌氧发酵实验，比较 TS 浓度分别为 20%、25%、30%、35% 和 40% 条件下时的发酵产气效果，得出 TS 浓度为 30% 时的累计产气量和沼气中甲烷含量最高，且对玉米秸秆的减量化效果最好。故杨天学指出，当玉米秸秆在 TS 浓度为 20％～35％的条件下，干式厌氧发酵系统能成功启动、稳定运行。王林等[104]研究了不同 TS 含量对水葫芦和生活垃圾联合发酵制沼气的影响，发现当 TS 含量为 23％时，甲烷累计产量达到最大。Fernández 等[105]通过对城市生活垃圾进行干式厌氧中温发酵，研究处理过程中 TS 含量对发酵速率的影响，结果发现 TS 含量为 20％的反应器具有更高的性能，相比于 TS 含量为 30％的情况下，总 DOC 去除率提高了 18.35％，累计甲烷产量增大了 1.57L。

在干发酵影响因素方面的研究结果也发现，对湿式厌氧发酵产生影响的发酵温度、接种率、pH 值、底物组成和原料预处理等，也会对干式厌氧发酵产气性能稳定运行造成一定影响。

干发酵技术可分为常温发酵（室温）、中温发酵（30～38℃）和高温发酵（50～55℃）。常温发酵产气率低、产气周期长且受环境影响较大；中温发酵产气率高且产气质量好、产气过程稳定、有利于规模化生产；高温发酵分解速度快且对原料利用率高、环保效果好，但产气质量稍差、耗能大[106,107]。任连海等[108]通过对餐厨垃圾进行干式厌氧发酵的实验发现，高温条件下的累计产气量是中温条件下的 1.56 倍，且高温发酵的 VS 和 TS 去除率分别为中温发酵的 1.13 和 1.12 倍，即高温发酵的产气量和原料利用率都高于中温发酵。Fatma 等[109]对鸡粪在温度为 37℃、55℃和 65℃条件下进行干发酵实验，结果仅在 37℃的实验组中收集到 CH4，且产气效果良好，说明中温条件下的干发酵产气更稳定。石利军等[110]研究了不同温度条件对畜禽粪便稻草混合干式厌氧发酵的影响，结果发现中温（36℃）是较为合适的发酵温度，其 TS 产气率为 0.237m³/kg，比高温组的 TS 产气率高了 0.029m³/kg。

在干式厌氧发酵技术中，由于物质浓度较高，故保证优质足量的接种物是干式厌氧发酵工艺能顺利启动的重要前提。一般认为接种物添加量为发酵料液的 10％～15％，即可实现正常启动，且工艺运行也比较稳定[111]。李文哲等[112]通过对稻秆进行厌氧发酵，研究接种量分别为 40g、80g、120g 时对发酵产气量的影响，结果表明接种量为 80g 时发酵总产气量最高，是接种量为 40g 和 120g 时的 1.94 倍和 1.15 倍，且随着接种量的增加，产气启动速度快，说明适当的接种量可以提高产气峰值，且加速产气过程，缩短产气周期。Forster Carneiro 等[113]研究了接种不同比例的活性污泥对餐厨垃圾干式厌氧发酵的影响，结果表明接种 30％的嗜温污泥可使餐厨废物的生物降解性和产甲烷性能达到最优，同时加速了餐厨垃圾干式厌氧发酵的启动阶段。郑晓伟等[114]研究分析了 VS 接种比分别为 0.36 和 0.90 时对餐厨垃圾干式厌氧发酵的影响，发现接种比 0.90 的处理系统可以正常运行，COD 去除率达 90.29％，甲烷含量高于 60％的沼气产量达 255.4L。

在干式厌氧发酵工艺中，适宜的 pH 环境对发酵产气效果有至关重要的作用。Metcalf[115]指出，厌氧发酵产气的最佳 pH 值范围为 6.9～7.3。产甲烷菌对 pH 值的变化较为敏感，6.4 以下或者 7.6 以上都对产气有抑制作用。刘思颖等[116]研究了稻草秸秆干式厌氧发酵的工艺条件，发现当 pH 值为 7 时，平均产气量为 1062.7mL，比 pH 值为 6 和 8 时分别提高了 91.3％和 21.9％，沼气累计产气量随 pH 值的增大呈先增加后减少的趋势。

在发酵基质方面的研究结果显示，干式厌氧发酵中最适宜的 C/N 比为 25～30。汪国刚[96]指出，C/N 比过高，发酵过程中会导致酸中毒现象；C/N 比过低，有机物的分解受到抑制，同时会产生大量 NH_3，抑制产甲烷菌的活性。赵玲[117]通过不同碳氮比的玉米秸秆的干式厌氧发酵产气特性实验得出，C/N 比为 25∶1 和 35∶1 实验组的产气差异不显著，总产气量都较高，产气也稳定，发酵效果优于 C/N 比为 15∶1 和 45∶1 的实验组，因此，可以认为C/N比在（25∶1）～（35∶1）之间是秸秆厌氧发酵产沼气比较适宜的碳氮比值。方玉美等[118]也指出，当发酵液的 C/N 比调节至（20∶1）～（30∶1）时，有益于沼气发酵微生物的生长，可以缩短沼气工程启动时间和沼气发酵时间，且在一定程度上能提高沼气产量。原料的预处理也是干式厌氧发酵基质的重要内容之一，其中物理、化学和生物联合预处理方法对物料的特性影响较大，王星等[119]利用蒸汽爆破和氧化钙联合预处理水稻秸秆后进行干式厌氧发酵，产气率提高了 20%，且甲烷产气速率最快。

4.2.3.3 干式厌氧发酵技术应用进展

生物质干式厌氧发酵技术受到了日益广泛的研究和应用，欧洲的干式厌氧发酵技术的发展开始于 20 世纪 90 年代，已经取得了一定的成效[120]，并研制了一系列适用技术与装备，比较典型的有比利时的 Dranco 竖式推流发酵工艺，法国的 Valorga 竖式气动搅拌工艺，瑞士的 Kompogas 卧式推流发酵工艺和德国的 Bioferm 车库型干式厌氧发酵工艺。其中，美国加州大学戴维斯分校张瑞红教授研发的 APS 处理工艺，采用两相厌氧发酵系统，在产酸阶段利用序批式反应器，将 TS 含量小于 50% 的物料快速水解，然后进入生物滤床反应器进行产甲烷阶段反应，已经被广泛研究用于处理农作物残渣、动物粪便、食品废物和城市有机固体废物等[121]；德国 BIOFerm 公司的车库型发酵工艺适宜处理市政有机废物，采用自动控制系统，无搅拌装置更稳定[122]；Valorga 竖式气动搅拌工艺由法国公司研发，采用中温（或高温）发酵，处理有机废物的总固体浓度最高可达 55%～58%，目前应用在西班牙巴塞罗那一处生活垃圾处理场[123]；Dranco 工艺是比利时有机垃圾系统公司开发的一项成熟工艺，该工艺进料的总固体浓度在 15%～40% 范围内，发酵周期为 15～30d，沼气产率为 100～200m^3/t，应用于全球 14 个国家的 24 座垃圾处理场，处理能力为 3000～180000t/a 不等[124]；瑞典的 Kompogas 工艺需将有机垃圾先经过预处理，使物料粒径＜40nm，TS 含量达到 30%～45% 后，进入水平的厌氧反应器进行高温发酵（55℃），该系统由发酵罐、热电联产和排液系统组成，年处理有机垃圾 5000t[125]。

我国近年来在干式厌氧发酵推广方面也有所发展，主要应用的有干式厌氧反应器、车库式装备等。在反应器方面，相关依托单位自行研发的覆膜槽生物反应器，在北京市建设了 180m^3 的中试工程，日均产沼气量 53.8m^3[126]；在车库式干式厌氧发酵应用方面，部分国内公司与德国、瑞典等公司合作，建立了车库式干式厌氧发酵工程项目，设计日处理市政有机垃圾 160t，日产沼气量 18000m^3[127]；朱德文等[128]研究设计了适用于多元有机物料混合厌氧发酵的柔性膜覆盖车库式干法厌氧发酵系统，根据工艺要求，确定了发酵系统的关键结构参数和运行工作参数，进行了干式厌氧发酵库体的结构设计、冬季发酵增温系统设计、喷淋强化传质传热系统设计，产气率达到 0.81m^3/(m^3·d)，CH_4 体积分数为 67%。为了克服干式厌氧发酵含固率高、传统搅拌难度大、能耗高等缺陷，部分人员开展了有机垃圾分选、预处理、厌氧处理系统技术工艺研究，攻克了干式厌氧发酵装置自动控制系统面临的难题，并开展了相关应用[129]，陈程[130]研发了适用于中小型户用沼气的卧式干式厌氧发酵装置的自动控制系统，采用西门子 PLC、变频器、触摸屏等控制元件，实现了沼气生产过程的实时监控，减少人为操作，提高了沼气发酵的产气率和安全性。

4.3 秸秆预处理技术

4.3.1 秸秆预处理技术研究现状

秸秆难降解成为制约其厌氧发酵效率的难题之一，为了解决秸秆难降解这一难题，预处理技术得到人们的广泛关注和研究。预处理是厌氧发酵的重要步骤，通过预处理可将相互交联的纤维素、半纤维素和木质素分离，改变秸秆的物理结构或将大分子物质降解成简单的成分，使纤维素的结晶度、木质化程度等影响厌氧消化的因素得到限制，由此增加厌氧微生物的可及性，并提高厌氧发酵产气效率。目前秸秆的预处理方法主要包括物理预处理、化学预处理和生物预处理。

4.3.1.1 物理预处理

物理预处理主要有粉碎、研磨、浸泡、微波处理和液态高温水技术等方法。该处理方式能减小秸秆粒径，改变秸秆的晶体结构，从而增加厌氧微生物或酶与底物的有效接触面积，易于消化进程。

Menardo 等[131]研究了小麦、大麦、稻草和玉米茎秆在粒径为 5.0cm、2.0cm、0.5cm 和 0.2cm 时的产气量，结果表明机械预处理物料使甲烷产量提高了 80%，并发现大麦、小麦秸秆粒径分别为 0.5cm 和 0.2cm 时产气效果最好，而对稻草和玉米茎秆的处理效果则不明显。Izumi 等[132]采用珠磨法处理食品垃圾，当颗粒直径从 0.843mm 减小到 0.391mm，有机物溶出率比对照组提高了 30%，在颗粒直径为 0.718mm 时甲烷产量最高，而且发现过分减小颗粒直径会造成挥发酸的积累，抑制产甲烷菌的活性，这与许多学者的研究发现一致，有机质溶出率高甲烷产量不一定高。在颗粒大小对剑麻纤维废物厌氧发酵产气的研究中，Mshandete 等[133]发现粒径从 100mm 减小到 2mm，总纤维降解量提高了 125.8%，1kg 总挥发性固体产甲烷量提高了 22.2%。

杨富裕等[134]研究发现微波处理可以显著降低柳枝稷的中性涤纤维、酸性洗涤纤维、木质素等含量。有研究人员发现微波预处理方法可增强稻草的降解，且在微波辐射为 680W，处理时间 24min，稻草固体浓度为 75g/L 时纤维素和半纤维素的降解效果最好。但由于微波预处理耗能较高，制约了该法在实际生产中的大规模应用。Kim[135]等对粉碎的玉米秸秆采用高温液态水技术进行预处理，结果表明木质素的去除效率可达到 75%～81%。但是此技术要求生物质秸秆的固体含量不得超过 20%，并且耗能较高，生产效率低，限制了其大规模推广应用。

4.3.1.2 化学预处理

化学预处理主要有酸水解法、碱水解法和湿氧化法等。化学预处理方式能促使复杂的有机质转变成易降解的小分子物质，特别是对于秸秆类物质，能破坏木质素与纤维素、半纤维素的交联，将纤维素释放出来，从而被微生物或酶利用，提高降解效率，缩短后续发酵反应时间，而且可以防止底物在发酵过程中出现酸中毒的现象。

（1）酸水解法

酸水解法可以破坏纤维素晶体结构，使秸秆变得疏松。陈尚钘等[136]研究了稀酸预处理对玉米秸秆纤维组分及结构的影响，发现玉米秸秆纤维表面和细胞壁受到不同程度的破坏，且表面积增大，孔洞增加，纤维素的结晶度降低，有利于纤维素酶水解作用的进行。覃国栋等[137]采用浓度为2%、4%、6%、8%和10%的酸对水稻秸秆进行处理，并对处理后的水稻秸秆进行厌氧沼气发酵，发现酸处理能明显改变秸秆厌氧发酵产甲烷的性质，提高产气效率，且酸处理浓度为6%时效果最好。

有学者对酸预处理的水解参数进行了优化，闫志英等[138]做了稀硫酸预处理玉米秸秆条件的优化研究，并得到最佳预处理条件为水解温度120℃、水解时间75min、稀硫酸质量分数为1.0%、固液质量比为1:15、玉米秸秆颗粒40目，此时戊糖得率为64.37%。李岩等[139]在稀酸水解玉米秸秆与水解液发酵的试验研究中，发现硫酸质量分数为1.0%，水解时间1h，物料浓度为50～80g/L的情况下，秸秆的水解得率为24.6%，木糖得率为77.1%，处理后的秸秆可直接用于发酵。

（2）碱水解法

碱水解法常用的试剂主要有氢氧化钠、氢氧化钙和尿素等。

1）氢氧化钠处理　NaOH是所有碱预处理试剂中研究最多的试剂。Sun[140]等研究表明采用1.5% NaOH在20℃条件下处理144h，秸秆中半纤维素和木质素的降解率最高，分别达到80%和60%，且NaOH处理能够提高秸秆的营养价值；有研究人员是通过添加氢氧化钠使物料的pH值分别达到10、11、12，发现在60℃、pH值为12时处理效果最好，COD溶出率、悬浮固体的去除率和产气量分别比对照组高出23%、22%和51%。在陈广银等[141]的研究中发现，秸秆经5% NaOH处理48h后，细胞中的有机物大量溶出，COD、TN、NO_3^--N和NH_4^+-N含量分别增加了8177.78mg/L、242.44mg/L、243.62mg/L、23.62mg/L，表明NaOH处理在破坏木质纤维结构的同时，还破坏了含氮物的结构，将其中的氮以氨氮和硝氮的形式释放出来，同时通过X衍射技术发现，碱处理破坏了秸秆的木质素结构，木质素含量降低，但纤维素的相对结晶度增加了11.8%。

2）氢氧化钙处理　Ca(OH)$_2$在碱预处理中应用也比较广泛，在85～150℃的温度下利用Ca(OH)$_2$处理3～13h，发现可显著提高秸秆的预处理效果。程旺开等[142]用氢氧化钙预处理麦秸秆并进行酶解试验，酶解效果较显著，并表明这是由于碱预处理脱除了麦秸秆部分木质素，增加了纤维素的表面积，并提高了酶的可及性。但实际生产研究发现，经Ca(OH)$_2$预处理过的秸秆随着时间的增加易受到霉菌的污染。

3）尿素　尿素也常被用来处理秸秆。吕贞龙等[143]研究了小麦秸秆氨化中尿素氮水平对其品质的影响，结果表明尿素水平为5%时，秸秆氨化处理的效果最好，使秸秆中粗蛋白含量提高4%～6%。在麦秸中添加分别为0、3%和6%的尿素，每千克干物质添加0.8L水，研究麦秸秆的主要组分变化时，表明麦秸秆中的纤维素得到显著降解，但木质素变化不明显。

综上所述，虽然化学预处理时采用的试剂各不相同，但相关学者的研究表明，采用氢氧化钠预处理比其他碱性试剂更有效。

（3）湿氧化法

湿氧化处理是指在加温加压条件下，O_2 与 H_2O 共同作用于底物的反应。刘娇等[144]采用不同预处理方法处理玉米秸秆，研究其对秸秆水解糖化效果的影响发现，在秸秆经湿氧化法处理后，纤维素含量增加 4.5%，半纤维素和木质素含量分别减少 17.5% 和 1.9%。虽然湿氧化法使纤维素与木质素较易分离，并得到较高纯度的纤维素，且反应过程中副产物产生量较少，但其对木质素的破坏作用直接影响秸秆的高效能源化利用。

4.3.1.3 生物预处理

生物预处理主要是通过微生物所分泌的胞外酶等物质预先水解转化底物，将复杂的有机物降解为微生物容易利用的物质，从而缩短厌氧发酵的时间、提高干物质的消化率和产气率，李长生[145]指出由于微生物降解秸秆的效率较高，如果能将其应用于实际工程将会给人们带来无法估量的益处。目前生物预处理的接种物主要是腐熟的堆肥、活性污泥、各种菌剂、沼气池底部污泥及各种酶类等。

（1）腐熟堆肥为接种物处理

Fdez.-Güelfo 等[54]用腐熟的干草料堆肥作为预处理的接种物，研究其对工业有机固体废物厌氧发酵的影响，结果表明：2.5%（体积分数）的接种量处理 24h 效果最好，与对照组相比，溶解性有机碳和挥发性固体的去除量分别增加了 61.2% 和 35.3%，生物气和甲烷产量分别提高了 60.0% 和 73.3%。在其另一项研究中，Fdez.-Güelfo 等[58]通过采用热化学和生物预处理的方法提高有机固体垃圾的水解和有机物的溶出。其中，生物预处理采用腐熟堆肥、泡盛曲霉和污水处理厂的活性污泥作为接种物，结果表明腐熟堆肥的预处理效果最显著，在接种量为 2.5%（体积分数）时，COD 增加了 50.81%。并且指出，相对于热化学预处理方法来讲，生物预处理耗能少，更加经济，适于工业化应用。

（2）木质纤维素降解菌处理

菌剂预处理目前集中为各自实验室筛选出的高效纤维素分解菌，包括细菌、真菌和放线菌。

大量研究发现白腐菌是降解秸秆木质纤维素能力最强的微生物，是目前研究得最为广泛的木质素降解菌种。Ghost 等[62]用白腐菌 *Phanerochaete chrysisporium*（Pc）和褐腐菌 *Polyporus ostreiformis*（Po）处理稻草秸秆，结果表明 Pc、Po 菌丝体分别于 4d 和 8d 后表现出对木质素的降解性，且 Pc 菌丝体的降解性能更为显著，3 周后 Pc 菌丝体处理组的木质素降解率为 47.51%，是 Po 菌丝体处理组的 2.4 倍。处理后的稻草用于厌氧发酵生产生物气，Pc、Po 处理后秸秆的生物气产量分别提高了 34.73% 和 46.19%，甲烷产量分别提高了 21.12% 和 31.94%。杨玉楠等[63]发现秸秆经白腐菌预处理后，木质素含量降低，甲烷转化率为 47.63%，当继续发酵时甲烷转化率提高 11.09%，大大缩短了厌氧发酵周期，提高了甲烷转化效率。白腐菌处理秸秆时，在其生长活动过程中能分泌木质素降解酶、纤维素降解酶及半纤维素降解酶等多种酶类，可以降解细胞壁物质中的木质素、纤维素及半纤维素。但由于白腐菌是好氧菌，应用于秸秆发酵产甲烷也必须在曝气池内完成，反而增加了沼气发酵过程中的工作量。

一些细菌和放线菌等也能产生纤维素酶。其中枯草杆菌、芽孢杆菌、梭菌和地衣球菌等细菌具有分解纤维素能力。孔凯等[146]从青藏高原牛粪中分离到一株黄杆菌属菌株，该菌株可产胞外纤维素酶，其酶活最高达 12U/mL。放线菌较易利用半纤维素，很少利用纤维素，并在一定程度上改变木质素分子结构，继而将木质素分解溶出。放线菌降解木质素和纤维素的能力不及真菌，但与真菌相比，由于放线菌可在不利环境中形成芽孢，因此能耐各种酸碱度及高温，可见放线菌在高温阶段对木质素和纤维素的降解起重要作用。

（3）酶水解处理

有学者专门添加各种水解酶进行预处理，以期解决常规厌氧发酵中存在的发酵速率滞后问题。张无敌等[147]研究了鸡粪厌氧发酵过程中水解酶与产气量的关系，指出纤维素酶、脂肪酶和淀粉酶活的变化与沼气产量有一定相关性，酶活越高产气量越大。何娟等[148]利用纤维素酶对城市生活垃圾进行水解，研究了纤维素酶预处理城市生活垃圾的最适宜条件，结果表明：在最适宜条件下水解率可达 35.2%，将预处理后的垃圾用于中温厌氧发酵与不经过纤维素酶预处理直接进行厌氧发酵相比较，日平均产气率、VS 产气量和 VS 产甲烷量等均有显著提高，且累积产气量提高 62.38%，累积产甲烷量提高 87.94%。李建昌[149]则采用 5 种不同水解酶（主要包括脂肪酶、蛋白酶、纤维素酶、淀粉酶和木聚糖酶）及混合水解酶处理城市有机生活垃圾，研究了各处理对其水解度的影响，结果表明各处理均比对照组提高了产气量和产气速率。

4.3.1.4　联合预处理

为了提高秸秆的预处理效果，有关学者将不同的预处理方法相互结合，如李荣斌等[150]采用微波预处理-超声辅助酶解方法处理大豆秸秆，并采用正交试验优化条件，优化后，水解 7h 酶解率达 11.06%，酶解效率显著提高。此外，还有物理与化学法相联合的预处理技术，比如蒸汽爆破、氨纤维爆破和超临界处理等。一些学者也做了相关研究，取得了一定的效果。但这些方法耗能较高，比如蒸汽爆破需要将物料加热至 200~240℃，在 0.69~4.83MPa 的压力下进行，特别是对于农村，不适于大规模推广应用。

4.3.2　秸秆预处理工艺参数研究

目前预处理效果主要是从物料的理化性质、结构变化、后续厌氧发酵产气、木质纤维素降解菌等方面进行表征。

4.3.2.1　理化指标

农作物秸秆的理化性质中主要包括总固体含量（total solid，TS）、总碳（total carbon，TC）、总氮（total nitrogen，TN）、纤维素、半纤维素及木质素和物料浸提液中化学需氧量（chemical oxygen demand，COD）和可溶性有机碳（dissolved organic carbon，DOC）、挥发性脂肪酸（volatile fatty acid，VFA）等指标。下面就不同物料发酵过程中常采用的指标进行详述。

（1）总固体含量

总固体含量（TS）是指在一定温度下烘干样品至恒重时余留下的固体总量，组成包括有机、无机化合物及各种生物体。通常在化学或生物预处理中，由于各种化学试剂及微生物的作用，物料组分会被降解转化小分子物质，通过对总固体含量变化的衡量可以在一定程度上判断该预处理方法的效果，也是提高厌氧发酵产气的重要因素。有相关研究表明：在化学预处理中采用 NaOH 处理含水率为 48% 的玉米秸秆时，NaOH 添加量为 8%（相对 TS）时，干物质消化率最好；超过 8% 时，干物质消化率变化不显著。

（2）总碳和总氮

总碳（TC）是总有机碳和总无机碳之和；总氮（TN）是总有机氮和总无机氮之和。在预处理过程中总碳和总氮含量发生变化可以影响厌氧发酵物料的碳氮比（C/N），C/N 比是影响厌氧发酵效率的重要因素之一，在厌氧发酵过程中，C/N 比以 20～30 为宜。杨懂艳[151]研究表明经 NaOH、氨水和尿素预处理玉米秸秆 30d 后，TN 的百分含量分别增加 0.16%、0.79% 和 1.01%，由于尿素本身的氮源，可见尿素预处理组的增幅最大，而总氮增加可为厌氧消化提供必要的氮源，从而影响厌氧消化产气。

（3）纤维素、半纤维素和木质素利用率

农作物秸秆主要由纤维素、半纤维素和木质素构成，三种物质相互交联、结构致密，难以被微生物降解，降低了发酵效率。且预处理是影响干式厌氧发酵的限速步骤，对于预处理过程，木质素、纤维素和半纤维素的降解情况可直接反映出预处理效果的好坏。王月阳等[152]采用氢氧化钠预处理水稻秸秆后，秸秆中的木质素、纤维素和半纤维素的质量百分比数均下降，并指出木质素、纤维素和半纤维素等在预处理过程中被转化成易于厌氧微生物利用的可溶性物质，促进后续发酵过程的进行。

（4）物料浸提液中化学需氧量

物料浸提液中化学需氧量表示料液中的有机物含量。在预处理的作用下，秸秆细胞壁被破坏，细胞内溶物溶出，纤维素、半纤维素等大分子物质被降解为利于微生物利用的可溶性小分子物质，相应的料液中 COD 发生改变。王小韦等用 4%NaOH 溶液浸泡小麦秸秆 48h 后，COD 溶出值近 12000mg/L。COD 含量的大幅增加表示料液中有机物含量的增加，从而有利于后续厌氧发酵微生物的利用。

（5）发酵物料中可溶性有机碳

可溶性有机碳（DOC）是微生物所能利用的碳源的重要来源之一，物料中 DOC 含量在化学或生物预处理过程中的变化可反映该预处理方法对物料结构的破坏程度及农作物秸秆组分的降解转化情况。DOC 含量的大幅增加表示料液中微生物所能利用的碳源含量增加，可促进厌氧发酵微生物的利用。

（6）挥发性脂肪酸（VFAs）

VFAs 是厌氧发酵过程中的重要中间代谢物，进一步分解产生的乙酸可被产甲烷菌直接利用。梁越敢等[153]将稻草堆沤预处理后进行干式厌氧发酵，由于稻草在堆沤预处理时易被降解部分被水解产酸细菌快速降解，促使乙酸、丙酸和丁酸在发酵第 2 天时达到最大值。因此，适宜的预处理可以增加厌氧发酵前的挥发酸浓度，增加厌氧微生物对物料的可利用性，提高产气量。

4.3.2.2 分子结构指标

物料结构变化主要包括官能团变化、纤维素结晶度变化、纤维素类物料表面特征变化、热重分析、表面亲水性等指标。

（1）物料基团红外光谱特性

红外光谱法（FTIR）是用连续红外光照射物质，当物质中分子的转动频率或振动频率和红外光的频率一样时，偶极矩发生变化，发生转动和振动能级跃迁，形成分子的吸收光谱，由于各个基团转动或振动频率的差异，可用来鉴定有机官能团、无机物和分子结构的推导及定量分析等。对于木质纤维原料，FTIR 可用于对主要组分纤维素、木质素和半纤维素做定性和定量分析。

（2）纤维素结晶度

纤维素主要是由葡萄糖单元构成的长链线性高分子聚合物，它由结晶区和不定形区组成。结晶区分子排列整齐，高度水不溶性；不定形区分子排列不整齐，较容易被纤维素酶和化学物质降解。纤维素结晶度可反映纤维素聚集时形成结晶的程度，为纤维素结晶区占纤维素总量的比值。降低纤维素结晶度，可增加生物质秸秆的比表面积，提高微生物或酶的可及性，以有利于微生物分解利用。所以纤维素的结晶程度可以反映纤维素类物质的降解情况，特别是对于预处理过程，可反映出预处理方法的处理效果。

（3）秸秆类物质的扫描电镜（scanning electron microscope，SEM）

扫描电镜可以表征秸秆表面形态的变化，通过不同的放大倍数可以清楚地观察微纤维等结构的具体改变。通常未预处理的秸秆表面结构致密，呈有规律排列；预处理后的秸秆表面出现大量裂痕，呈条纹锯齿状，断面开裂分层。

（4）表面亲水性

秸秆的外表面为角质蜡硅层，为不亲水性物质，若不做处理，水分不易通过蜡质层，纤维素很难分解，从而阻碍了微生物对秸秆的水解转化，限制了秸秆厌氧消化的产气速率，所以预处理后秸秆表面亲水性的变化也可用来表征预处理后的效果。马兴元等通过接触角度量了秸秆经过氨化预处理后的亲水程度，表明氨化反应可以在一定程度上破坏秸秆硅质细胞表层，从而利于生物质秸秆后续的厌氧消化反应。

（5）热重分析

对于秸秆类物质，人们对比预处理前后物料的变化时也会做热重分析，通过热重分析可得到程序控温下的物质质量与温度关系的曲线，即热重曲线（TG 曲线），是测量样品质量变化与温度关系的一种技术。预处理后秸秆类物质的结构和组分发生变化，通常会导致吸水能力增强，需更高的温度才能蒸发出来。所以预处理后样品的高温热分解曲线相比于对照组会向高温侧移动，表明热稳定性的提高。

4.3.2.3 产气指标

发酵过程中产气变化主要包括日产气量、累积产气量、产气率、沼气成分等指标。厌氧发酵是物料在厌氧条件下通过微生物的发酵作用产生沼气的过程，所以日产气量、产气率等是反映厌氧发酵效率的直观因素。沼气是多种气体的混合物，一般甲烷含量为50%～70%，其余为二氧化碳和少量的氮、氢和硫化氢等。据资料显示，甲烷含量大于60%才可用来燃烧，所以甲烷含量的高低不但决定了沼气能否用于燃烧，还直接反映发酵系统中产甲烷菌的活性。在预处理过程中，物料结构和组分发生变化，对厌氧发酵微生物的利用有直接的影响，通过发酵过程中产气量指标的反应可直接反映该预处理方法的效果。

4.3.2.4 微生物指标

目前对木质纤维素降解菌的研究主要集中在降解菌的驯化、筛选与构建，探讨降解菌的生长特性及产酶特性等。其次在预处理工艺中较多集中在对不同木质素、纤维素降解菌浓度，预处理时间等条件的优化。倪启亮[154]从田间腐烂的秸秆及沼渣中筛选出一株木质素降解菌 ZHJ-1 和一株纤维素降解菌 XJ-1，XJ-1 生长最适 pH 值和温度分别为 7.0 和 35℃，接种 ZHJ-1 30d 后木质素和纤维素的降解率分别达到 16.6% 和 30.47%。袁旭峰等采用木质纤维素分解复合菌系 MC1（地衣芽孢杆菌、假单胞菌等）降解玉米秸秆，通过预处理过程中理化指标的变化确定最佳预处理时间为 4d 时最适合甲烷发酵。于洁从农田秸秆堆积处土壤中筛选出降解纤维素的菌群，并采用 PCR-DGGE 方法对筛选出的降解菌进行群落稳定性分析。综上所述，可知目前对预处理过程中微生物动态变化的研究尚浅。

4.3.3 生物预处理工艺优化

4.3.3.1 材料与方法

玉米秸秆取自北京市顺义区实验基地农田，自然晾晒后，用粉碎机粉碎至粒径约 2cm，置于塑料袋内密闭保存，以便备用。

沼渣取自实验室玉米秸秆干式厌氧发酵结束后产生的渣泽。

复合粗纤维降解菌为粉剂状的复合益生菌（芽孢杆菌、黄杆菌、黄单胞菌、假单胞菌等），活菌总数≥1.0×10^9 CFU/g。复合粗纤维降解菌能形成优势菌群，并分泌合成多种有机酸、酶、生理活性物质，具有较强的分解粗纤维、木质素等大分子有机物的能力。

接种污泥取自猪粪厌氧发酵罐的厌氧消化污泥，去除大块杂物后过 50 目筛，置于 4℃ 冰箱备用。

主要试验原料的相关性质如表 4-1 所列。

表 4-1 主要试验原料的相关性质

试验原料	挥发性固体（VS）	总固体（TS）	C/N	粗蛋白	纤维素	半纤维素	木质素
秸秆	80.54%	84.94%	47	0.6%	41.45%	29.40%	19.88%
降解菌	98.9%	99.9%	28	65.5%	—	—	—
沼渣	12.53%	17.55%	31.4	27.57%	19.5%	11.47%	6.78%
活性污泥	11.92%	16.69%	11.5	—	—	—	—

以自制的有机玻璃材质的圆柱状罐体为厌氧发酵反应器（由于部分试验组日产气量超过 1L，需每天多次测定产气量，因此以累积排水量作为本组试验的总产气量），采用排饱和食盐水的方法测算产气量，反应温度由恒温恒湿培养箱控制。干式厌氧发酵装置原理如图 4-12 所示。

（1）复合粗纤维降解菌活化

根据厂家菌种活化要求，将粉剂状菌种与蒸馏水按 1:200 的比例进行稀释，37℃，

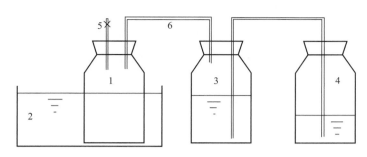

图 4-12　干式厌氧发酵装置原理

1—厌氧发酵反应器；2—恒温培养箱；3—排水集气瓶；4—集水瓶；5—气体取样口；6—橡皮管

150r/min 振荡培养 24h，并对培养后的菌进行镜检计数，确保菌量。

（2）生物预处理正交试验

为了增强秸秆的处理效果，根据先前的试验，先将 7.5kg 秸秆加入 1.8L 质量分数为 5%（相对于秸秆 TS）的 NaOH 溶液中，于（20±1）℃条件下进行湿式碱固态预处理 48h。秸秆干式厌氧发酵结束后产生的渣滓含有未完全分解的纤维素、半纤维素和木质素等物质，此外，还含有木质素、糖类和蛋白质转化的腐植酸等；同时由于厌氧发酵中形成的微生物菌团的加入，使沼渣具有其独特的特性。因此本试验在预处理时添加沼渣以提高厌氧发酵产气。

在生物预处理过程中微生物利用所分泌的胞外酶等物质预先水解底物，将复杂的有机物降解为微生物容易利用的物质，因此木质纤维素降解菌的浓度及预处理时间与处理效果密切相关。因此选取影响生物预处理效果的：粗纤维降解菌浓度、预处理时间、沼渣与秸秆的 TS 比三个因素进行正交试验。根据目前的研究，降解菌处理秸秆时间在 7d 左右，降解菌的添加量相对于秸秆干重进行设定，一般在 5% 左右。因此综合考虑处理效果及经济等因素，复合菌本节选取 0、2.5%、5%、7.5% 和 10% 五个水平（相对物料 TS），预处理时间选取 0d、3d、5d、7d 和 15d 五个水平，沼渣与秸秆的 TS 比选取 0∶8、2∶8、4∶8、6∶8 和 8∶8 五个水平。通过 SPSS19.0 软件进行正交设计，结果如表 4-2 所列。

表 4-2　预处理正交试验表

试验组	处理时间/d	菌浓度/%	TS 比	试验组	处理时间/d	菌浓度/%	TS 比
Z_1	0	0	0∶8	Z_{14}	5	7.5	8∶8
Z_2	0	2.5	2∶8	Z_{15}	5	10	0∶8
Z_3	0	5	4∶8	Z_{16}	7	0	8∶8
Z_4	0	7.5	6∶8	Z_{17}	7	2.5	0∶8
Z_5	0	10	8∶8	Z_{18}	7	5	2∶8
Z_6	3	0	6∶8	Z_{19}	7	7.5	4∶8
Z_7	3	2.5	8∶8	Z_{20}	7	10	6∶8
Z_8	3	5	0∶8	Z_{21}	15	0	4∶8
Z_9	3	7.5	2∶8	Z_{22}	15	2.5	6∶8
Z_{10}	3	10	4∶8	Z_{23}	15	5	8∶8
Z_{11}	5	0	2∶8	Z_{24}	15	7.5	0∶8
Z_{12}	5	2.5	4∶8	Z_{25}	15	10	2∶8
Z_{13}	5	5	6∶8				

经过 5％浓度 NaOH 固态预处理 48h 后的秸秆，分别按照表 4-2 中 25 组试验要求混合秸秆和沼渣，并添加不同浓度的纤维素降解菌，混合均匀进行生物预处理。每罐物料总质量为 400g，每一试验组均设置一组重复试验，每组取两者的平均处理效果为该组的处理效果，故共 50 组试验。所有处理组均置于 37℃恒温恒湿培养箱中保温。

（3）干式厌氧发酵

每个处理组预处理结束后，均分别接入 25％（相对于预处理秸秆 TS）的活性污泥，调节 TS 为 25％，每罐总质量调整为 500g。按图 4-12 的连接装置进行干式厌氧发酵，每天测定日产气量和气体组分。

4.3.3.2 甲烷含量变化

厌氧发酵反应共计运行了 35d。由于正交试验组数较多，将 25 组试验结果按正交表中试验组顺序每 5 组一张图，25 组试验的甲烷含量变化如图 4-13 所示。由图 4-13 可知，各处理组的甲烷含量均呈先增加后趋于稳定的趋势。这主要是因为在发酵的起始阶段厌氧发酵罐内含有氧气，产甲烷菌活性较低，主要以产酸菌的水解酸化为主，所以发酵初期产酸菌将发酵底物分解成低分子物质，产生的气体以二氧化碳为主，甲烷含量则相对较低；随着发酵的进行，产甲烷菌可利用的底物浓度逐渐增加，产甲烷作用开始增强，所以甲烷含量逐渐增加；到了发酵中期，产酸菌和产甲烷菌的生长代谢趋于平衡稳定，甲烷的产生趋于平稳；但随着可利用的发酵底物不断减少，厌氧发酵体系内厌氧微生物在发酵后期活性下降，甲烷含量也有下降的趋势。

有资料显示甲烷含量高于 60％时才可用来燃烧，所以甲烷的百分含量的高低决定了厌氧发酵产生的沼气能否用来作为能源燃料。由图 4-13 可知，Z_2、Z_4 和 Z_{21} 试验组在发酵周期内甲烷含量均低于 60％，产生的沼气未能达到作为燃料的要求，其他 23 个处理组在发酵周期内甲烷含量均达到了 60％以上。其中，Z_{23} 在发酵第 6 天甲烷含量达到了 63.4％，Z_{22} 在发酵第 7 天甲烷含量达 62.8％，Z_{20} 和 Z_{24} 分别在发酵第 8 天甲烷含量达到 67.7％和 69.9％，$Z_{13} \sim Z_{15}$、$Z_{16} \sim Z_{18}$ 和 Z_{25} 则在发酵第 11 天甲烷含量超过 60％，其他处理组均在发酵 13 天之后甲烷含量达到 60％以上。且所有试验组中有 7 个处理组在发酵周期内甲烷含量峰值最为显著，均达到 70％以上。Z_{20} 在发酵第 13 天甲烷含量达到 79.3％，Z_{10}、Z_{13} 和 Z_{14} 在发酵第 17 天甲烷含量分别达到 74.2％、74.4％和 75.1％，Z_{15} 和 Z_{19} 在发酵第 15 天甲烷含量均达 75.3％，Z_4 在发酵第 19 天甲烷含量达到 75.3％。除 Z_2、Z_4 和 Z_{21} 试验组，其他 23 个处理组在发酵反应终止时甲烷含量均维持在 60％左右，说明沼气质量良好。

4.3.3.3 日产气量变化

日产气量变化可反映出不同处理组的沼气产量在厌氧发酵时间内的平均状况。同样，由于正交试验组数较多，将 25 组试验结果按正交表中试验组顺序每 5 组一张图，25 组试验的日产气量变化如图 4-14 所示，可知各处理组的产气变化波动较大，在发酵初期（1～2d）产气量显著较高，根据气体组分分析显示，此时，气体主要以二氧化碳为主。在发酵的第 3 天产气量下降，之后开始逐渐上升，分别达到不同的产气高峰，到发酵后期日产气量逐渐下降。除 $Z_6 \sim Z_9$、Z_{11} 和 Z_{12} 试验组外，其他处理组在厌氧发酵中期都有一个大的产气高峰。其中 Z_{10}、Z_{13}、Z_{15}、Z_{17} 和 Z_{20} 试验组产气峰值较为显著，Z_{10}、Z_{13} 和 Z_{15}

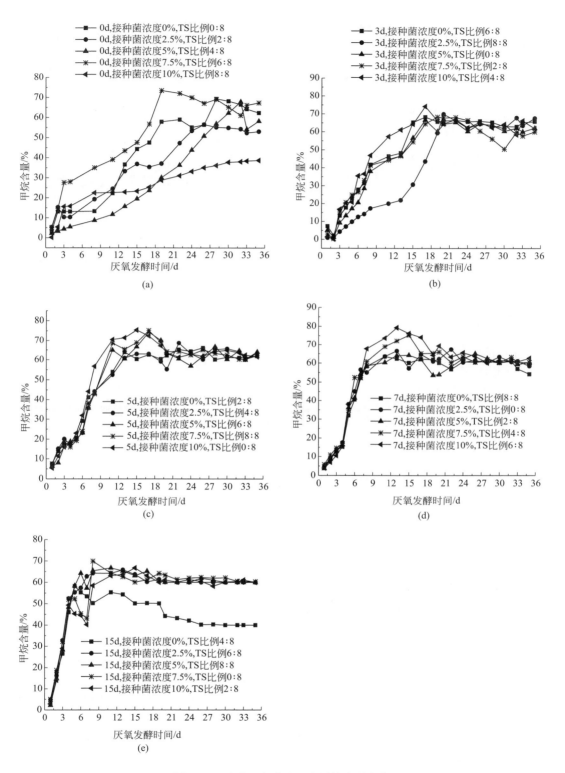

图 4-13 试验组发酵过程中甲烷含量变化

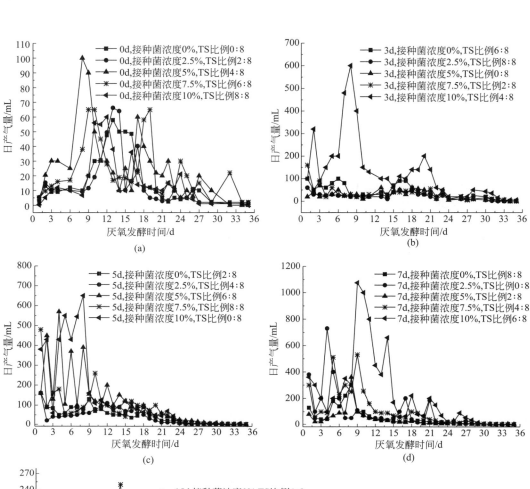

图 4-14　试验组发酵过程中日产气量变化

均在发酵第 8 天日产气量分别达到了 600mL、390mL 和 650mL，Z_{17} 则在发酵第 4 天日产气量就达到了 730mL，Z_{20} 在发酵第 9 天和第 10 天日产气量高达 1075mL 和 1000mL，且该试验组在发酵的 7～14d 内日产气量均在 300mL 以上，持续高产气量的天数相对较长。

4.3.3.4　累积产气量变化

厌氧发酵的累积产气量越高，表明其发酵产生沼气的潜力越大。由图 4-15 可知，25

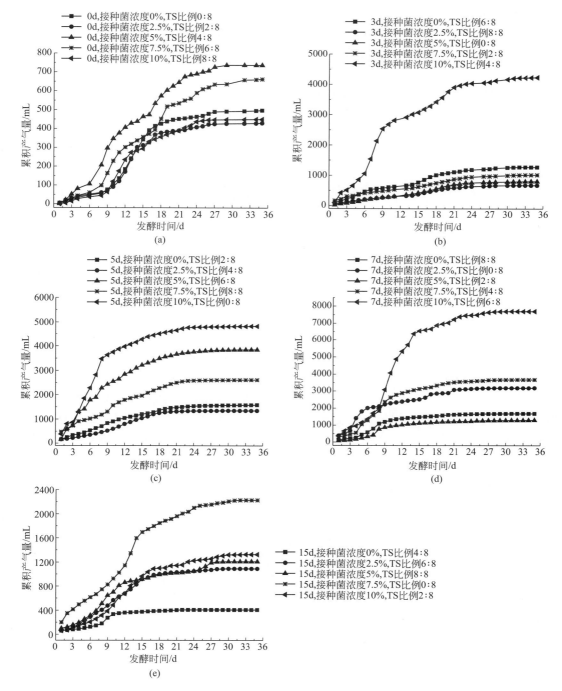

图 4-15　试验组发酵过程中累积产气量变化

组处理的厌氧发酵累积产气量差别比较大，但在发酵周期内均不断增加，最后趋于稳定。$Z_1 \sim Z_5$、$Z_7 \sim Z_8$ 和 Z_{21} 处理组累积产气量较低，均未达到 1000mL。Z_{14} 和 Z_{24} 的累积产气量分别达到 2615mL 和 2225mL，Z_{13}、Z_{17} 和 Z_{19} 的累积产气量分别达到 3847mL、

3184mL 和 3685mL，Z_{10} 和 Z_{15} 的累积产气量达到 4238mL 和 4827.5mL，Z_{20} 的累积产气量最高，达到 7706mL，这与 Z_{20} 持续较高日产气量的天数较长相一致。表明不同的处理时间、不同的纤维素降解菌的浓度及不同的 TS 比的预处理对厌氧发酵产气有显著的影响。

4.3.3.5 各因素对累积产气量的影响分析

（1）预处理时间对累积产气量的影响

以预处理时间的 0d、3d、5d、7d 和 15d 五水平为横坐标，五水平各自对应的平均产气量（各水平的五组产气量的平均数）为纵坐标，作如图 4-16 所示预处理时间对累积产气量的影响图。可见随着预处理时间的增加累积产气量呈逐渐增加后减小的趋势，7d 累积产气量最高，达 3512.5mL。0d 上升至 3d 产气量增加了 186.2%；3d 上升至 5d 产气量增加了 78.9%；5d 上升至 7d 产气量增加了 23.5%；而 7d 上升至 15d 产气量下降了 64.6%。可见，在一定范围内增加预处理时间利于纤维素降解菌的作用，促使物料由大分子物质转变成小分子物质，以增强厌氧菌对发酵底物的利用来

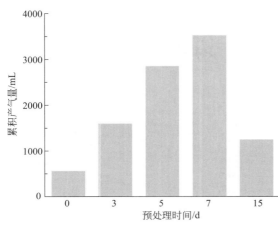

图 4-16 预处理时间对累积产气量的影响

提高产气量。但是预处理时间过长反而不利于产气，可能是由于在较长的处理时间内纤维素降解菌消耗了过多的发酵底物，厌氧发酵微生物可利用的底物浓度相对减少，从而累积产气量低于其他预处理时间组。

（2）菌浓度对累积产气量的影响

菌浓度的 0、2.5%、5%、7.5% 和 10% 五水平为横坐标，五水平各自对应的平均累积产气量为纵坐标，作如图 4-17 所示菌浓度对累积产气量的影响图。可知，随着菌浓度增加，产气量呈不断增加的趋势。从 0 上升至 2.5% 时，产气量增加了 24.1%；2.5% 上升至 5% 时，产气量增加了 17.5%；5% 上升至 7.5% 时，产气量增加了 28.5%；其中 7.5% 上升至 10% 时产气量增加幅度最为显著，达到 82.8%。木质纤维素的降解率提高是促进秸秆产气量增加的重要因素。菌浓度增大，增加了预处理过程中降解纤维素等微生物菌群数量，从而能更充分地对秸秆中的木质纤维素致密结

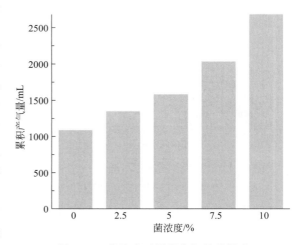

图 4-17 菌浓度对累积产气量的影响

构进行破坏，并将其转化为有利于厌氧微生物利用的小分子物质，促进产气量的增加。

（3）TS 比对累积产气量的影响

以 TS 比的 0∶8、2∶8、4∶8、6∶8 和 8∶8 五水平为横坐标，五水平各自对应的平均累积产气量为纵坐标，作出如图 4-18 TS 比对累积产气量的影响图。可以看出，随着沼渣与秸秆的 TS 比的增加，产气量呈先下降后逐渐上升再下降的趋势，6∶8 的 TS 比产气量最高，达到 2914.8mL。在未加入沼渣处理组（即0∶8），产气量达到 2307mL，从0∶8上升至 2∶8 时产气量反而下降了 51.5％。之后随着比例增加产气量开始增加，由2∶8上升至 4∶8 时，产气量增加了 85.6％；4∶8 上升至 6∶8 时，产气量增加了 40.3％；6∶8上升至 8∶8 时，产气量下降了 54.5％。虽然单秸秆发酵的营养成分较为单一，C/N 比较高，不能满足厌氧微生物生长繁殖所需，但在预处理之后厌氧发酵依然可以达到较高的产气量，说明秸秆结构在充分破坏，大分子物质得到降解后，厌氧微生物可以较好地利用产气，而加入沼渣后，C/N 比得到调节，反而对产气量有较显著的影响，这可能是由于C/N比影响了粗纤维降解菌的生长代谢造成的。

对于各个因素对产气量的影响，可以通过极差分析和正交分析进一步判断，了解各个因素的影响程度，对预处理工艺的优化提供一定的理论基础。

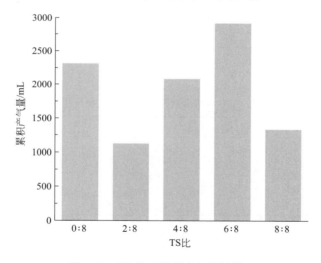

图 4-18　TS 比对累积产气量的影响

4.3.3.6　试验的极差和正交分析

（1）试验的极差分析

正交试验极差分析如表 4-3 所列。

表 4-3 中第一列 K_1 表示在预处理时间为 0d 时的平均值 $K_1 = 555.4$，类似地，其他行和列的平均值分别列于表中；其他因素的极差也分别列于表中。预处理时间、菌浓度和 TS 比例和的极差大小分别为 2957.1、2626.1 和 1795.9，因此，因素的影响作用大小为：预处理时间＞菌浓度＞TS 比。

（2）试验的方差分析

通过 SPSS 软件进行正交试验的方差分析，结果如表 4-4 所列。从表 4-4 中可知，预处理时间的影响显著性非常明显，而菌浓度影响显著性明显，TS比的影响显著性不明显，与之前的极差分析结果相同。

表 4-3 正交试验极差分析

试验组	预处理时间	菌浓度	TS比	累计产气量/mL	试验组	预处理时间	菌浓度	TS比	累计产气量/mL
Z_1	0d	0%	0:8	497.5	Z_{17}	7d	2.5%	0:8	3184
Z_2	0d	2.5%	2:8	430	Z_{18}	7d	5%	2:8	1300.5
Z_3	0d	5%	4:8	736.5	Z_{19}	7d	7.5%	4:8	3689
Z_4	0d	7.5%	6:8	662.5	Z_{20}	7d	10%	6:8	7703
Z_5	0d	10%	8:8	450.5	Z_{21}	15d	0%	4:8	375
Z_6	3d	0%	6:8	1275	Z_{22}	15d	2.5%	6:8	1086.5
Z_7	3d	2.5%	8:8	672	Z_{23}	15d	5%	8:8	1208.5
Z_8	3d	5%	0:8	805	Z_{24}	15d	7.5%	0:8	2221
Z_9	3d	7.5%	2:8	959	Z_{25}	15d	10%	2:8	1325
Z_{10}	3d	10%	4:8	4238	K_1	555.4	1082.7	2307	
Z_{11}	5d	0%	2:8	1580	K_2	1589.8	1344	1118.9	
Z_{12}	5d	2.5%	4:8	1347.5	K_3	2843.4	1579.5	2077	
Z_{13}	5d	5%	6:8	3847	K_4	3512.5	2029.3	2914.8	
Z_{14}	5d	7.5%	8:8	2615	K_5	1243.2	3708.8	1326.4	
Z_{15}	5d	10%	0:8	4827.5	R	2957.1	2626.1	1795.9	
Z_{16}	7d	0%	8:8	1686					

注：K_1、K_2、K_3、K_4、K_5 表示在两种因素下累积产气量的平均值；R 表示极差，表示试验中各因素对指标作用影响的显著性。

表 4-4 各因素对产气效果的方差分析

影响因素	离差	自由度	均方离差	F 值	Siq
校正模型	6.609×10^7	12	5507150.58	2.592	0.006
预处理时间	5541923.39	4	2770961.69	6.713	0.004
菌浓度	765524.17	4	382762.09	5.030	0.013
TS比	301133.13	4	150566.57	2.487	0.09
误差	65736754.96	12	32868377.48		

注：Siq<0.01 为极显著性差异；Siq<0.05 为显著性差异。

4.3.4 预处理过程中木质纤维素的变化规律

4.3.4.1 材料与方法

取秸秆 7.5kg，加入质量分数为 5%（相对于秸秆 TS）的 NaOH 溶液 1.8L，调节含水率为 75%（质量分数），然后于（20±1）℃条件下保温 48h 进行湿式碱固态预处理。48h 后根据联合预处理优化结果分析，按沼渣与秸秆比为 6:8 的比例加入沼渣混匀，然后将秸秆样品平均分成 5 组，依次接入 0%、2.5%、5%、7.5% 和 10%（相对于秸秆 TS）的纤维素降解菌，然后置于 37℃恒温恒湿培养箱里进行预处理，所有处理组均设置一组重复。并分别在预处理的第 0 天、第 3 天、第 5 天、第 7 天和第 15 天取样分析，结果取平均值。

预处理过程中秸秆主要组分变化如下。

（1）预处理过程中纤维素含量变化

图 4-19 为预处理过程中 0%、2.5%、5%、7.5%和10%处理组纤维素含量变化。由图 4-19 可知，在复合降解菌的作用下，各处理组的纤维素随预处理时间延长不断被降解，且菌浓度越高，纤维素降解越彻底。0%、2.5%、5%、7.5%和10%处理组纤维素含量从起始的 35.95% 分别降至预处理结束时的 30.65%、27.39%、26.83%、26.71% 和 24.34%，10%处理组的纤维素降解率最大，达 32.3%。在预处理初期，0%、2.5%、5%和7.5%处理组的纤维素降解速率较小，第 3 天时仅分别降解了 0.89%、2.1%、3.03%和7.18%；10%处理组由于菌浓度较高，在第 3 天时纤维素显著降解了 17.64%。经过一段时间的生长繁殖，菌浓度较低处理组的降解菌对纤维素的降解作用增强。在预处理 3～7d，2.5%、5%和7.5%处理组的纤维素降解率开始增加，相对于第 3 天，第 7 天时2.5%、5%和7.5%处理组的纤维素分别降解了 18.06%、17.64%和18.75%。到了预处理后期 7～15 天，粗纤维降解菌的

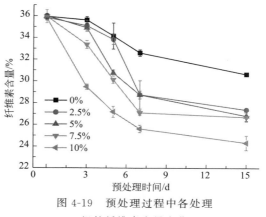

图 4-19 预处理过程中各处理组的纤维素含量变化

活性开始下降，各处理组的纤维素降解率开始下降，预处理结束时，相对于第 7 天，2.5%、5%、7.5%和10%处理组的纤维素仅分别降解了 4.84%、6.69%、1.5% 和 5.01%。可见在降解菌及酶的作用下，可将纤维素的大分子分解转化为易于厌氧微生物利用的可溶性小分子物质，从而有利于后续厌氧发酵过程的进行。

（2）预处理过程中半纤维素含量变化

图 4-20 为预处理过程中 0%、2.5%、5%、7.5%和10%处理组半纤维素含量的变化。由图 4-20 可知，在粗纤维降解菌的作用下，各处理组的半纤维素随着预处理时间延长不断被降解，半纤维素的降解程度随菌浓度的增加而增大。0%、2.5%、5%、7.5%和10%处理组半纤维素含量从起始的 26.87% 分别降至预处理结束时的 23.34%、22.29%、21.97%、20.08% 和 17.98%，10%处理组的半纤维素的降解率最大，达 33.09%。在预处理的初期，0%、2.5%、5%和7.5%处理组的半纤维素降解较慢，第 3 天时仅分别降解了 3.29%、4.09%、5.94%和7.91%。10%处理组在高浓度降解菌作用下，在第 3 天时半纤维素显著降解了 19.98%，降解程度高于纤维素的降解。与纤维素降解相同，在预处理 3～7d，2.5%、5%和7.5%处理组的半纤维素降解率开始增加，与第 3 天的半纤维素含量相比，第 7 天时，2.5%、5%和7.5%处理组的半纤维素分别降解了 6.35%、12.25%和13.77%，降解程度低于纤维素。到了预处理后期 7～15d，各处理组的半纤维素的降解率基本上开始下降，预处理结束时，相对于第 7 天，2.5%、5%、7.5%和10%处理组的半纤维素分别降解了 7.63%、0.91%、5.88%和8.33%，但总体上降解程度要高于纤维素的降解。可见在降解菌及酶的作用下，半纤维素也逐渐被降解转化，产生利于厌氧微生物利用的可溶性小分子物质，促进后续厌氧发酵产气。

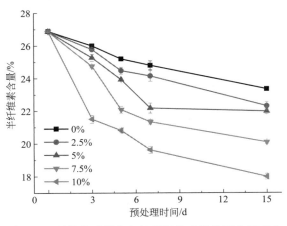

图 4-20 预处理过程中各处理组的半纤维素含量变化

（3）预处理过程中木质素含量变化

图 4-21 为预处理过程中 0％、2.5％、5％、7.5％和 10％处理组木质素含量的变化。由图 4-21 可知，木质素与纤维素和半纤维素的总体降解趋势相同，各处理组的木质素含量随着预处理时间延长逐渐下降，且木质素的降解程度随菌浓度的增加而增大。0％、2.5％、5％、7.5％和 10％处理组木质素含量从起始的 16.44％分别降至预处理结束时的 14.89％、14.10％、13.19％、12.6％和 9.3％，10％处理组的木质素降解率最为显著，达 37.54％。在预处理的初期（0～3d），0％、2.5％和 5％处理组的木质素几乎没有被降解，仅 7.5％和 10％处理组在第 3 天时分别降解了 1.47％和 6.36％，降解程度远低于纤维素和半纤维素，这与木质素是难降解的高分子化合物有关。在预处理 3～7d，2.5％、5％和 7.5％处理组木质素的降解率开始增加，但降解程度仍较低，与第 3 天的木质素含量相比，第 7 天时 2.5％、5％和 7.5％处理组的木质素分别降解了 6.81％、8.51％和 9.34％，而 10％处理组的木质素得到显著降解，降解率达 31.07％，表明高浓度的降解菌可有效地对木质素分解转化。

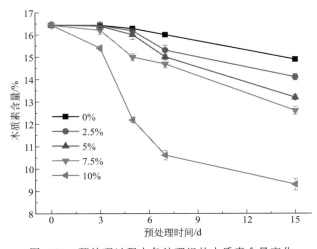

图 4-21 预处理过程中各处理组的木质素含量变化

到了预处理后期 7～15d，各处理组木质素的降解率总体上开始上升，预处理结束时，相对于第 7 天，2.5％、5％、7.5％和 10％处理组的木质素分别降解了 6.2％、12.09％、14.21％和 12.33％，降解程度高于纤维素和半纤维素的降解。可见在降解菌及酶的作用下，木质素也逐渐被降解转化，产生利于厌氧微生物利用的可溶性小分子物质，促进后续厌氧发酵产气。但在预处理过程中，由于木质素属于难降解的大分子物质，首先以纤维素和半纤维素的降解为主，之后才开始木质素的降解。

4.3.4.2　预处理过程中物料红外光谱特征变化

（1）预处理过程中物料红外光谱图的变化

图 4-22 是 0％、2.5％、5％、7.5％和 10％处理组物料在预处理过程中红外光谱特性变化。在预处理的第 0 天、第 3 天、第 5 天、第 7 天和第 15 天，分别对 5 组不同菌浓度处理条件下的物料进行红外光谱分析，可知 5 组不同处理条件下的物料在预处理过程中红外光谱吸收峰形状变化不大，但吸收峰强度发生了较大的变化，图 4-22 中吸收峰主要代表纤维素、半纤维素和木质素官能团的吸收，这表明在预处理过程中秸秆组分的官能团含量发生了变化，预处理促使秸秆组分结构发生改变。

根据有关资料和相关文献可知：$3351cm^{-1}$ 是纤维素分子内羟基—OH 伸缩振动吸收峰；$2920cm^{-1}$ 属于纤维素中—CH_2 和—CH 官能团的伸缩振动吸收峰；$2851cm^{-1}$ 为芳香族化合物的—CH_2 的—C—H—振动吸收峰；$1730cm^{-1}$ 和 $1735cm^{-1}$ 分别为 C＝O 伸缩振动吸收峰和聚木糖的 C＝O 伸缩振动吸收峰，均为半纤维素的特征吸收峰；$1646cm^{-1}$ 是纤维素吸附水 H—O—H 弯曲振动吸收峰，$1545cm^{-1}$ 是芳香族 NO_2 反对称伸缩振动吸收峰，$1512cm^{-1}$ 是木质素中苯环骨架的伸缩振动吸收峰，$1455cm^{-1}$ 是木质素和碳水化合物中 C—H 的弯曲振动吸收峰；$1383cm^{-1}$ 是纤维素和半纤维素中 C—H 的变形振动吸收峰；$1164cm^{-1}$ 是 C—O 振动吸收峰，是纤维素结构的特征吸收峰；$1109cm^{-1}$ 是苯环的骨架振动和 C—O 的伸缩振动吸收峰；$1050cm^{-1}$ 是纤维素和半纤维素中 C—O 伸缩振动吸收峰；$898cm^{-1}$ 是 β-D-葡萄糖苷振动吸收峰，为纤维素特征吸收峰；$873cm^{-1}$ 是纤维素中的 C—H 弯曲振动吸收峰。

从图 4-23 中各处理组的红外光谱图中特征峰的吸收强度变化可以看出，纤维素、半纤维素和木质素的官能团含量随着预处理时间延长不断发生变化，表明在粗纤维降解菌的作用下纤维素、半纤维素和木质素不断被降解，如 $2920cm^{-1}$ 处纤维素中—CH_2 和—CH官能团的伸缩振动吸收峰的变化，表明预处理过程中纤维素聚糖类物质被脱聚和降解，但具体纤维素、半纤维素和木质素在预处理过程中的降解规律并不清楚，纤维素、半纤维素和木质素的不同基团在降解过程中的行为差异性尚未深入研究，所以可以通过选取纤维素、半纤维素和木质素的特征峰的吸收强度进行对比，有助于进一步分析预处理过程中难降解物质特征官能团的变化规律，提高预处理过程中难降解物质的降解效率。

（2）预处理过程中纤维素特征官能团转化规律

根据相关研究以及物料在预处理过程中的红外光谱图，可知纤维素中的特征功能团主要为 $873cm^{-1}$（纤维素中的 C—H 弯曲振动吸收峰）、$898cm^{-1}$（纤维素 β-D-葡萄糖苷特征吸收峰）、$1164cm^{-1}$（纤维素中 C—O 振动吸收峰）和 $3351cm^{-1}$（纤维素分子内羟基—OH 伸缩振动吸收峰）。选取 $873cm^{-1}$、$898cm^{-1}$、$3351cm^{-1}$ 和 $1164cm^{-1}$ 四个纤维素特征振动吸收峰，分析其在不同降解菌浓度预处理过程中的变化规律，结果如图 4-23 所示。

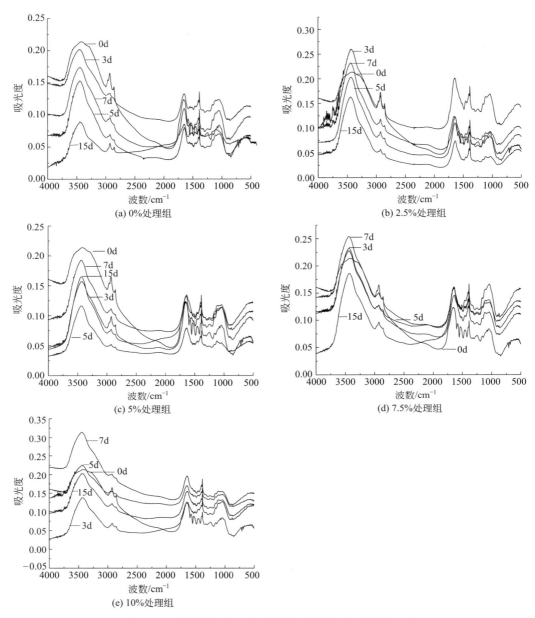

图 4-22 预处理过程中各处理组的物料红外光谱图变化

① 898cm^{-1}纤维素 β-D-葡萄糖苷键、873cm^{-1}纤维素中 C—H 键和 1164cm^{-1}纤维素中 C—O 键随预处理时间变化基本一致。在预处理的 0～3d，0%、2.5%、5%、7.5%和 10%处理组纤维素 β-D-葡萄糖苷键和纤维素中的 C—H 键的吸收峰强度均增强。表明在预处理初期，纤维素的长链结构遭到破坏，促使 β-D-葡萄糖苷键、纤维素中的 C—H 键和 C—O 键显现出来，所以 898cm^{-1}、873cm^{-1}和 1164cm^{-1}处的吸收峰强度增加。

② 预处理的 3～5d，0%、2.5%和 5%浓度处理组对纤维素结构破坏程度减缓或是对断裂的分子进一步转化导致 3 个基团的吸收强度减弱，7.5%和 10%处理组由于降解菌浓

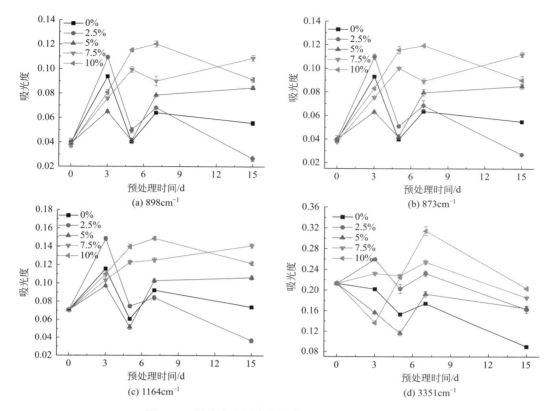

图4-23 纤维素特征官能团在预处理过程中的变化

度较高，秸秆中纤维素仍得到快速降解，促使7.5%和10%处理组在发酵3～5d内898cm^{-1}、873cm^{-1}和1164cm^{-1}处的吸收峰强度仍呈增加的趋势。

③5～7d，0%、2.5%和5%浓度处理组β-D-葡萄糖苷键、纤维素中C—H键和纤维素中C—O键吸收峰强度开始增加，可能是由于初期菌浓度较低，推测降解菌在3～5d主要利用玉米秸秆中转化成的可溶性小分子物质提供自身生长，经过一定时间的生长代谢，之后开始对纤维素进行降解；10%处理组在3个基团处吸收峰强度也呈上升的趋势，但在898cm^{-1}、873cm^{-1}和1164cm^{-1}处的吸收峰强度仅分别增加了4.2%、3.3%和6.4%，表明10%处理组降解纤维素的速度开始减缓，推测是由于菌浓度较大，纤维素已被充分破坏，纤维素降解菌对已断开的长链大分子进一步转化造成的。

④7～15d，0%、2.5%处理组由于菌浓度较低，且预处理时间较长，在预处理后期不能有效降解纤维素，在898cm^{-1}、873cm^{-1}和1164cm^{-1}处的吸收峰强度开始下降，而10%处理组的吸收峰强度也出现了下降，这是由于前期菌浓度较高，纤维素长链已经得到了较充分的降解，以及在预处理后期降解的活性开始下降，所以吸收峰的强度同样开始下降；但5%和7.5%处理组在发酵后期的吸收峰强度均呈上升趋势，对纤维素进一步降解。

3351cm^{-1}处纤维素分子内羟基—OH伸缩振动与上文中纤维素的3个基团变化不同，在预处理0～3d，0%、5%和10%处理组的吸收峰强度呈下降趋势，2.5%和7.5%处理组则呈上升趋势，之后0%、2.5%、5%和7.5%处理组均呈下降（3～5d）—上升（5～

7d)—下降（7～15d）的趋势，表明纤维素降解菌对纤维素分子内羟基—OH的降解呈周期性变化规律，10%处理组由于菌浓度较高，纤维素的结构得到充分破坏，大分子的长链烃被断裂成小分子的短链烃，促使分子内羟基—OH暴露出来且数量不断增加，在3～7d吸收峰强度不断增强，进入发酵后期吸收峰强度开始下降。

（3）预处理过程中半纤维素特征官能团变化规律

根据相关研究可知半纤维素中的特征官能团为1730cm⁻¹（木聚糖的C=O伸缩振动吸收峰）、1048cm⁻¹（糖单元中的羟基吸收峰）等，根据物料在预处理过程中红外光谱图分析可见（图4-24），1730cm⁻¹处吸收峰已消失，这是由于在纤维素、半纤维素和木质素中半纤维素是唯一一类可溶于碱溶液的大分子，在前期碱处理过程中，碱对半纤维素已在一定程度上破坏。半纤维素的成分以木糖为主，1000～1170cm⁻¹是木聚糖的典型吸收峰，所以选取1048cm⁻¹糖单元中的羟基吸收峰，分析其在不同降解菌浓度预处理过程中的变化规律，如图4-24所示。可知，0%、2.5%、5%和7.5%浓度处理组在预处理的0～3d，1048cm⁻¹糖单元中的羟基吸收峰强度均呈上升趋势，2.5%处理组上升幅度最为显著，达101.4%，而0%、5%和7.5%浓度处理组则上升幅度不明显，特别是10%处理组，反而下降了53.4%，由于在碱处理时半纤维素结构已遭到一定破坏，接入较高浓度的纤维素降解菌的初期，主要以利用已降解的小分子物质来满足自身的生长代谢。之后2.5%处理组的羟基吸收峰强度不断下降，5%和7.5%处理组先上升后下降，表明降解菌对半纤维素结构先进一步破坏，之后对其进行降解转化；10%处理组在3～7d羟基吸收峰强度快速上升，表明纤维素降解菌在进行一定程度的生长繁殖后，对秸秆中半纤维素糖单元进行快速破坏，促使羟基大量暴露出来，随之进行降解转化成可溶性的小分子物质。

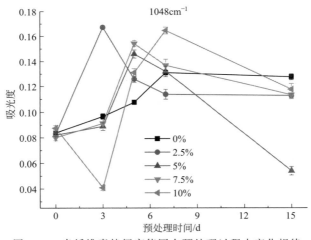

图4-24　半纤维素特征官能团在预处理过程中变化规律

（4）预处理过程中木质素特征官能团变化规律

根据相关文献及物料在预处理过程中红外光谱图分析可知，木质素特征官能团为1512cm⁻¹（木质素中苯环骨架的伸缩振动）和2851cm⁻¹（木质素中C—H的伸缩振动）。选取两者的吸收峰，分析其在不同降解菌浓度预处理过程中的变化规律。如图4-25所示，可知在较低菌浓度条件下，木质素结构中苯环骨架的伸缩振动吸收峰呈先上升后下降再上升再下降的周期性变化规律，在高浓度菌的条件下可以更有效地降解木质素。从图 4-25 中可知，7.5%和10%处理组在预处理的0～7d，1512cm^{-1}处苯环骨架的伸缩振动吸收峰强度不断上升，特别是10%处理组增加幅度最为显著，达到85.7%，这与木质素是一种难生物降解的大分子化合物有关。

对于 2851cm^{-1} 木质素中 C—H 的伸缩振动吸收峰，从图 4-25 中可看出，0%、2.5%、5%、7.5%和10%浓度处理组在预处理的0～3d均呈下降趋势，这表明木质素中的部分甲基（—CH$_3$）或亚甲基（—CH$_2$）被降解或发生变化，与1512cm^{-1}处木质素中苯环骨架的伸缩振动相反，木质素的结构以苯环单元为主，表明相对于苯环结构，降解菌对木质素降解首先从侧链中甲基和亚甲基等官能团开始，可见木质素苯环相对于其他官能团更难降解。7.5%和10%浓度处理组在预处理的3～7d木质素中 C—H 的伸缩振动吸收峰强度不断上升，表明随着木质素长链分子不断被切断，甲基和亚甲基等官能团逐渐增多，吸收强度开始上升，而 0%、2.5%和5%处理组则呈下降—上升的趋势，与1512cm^{-1}处木质素中苯环骨架的伸缩振动吸收峰相同，表明此时主要以断裂木质素苯环单元之间的连接键为主，且甲基、亚甲基等官能团逐渐增多。在预处理的 7～15d，各浓度处理组均呈下降趋势，断裂的支链或苯环单元被降解或发生变化。

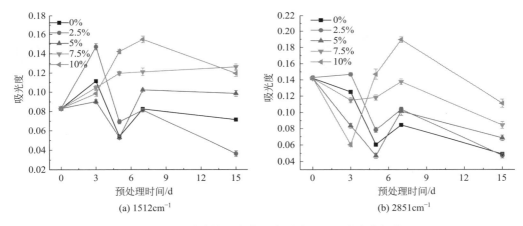

图 4-25 木质素特征官能团在预处理过程中变化规律

4.3.4.3 预处理过程中秸秆 XRD 衍射特性

（1）预处理过程中秸秆 XRD 衍射图谱分析

秸秆中含有一定的结晶区，特别是纤维素，它是由结晶区和无定形区交错结合的复杂体系，利用 X 射线照射样品，具有结晶结构的物质会发生衍射并形成具有一定特性的 X 射线衍射图，可以此来研究纤维素的内部微观结构。

由不同浓度降解菌处理的玉米秸秆的 XRD 衍射图谱（图 4-26）可知，不同处理组各处理阶段的秸秆 XRD 衍射图基本一致，分别在 22°左右出现一主要峰，这是 002 晶面衍射强度峰；在 18°和 26°左右分别出现一次要峰，为无定形区的衍射强度峰和 SiO$_2$ 衍射峰，这与 Bansal 等的研究一致。与他人研究不同的是，除 0d 秸秆样品外，各处理阶段的秸秆在 29°左右出现一钙盐衍射峰。钙盐物质与硅酸盐是维持秸秆细胞壁结构的重要物质，从各衍射谱峰的相对衍射强度的变化可知，在微生物预处理的作用下，秸秆结晶区和

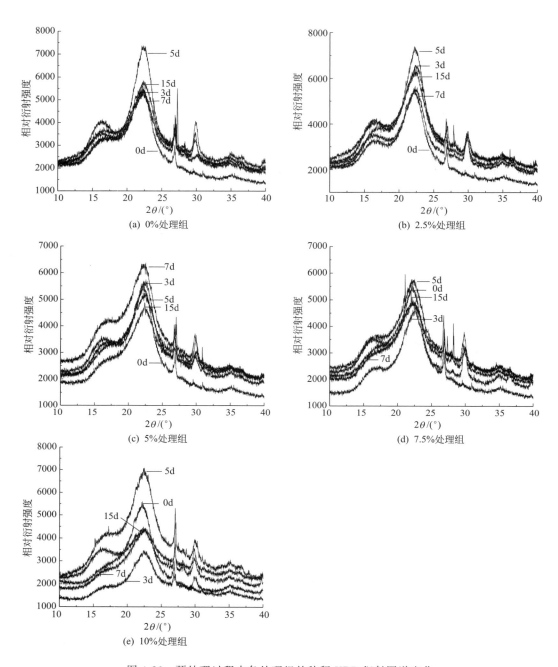

图 4-26　预处理过程中各处理组的秸秆 XRD 衍射图谱变化

无定形区均遭到破坏，且维持细胞壁结构的钙盐物质与硅酸盐物质同时遭到破坏。

　　从图 4-26 中可以看出，7.5％和 10％处理组在预处理的第 7 天和第 15 天在 18°附近代表无定形区的波谷显著减弱，特别是 10％处理组在预处理 15d 无定形区的波谷几乎消失，He 等表明秸秆无定形区的物质主要是木质素和半纤维素，表明在预处理的第 15 天，10％处理组中秸秆的半纤维素被充分降解，与陈广银等的研究结果一致[155]。此外，其他各处理组的图谱仍然保持晶区和非晶区共存的状态，表明纤维素晶体类型未发生变化。

（2）预处理过程中秸秆相对结晶度变化分析

相对结晶度（CrI）是描述纤维素超分子结构的重要参数，其大小可以反映出木质素的脱出和纤维素的溶出程度。图 4-27 是预处理过程中各处理组的秸秆相对结晶度变化情况，从图 4-27 中可知，对照 0% 处理组，在预处理过程中呈下降—上升—下降—上升的振荡趋势，表明在之前碱的作用下，秸秆的结晶区和非结晶区呈周期性变化规律，这与 Yang 的研究相一致。

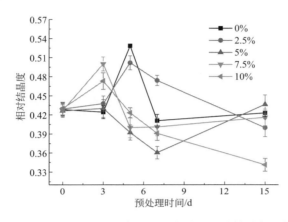

图 4-27 预处理过程中各处理组的秸秆相对结晶度变化

在接入粗纤维降解菌的 0~3d，2.5%、5%、7.5% 和 10% 处理组的秸秆相对结晶度均呈上升趋势，特别是 7.5% 和 10% 处理组的相对结晶度增幅较为显著，分别达 17.1% 和 10.1%，表明纤维素降解菌对无定形区的作用速率高于对结晶区的作用速率，这个阶段以无定形区的水解及向结晶区内部渗透为主，木质素和半纤维素的溶出率得以提高，从而促使相对结晶度增加。在预处理的 3~5d，2.5% 处理组仍以无定形区的破坏和向结晶区内部渗透为主，促使相对结晶度继续增加；5%、7.5% 和 10% 处理组则是由于无定形区域逐渐减少以及前期降解菌或酶向纤维素大分子的渗透，使得降解菌及纤维素酶作用于结晶区的速率相对提高，对纤维素结晶区的破坏作用逐渐增强，5% 和 7.5% 处理组在预处理的 3~5d 相对结晶度分别下降了 8.8% 和 20%。在预处理的 5~15d，2.5% 处理组由于在 3~5d 时无定形区无序物质的去除，降解菌或酶对结晶区的破坏速率始终高于无定形区，处理结束时其相对结晶度下降至 0.399。5% 和 7.5% 处理组的相对结晶度则在 5~7d 呈下降趋势后在 7~15d 再次上升，10% 处理组在预处理的 3~15d 相对结晶度持续下降，推测是由于菌浓度较高，0~3d 时降解菌或酶对结晶区渗透强度较大，所以对结晶区进行了有效的破坏。

4.3.5 预处理过程中微生物动态变化

4.3.5.1 预处理过程中细菌群落结构变化

预处理第 0 天、第 3 天、第 7 天、第 15 天各浓度处理组的 DGGE 图谱如图 4-28 所示。图 4-28(a) 中 1、2、3、4、5 分别是第 0 天 0、2.5%、5%、7.5% 和 10% 处理组样品。图 4-28(b) 中 1、2、3、4、5 分别代表预处理第 3 天时 0%、2.5%、5%、7.5% 和 10% 处理组样品；6、7、8、9、10 分别代表预处理第 7 天时 0%、2.5%、5%、7.5% 和 10% 处理组样品；11、12、13、14、15 分别代表预处理第 15 天时 0%、2.5%、5%、7.5% 和 10% 处理组样品。

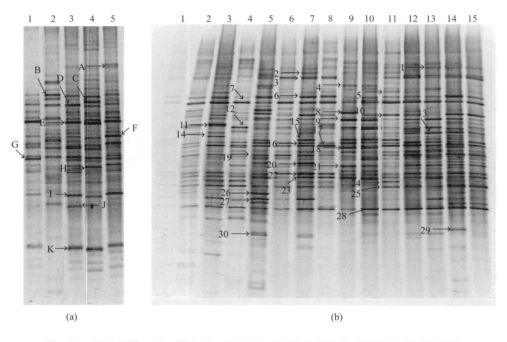

图 4-28　预处理第 0 天、第 3 天、第 7 天、第 15 天各浓度处理组的 DGGE 图谱

为了进一步验证预处理过程中纤维素、半纤维素和木质素的变化规律，将各浓度处理组的秸秆分别在预处理的第 0 天、第 3 天、第 7 天和第 15 天进行 PCR-DGGE 分析。图 4-28 是各处理组的 DGGE 图谱，可以看出指纹图谱差异较大，图谱中呈现出的电泳条带数目不同，而且各个条带的相对信号强弱程度不同。这表明不同菌浓度处理组在预处理过程中的 DGGE 图谱所显示的细菌群落结构和细菌多样性信息是不同的。其中分离得到条带的多少反映出样品中细菌种群的多样性，而条带信号强弱程度可反映出细菌群落结构中每一种群的相对数量。所以，可以根据图谱的指纹信息确定不同预处理样品中细菌的种类及其相对数量关系，从而获得样品的细菌群落结构和细菌种群多样性信息。

从图 4-28 可以看出，所有预处理组样品均显示出了较复杂的多样性，0 处理组虽然未接入降解菌，由于秸秆样品在收集时已在地里干枯，自身携带有较丰富的细菌，加上沼渣中含有的微生物，所以 0 处理组同样在 DGGE 图谱中显示出相对丰富的细菌种类，但与接入降解菌的各处理组相比，细菌多样性则相对较低。虽然细菌种类较多，每个处理样品图谱中均有几条明显颜色深的条带，即优势条带，说明预处理过程中尽管细菌种类较多，但有明显的优势种群，且优势种群在不同的预处理时间表现出差异，分别对纤维素、半纤维素和木质素进行不同程度的降解。

图 4-29 是预处理过程中 DGGE 图谱聚类分析，从图 4-29 中可知，不同菌浓度处理组在不同的预处理时间细菌组成相似性差别较大，说明不同处理时间细菌种类发生变化，这与上文研究中纤维素、半纤维素和木质素在不同的预处理时间降解程度的变化相符。

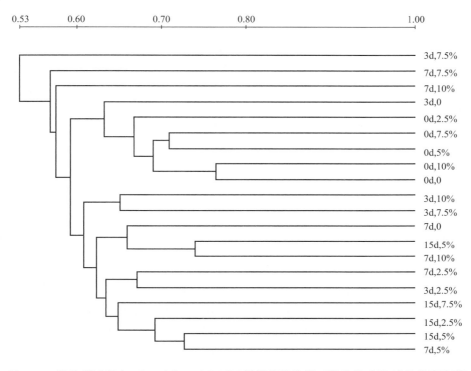

图 4-29　预处理过程中 3d、7d 和 15d DGGE 图谱聚类分析（预处理时间-接种菌液浓度）

4.3.5.2　预处理过程中细菌多样性指数分析

表 4-5 为预处理过程中细菌群落多样性指数，DGGE 图谱中条带数可直观地反映样品中细菌种群的遗传多样性，而多样性指数是研究群落物种数和个体数的综合指标[90]。从表 4-5 中可看出，随预处理时间的增加，2.5％处理组 Shannon-Weaver 指数（H）整体呈增加的趋势，5％、7.5％和 10％处理组 Shannon-Weaver 指数整体呈上升—降低—上升的趋势。多样性指数是反映均匀度和物种丰富度的综合指标，预处理过程中细菌分布不均匀，Shannon-Weaver 指数会下降，从表 4-5 中可发现 Pielou 均匀度指数（E）随预处理时间整体呈降低—上升—降低的振动变化趋势。

表 4-5　细菌群落多样性指数

预处理 菌浓度/％	预处理 时间/d	丰富度(S)	Shannon-Weaver 多样性指数(H)	Simpson 指数	Pielou 均匀度指数(E)
	15	2.66	0.073	0.177	
0	3	33	2.97	0.052	0.103
	7	31	3.37	0.036	0.109
	15	29	3.31	0.038	0.114

预处理 菌浓度/%	预处理 时间/d	丰富度（S）	Shannon-Weaver 多样性指数（H）	Simpson 指数	Pielou 均匀度指数（E）
2.5	0	15	2.67	0.071	0.178
	3	20	3.41	0.036	0.149
	7	33	3.43	0.034	0.104
	15	38	3.59	0.029	0.094
5	0	26	3.21	0.042	0.123
	3	42	3.66	0.027	0.087
	7	30	3.33	0.038	0.111
	15	36	3.52	0.031	0.098
7.5	0	31	3.37	0.037	0.109
	3	34	3.45	0.034	0.101
	7	28	3.25	0.042	0.116
	15	40	3.61	0.029	0.090
10	0	25	3.13	0.049	0.125
	3	46	3.76	0.025	0.082
	7	38	3.56	0.03	0.094
	15	41	3.65	0.027	0.089

4.3.5.3　DGGE 条带测序分析

表 4-6 和表 4-7 是对优势 DGGE 条带测序分析的结果，从表 4-6 和表 4-7 中可知，预处理过程中降解木质纤维素的微生物主要是芽孢杆菌属、黄杆菌属、黄单胞菌属、假单胞菌属、梭菌属细菌及链霉菌属放线菌等。研究表明，属于链霉菌的丝状放线菌降解木质素最高可达 20%，且链霉菌属的放线菌也具有较强的降解纤维素的能力。黄杆菌属、黄单胞菌属和假单胞菌属细菌可以降解木质素的降解产物或木质素低分子量部分，其中，假单胞菌属是最有效的降解者[91～93]，因此，它们可能在木质素降解的最后阶段起作用。此外，芽孢杆菌和梭菌在降解纤维素和半纤维素过程中也起到了关键作用。值得注意的是在预处理过程中还检测到了梭菌门、变形菌纲和鞘氨醇单胞菌，其中，鞘氨醇单胞菌与生物质聚合体等的降解相关，可以将己糖、戊糖及二糖转变成酸。

表 4-6　第 0 天样品 DGGE 优势条带测序分析结果

条带	编号	菌株	相似性/%
A	KF437548.1	*Alpha proteobacterium* NL8	99
B	HE586563.1	*Clostridium akagii* DSM12554	100
C	JQ723717.1	*Pseudomonas* sp. B-5-1	99
D	NR_043990.1	*Pseudomonas tuomuerensis* 78-123	99
E	HM159265.1	*Pseudomonas tuomuerensis* TSK1	100
F	KF931641.1	*Clostridiales bacterium* P3M-3	100
H	KF717081.1	*Paenibacillus polymyxa* L13	95
I	AY162123.1	*Delta proteobacterium* GMD14H09	92
J	KF717081.1	*Paenibacillus polymyxa* L13	95
K	JX467533.1	*Nonomuraea* sp. ex1	100

表 4-7　第 3 天、第 7 天和第 15 天样品 DGGE 优势条带测序分析结果

条带	编号	菌株	相似性/%
1	KF437548.1	*Alpha proteobacterium* NL8	99

续表

条带	编号	菌株	相似性/%
2	HE586563.1	*Clostridium akagii* DSM 12554	100
3	JQ723717.1	*Pseudomonas* sp. B-5-1	99
4	KC765086.1	*Sphingopyxis* sp. QXT-31B	99
5	NR_043990.1	*Pseudomonas tuomuerensis* 78-123	99
6	KJ000832.1	*Pseudoxanthomonas* sp. SCU-B203	97
7	HM159265.1	*Pseudomonas tuomuerensis* TSK1	100
8	JX442225.1	*Firmicutes bacterium* Mecdtt	100
9	HF678374.1	*Xanthomonas* sp. RP9	99
10	KF931641.1	*Clostridiales bacterium* P3M-3	100
11	HM854543.1	*Salinimicrobium* sp. DFM77	97
12	HF570153.1	*Lathyrus sativus microsatellite locus* P2B9	100
13	KC920989.	*Comamonas terrigena* SQ105-2	99
14	KC854349.1	*Clostridia bacterium* TSAR48	95
15	JN036546.1	*Virgibacillus* sp. CAU9813	98
16	AB375754.1	*Bacillus* sp. 50LAy-1	99
17	JN375524.1	*Lysobacter* sp. RM;20	100
18	KF717081.1	*Paenibacillus polymyxa* L13	95
19	AY162123.1	*Delta proteobacterium* GMD14H09	92
20	HE660065.1	*Torulaspora delbrueckii*	100
21	KF826885.1	*Pseudoxanthomonas* sp. B14	98
22	JN791289.1	*Bacteroidetes* sp. BG31	97
23	KF387535.1	*Firmicutes bacterium* MLFW-2	92
24	KF931641.1	*Clostridiales bacterium* P3M-3	100
25	HE660065.1	*Torulaspora delbrueckii*	100
26	DQ491075.1	*Polyangium thaxteri* BICC 8959	97
27	DQ517072.1	*Bacterium* SL3.7	98
28	JQ963326.1	*Xanthomonadaceae bacterium* K-1-9	97
29	JF345296.1	*Gemmatimonadetes bacterium*	91
30	JX467533.1	*Nonomuraea* sp. ex1	100

在预处理第 0 天，各处理组的优势种群是假单胞菌、变形菌和链孢囊菌，到了预处理第 3 天，细菌多样性增加，优势种群是假单胞菌，其次是芽孢杆菌、黄单胞菌。链孢囊菌只有在 10％处理组相对数量较高。到了预处理第 7 天，优势种群变为芽孢杆菌、黄单胞菌和梭菌，其次是假单胞菌，预处理第 15 天时，细菌种类显著增多，黄单胞菌成为主要的优势菌，并且鞘氨醇单胞菌和梭菌的指示条带变亮。根据预处理过程中优势种群的变化，可见在前期以降解纤维素和半纤维素为主，随着预处理的进行，纤维素和半纤维素逐渐被降解成小分子物质，木质素部分被降解，到了预处理后期，降解糖类及木质素的微生物增加，这与第 3 章中木质纤维素的变化规律相符。

4.4 秸秆干式厌氧发酵技术

4.4.1 秸秆预处理及干式厌氧发酵

玉米秸秆中主要成分为纤维素、半纤维素和木质素，总量达到 80％以上。纤维素是玉米秸秆的重要组成部分，其分子中的羟基易于和分子内或相邻的纤维素分子上的含氧基团之间形成氢键，这些氢键使很多纤维素分子共同组成结晶结构，并进而组成复杂的微纤维、结晶区和无定形区等纤维素聚合物。而这种高度有序的结晶结构使纤维素聚合物显示出刚性和高度水不溶性，很难被微生物降解利用，秸秆直接进行酶水解时水解度很低，一般只水解 10％～20％。

因此，高效利用纤维素的关键在于破坏纤维素的结晶结构，所以必须经过预处理，使得纤维素、半纤维素、木质素分离开，切断它们的氢键，破坏晶体结构，降低聚合度，使纤维素结构松散，使水解更容易进行。常见预处理方法有物理法、化学法、生物法、物理结合化学法以及理化联合生物预处理法等。单一处理方法对木质纤维素原料进行预处理时，难以达到预期效果，往往需要采用不同方法的组合。

在前期工作的基础上，对玉米秸秆进行碱与生物预处理，然后利用自行研制的小型干式厌氧发酵设备，开展不同 TS 条件下的秸秆干式厌氧发酵。通过对发酵过程中 pH 值、TS、VS 以及体积和质量的测定，结合产气效率和甲烷含率分析，探讨干式厌氧发酵过程中 pH 值的动态变化规律，分析产甲烷趋势，获得最佳的玉米秸秆干式厌氧发酵的 TS 浓度。

4.4.1.1　实验材料与方法

玉米秸秆取自北京市顺义区农田，自然风干，经粉碎机粉碎至粒径 1cm 左右，密闭保存。接种污泥取自猪粪厌氧处理厂的厌氧消化污泥，过筛去除大块杂质，置于 4℃冰箱保存备用。纤维素降解菌购自广州农冠生物科技有限公司，农运来的粗纤维降解菌种成分为复合益生菌；性状为粉剂。实验起始物料基本性质如表 4-8 所列。

表 4-8　玉米秸秆、接种污泥和纤维素降解菌的基本性质

实验原料	VS	TS	C/N	粗蛋白	纤维素	半纤维素	木质素
玉米秸秆	80.6％	84.8％	74∶1	0.6％	41.4％	29.4％	19.8％
接种污泥	11.9％	16.5％	—	—	—	—	—
纤维素降解菌	98.9％	99.9％	28∶1	65.5％	—	—	—

实验装置如图 4-30 所示，实验采用批式干法厌氧发酵的方式。实验各反应器容积是 3.5L。

4.4.1.2　TS 与 VS 去除效果分析

各处理组干式厌氧发酵的 TS 和 VS 变化如图 4-31 所示，T_5 和其他 4 组的 TS 和 VS 去除效果明显不同。运行前 20d，TS 含量为 20％、25％、30％、35％和 40％处理基质中，TS 的质量分别由起始的 212.3g、292.2g、323.1g、404.5g 和 523.5g，降低为 157.8g、219.9g、202.6g、304.6g 和 406.5g，去除率分别为 25.6％（T_1）、24.7％（T_2）、37.3％（T_3）、24.6％（T_4）和 22.3％（T_5），在发酵的 20～35d 内，系统的 TS 削减量持续增加，但 TS 降解的速率明显降低，发酵结束后，T_1、T_2、T_3、T_4 和 T_5 处理对 TS 的去除率分别达到 40.4％、24.7％、43.3％、27.6％和 22.3％。各处理组厌氧发酵的 VS 变化趋势和 TS 大致相同，其中 T_1、T_2、T_3、T_4 和 T_5 的 VS 去除率分别为 26.7％、34.5％、43.8％、30.0％和 25.5％。

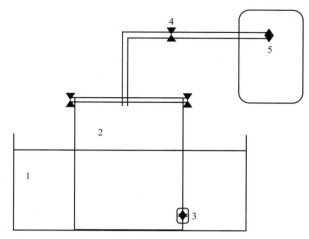

图 4-30 实验装置

1—恒温水浴锅；2—批式厌氧发酵罐；3—取样口；4—止水夹；5—集气袋

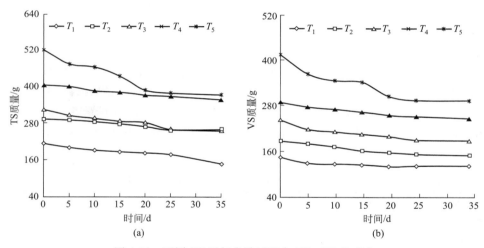

(a) (b)

图 4-31 不同 TS 厌氧发酵过程中 TS、VS 的变化

4.4.1.3 产甲烷分析

产甲烷可以表明原料的有机成分和生物降解能力，甲烷的产量可以表明有机固体废物的利用率。每个反应器的日产甲烷量和甲烷百分含量如图 4-32 所示。由图 4-32 可知，各处理组的产甲烷量是不同的，发酵前 3d，各处理组的产甲烷量逐渐上升，说明发酵起始阶段主要是产酸作用占优势。到第 5 天时，T_1、T_2、T_3、T_4 和 T_5 发酵罐中的甲烷日均产量分别达到 405.0mL/d、359.8mL/d、665.3mL/d、503.0mL/d 和 25.7mL/d。可挥发性固体物质产气率（m^3/tVS）是发酵原料产气能力的指标，其值与原料性质和发酵条件有关。由各实验组产气数据计算可得 T_1、T_2、T_3、T_4 和 T_5 发酵处理的累积产甲烷量分别为 149.4m^3/tVS、158.5m^3/tVS、194.4m^3/tVS、151.2m^3/tVS 和 24.7m^3/tVS，且由表 4-9 可知，T_1、T_2、T_3、T_4 和 T_5 处理的沼气中甲烷含量分别为 60.7%、59.1%、64.2%、52.2% 和 16.0%。

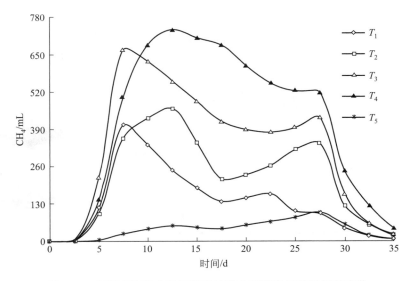

图 4-32　不同 TS 干式厌氧发酵过程中甲烷产量随时间的变化

4.4.1.4　体积和质量去除效果

　　表 4-9 为 5 个处理前后发酵罐内物料的体积和质量数据，由表 4-9 可知，各处理经干式厌氧发酵后，物料的质量和体积是减小的。T_1、T_2、T_3 和 T_4 发酵罐发酵后物料的体积分别减小了 37.8%、37.4%、48.3%、31.8%，T_5 处理对玉米秸秆的减量化效果最差，仅为 15.2%。此外，T_1、T_2、T_3 和 T_4 发酵罐发酵后物料的质量分别减小了 47.7%、47.0%、57.9% 和 58.9%，同样 T_5 发酵罐发酵后物料的质量减小得较少，为 28.4%。

表 4-9　干式厌氧发酵前后物料的体积和质量

参数	T_1	T_2	T_3	T_4	T_5
发酵前体积/L	1.2	1.1	1.2	1.3	1.5
发酵后体积/L	1	1.1	1.1	1.1	1.4
体积减小/%	27.8	27.4	38.3	27.3	15.2
发酵前质量/kg	1.1	1.2	1.1	1.2	1.3
发酵后质量/kg	0.57	0.64	0.46	0.49	0.93
质量减小/%	47.7	47.0	57.9	58.9	28.4
甲烷含量/%	60.7	59.1	64.2	52.2	16

4.4.2　基质颗粒微观结构分析

　　秸秆颗粒在干式厌氧发酵过程中，其微观结构将在微生物的作用下发生变化，如颗粒表面形态发生断裂、致密度降低；颗粒内部物质的相互结合程度的改变，纤维素类物质的结晶程度和洁净尺寸发生改变；组成颗粒的纤维素、半纤维素、木质素以及其他类型有机物分子状态发生变化，特征是分子内部的连接键、表面的特征官能团类型和数量发生改变。颗粒物的表面形态影响到颗粒物与发酵系统内微生物、酶类等物质之间的结合可能性与结合程度，最终会影响到组成秸秆颗粒的有机物质降解；降低颗粒内部的结晶度，可增加秸秆的比表面积，增加有机物与微生物及其次生代谢物的接触程度，再加上颗粒内部分子状态是否有利于微生物的摄入和降解等条件，最终共同影响到有机物的降解效率。

目前，颗粒秸秆在微观结构方面的研究方法主要有扫描电子显微镜（scanning electron microscope，简称 ESEM）观察、傅里叶变换红外光谱分析（FTIR）、X 射线衍射（XRD）图谱分析等。ESEM 图片常用来直观表征基质颗粒的表面特征，通过观察预处理前后物质结构的变化，从放大图像上感知预处理后秸秆类物质从致密变疏松、从表面光滑到出现裂缝和孔隙等的过程；每种结晶物质都有特定的晶体结构类型、晶胞大小等参数，X 射线衍射（XRD）方法能得到颗粒内部晶体结构信息；傅里叶变换红外光谱法是用连续红外光照射物质，可用于确定物质分子结构。但目前 XRD 图谱的信息主要关注的是处理前后纤维素结晶度和微晶尺寸的变化，然后推导出发酵系统对于纤维素结晶度的影响，很少有人针对发酵过程中纤维素结晶度的动态变化进行研究，无法获得发酵过程中颗粒内部结晶度的动态变化规律。

基于以上内容，本部分研究以玉米秸秆干式厌氧发酵系统为研究对象，利用 ESEM 技术分析颗粒表面结构形态变化、XRD 技术分析颗粒内部结晶度与结晶尺寸的动态变化规律、FTIR 技术分析颗粒内分子特征官能团演变规律，探索玉米秸秆干式厌氧发酵系统对颗粒物表面形态、内部结构与颗粒组成分子物质的作用关系。

4.4.2.1　实验材料与方法

分析的样品来源于第 2 章秸秆干式厌氧发酵系统，在干式厌氧发酵过程中，分别取 0d（起始阶段，已经完成物料装罐，但是尚未封罐进行发酵）、10d、20d 和 35d 的发酵样品 50g 左右，用于电镜、X 射线衍射及傅里叶变换红外光谱分析的样品。

将干燥后的样品研磨至粉末状，分别用近傅里叶变换红外光谱仪检测，光谱范围 $650 \sim 4000 cm^{-1}$，分辨率 $4 cm^{-1}$，扫描累加次数 32 次，应用 OMNI 采样器直接测定傅里叶变换红外光谱，OMNICE. S. P. 5.1 同步智能软件采用 ATR 校正，每个样品测定前均对背景进行扫描，得到的傅里叶变换红外光谱进行基线校正，确定峰值和吸光度。

4.4.2.2　基质颗粒表面形态的变化规律

（1）不同 TS 发酵处理过程基质颗粒 ESEM 图片解析

研究利用 ESEM 仪器，对 TS 浓度梯度为 20％、25％、30％、35％和 40％干式厌氧发酵系统内秸秆颗粒进行了电镜扫描，在获得不同时间段的电镜扫描图片的基础上，对秸秆颗粒在干式厌氧发酵过程中的表面形态进行了分析，主要内容如下。

1）20％TS 基质颗粒 ESEM 结构解析　书后彩图 24 为 TS 为 20％的干式厌氧发酵系统内秸秆颗粒在 0d、10d、20d 和 35d 的 50μm 大小扫描电镜照片。

从中可以看出，随着发酵的进行，基质颗粒的致密度降低、断裂程度不断加大，表面附着的微生物逐渐增多。在起始阶段，颗粒表面未出现明显的断裂，发酵 10d 后基质颗粒上出现了断裂，出现了宽度为 $80 \sim 120 \mu m$、长度达 $1000 \sim 1200 \mu m$ 的大裂纹。当发酵进行到 20d 时，基质颗粒表面断裂降解已经明显可见，并附有一层白色的真菌，等到发酵的 35d 时，颗粒已经呈现浆态化。说明，随着发酵的进行，基质颗粒结构逐渐被破坏，且在发酵的 10～20d 内变化较为明显。

2）25％TS 基质颗粒 ESEM 结构解析　书后彩图 25 为 TS 为 25％的干式厌氧发酵系统内秸秆颗粒在 0d、10d、20d 和 35d 的 $50\mu m$ 大小扫描电镜照片。

从中可以看出，在发酵的 35d 内，颗粒物表面的致密度、表层的附着物等均发生了动态变化。起始阶段的颗粒表面较致密，难见附着物，但发酵 10d 后的颗粒出现了断裂，表面的附着物明显增多，当发酵进行到 20d 时，基质颗粒表面断裂降解已经明显可见，且表面出现直径为 $20\sim80\mu m$ 的碎屑，等到发酵的 35d 时，基质颗粒表面已经形成数量较多、尺寸达 $50\mu m\times400\mu m$ 的断裂纹。

3）30％TS 基质颗粒 ESEM 结构解析　书后彩图 26 为 TS 为 30％的干式厌氧发酵系统内秸秆颗粒在 0d、10d、20d 和 35d 的 $50\mu m$ 大小扫描电镜照片。

可以看出，发酵过程中，基质颗粒的致密度和表面的附着物虽然有变化，但是变化不是十分明显。颗粒在起始阶段的表面较致密，发酵 10d 后的颗粒表层虽然发生了破裂，但是不明显，等到发酵的 20d，表面的附着物明显增多，当发酵进行到 20d 时，基质颗粒出现了较多的槽形孔，尺寸为 $60\mu m\times90\mu m$ 到 $70\mu m\times160\mu m$ 不均，等到发酵的 35d 时基质颗粒开始出现白色真菌和少量的长形裂纹。

4）35％TS 基质颗粒 ESEM 结构解析　书后彩图 27 为 TS 为 35％的干式厌氧发酵系统内秸秆颗粒在 0d、10d、20d 和 35d 的 $50\mu m$ 大小扫描电镜照片。

可以看出，发酵过程中，基质颗粒的致密度未出现十分明显的动态变化，但表面的附着物变化较为明显。颗粒在起始阶段的表面较致密，发酵 10d 后，基质颗粒表面出现与 30％相同现象的槽形孔，10～35d 时，颗粒自身的变化不明显，但 20d 颗粒表面附着的微生物较 10d 有大幅增加。

5）40％TS 基质颗粒 ESEM 结构解析　书后彩图 28 为 TS 为 40％的干式厌氧发酵系统内秸秆颗粒在 0d、10d、20d 和 35d 的 $50\mu m$ 大小扫描电镜照片。

图中的 ESEM 显示，在发酵过程中颗粒表面的形态以及致密度未出现明显变化，但在发酵的 20～35d 内，颗粒明显出现了软化现象。随着发酵时间的增加，颗粒物表面附着的白色真菌数量逐渐增加，在起始阶段，颗粒上未见到微生物，10d 时颗粒表面附着有 $10\mu m\times10\mu m$ 到 $40\mu m\times60\mu m$ 团粒。

（2）TS 对颗粒 ESEM 结构变化的影响

从以上分析内容可知，底物浓度与基质在发酵过程中的颗粒形态具有显著的相关性，随着 TS 浓度的增加，发酵系统内基质颗粒的破坏程度逐渐变小。起始阶段，各处理的基质颗粒表面均表现为致密度较高，未出现断裂的现象，说明 TS 对起始物料颗粒表面的形态未产生明显的影响。但是随着发酵的进行，TS 为 20％、25％处理中，发酵 10d 后颗粒表面出现了明显的断裂，而 TS 为 30％和 35％的处理则表现为表层皮质脱落，断裂不是十分明显，TS 为 40％的处理，整个发酵过程中颗粒表面均未发生明显的变化。

各处理在起始阶段表面均未附着有明显的微生物，但随着发酵的进行，表面附着的微生物团粒逐渐增多，TS 为 20％、25％、40％处理中，颗粒表面的微生物团粒在第 20 天达到最多，但 TS 为 30％的处理，在发酵的前 20d 微生物团粒未出现明显增加，但 35d 的 ESEM 图显示，微生物数量出现了大幅上升。35％处理的基质颗粒在起始阶段已出现附着有白色真菌，且在发酵的 10～20d 内出现明显的增加，但在 20～35d 内基本保持稳定。

40％处理的基质颗粒在0～10d内略有增加，但此后未再出现明显增加，这可能是由于物料内的含水率较低，未能为微生物的生长和繁殖提供有利的微环境，导致微生物的活性未出现明显增强。

4.4.2.3 基于 XRD 基质颗粒内部结晶度分析

研究利用 X 射线衍射分析仪器，对 TS 浓度梯度为 20％、25％、30％、35％和 40％的干式厌氧发酵系统内秸秆颗粒进行了 X 射线衍射扫描，在获得不同时间段的 XRD 图片的基础上，对秸秆颗粒内部结构在干式厌氧发酵过程中的结晶度与微晶尺寸进行了分析，主要内容如下。

（1）20％TS 基质颗粒 XRD 结构变化规律

1）XRD 图谱分析 图 4-33 为 20％TS 干式厌氧发酵过程中 XRD 图谱动态变化，从图 4-33 中可以看出，物料在发酵过程中在 22°、24°、26°、29°和 32°左右均出现较为显著的 X 射线衍射峰，其中，22°、24°和 29°分别是纤维素 002 晶面衍射强度峰、硅酸盐类物质衍射峰及钙盐物质衍射峰。

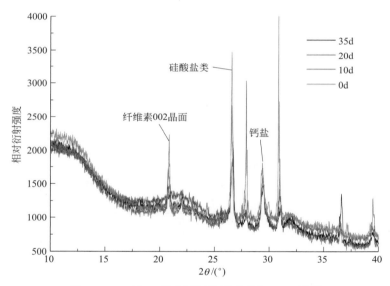

图 4-33 20％TS 干式厌氧发酵过程中 XRD 图谱

其中，硅酸盐类物质和钙盐物质是维持秸秆细胞壁强度的重要组分，可见，在发酵过程中，纤维素和细胞壁组分在厌氧菌的作用下发生变化。但非结晶区 18°的谱峰相对较弱，在图谱中表现不明显，可能是因为前期预处理对非结晶区的破坏程度较大，秸秆中的半纤维素和木质素是非结晶区的主要成分，可见预处理对半纤维素和木质素的破坏较为彻底。

2）结晶度分析 根据结晶度计算公式，计算不同发酵时间物料的结晶度可知（表 4-10），在发酵的前 20d 内，随着发酵进行，物料结晶度逐渐升高，到第 20 天时达到最大值 0.206，这可能是由于前期基质内易降解有机物被微生物逐渐消耗，导致结晶体物质含量相对增加。在发酵的 20～35d 内，结晶度又出现下降，到发酵结束时为 0.200，说明 20％处理组的颗粒在 20d 后，厌氧菌开始对纤维素的结晶区进行降解，破坏程度大于生成物的消耗速率。

结晶度计算：CrI＝（I002－Iam）/I002

表 4-10　20％TS 干式厌氧发酵过程中结晶度动态变化

发酵时间/d	0	10	20	35
结晶度	0.161	0.170	0.206	0.200

（2）25％TS 基质颗粒 XRD 结构变化规律

1）XRD 图谱分析　25％TS 发酵过程中 XRD 图谱如图 4-34 所示，从图 4-34 中看出，物料在发酵过程中在 22°、26°、29°左右出现较为显著的峰值，非结晶区 18°的谱峰相对较弱，在图谱中表现不明显。可见，前期预处理对非结晶区的破坏程度较大，在发酵过程中纤维素和细胞壁组分在厌氧菌的作用下发生变化。

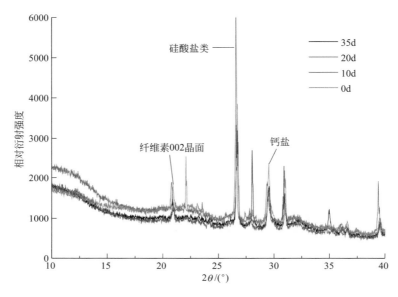

图 4-34　25％ TS 发酵过程中 XRD 图谱

2）结晶度分析　根据结晶度计算公式，计算不同发酵时间物料的结晶度可知（见表 4-11），随着发酵进行，物料结晶度逐渐降低，表明 25％处理组在发酵 35d 里，厌氧菌对纤维素的结晶区一直进行降解破坏。但随着发酵的进行，CI 降低的速率逐渐减小，其中发酵的前 10d 里降解较为显著，从初始（0d）的 0.551 降至第 10 天的 0.189，降低速率为 0.0362/d，在发酵的 10～20d 内，结晶度下降的速率降低为 0.0066/d。当发酵进行到第 35 天时 CI 降低为 0.121，说明发酵后期，结晶度未发生明显变化。

表 4-11　25％TS 干式厌氧发酵过程中结晶度动态变化

发酵时间/d	0	10	20	35
结晶度	0.551	0.189	0.126	0.121

（3）30％TS 基质颗粒 XRD 结构变化规律

1）XRD 图谱分析 30％TS 发酵过程中 XRD 图谱如图 4-35 所示，从图 4-35 中看出，物料在发酵过程中在 22°、26°、29°左右出现较为显著的峰值，非结晶区 18°的谱峰相对较弱，在图谱中表现不明显。可见，前期预处理对非结晶区的破坏程度较大，在发酵过程中，纤维素和细胞壁组分在厌氧菌的作用下发生变化。

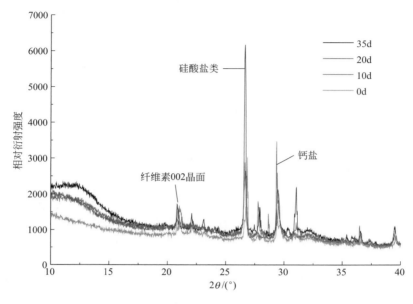

图 4-35 30％TS 发酵过程中 XRD 图谱

2）结晶度分析 根据结晶度计算公式，计算不同发酵时间物料的结晶度可知（见表 4-12），随着发酵进行，物料结晶度逐渐降低，从初始的 0.244 降低到第 20 天的 0.169，且在第 20 天达到最低值，随之开始升高，到发酵结束时为 0.270。表明 35％处理组在发酵 20d 里，厌氧菌逐渐对纤维素的结晶区进行降解破坏，并在第 20 天达到最大强度。

表 4-12 30％TS 干式厌氧发酵过程中结晶度动态变化

发酵时间/d	0	10	20	35
结晶度	0.244	0.178	0.169	0.270

（4）35％TS 基质颗粒 XRD 结构变化规律

1）XRD 图谱分析 35％TS 发酵过程中的 XRD 图谱如图 4-36 所示，从图 4-36 中看出，物料在发酵过程中在 22°、26°、29°左右出现较为显著的峰值，分别是纤维素 002 晶面衍射强度峰、硅酸盐类物质衍射峰及钙盐物质衍射峰。其中，硅酸盐类物质和钙盐物质是维持秸秆细胞壁强度的重要组分，可见，在发酵过程中，纤维素和细胞壁组分在厌氧菌的作用下发生变化。但非结晶区 18°的谱峰相对较弱，在图谱中表现不明显，可能是因为前期预处理对非结晶区的破坏程度较大，秸秆中的半纤维素和木质素是非结晶区的主要成分，可见预处理对半纤维素和木质素的破坏较为彻底。

2）结晶度分析 根据结晶度计算公式，计算不同发酵时间物料的结晶度可知（见表 4-13），随着发酵进行，物料结晶度逐渐升高，到第 20 天时达到最大值 0.439，随之开始下降，到发酵结束时为 0.296。表明 35％处理组在第 20 天时厌氧菌开始对纤维素的结晶区进行降解破坏。这与 20％TS 发酵过程一致。

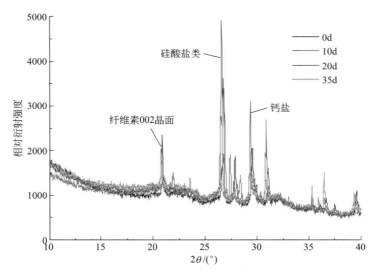

图 4-36　35％TS 发酵过程中 XRD 图谱

表 4-13　35％TS 干式厌氧发酵过程中结晶度动态变化

发酵时间/d	0	10	20	35
结晶度	0.204	0.226	0.439	0.296

（5）40％TS 基质颗粒 XRD 结构变化规律

1）XRD 图谱分析　40％TS 发酵过程中 XRD 图谱如图 4-37 所示，从图 4-37 中看出，物料在发酵过程中在 22°、26°、29°左右出现较为显著的峰值，非结晶区 18°的谱峰相对较弱，在图谱中表现不明显。可见，前期预处理对非结晶区的破坏程度较大，在发酵过程中，纤维素和细胞壁组分在厌氧菌的作用下发生变化。

2）结晶度分析　根据结晶度计算公式，计算不同发酵时间物料的结晶度可知（见表4-14），随着发酵进行，物料结晶度逐渐降低，从初始的 0.355 降至到第 20 天的 0.236，且在第 20 天达到最低值，随之开始升高，到发酵结束时为 0.321。表明 40％处理组在发酵 20d 里，厌氧菌逐渐对纤维素的结晶区进行降解破坏，并在第 20 天达到最大强度。与25％、30％处理组发酵过程一致。

表 4-14　40％TS 干式厌氧发酵过程中结晶度动态变化

发酵时间/d	0	10	20	35
结晶度	0.355	0.289	0.236	0.321

（6）TS 对起始颗粒结晶度的影响

表 4-15 为底物浓度与基质起始与结束时颗粒结晶度的相关性分析。由表 4-15 可知，底物浓度与起始时基质内颗粒的结晶度之间的相关性指数仅为 −0.088，为不相关，说明在干式厌氧发酵系统内，起始时基质颗粒的结晶度不受底物浓度的影响。但当发酵结束

时，基质颗粒的结晶度与底物浓度存在着一定的相关性，但相关性程度仅为 0.698，说明经过干式厌氧发酵过程中微生物及次生代谢产物等作用，基质颗粒的结晶度发生了一定的变化，且其变化与底物的浓度有着一定的相关性。

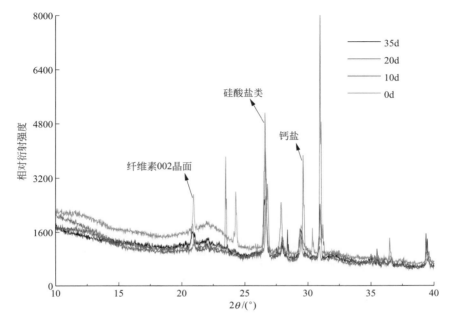

图 4-37　40％TS 发酵过程中 XRD 图谱

表 4-15　底物浓度对基质起始和结束时颗粒结晶度的影响

项目	TS	0d	35d
TS	1		
0d	−0.088	1	
35d	0.698	−0.531	1

4.4.2.4　基于 FTIR 的分子表面官能团转化规律分析

本部分研究拟利用 FTIR 技术，对秸秆干式厌氧发酵过程汇总的基质进行扫描，获得基质发酵过程中 FTIR 动态变化数据，在此基础上分析干式厌氧发酵系统内基质 FTIR 谱图的变化趋势与特征，探讨基质浓度对谱峰强度动态变化的影响机制，从分子官能团的角度揭示基质颗粒微观结构在干式厌氧发酵过程中的动态变化规律。

（1）不同 TS 发酵处理过程中分子官能团演替规律

研究利用傅里叶变换红外光谱仪器，对 TS 浓度梯度为 20％、25％、30％、35％ 和 40％ 的干式厌氧发酵系统内秸秆颗粒进行了红外扫描，在获得不同时间段的 FTIR 图片的基础上，分析了秸秆颗粒内部分子在干式厌氧发酵过程中的表面官能团演替规律，主要内容如下。

1）20％TS 基质颗粒分子官能团演替规律　20％TS 发酵过程中 FTIR 图谱如图 4-38 所示，从图 4-38 可以看出，基质颗粒的 FTIR 图谱中，主要存在于 872cm^{-1}、1000～1030cm^{-1}、1350～1700cm^{-1}、2850～3000cm^{-1} 以及 3100～3680cm^{-1} 处，以上特征峰的

吸收强度在发酵的 0～10d 均出现快速增加，但在发酵的 10～35d 内逐渐减弱，说明以上特征峰所代表的有机物在发酵的起始阶段降解速率小或为代谢水解的中间代谢产物。从图 4-38 中也可以看出 35d 时各峰强度仍然高于起始阶段的峰强度。

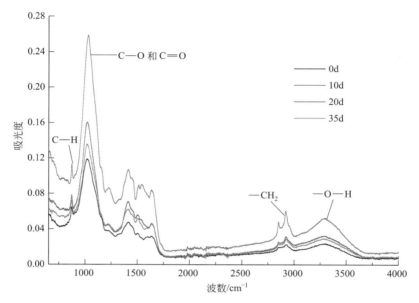

图 4-38　20％TS 发酵过程中 FTIR 图谱

① 872cm^{-1} 处的特征峰代表纤维素中的 C—H 弯曲振动峰，峰强度由 0d 的 0.0646 上升到 10d 的 0.1131，上升幅度达 75.2％；但在发酵的 10～20d 内出现下降，降低幅度为 30.8％；在发酵的 20～35d 内仍然维持着减弱的趋势，下降的比例仅为 7.4％，且发酵 35d 的峰强度为 0.0724，强于 0d 的 0.0646。基于以上内容，说明在 TS 为 20％ 的情况下，秸秆发酵过程中，起始阶段纤维素 C—H 含量相对增加，但发酵的 10～35d 内，纤维素 C—H 出现了显著降解，且随着发酵时间的延长，降解速率逐渐降低；发酵结束后，发酵物中的纤维素的 C—H 的相对含量要高于起始阶段。

② 1000～1030cm^{-1} 处的吸收峰为多糖 C—O 和 C＝O 的伸缩峰，峰强度由 0d 的 0.1186 快速上升到 10d 的 0.2586，上升幅度达 118.0％；但发酵进行到 20d 时降低为 0.1604，降低幅度为 38.0％；在发酵的 20～35d 内仍然维持着减弱的趋势，下降的比例仅为 15.5％，且发酵 35d 的峰强度为 0.1356，峰强大于起始的峰强。基于以上内容，说明在 TS 为 20％ 的秸秆干式厌氧发酵系统内，在水解作用下，厌氧发酵系统内以水解作用为主，水解类微生物将大分子有机物水解成简单的糖类物质，随后糖类物质逐渐被分解，含量下降。同时吸收峰由 1014cm^{-1} 处红移至 10d 的 1030cm^{-1} 处。发酵 20d 基质 FTIR 的波峰由 1030cm^{-1} 处迁移到 1022cm^{-1} 处，且强度降低到 0.1604，等发酵结束后（35d），峰的位置蓝移到 1018cm^{-1} 处。

③ 2920cm^{-1} 处的吸收峰代表脂肪族中—CH$_2$ 的氢键反对称伸缩振动吸收峰，峰强度由 0d 的 0.0227 快速上升到 0.0605，说明在发酵的起始阶段，脂肪族有机物的相对含量出现快速上升，这可能是由于秸秆中的脂肪族有机物被包裹在致密的颗粒内，在发酵的起

始阶段，微生物主要降解基质中的糖类物质，导致脂肪族有机物的相对含量增加，但随着发酵的进行，20d样品的吸收峰强度减小到0.0317，等到发酵结束时，峰强度为0.0290。同时，该峰的位置在2920～2924cm^{-1}区间内波动，说明脂肪族中—CH_2的氢键类型和复杂度未发生明显变化。

④ 3100～3680cm^{-1}处有一宽肩峰，该区间的特征峰主要代表不同物质内的碳水化合物—O—H的氢键伸缩振动峰，主峰位于3304cm^{-1}处，峰强度由起始（0d）的0.0239上升至0.0525，上升幅度达0.0286（119.7%），但在随后的发酵过程中持续减弱，其中，在发酵的10～20d内降低的幅度较大，为0.0202（38.5%），20～35d的降低幅度较小，为0.0027（8.4%）。

2）25%TS基质颗粒分子官能团演替规律 25%TS发酵过程中FTIR图谱如图4-39所示，从图4-39可以看出，TS为25%的秸秆干式厌氧发酵过程中FTIR图谱中主要特征峰也存在于1000～1030cm^{-1}、1350～1700cm^{-1}、2850～3000cm^{-1}以及3100～3680cm^{-1}处，以上特征峰的吸收强度在发酵的0～10d均出现快速增加，但在发酵的10～35d内逐渐减弱，且在发酵20d后，各特征峰强度已经低于起始的特征峰强度。

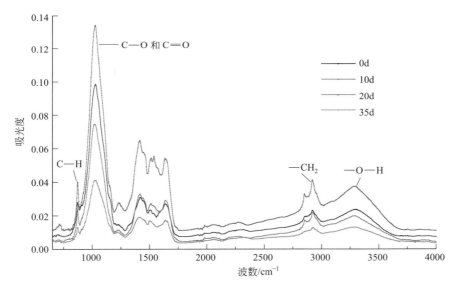

图4-39 25%TS发酵过程中FTIR图谱

① 872cm^{-1}处的特征峰强度在0～10d出现了下降的趋势，由0.0279下降到0.0235，下降幅度为15.8%，但在发酵的10～20d内，峰强度出现快速上升，达到0.0402，增强的幅度为71.1%；在发酵的20～35d内又出现下降的趋势，等发酵结束时为0.0132，下降的比例为67.2%，且比起始的峰强度还要低。基于以上内容，说明在TS为25%的情况下，秸秆发酵过程中，起始阶段纤维素C—H含量相对减少，说明在起始阶段，基质内的纤维素即发生了降解，但发酵的10～20d内，纤维素C—H的降解速率要低于基质的降解速率，导致纤维素C—H的相对含量出现大幅上升，在发酵20d以后，基质中的纤维素的C—H相对含量又出现下降。

② 1000～1030cm^{-1}处的吸收峰强度由0d的0.0986减弱为10d的0.0745，下降幅度

达24.4％，随着发酵的进行，第20天时，峰强度又上升到0.1343，增加幅度为80.8％，在发酵结束后，峰强度减弱了69.3％（0.0412）。基于以上内容，说明在TS为25％的秸秆干式厌氧发酵系统内，起始阶段（0～10d），微生物的水解速率要低于糖类物质的降解速率，发酵的10～20d时间内，为有机物水解的主要阶段，随后水解速率又逐渐下降。与TS为20％的处理不同，吸收峰的位置波动区间较小，为1022～1030cm^{-1}处，说明在发酵的0～10d内，TS为25％的处理中，糖类的物质成分相对简单。

③ 2920cm^{-1}处峰强度在0～10d内略有下降，由0.0231降低为0.0219，下降幅度为0.0010（5.2％），但发酵进入10d后，该特征峰的强度出现快速上升，并于第20d达到0.0414，上升的幅度为0.020（89.0％），随着发酵的进行，该特征峰的强度出现下降，在35d时为0.0125，低于起始阶段的峰强度。基于以上内容，说明TS为25％的处理中，分子中—CH$_2$的氢键在发酵的前期（0～10d）出现下降，但在发酵的10～20d内出现上升，随后进入逐渐降解的阶段。

④ 3100～3680cm^{-1}处有一宽肩峰，该区间的特征峰主要代表不同物质内的碳水化合物—O—H的氢键伸缩振动峰，主峰在3280～3304cm^{-1}之间波动，峰强度由0d的0.0238降低为10d的0.0198，降低幅度为0.0040（16.8％），但在发酵的10～20d内又出现上升，于20d达到0.0376，上升的幅度达0.0178（89.9％），在发酵的末期又出现下降，最终降低为0.0132。

3）30％TS基质颗粒分子官能团演替规律　30％TS发酵过程中FTIR图谱如图4-40所示，从图4-40可以看出，基质颗粒的FTIR图谱中，主要存在于872cm^{-1}、1000～1030cm^{-1}、1350～1700cm^{-1}、2850～3000cm^{-1}以及3100～3680cm^{-1}处。

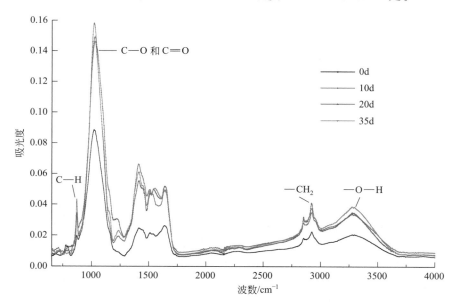

图4-40　30％TS发酵过程中FTIR图谱

① 872cm^{-1}处的特征峰强度由0d的0.0198上升到10d时的0.0432，上升幅度达0.0234（118.2％）；但在发酵的10～20d内出现下降，降低幅度为0.0090（20.8％）；在

发酵的 20～35d 内仍然维持着减弱的趋势，下降的幅度为 0.0025（7.3%），且发酵 35d 的峰强度为 0.0317，强于 0d 的 0.0198。基于以上内容，说明在 TS 为 30% 的情况下，秸秆发酵过程中，起始阶段纤维素 C—H 含量相对增加，但发酵的 10～35d 内，纤维素 C—H 出现了显著降解，且随着发酵时间的延长，降解速率逐渐降低；发酵结束后，发酵物中的纤维素的 C—H 的相对含量要高于起始阶段。

② 1000～1030cm^{-1} 处的吸收峰强度由 0d 的 0.0886 快速上升到 10d 的 0.1586，上升幅度达 78.6%；但发酵进行到 20d 时降低为 0.1491，降低幅度为 5.8%；在发酵的 20～35d 内仍然维持着减弱的趋势，但下降的比例仅为 1.9%，且发酵 35d 的峰强度为 0.1463，峰强大于起始的峰强。基于以上内容，说明在 TS 为 30% 的秸秆干式厌氧发酵系统内，起始阶段，水解类微生物将大分子有机物水解成简单的糖类物质，随后糖类物质逐渐被分解，含量下降。但是整个发酵过程中峰强度降低的比例较小，这可能是由于发酵的 10～35d 内糖类的产生速率与降解速率相当，也可能是由于微生物活性较弱，糖类在发酵过程中没有得到充分降解。同时吸收峰在 0～10d 内均在 1022cm^{-1} 处，说明发酵的前期糖类只是量的增加，种类并未发生变化，但随后分别红移至 20d 的 1026cm^{-1} 处和 35d 的 1030cm^{-1} 处。

③ 2920cm^{-1} 处峰强度在发酵的 0～20d 内均保持着上升的趋势，由 0d 的 0.0220 分别上升到 10d 的 0.0346 和 20d 的 0.0410，至发酵的 35d 时，该峰的强度降低至 0.0376。说明 TS 为 30% 的处理中，分子中—CH$_2$ 的氢键在发酵的前期（0～20d）不断上升，但在发酵的 20～35d 内又逐渐被降解。

④ 3100～3680cm^{-1} 处有一宽肩峰，起始阶段主峰位于 3296～3298cm^{-1} 处，且峰强度为 0.0207，在整个发酵过程中，该峰的强度持续增加。在发酵 10d 后，峰略微变宽，主要位于 3294～3298cm^{-1} 处，强度为 0.0335，增加了 0.0128（61.8%），发酵进行 20d 后，峰略微变宽，主要位于 3290～3296cm^{-1} 处，强度为 0.0346，增加了 0.0128（61.8%），等到发酵结束时（35d），峰的位置出现较大的蓝移至 3277～3278cm^{-1}，峰强度增加了 0.0041（11.85%）。

4）35%TS 基质颗粒分子官能团演替规律　从图 4-41 可以看出，基质颗粒的 FTIR 图谱中，主要存在于 872cm^{-1}、1000～1030cm^{-1}、1350～1700cm^{-1}、2850～3000cm^{-1} 以及 3100～3680cm^{-1} 处。

① 872cm^{-1} 处的特征峰强度由 0d 的 0.0298 上升到 10d 的 0.0353，上升幅度达 0.0055（18.4%）；但在发酵的 10～20d 内出现下降，降低幅度为 0.0060（17.0%）；在发酵的 20～35d 内仍然维持着减弱的趋势，且下降的速率增大，为 0.0094（32.1%）。基于以上内容，说明在 T_S 为 35% 的情况下，秸秆发酵过程中，起始阶段纤维素 C—H 含量相对增加，但发酵的 10～35d 内，纤维素 C—H 出现了显著降解，且随着发酵时间的延长，降解速率逐渐降低。

② 1000～1030cm^{-1} 处的吸收峰强度由 0d 的 0.1313 快速上升到 10d 的 0.1337，强度增加了 0.0024，上升幅度达 18.6%；但发酵进行到 20d 时降低为 0.095，降低幅度为 18.1%；在发酵的 20～35d 内仍然维持着减弱的趋势，降低了 0.0340，下降的比例为

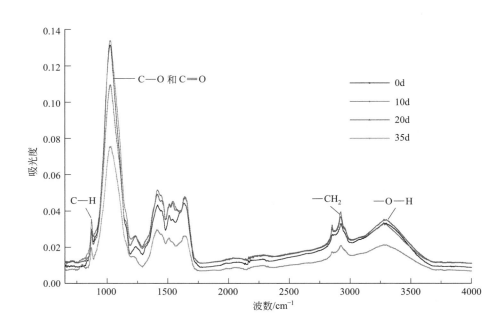

图 4-41　35％TS 发酵过程中 FTIR 图谱

45.0％。基于以上内容，说明在 TS 为 35％的秸秆干式厌氧发酵系统内，起始阶段，基质的水解量较小，在发酵的 10～35d 内，糖类物质的降解速率要大于基质的水解酸化速率。

③ 2920cm^{-1} 处峰强度在发酵的 0～10d 内均保持着上升的趋势，由 0d 的 0.0324 上升到 10d 的 0.0391，但在发酵的 10～35d 内均呈现下降的趋势，其中在 10～20d 下降的趋势较小，20d 时为 0.0367，降低幅度为 0.0024（6.1％），在 20～35d 内出现快速下降，下降的幅度为 0.0157（42.8％）。说明 TS 为 35％的处理中，分子中—CH$_2$ 的氢键在发酵的 0～10d 随着水解的进行略有上升，虽有由于微生物的转化作用，—CH$_2$ 的氢键逐渐减小，在发酵的后期微生物对—CH$_2$ 的降解作用更加明显。

④ 3100～3680cm^{-1} 处有一宽肩峰，起始阶段主峰位于 3298cm^{-1} 处，且峰强度为 0.0333，在发酵的 0～10d 内峰强度出现下降，并于 10d 下降为 0.0327，降低的幅度较小，仅为 0.0006（1.8％），但在 10～20d 的发酵时间内，峰强度又出现了上升的趋势，并于 20d 时峰强度达到 0.0352，上升的幅度为 0.0025（7.6％），在发酵的后期（20～35d），峰强度出现了大幅下降，最终为 0.0214。

5）40％TS 基质颗粒分子官能团演替规律　40％TS 发酵过程中 FTIR 图谱如图 4-42 所示，从图 4-42 可以看出，基质颗粒的 FTIR 图谱中，主要存在于 872cm^{-1}、1000～1030cm^{-1}、1350～1700cm^{-1}、2850～3000cm^{-1} 以及 3100～3680cm^{-1} 处。

① 872cm^{-1} 处的特征峰强度在发酵的起始阶段出现下降，由 0d 的 0.0346 下降为 10d 的 0.0284，下降的幅度为 0.0062（17.9％）；但在发酵的 10～20d 内峰强度未发生明显变化；在发酵的 20～35d 内，特征峰强度出现明显的减弱，降低幅度为 0.0116（40.7％）。基于以上内容，说明在 TS 为 40％的情况下，秸秆发酵过程中，起始阶段纤维素 C—H 含量出现下降，在发酵的 10～20d 内，纤维素 C—H 含量基本保持稳定，但发酵的 20～35d 内，纤维素 C—H 出现了显著降解，且随着发酵时间的延长，降解速率逐渐降低。

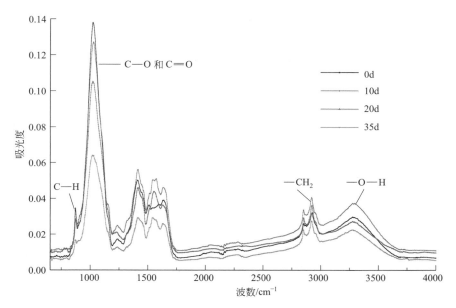

图 4-42　40％TS 发酵过程中 FTIR 图谱

② 1000～1030cm⁻¹处的吸收峰强度在 0d、10d、20d 和 35d 分别为 0.1367、0.1266、0.1052 和 0.0641，整个发酵过程中均呈现下降的趋势，且随着时间的延长，下降的速率不断增加，在前 10d 峰强度下降了 0.0110，相对于 0d 的峰强下降了 8.0％，在发酵的 10～20d 内，峰强度下降了 0.0214，在发酵达到 35d 后，峰强度下降了 0.0411。基于以上内容，说明在 TS 为 40％的秸秆干式厌氧发酵系统内，糖类的生产速率始终低于糖类的分解速率，且随着发酵的进行，基质内的糖类物质的百分含量削减速率增加，这可能是由于系统内降解糖类的微生物活性不断增强的原因。

③ 2920cm⁻¹处峰强度由 0d 的 0.0321 上升到 10d 的 0.0406，但在发酵的 10～35d 内均呈现下降的趋势，其中在 10～20d 下降的趋势较小，20d 时为 0.0363，降低幅度为 0.0043（10.6％），在 20～35d 内出现快速下降，下降的幅度为 0.0088（24.2％）。说明 TS 为 35％的处理中，分子中—CH₂ 的含量在发酵的 0～10d 随着水解的进行，略有上升，但随着发酵的进行，基质内—CH₂ 的含量逐渐降低。

④ 3100～3680cm⁻¹处有一宽肩峰，起始阶段主峰位于 3292～3296cm⁻¹处，且峰强度为 0.0295，在发酵的 0～10d 内峰强度出现上升，并于 10d 达到 0.0374，上升的幅度为 0.0079（26.8％），但在 10～35d 的发酵时间内，峰强度又出现持续下降的趋势，并于 20d 时峰强度降低为 0.0270，降低的幅度为 0.0104（27.8％），当发酵进行到 35d 时，峰强度降低为 0.0223。

（2）基于 FTIR 的 TS 含量与官能团变化相关性分析

由表 4-16 可知，TS 为 30％时，发酵结束后各特征峰的强度变化均为最大，且为上升的趋势，说明在 TS 为 30％的条件下，872cm⁻¹、1000～1030cm⁻¹、2920cm⁻¹ 和 3100～3680cm⁻¹处特征峰所代表的官能团在干式厌氧发酵过程中的降解效果最差；TS 为 25％时，发酵结束后各特征峰的强度削减量最大，说明在 TS 为 25％的干式厌氧发酵系统，最

利于 $872cm^{-1}$、$1000\sim1030cm^{-1}$、$2920cm^{-1}$ 和 $3100\sim3680cm^{-1}$ 处特征峰所代表的官能团的降解转化。

表 4-16　不同 TS 含量处理的特征峰强度起始变化　　　　　单位：%

TS/%	$872cm^{-1}$	$1000\sim1030cm^{-1}$	$2920cm^{-1}$	$3100\sim3680cm^{-1}$
20	12.1	14.3	27.8	23.8
25	−53.4	−58.2	−45.9	−44.5
30	61.6	65.1	70.9	86.0
35	−33.2	−42.5	−35.2	−35.7
40	−51.2	−53.4	−14.3	−14.3

在 TS 为 20% 和 30% 的条件下，$872cm^{-1}$、$1000\sim1030cm^{-1}$、$2920cm^{-1}$ 和 $3100\sim3680cm^{-1}$ 处的峰强度均出现上升的趋势，其中 TS 为 20% 上升的幅度分别为 12.1%、14.3%、27.8% 和 23.8%，TS 为 30% 中的各官能团上升的幅度较大，分别为 61.6%、65.1%、70.9% 和 86.0%。说明在 TS 为 20% 和 30% 的处理中，$872cm^{-1}$、$1000\sim1030cm^{-1}$、$2920cm^{-1}$ 和 $3100\sim3680cm^{-1}$ 处峰所对应的官能团降解的比例均要小于基质的降解比例，其中在 30% 条件下降解的量最少。在 TS 为 25%、35% 和 40% 的处理中，主要特征峰的强度在整个过程中均出现了下降，且 TS 为 25% 处理的降解幅度最大，TS 为 35% 处理的降解幅度较小。

同时从表 4-16 中也可以看出，各主要官能团在不同处理中峰强的增强或减弱大小是不一致的，且排序也是不一致的，在 TS 为 20% 的条件下，各处理峰强变化大小依次为 $2920cm^{-1}>3100\sim3680cm^{-1}>1000\sim1030cm^{-1}>872cm^{-1}$；在 TS 为 25% 的条件下，各处理峰强变化大小依次为 $1000\sim1030cm^{-1}>872cm^{-1}>2920cm^{-1}>3100\sim3680cm^{-1}$；在 TS 为 30% 的条件下，各处理峰强变化大小依次为 $3100\sim3680cm^{-1}>2920cm^{-1}>1000\sim1030cm^{-1}>872cm^{-1}$；在 TS 为 35% 的条件下，各处理峰强变化大小依次为 $1000\sim1030cm^{-1}>3100\sim3680cm^{-1}>2920cm^{-1}>872cm^{-1}$；在 TS 为 40% 的条件下，各处理峰强变化大小依次为 $1000\sim1030cm^{-1}>872cm^{-1}>2920cm^{-1}=3100\sim3680cm^{-1}$。说明在不同的 TS 含量下，主要特征峰强度的变化是不一致的，这可能是由于目前所开展的干式厌氧发酵工艺条件下，未能接近参数控制的最佳条件，导致系统内的微环境变化区间大，最终导致各种物质的降解趋势差异大。

4.4.3　颗粒内三素特征官能团转化机理

秸秆中的纤维素、半纤维素和木质素均是大分子的缩合物，同时其组成单元中也存在着多种复杂的连接键和官能团，发酵系统内微生物对其降解过程中，需要特征的酶类物质进行催化，使连接键发生断裂，并形成新的官能团。由于纤维素、半纤维素和木质素大分子中的连接键和官能团的差异性，因此在发酵过程中，微生物对其的难降解程度也存在差异。

目前，有关纤维素、半纤维素和木质素的降解研究，主要是通过总物质的量或产甲烷量来衡量预处理及工艺优化效果的优劣，最深入的研究是直接通过检测三素的削减量来衡量预处理效果，该方法确实能够反映出难降解生物的降解程度，但无法反映出纤维素、半纤维素和木质素分子间不同连接键与官能团在降解过程中的断裂规律及难易程度。

傅里叶变换红外光谱法是用连续红外光照射物质，当物质中分子的振动频率或转动频率和红外光的频率一致时，偶极矩发生变化后引发振动和转动能级的跃迁，从而形成分子的吸收光谱，由于各个官能团的振动（或转动）频率差异，所产生的吸收峰也不同，因此，可以通过傅里叶变换红外光图谱来确定物质的分子结构。研究拟利用傅里叶变换红外光扫描玉米秸秆干式厌氧发酵过程中基质并获得红外光图谱，通过对三素特征官能团对应吸收峰的变化趋势、不同官能团特征峰强度之间的相关性分析，研究三素不同连接键/官能团在干式厌氧发酵过程中的降解规律及差异性。

4.4.3.1　实验材料与方法

主要仪器有美国 Nicolet 公司的 NEXUS670 型傅里叶变换红外光谱仪、DTGS 检测器、OMNIC E. S. P. 5.1 智能操作软件和 OMNI 采样器。

（1）范氏（Van Soest）洗涤纤维分析法

玻璃棒、干燥器、干燥箱、恒温箱、电子天平、三号沙芯漏斗、真空泵、三角瓶、培养皿。

1）实验用品　定量（性）滤纸、丙酮、2mol/L 盐酸 [167mL 浓盐酸（相对密度为1.19）用蒸馏水定容至 1000mL]、72% 硫酸 [665mL 硫酸（相对密度为 1.84）加入300mL 水中，冷却至室温、定容至 1000mL]、中性洗涤剂（3g 十二烷基硫酸钠加入100mL 水）、蒸馏水。

2）步骤　称取烘干后的样品 1g 左右，转入 300mL 三角瓶中，贴好标签，加入90mL 中性洗涤剂，用封口纸和橡皮圈封口，放入 100℃ 干燥箱中保温 1h，取出用三号沙芯漏斗进行真空抽滤，残渣先用水抽滤，再用丙酮抽滤至无沫，再用水洗，待水干后，用毛刷将残渣移至培养皿中，贴上标签，放入 60℃ 恒温箱中烘干 30h，然后再在干燥箱器中冷却，恒重得残渣 1。

半纤维素是由多种糖基、糖醛酸基所组成，并且分子中往往带有支链的复合聚糖的总称。半纤维素苷键在酸性介质中会被裂开而使半纤维素发生降解，但由于半纤维素结构比较复杂，造成各类聚糖的反应条件有很大差别，一般情况下，选用 2mol/L 的盐酸溶液进行水解降解。

将残渣 1 移入 300mL 三角瓶中，贴上标签，加入 100mL 2mol/L 的盐酸溶液，然后放入 100℃ 干燥箱中准确保温 50min，之后用三号沙芯漏斗抽滤，水（pH 值＝7）洗残渣至 pH 值＝6.5 左右，移出残渣至培养皿中，贴上标签放入 60℃ 恒温箱中烘干 30h 以上，取出后在干燥器中冷却。恒重得残渣 2。则：

半纤维素含量＝残渣 1—残渣 2。

纤维素是不溶于水的均一聚糖，是由大量葡萄糖基构成的链状高分子化合物，纤维素大分子的苷键对酸的稳定性很低，在适当的氢离子浓度（如 72% 的硫酸溶液）、温度和时间条件下，会发生水解降解，最终产物为葡萄糖。

残渣 2 转移至 300mL 三角瓶中，贴上标签，加入 10mL 72%的硫酸溶液，室温下水解 3h，然后加入水 90mL，室温过夜（12～24h）。次日用三号沙芯漏斗过滤，水洗残渣至 pH 值＝6.5 左右，残渣转移至表面皿中，然后在 60℃恒温箱中干燥 30h 以上，取出在干燥器中冷却，恒重得残渣 3。则：

$$纤维素含量＝残渣 2－残渣 3$$

由于残渣 3 中灰分含量很少，对实验结果的影响可以忽略，故残渣 3 可视为木质素的含量。

对 FTIR 图谱进行采集，利用 origin 软件，读取特征峰处峰强度在干式厌氧发酵过程中的动态变化。为了确定纤维素、半纤维素和木质素不同特征官能团在干式厌氧发酵过程中的降解差异性，选取了第 2 章干式厌氧发酵获得的最优处理 TS 为 30%的处理作为研究对象，利用 origin 软件中的非线性分析方法，构建了特征官能团的降解动力学方程。

（2）FTIR 实验方法

将干燥后的样品研磨至粉末状，分别用近傅里叶变换红外光谱仪检测，光谱范围 650～4000cm^{-1}，分辨率 4cm^{-1}，扫描累加次数 32 次，应用 OMNI 采样器直接测定傅里叶变换红外光谱，OMNIC E.S.P.5.1 同步智能软件采用 ATR 校正，每个样品测定前均对背景进行扫描，得到的傅里叶变换红外光谱进行基线校正，确定峰值和吸光度。

4.4.3.2 纤维素转化机理及其与底物 TS 浓度的作用关系

（1）纤维素含量的动态变化

图 4-43 为不同 TS 含量条件下玉米秸秆干式厌氧发酵过程中纤维素含量随发酵时间的变化曲线。由图 4-43 可知，不同底物浓度的秸秆干式厌氧发酵过程中纤维素含量都呈持续下降的趋势，说明在整个发酵过程中，微生物均对纤维素产生降解作用。

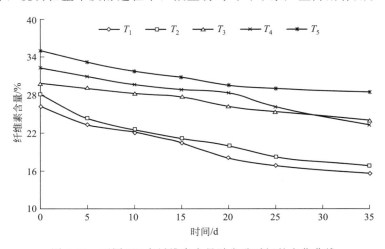

图 4-43 不同 TS 中纤维素含量随发酵时间的变化曲线

T_1、T_2、T_3 和 T_5 处理的曲线斜率随着发酵时间的延长逐渐减小，说明以上 4 个处理中，纤维素的降解速率随发酵时间的增加逐渐下降。但是 T_4 的斜率在 20～35d 时变大，说明在发酵 20d 后，TS 为 35%的发酵系统内，纤维素的降解速率增大。这可能是由于在 20～35d 内，系统内的降解纤维素类微生物活性增加或相关酶类增加的原因。从图 4-43 中也可看出，随着 TS 含量的增加，体系内的纤维素相对含量升高，可能是由于在发酵前的预处理过程中，TS 含量越低，基质内的纤维素类物质被破坏的程度越高。

基于以上内容，干式厌氧发酵过程中，纤维素在整个发酵过程中均存在着降解作用，这与湿式发酵系统中纤维素在前期不发生降解不同；但 5 个处理中，纤维素的降解比例在 18.9%～40.5% 之间，说明干式厌氧发酵系统与湿式发酵系统相似，过程中纤维素的降解比例较小，为秸秆类物质的厌氧发酵的难降解有机物。当 TS 为 20% 和 25%，处理中纤维素含量降解达 40.5%，但当 TS 上升为 30% 以后，纤维素降解比例大幅下降，说明 TS 对纤维素的降解影响较大，干式厌氧发酵系统内的 TS 低于 25% 时，纤维素的降解程度要高于 TS 为 30%～40% 的处理。

（2）纤维素特征官能团强度变化

纤维素中的主要傅里叶变换红外光谱官能团/连接键为 872cm^{-1} 处的 C—H 弯曲振动吸收峰、890～900cm^{-1} 处的 β-葡萄糖苷键特征峰、3300cm^{-1} 处的分子内羟基 O—H 伸缩振动谱带以及 3500cm^{-1} 处的 CH$_2$—CH$_2$ 伸缩振动吸收峰。研究过程中，对各主要特征峰强度在不同 TS 浓度的干式厌氧发酵系统内的动态变化进行了分析，并开展了不同基团峰强变化的对比研究，结合建立动力学方程，确定了以上基团在干式厌氧发酵过程中的难易程度。

1）纤维素 C—H 弯曲振动吸收峰强度变化 图 4-44 为不同 TS 含量条件下纤维素 C—H 弯曲振动吸收峰 872cm^{-1} 处的变化曲线，可以看出，干式厌氧发酵过程中，T_1、T_2、T_3 和 T_4 处理中，峰强度呈现震荡式变化，但整个发酵过程中，各处理的变化趋势是不一致的。在发酵的前 5d，T_1、T_2、T_3 和 T_4 处理的峰强度均出现上升的趋势，说明在 TS 为 20%～35% 时，发酵基质内的纤维素 C—H 相对含量在起始阶段出现上升，降解速率小于整个基质的降解速率，这可能是在发酵的前期，系统内降解纤维素的微生物活性相对较低，易降解的物质被微生物分解，导致纤维素的相对含量出现上升。

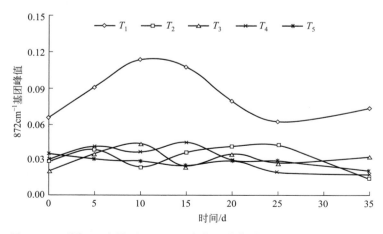

图 4-44 不同 TS 含量下 872cm^{-1} 官能团峰值随发酵时间的变化曲线

在 $5\sim10d$ 内，T_1 和 T_3 继续维持上升的趋势，但 T_2 和 T_4 出现下降，说明 T_2 和 T_4 中提前进入纤维素 C—H 降解的过程。在峰强度变化幅度方面，T_1 中的纤维素中 C—H 弯曲振动峰值变化较大，前 10d 从 0.06 快速上升到 0.11，而 T_2、T_3 和 T_4 的官能团峰值变化比较小，在 $0.02\sim0.04$ 之间上下波动，T_5 处理的峰强度没有发生明显的变化。

2）纤维素 β-葡萄糖苷键特征峰强度变化　图 4-45 为不同 TS 含率条件下 $890\sim900\mathrm{cm}^{-1}$ 处纤维素 β-葡萄糖苷键特征峰强度随发酵时间的变化曲线，可以看出，干式厌氧发酵过程中，5 个浓度处理中，β-葡萄糖苷键特征峰强度呈现震荡式变化，整个发酵过程中，各处理的变化趋势是不一致的。在发酵的前 5d，T_1、T_2、T_3 和 T_4 处理的峰强度均出现上升的趋势，但 T_5 的峰强度略有下降，说明在干式厌氧发酵系统中，当 TS 含量小于 35％时，在发酵的起始阶段，基质内的纤维素 β-葡萄糖苷键相对含量出现上升，但当 TS 达到 40％时，纤维素 β-葡萄糖苷键的相对含量却出现下降的趋势。

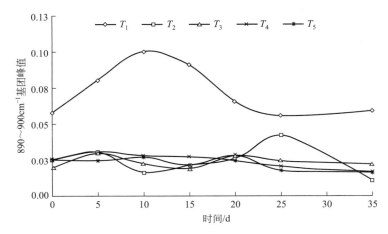

图 4-45　不同 TS 含量下 $890\sim900\mathrm{cm}^{-1}$ 官能团特征峰值随发酵时间的变化曲线

在 $5\sim10d$ 内，仅有 T_1 继续维持上升的趋势，T_2、T_3 和 T_4 处理的峰强度出现了下降的趋势，但有所不同的是，随着底物浓度的增加，下降持续的时间越长，T_2 处理的峰强度持续到 10d 时又出现上升，T_3 处理在发酵 $5\sim15d$ 内维持下降的趋势，而 T_4 的下降趋势持续到发酵结束，下降幅度较小；T_5 也没有维持前期的下降趋势，在 $5\sim10d$ 内峰强度缓慢上升，并以 5d 为单元维持下降与上升的震荡趋势，在进入发酵的 25d 以后，发酵峰强度维持稳定。

在整个发酵过程中，T_1 中的官能团峰值变化比较大，前 10d 从 0.06 快速上升到 0.10，然后持续下降到 0.06，而 T_2、T_3 和 T_4 的官能团峰值变化比较小，在 $0.01\sim0.04$ 之间上下波动。发酵结束后，$890\sim900\mathrm{cm}^{-1}$ 处纤维素 β-葡萄糖苷键特征峰强度大小依次为：$T_2<T_4<T_5<T_3<T_1$。

3）纤维素 O—H 键伸缩振动特征峰强度变化规律　图 4-46 为不同 TS 含量条件下 $3300\mathrm{cm}^{-1}$ 处纤维素 O—H 特征峰强度随发酵时间的变化曲线，可以看出，干式厌氧发酵过程中，5 个浓度处理 O—H 特征峰强度呈现震荡式变化，但整个发酵过程中，各处理的变化趋势是不一致的。在发酵的前 $0\sim5d$，T_1、T_2、T_3 和 T_4 处理的峰强度均出现上升的趋势，但上升的速率与幅度随着 TS 含量的增加而减小，当 TS 含量达到 40％时，纤维素 O—H 特征峰强度在起始阶段出现了下降的趋势，说明在发酵的起始阶段，纤维素 O—H 特征峰强度的变化趋势与 TS 含量之间存在着相关性，底物浓度越高，基质中纤维素 O—H 的相对含量越小。

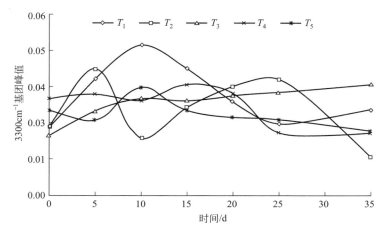

图 4-46　不同 TS 含量下 3300cm⁻¹官能团特征峰值随发酵时间的变化曲线

在 5～10d 内，T_1 和 T_3 处理的特征峰强度继续维持上升的趋势，但 T_1 的上升速率和上升幅度均远大于 T_3，T_2 处理的峰强度出现了快速下降，由 0.0436 下降为 0.0197；T_3 处理仅在 10～15d 内出现小幅下降后，恢复为上升的趋势，但是上升的速率和幅度较小，并维持到发酵结束。

在整个发酵过程中，T_1 在 0.02～0.05 之间上下波动，T_2 在 0.01～0.04 之间上下波动，T_3 从 0.02 持续上升到 0.04，T_4 前 15d 在 0.03 左右上下波动，随后持续下降到 0.02，T_5 前 10d 在 0.03 左右上下波动，随后持续下降到 0.02。发酵结束后，3300cm⁻¹ 处纤维素 O—H 特征峰强度大小依次为：T_2（0.0132）$<T_4$（0.0214）$<T_5$（0.0221）$<T_1$（0.0294）$<T_3$（0.0308）。

4）纤维素 CH₂—CH₂ 特征峰强度变化规律　图 4-47 为不同 TS 含量条件下 3500cm⁻¹处纤维素 CH₂—CH₂ 特征峰强度随发酵时间的变化曲线，可以看出，干式厌氧发酵过程中，5 个浓度处理 CH₂—CH₂ 特征峰强度呈现震荡式变化，但整个发酵过程中，各处理的变化趋势是不一致的。在发酵的前 0～10d，T_1、T_2、T_3 和 T_4 处理的峰强度均出现上升的趋势，但上升的速率与幅度随着 TS 含量的增加而减小，当 TS 含量达到 40％时，纤维素 O—H 特征峰强度在起始阶段出现了下降的趋势，说明在发酵的起始阶段，纤维素 O—H 特征峰强度的变化趋势与 TS 含量之间存在着相关性，底物浓度越高，基质中纤维素 O—H 的相对含量越小。

在 5～10d 内，T_1 和 T_3 处理的特征峰强度继续维持上升的趋势，但 T_1 的上升速率和上升幅度均远大于 T_3，T_2 处理的峰强度出现了快速下降，由 0.0262 下降为 0.0122；T_3 处理仅在 10～15d 内出现小幅下降后，恢复为上升的趋势，但是上升的速率和幅度较小，且上升速率逐渐降低，并维持到发酵结束。

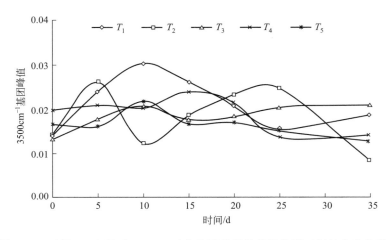

图 4-47　不同 TS 含量下 3500cm⁻¹ 官能团特征峰值随发酵时间的变化曲线

发酵进入 25d 后，T_1、T_3 和 T_4 的纤维素 $CH_2—CH_2$ 特征峰出现上升的趋势，T_1、T_4 由下降的趋势转变为上升的趋势，其中 T_1 由 0.0154 上升为 0.0185，T_4 的上升幅度较小，在发酵的 25～35d 仅上升了 0.0003；T_3 的峰强度继续维持上升的趋势，但速率降低，在 25～35d 内仅上升了 0.0006；T_2 和 T_5 在 25～35d 时，3500cm⁻¹ 处特征峰为下降的趋势，其中 T_2 是由上升的趋势转变为下降的，且峰强度由 0.0248 大幅降低为 0.0084。发酵结束后，3300cm⁻¹ 处纤维素 $O—H$ 特征峰强度大小依次为：T_2（0.0084）＜ T_5（0.0126）＜ T_4（0.0138）＜ T_1（0.0185）＜ T_3（0.0208）。

（3）纤维素特征官能团之间降解差异性分析

以 872cm⁻¹ 处的峰强度作为参考值，记为 100，在发酵过程中，分别计算出 0d、5d、10d、15d、20d、25d、35d 纤维素特征峰 872cm⁻¹（纤维素中的 $C—H$ 弯曲振动吸收峰）、890～900cm⁻¹（纤维素 β-葡萄糖苷键特征峰）、3300cm⁻¹（分子内羟基 $O—H$ 伸缩振动谱带）、3500cm⁻¹（$CH_2—CH_2$ 伸缩振动吸收峰）的比值，具体结果及分析内容如下。

1）TS 为 20% 时纤维素特征官能团变化特征　T_1 处理发酵过程中各主要峰强比值如图 4-48 所示，由图 4-48 可知，在发酵过程中，872cm⁻¹、890～900cm⁻¹、3300cm⁻¹、3500cm⁻¹ 的比值是不断变化的，说明在 TS 为 20% 的干式厌氧发酵过程中，纤维素中 $C—H$、β-葡萄糖苷键、$O—H$、$CH_2—CH_2$ 的降解趋势是存在差异的。发酵结束后，代表纤维素 β-葡萄糖苷键特征峰的 890～900cm⁻¹ 处峰强比值由 89 下降为 82，而 3300cm⁻¹ 处分子内羟基 $O—H$ 伸缩振动吸收峰和 3500cm⁻¹ 处 $CH_2—CH_2$ 伸缩振动吸收峰峰强比值分别由 36 和 22 上升为 41 和 26，上升的幅度分别为 12.1% 和 17.9%，说明在 TS 为 20% 的发酵体系内，纤维素内各基团的降解难易程度是有差异的，难易程度依次为纤维素 β-葡萄糖苷键＞$C—H$＞$O—H$＞$CH_2—CH_2$。

同时，各基团在发酵过程中的降解比例也是有差别的。在发酵的前 5d，872cm⁻¹ 和 890～900cm⁻¹ 处的比值基本持平，但随后 890～900cm⁻¹ 处的峰强比值逐渐降低，且下降趋势持续到 20d，比值降低为 84，下降的幅度为 6.1%，说明 TS 为 20% 的发酵体系内，纤维素 β-葡萄糖苷键在 5～10d 的相对降解速率要大于纤维素中的 $C—H$、$O—H$ 和

CH$_2$—CH$_2$，但在发酵的 20～25d 内，890～900cm^{-1} 处的峰强的比值上升为 91，但 3300cm^{-1} 处和 3500cm^{-1} 处的峰强比值分别由 41 和 26 降低为 40 和 25，说明 TS 为 20％ 的发酵体系在 20～25d 时，纤维素 β-葡萄糖苷键相对降解速率最低。

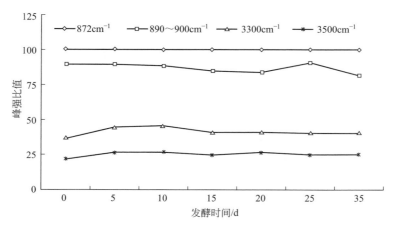

图 4-48 T_1 处理发酵过程中各主要峰强比值

2）TS 为 25％时纤维素特征官能团变化特征 T_2 处理发酵过程中各主要峰强比值如图 4-49 所示，图 4-49 显示，872cm^{-1}、890～900cm^{-1}、3300cm^{-1}、3500cm^{-1} 的比值是不断变化的，且变化趋势是不一致的，说明在 TS 为 25％时，干式厌氧发酵系统内纤维素中 C—H、β-葡萄糖苷键、O—H、CH$_2$—CH$_2$ 的降解趋势是存在差异的。发酵结束后，代表纤维素 β-葡萄糖苷键特征峰的 890～900cm^{-1} 处峰强比值由 90 下降为 80，下降的幅度为 10.4％；而 3300cm^{-1} 处分子内羟基 O—H 伸缩振动吸收峰和 3500cm^{-1} 处 CH$_2$—CH$_2$ 伸缩振动吸收峰峰强比值分别由 85 和 51 上升为 100 和 64，上升的幅度分别为 17.7％和 25.9％，说明在 TS 为 25％的发酵体系内，纤维素内各基团的降解难易程度是有差异的，难易程度依次为纤维素β-葡萄糖苷键＞C—H＞O—H＞CH$_2$—CH$_2$。

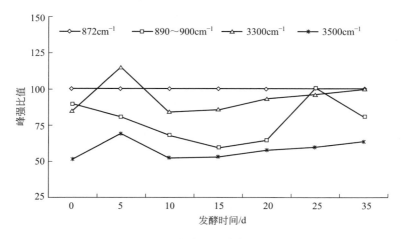

图 4-49 T_2 处理发酵过程中各主要峰强比值

同时，各基团在发酵过程中的降解比例也是有差别的。虽然在整个过程中 β-葡萄糖苷键相对降解速率要大于其他基团，但在发酵的 15～25d 内，890～900cm^{-1} 处特征峰峰强度的比值由 59 快速上升到 101，说明在 TS 为 25％ 的干式厌氧发酵体系内，15～25d 时 β-葡萄糖苷键的相对降解速率要低于纤维素中的 C—H、O—H 和 CH$_2$—CH$_2$。

3）TS 为 30％时纤维素特征官能团变化特征　T_3 处理发酵过程中各主要峰强比值如图 4-50 所示，图 4-50 显示，T_3 处理的 872cm^{-1}、890～900cm^{-1}、3300cm^{-1}、3500cm^{-1} 的比值是不断变化的，且变化趋势是不一致的，说明在 TS 为 30％时，干式厌氧发酵系统内纤维素中 C—H、β-葡萄糖苷键、O—H、CH$_2$—CH$_2$ 的降解趋势是存在差异的。发酵结束后，代表纤维素 β-葡萄糖苷键特征峰的 890～900cm^{-1} 处峰强比值由 99 下降为 69，下降的幅度为 30.6％；而 3300cm^{-1} 处分子内羟基 O—H 伸缩振动吸收峰峰强比值由 104 上升为 121，上升幅度为 16.1％；3500cm^{-1} 处 CH$_2$—CH$_2$ 伸缩振动吸收峰峰强比值经过降低—上升—降低—上升—降低后，保持与起始阶段一致。基于以上内容，说明在 TS 为 30％ 的发酵体系内，纤维素内各基团降解的难易程度依次为纤维素 β-葡萄糖苷键＞C—H＞CH$_2$—CH$_2$＞O—H。

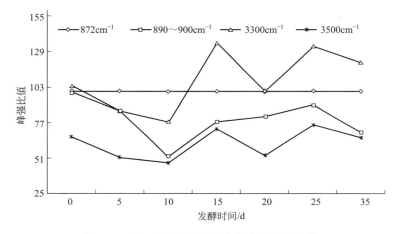

图 4-50　T_3 处理发酵过程中各主要峰强比值

同时，各基团在发酵过程中的降解比例也是有差别的。虽然在整个过程中 β-葡萄糖苷键相对降解速率要大于其他基团，但在发酵的 10～25d 内，890～900cm^{-1} 处特征峰峰强度的比值由 52 快速上升到 90，上升幅度为 73.4％，说明在 TS 为 25％ 的干式厌氧发酵体系内，10～25d 时，β-葡萄糖苷键的相对降解速率要低于纤维素中的 C—H；在 15～20d 内，β-葡萄糖苷键的相对降解速率要低于 O—H 和 CH$_2$—CH$_2$。

4）TS 为 35％时纤维素特征官能团变化特征　T_4 处理发酵过程中各主要峰强比值如图 4-51 所示，图 4-51 显示，T_4 处理的 872cm^{-1}、890～900cm^{-1}、3300cm^{-1}、3500cm^{-1} 的比值是不断变化的，且变化趋势是不一致的，说明在 TS 为 35％时，干式厌氧发酵系统内纤维素中 C—H、β-葡萄糖苷键、O—H、CH$_2$—CH$_2$ 的降解趋势是存在差异的。发酵结束后，代表纤维素 β-葡萄糖苷键特征峰的 890～900cm^{-1} 处峰强比值由 86 下降为 79，下降的幅度为 8.5％；而 3300cm^{-1} 处和分子内羟基 O—H 伸缩振动吸收峰峰强比值由 111 下降为 108，下降幅度为 3.5％；3500cm^{-1} 处 CH$_2$—CH$_2$ 伸缩振动吸收峰峰强比值略有上升，由 66 上升为 69，上升的幅度为 5.4%。基于以上内容，说明在 TS 为 35% 的发酵体系内，纤维素内各基团降解的难易程度依次为纤维素 β-葡萄糖苷键>O—H> C—H>CH$_2$—CH$_2$。

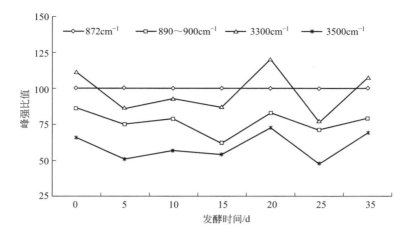

图 4-51　T_4 处理发酵过程中各主要峰强比值

同时，各基团在发酵过程中的降解趋势也是有差别的。虽然在整个过程中 β-葡萄糖苷键相对降解速率要大于其他基团，但在发酵的 5~10d、15~20d 和 25~35d 内，890~900cm^{-1} 处与 872cm^{-1} 处的峰强比值出现上升的趋势；在 0~10d 和 20~25d 内，890~900cm^{-1} 处特征峰强度的比值相对于 3300cm^{-1} 和 3500cm^{-1} 处峰强比值呈现增加的趋势，说明在 TS 为 35% 的干式厌氧发酵体系内，5~10d、15~20d 和 25~35d 发酵期间内，β-葡萄糖苷键的降解速率要小于 C—H，0~10d 和 20~25d 时间段内 β-葡萄糖苷键的相对降解速率要低于纤维素中 O—H 和 CH$_2$—CH$_2$。

5）TS 为 40% 时纤维素特征官能团变化特征　T_5 处理发酵过程中各主要峰强比值如图 4-52 所示，图 4-52 显示，T_5 处理的 872cm^{-1}、890~900cm^{-1}、3300cm^{-1}、3500cm^{-1} 的比值是不断变化的，且变化趋势是不一致的，说明在 TS 为 40% 时，干式厌氧发酵系统内纤维素中 C—H、β-葡萄糖苷键、O—H、CH$_2$—CH$_2$ 的降解趋势是存在差异的。发酵结束后，代表纤维素 β-葡萄糖苷键特征峰的 890~900cm^{-1} 处峰强比值由 72 上升为 98，上升的幅度为 35.1%；而 3300cm^{-1} 处和分子内羟基 O—H 伸缩振动吸收峰峰强比值由 84 上升为 131，上升的幅度为 54.9%；3500cm^{-1} 处 CH$_2$—CH$_2$ 伸缩振动吸收峰峰强比值由 47 上升为 75，上升的幅度为 57.3%。基于以上内容，说明在 TS 为 40% 的发酵体系内，纤维素内各基团降解的难易程度依次为纤维素中 C—H>β-葡萄糖苷键> O—H>CH$_2$—CH$_2$。

同时，各基团在发酵过程中的降解趋势也是有差别的。虽然在整个过程中 C—H 相对降解速率要大于其他基团，但在发酵的 10~15d 区间内，872cm^{-1} 处峰强比值相对于其他特征峰出现上升的趋势，说明在 TS 为 40% 的干式厌氧发酵 10~15d 期间内，C—H 的相对降解速率要低于 β-葡萄糖苷键、O—H 和 CH$_2$—CH$_2$。

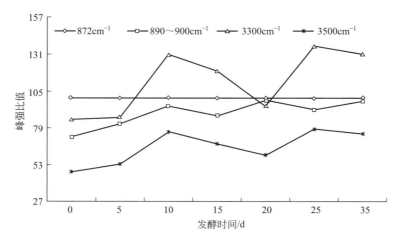

图 4-52 T_5 处理发酵过程中各主要峰强比值

纤维素特征官能团降解动力学研究如表 4-17 所列。

表 4-17 纤维素特征官能团降解动力学方程

官能团	降解动力学方程	R^2
C—H	$y=1\times10^{-5}x^3-0.000x^2+0.010x+0.061$	0.904
β-葡萄糖苷键	$y=1\times10^{-5}x^3-0.000x^2+0.009x+0.055$	0.919
O—H	$y=7\times10^{-6}x^3-0.000x^2+0.006x+0.022$	0.955
CH_2—CH_2	$y=4\times10^{-6}x^3-0.000x^2+0.003x+0.013$	0.963

注：x 为干式厌氧发酵的时间，y 为官能团特征峰峰强。

以 TS 含量为 30% 的处理组为研究对象，对纤维素中 872cm^{-1} 处的 C—H 弯曲振动吸收峰、890～900cm^{-1} 处的 β-葡萄糖苷键特征峰、3300cm^{-1} 处的分子内羟基 O—H 伸缩振动谱带以及 3500cm^{-1} 处的 CH_2—CH_2 伸缩振动吸收峰峰强动态变化进行了分析，得出表 4-17 中 C—H、β-葡萄糖苷键、分子内羟基 O—H、CH_2—CH_2 的降解动力学方程。

根据表 4-17 中的官能团降解动力学方程，对各官能团特征峰峰强进行拟合，得出拟合曲线图 4-53。从图 4-53 中可以明显看出，纤维素中的 C—H、β-葡萄糖苷键、分子内羟基 O—H、CH_2—CH_2 在干式厌氧发酵过程中的变化趋势是明显不一致的。在发酵的前 5d，C—H 和 β-葡萄糖苷键特征峰强度明显增强，说明在发酵的起始阶段，纤维素中的 C—H 和 β-葡萄糖苷键降解速率要低于基质 TS 的降解速率。

4.4.3.3 半纤维素转化机理及其与底物 TS 浓度的作用关系

（1）半纤维素含量的动态变化

图 4-54 为不同 TS 含量条件下干式厌氧发酵过程中半纤维素含量随发酵时间的变化曲线，由图 4-54 可知，不同底物浓度的处理系统内纤维素含量均呈持续下降的趋势，减小范围在 0.03～0.05 之间，说明在整个发酵过程中，微生物均对半纤维素产生降解作用。其中，T_1、T_2、T_4 和 T_5 处理的曲线斜率随着发酵时间的进行逐渐减小，说明以上 4 个处理中，半纤维素的降解速率随发酵时间的增加逐渐下降。但是 T_3 的斜率在发酵进入 15d 后变大，说明在发酵 15d 后，TS 为 30% 的发酵系统内，半纤维素的降解速率增大。

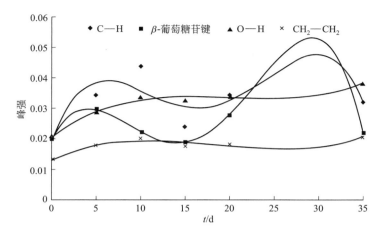

图 4-53　纤维素特征官能团降解动力学模型

这可能是由于在 15～35d 内，系统内的降解半纤维素类微生物活性增加或相关酶类增加的原因。从图 4-54 中也可看出。

基于以上内容，干式厌氧发酵过程中，半纤维素在整个发酵过程中均存在着降解作用，这与湿式发酵系统中半纤维素在前期不发生降解不同；但 5 个处理中，半纤维素的降解比例在 11.0%～19.1%之间，说明干式厌氧发酵系统与湿式发酵系统相似，过程中半纤维素的降解比例较小，为秸秆类物质的厌氧发酵的难降解有机物。但各处理中，T_1、T_3、T_4 和 T_5 处理的半纤维素降解比例差别不大，说明 TS 对半纤维素的降解作用影响较小，这可能是由于半纤维素为发酵系统内较难降解的成分，目前的系统发酵条件，均无法满足半纤维素降解微生物发挥最大活性的要求。

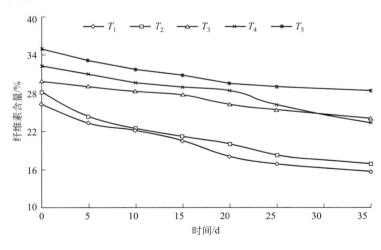

图 4-54　不同 TS 中半纤维素含量随发酵时间的动态变化曲线

（2）特征官能团峰强度变化规律

目前有关半纤维素中特征官能团的特征峰的研究较少，所介绍的主要为 $1731cm^{-1}$ 处的分子链中 C＝O 伸缩振动吸收峰，以及 $1735cm^{-1}$ 处的聚木糖的 C＝O 伸缩振动吸收峰。研究过程中，对以上 2 种特征峰强度在不同 TS 浓度的干式厌氧发酵系统内的动态变化进行了分析，并开展了不同基团峰强度变化的对比研究，结合动力学方程，确定了以上基团在干式厌氧发酵过程中的难易程度。

1）半纤维素 C ═O 特征峰强度变化规律　图 4-55 为不同 TS 中 $1731cm^{-1}$ 官能团特征峰值随发酵时间的变化曲线。可以看出，T_1 中的官能团特征峰值变化比较大，前 10d 从 0.01 快速上升到 0.02，然后开始持续下降到 0.01。而 T_2、T_3 和 T_4 的官能团特征峰值变化比较小，在 0.01 左右波动。

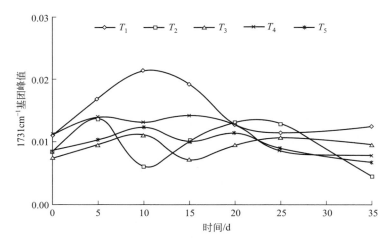

图 4-55　不同 TS 中 $1731cm^{-1}$ 官能团特征峰值随发酵时间的变化曲线

2）半纤维素聚木糖的 C ═O 伸缩振动吸收峰峰强度变化规律　图 4-56 为不同 TS 中 $1735cm^{-1}$ 官能团特征峰值随发酵时间的变化曲线。可以看出，T_1 中的官能团特征峰值变化比较大，前 10d 从 0.01 快速上升到 0.02，然后开始持续下降到 0.01。而 T_2、T_3 和 T_4 的官能团特征峰值变化比较小，在 0.01 左右波动。

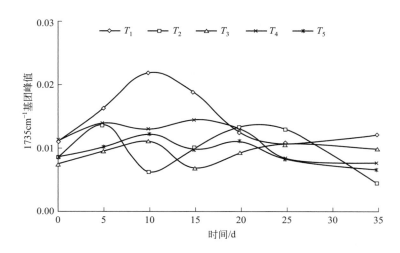

图 4-56　不同 TS 中 $1735cm^{-1}$ 官能团特征峰值随发酵时间的变化曲线

（3）半纤维素不同连接键在发酵过程中的变化差异性

以 1731cm^{-1} 处的峰强度作为参考值，记为 100，在发酵过程中，分别计算出 0d、5d、10d、15d、20d、25d、35d 半纤维素特征峰 1731cm^{-1}（C＝O 伸缩振动吸收峰）、1735cm^{-1}（聚木糖的 C＝O 伸缩振动吸收峰）处 2 个特征峰峰强的比值。

具体结果及分析内容如下。

1）20％TS 时半纤维素 2 种官能团的变化规律　T_1 处理发酵过程中半纤维素主要峰强比值如图 4-57 所示，图 4-57 显示，T_1 处理的 1731cm^{-1}、1735cm^{-1} 的峰强比值上升与下降的趋势是不断变化的，说明在 TS 为 20％时，干式厌氧发酵系统聚木糖的 C＝O 降解趋势与其他类型的 C＝O 是不一致的。等到发酵结束时，1731cm^{-1} 处峰强与 1735cm^{-1} 处峰强比值为 100：98，与起始阶段的 100：99 差别不大，说明，在 TS 为 20％的干式厌氧发酵体系内，聚木糖的 C＝O 与其他类型的 C＝O 降解程度差别较小。但在发酵的 0～5d 内，1735cm^{-1} 的峰强相对于 1731cm^{-1} 的峰强的比值出现下降，说明在发酵的 0～5d 内，聚木糖的 C＝O 的降解速率要稍大，但在发酵的 5～10d 内，1735cm^{-1} 的峰强相对于 1731cm^{-1} 的峰强的比值出现上升，说明该阶段内，半纤维内的其他类型的 C＝O 降解速率要大于聚木糖中的 C＝O；当发酵进入 10d 后，1735cm^{-1} 的峰强相对于 1731cm^{-1} 的峰强的比值持续下降，说明半纤维素中聚木糖的 C＝O 相对含量不断降低。

基于以上内容，说明 TS 为 20％的干式厌氧发酵体系内，聚木糖的 C＝O 与其他类型的 C＝O 的降解虽然在起始与结束阶段的比值变化不大，但是在发酵过程中存在着明显的趋势差异。

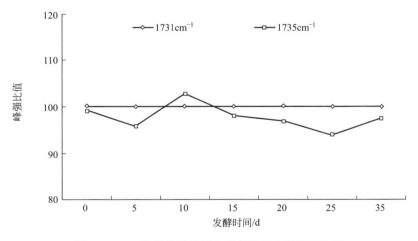

图 4-57　T_1 处理发酵过程中半纤维素主要峰强比值

2）25％TS 时半纤维素 2 种官能团的变化规律　T_2 处理发酵过程中半纤维素主要峰强比值如图 4-58 所示，图 4-58 显示，T_2 处理的 1731cm^{-1}、1735cm^{-1} 的峰强比值上升与下降的趋势是不断变化的，说明在 TS 为 25％时，干式厌氧发酵系统聚木糖的 C＝O 降解趋势与其他类型的 C＝O 是不一致的。等到发酵结束时，1731cm^{-1} 处峰强与 1735cm^{-1} 处峰强比值由起始的 100：101 转变为 100：103，说明在 TS 为 25％的干式厌氧发酵体系内，聚木糖的 C＝O 降解速率略小于其他类型的 C＝O 降解速率。

在整个发酵过程中，1735cm^{-1}的峰强相对于1731cm^{-1}的峰强呈现波动的形态，在发酵的0～5d内，1735cm^{-1}的峰强相对于1731cm^{-1}的峰强的比值略有下降，但在发酵的5～10d内，1735cm^{-1}的峰强相对于1731cm^{-1}的峰强的比值出现上升，说明该时间段内，半纤维素内的其他类型的C＝O降解速率要大于聚木糖中的C＝O；当发酵进入10d后，1735cm^{-1}的峰强相对于1731cm^{-1}的峰强的比值持续下降，说明半纤维素中聚木糖的C＝O相对含量不断降低。随后当发酵到20d时，1735cm^{-1}的峰强又大于1731cm^{-1}的峰强；在发酵的后期（25～35d），1735cm^{-1}的峰强与1731cm^{-1}的峰强逐渐趋同。

基于以上内容，说明TS为25％的干式厌氧发酵体系内，聚木糖的C＝O降解速率略小于其他类型的C＝O降解速率，但是在发酵过程中，2个基团的变化趋势存在着一定的差异。

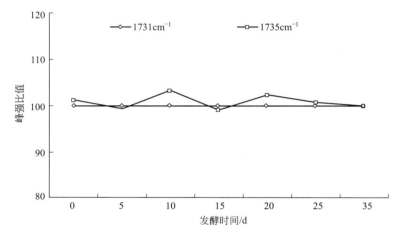

图4-58　T_2处理发酵过程中半纤维素主要峰强比值

3）30％TS时半纤维素2种官能团的变化规律　T_3处理发酵过程中半纤维素主要峰强比值如图4-59所示，图4-59显示，T_3处理的1731cm^{-1}、1735cm^{-1}的峰强比值上升与下降的趋势是不断变化的，说明在TS为30％时，干式厌氧发酵系统聚木糖的C＝O降解趋势与其他类型的C＝O是不一致的。等到发酵结束时，1731cm^{-1}处峰强与1735cm^{-1}处峰强比值为100∶97，与起始阶段的100∶101存在着一定的差异，说明在TS为30％的干式厌氧发酵体系内，聚木糖的C＝O降解速率略小于其他类型的C＝O降解速率。

但在发酵的0～15d内，1735cm^{-1}的峰强相对于1731cm^{-1}的峰强的比值出现下降，说明在发酵的0～15d内，聚木糖的C＝O的降解速率要稍大，但在发酵的15～35d内，1735cm^{-1}的峰强相对于1731cm^{-1}的峰强的比值出现上升，说明该阶段内，半纤维素内的其他类型的C＝O降解速率要大于聚木糖中的C＝O。

基于以上内容，说明TS为30％的干式厌氧发酵体系内，聚木糖的C＝O降解速率略小于其他类型的C＝O降解速率，但差别不大，然而在发酵过程中，2个基团的降解趋势存在着明显的差异。

4）35％TS时半纤维素2种官能团的变化规律　T_4处理发酵过程中半纤维素主要峰

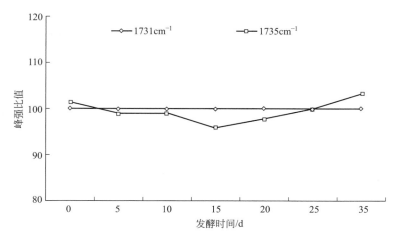

图 4-59 T_3 处理发酵过程中半纤维素主要峰强比值

强比值如图 4-60 所示，图 4-60 显示，T_1 处理的 1731cm^{-1}、1735cm^{-1} 的峰强比值上升与下降的趋势是不断变化的，说明在 TS 为 35％时，干式厌氧发酵系统聚木糖的 C＝O 降解趋势与其他类型的 C＝O 是不一致的。等到发酵结束时，1731cm^{-1} 处峰强与 1735cm^{-1} 处峰强比值为 100∶97，与起始阶段的 100∶101 存在着一定的差异，说明在 TS 为 35％的干式厌氧发酵体系内，聚木糖的 C＝O 降解速率略小于其他类型的 C＝O 降解速率。

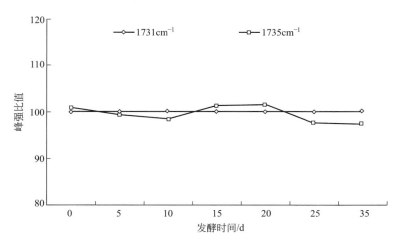

图 4-60 T_4 处理发酵过程中半纤维素主要峰强比值

但在发酵的 0～15d 内，1735cm^{-1} 的峰强相对于 1731cm^{-1} 的峰强的比值出现下降，说明在发酵的 0～15d 内，聚木糖的 C＝O 的降解速率要稍大，但在发酵的 15～35d 内，1735cm^{-1} 的峰强相对于 1731cm^{-1} 的峰强的比值出现上升，说明该阶段内，半纤维素内的其他类型的 C＝O 降解速率要大于聚木糖中的 C＝O。

基于以上内容，说明 TS 为 35％的干式厌氧发酵体系内，聚木糖的 C＝O 降解速率略小于其他类型的 C＝O 降解速率，但差别不大，然而在发酵过程中，2 个基团的降解趋势存在着明显的差异。

5）40%TS时半纤维素2种官能团的变化规律 T_5 处理发酵过程中半纤维素主要峰强比值如图 4-61 所示，图 4-61 显示，T_5 处理的 $1731cm^{-1}$、$1735cm^{-1}$ 的峰强比值上升与下降的趋势是不断变化的，说明在 TS 为 40% 时，干式厌氧发酵系统聚木糖的 C=O 降解趋势与其他类型的 C=O 是不一致的。等到发酵结束时，$1731cm^{-1}$ 处峰强与 $1735cm^{-1}$ 处峰强比值为 100:97，略高于起始阶段的 100:99，存在着一定的差异，说明在 TS 为 40% 的干式厌氧发酵体系内，聚木糖的 C=O 降解速率略大于其他类型的 C=O 降解速率。

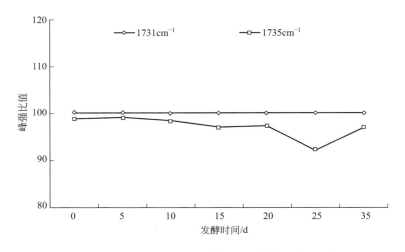

图 4-61 T_5 处理发酵过程中半纤维素主要峰强比值

但在发酵的 0~15d 内，$1735cm^{-1}$ 的峰强相对于 $1731cm^{-1}$ 的峰强的比值出现下降，说明在发酵的 0~15d 内，聚木糖的 C=O 的降解速率要稍大，但在发酵的 15~35d 内，$1735cm^{-1}$ 的峰强相对于 $1731cm^{-1}$ 的峰强的比值出现上升，说明该阶段内，半纤维素内的其他类型的 C=O 降解速率要大于聚木糖中的 C=O。

基于以上内容，说明 TS 为 40% 的干式厌氧发酵体系内，聚木糖的 C=O 的降解程度要略大于其他类型的 C=O 降解程度，但差别不大，然而在发酵过程中，2 个基团的降解趋势存在着明显的差异。

（4）半纤维素特征官能团降解动力学研究

以 TS 含量为 30% 的处理组为研究对象，对半纤维素 $1731cm^{-1}$ 处分子链中 C=O 伸缩振动吸收峰，以及 $1735cm^{-1}$ 处的聚木糖的 C=O 伸缩振动吸收峰峰强动态变化进行了分析，得出表 4-18 中的降解动力学方程。

表 4-18 半纤维素特征官能团降解动力学方程

官能团	降解动力学方程	R^2
C=O	$y=-1\times10^{-7}x^4+9\times10^{-6}x^3+0.001x+0.007$	0.527
聚木糖的 C=O	$y=-1\times10^{-7}x^4+9\times10^{-6}x^3+0.001x+0.007$	0.508

注：x 为干式厌氧发酵的时间；y 为官能团特征峰峰强。

根据表 4-18 中的特征官能团降解动力学方程，对各官能团特征峰峰强进行拟合，得出拟合曲线图 4-62，从图 4-62 中可以看出，半纤维素中的聚木糖的 C ═ O 和其他类型的 C ═ O 降解动力学并无区别，可能是由于聚木糖的 C ═ O 和其他类型的 C ═ O 的峰位置较近，且目前更加详细的信息说明以上两种官能团是存在交叉，因此，说明聚木糖的 C ═ O 和其他类型的 C ═ O 在干式厌氧发酵过程中的降解趋势是一致的。

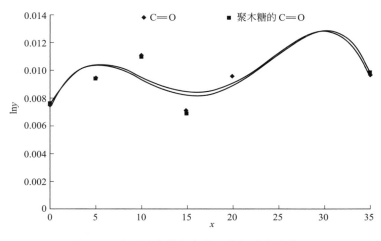

图 4-62　半纤维素特征官能团降解动力学模型

4.4.3.4　木质素转化机理及其与底物 TS 浓度的作用关系

木质素是以 β-1,4-糖苷键连接而成的简单超分子化合物，结构中存在着糖分子间的 O—H、C—H、C—C、C—O，这些官能团的生物降解特性是不一致的，存在着易分解和难降解的结构特征，因此单纯以含量作为指标，无法真实地反映出发酵系统内难降解物质的不同结构在降解过程中的降解难易程度，从而制约了木质素降解程度和资源化水平的进一步提高。根据相关研究，木质素大分子的主要官能团及所对应的红外特征峰波长为苯环（1512cm^{-1}）、C—H（2851cm^{-1}）、C—O—H（1246cm^{-1}）、O—H（3412cm^{-1}）、C—C（1650cm^{-1}）、C—O—C（1161cm^{-1}）和 C ═ O（1250cm^{-1}）。研究过程中，对以上 7 种特征峰强度在不同 TS 浓度的干式厌氧发酵系统内的动态变化进行了分析，并开展了不同基团峰强度变化的对比研究，结合建立动力学方程，确定了以上基团在干式厌氧发酵过程中的难易程度。

（1）木质素含量的动态变化

图 4-63 为不同 TS 含量条件下干式厌氧发酵过程中木质素含量随发酵时间的变化曲线，通过该曲线可以从质量水平分析得出木质素在干式厌氧发酵过程中的动态变化规律。

由图 4-63 可知，不同处理的发酵系统中，木质素含量均呈下降的趋势，且持续到发酵结束。说明在干式厌氧发酵过程中，整个发酵过程中均存在着木质素降解菌，均能对木质素产生分解作用；同时，从图 4-63 中也可以看出，各曲线均以近直线的方式下降，说明各处理中木质素含量下降的速率未发生明显变化，这可能是由于干式厌氧发酵系统内对木质素降解的微生物活性未发生明显变化。

基于以上内容，干式厌氧发酵过程中，木质素在整个发酵过程中均存在着降解作用，这与湿式发酵系统中木质素在前期不发生降解不同；但5个处理中，木质素的降解比例在11.0％～19.1％之间，说明干式厌氧发酵系统与湿式发酵系统相似，过程中木质素的降解比例较小，为秸秆类物质的厌氧发酵的难降解有机物。

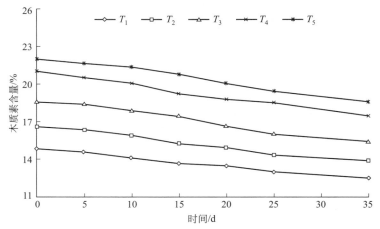

图 4-63　不同 TS 含量条件下木质素含量随发酵时间的变化曲线

基于以上内容，干式厌氧发酵过程中，木质素在整个发酵过程中均存在着降解作用，且5个处理中木质素降解比例差别较小，降解区间为15.9％～17.0％，说明干式厌氧发酵系统与湿式发酵系统相似，过程中纤维素的降解比例较小，发酵过程中只有很少一部分木质素作为发酵底物分解转化为沼气，这与前人有关厌氧发酵过程中木质素的研究相一致，木质素在发酵过程中为难降解物质，在发酵过程中降解速率较小，成为秸秆类物质厌氧发酵的限速有机物。同时基质的 TS 含量对木质素的降解影响较小。

（2）特征官能团峰强度变化规律

1）木质素 C—O—C 特征峰强度变化规律　图 4-64 为不同 TS 含量条件下干式厌氧发酵系统内特征官能团 C—O—C 在 $1161cm^{-1}$ 处的红外吸收峰随时间的变化曲线。可以看出，5个处理的官能团在 $1161cm^{-1}$ 处的红外吸收峰强度随时间发生着波动，但各处理间的波动趋势不一致，说明干式厌氧发酵过程中 C—O—C 的降解与底物浓度有关，且降解的趋势与木质素的含量下降趋势是不一致的，说明木质素的不同官能团在干式厌氧发酵过程中降解的难易程度存在着差异性。

在发酵的前 5d，各处理的峰强度均出现上升的趋势，说明发酵的前 5d，C—O—C 的降解速率小于基质的分解速率，且5个处理的上升速率大小依次为 $T_1 > T_4 > T_2 > T_3 > T_5$。随后，$T_1$ 继续维持上升的趋势，且上升的速率增大，这可能是在 20％的 TS 条件下，微生物的活性较强，将系统内易分解的有机物进行降解，导致系统内木质素 C—O—C 官能团峰值变化比较大，前 10d 从 0.05 快速上升到 0.11，然后开始下降，到 25d 又出现小幅度的上升，最后达到 0.05。而 T_2、T_3 和 T_4 的官能团峰值变化比较小，在 0.01～0.04 之间上下波动。

2）木质素 C—O—H 特征峰强度变化规律　图 4-65 为不同 TS 含量条件下 $1246cm^{-1}$ 官能团特征峰值随发酵时间的变化曲线。可以看出，T_1 中的官能团特征峰值变化比较大，前 10d 从 0.04 快速上升到 0.08，然后开始下降，到 25d 又出现小幅度的上升，最后达到 0.04。而 T_2、T_3 和 T_4 的官能团特征峰值变化比较小，在 0.01～0.03 之间上下波动。

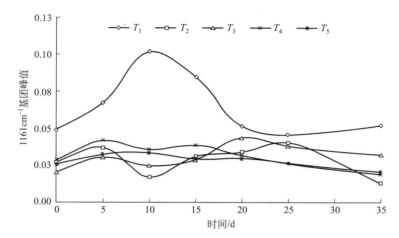

图 4-64　不同 TS 含量条件下 1161cm^{-1} 官能团特征峰值随发酵时间的变化曲线

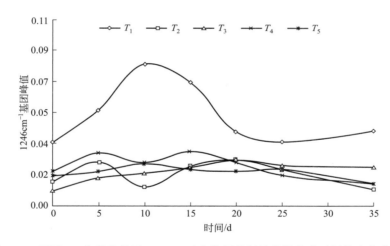

图 4-65　不同 TS 含量条件下 1246cm^{-1} 官能团特征峰值随发酵时间的变化曲线

3）木质素 C═O 特征峰强度变化规律　图 4-66 为不同 TS 含量条件下 1250cm^{-1} 官能团特征峰值随发酵时间的变化曲线。可以看出，T_1 中的官能团特征峰值变化比较大，前 10d 从 0.04 快速上升到 0.08，然后开始下降，到 25d 又出现小幅度的上升，最后达到 0.04。而 T_2、T_3 和 T_4 的官能团特征峰值变化比较小，在 0.01～0.03 之间上下波动。

4）木质素苯环特征峰强度变化规律　图 4-67 为不同 TS 含量条件下 1512cm^{-1} 官能团特征峰值随发酵时间的变化曲线。可以看出，5 种 TS 含率中的官能团特征峰值变化都比较明显，其中，T_1 在 0.03～0.09 之间上下波动，T_2 和 T_3 在 0.02～0.05 之间上下波动，T_4 在 0.03～0.05 之间上下波动，T_5 在 0.02～0.04 之间上下波动。

5）木质素 C—C 特征峰强度变化规律　图 4-68 为不同 TS 含率条件下 1650cm^{-1} 官能团特征峰值随发酵时间的变化曲线。可以看出，5 种 TS 含率中的官能团特征峰值变化都

比较明显，

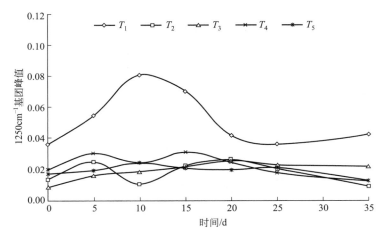

图 4-66　不同 TS 含量条件下 1250cm^{-1} 官能团特征峰值随发酵时间的变化曲线

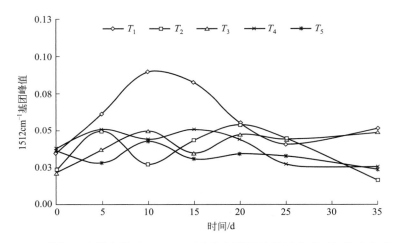

图 4-67　不同 TS 含量条件下 1512cm^{-1} 官能团特征峰值随发酵时间的变化曲线

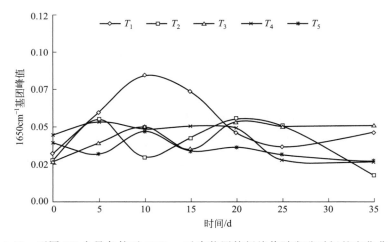

图 4-68　不同 TS 含量条件下 1650cm^{-1} 官能团特征峰值随发酵时间的变化曲线

其中 T_1 在 $0.03\sim0.08$ 之间上下波动，T_2 在 $0.02\sim0.05$ 之间上下波动，T_3 和 T_4 在 $0.03\sim0.05$ 之间上下波动，T_5 在 $0.02\sim0.04$ 之间上下波动。

6）木质素 C—H 特征峰强度变化规律 图 4-69 为不同 TS 含量条件下 $2851\mathrm{cm}^{-1}$ 官能团峰值随发酵时间的变化曲线。可以看出，5 种 TS 含率中的官能团特征峰值变化都比较明显，其中 T_1 在 $0.02\sim0.05$ 之间上下波动，T_2 在 $0.01\sim0.03$ 之间上下波动，T_3 和 T_5 在 $0.02\sim0.03$ 之间上下波动，T_4 在 $0.02\sim0.04$ 之间上下波动。

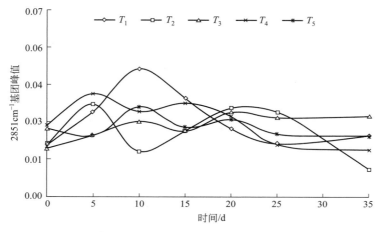

图 4-69 不同 TS 含量条件下 $2851\mathrm{cm}^{-1}$ 官能团特征峰值随发酵时间的变化曲线

7）木质素 O—H 特征峰强度变化规律 图 4-70 为不同 TS 含量条件下 $3412\mathrm{cm}^{-1}$ 官能团特征峰值随发酵时间的变化曲线。可以看出，5 种 TS 含率中的官能团特征峰值变化都比较明显，其中，T_1 在 $0.02\sim0.04$ 之间上下波动，T_2 在 $0.01\sim0.04$ 之间上下波动，T_3、T_4 和 T_5 在 $0.02\sim0.03$ 之间上下波动。

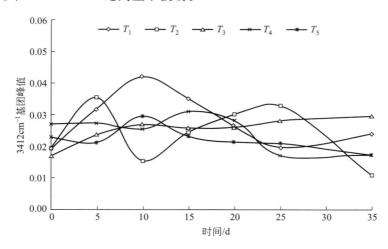

图 4-70 不同 TS 含量条件下 $3412\mathrm{cm}^{-1}$ 官能团特征峰值随发酵时间的变化曲线

（3）木质素不同特征连接键/官能团之间降解差异性分析

1）20％TS 与木质素特征连接键/官能团变化关系 TS 为 20％发酵过程中基团变化

差异性如图 4-71 所示，$1161cm^{-1}$、$1246cm^{-1}$、$1250cm^{-1}$、$1512cm^{-1}$、$1650cm^{-1}$、$2851cm^{-1}$、$3412cm^{-1}$ 的比值是不断变化的，且变化趋势是不一致的，说明在 TS 为 20％时，干式厌氧发酵系统内木质素中 C—O—C、C—O—H、C≕O、苯环、C—C、C—H、O—H 基团含量的降解趋势是存在差异的。

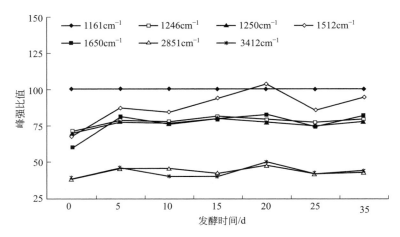

图 4-71　TS 为 20％发酵过程中木质素主要基团峰强比值变化图

发酵结束后，$1246cm^{-1}$ 处 C—O—H 伸缩振动峰、$1250cm^{-1}$ 处 C≕O 伸缩振动峰、$1512cm^{-1}$ 处苯环的伸缩振动峰和 $1650cm^{-1}$ 处 C—C 的伸缩振动峰强度比值分别由 71、70、67 和 59 上升到 79、78、95 和 82，上升的幅度分别为 11.2％、11.4％、41.8％和40.0％，而 $2851cm^{-1}$ 处 C—H 的伸缩振动峰和 $3412cm^{-1}$ 处 O—H 的伸缩振动峰强度比值分别由 38 上升到 43 和 44，上升的幅度分别为 13.2％和 15.8％，说明在 TS 为 20％的发酵体系内，木质素内各基团的降解难易程度是有差异的，难易程度依次为 C—O—C＞C≕O＞C—O—H＞C—H＞O—H＞C—C＞苯环。

T_1 处理发酵过程中各主要峰强比值不同时，各基团在发酵过程中的降解比例也是有差别的。虽然在整个过程中 C—O—C 相对降解速率要大于其他基团，但在发酵的 20～25d 时，$1246cm^{-1}$、$1250cm^{-1}$、$1512cm^{-1}$、$1650cm^{-1}$、$2851cm^{-1}$ 和 $3412cm^{-1}$ 处特征峰强度的比值分别由 79、77、104、83、48 和 50 快速下降到 77、75、85、75、42 和 41，说明在 TS 为 20％的干式厌氧发酵体系内，20～25d 时，C—O—C 的相对降解速率要低于木质素中 C—O—H、C≕O、苯环、C—C、C—H、O—H 基团。

2）25％TS 与木质素特征连接键/官能团变化关系　TS 为 25％发酵过程中基团变化差异性如图 4-72 所示，$1161cm^{-1}$、$1246cm^{-1}$、$1250cm^{-1}$、$1512cm^{-1}$、$1650cm^{-1}$、$2851cm^{-1}$、$3412cm^{-1}$ 的比值是不断变化的，且变化趋势是不一致的，说明在 TS 为 25％时，干式厌氧发酵系统内木质素中 C—O—C、C—O—H、C≕O、苯环、C—C、C—H、O—H 基团含量的降解趋势是存在差异的。

发酵结束后，$1512cm^{-1}$ 处苯环的伸缩振动峰和 $1650cm^{-1}$ 处 C—C 的伸缩振动峰强度比值分别由 81 和 92 上升到 127，上升的幅度分别为 56.8％和 38.0％，$1246cm^{-1}$ 处 C—O—H 的伸缩振动峰、$1250cm^{-1}$ 处 C≕O 的伸缩振动峰、$2851cm^{-1}$ 处的 C—H 的伸缩振

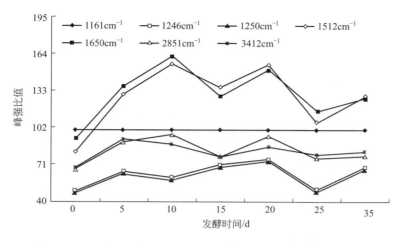

图 4-72　TS 为 25％发酵过程中木质素主要基团峰强比值变化图

动峰和 3412cm^{-1} 处 O—H 的伸缩振动峰强度比值分别由 48、47、67、67 上升到 68、67、82、84，上升的幅度分别为 41.6％、42.6％、22.4％和 25.3％，说明在 TS 为 25％的发酵体系内，木质素内各基团的降解难易程度是有差异的，难易程度依次为 C—O—C＞C—H＞O—H＞C—C＞C—O—H＞C＝O＞苯环。

T_2 处理发酵过程中各主要峰强比值不同时，各基团在发酵过程中的降解比例也是有差别的。虽然在整个过程中 C—O—C 的相对降解速率要大于其他基团，但在发酵的 20～25d 时，1246cm^{-1}、1250cm^{-1}、1512cm^{-1}、1650cm^{-1}、2851cm^{-1} 和 3412cm^{-1} 处特征峰强度的比值分别由 75、74、155、151、95 和 86 快速下降到 49、47、105、115、76 和 79，说明在 TS 为 25％的干式厌氧发酵体系内，20～25d 时，C—O—C 的相对降解速率要低于木质素中 C—O—H、C＝O、苯环、C—C、C—H、O—H 基团。

3）30％TS 与木质素特征连接键/官能团变化关系　TS 为 30％发酵过程中基团变化差异性如图 4-73 所示，1161cm^{-1}、1246cm^{-1}、1250cm^{-1}、1512cm^{-1}、1650cm^{-1}、2851cm^{-1}、3412cm^{-1} 的峰强比值是不断变化的，且变化趋势是不一致的，说明在 TS 为 30％时，干式厌氧发酵系统内木质素中 C—O—C、C—O—H、C＝O、苯环、C—C、C—H、O—H 基团含量的降解趋势是存在差异的。

发酵结束后，7 个基团的伸缩振动峰强度比值变化幅度都为 0，说明在 TS 为 30％的发酵体系内，木质素基团未发生明显的降解作用。T_3 处理发酵过程中各主要峰强度比值是相同的，但是各基团在发酵过程中的降解比例是有差别的。在发酵的 5～10d 时，1512cm^{-1} 处特征峰强度比值由 116 快速上升到 195，说明在 TS 为 30％的干式厌氧发酵体系内，5～10d 时，苯环的相对降解速率要低于木质素中 C—C、C—O—C、C—O—H、C＝O、O—H、C—H 基团。

4）35％TS 与木质素特征连接键/官能团变化关系　TS 为 35％发酵过程中基团变化差异性如图 4-74 所示，1161cm^{-1}、1246cm^{-1}、1250cm^{-1}、1512cm^{-1}、1650cm^{-1}、2851cm^{-1}、3412cm^{-1} 的峰强比值是不断变化的，且变化趋势是不一致的，说明在 TS 为 35％时，干式厌氧发酵系统内木质素中 C—O—C、C—O—H、C＝O、苯环、C—C、

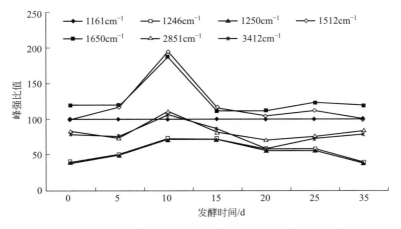

图 4-73 TS 为 30％发酵过程中木质素主要基团峰强比值变化图

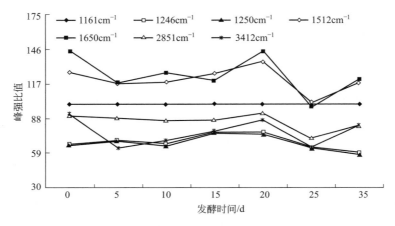

图 4-74 TS 为 35％发酵过程中木质素主要基团峰强比值变化图

C—H、O—H 基团含量的降解趋势是存在差异的。

发酵结束后，$1512cm^{-1}$处苯环的伸缩振动峰和 $1650cm^{-1}$处 C—C 的伸缩振动峰强度比值分别由 127 和 145 下降到 119 和 121，下降的幅度分别为 6.2％和 16.2％，$1246cm^{-1}$处 C—O—H 的伸缩振动峰、$1250cm^{-1}$处 C═O 的伸缩振动峰、$2851cm^{-1}$处 C—H 的伸缩振动峰和 $3412cm^{-1}$处 O—H 的伸缩振动峰强度比值分别由 66、66、90、92 下降到 59、57、83、83，下降的幅度分别为 10.6％、13.6％、7.7％、9.8％，说明在 TS 为 35％的发酵体系内，木质素内各基团的降解难易程度是有差异的，难易程度依次为 C—C＞C═O＞C—O—H＞O—H＞C—H＞苯环＞C—O—C。

比较图 4-74 中 T_4 处理发酵过程中各主要峰强比值异同时，各基团在发酵过程中的降解比例也是有差别的。虽然在整个过程中 C—C 相对降解速率要大于其他基团，但在发酵的15～20d 时，$1650cm^{-1}$处特征峰强度的比值由 120 快速上升到 145，说明在 TS 为 35％的干式厌氧发酵体系内，15～20d 时，C—C 的相对降解速率要低于木质素中 C═O、C—O—H、O—H、C—H、苯环、C—O—C 基团的降解速率。

5）40％TS 与木质素特征连接键/官能团变化关系 TS 为 40％发酵过程中基团变化差异性见图 4-75，1161cm^{-1}、1246cm^{-1}、1250cm^{-1}、1512cm^{-1}、1650cm^{-1}、2851cm^{-1}、3412cm^{-1}的峰强比值是不断变化的，且变化趋势是不一致的，说明在 TS 为 40％时，干式厌氧发酵系统内木质素中 C—O—C、C—O—H、C=O、苯环、C—C、C—H、O—H 基团含量的降解趋势是存在差异的。

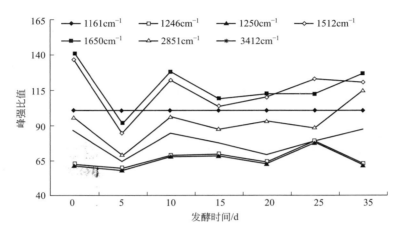

图 4-75 TS 为 40％发酵过程中木质素主要基团峰强比值变化图

发酵结束后，1512cm^{-1}处苯环的伸缩振动峰和 1650cm^{-1}处 C—C 的伸缩振动峰强度比值分别由 136 和 141 下降到 120 和 127，下降的幅度分别为 11.4％和 10.4％；1246cm^{-1}处 C—O—H 的伸缩振动峰、1250cm^{-1}处 C=O 的伸缩振动峰、2851cm^{-1}处 C—H 的伸缩振动峰和 3412cm^{-1}处 O—H 的伸缩振动峰强度比值分别由 62、61、96、86 上升到 62、61、115、87，上升的幅度分别为 0、0、19.8％和 1.2％，说明在 TS 为 40％的发酵体系内，木质素内各基团的降解难易程度是有差异的，难易程度依次为苯环＞C—C＞C—O—C＞C—O—H＞C=O＞O—H＞C—H。

比较图 4-75 处理发酵过程中各主要峰强比值异同时，各基团在发酵过程中的降解比例也是有差别的。虽然在整个过程中苯环的相对降解速率要大于其他基团，但在发酵的 5～10d 时，1512cm^{-1}处特征峰强度的比值由 84 快速上升到 122，说明在 TS 为 40％的干式厌氧发酵体系内，5～10d 时苯环的相对降解速率要低于木质素中 C—C、C—O—C、C—O—H、C=O、O—H、C—H 基团。

（4）木质素特征官能团降解动力学研究

以 TS 含量为 30％的处理组为研究对象，对 1512cm^{-1}处的苯环、2851cm^{-1}处的 C—H、1246cm^{-1}处的 C—O—H、3412cm^{-1}处的 O—H、1650cm^{-1}处的 C—C、1161cm^{-1}处的 C—O—C 和 1250cm^{-1}处的 C=O 的吸收峰峰强动态变化进行了分析，得出的降解动力学方程见表 4-19。

表 4-19 木质素官能团降解动力学方程

官能团	降解动力学方程	R^2
C—O—C	$y=-1\times10^{-6}x^4+6\times10^{-5}x^3-0.001x^2+0.005x+0.021$	0.995

官能团	降解动力学方程	R^2
C—O—H	$y=-4\times10^{-7}x^3-6\times10^{-6}x^2+0.001x+0.009$	0.971
C=O	$y=-2\times10^{-7}x^3-2\times10^{-5}x^2+0.001x+0.008$	0.978
苯环	$y=-5\times10^{-7}x^4+4\times10^{-5}x^3-0.000x^2+0.007x+0.020$	0.799
C—C	$y=-7\times10^{-7}x^4+5\times10^{-5}x^3-0.001x^2+0.007x+0.024$	0.756
C—H	$y=2\times10^{-7}x^3-3\times10^{-5}x^2+0.001x+0.018$	0.821
O—H	$y=2\times10^{-6}x^3-0.000x^2+0.001x+0.017$	0.989

注：x 为干式厌氧发酵的时间；y 为官能团特征峰峰强。

根据表 4-19 中的官能团降解动力学方程，对各官能团特征峰峰强进行拟合，得出拟合曲线见图 4-76，从图中可以看出，木质素中的苯环、C—O—C 和 C—C 的降解趋势较为接近，而 C—H、C—O—H、O—H 和 C=O 的降解过程较为接近，同时可以看出，发酵结束后，与起始阶段相比，苯环特征峰的强度增加，而且增加的幅度最大。说明在干式厌氧发酵过程中，苯环为木质素中降解最小的官能团，为木质素降解的限速官能团。

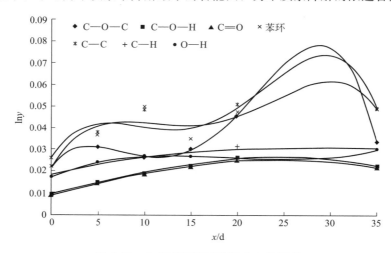

图 4-76　木质素官能团降解动力学模型

4.5　混合物料干式厌氧发酵技术

4.5.1　实验材料和方法

实验原料中的畜禽粪便取自河北省乐亭县赵蔡庄村养猪场，经通风阴凉处晾晒至含水率约为 65％；

果蔬垃圾取自该村示范园丢弃的圆白菜，经粉碎机粉碎至粒径 $\phi\leqslant2cm$；

秸秆取自该村生态示范园，经铡草机粉碎成 $\phi\leqslant1\sim2cm$ 后，投加"绿秸灵"，再自然堆沤 7d，预处理后秸秆表面附着白色菌丝体，有深褐色液体流出；

接种物以农业部沼气科学研究所微生物研究中心培养的菌剂进行接种。

实验主要原料的物理性质如表4-20所列。

表 4-20　实验主要原料物理性质

实验原料	畜禽粪便	果蔬垃圾	秸秆	菌剂
TS/%	36.8	16.4	91.3	49.4
VS/%	27.3	14.2	88.5	47.6
C/N	13∶1	17∶1	53∶1	28∶1

（1）影响因素的正交试验研究

以2.5L广口玻璃瓶为厌氧发酵反应器（由于部分实验组日产气量超出2.5L，因此需每天多次测定产气量，以累积排水量作为本组实验的总产气量），采用排饱和食盐水的方法测算产气量，反应温度由恒温水浴锅控制。正交试验装置原理如图4-77所示。

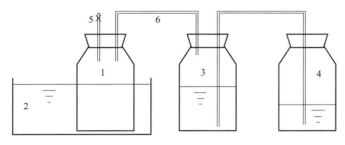

图 4-77　正交试验装置原理

1—厌氧发酵反应器；2—恒温水浴锅；3—排水集气瓶；4—集水瓶；5—气体取样口；6—橡皮管

（2）干式厌氧发酵物质变化规律的研究

示范基地应用的干式厌氧发酵反应器为课题组自行研发的具有自主知识产权的柱式厌氧发酵装置，该装置采用圆柱形有机玻璃，主体部分为有机玻璃材质的圆柱体，直径为54cm，高度为100cm。在罐体侧壁互成120°角方位四等分处由上至下均匀设置三个取样口，罐底部铺设筛板，以便于过滤渗滤液，渗滤液每天通过蠕动泵定时回流。罐体侧面包裹着保温层，三个取样口边各设置一个加热棒插口，加热棒为Aquamx-600外调式控温不锈钢加热棒，功率300W，长29cm，棒体直径1.5cm，温度由传感器连接的温度仪测定，产气量由流量计读出。中试厌氧发酵反应器示意如图4-78所示。

4.5.2　实验方案

（1）影响因素正交试验的研究

选取影响混合物料厌氧发酵产气效率的三个因素温度、接种量、TS，其中温度选取常温（26℃）、中温（38℃）、高温（50℃）三个水平，接种量选取10%、20%、30%三个水平，TS百分含量选取20%、25%、30%三个水平。秸秆经过复合菌剂堆沤预处理后，将畜禽粪便、果蔬垃圾和秸秆按4∶1∶1的比例，再分别按照表4-21中9组试验要求加入接种物，调节TS，并混合均匀，每一实验组均设置一组重复试验，每组取二者的平均处理效果为该组的处理效果，故共18组试验。每瓶物料总重调整为1650g，按照接

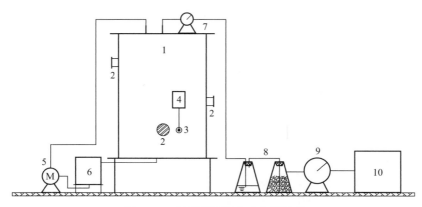

图 4-78　中试厌氧发酵反应器示意

1—反应器罐体；2—取样口；3—加热棒；4—温度仪；5—蠕动泵；6—发酵液缓存瓶；

7—气体压力表；8—冷凝干燥器（水和氯化钙）；9—气体流量计；10—沼气储存袋

种量 20％、25％和 30％接种后调整 3 个水浴锅的温度分别为 26℃、38℃和 50℃，置于水浴锅进行试验。

表 4-21　温度、接种量和 TS 三因素三水平正交试验表

试验组	温度/℃	接种量/％	TS/％
Z_1	26	10	20
Z_2	26	20	25
Z_3	26	30	30
Z_4	38	10	25
Z_5	38	20	30
Z_6	38	30	20
Z_7	50	10	30
Z_8	50	20	20
Z_9	50	30	25

（2）干式厌氧发酵物质变化规律的研究

结合示范基地的畜禽粪便和果蔬垃圾实际产生量，确定畜禽粪便、果蔬垃圾和秸秆按 4：1：1、4：2：0（质量比）两种配比，TS 百分含量为 25％、35％两种水平，接种量为 30％、50％两种水平，按照正交法进行试验，采用均匀正交设计[64]，试验共包括 4 组，各组试验如表 4-22 所列。

表 4-22　干式厌氧发酵试验处理设计表

实验处理	接种量/％	猪粪：秸秆：垃圾	TS/％
处理一	30	4：1：1	25
处理二	30	4：2：0	35
处理三	50	4：1：1	35
处理四	50	4：2：0	25

物料总量为 90kg，猪粪：秸秆：垃圾比例调整为 4：1：1、4：2：0 混合均匀，并用 NH_4HCO_3 调节 C/N 比至（20～30）：1，物料初始 TS 百分含量调节至 25％和 35％，以

农业部沼气科学研究所微生物研究中心培养的高效菌剂作为接种物进行接种，接种量为30％和50％（质量比），装罐试验，每3～5d取样一次，发酵液样品加入盐酸调节至酸性，经离心和0.45μm膜过滤预处理后，置于冰箱冷冻保存，取得的样品自然风干磨成粉末状后于4℃保存。

4.5.3　影响因素的正交试验

4.5.3.1　正交试验甲烷含量的变化

反应共计运行了46d，9组试验的甲烷含量变化见图4-79，试验组Z_9在第17天甲烷含量即达到63.4％，Z_8在第19天甲烷含量即达到63.6％，其他组均在21d及之后甲烷含量超过60％。在发酵周期内，Z_8的甲烷含量于29d时达到74.8％。反应终止时，9组试验甲烷的含量都维持在60％左右，沼气质量良好。

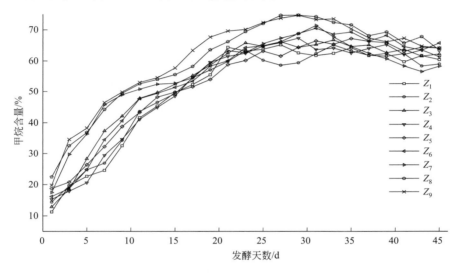

图4-79　正交试验甲烷含量变化曲线

4.5.3.2　正交试验产气量的变化

9组试验的日产气量变化见图4-80，九组正交试验在发酵过程中都产生了一个明显的产气高峰，大都处于第20天左右，仅试验组Z_9的高峰值出现较早（第15天）。试验组Z_1～Z_9在45d时仍在继续产气，但是日产量较低，与反应开始时的产气水平相当，因此强行终止了反应。

4.5.3.3　影响因素对累积产气量的关系

（1）温度对累积产气量的影响分析

以三个水平的温度26℃、38℃和50℃为横坐标，三个水平各自对应的平均产气量（各水平的三组产气量的平均数）为纵坐标，作出图4-81。26℃上升至38℃累积产气量仅增加了5.26％，而从38℃升至50℃时，累积产气量增加了68.76％，增幅明显，温度升高促进了厌氧发酵各阶段中酶的活性[67]，增强微生物的新陈代谢活动，提高微生物对原料的利用率，影响了产气效果，产气量也最大。金杰和吴满昌等的研究都表明高温发酵的处理效果最好，产气量最大。

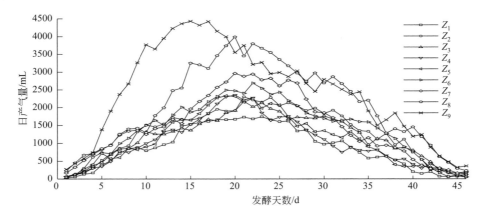

图 4-80　正交试验日产气量变化曲线

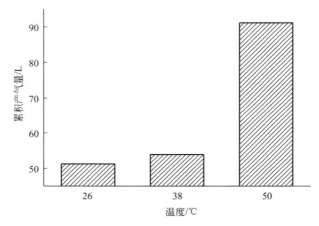

图 4-81　温度对累积产气量的关系

（2）接种量对累积产气量的影响分析

以三个水平的接种量 10％、20％和 30％为横坐标，三个水平各自对应的平均产气量为纵坐标，作出图 4-82。接种量从 10％上升至 20％累积产气量增加了 32.48％，从 20％升至 30％时，累积产气量增加了 11.65％。接种量增大，增加了发酵系统中的产酸和产甲烷等微生物菌群数量，增大了对原料的利用率。陈智远、李艳宾等研究也都表明加大接种量能提高原料的产气效率。其中 10％上升至 20％的累积产气量增幅较 20％升至 30％的更为显著，可能是由于微生物菌群之间的协同作用，造成部分接种物过剩而未能有效分解原料，累积产气量增长速率减小。

（3）TS 对累积产气量的影响分析

以 3 个水平的 TS 20％、25％和 30％为横坐标，三个水平各自对应的平均产气量为纵坐标，作出图 4-83。TS 百分含量从 20％上升至 25％累积产气量增加了 10.08％，而从 25％升至 30％时，累积产气量却降低了 21.56％。TS 含量 30％时，固体物质浓度高，增加了有机负荷，反应传质效果差，毒性物质浓度高，影响了产气效果，导致产气效率低，张望等对稻草的干式发酵研究也得出 TS 浓度过高，产气效果差，微生物的活动受到抑制。

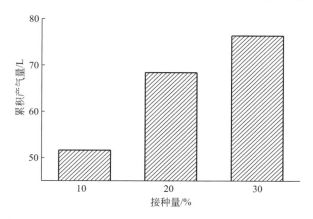

图 4-82　接种量与累积产气量的关系

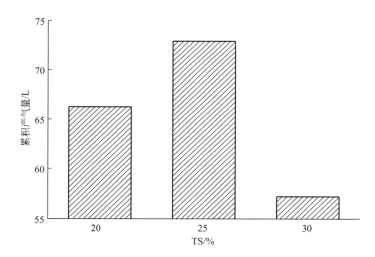

图 4-83　TS 与累积产气量的关系

4.5.3.4　正交试验 TS 产气率分析

各组物料经过厌氧发酵前后的 TS 百分含量见表 4-23，比较发酵前后的 TS 含量，9 组试验中出料 TS 均较进料 TS 低，这是由于原料在发酵过程中不断地被微生物分解和利用，一部分被转化为气体、水和溶解性物质等，导致原料中的 TS 百分含量均降低。

表 4-23　原料产气率计算

试验组	进料		出料		TS 削减量/g	TS 产气量 /(mL/g)
	物料/g	TS/%	物料/g	TS/%		
Z_1	1650	20	1110	13.45	181	224.76
Z_2	1650	25	940	16.35	259	231.14
Z_3	1650	30	1220	21.92	228	235.04
Z_4	1650	25	1070	21.45	183	257.78

试验组	进料		出料		TS 削减量/g	TS 产气量 /(mL/g)
	物料/g	TS/%	物料/g	TS/%		
Z_5	1650	30	1300	23.46	190	268.64
Z_6	1650	20	720	14.71	224	284.75
Z_7	1650	30	1180	23.57	217	309.70
Z_8	1650	20	320	11.28	294	321.17
Z_9	1650	25	670	11.47	336	333.24

9组试验的单位 TS 产气率中,高温实验组的产气率都高于 300mL/g,高温提高了发酵过程中微生物和酶的活性,从而提高了产气效率,其中试验组 Z_9 的效率最高,达到 333.24mL/g。

4.5.3.5 试验的极差和正交分析

(1) 因素的极差分析

研究正交试验的发酵时长 46d,因此累积产气量选取 46d 的产气量总和进行极差分析,计算结果列于表 4-24。

表 4-24 正交试验极差分析

试验组	温度	接种量	TS	累积产气量/L
Z_1	26℃	10%	20%	40.610
Z_2	26℃	20%	25%	59.825
Z_3	26℃	30%	30%	53.480
Z_4	38℃	10%	25%	47.165
Z_5	38℃	20%	30%	51.030
Z_6	38℃	30%	20%	63.815
Z_7	50℃	10%	30%	67.160
Z_8	50℃	20%	20%	94.395
Z_9	50℃	30%	25%	111.860
k_1	51.305	51.645	66.273	
k_2	54.003	68.417	72.950	
k_3	91.135	76.385	57.223	
R	39.833	24.740	15.727	

注:k_1、k_2、k_3 表示在两种水平下产气量的平均值;R 表示极差,表示试验中各因素对指标作用影响的显著性。

表 4-24 中第一列 k_1 表示在温度为 26℃时的平均值,

$$k_1 = \frac{40.610 + 59.825 + 53.480}{3} = 51.305$$

类似地,其他行和列的平均值分别列于表中;温度因素极差 $R = \max\{91.135 - 51.003\} = 39.833$,类似地,其他因素的极差也分别列于表中。温度、接种量和 TS 的极差大小分别为 39.833、24.740 和 15.727,因此因素的影响作用大小为:温度>接种量>TS。

(2) 因素方差分析

假设因子温度、接种量、TS 之间没有交互作用,设因素 A 温度在水平 26℃、38℃和 50℃上的效应分别为 a_1、a_2、a_3,类似地,因素 B 接种量和因素 C 的 TS 的效应分别为

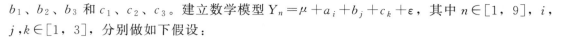

b_1、b_2、b_3 和 c_1、c_2、c_3。建立数学模型 $Y_n = \mu + a_i + b_j + c_k + \varepsilon$，其中 $n \in [1, 9]$，i，$j, k \in [1, 3]$，分别做如下假设：

假设 H_{01}：$a_1 = a_2 = a_3 = 0$

假设 H_{02}：$b_1 = b_2 = b_3 = 0$

假设 H_{03}：$c_1 = c_2 = c_3 = 0$

若假设 H_{01} 成立，则表明温度对产气量无明显影响；反之，则表明温度对产气量的影响显著。同理，若假设 H_{02} 和 H_{03} 成立，表明接种量和 TS 成立，则分别对产气量的影响不显著，若不成立，则影响显著。

A、B、C 三因素的约束条件均只有一个，因此 Q_A、Q_B、Q_C 的自由度都为 2，Q_T 的自由度为 2，方差分析计算结果如表 4-25 所列，由表可得出，温度的影响显著性非常明显，接种量的影响显著性明显，TS 的影响显著性不明显，与之前的极差分析结果相同。

总平均数 $\overline{Y} = \dfrac{1}{9} \sum\limits_{i=1}^{9} Y_i = 65.48$

总离差平方和 $Q_T = \sum\limits_{i=1}^{9} (Y_i - \overline{Y})^2 = 4331.51$

温度的离差平方和 $Q_A = 3[(k_1^A - \overline{Y})^2 + (k_2^A - \overline{Y})^2 + (k_3^A - \overline{Y})^2] = 2972.98$

误差 $Q_E = Q_T - Q_A - Q_B - Q_C = 27.87$

均方离差 $S_A^2 = Q_A / 2 = 1486.49$

$F_A = \dfrac{S_A^2}{S_E^2} = 106.67$

表 4-25　各因素对产气效果的方差分析表

影响因素	离差	自由度	均方离差	F 值	临界值	显著性
温度	2972.98	2	1486.49	106.67		* * *
接种量	956.85	2	478.43	34.33	$F0.01(2,2) = 99.00$	* *
TS	373.81	2	186.90	13.41	$F0.05(2,2) = 19.00$	*
误差	27.87	2	13.94		$F0.10(2,2) = 9.00$	
总和	4331.51	8				

$\alpha = 0.01$，判断差异是否非常显著；$\alpha = 0.05$，判断差异是否显著。

（3）三元线性回归分析

三元线性回归模型为 $y = \beta_0 + \beta_1 x_1 + \beta_2 x_2 + \beta_3 x_3 + \varepsilon$，其中 β_0、β_1、β_2 和 β_3 均为回归常数，x_1、x_2 和 x_3 为 3 个影响因素，利用 PASW Statistics 18 软件对以上 9 组试验进行三元线性回归分析，得出以下计算结果，如表 4-26 所列。

表 4-26　回归模型系数计算

项目	非标准化系数		标准化系数
	系数 b	标准差	系数 β
常数	0.298	34.709	
温度（x_1）	1.660	0.459	0.741
接种量（x_2）	123.700	55.091	0.460
TS（x_3）	−90.500	110.183	−0.168

因此三元线性回归平面方程 $\hat{y} = 0.298 + 1.660x_1 + 123.700x_2 - 90.500x_3$，其中 $x_1 \in [26，50]$，$x_2 \in [10\%，30\%]$，$x_3 \in [20\%，30\%]$。

经线性回归显著性检验（表 4-27），F 检验的显著性水平 p 值为 $0.038 < 0.05$，表明显著性明显，该回归模型成立。

表 4-27　线性回归分析

项目	离差	自由度	均方离差	F	p 值
回归	3420.997	3	1140.332		
剩余	910.517	5	182.103	6.262	0.038
总和	4331.514	8			

4.5.4　干式厌氧发酵物质变化的规律

4.5.4.1　四组处理 pH 值的变化

图 4-84 为处理一运行全过程（共计运行 60d）中 pH 值的变化曲线图，从图中可以看出，处理一的反应开始时的 pH 值处于 6.8 左右，反应开始后，pH 值在第 9 天达到最低值 6.0，随后又逐渐升高至 7.0，从第 22 天起直至第 47 天，pH 值的变化逐渐稳定，在此稳定时期的 pH 值一直在 7.0～7.5 之间波动。从第 50 天开始 pH 值又逐渐开始下降至 7以下，反应末期 pH 值处于 6.5 左右。整个过程中的 pH 值处于 6.0～7.5 的区间内，环境适宜甲烷的生长。pH 值反应初期（第 1～9 天）逐渐下降的主要原因是水解和产酸菌较快地适应环境，并开始不断地产生小分子物质，小分子物质再被产酸菌利用生成可供甲烷菌利用的乙酸、丙酸和丁酸。酸类物质的生成引起了 pH 值的下降，因此 pH 值在初期阶段逐渐降低。第 9 天之后逐渐升高的原因是产甲烷菌逐渐开始利用这些小分子酸，pH值又逐渐回升。

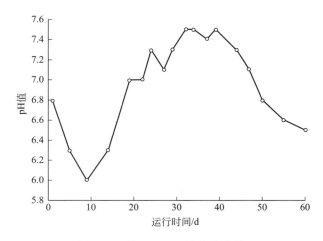

图 4-84　处理一 pH 值变化曲线

厌氧发酵过程中，产酸过程有机酸的生成会造成 pH 值的下降，产甲烷阶段对有机酸的利用又会造成 pH 值的升高，蛋白质类等含氮类有机物质的分解又造成氨氮生成，也会造成 pH 值的升高。一般认为[73~75]，厌氧发酵的适宜 pH 值范围为 6.5~7.8，低于 6.5 或高于 7.8 的环境都会对反应运行产生抑制作用。系统一般有自动调节功能，因为在反应最初阶段，有机物质原料充足，水解和产酸细菌较快地适应环境，并不断分解产生脂肪酸，脂肪酸类物质的累积导致 pH 值的下降。随着甲烷细菌逐渐适应环境，利用脂肪酸的速率逐渐增大，溶液的 pH 值升高。

图 4-85 为处理二运行全过程中 pH 值变化曲线，处理二的 pH 值从初始的 7.0 急剧降低，至第 14 天降低到最低值 5.8，在第 20 天又逐渐升至 6.0，仍处于不适宜甲烷菌生长的酸性环境，在此期间约有 10 天处于较低的 pH 值，表明反应由于酸的积累，抑制了产甲烷菌对酸和醇类等中间代谢产物的利用，导致了酸化出现。在第 20 天以后由于系统自我调节，逐渐恢复至适宜的 pH 环境。在第 22 天时 pH 值达到 6.5，之后的 pH 值一直在 6.5~6.8 之间波动，反应运行末期时（第 60 天）pH 值有略微下降的趋势（pH 值＝6.3）。

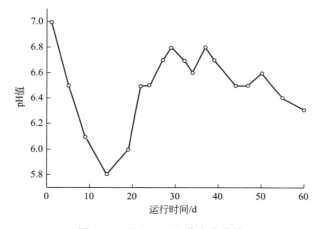

图 4-85　处理二 pH 值变化曲线

图 4-86 为处理三运行全过程中 pH 值变化曲线，处理三的 pH 值从初始的 7.2 降至 6.5，第 12 天后逐渐上升，此时由于进入了产甲烷阶段，甲烷菌对产酸菌代谢产物的利用

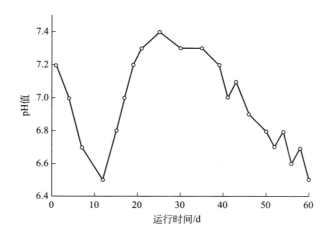

图 4-86　处理三 pH 值变化曲线

增强，导致了 pH 值的升高，在第 25 天时达到最大值，在反应运行末期又降回至 6.5。全过程 pH 值的变化均处于产甲烷菌适宜的波动区间，并未出现如前述处理一和处理二的酸化现象。

图 4-87 为处理四运行全过程中 pH 值变化曲线，处理四的 pH 值由初始的 7.1 急剧降至第 12 天的 6.3，第 19 天达到 6.7，直至反应运行至第 55 天，系统内的 pH 值一直在 6.5～6.9 之间波动，并未出现明显的降低趋势，表明反应处于稳定的产甲烷时期，在反应结束时，有略微的降低，整个阶段的 pH 值变化波动并不大，产甲烷菌处于适宜的 pH 生长环境。

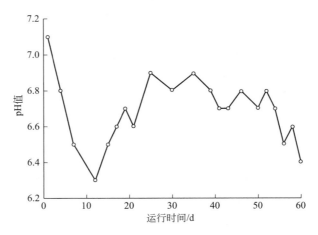

图 4-87 处理四 pH 值变化曲线

通过以上四组处理的 pH 值分析，处理二的 pH 值出现了较为严重的酸中毒，经过系统调节，均可恢复到正常的产气状况，表现了反应装置良好的稳定性。

四组处理在发酵过程中的 pH 值变化表现为初期阶段逐渐下降，这是由于水解产酸菌的作用生成了更多的酸类物质；随后又开始缓慢上升，此过程由于脱氨基作用产生的氨中和了酸性环境；之后再逐渐稳定，经过酸碱中和后，酸类与氨氮的生成处于动态平衡，表现为 pH 值的稳定变化，仅在末期阶段有略微降低的趋势，大体呈先降后升，最后趋于稳定的"S"形变化趋势，宁桂兴等在开展厌氧发酵试验研究时，也表明 pH 值具有相同的变化趋势，这种变化也基本符合厌氧发酵三阶段理论。

4.5.4.2 四组处理产气量的变化

图 4-88 是处理一产气量变化曲线，处理一运行时间为 60d，累积产气量为 4149L，单位产气量（按每千克 TS 计）为 248.25L/kg，整个运行过程中一共出现了两个产气高峰期，第一个高峰期出现在第 4 天，日产气量达到了 202L；第二个高峰期出现在第 27 天，日产气量为 129L。第一个产气高峰持续时间并不长，而此阶段的甲烷成分含量并不高，相反二氧化碳的含量却很高，说明该阶段产甲烷并不活跃，非产甲烷菌类的好氧微生物活动起了主导作用，而第二个产气高峰期时，甲烷的含量很高并持续很久，说明产甲烷菌开始活跃起来，反应进入稳定产甲烷时期，王延昌[156]等研究餐厨垃圾的厌氧发酵特性也出现了两个产气高峰。

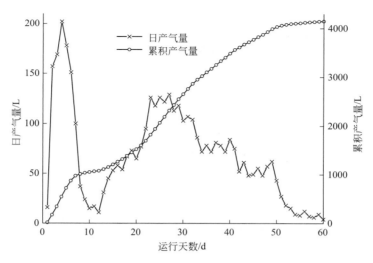

图 4-88 处理一产气量变化曲线

在运行全过程中，出现了两个产气高峰期，第一个产气高峰的出现，是由于在产酸阶段的小分子物质被分解生成的代谢产物中的 CO_2、H_2 及少量 H_2S、CH_4 等气体类物质快速产生；第二个产气高峰的出现，是由于产酸阶段的代谢产物乙酸、CO_2 和 H_2 被产甲烷菌利用产生了甲烷。第 54 天之后产气量又逐渐降低，日产气量低于 10L。这可能是由于此阶段氨氮的升高，中间代谢产物酸类物质的利用率降低及物料中有机物质的降低等，促使系统内的生存环境不利于产甲烷菌的生存，导致产气量的降低。反应全过程，出现第二次产气高峰且持续了较长一段时间的原因可能是第一次产气高峰后的调整期，非产甲烷菌进一步对碳水化合物、脂类和蛋白质等的分解为产甲烷菌提供了更多可供利用的底物，其中产物中氨氮的增加中和了酸性环境，这也为产甲烷菌的生长提供了更适宜的生长环境，许多学者[157]的研究也证实了这一观点。

图 4-89 是处理二产气量变化曲线，处理二运行时间为 60d，累积产气量为 2997L，单位产气量（按每千克 TS 计）为 192.49L/kg，反应运行至第 5 天日产气量就达到了 194L，随后产气量又逐渐下降至 15L（第 11 天），在后续 10d 左右范围内产气量一直在较低的产气量水平波动（波动范围 5～25L/d），并未出现如处理一经过短暂的调整期后就进入产气高峰期的现象，较长时间处于低产气量的状况表明反应酸化。这是由于运行初期产酸菌繁殖快，产甲烷菌繁殖慢，原料的分解消化速度超过产气速度，使池内大量有机酸 VFA 累积，pH 值急剧增大，导致酸中毒。经过 10d 的调整后，从第 20 天开始，日产气量有略微提升，达到 46L/d。第 20 天～第 52 天，日产气量并未出现明显的峰值，一直在 35～66L/d 之间波动，表明反应由于受到酸化现象的影响使得部分产甲烷菌的活性受到了抑制。在第 52 天之后，日产气量开始逐渐降低，最终反应停止。

图 4-90 是处理三产气量变化曲线，处理三运行时间为 60d，累积产气量为 4934L，单位产气量（按每千克 TS 计）为 234.48L/kg。反应运行至第 3 天产生了一个小的峰值，相较于第 16 天出现的产气峰值（232L）并不是很明显。第 46 天时，日产气量降低至 25L，一直持续到反应结束，产气量并未出现明显的升高，一直维持在较低的水平，标志

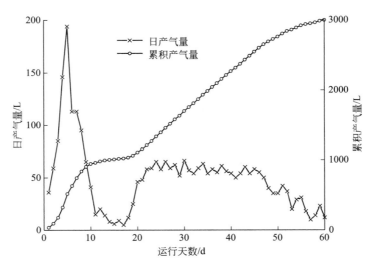

图 4-89　处理二产气量变化曲线

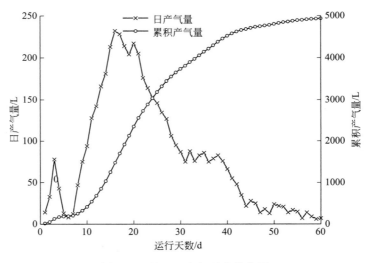

图 4-90　处理三产气量变化曲线

着厌氧发酵反应的结束。

　　图 4-91 是处理四产气量变化曲线，运行时间为 60d，累积产气量为 4454L，单位产气量（按每千克 TS 计）为 226.60L/kg。反应运行至第 2 天时，产气量达到第一个峰值（94L/d），随后又逐渐降低（最低值为第 9 天，11L）。第 9 天之后又开始缓慢上升，日产气量在第 15 天趋于稳定，一直持续至第 42 天，在此期间的日产气量在 85～112L 的范围内波动，并未有处理三所出现的明显的峰值。第 42 天起，产气量开始逐渐下降。

　　四组处理中的日产气量均出现了两个产气阶段，但变化趋势有所差异。处理一出现了两个明显的产气高峰；处理二在运行过程出现了酸中毒现象，并没有产生明显的第二个产气高峰期，在 30d 内的产气量比较稳定；处理三和处理四的第一个产气高峰期不明显，原因可能是 50％的接种量，更多的厌氧微生物形成的竞争效应缩短了调整期，微生物对物

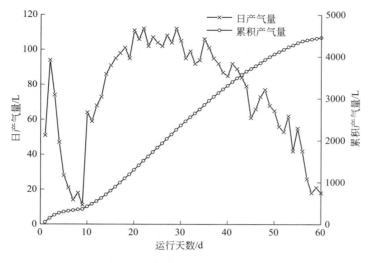

图 4-91 处理四产气量变化曲线

料的利用提前。

4.5.4.3 四组处理发酵液中 COD 含量的变化

图 4-92 是处理一厌氧发酵运行过程中发酵液 COD 含量变化曲线，发酵液中 COD 浓度由初始的 16640mg/L 降低到结束时的 5000mg/L，COD 削减率达 70.0%。在反应第 1 天至第 14 天，COD 的浓度逐渐上升，可能是由于在反应的起始阶段，厌氧发酵起始阶段水解微生物的活性较强，对有机成分的分解率较高，水解微生物逐渐开始活跃，增加了对有机成分的分解，大分子逐渐被水解成小分子，随着淋溶作用将水解产生的小分子类物质逐渐融入发酵液中，可溶性有机物质的生成速度大于产酸，导致起始阶段的 COD 含量升高。从发酵的第 14 天到第 24 天，发酵液中的 COD 呈急剧下降的趋势，日均降解量为 471mg/L，此阶段的降解率达 42.9%。这段时间的产气量的逐渐升高，表明产甲烷菌的活性增强，对有机物的利用增强，导致 COD 的逐渐降低。在第 29 天时，出现短暂上升的趋势，这可能是由于 pH 值的变化，微生物的生长恢复至中性环境，而碳水化合物和蛋

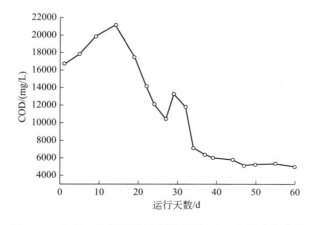

图 4-92 处理一物料运行过程发酵液 COD 含量变化曲线

白质物质在中性环境中的水解效率更高，进入发酵液中的 COD 也随之增加。第 44 天后 COD 的变化趋于稳定。

图 4-93 是处理二厌氧发酵运行过程中发酵液 COD 含量变化曲线，处理二发酵液中 COD 浓度由初始的 14920mg/L 降低到结束时的 10300mg/L，COD 削减量仅为 31.0%。在反应初期，COD 的含量变化如处理一，逐渐上升，随后又下降至初始水平，直至反应第 39 天，COD 的变化都仅在初始水平波动，表明产甲烷菌并未被分解，结合日产气量也比较低，可以得出产甲烷菌的活性受到了抑制。之后由于系统 pH 值的回升，抑制作用有所缓解，第 39 天～第 47 天，COD 含量出现逐步下降的趋势。之后又由于 pH 值和氨氮等环境条件变得不适宜产甲烷菌的生长，微生物对有机物的利用停滞。

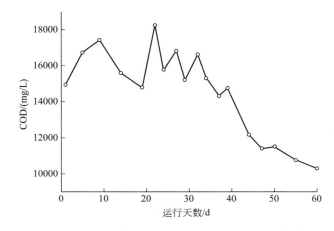

图 4-93　处理二物料运行过程发酵液 COD 含量变化曲线

图 4-94 是厌氧发酵运行过程中处理三发酵液 COD 含量变化曲线，发酵液中 COD 浓度由初始的 11700mg/L 降低到结束时的 3030mg/L，COD 削减量达 74.1%，与李礼等[158]研究表明反应前后 COD 变化并不明显不一致。在反应初期的第 1 天～第 7 天，COD 的变化与处理一相似。发酵的第 7 天～第 41 天，发酵液中的 COD 呈稳步下降的

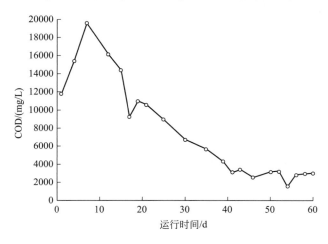

图 4-94　处理三物料运行过程发酵液 COD 含量变化曲线

趋势，日均降解量为 471mg/L，此阶段的降解率达 83.5%。这段时间的产气量的逐渐升高，表明产甲烷菌的活性增强，对有机物的利用增强，导致 COD 的逐渐降低。第 41 天后 COD 的变化趋于稳定。

图 4-95 是厌氧发酵运行过程中处理四发酵液 COD 含量变化曲线，发酵液中 COD 浓度由初始的 8610mg/L 降低到结束时的 3420mg/L，COD 削减量达 60.28%。在反应第 1 天～第 16 天，COD 呈逐渐上升的趋势，增加了 23.1%。特别在反应初期的第 1 天～第 4 天，急剧上升（增幅 18.8%），这是因为这一阶段水解微生物经过堆沤预处理后，水解微生物已经开始适应环境，并部分开始水解，进入厌氧发酵初期阶段后，大量 COD 溶出，造成 COD 含量的升高。第 17 天后，处理四的 COD 含量也如处理一，开始急剧下降，降解率达到 58.1%，产甲烷菌的活性增强提高了 COD 的降解速率，之后 COD 降解速率变化不大，比较稳定。

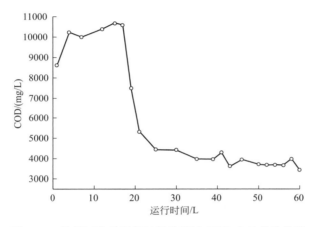

图 4-95　处理四物料运行过程发酵液 COD 含量变化曲线

四组处理发酵液的 COD 含量都随着淋溶作用在水解酸化阶段逐渐增加，而在反应刚进入产甲烷阶段，产甲烷菌的活性增加导致 COD 的降解非常明显，随着反应继续进行，产气高峰期之后的 COD 的降解不太明显，四组处理中除处理二因酸化影响了微生物对有机物质的利用（降解率 31.0%）外，其他三组的 COD 去除率都大于 60%，降解效果比较明显。

4.5.4.4　四组处理发酵物料 DOC 的变化

图 4-96 是处理一厌氧发酵运行过程中物料中 DOC 含量变化曲线，DOC 是微生物所能利用的碳源的重要来源之一，随着发酵反应的进行，全过程发酵固体样品中的 DOC 的含量呈现逐渐下降的趋势，DOC 的含量由 16060mg/kg 降低到 9390mg/kg，降解率为41.5%。反应至第 5 天时，下降程度最为剧烈，降解率达到 13%，之后的降解过程较为平稳。在反应运行至第 50 天左右时，DOC 又出现急剧降低的趋势，而此时的日产气量已经逐渐降低，产甲烷菌对有机物质的利用已开始降低，这可能是由于水解微生物的活动减弱，导致 DOC 的溶出也减少直至停滞。

图 4-97 是处理二厌氧发酵运行过程中物料 DOC 含量变化曲线，处理二的 DOC 含量也呈现逐渐降低的趋势，DOC 的含量由 15540mg/kg 降低到 11280mg/kg，反应降解率为27.4%。反应第 1 天～第 9 天，DOC 的含量降解率为 10.88%，第 9 天～第 24 天，DOC

的变化趋于平稳，此时 pH 值过低，日产气量也不高，这是由于产甲烷菌活性受到抑制，产甲烷菌对 DOC 的利用率降低，溶出的 DOC 不断积累。直至第 34 天 DOC 才逐渐开始降低，第 44 天附近对 DOC 的利用出现停滞，之后的含量变化不大。

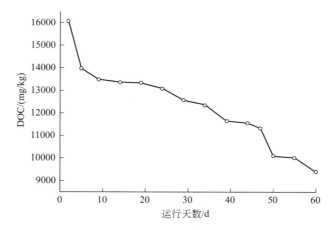

图 4-96　处理一发酵过程物料 DOC 变化曲线

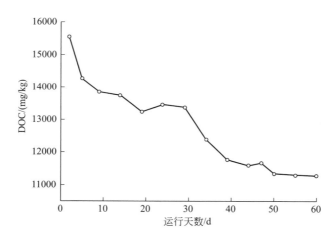

图 4-97　处理二发酵过程物料 DOC 变化曲线

图 4-98 是处理三厌氧发酵运行过程中物料 DOC 含量变化曲线，DOC 的含量由 11280mg/kg 降低到 6265mg/kg，DOC 含量有明显的下降趋势，降解率为 44.5%。反应的第 1 天～第 17 天，物料中 DOC 急剧降低，可能是由于产甲烷菌的活性增强，产甲烷菌利用有机酸的速度要大于产酸菌将大分子转化成有机酸的速度。之后随着反应的进行，DOC 的下降较为平稳，直至反应运行结束。主要是起始阶段因发酵液受重力作用致使大量的有机物质溶出到发酵液中，物料由于有机物质的损失而使其中 DOC 含量降低，这与处理三中 COD 逐渐上升的趋势表现为负相关变化。

图 4-99 为处理四厌氧发酵全过程 DOC 变化曲线，运行全过程 DOC 的含量呈现逐渐下降的趋势，DOC 的含量由 12300mg/kg 降低到 8669mg/kg，降解率为 29.5%。在第 12 天～第 21 天的下降程度最为剧烈，说明这段时间产甲烷菌对 DOC 的利用率较高，第 21

天之后的变化趋势较为平缓，反应运行结束时对 DOC 的利用并未停止，说明反应运行至结束时仍有较好的利用率。

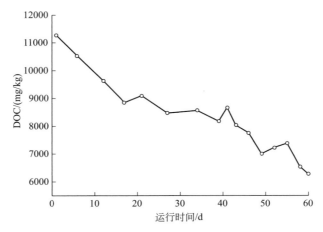

图 4-98 处理三发酵过程物料 DOC 变化曲线

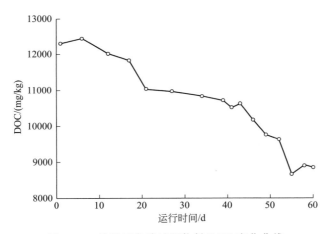

图 4-99 处理四发酵过程物料 DOC 变化曲线

四组处理物料 DOC 在水解酸化阶段物料由于有机物质的溶出而使得其中 DOC 含量降低，与发酵液 COD 逐渐上升的趋势表现为负相关变化，进入稳定产期阶段之后，微生物对 DOC 的消耗趋于稳定。

4.5.4.5 四组处理的氨氮（NH_4^+-N）变化

图 4-100 是厌氧发酵运行过程中处理一发酵液 NH_4^+-N 含量变化曲线，从图中可以看出，初始浓度为 279mg/L，整个过程中氨氮的最大累积浓度为 952mg/L，氨氮累积浓度从第 22 天起变化比较缓慢，第 22 天后氨氮的浓度略微升高，但是总体变化幅度不大。厌氧发酵中氨氮浓度的升高，主要是来自于蛋白质类等含氮有机物质的分解，因此，发酵液中的氨氮浓度都高于进料的氨氮浓度。氨基酸分解产生氨基和小分子酸，小分子酸不断被产甲烷菌利用，氨氮也逐渐增加，因此氨氮的升高同时也伴随着甲烷不断的生产。第 22 天氨氮浓度变化较为缓慢的原因主要是这段时间产气逐渐稳定，产生的氨氮也随之变化不

大。NH_4^+-N 虽然是微生物生长所必需的营养元素，但过高的 NH_4^+-N 浓度也会抑制微生物的增长，当 NH_4^+-N 浓度达到 3000mg/L 时，游离氨仅为 100mg/L，产甲烷菌活性会受到抑制。Lay 等研究表明，NH_4^+-N 浓度为 1670～3720mg/L，产甲烷菌活性下降 10%；浓度为 4090～5550mg/L 时产甲烷菌活性下降 50%；浓度为 5880～6600mg/L 时产甲烷菌完全失去活性，实验运行中未出现产氨氮抑制作用。

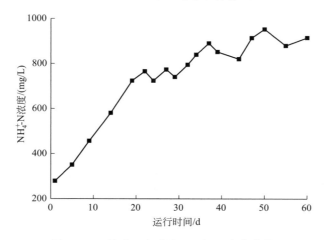

图 4-100　处理一发酵液 NH_4^+-N 变化曲线

图 4-101 是厌氧发酵运行过程中处理二发酵液 NH_4^+-N 变化曲线，从图中可以看出，初始浓度为 326mg/L，整个过程中氨氮的最大累积浓度为 746mg/L。反应在运行初期阶段（第 1 天～第 9 天）氨氮浓度也出现逐渐上升的趋势，但是在第 9 天后，氨氮的浓度变化不大，并出现略微下降的趋势，一直持续到第 22 天，才逐渐升高。之后运行过程中氨氮浓度低，这是由于出现了酸化现象，导致产甲烷菌的活性被抑制，对含氮类有机物质的利用率也降低。

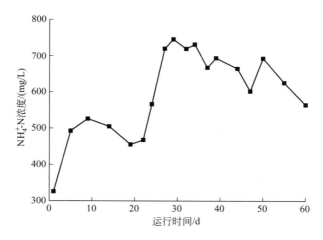

图 4-101　处理二发酵液 NH_4^+-N 变化曲线

图 4-102 是厌氧发酵运行过程中处理三发酵液 NH_4^+-N 变化曲线，从图中可以看出，

初始浓度为 355mg/L，整个过程中氨氮的最大累积浓度为 1201mg/L，整体变化趋势呈现先上升后处于稳定的态势。氨氮在厌氧消化系统中的变化主要是微生物生长代谢和氨基酸等有机物质的分解转化两方面共同作用造成的。由于厌氧微生物细胞增殖很少，氨氮的产生主要是由于氨基酸类等有机氮被还原，因此运行过程中，消化液后一阶段氨氮浓度会高于前一阶段氨氮浓度。反应运行后期，氨氮浓度较稳定的原因是厌氧微生物处于稳定期，微生物的增殖处于动态平衡过程，表现出对氨氮氮源的利用稳定的状况。

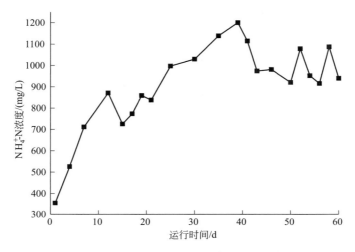

图 4-102 处理三发酵液 NH_4^+-N 变化曲线

图 4-103 是厌氧发酵运行过程中处理四发酵液 NH_4^+-N 变化曲线，从图中可以看出，初始浓度为 294mg/L，整个过程中氨氮的最大累积浓度为 1061mg/L，第 12 天～第 17 天出现短暂下降的趋势，第 17 天后又急剧升高。出现短暂下降的原因可能是 pH 值在此阶段逐渐升高，使部分 NH_4^+ 逐渐向产生氨气的方向移动，产生的氨气随之溢出系统外。之后又急剧上升的原因可能是甲烷的活性逐渐增强，对含氮类的有机物质利用率增大，分解此类物质时伴随着更多的氨氮的生成。在第 21 天后系统的氨氮浓度变化不大。

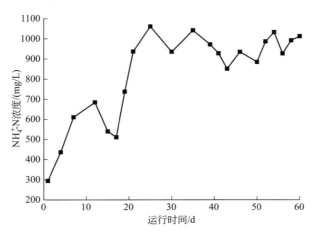

图 4-103 处理四发酵液 NH_4^+-N 变化曲线

有关研究报道，氨氮浓度低于 1000mg/L，对厌氧反应器中微生物不会产生不利影响，接种量为 50% 的两组处理运行过程中 NH_4^+-N 累积浓度均超过了 1000mg/L，但并未出现氨抑制作用；前面分析处理二的 pH 值自动调节后在 20d 恢复产气，都表明反应器良好的自动调节作用。

4.5.4.6 产气效率分析和影响因素的极差分析

（1）单位 TS 产气率分析比较

表 4-28 为单位 TS 产气率的计算，可以得出处理三的累积产气量最大，为 4934L；物料发酵前后，减重最为明显的也是处理三；而单位质量固体物质产气效率最高的是处理一，TS 产气率达到 248.25L/kg，为最优产气效率组。

表 4-28 单位 TS 产气率的计算

项目	累积产气量 /L	进料		出料		TS 削减量 /kg	TS 产气率（按每千克 TS 计）/(L/kg)
		TS 百分含量 /%	物料总重 /kg	TS 百分含量 /%	物料总重 /kg		
处理一	4149	25.00	90	21.41	78.05	5.79	248.25
处理二	2997	25.00	90	18.47	84.30	6.93	192.49
处理三	4934	35.00	90	27.54	76.40	10.46	234.48
处理四	4454	35.00	90	24.66	79.72	11.84	226.60

（2）极差的计算和分析

表 4-29 中 k_1 在接种量为 30% 时的平均值为 $k_1 = \dfrac{4149+2997}{2} = 3573.0$，类似地，其他行和列的平均值分别为 4541.5、4301.5、4694.0、3725.5 和 3965.5，分别列于表中；接种量因素极差 $R = \max\{4694.0-3573.0\} = 1121.0$，类似地，其他因素的极差分别为 816.0、336.0，列于表格最后一行，具体结果如表 4-29 所列。

表 4-29 四组处理极差分析

实验处理	A（接种量）	B（猪粪：秸秆：垃圾）	C（TS）	累积产气量/L
处理一	30%	4:1:1	25%	4149
处理二	30%	4:2:0	35%	2997
处理三	50%	4:1:1	35%	4934
处理四	50%	4:2:0	25%	4454
k_1	3573.0	4541.5	4301.5	
k_2	4694.0	3725.5	3965.5	
R	1121.0	816.0	336.0	

注：k_1，k_2 表示在两种水平下产气量的平均值；R 表示极差，表示实验中各因素对指标作用影响的显著性。

接种量、物料配比和 TS 对累积产气量的极差分别是 1121.0、816.0 和 336.0，极差越大，即累积产气量受因素影响波动越大，该因素对累积产气量的贡献值也越大，表明因素对产气量的影响更为显著。因此，影响大小为：接种量＞物料配比＞TS。

4.5.4.7 最优组的光谱特性分析

通过前面几节实验的分析和计算，可以看出四组处理的常规指标在厌氧发酵全过程中的差异性并不明显，处理一的 TS 产气率最高。因此，确定以处理一厌氧发酵过程中的光谱特性进行分析。

（1）发酵物料中DOM荧光光谱分析

图4-104是处理一发酵过程中不同运行时间同步荧光光谱特性，同步荧光可以用于分析水溶性有机质的结构和组分，如图所示，不同运行时间均出现了两个荧光峰Peak A和Peak B。根据相关研究，波长在200～300nm范围内的波峰与蛋白质类物质有关，波长在300～550nm范围内的波峰与腐殖质类物质有关，即在较短波长范围内有较强的荧光强度，是由分子量较低、结构较为简单的有机物质构成。Ahmad等在研究氨基酸和下水道污水的同步荧光时，发现在280nm存在一个主要由可生物降解的芳香族氨基酸的强荧光峰，在340nm处产生的荧光峰是由溶解态的腐殖质形成的。第1天～第7天时，Peak A处的波长变短，荧光强度急剧增强，溶解质中产生了极强的类蛋白质；而随着反应的继续进行，第7天～第60天时，波长又逐渐变长，荧光强度也随之减弱。在反应第1天～第7天，荧光强度急剧增强的原因可能是由于这段时间水解细菌首先开始适应环境，活跃起来，对物料的不断分解，将大分子的物质逐渐水解出来，形成了更多蛋白质类物质；而第7天之后荧光强度逐渐减弱是由于产甲烷菌逐渐开始活跃起来，对小分子酸类物质利用效率增强，导致更多被水解出来的蛋白质继续分解，造成蛋白质的含量的降低。Peak A处蛋白质含量不断降低的趋势与前面关于有机质含量逐渐降低的推论相一致。Peak B处荧光强度在水解酸化后期出现类腐植酸，但荧光强度一直较低，表明有机物质被不断分解为小分子简单物质时，同时有少量难降解的类腐植酸生成。

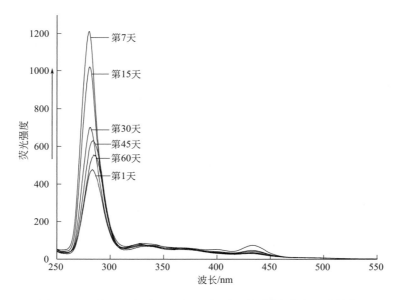

图4-104 处理一发酵过程中不同运行时间同步荧光光谱特性

书后彩图29是处理一发酵过程中不同运行时间的三维荧光光谱图，采用三维荧光技术是由于DOM分子中含有大量π-π*跃迁的芳香结构、共轭生色基团或不饱和共轭键。DOM中一般含有氨基酸、有机酸、碳水化合物和腐殖质等。运行开始时（第1天），出现2个荧光光谱峰Peak A和Peak B，Peak A和Peak B的激发发射波长分别为$E_x/E_m=$

280nm/335nm、225nm/340nm，反应运行至第 7 天，$E_x/E_m = 275nm/340nm$、$220/340nm$，都属于类蛋白荧光峰。不同的时间的荧光峰强度不同，随着反应时间的延续，类蛋白荧光峰强度增强，表明蛋白质类物质逐渐增多。

在第 15 天、第 30 天、第 45 天和第 60 天的各个时期，一直只出现了 2 个峰，2 个荧光峰分别为 $E_x/E_m = 275 \sim 280nm/335 \sim 340nm$、$220 \sim 225nm/330 \sim 340nm$。在此时间段 2 个峰的强度有不同程度的降低，在 280nm 附近的极强荧光峰表明水溶性有机物质中类蛋白物质较多。随着反应时间的延续，类蛋白物质的荧光强度逐渐减弱，表明类蛋白物质逐渐被分解利用，小分子的物质不断地生成。以往的研究显示，较大荧光波长的特征吸收峰往往代表分子量较大、复杂程度较高的有机物质，故在 220nm 处出现的类蛋白峰较 280nm 处的分子结构简单，表明了干式厌氧发酵对有机物质的降解更为彻底，产物中产生的复杂成分物质较少。

（2）发酵物料中 DOM 紫外光谱分析

图 4-105 是处理一混合物料 DOM 的紫外光谱图，DOM 的紫外光谱吸收主要是由不饱和共轭键引起的，图为厌氧发酵反应运行过程中固样经浸提得到的 DOM 的紫外光谱叠加图，从图中可以看出不同时间段 DOM 的吸收曲线差别不大。从整体趋势看，吸光度都随着波长的增加而逐渐减小；就单个趋势比较来看，吸光度随着反应时间段的延续呈先增大而后逐渐减小的趋势，这主要是发酵物料 DOM 中发色基团和助色基团的增加所致。在 280nm 附近出现一个吸收平台，为共轭分子的特征吸收带，由共轭体系分子中的电子的 π-π* 跃迁产生，这主要是由腐殖质中的木质素磺酸及其衍生物所形成的吸收峰。对比第 1 天与第 7 天的紫外吸收光谱曲线，可以看出吸光度有较为明显的增加，这是由于紫外光谱吸收主要是与有机物质中不饱和的共轭双键结构有关，大分子的芳香度和不饱和共轭键具有更高的摩尔吸收强度[92]，因此吸光度也随之增强；而对比第 7 天、第 21 天、第 39 天和第 58 天的紫外吸收曲线，其吸光度却正好相反，有略微的减弱趋势，但是变化并不大。

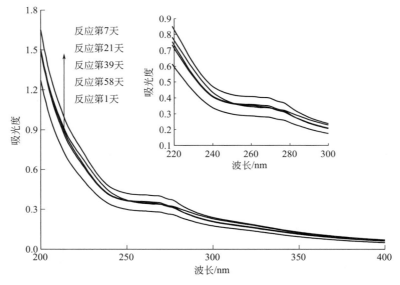

图 4-105　处理一混合物料 DOM 的紫外光谱图

这可能是由于羧酸和其他双键物质随着酸化反应和甲烷合成过程的继续进行，由于不饱和键的逐渐断裂，共轭作用的减弱，吸光度也随之减弱，直至反应结束。研究随着反应时间的递增，发酵物质的芳香度和不饱和度有少量的增加，但增加并不是很明显。在发酵结束时的变化减弱，趋于稳定。

（3）发酵物料红外光谱特性变化分析

图 4-106 是处理一混合物料运行始末红外光谱特性变化，分别对原混合物料，堆沤 7d 后的物料，发酵至第 7 天、第 21 天、第 39 天和第 60 天的混合物料进行红外光谱分析，可以看出，堆沤和发酵反应前后具有相似的红外光谱特性，表明主体成分的变化并不大，只是吸收强度有所变化，说明反应发酵前后的官能团含量发生了变化。

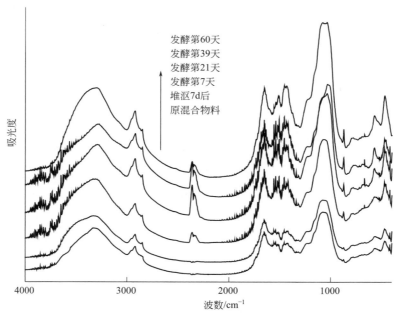

图 4-106 处理一混合物料运行始末红外光谱特性变化

根据文献和资料显示，得出了如表 4-30 所列的各吸收峰归属情况。$3280 \sim 3334 \mathrm{cm}^{-1}$ 处是纤维素、淀粉和糖类等的—OH 中氢键以及蛋白质和酰胺化合物中—NH 的氢键伸缩振动产生的吸收峰，经复合菌剂堆沤预处理之后的波数段吸收强度增强，表明厌氧微生物分解了纤维素聚合体，破坏了其晶体结构，导致氢键活动减弱，表明糖类和蛋白质物质增多；经过厌氧发酵后的物料，随着反应时间的延续，在此处的峰强度逐渐减弱，这是由于连接在苯环上的羟基由于和苯环形成了 p-π 共轭，而其中的氧原子的电子云偏向苯环，发酵过程中可能是由于厌氧微生物作用，氢键因氢氧间作用力减弱而断裂，导致氢键的吸收强度减弱，纤维素、碳水化合物和蛋白质类因结构被破坏而逐渐分解，含量随之降低；$2920 \sim 2921 \mathrm{cm}^{-1}$ 处是—CH_2 中的氢键反对称伸缩振动产生的吸收峰，堆沤预处理和发酵过程均使纤维素聚糖类物质脱聚和降解[97]，吸收峰强度增大，表明大量小分子的物质（如酸和醇类）不断生成，增强了该处的吸收峰；$2850 \sim 2851 \mathrm{cm}^{-1}$ 处是—CH_2 中的氢键对称伸缩振动，此处吸收峰强度变化不明显；$2359 \mathrm{cm}^{-1}$ 处在厌氧发酵开始后出现吸收振动，可能是木质素中的 C 与 N 以 C≡N 基团形式结合在一起产生的振动，经过厌氧发酵，吸光度先增后减对应 C≡N 基团产生后又被分解；1652cm^{-1} 处是酰胺羰基中 C=O 伸缩振动产生的振动吸收峰，此处的吸收强度增大，表明羧基由于分解而导致 C=O 增多；1540cm^{-1} 和 1507～1514cm^{-1} 处是酰胺 Ⅱ 带中 N—H 平面振动和木质素芳环骨架的 C—C 伸缩振动吸收峰，堆沤期间在此处的吸收强度增大，表明含氨类物质增多，即表明蛋白质的含量增多，发酵反应开始后，吸收强度又逐渐开始降低，表明蛋白质物质被逐渐分解利用；1455～1456cm^{-1} 处是聚糖 C—H 产生的不对称弯曲振动吸收峰，吸收峰强度减弱，表明聚糖逐步被微生物分解，含量降低；1029～1076cm^{-1} 处是糖类的 C=O 伸缩振动产生的振动吸收峰，堆沤和发酵后该处的吸收强度增强，表明了纤维素聚合体分解产生了更多低分子糖类，厌氧发酵中后期变化不大，表明糖类产生和利用达到平衡。堆沤和发酵后，872cm^{-1} 处出现了新的振动吸收峰，属于纤维素中的 C—H 弯曲振动，表明纤维素的降解和小分子的新物质的产生。

表 4-30 厌氧消化反应运行始末的红外特征峰及归属

波数/cm^{-1}						归属
原混合物料	堆沤7d后	发酵第7天	发酵第21天	发酵第39天	发酵第60天	
3321	3334	3308	3291	3280	3306	分子内羟基 O—H 伸缩振动
2920	2920	2920	2920	2921	2921	脂肪族亚甲基 C—H 伸缩振动
2851	2851	2851	2851	2851	2851	脂肪族—CH$_2$ 对称伸缩振动
—	—	2359	2359	2359	2359	C≡N 的伸缩振动(蛋白质和氨基酸、铵盐类吸收带)
1652	1652	1652	1652	1652	1652	芳族 C—C 伸缩振动和 C=O 伸缩振动
1540	1540	1540	1540	1540	1540	N—H 键弯曲(酰胺 Ⅱ 带)
1510	1510	1507	1506	1514	1507	芳环 C—C 伸缩振动
1456	1456	1456	1456	1455	1456	木质素和多糖的 C—H 平面弯曲振动
1048	1076	1074	1036	1029	1037	多糖 C=O 伸缩振动(纤维素、半纤维素)
872	872	872	872	872	872	纤维素中的 C—H 弯曲振动

4.6 干式厌氧发酵过程中有机酸产生规律

挥发性有机酸（VFAs）是厌氧发酵时重要的中间代谢产物，也是 CH$_4$ 形成的重要前体物。在固态物料联合厌氧发酵过程中，研究料液中有机质、有机酸和产气量在反应器中的空间变异对于有效提高混合物料的厌氧产气效率具有关键作用，但相关研究仍未见报道。

有机酸调控为厌氧发酵过程中重要的控制因素，当前湿式厌氧发酵工艺在进行有机酸调节时，以单位容积内的有机酸含量作为调节指标，但干式厌氧发酵系统内物料以固态形式存在，由于单位容积的有机物含量较高，如果以容积作为衡量单位，有机酸浓度必然很高，因此，如果借用湿式厌氧发酵过程中的有机酸参数，或仅从 pH 值的角度进行调节，均无法对系统内最佳的有机酸含量进行调节。

研究通过对干式厌氧发酵过程中有机酸产生机理及规律研究，对发酵体系内以单位 VS 质量未衡量指标的最佳有机酸发酵条件进行研究，探索干式厌氧发酵过程中最佳的有机酸含量，为干式厌氧发酵过程中有机酸的调控提供了理论和技术支撑。

4.6.1 VFAs 产生规律研究

4.6.1.1 VFAs 产生规律研究

不同 TS 含量的秸秆干式厌氧发酵过程中 VFAs 含量的变化曲线如图 4-107 所示。从图 4-107 中可以看出，T_1 和 T_2 的 VFAs 含量均经历了 3 个阶段，前期快速增加，其中 T_1 处理由 0d 的 127mg/L 快速上升到 5d 的 145.3mg/L，上升的幅度达到 13.8%，T_2 处理由 0d 的 145.4mg/L 快速上升到 10d 的 173.1mg/L，上升的幅度达到 11.7%。随后进入平稳期，T_1 在 5~20d 内 VFAs 含量维持在 145.3~149.1mg/L 之间，T_2 在 10~20d 内 VFAs 含量维持在 171.4~173.1mg/L 之间。

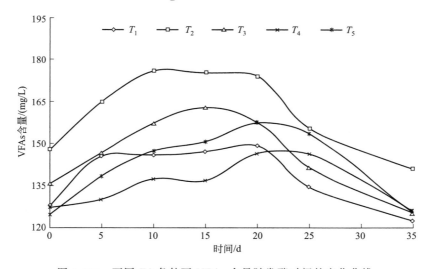

图 4-107 不同 TS 条件下 VFAs 含量随发酵时间的变化曲线

进入发酵的 20d 后，T_1 和 T_2 中的 VFAs 含量出现快速下降的趋势，等发酵 35d 后，T_1 和 T_2 发酵系统内基质的 VFAs 含量分别为 122.5mg/L 和 138.8mg/L。这可能是由于前期 VFAs 的消耗速率小于其生产的速率，VFAs 开始迅速地积累，随着产甲烷菌活性的恢复，对 VFAs 的降解速度加快，直到产 VFAs 的速度与代谢 VFAs 的速度达到平衡，此时基质内的 VFAs 含量保持平稳；但到发酵的后期，产甲烷菌活性不断增强，VFAs 的消耗速率大于产生速率，因此在发酵的后期，基质内的乙酸含量表现为逐渐降低的趋势，这一现象与湿式发酵系统内的产酸现象相一致。

5 个处理中，随着 TS 含量的上升，基质内 VFAs 的含量逐渐降低，说明在干式厌氧发酵系统内，固含率对 VFAs 的产生有着抑制作用，随着固含率的上升，对产 VFAs 的抑制作用越大。

从图中也可看出，T_3、T_4 和 T_5 的产 VFAs 曲线缺少中期的平衡阶段，前期的产 VFAs 阶段持续时间较长，与 T_1 经过了 5d、T_2 发酵了 10d 相比，T_3 用了 15d，说明干式厌氧发酵系统内，当 TS 含量在 20%～30%之间时，随着基质浓度的增加，产酸阶段持续的时间越长。但 T_4 和 T_5 均缺少前期的快速上升阶段，说明在干式厌氧发酵过程中，随着底物浓度的增加，厌氧发酵的起始产酸阶段越短，特别是当底物浓度达到 35%后，干式厌氧发酵过程中不再存在起始产酸阶段，这一现象与湿式发酵系统存在着明显的差异，湿式发酵系统未能产酸的主要原因是由系统内酸积累造成的，而研究中的干式厌氧发酵系统在低浓度 VFAs 的条件下出现乙酸产生障碍，这可能是由于随着发酵底物 TS 含量的增加，料液过于黏稠，阻碍了水解产物向微生物体内的扩散，从而抑制了产酸活动。

从图中也可看出，T_1、T_4 和 T_5 处理的干式厌氧发酵系统内，基质的起始 VFAs 含量几乎相同，分别为 127.7mg/L、127.8mg/L 和 127.2mg/L，在发酵过程中，虽然都经历了上升和下降的过程；等到发酵结束时，除 T_2 处理外，其他 4 个处理的 VFAs 含量也几乎相同，且与起始的 VFAs 含量相当，T_1、T_3、T_4 和 T_5 分别为 122.5mg/L、128.5mg/L、127.1mg/L 和 127.7mg/L，说明在稳定的干式厌氧发酵系统内，起始阶段和结束时系统内 VFAs 含量不受底物浓度的影响，且 127mg/L 的 VFAs 含量为系统内平衡时的较佳 VFAs 含量。T_2 由于在起始时的 VFAs 含量达到 145.4mg/L，高于 T_1、T_4 和 T_5 起始阶段 VFAs 含量 13%以上，因此在发酵结束时，基质内 VFAs 含量仍然保持在 138.8mg/L。

4.6.1.2 发酵底物 TS 含量对 VFAs 作用机制的研究

VFAs 含量与发酵料液中 TS、VS 参数的 Pearson 相关关系见表 4-31，由表可知，VFAs 含量与 TS 和 VS 均呈显著的负相关关系，说明干式厌氧发酵系统内发酵底物 TS 含量对 VFAs 的产生存在着抑制作用，底物浓度越高，对 VFAs 的产生效果抑制越明显，这可能是由于在干式厌氧发酵系统内，固含率越高，系统内基质的自由水越少，特别是水在基质内的流动受到的阻碍越大，传质更加困难，造成 VFAs 的局部累积效果更加明显，从而造成有机物在微生物的转化下，形成的 VFAs 包裹在颗粒物的周围，导致颗粒物周围的实际 VFAs 浓度较高，进而抑制了产酸微生物的活性，表现为底物浓度越高对 VFAs 的产生效果抑制更加明显。

表 4-31　VFAs 含量与 TS、VS 间的相关分析

项目	VFAs	TS	VS
VFAs	1		
TS	−0.951①	1	
VS	−0.939①	0.992①	1

① 在 0.01 水平（双侧）上显著相关。

通过 Origin8.5 软件对试验结果进行线性曲线拟合，得出 VFAs 含量和发酵底物 TS 含量的函数表达式：

$$y = -3314.6x + 1790.2, R^2 = 0.969$$

方程模型中的常数项均达到显著水平（$P < 0.05$），经过数理统计分析，VFAs 产量和发酵底物 TS 含量具有极显一次函数关系（图 4-108）。VFAs 产量和发酵底物 TS 含量存在一次

函数负相关关系，也是发酵底物 TS 含量对 VFAs 含量起到抑制作用的有力佐证。

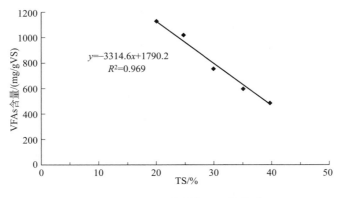

$$y = -3314.6x + 1790.2$$
$$R^2 = 0.969$$

图 4-108　VFAs 含量与 TS 的关系

4.6.1.3　VFAs 含量对产甲烷的影响

（1）VFAs 含量对产甲烷的影响

图 4-109 为干式厌氧发酵过程中日平均产气量随 VFAs 的变化曲线，由图可知，干式厌氧发酵过程中 VFAs 含量在 127.2～173.1g/L 范围之间，相当于平均产气量随 VFAs 的变化趋势可以分为 4 个阶段：S_1（127.2～127.7g/L）阶段平均产气量在 0～300mL 之间；S_2（127.8～146.0g/L）阶段平均产气量都大于 400mL；S_3（146.4～161.0g/L）阶段平均产气量在 0～200mL 之间；S_4（161.2～173.1g/L）阶段平均产气量上升到 200～400mL。S_2 阶段出现明显的产气高峰，说明在干式厌氧发酵过程中 VFAs 的含量在 127.8～146.0g/L 区间时的日平均产气量最高。

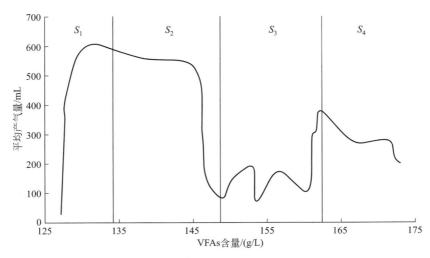

图 4-109　干式厌氧发酵过程中日平均产气量随 VFAs 的变化曲线

（2）基于 Gompertz 方程的产甲烷速率解析

不同底物浓度厌氧发酵的累积产甲烷量经修正 Gompertz 方程拟合后见图 4-110，相应的模型参数见表 4-32。

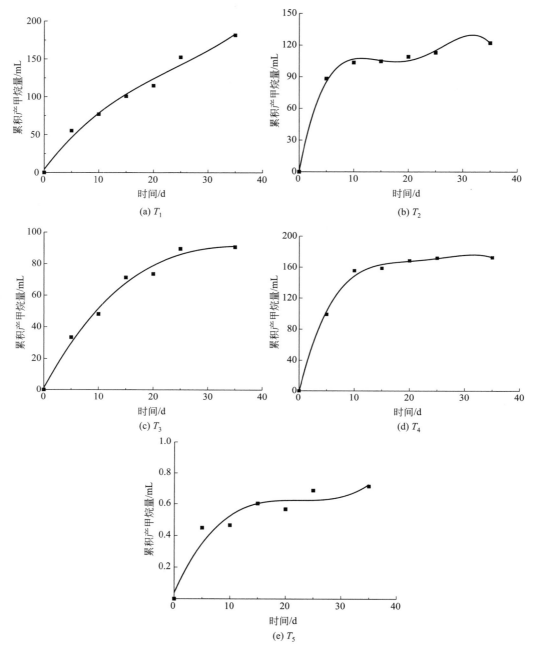

图 4-110　不同 TS 厌氧发酵过程的实际累积产甲烷量与修正 Gompertz 方程拟合曲线

表 4-32　修正 Gompertz 方程的模型参数

项目	T_1	T_2	T_3	T_4	T_5
$P/(mL/gVS)$	165.1	170.7	85.5	169.5	0.7
$R_m/[mL/(d \cdot gVS)]$	9.5	26.6	6.4	29.0	0.1
λ/d	0	0	0	0.03	0
R^2	0.986	0.996	0.987	0.996	0.936

总体上表现为20%～25%时，最终产甲烷量略有上升，但当TS增加到30%时，最终产甲烷量下降到25%处理的1/2左右，随着TS上升到35%后，最终产甲烷量又出现大幅上升，当TS为40%时，最终产甲烷量又下降到0.7mL/gVS。5个浓度梯度的实验中，T_2的最终产甲烷量最大，达170.7mL/gVS，T_1和T_4与之相近，分别为165.1mL/gVS和169.5mL/gVS。5个浓度梯度的实验中，T_2和T_4的最大产甲烷速率最大，分别为26.6mL/(d·gVS)和29.0mL/(d·gVS)。T_5的最大产甲烷速率最小，为0.1mL/(d·gVS)。延滞期是反映厌氧发酵性能的一个重要指标，除了T_4出现0.03d的延滞期外，其他4种发酵罐都没有出现延滞期。

4.6.1.4 VFAs中主要有机酸筛选

表4-33为5个TS含量处理VFAs在发酵过程中的乙酸、丙酸、丁酸、戊酸和己酸的组成，可以明显看出，乙酸为其中的优势有机酸，百分含量为36.3%～41.7%，其次为丁酸，百分含量为24.2%～28.0%，戊酸的含量区间为10.5%～12.5%，丙酸的含量最低，百分含量仅为5.9%～8.0%。从表中也可看出，同一TS含量下的干式厌氧发酵系统内，各有机酸的百分含量并未随时间发生变化，基本保持稳定，说明发酵体系内各有机酸的产生菌活性基本保持平衡。

表 4-33 不同 TS 处理发酵过程中各有机酸组成

处理	发酵时间/d	乙酸/%	丙酸/%	丁酸/%	戊酸/%	己酸/%
T_1	0	36.9	6.8	26.0	12.2	18.1
	5	37.5	6.7	25.7	12.1	17.9
	10	37.6	6.7	25.7	12.1	17.9
	15	37.2	6.6	25.9	12.2	18.1
	20	37.2	6.7	26.0	11.8	18.2
	25	37.1	6.8	26.1	12.4	17.6
	35	37.4	6.6	25.7	12.3	18.0
T_2	0	37.0	6.5	26.5	12.0	18.1
	5	37.5	6.7	25.8	12.1	17.9
	10	37.5	6.7	25.8	12.1	17.9
	15	37.4	6.7	25.8	12.1	18.0
	20	37.1	6.8	25.9	12.2	18.0
	25	37.4	6.7	26.0	12.3	17.7
	35	36.4	6.6	26.5	12.5	18.0
T_3	0	40.5	6.2	25.3	11.2	16.7
	5	40.7	7.1	24.8	10.6	16.9
	10	40.5	6.9	24.8	11.1	16.8
	15	41.0	7.3	24.3	10.9	16.5
	20	41.7	7.7	24.2	10.9	15.5
	25	40.2	8.0	24.4	11.0	16.4
	35	40.6	6.8	26.0	10.5	16.1
T_4	0	38.4	6.8	26.0	12.2	16.5
	5	38.4	6.6	25.3	11.9	17.7
	10	36.9	6.8	26.0	12.2	18.1
	15	40.8	6.4	24.3	11.5	17.0
	20	37.1	7.1	27.2	11.2	17.4
	25	41.2	6.5	25.0	10.5	16.7
	35	40.3	6.4	26.1	10.7	16.5

处理	发酵时间/d	乙酸/%	丙酸/%	丁酸/%	戊酸/%	己酸/%
T_5	0	36.6	6.8	26.1	12.3	18.2
	5	37.0	7.0	26.8	12.0	17.1
	10	37.5	6.9	26.4	11.7	17.5
	15	37.9	6.8	26.0	11.8	17.4
	20	36.6	7.0	27.3	11.8	17.2
	25	38.2	6.8	27.1	10.6	17.2
	35	36.3	5.9	28.0	11.6	18.2

4.6.2 乙酸产生机理研究

乙酸为 VFAs 中的重要组成成分，倪哲等开展的鸡粪厌氧发酵产酸研究结果表明，VFAs 中乙酸含量达 50% 以上；赵庆良等开展的两相厌氧发酵产有机酸的研究发现乙酸产量达 $10^4 \sim 10^5$ 数量级（以 mg/kgTS 表示）；于宏兵等研究结果表明 UASB 两相厌氧系统中乙酸在水解产物中的含量和产甲烷相中的去除率分别达到 38.4% 和 92.0%。同时乙酸也是产甲烷的重要底物，大约有 72% 的甲烷来自乙酸的分解，而乙酸大部分转化为乙醇、丙酸和丁酸等。

但是过高的乙酸浓度也会对发酵系统产生抑制作用，翟芳芳等在研究酒精沼气双发酵偶联工艺时发现，乙酸是抑制酒精发酵的主要的小分子有机酸，乙酸对酒精发酵产生抑制的有效质量浓度为 0.14g/dL；董保成等在研究 VFAs 对产沼气效果的模拟实验时发现，当乙酸浓度低于 6g/L 时产气效果随着酸浓度增大而提高，当系统内乙酸浓度超过 6g/L 时又会对甲烷产生进行抑制；据报道称，污泥厌氧发酵中的 VFAs 浓度在 $100 \sim 200$mg/L 时厌氧过程就需要严格监控，在可溶性有机物含量较高的底物厌氧发酵时，VFAs 的产生速率要大于甲烷的产生速率，易造成 VFAs 的积累，对后续甲烷的产生形成抑制作用。

基于乙酸对产甲烷的抑制作用，了解厌氧发酵过程中乙酸的产生规律对于改善厌氧发酵环境、提高甲烷产率至关重要。相关规律性研究结果表明，底物浓度是乙酸产生的重要影响因素之一，李亚新等通过对 5 种 TS（6%、9%、12%、15% 和 20%）含率的厌氧发酵研究，认为随着固体浓度增加，VFAs 增加速度也变大；Vavilin 等通过对 TS 为 20%~40% 的高固含率厌氧发酵研究发现，由于较高的固含率影响到有机酸的迁移及其降解转化的时间，导致有机酸过量积累，易造成酸中毒。但目前高固含率厌氧发酵过程中乙酸的产量与趋势研究主要集中于底物浓度低于 20% 的厌氧发酵系统，对 TS>20% 的干式厌氧发酵过程中乙酸产生规律及乙酸对发酵系统的作用机制与甲烷产生的研究鲜有报道。

研究拟对 20%、25%、30%、35% 和 40%（T_1、T_2、T_3、T_4 和 T_5）5 种浓度下的秸秆干式厌氧发酵系统内的产乙酸进行检测，通过对底物中乙酸含量的测定，分析干式厌氧发酵过程中乙酸的产生规律，结合底物浓度与乙酸含量、乙酸浓度和甲烷产量之间相关性分析，探讨干式厌氧发酵过程中乙酸对厌氧发酵系统的作用机制及对甲烷产生规律的影响，以期为后续研究干式厌氧发酵过程中乙酸的调控提供理论和技术支撑。

（1）乙酸产生规律研究

不同 TS 含量的秸秆干式厌氧发酵过程中乙酸含量的变化曲线如图 4-111 所示。从图中可以看出，T_1 和 T_2 的乙酸含量均经历了 3 个阶段，前期快速增加，其中 T_1 处理由 0d 的 47.1mg/L 快速上升到 5d 的 54.5mg/L，上升的幅度达到 15.6%，T_2 处理由 0d 的 53.8mg/L 快速上升到 10d 的 64.9mg/L，上升的幅度达到 20.7%。随后进入平稳期，T_1 在 5~20d 内乙酸含量维持在 54.5~55.5mg/L 之间，T_2 在 10~20d 内乙酸含量维持在 63.7~64.9mg/L 之间。

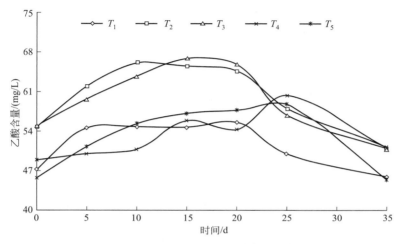

图 4-111　不同 TS 条件下乙酸含量随发酵时间的变化曲线

进入发酵的 20d 后，T_1 和 T_2 中的乙酸含量出现快速下降的趋势，等发酵 35d 后，T_1 和 T_2 发酵系统内基质的乙酸含量分别为 45.8mg/L 和 50.5mg/L。这可能是由于前期乙酸的消耗速率小于其产生的速率，乙酸开始迅速地积累，随着产甲烷菌活性的恢复，对乙酸的降解速度加快，直到产乙酸的速度与代谢乙酸的速度达到平衡，此时基质内的乙酸含量保持平稳；但到发酵的后期，产甲烷菌活性不断增强，乙酸的消耗速率大于产生速率，因此在发酵的后期，基质内的乙酸含量表现为逐渐降低的趋势，这一现象与湿式发酵系统内的产酸现象相一致。

5 个处理中，随着 TS 含量的上升，基质内乙酸的含量逐渐降低，说明在干式厌氧发酵系统内，固含率对乙酸的产生有着抑制作用，随着固含率的上升，对产乙酸的抑制作用越大。

（2）发酵底物 TS 含量对乙酸作用机制的研究

1）发酵底物 TS 含量与乙酸相关性分析　乙酸含量与发酵料液中 TS、VS 参数的 Pearson 相关关系见表 4-34：乙酸含量与 TS 和 VS 呈显著的负相关关系，说明发酵底物 TS 含量对乙酸含量造成很大的影响，随着 TS 的增大，乙酸的变化量逐渐减小，抑制了乙酸的产生。

表 4-34　乙酸含量与 TS、VS 间的相关分析

项目	乙酸	TS	VS
乙酸	1		
TS	−0.951[①]	1	
VS	−0.942[①]	0.992[①]	1

① 在 0.01 水平（双侧）上显著相关。

2）发酵底物 TS 含量与单位 VS 内乙酸含量关系分析　采用 Origin 8.5 软件对底物浓度与单位 VS 内乙酸含量（mg/gVS）进行线性曲线拟合，得出的函数表达式为：

$$y = -1214.8x + 668.2, R^2 = 0.987$$

方程模型中的常数项均达到显著水平（$P < 0.05$）。

经过数理统计分析结果表明，底物浓度与单位 VS 内的乙酸含量存在着极显一次函数关系（图 4-112），为抑制关系，抑制系数为 1214.8，说明随着底物浓度的增加，基质内单位 VS 产生的乙酸量越小，导致基质内的乙酸含量呈直线下降的趋势。

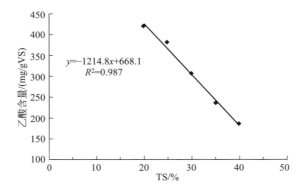

图 4-112　单位 VS 内乙酸含量与 TS 的关系

3）发酵底物 TS 含量与单位体积内乙酸含量关系分析　采用 Origin 8.5 软件对底物 TS 含量与单位体积内乙酸含量（g/L）进行线性曲线拟合，得出函数表达式：

$$y = 9638.8x^3 - 9349x^2 + 2922.1x - 236.1, R^2 = 0.888$$

方程模型中的常数项均达到显著水平（$P < 0.05$），经过数理统计分析，乙酸产量和发酵底物 TS 含量具有极显三次函数关系（图 4-113）。在干式厌氧发酵系统内，TS 含量为 $20\% \sim 27\%$ 的区间内，单位体积内的乙酸含量随着基质中固含率的增加而增加，最大可以达到 61g/L，但在 TS 含量为 $27\% \sim 38\%$ 时，单位体积内的乙酸含量呈现近直线下降的趋势，说明随着底物中固含率的提高，发酵系统内的乙酸含量逐渐降低，同底物 TS 含

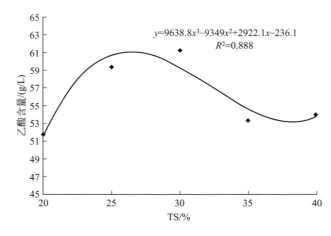

图 4-113　单位体积内乙酸含量与 TS 的关系

量与单位 VS 内所含乙酸的关系相一致。

（3）乙酸对干式厌氧发酵系统产甲烷影响分析

图 4-114 为干式厌氧发酵过程中日平均产气量随乙酸的变化曲线，由图可知，干式厌氧发酵过程中乙酸含量在 46.6～68.5g/L 范围之间，相当于平均产气量随乙酸的变化趋势可以分为 4 个阶段：S_1（46.6～47.2g/L）阶段平均产气量在 0～300mL 之间；S_2（48.0～54.6g/L）阶段平均产气量都大于 400mL；S_3（55.0～60.0g/L）阶段平均产气量在 0～200mL 之间；S_4（60.0～68.5g/L）阶段平均产气量上升到 200～400mL 之间。S_2 阶段出现明显的产气高峰，说明在干式厌氧发酵过程中乙酸的含量在 48.0～54.6g/L 区间时的日平均产气量最高。

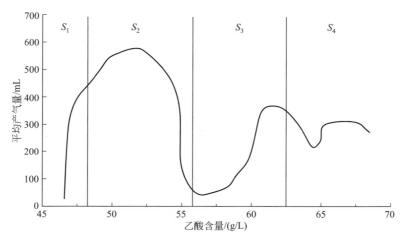

图 4-114　干式厌氧发酵过程中日平均产气量随乙酸的变化曲线

4.6.3　丙酸产生机理研究

（1）丙酸产生规律研究

不同 TS 含量的秸秆干式厌氧发酵过程中丙酸的变化曲线如图 4-115 所示。从图中可以看出，丙酸的产生趋势与 VFAs 和乙酸的产生趋势相同，T_1 和 T_2 处理中，干式厌氧发酵过程中丙酸相对含量经历了 3 个阶段，前期快速增加、中期平稳和后期缓慢下降，这可能是由于前期丙酸的消耗速率小于其产生的速率，丙酸开始迅速地积累，随着产甲烷菌活性的恢复，对丙酸的降解速度加快，直到产丙酸的速度与代谢丙酸的速度达到平衡，直到后期底物减少，丙酸浓度开始逐渐降低。

T_1 前期为 0～5d，而 T_2 前期为 0～10d。T_3 没有出现稳定期，T_4 和 T_5 均缺少前期的快速上升阶段，说明在干式厌氧发酵过程中，随着底物浓度的增加，厌氧发酵的起始产酸阶段越短，特别是当底物浓度达到 35% 后，干式厌氧发酵过程中不再存在起始产丙酸阶段。这可能是由于随着发酵底物 TS 含量的增加，料液过于黏稠，阻碍了水解产物向微生物体内的扩散，从而抑制了产酸活动。图 4-115 显示，在发酵的整个过程中，T_1～T_5 处理的底物中丙酸含量逐渐降低，说明底物中的固含率对丙酸的含量是有影响的，丙酸含

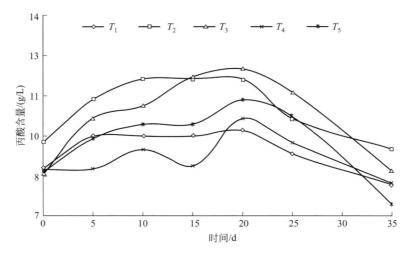

图 4-115　不同 TS 条件下丙酸含量随发酵时间的变化曲线

量随着固含率的增加而逐渐降低。

（2）发酵底物 TS 含量对丙酸作用机制的研究

1）发酵底物 TS 含量与丙酸相关性分析　丙酸含量与发酵料液中 TS、VS 参数的 Pearson 相关关系见表 4-35，表明：丙酸含量与 TS 和 VS 呈显著的负相关关系，说明发酵底物 TS 含量对丙酸含量造成很大的影响，随着 TS 的增大，丙酸的变化量逐渐减小，抑制了丙酸的产生。

表 4-35　丙酸含量与 TS、VS 间的相关分析

项目	丙酸	TS	VS
丙酸	1		
TS	$-0.938^{①}$	1	
VS	$-0.923^{①}$	$0.992^{①}$	1

① 在 0.01 水平（双侧）上显著相关。

2）发酵底物 TS 含量与单位 VS 内丙酸含量关系分析　采用 Origin 8.5 软件对试验结果进行线性曲线拟合，得出丙酸含量和发酵底物 TS 含量的函数表达式：

$$y = -220.9x + 120.2, R^2 = 0.978$$

方程模型中的常数项均达到显著水平（$P < 0.05$），经过数理统计分析，丙酸产量和发酵底物 TS 含量具有极显一次函数关系（见图 4-116）。丙酸产量和发酵底物 TS 含量的一次函数负相关关系也是发酵底物 TS 含量对丙酸含量起到抑制作用的有力佐证。

3）发酵底物 TS 含量与单位体积内丙酸含量关系分析　采用 Origin 8.5 软件对试验结果进行线性曲线拟合，得出丙酸含量和发酵底物 TS 含量的函数表达式：

$$y = 2408.8x^3 - 2253.6x^2 + 680.2x - 55.9, R^2 = 0.856$$

方程模型中的常数项均达到显著水平（$P < 0.05$），经过数理统计分析，丙酸产量和发酵底物 TS 含量具有极显三次函数关系（见图 4-117）。

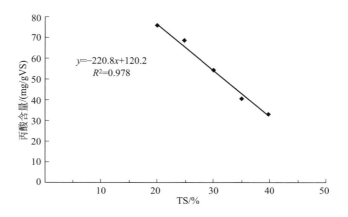

图 4-116　单位 VS 内丙酸含量与 TS 的关系

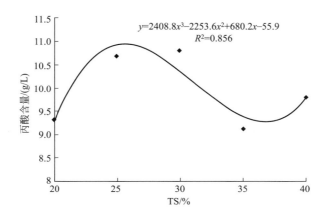

图 4-117　单位体积内丙酸含量与 TS 的关系

4.6.4　丁酸产生机理研究

（1）丁酸产生规律研究

不同 TS 含量的玉米秸秆干式厌氧发酵过程中丁酸的变化曲线如图 4-118 所示。从图中可以看出，T_1、T_2 和 T_3 的乙酸含量均经历了 3 个阶段，前期快速增加、中期平稳和后期缓慢下降，这可能是由于前期丁酸的消耗速率小于其产生的速率，丁酸开始迅速地积累，随着产甲烷菌活性的恢复，对丁酸的降解速度加快，直到产丁酸的速度与代谢丁酸的速度达到平衡，直到后期底物减少，丁酸的浓度开始逐渐地降低。

T_1 前期为 0～5d，而 T_2 和 T_3 的前期为 0～10d。T_4 和 T_5 均缺少前期的快速上升阶段，说明在干式厌氧发酵过程中，随着底物浓度的增加，厌氧发酵的产酸阶段越短，特别是当底物浓度达到 35％后，干式厌氧发酵过程中不再存在起始产酸阶段。这可能是由于随着发酵底物 TS 含量的增加，料液过于黏稠，阻碍了水解产物向微生物体内的扩散，从而抑制了产酸活动。图 4-118 显示，在发酵的整个过程中，T_1～T_5 处理的底物中丁酸

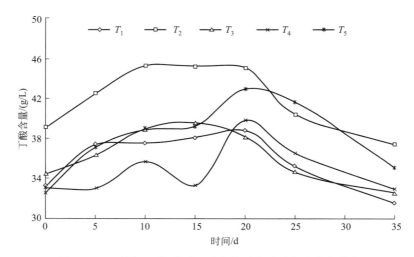

图 4-118　不同 TS 条件下丁酸含量随发酵时间的变化曲线

含量逐渐降低，说明底物中的固含率对丁酸的含量是有影响的，丁酸含量随着固含率的增加而逐渐降低。

（2）发酵底物 TS 含量对丁酸作用机制的研究

1）发酵底物 TS 含量与丁酸相关性分析　丁酸含量与发酵料液中 TS、VS 参数的 Pearson 相关关系见表 4-36，表 4-36 表明丁酸含量与 TS 和 VS 呈显著的负相关关系，说明发酵底物 TS 含量对丁酸含量造成很大的影响，随着 TS 的增大，丁酸的变化量逐渐减小，抑制了丁酸的产生。

表 4-36　丁酸含量与 TS、VS 间的相关分析

项目	丁酸	TS	VS
丁酸	1		
TS	$-0.944^{①}$	1	
VS	$-0.928^{①}$	$0.992^{①}$	1

① 在 0.01 水平（双侧）上显著相关。

2）发酵底物 TS 含量与单位 VS 内丁酸含量关系分析　采用 Origin 8.5 软件对试验结果进行线性曲线拟合，得出丁酸含量和发酵底物 TS 含量的函数表达式：

$$y = -843.4x + 458.3, R^2 = 0.946$$

方程模型中的常数项均达到显著水平（$P < 0.05$），经过数理统计分析，丁酸产量和发酵底物 TS 含量具有极显一次函数关系（见图 4-119）。丁酸产量和发酵底物 TS 含量的一次函数负相关关系也是发酵底物 TS 含量对丁酸含量起到抑制作用的有力佐证。

3）发酵底物 TS 含量与单位体积内丁酸含量关系分析　采用 Origin 8.5 软件对试验结果进行线性曲线拟合，得出丁酸含量和发酵底物 TS 含量的函数表达式：

$$y = 10534.0x^3 - 9519.7x^2 + 2777.4x - 222.9, R^2 = 0.967$$

方程模型中的常数项均达到显著水平（$P < 0.05$），经过数理统计分析，丁酸产量和发酵底物 TS 含量具有极显三次函数关系（见图 4-120）。

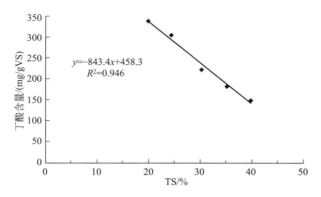

图 4-119 单位 VS 内丁酸含量与 TS 的关系

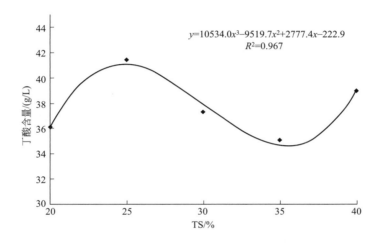

图 4-120 单位体积内丁酸含量与 TS 的关系

4.6.5 戊酸产生机理研究

（1）戊酸产生规律研究

不同 TS 含量的玉米秸秆干式厌氧发酵过程中戊酸的变化曲线如图 4-121 所示。从图中可以看出，T_1 和 T_2 的戊酸含量均经历了 3 个阶段，前期快速增加、中期平稳和后期缓慢下降，这可能是由于前期戊酸的消耗速率小于其产生的速率，戊酸开始迅速地积累，随着产甲烷菌活性的恢复，对戊酸的降解速度加快，直到产戊酸的速度与代谢戊酸的速度达到平衡，直到后期底物减少，戊酸的浓度开始逐渐地降低。

T_1 前期为 0～5d，而 T_2 前期为 0～10d。T_3、T_4 和 T_5 均缺少前期的快速上升阶段，说明在干式厌氧发酵过程中，随着底物浓度的增加，厌氧发酵的起始产酸阶段越短，特别是当底物浓度达到 35% 后，干式厌氧发酵过程中不再存在起始产酸阶段。这可能是由于随着发酵底物 TS 含量的增加，料液过于黏稠，阻碍了水解产物向微生物体内的扩散，从而抑制了产酸活动。

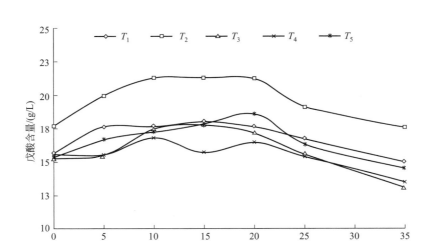

图 4-121　不同 TS 条件下戊酸含量随发酵时间的变化曲线

图 4-121 显示，在发酵的整个过程中，$T_1 \sim T_5$ 处理的底物中戊酸含量逐渐降低，说明底物中的发酵底物 TS 含量对戊酸的含量是有影响的，戊酸含量随着发酵底物 TS 含量的增加而逐渐降低。

（2）发酵底物 TS 含量对戊酸作用机制的研究

1）发酵底物 TS 含量与戊酸相关性分析　戊酸含量与发酵料液中 TS、VS 参数的 Pearson 相关关系见表 4-37，结果表明：戊酸含量与 TS 和 VS 呈显著的负相关关系，说明发酵底物 TS 含量对戊酸含量造成很大的影响，随着 TS 的增大，戊酸的变化量逐渐减小，抑制了戊酸的产生。

表 4-37　戊酸含量与 TS、VS 间的相关分析

项目	戊酸	TS	VS
戊酸	1		
TS	−0.941[①]	1	
VS	−0.926[①]	0.992[①]	1

① 在 0.01 水平（双侧）上显著相关。

2）发酵底物 TS 含量与单位 VS 内戊酸含量关系分析　采用 Origin 8.5 软件对试验结果进行线性曲线拟合，得出戊酸含量和发酵底物 TS 含量的函数表达式：

$$y = -421.0x + 219.9, R^2 = 0.934$$

方程模型中的常数项均达到显著水平（$P < 0.05$），经过数理统计分析，戊酸产量和发酵底物 TS 含量具有极显一次函数关系（图 4-122）。戊酸产量和发酵底物 TS 含量的一次函数负相关关系也是发酵底物 TS 含量对戊酸含量起到抑制作用的有力佐证。

3）发酵底物 TS 含量与单位体积内戊酸含量关系分析　采用 Origin 8.5 软件对试验结果进行线性曲线拟合，得出戊酸含量和发酵底物 TS 含量的函数表达式：

$$y = 5105.7x^3 - 4598.5x^2 + 1330.0x - 105.9, R^2 = 0.880$$

方程模型中的常数项均达到显著水平（$P<0.05$），经过数理统计分析，戊酸产量和发酵底物 TS 含量具有极显三次函数关系（见图 4-123）。

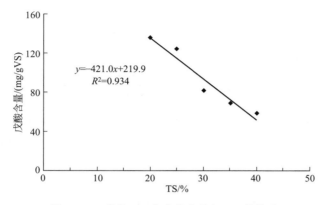

图 4-122 单位 VS 内戊酸含量与 TS 的关系

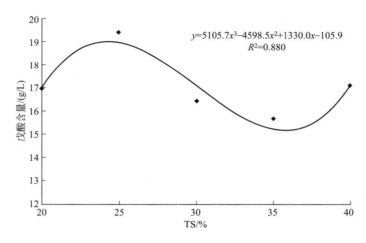

图 4-123 单位体积内戊酸含量与 TS 的关系

4.6.6 己酸产生机理研究

（1）己酸产生规律研究

不同 TS 含量的玉米秸秆干式厌氧发酵过程中己酸的变化曲线如图 4-124 所示。从图中可以看出，T_1 和 T_2 的己酸含量均经历了 3 个阶段，前期快速增加、中期平稳和后期缓慢下降，这可能是由于前期己酸的消耗速率小于其产生的速率，己酸开始迅速地积累，随着产甲烷菌活性的恢复，对己酸的降解速度加快，直到产己酸的速度与代谢己酸的速度达到平衡，直到后期底物减少，己酸的浓度开始逐渐地降低。

T_1 前期为 0～5d，而 T_2 前期为 0～10d。T_3 没有出现稳定期，T_4 和 T_5 均缺少前期的快速上升阶段，说明在干式厌氧发酵过程中，随着底物浓度的增加，厌氧发酵的起始产酸阶段越短，特别是当底物浓度达到 35% 后，干式厌氧发酵过程中不再存在起始产酸阶

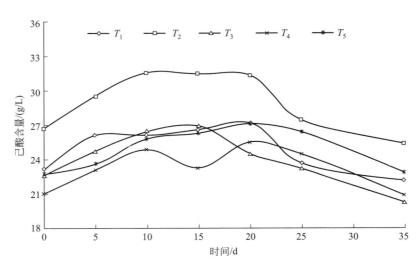

图 4-124　不同 TS 条件下己酸含量随发酵时间的变化曲线

段。这可能是由于随着发酵底物 TS 含量的增加，料液过于黏稠，阻碍了水解产物向微生物体内的扩散，从而抑制了产酸活动。

图 4-124 显示，在发酵的整个过程中，$T_1 \sim T_5$ 处理的底物中己酸含量逐渐降低，说明底物中的固含率对己酸的含量是有影响的，己酸含量随着固含率的增加而逐渐降低。

（2）发酵底物 TS 含量对己酸作用机制的研究

1）发酵底物 TS 含量与己酸相关性分析　己酸含量与发酵料液中 TS、VS 参数的 Pearson 相关关系见表 4-38，结果表明：己酸含量与 TS 和 VS 呈显著的负相关关系，说明发酵底物 TS 含量对己酸含量造成很大的影响，随着 TS 的增大，己酸的变化量逐渐减小，抑制了己酸的产生。

表 4-38　己酸含量与 TS、VS 间的相关分析

项目	己酸	TS	VS
己酸	1		
TS	-0.940[①]	1	
VS	-0.926[①]	0.992[①]	1

① 在 0.01 水平（双侧）上显著相关。

2）发酵底物 TS 含量与单位 VS 内己酸含量关系分析　采用 Origin 8.5 软件对试验结果进行线性曲线拟合，得出己酸含量和发酵底物 TS 含量的函数表达式：

$$y = -614.3x + 323.5, R^2 = 0.941$$

方程模型中的常数项均达到显著水平（$P < 0.05$），经过数理统计分析，己酸产量和发酵底物 TS 含量具有极显一次函数关系（见图 4-125）。己酸产量和发酵底物 TS 含量的一次函数负相关关系也是发酵底物 TS 含量对己酸含量起到抑制作用的有力佐证。

3）发酵底物 TS 含量与单位体积内己酸含量关系分析　采用 Origin 8.5 软件对试验结果进行非线性曲线拟合，得出己酸含量和发酵底物 TS 含量的函数表达式：

$$y = 7252.9x^3 - 6544.2x^2 + 1898.1x - 150.7, R^2 = 0.913$$

方程模型中的常数项均达到显著水平（$P<0.05$），经过数理统计分析，己酸产量和发酵底物 TS 含量具有极显著三次函数关系（见图 4-126）。己酸产量和发酵底物 TS 含量的三次函数负相关关系也是发酵底物 TS 含量对己酸含量起到抑制作用的有力佐证。

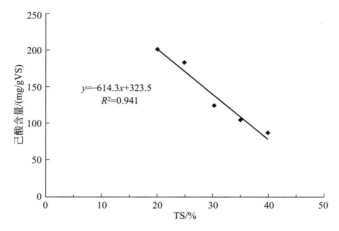

图 4-125 单位 VS 内己酸含量与 TS 的关系

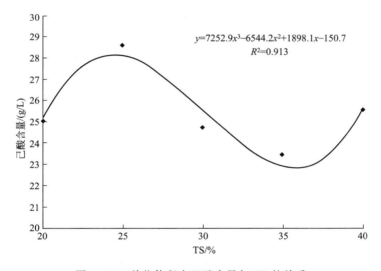

图 4-126 单位体积内己酸含量与 TS 的关系

4.7 畜禽粪便厌氧发酵生命周期评价

研究对象为某规模化养牛场，年存栏量为 400 头奶牛，粪便采用干清粪方式处理，粪、尿及生产废水的产生量见表 4-39，牛粪成分见表 4-40，废水中污染物浓度见表 4-41。

微生物的物质代谢和能量转换过程，在分解代谢过程中沼气微生物获得能量和物质，以满足自身生长繁殖，同时大部分物质转化为甲烷和二氧化碳。

表 4-39　牛粪尿的产生量

项目	排泄系数/[kg/(d·头)]	产生量/(kg/d)
牛粪	30	12000
尿液	18	7200
生产废水	48	19200

表 4-40　牛粪成分　　　　　　　　　　　单位：%

水分	N	P_2O_5	K_2O	CO_2	TC	MgO
80.1	0.42	0.34	0.34	0.33	9.1	0.16

表 4-41　废水中污染物浓度

COD_{Cr}/(mg/L)	NH_3-N/(mg/L)	TN/(mg/L)	TP/(mg/L)
918~1050	41.6~60.4	57.4~78.2	16.3~20.4

4.7.1　目标和范围的定义

以分别处理 1t 牛粪为评价的功能单位，分析厌氧发酵过程中的能源投入、污染物的排放，生命周期的起始边界为牛粪收集转运至处理区域，终止边界为固废形成成熟的堆肥产品，废水能达标排放。具体研究范围如图 4-127 所示。

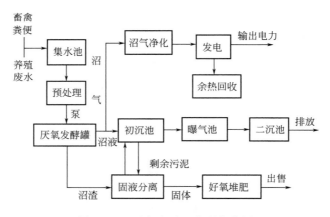

图 4-127　厌氧发酵工艺研究范围

4.7.2　清单分析

采用湿法厌氧发酵工艺，粪便 TS 浓度为 6%，全混合式消化器，具有搅拌装置，中温（30~45℃），恒温半连续投料，HRT＝10d。

电力的使用主要集中在消化器搅拌装置、曝气池中的曝气装置。搅拌装置功率为 1.5kW，每天启动 2 次，每次 2h；曝气装置功率为 11kW，每天启动 24h。消化器每天进料大约 0.8t，好氧处理阶段每天处理废水大约 12m³，功能单位电力的消耗为

73.5kW·h。

（1）厌氧发酵过程

收集的牛粪需加入少量圈舍冲洗水，进沼气池前进行调浆，控制浓度在6%左右，则处理1t牛粪加入废水3117.67L。

牛粪的产气量为0.3m³/kg干物质，可计算出沼气产出量为59.7m³/FU。

沼气主要成分是甲烷（CH_4）占60%、CO_2占35%，则CH_4的产生量为35.82m³/FU，CO_2产生量为20.90m³/FU，即41.32kg/FU（CO_2密度为1.977g/L），其余的成分含量较小，忽略不计。

（2）沼气发电过程

每立方米沼气可发电约2kW·h，功能单位发电量为71.64kW·h。

利用沼气能源时，沼气中H_2S的含量不得超过20mg/m³。假设沼气经过净化能满足发电的要求，则沼气燃烧产生SO_2量为1.194g/FU。沼气燃烧过程中的CO_2排放量的计算采用王革华的计算方法，$C_{BG} = 11.725BG$，计算得沼气燃烧过程中CO_2的功能单位排放量为42.64kg/FU。

（3）沼液沼渣综合处理过程

厌氧发酵后的出水进行固液分离，沼液溢流进入沼液好氧后处理系统，达标排放；沼渣运送至有机肥车间，利用发电机余热干燥，包装后出售。沼渣沼液中主要成分的含量见表4-42。

表4-42 厌氧发酵残余物的成分

项目	TN/%	TP/%	有机质/%	腐植酸/%
沼液	0.257	0.0549	3.23	0.187
沼渣	3.874	2.389	30.43	20.325

沼渣的处理过程中，对环境的影响较小，忽略不计，沼液好氧处理过程中排放的气体污染物主要考虑CO_2。沼液好氧处理过程中，功能单位CO_2的排放量为147.6660kg。

沼液处理后的出水达标排放，则BOD_5、COD、SS、NH_3-N、TP排放量分别为0.467kg/FU、1.247kg/FU、0.624kg/FU、0.250kg/FU、0.025kg/FU。

具体清单见表4-43。

表4-43 牛粪处理生命周期中清单

项目	污染物	好氧堆肥	厌氧发酵
污染物排放/kg	CO_2	36.2010	233.6162
	SO_2	0.0303	0.0204
	NO_x	0.0421	0.0120
	CO	0.0047	0.0029
	CH_4	0.3318	0.0048
	NH_3	0.9612	
	BOD	0.2400	0.4670
	COD	0.6400	1.2470
	NH_3-N	0.1280	0.2500
	TP	0.0013	0.0250
能源消耗/(kW·h)	电力	3	1.86

4.7.3　影响评价

影响评价包括特征化、标准化和加权评估 3 个步骤。

4.7.3.1　特征化

特征化是对环境排放清单进行分类计算并计算环境影响潜力的过程。本书中主要考虑富营养化潜力（eutrophication potential，EP）、全球变暖潜力（globle warming potential，GWP）、酸化潜力（acidification potential，AP）三种环境影响类型，特征化的计算采用当量系数法。全球变暖以 CO_2 为参照当量，CO、CH_4、NO_x 的当量系数分别为 2、21、310。环境酸化以 SO_2 为参照物，NO_x 和 NH_3 的当量系数分别为 0.7 和 1.89；富营养化以 PO_4^{3-} 为参照物，NO_x、NH_3-N 和 NH_3 的当量系数分别为 0.1、0.42 和 0.35。

4.7.3.2　标准化

标准化的方法一般是用基准量去除类型参数：

$$N_i = C_i / S_i$$

式中　N——标准化的结果；

　　　C——特征化结果；

　　　S——基准量；

　　下标 i——环境影响类型。

本书采用 Stranddorf 等 2005 年 11 月发布的世界人均环境影响潜力作为环境影响基准。

4.7.3.3　加权

本书根据王明新等对以环境科学和农业生态为主要背景的 16 位专家调查确定的权重系数，进行标准化后取全球变暖（0.32）、酸化效应（0.36）和富营养化（0.32）为权重系数，然后进行加权。

4.7.4　生命周期解释

经分析，粪便处理生命周期环境影响较大的是全球变暖、环境酸化和富营养化，厌氧发酵的三种环境影响潜力分别为 0.0273、0.0008 和 0.0067，即利用厌氧发酵工艺处理 1t 牛粪产生的全球变暖、环境酸化和富营养化潜力相当于 2005 年世界人均环境影响潜力的 2.73%、0.08% 和 0.67%，具体见表 4-44。经加权后厌氧发酵的综合环境影响潜力为 0.0112。

表 4-44　综合环境影响值

项目	全球变暖	环境酸化	富营养化	合计
权重	0.32	0.36	0.32	
厌氧发酵	0.023	0.0008	0.0067	0.0112

4.7.5　小结

本章以某规模化养牛场为例，应用生命周期评价方法，对畜禽粪便厌氧发酵方式进行生命周期污染物排放清单分析，在此基础上进行生命周期环境影响评价。结果表明，粪便处理生命周期环境影响较大的是全球变暖、环境酸化和富营养化，厌氧发酵的三种环境影响潜力分别为 0.0273、0.0008 和 0.0067，即利用厌氧发酵工艺处理 1t 牛粪产生的全球变暖、环境酸化和富营养化潜力相当于 2005 年世界人均环境影响潜力的 2.73%、0.08% 和 0.67%。

参 考 文 献

[1]　周孟津. 沼气发酵原理及工艺 [J]. 太阳能，1993 (3)：20-23.

[2]　Mshandete A，Björnsson L，Kivaisi A K，et al. Effect of particle size on biogas yield from sisal fibre waste [J]. Renewable Energy，2006，31 (14)：2385-2392.

[3]　Ghosh P，Sutherland J M，Taylortkf，Pettit G D，Bellenger C R. The effects of postoperative joint immobilization of articular cartilage degeneration following meniscectomy [J]. J Surg Res，1983，35：461-473.

[4]　石卫国. 生物复合菌剂处理秸秆产沼气研究 [J]. 农业工程学报，2006，22 (S1)：93-95.

[5]　Fernández J，Pérez M，Romero L I. Effect of substrate concentration on dry mesophilic anaerobic digestion of organic fraction of municipal solid waste（OFMSW）[J]. Bioresource Technology，2008，99 (14)：6075-6080.

[6]　Krzystek L，Ledakowicz S，Kahle H，et al. Degradation of household biowaste in reactors [J]. Journal of Biotechnology，2001，92：103-112.

[7]　Nguyen P H L，Kuruparan P，Visvanathan C. Anaerobic digestion of municipal solid waste as a treatment prior to landfill [J]. Bio-Resource Technology，2007，98 (2)：380-387.

[8]　刘晓，王伟，沈人杰. 城市生物质废物中温单级厌氧消化中试研究 [J]. 环境工程学报，2013，7 (8)：3143-3147.

[9]　Mata-Alvarez J，Dosta J，Macé S，et al. Codigestion of solid wastes：A review of its uses and perspectives including modeling [J]. Critical Reviews in Biotechnology，2011，31 (2)：99.

[10]　Bouallagui H，Cheikh R B，Marouani L，et al. Mesophilic biogas production from fruit and vegetable waste in a tubular digester [J]. Bioresource Technology，2003，86 (1)：85-89.

[11]　Forster-Carneiro T，Pérez M，Romero L I，et al. Dry-thermophilic anaerobic digestion of organic fraction of the municipal solid waste：Focusing on the inoculum sources [J]. Bioresour Technol，2007，98 (17)：3195-3203.

[12]　Yu H W，Samani Z，Hanson A，et al. Energy recovery from grass using two-phase anaerobic digestion [J]. Waste Management，2002，22 (1)：1-5.

[13]　叶小梅，常志州，钱玉婷，等. 江苏省大中型沼气工程调查及沼液生物学特性研究 [J]. 农业工程学报，2012，28 (6)：222-227.

[14]　Chae K J，Jang A，Yim S K，et al. The effects of digestion temperature and temperature shock on the biogas yields from the mesophilic anaerobic digestion of swine manure [J]. Bioresource Technology，2008，99 (1)：1-6.

[15] 青鹏, 孙辉, 祝其丽, 等. 沼气干发酵工艺连续处理奶牛粪起动试验研究 [J]. 中国沼气, 2011, 29 (6): 12-15.

[16] 陈智远, 姚建刚. 不同接种量对玉米秸秆发酵的影响 [R]. 杭州能源环境工程有限公司: 20-22.

[17] 梁越敢, 郑正, 汪龙眠, 等. 干发酵对稻草结构及产沼气的影响 [J]. 中国环境科学, 2011, 31 (3): 417-422.

[18] Golueke C G. Temperature effects on anaerobic digestion of raw sewage sludge [J]. Sewage & Industrial Wastes, 1958, 30 (10): 1225-1232.

[19] 王治军, 王伟. 热水解预处理改善污泥的厌氧消化性能 [J]. 环境科学, 2005, 26 (1): 68-71.

[20] 陈洪章, 李佐虎. 纤维素原料微生物与生物量全利用 [J]. 生物技术通报, 2002 (2): 25-29, 34.

[21] 杨慧群, 陈丽. 膨爆法对秸秆纤维材料表面形态的影响 [J]. 华北工学院学报, 2002, 23 (1): 34-37.

[22] 钟倩倩, 岳钦艳, 李倩, 李颖, 许醒, 高宝玉. 改性麦草秸秆对活性艳红的吸附动力学研究 [J]. 山东大学学报 (工学版), 2011, 41 (01): 133-150.

[23] 杨淑敏, 江泽慧, 任海青, 等. 利用X-射线衍射法测定竹材纤维素结晶度 [J]. 东北林业大学学报, 2010, 38 (8): 75-77.

[24] 胡林彦, 张庆军, 沈毅. X射线衍射分析的实验方法及其应用 [J]. 华北理工大学学报 (自然科学版), 2004, 26 (3): 83-86.

[25] 蒋艳平, 肖刘. 射线衍射法测Zn电镀层中的残余应力 [J]. 湘潭大学自然科学学报, 2001, 23 (4): 42-45.

[26] Burns D A, Ciurczak E W. Handbook of near infrared analysis [M]. New York: Marcel Dekker Inc, 2001.

[27] 孙素琴, 汤俊明, 袁子民, 等. 道地山药红外指纹图谱和聚类分析的鉴别研究 [J]. 光谱学与光谱分析, 2003, 23 (2): 258-261.

[28] 刘美义. XRF、PXRD、FTIR 分析技术对中药材内在品质的研究 [D]. 秦皇岛: 燕山大学, 2012: 38.

[29] 李国学, 李玉春, 李彦富. 固体废物堆肥化及堆肥添加剂研究进展 [J]. 农业环境科学学报, 2003, 22 (2): 252-256.

[30] 朱跃钊, 卢定强, 万红贵, 等. 木质纤维素预处理技术研究进展 [J]. 生物加工过程, 2004, 2 (4): 11-16.

[31] 陈海滨, 张黎, 张盛元, 等. 2010城市发展与规划国际大会论文集: 生活垃圾分类收集对发展低碳经济的贡献论析 [C]. 华中科技大学环境与工程学院: 2010.

[32] Blanchette M, Kent W J, Riemer C, et al. Aligning multiple genomic sequences with the threaded blockset aligner [J]. Genome Res, 2004, 14: 708-715.

[33] Zheng L Y, Chi Y W, Dong Y Q. Electrochemiluminescence of water-soluble carbon nanocrystals released electrochemically from graphite [J]. J Am Chem Soc, 2009, 131: 4564-4565.

[34] Ishizawa C I, Jeoh T, Adney W S, Himmel M E, Johnson D K, Davis M F. Can delignification decrease cellulose digestibility in acid pretreated corn stover [J]. Cellulose, 2009, 16: 677-686.

[35] Zeng X H, Yang C, Kim S T, Lingle C J, Xia X M. Deletion of the Slo3 gene abolishes alkalization-activated K$^+$ current in mouse spermatozoa [J]. Proc Natl Acad Sci USA, 2011, 108: 5879-5884. doi: 10.1073/pnas. 1100240108.

[36] Fdez.-Güelfo L A, Álvarez-Gallego C J, Sales Márquez D, et al. Destabilization of an anaerobic reactor by wash-out episode: Effect on the biomethanization performance [J]. Chemical Engineering

Journal，2013，214（1）：247-252.

[37] Pavlostathis S G. Preliminary conversion mechanisms in anaerobic digestion of biological sludge [J]. J Environ Eng Div Proc Am Soc Civ Eng，1988，114：575-592.

[38] Lee D D, Donaldson T L. Anaerobic digestion of cellulosic wastes：pilot studies [R]. Oak Ridge National Lab，1985.

[39] Galisteo M，Mallo M，Martínez J. Degradabilidad anaerobia de efluentes complejos // Proceeding Fifth Latin-American Workshop-Seminar [J]. Wastewater Anaerobic Treatment，1998.

[40] Delgenes J P, Penaud V, Torrijos M, Moletta R. Thermochemical pretreatment of an industrial microbial biomasa：Effect of sodium hydroxide addition on COD solubilization, anaerobic biodegradability and generation of soluble inhibitory compounds // Proceeding Ⅱ International Symposium on anaerobic digestion of solid waste [J]. Barcelona, España，1999：121-128.

[41] Chulhwan P，Chunyeon L，Sangyong K，Yu Ch，Howard C H. Upgrading of anaerobic digestion by incorporating two different hydrolysis processes [J]. J Biosci Bioeng，2005，100（2）：164-167.

[42] Mshandete A，Bjornsson L，Kivaisi A K，Rubindamayugi M ST，Mattiasson B. Effect of particle size on biogas yield from sisal fiber waste [J]. Renewable Energy，2006，31：2385-2392.

[43] Menardo S，Airoldi G，Balsari P. The effect of particle size and thermal pretreatment on the methane yield of four agricultural by-products [J]. Bioresource Technology，2012，104：708-714.

[44] Kouichi Izumi，Yu-ki Okishio，Norio Nagao，Chiaki Niwa，Shuichi Yamamoto，Tatsuki Toda. Effects of particle size on anaerobic digestion of food waste [J]. International Biodeterioration & Biodegradation，2010，64：601-608.

[45] 牛俊玲，何予鹏，张全国，等. 不同粉碎程度对麦秸厌氧干发酵气肥联产效果的影响 [J]. 太阳能学报，2011，32（11）：1683-1686.

[46] 占星星，孙水裕，郑莉，等. 超声波预处理对污泥好氧/缺氧消化的效果 [J]. 环境工程学报，2012，6（8）：2841-2845.

[47] 涂绍勇，杨爱华，胡名龙，等. 微波/酸/碱/H_2O_2预处理稻草及其糖化工艺研究 [J]. 武汉生物工程学院学报，2009（1）：24-26.

[48] 侯丽丽，车程川，杨革，等. 不同预处理方法对秸秆固态发酵产纤维素酶的影响 [J]. 曲阜师范大学学报，2010，36（1）：100-103.

[49] 李鲁予，于政道. 农业固体废弃物转化为车用燃气（B-CNG）技术研究 [N]. 科技创新导报，2011.

[50] 陈尚钘，勇强，徐勇，朱均均，余世袁. 稀酸预处理对玉米秸秆纤维组分及结构的影响 [J]. 中国粮油学报，2011，26（6）：13-19.

[51] 覃国栋，刘荣厚，孙辰. 酸预处理对水稻秸秆沼气发酵的影响 [J]. 上海交通大学学报（农业科学版），2011，29（1）：58-61.

[52] 何荣玉，闫志英，刘晓风. 秸秆干发酵沼气增产研究 [J]. 应用与环境生物学报，2007，13（4）：583-585.

[53] 康佳丽，李秀金，朱保宁，等. NaOH 固态化学预处理对麦秸沼气发酵效率的影响研究 [J]. 农业环境科学学报，2007，26（5）：1973-1976.

[54] Fdez.-Güelfo L A, Álvarez-Gallego C，Sales D，Romero L I. The use of thermochemical and biological pretreatments to enhance organic matter hydrolysis and solubilization from organic fraction of municipal solid waste（OFMSW）[J]. Chemical Engineering Journal，2011，168：249-254.

[55] 程旺开，汤斌，张庆庆，翟光雯，陈中碧. 麦秸秆的氢氧化钙预处理及酶解试验研究 [J]. 纤维素科学与技术，2009，17（1）：41-46.

[56] Hoon K S. Lime pretreatment and enzymatic hydrolysis of corn stover. Dissertation for the degree of doctor of philosophy [D]. Texas A & M University, 2004.

[57] 杨懂艳, 李秀金, 高志坚, 等. 化学与生物预处理对玉米秸生物气产量影响的初步比较研究 (英文) [J]. 农业工程学报, 2003, 19 (5): 209-213.

[58] Fdez, -Güelfo L F, Álvarez Gallego C, Sales Márquez D, et al. Biological pretreatment applied to industrial organic fraction of municipal solid wastes (OFMSW): Effect on anaerobic digestion [J]. Chemical Engineering Journal, 2011, 172 (1): 321-325.

[59] Muller H W, Troesh W. Screening of white rot fungi for biological pretreatment of wheat corn stover for biogas production [J]. Applied Microbiology and Biotechnology, 1986, 24 (2): 180-185.

[60] 李伟. 沼液堆沤玉米秸秆厌氧干发酵试验与机理研究 [D]. 淄博: 山东理工大学, 2012.

[61] 石卫国. 生物复合菌剂处理秸秆产沼气研究 [J]. 农业工程学报, 2006, 22 (S): 93-95.

[62] Ghost A, Bhattacharyya B C. Biomethanation of white rotted and brown rotted rice corn stover [J]. Bioprocess Engineering, 1999, 20: 297-302.

[63] 杨玉楠, 陈亚松, 等. 利用白腐菌生物预处理强化秸秆发酵产甲烷研究 [J]. 农业环境科学学报. 2007, 26 (5): 1968-1971.

[64] 施建伟, 雷国明, 李玉英, 等. 发酵底物和发酵工艺对沼液中挥发性有机酸的影响 [J]. 河南农业科学, 2013, 42 (3): 55-58.

[65] 董保成, 赵立欣, 万小春. 挥发性有机酸对产沼气效果的模拟试验 [J]. 农业工程学报, 2011, 27 (10): 249-253.

[66] 叶小梅, 常志州. 有机固体废物干法厌氧发酵技术研究综述 [J]. 生态与农村环境学报, 2008, 24 (2): 76-79.

[67] 任洪艳, 吕娴, 阮文权. 提高太湖蓝藻厌氧发酵产丁酸的预处理方法 [J]. 食品与生物技术学报, 2011, 30 (5): 734-739.

[68] 李长春, 贾玉山, 格根图, 等. 不同菌剂添加量对牧草青贮料有机酸的影响 [J]. 内蒙古草业, 2008, 20 (2): 26-28.

[69] 陈羚, 杜连柱, 董保成, 等. 接种物与猪粪秸秆比对初次启动固体酸化过程的影响 [J]. 农业工程学报, 2011, 20 (12): 204-209.

[70] 刘和, 刘晓玲, 邱坚, 等. C/N 对污泥厌氧发酵产酸类型及代谢途径的影响 [J]. 环境科学学报, 2010, 30 (2): 340-346.

[71] 史红钻, 张波, 蔡伟民. pH 对厨余垃圾发酵产酸特性影响的研究 [J]. 农业环境科学学报, 2005, 24 (4): 809-811.

[72] 陈娟. 稻秆厌氧发酵产挥发性脂肪酸的研究 [D]. 南京: 南京林业大学, 2012: 3.

[73] 陈大鹏. 水葫芦厌氧发酵特性研究 [J]. 江苏农业学报, 2012, 25 (4): 787-790.

[74] 赵庆良, 王宝贞, G·库格尔. 高温/中温两相厌氧消化反应中有机酸的变化 [J]. 环境科学, 1996, 17 (3): 44-47.

[75] 段小睿, 李杨, 苑宏英. 搅拌速率对剩余污泥厌氧水解酸化的影响研究 [J]. 工业用水与废水, 2011, 42 (2): 87-89.

[76] 张晶晶, 刘和, 堵国成, 等. 碱性条件促进纺织印染污泥厌氧发酵产挥发性脂肪酸 [J]. 化工进展, 2009, 28 (10): 1855-1860.

[77] 倪哲, 潘朝智, 牛冬杰. 高温状态下鸡粪厌氧发酵产酸影响因素的研究 [J]. 能源与节能, 2011 (8): 44-46.

[78] Shin S G, Han G, Lim J, Lee C, Hwang S. A comprehensive microbial insight into two-stage anae-

robic digestion of food waste-recycling wastewater [J]. Water Research, 2010, 44: 4838-4849.

[79] 钟文辉, 蔡祖聪. 土壤微生物多样性研究方法 [J]. 应用生态学报, 2004, 15 (5): 899-904.

[80] Talbot J A, Sheldrick R, Caswell H, Duncan S. Sexual function in men with epilepsy: how important is testosterone? [J]. Neurology, 2008, 70: 1346-1352.

[81] 刘开朗, 王加启, 卜登攀, 等. 环境微生物群落结构与功能多样性研究方法 [J]. 生态学报, 2010, 30 (4): 1074-1080.

[82] Supaphol S, Jenkins S N, Intomo P, Waite I S, O'Donnell A G. Microbial community dynamics in mesophilic anaerobic co-digestion of mixed waste [J]. Bioresource Technology, 2011, 102: 4021-4027.

[83] Montero L, Müler N, Gallant P. Induction of apoptosis by Drosophila Myc [J]. Genesis, 2008, 46 (2): 104-111.

[84] 师晓爽, 刘德立. PCR-DGGE 技术在农村户用沼气发酵微生物研究中的初步应用 [J]. 山东师范大学学报: 自然科学版, 2007, 22 (2): 120-122.

[85] 王彦伟, 徐凤花, 阮志勇, 宋金龙, 王庆, 赵斌. 用 DGGE 和 Real-Time PCR 对低温沼气池中产甲烷古菌群落的研究 [J]. 中国沼气, 2012, 30 (1): 8-12.

[86] Zehnder A J B. Ecology of methane formation Mitchell R, ed. Water Pollution Microbiology [M]. London: John Wiley and Sons, 1978: 349-376.

[87] Bryant M P. Microbial methane production-theoretical aspects [J]. J Anim Sci, 1979, 48: 193-201.

[88] Si-Kyung Cho SW, Lee J, Carroll D, Lin J S. Heritable gene knockout in caenorhabditis elegans by direct injection of Cas9-sgRNA ribonucleoproteins [J]. Genetics, 2013, 195 (3): 1177-1180.

[89] 贾志莉. 干式厌氧发酵技术研究综述 [J]. 广州化工, 2013, 41 (14): 40-42.

[90] 刘建伟, 夏雪峰, 葛振. 城市有机固体废弃物干式厌氧发酵技术研究和应用进展 [J]. 中国沼气, 2015, 33 (4): 10-17.

[91] Zheng Wei L I, Yin X B, Qiang L I, et al. Effect of ammonia concentration on methanogenic phase in two-phase anaerobic digestion of kitchen waste [J]. China Biogas, 2016.

[92] Cerrillo M, Viñas M, Bonmatí A. Anaerobic digestion and electromethanogenic microbial electrolysis cell integrated system: Increased stability and recovery of ammonia and methane [J]. Renewable Energy, 2018, 120: 178-189.

[93] Gagliano M C, Gallipoli A, Rossetti S, et al. Efficacy of methanogenic biomass acclimation in mesophilic anaerobic digestion of ultrasound pretreated sludge [J]. Environmental Technology, 2017 (455): 1.

[94] 吴小武, 刘荣厚. 农业废弃物厌氧发酵制取沼气技术的研究进展 [J]. 中国农学通报, 2011, 27 (26): 227-231.

[95] 任南琪. 环境工程. 厌氧生物技术原理与应用 [M]. 北京: 化学工业出版社, 2004.

[96] 汪国刚, 郑良灿, 刘庆玉. 沼气干式厌氧发酵技术研究 [J]. 环境保护与循环经济, 2014, 12: 020.

[97] 孙静娴. 有机废弃物的资源化与厌氧发酵模型研究 [D]. 上海: 上海交通大学, 2011.

[98] Huang W, Huang W, Yuan T, et al. Volatile fatty acids (VFAs) production from swine manure through short-term dry anaerobic digestion and its separation from nitrogen and phosphorus resources in the digestate [J]. Water Research, 2016, 90: 344-353.

[99] Riya S, Suzuki K, Meng L, et al. The influence of the total solid content on the stability of dry-thermophilic anaerobic digestion of rice straw and pig manure [J]. Waste Management, 2018.

[100] 卜明, 吴丽丽. 干法沼气工程发酵技术现状及发展趋势 [J]. 农业机械, 2012 (16): 115-118.

[101] Bolzonella D，Pavan P，Mace S，et al. Dry anaerobic digestion of differently sorted organic munic-ipal solid waste：A full-scale experience [J]. Water Science Technology，2006，58 (3)：23-32.

[102] Liu G T，Peng X Y，Long T R. Advance in high-solid anaerobic digestion of organic fraction of municipal solid waste [J]. Journal of Central South University of Technology，2006，13 (4)：151-157.

[103] 杨天学. 玉米秸秆干式厌氧发酵转化机理及微生物演替规律研究 [D]. 武汉：武汉大学，2014.

[104] 王林，陈砺，严宗诚，王红林，黄和茂. 生活垃圾协同水葫芦干式厌氧发酵制沼气的研究 [J]. 环境科学与技术，2013，36 (6)：143-147.

[105] Fernández J，Pérez M，Romero L I. Effect of substrate concentration on dry mesophilic anaerobic digestion of organic fraction of municipal solid waste（OFMSW） [J]. Bioresource Technology，2008，99 (14)：6075-6080.

[106] 李强，曲浩丽，承磊，等. 沼气干发酵技术研究进展 [J]. 中国沼气，2010，28 (5)：10-14.

[107] 李想，赵立欣，韩捷，向欣. 农业废弃物资源化利用新方向——沼气干发酵技术 [J]. 中国沼气，2006，24 (4)：23-27.

[108] 任连海，黄燕冰，王攀，张明露. 含油率对餐厨垃圾干式厌氧发酵的影响 [J]. 环境科学学报，2015，35 (8)：2534-2539.

[109] Fatma Abouelenien，Yutaka Nakashimada，Naomichi Nishio. Dry Mesophilic Fermentation of chicken manure for production of methane by repeated batch culture [J]. Journal of Bioscience and Bioengineering，2008，107 (3)：293-295.

[110] 石利军，刘惠芬，郝建朝，张伟玉. 温度对畜禽粪便稻草混合干式厌氧发酵的影响 [J]. 农业环境科学学报，2011，30 (4)：782-786.

[111] 林聪. 沼气技术理论与工程 [M]. 北京：化学工业出版社，2007：31-37.

[112] 李文哲，徐名汉，罗立娜. 不同接种量对稻秆厌氧发酵特性的影响 [J]. 东北农业大学学报，2012，43 (11)：55-60.

[113] Forster Carneiro T，Pérez M，Romero L I. Influence of total solid and inoculum contents on per-formance of anaerobic reactors treating food waste [J]. Bioresource Technology，2008，99 (15)：6994-7002.

[114] 郑晓伟，李兵，李益，陈立平. 接种比对餐厨垃圾干式厌氧发酵启动的影响 [J]. 环境工程学报，2014，8 (3)：1157-1162.

[115] Metcalf E. Wastewater Engineering：Treatment，Disposal and Reuse [M]. Singapore：McGraw-Hill，2003.

[116] 刘思颖，樊婷婷，陈雄. 稻草秸秆干发酵产沼气工艺条件的优化 [J]. 化学与生物工程，2010，27 (12)：83-85.

[117] 赵玲. 生物预处理玉米秸秆厌氧干发酵特性及沼渣基质利用的研究 [D]. 沈阳：沈阳农业大学，2011.

[118] 方玉美，任秋鹤，聂宁，等. 秸秆高温干式厌氧发酵的产气特性研究 [J]. 河南科学，2017，35 (6)：891-896.

[119] 王星，李强，周正，等. 蒸汽爆破/氧化钙联合预处理对水稻秸秆厌氧干发酵影响研究 [J]. 农业环境科学学报，2017，36 (2)：394-400.

[120] 梁芳，包先斌，王海洋，等. 国内外干式厌氧发酵技术与工程现状 [J]. 中国沼气，2013，31 (3)：44-49.

[121] 张瑞红，张治勤. 采用厌氧分步固体反应器系统进行蔬菜废弃物厌氧分解 [J]. 农业工程学报，

2002，18（5）：134-139.

[122] Lutz P. New BEKON Biogas technology for dry fermentation in batch process [J]. BEKON. Description of BEKON dry fermentation processing，2010.

[123] de Laclos H F，Desbois S，Saint-Joly C. Anaerobic digestion of municipal solid organic waste：Valorga full-scale plant in Tilburg，the Netherlands [J]. Water Science and Technology，1997，36（6-7）：457-462.

[124] De Baere L. The dranco technology：A unique digestion technology for solid organic waste [J]. Organic Waste Systems（OWS）Pub. Brussels，Belgium，2010.

[125] Wellinger A，Wyder K，Metzler A E. KOMPOGAS—a new system for the anaerobic treatment of source separated waste [J]. Water Science and Technology，1993，27（2）：153-158.

[126] 韩捷，向欣，刘丽红. 沼气规模化干法发酵技术与装备研究 [J]. 中国科技成果，2010（2）：29-30.

[127] 李超，卢向阳，田云，等. 城市有机垃圾车库式干发酵技术 [J]. 可再生能源，2012（1）：113-119.

[128] 朱德文，谢虎，曹杰，等. 柔性膜覆盖车库式厌氧干法发酵系统结构设计与应用 [J]. 农业工程学报，2016，32（8）177～183.

[129] 张庆芳，杨林海，陈吉祥，等. 有机垃圾干式厌氧处理连续运行中试实验研究 [J]. 中国沼气，2014，32（4）：37-42.

[130] 陈程. 中小型卧式沼气干式发酵装置控制系统研发 [D]. 湛江：广东海洋大学，2015.

[131] Menardo S，Airoldi G，Balsari P. The effect of particle size and thermal pretreatment on the methane yield of four agricultural by-products [J]. Bioresource Technology，2012，104：708-714.

[132] Izumi K，Okishio Y K，Nagao N，et al. Effect of particle size in anaerobic digestion with food wastes [C]//Conference of the Japan Society of Waste Management Experts. Japan Society of Material Cycles and Waste Management，2008：148-148.

[133] Mshandete A，Björnsson L，Kivaisi A K，et al. Effect of particle size on biogas yield from sisal fibre waste [J]. Renewable Energy，2006，31（14）：2385-2392.

[134] 杨富裕，丁翠花，李连华，等. 不同预处理方式对柳枝稷厌氧发酵性能的影响 [J]. 农业工程学报，2011，27（12）.

[135] Kim J，Park C，Kim T H，Lee M，Kim S，Kim K. Effects of various pretreatments for enhanced anaerobic digestion with waste activated sludge [J]. J Biosci Bio Eng，2003，95（3）：271-275.

[136] 陈尚钚，勇强，徐勇，等. 玉米秸秆稀酸预处理的研究 [J]. 林产化学与工业，2009，29（2）：27-32.

[137] 覃国栋，刘荣厚，孙辰. 酸预处理对水稻秸秆沼气发酵的影响 [J]. 上海交通大学学报（农业科学版），2011，29（1）：58-61.

[138] 闫志英，姚梦吟，李旭东，等. 稀硫酸预处理玉米秸秆条件的优化研究 [J]. 可再生能源，2012，30（7）：104-110.

[139] 李岩，郭俊珍，韩庆丽. 日光温室黄瓜的合理施肥 [J]. 河南农业，1996（5）：15-16.

[140] Sun-Kee H，Hang-Sik S. Performance of an innovative two-stage process converting food waste to hydrogen and methane [J]. Journal of the Air & Waste Management Association，2004，54：242-249.

[141] 陈广银，郑正，罗艳，等. 碱处理对秸秆厌氧消化的影响 [J]. 环境科学，2010，31（9）：2208-2213.

[142] 程旺开，汤斌，张庆庆，等. 麦秸秆的氢氧化钙预处理及酶解试验研究 [J]. 纤维素科学与技术，2009，17（1）：41-45.

[143] 吕贞龙，陈后庆，尹召华，等. 小麦秸秆氨化中尿素氮水平对其品质的影响 [J]. 饲料工业，2007，28（23）：26-28.

[144] 刘娇，宋公明，马丽娟，等. 不同预处理方法对玉米秸秆水解糖化效果的影响 [J]. 饲料工业，2008，29（1）：31-32.

[145] 李长生. 农家沼气实用技术 [M]. 北京：金盾出版社，1995.

[146] 孔凯，孟宁，冯琳，等. 产纤维素酶细菌的分离鉴定及产酶特性研究 [J]. 兰州交通大学学报，2009，28（4）：159-162.

[147] 张无敌，宋洪川，李建昌，等. 鸡粪厌氧消化过程中水解酶与沼气产量的关系研究 [J]. 能源工程，2001（4）：16-18.

[148] 何娟，孙可伟，李建昌，等. 城市生活垃圾厌氧发酵中纤维素酶预处理的应用研究 [J]. 上海环境科学，2011（5）：201-205.

[149] 李建昌. 水解酶预处理对城市有机生活垃圾厌氧消化的影响 [D]. 昆明：昆明理工大学，2011.

[150] 李荣斌，董绪燕，魏芳，等. 微波预处理超声辅助酶解大豆秸秆条件优化 [J]. 中国农学通报，2009，25（19）：314-318.

[151] 杨懂艳. 生物与化学预处理对玉米秸秆生物气产量的影响研究 [D]. 北京：北京化工大学，2004.

[152] 王月阳，苏宝玲，孙钊，等. 碱法分离回收水稻秸秆中木质素 [J]. 化工进展，2016，35（b11）：369-375.

[153] 梁越敢，郑正，汪龙眠，等. 干发酵对稻草结构及产沼气的影响 [J]. 中国环境科学，2011，31（3）：417-422.

[154] 倪启亮. 木质纤维素降解菌的筛选及对秸秆降解的研究 [D]. 桂林：桂林理工大学，2008.

[155] 陈广银，郑正，罗艳，等. 碱处理对秸秆厌氧消化的影响 [J]. 环境科学，2010，31（9）：2208-2213.

[156] 王延昌，袁巧霞，谢景欢. 餐厨垃圾厌氧发酵特性的研究. 环境工程学报，2009，3（9）：1677-1682.

[157] 张鸣，高天鹏，常国华，等. 猪粪和羊粪与麦秆不同配比中温厌氧发酵研究. 环境工程学报，2010，4（9）：2131-2134.

[158] 李礼，徐龙君. 含固率对牛粪常温厌氧消化的影响. 环境工程学报，2010，4（6）：1413-1416.

第5章　农村固体废物填埋处置技术

5.1　基本情况

5.1.1　技术简介

填埋技术是世界上通用和处理量最大的垃圾处理方法，该技术工艺是利用工程手段，按照环境工程技术标准进行工程的实施建设，利用新型的防渗材料与工艺，采取有效的技术措施，并将垃圾压实减容至最小。该技术工艺能对垃圾渗滤液和填埋气体进行控制，使垃圾在自然环境状态中和在自身成分作用下，经过物理、化学、生物降解，分解产生沼气、渗滤液等，最终达到稳定状态，能够有效地控制垃圾对地下水、地表水、土壤耕地、空气及周围环境造成的污染。

由于卫生填埋场的选址、建设周期较短，总投资和运行费用相对较低，处理生活垃圾量大，因此适于农村地区经分选后无机垃圾的处理处置，是一种完全的、最终的处理方法。但渗滤液水处理成本高、效率低等问题，成为卫生垃圾填埋场面临的最大挑战。因此为了提高农村卫生垃圾填埋场的利用效率、降低渗滤液处理成本，需要严格控制进入农村卫生垃圾填埋场的垃圾，尽量减少可生化有机物的含量。

卫生垃圾填埋场建成后，需要达到国家标准规定的防渗要求，需要落实卫生填埋作业工艺，渗滤液等污水需要满足相关排放标准，且填埋产生的气体需要得到有效控制或利用，并需要提前规划好终场利用。因此需要有一套科学化、规范化的工艺技术和运行管理方法。农村垃圾工艺设计与运行主要包括场址选择、工艺设计、填埋方案的确定、填埋作业及运行管理等。

5.1.2　技术原理

填埋垃圾中复杂的含碳污染物降解一般都要经历水解酸化、产氧产乙酸和甲烷发酵三个步骤。首先固相垃圾在水解产酸菌的作用下水解酸化，生成醇类、氨基酸等中间产物；紧接着醇类、氨基酸等在产氧产乙酸菌的作用下反应生成 CO_2、H_2 和乙酸等物质，通常此过程进行得很快，一般不会成为影响固相垃圾降解的限制环节，但如果反应生成的乙酸大量积累，产生酸积累现象，就会抑制降解；最终产甲烷菌利用前一阶段反应产生的 CO_2、H_2 和乙酸生成 CH_4 气体，有机物得以降解。产甲烷过程是整个降解过程的关键步骤，CH_4 气体的生成标志着含碳物质的降解完成。在含碳污染物降解的过程中，可溶性含碳有机物在渗滤液淋洗等作用下进入液相，部分无机碳被用于合成自养微生物的细胞物质，而难降解的含碳有机物则停留在固相中。

有机物的氧化可表示为：

$$C_x H_y O_z + \left[x + \frac{1}{4}y - \frac{1}{2}z \right] O_2 \longrightarrow xCO + \frac{1}{2}yH_2O + 能量$$

细胞物质的合成可表示为：

$$n(C_x H_y O_z) + NH_3 + \left[nx + \frac{n}{4}y - \frac{n}{2}z - 5 \right] O_2 \longrightarrow$$

$$C_5 H_7 NO_2(细胞质) + (nx - 5)CO_2 + \frac{1}{2}(ny - 4)H_2O + 能量$$

细胞质的氧化可表示为：

$$C_5 H_7 NO_2(细胞质) + 5O_2 \longrightarrow 5CO_2 + 2H_2O + NH_3 + 能量$$

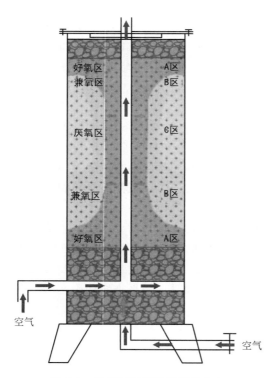

图 5-1　准好氧反应器填埋场分布

厌氧-准好氧联合型生物反应器填埋场结合了两种不同类型生物反应器填埋场的优势：厌氧单元处在一个严格厌氧的环境中，复杂有机物在厌氧细菌的作用下，通过水解酸化和产氢产乙酸反应分解为有机酸和乙醇等小分子物质，最终在产甲烷菌的作用下生成 CH_4 和 CO_2 得以去除；而准好氧单元则同时存在好氧区、兼氧区及厌氧区三个分区（见图 5-1）。在不同的分区活跃的微生物种类不尽相同：好氧区主要为好氧细菌，兼氧区和厌氧区主要为兼氧细菌和厌氧细菌，各个分区的边界则同时存在各种细菌。含碳污染物在各种微生物的作用下迅速降解，其中好氧细菌的降解速率最快、贡献最大（见图 5-1）。

在渗滤液交叉回灌条件下，含有高浓度含碳污染物的渗滤液从厌氧单元流出，依次流经准好氧单元的好氧区、兼氧区、厌氧区、兼氧区、好氧区。有机物得到充分去除后，再返回到厌氧单元，淋洗并溶解生活垃圾中的可溶性有机物，并在厌氧单元进行厌氧分解，如此循环，直到污染物得到完全去除，整个系统得以稳定。

5.1.3　技术优缺点

准好氧填埋场与厌氧填埋场的主要区别在于前者通过直接伸出填埋场外部的渗滤液收集管使得外界空气可以进入填埋垃圾层,垃圾的降解速度大大加快,概括起来,准好氧填埋具有以下优势。

（1）填埋结构简单

准好氧填埋场与厌氧填埋场相似,只是把渗滤液收集主管的末端伸出填埋场外,与大气相通,并不需要其他任何特殊结构。

（2）减小渗滤液积聚下渗污染环境的风险

由于准好氧填埋场渗滤液收集管按一定坡度铺设且直接与大气相连,末端位于渗滤液调节池上部,产生的渗滤液可立即排出填埋场,直接进入调节池,这样就减小了因渗滤液在场底过多积累而带来的渗滤液污染下伏土壤和地下水的风险。

（3）加速垃圾的降解

在厌氧填埋中,垃圾降解速度缓慢,而在准好氧填埋结构中,由于有氧气源源不断进入垃圾层,在一定范围内形成了好氧环境,因而可加速垃圾自身的降解速度,改善渗滤液的水质,促进填埋场的尽快稳定。

（4）改善环境卫生条件

由于好氧条件的形成,有机物很快转化为气态物质,以 CO_2 和水蒸气形式存在;减少了 H_2S 等气体的产生,因此臭味减少,卫生条件得到改善。

（5）减少甲烷气体的排放与处理

由于好氧降解将有机物直接分解成为 CO_2 和水,所以准好氧填埋产生的温室气体——甲烷气体大大减少,因此环境条件也得到相应改善。

（6）投资和运行费用低

与厌氧填埋不同,准好氧填埋是通过自然通风来达到垃圾快速降解的目的,所以其费用尤其是运行费用将大大减少。

5.2　技术类型

5.2.1　厌氧填埋技术

厌氧填埋技术是通过向填埋垃圾体回灌渗滤液和注入其他的液体以保持填埋场内最佳的湿度条件,可生物降解垃圾在缺氧的条件下进行厌氧降解,同时快速产生富含 CH_4 的填埋气体。它具有加速填埋垃圾降解,减轻渗滤液有机污染强度,增大甲烷气体产量、产生速率,进而提高甲烷气体回收利用效益等优势,资源化利用率高,垃圾达到稳定化时间在 4~10 年之间, CH_4 气体产量增加 200%~250%,运行维护费用较低。缺点是渗滤液氨氮浓度长期偏高，不利于渗滤液的生物处理。

5.2.2　好氧填埋技术

好氧填埋技术是将渗滤液、其他液体及空气等根据场内垃圾生物降解需要，通过一种可控的方式加入填埋场。这样不仅大大地加快填埋垃圾的生物降解和稳定速率，减少危害最大的温室气体——甲烷的排放，同时降低渗滤液污染强度和处理费用。国外研究表明，好氧生物反应器填埋场的生活垃圾达到稳定的时间在 2～4 年之间，温室气体减少 50%～90%。由于需要强制通风供氧、渗滤液回灌及其他控制形式，故单位时间内运行费用很高。由于运行维护时间大大缩短，故总的运行维护费用同传统的卫生填埋技术相比相差不大。

5.2.3　准好氧填埋技术

准好氧型生物反应器填埋场利用填埋场内外气体压力差，通过自然进风方式维持渗滤液收集管、排气管及中间覆土周围一定区域垃圾层的好氧状态，使部分垃圾实现好氧降解，同时向场内回灌渗滤液和其他液体。其兼具好氧生物反应器填埋场的部分优点，同时建设成本和运行费用同传统的卫生填埋技术相比差别不大，二次污染程度低。

准好氧填埋技术是在厌氧填埋的基础上，把渗滤液收集管末端直接敞开，在填埋场内外温度差的作用下，外界空气可以进入垃圾层，使垃圾降解速度加快。

准好氧卫生填埋技术是由日本福冈市、福冈大学 1970 年共同开发的一种垃圾处理技术，1979 年被日本厚生省批准推广使用，在日本已经被认定为标准方式。该技术不需鼓风设备，通过增大排气、排水管径，扩大排水和导气空间，使排气管与渗滤液收集管路相通，利用填埋场内垃圾分解产生的发酵热造成内外温差使空气流自然通过排水管进入填埋体，在填埋地表层、集水管附近、立渠或排气设施附近成为好氧状态，从而扩大填埋层的好氧区域，促进有机物分解。空气接近不了的填埋层中央部分等处成为厌氧状态，在厌氧状态领域，部分有机物被分解，还原成硫化氢，垃圾中含有的镉、汞、铅等重金属离子与硫化氢反应，生成不溶于水的硫化物，存留在填埋层中。与垃圾的好氧性填埋相比，准好氧性结构的垃圾填埋场容易建设，维护费用也低，并且能够使垃圾渗滤水水中污染物质快速降解，从而使垃圾渗滤水水质稳定化期明显缩短；与厌氧填埋场相比，除了垃圾分解较快、堆体稳定速度快、大大降低渗滤液的水质水量外，场内危险气体如 CH_4、H_2S 的产量也大大减少，填埋场的安全性及卫生条件更好。此外，在投资和运行费用上它与厌氧填埋场没有多大的差别。由此可见，准好氧垃圾填埋场综合了厌氧性填埋场和好氧性填埋场的优点，是一种很有潜力和挑战性的垃圾处理技术。目前被业内称为"福冈方式"，已推广到许多国家。马来西亚、印度尼西亚、菲律宾、巴西、韩国的多个城市通过与日本进行技术合作也采用了此填埋技术来处理城市生活垃圾。目前我国正准备和日本合作在国内建设这种填埋场的示范工程。

准好氧填埋场结构的集水井末端敞开，利用自然通风，空气通过集水管向填埋层中流通。准好氧填埋技术是在厌氧填埋的基础上，把渗滤液收集管末端直接敞开，在填埋场内外温度差的作用下，外界空气可以进入垃圾层，使垃圾降解速度加快，达到垃圾快速降解的目的。

如填埋层含有有机废物，因最初和空气接触，由于好氧分解，产生二氧化碳气体，气体经排气设施或立渠放出。随着堆积的废物越来越厚，空气被上层废物和覆盖土挡住无法进入下层，下层生成的气体穿过废物间的空隙，由排气设施排出。这样，在填埋层中形成与放出的空气体积相当的负压，空气便从开放的集水管口吸进来，向填埋层中扩散，扩大好氧范围，促进有机物分解。但是，空气无法到达整个填埋层，当废物层变厚以后，填埋地表层、集水管附近、立渠或排气设施左右部分成为好氧状态，而空气接近不了的填埋层中央部分等处则成为厌氧状态。

在厌氧状态领域，部分有机物被分解，还原成硫化氢，废物中含有的镉、汞和铅等重金属与硫化氢反应，生成不溶于水的硫化物，存留在填埋层中。这种期望在好氧领域有机物分解、厌氧领域部分重金属截留，即好氧厌氧共存的方式，称为"准好氧填埋"。"准好氧填埋"在费用上与厌氧填埋没有大的差别，而在有机物分解方面又不比好氧填埋逊色，因而得到普及。

5.3 填埋作业方式

5.3.1 垃圾块体填埋法

垃圾块体填埋法是垃圾压块体分区分类堆砌填埋处理处置的简称。先将经过分选后剩下的垃圾废物分类粉碎、脱水、消毒与粘接、搅拌，然后压缩成带有气、液溢出孔的垃圾块体。

5.3.2 路堤结合填埋

填埋场可在分区分单元填埋的基础上，结合自身地形特征，形成路堤结合填埋作业模式，即"垃圾作基、筑堤为路、兼做平台"，利用含水量小的旱季垃圾修筑成环库围堤和分区堤坝。按库区顺序依次进行填埋作业，每一作业库区填至设计高程后，进行中期覆盖，并配置填埋气和渗滤液收集倒排设施，同时将填埋作业移至下一作业库区。待所有库区填满至设计高程后，由推土机、压实机进行分层摊铺压实，形成一层平台，整个垃圾堆体共设四层平台。通过路堤将作业区与非作业区隔离，可雨污分流，减少垃圾渗滤液产生量。

5.4 填埋作业流程

农村生活垃圾填埋作业主要包括卸料、摊铺、压实、覆盖 4 个步骤。

5.4.1 卸料

提前规划出当天所需的作业区域，并设定倾倒区，然后就地挖出覆盖料，由生活垃圾转运车采用倾斜作业法直接卸料，第一天处置完毕后随即覆盖，第二天如此往复开辟出新的作业区域。

在正常作业不受大的干扰情况下，作业面应当尽量缩小，而做到这一点，现场指挥人员在填埋场开放期间应在作业区用哨子、喇叭或者小旗指挥进来的车辆在作业面的适当位置倾倒生活垃圾，可以使用路障和标志规定出当天作业区。应当将作业区放在作业面的顶端，这是因为摊铺和压实从底部开始比较容易而且效率高。

5.4.2 摊铺

农村生活垃圾填埋过程中采用斜面作业方法实现生活垃圾的摊铺，具体操作过程如下。

① 先将生活垃圾从前至后铺在作业区下部，然后将其堆成约 0.6m 的坡面。

② 推土机沿斜坡面向上行驶，并行使边缘整平，压实生活垃圾，然后覆上一层土并压实，从而形成填埋场的组成单元。

③ 每一单元的生活垃圾高度宜为 2～4m，最高不得超过 6m。单元作业宽度按填埋作业设备的宽度及高峰期同时进行作业的车辆数确定，最小宽度不宜小于 6m。

④ 每填埋一层至少铺 15cm 厚的覆盖材料，且覆盖层表面倾斜度应大于 15°，以利于雨水排出。

5.4.3 压实

压实可以延长填埋场的使用年限，具体方法和参数如下。

① 摊铺层厚：进场生活垃圾的摊铺层厚一般厚度为 60～70cm，且从作业单元的边坡底部到顶部摊铺，生活垃圾压实密度应大于 600kg/m³，一般以 800kg/m³ 以上为宜。

② 压实次数：3～4 次。

③ 坡度：单元的坡度不宜大于 1:3，一般为 4:1 或更小一点。

5.4.4 覆盖

覆盖包括适时覆盖、每日覆盖、终场覆盖，具体内容如下。

（1）适时覆盖

最小压实厚度为 30cm。

（2）每日覆盖

一般情况下，每个作业面在一天工作结束时都应及时覆盖，最小压实厚度为 30cm。

（3）终场覆盖

现代化填埋场的终场覆盖从上至下应由表层、保护层、排水层、防渗层和排气层构成，在气候干燥且经分选后的无机生活垃圾填埋后产生的气体量较少的地区，如宁夏，农村生活垃圾填埋场的终场覆盖层可以设计成三层，从上至下依次为表层、保护层和防渗层，各层的作用、材料和使用条件如表 5-1 所列。

表 5-1 农村生活垃圾填埋场覆盖系统

结构层	主要功能	常用材料	备注
表层	取决于填埋场封场后的土地利用规划，能生长植物并保证植物根系不破坏下面的保护层和排水层，具有抗腐蚀等能力，可能需要地表排水管道等建筑	可生长植物的土壤以及其他天然土壤	需要地表水控制层
保护层	防止上部植物根系以及挖洞动物对下层的破坏，保护防渗层不受干燥收缩、冻结解冻等破坏	天然土壤等	需要有保护层，有时可与表层为同一种材料
防渗层	防止入渗水进入填埋废物中，防止填埋气体逸出	压实黏土、柔性膜、人工改性防渗材料和复合材料等	

① 最终覆盖的厚度一般不小于 60cm。

② 覆盖封顶的黏土厚 50～70cm，再加 20～30cm 的耕植土，并做成中间高、四面低的坡状，压实后进行绿化。

5.5 填埋场中污染物降解影响因素

5.5.1 压实密度

垃圾填埋过程中，压实操作对垃圾降解的影响是多方面的。一方面，压实可改变单位体积垃圾的水分含量：对含水率未达到饱和状态的垃圾进行压实作业，增大压实密度，则单位体积垃圾含水率增大，微生物可利用水分含量增加，微生物作用更加活跃，此时更有利于垃圾降解；反之，填埋垃圾含水率饱和时，压实垃圾将减小单位体积垃圾含水率，不利于垃圾降解。另一方面，对垃圾进行压实会减少垃圾携带的氧气量，从而缩短垃圾好氧降解的时间，不利于垃圾快速降解。

不同的垃圾压实密度对于填埋场稳定进程影响较大，孙晓蕾等[1]通过室内模拟试验得出垃圾压实密度越小垃圾稳定速率越快的结论。

5.5.2　pH 值

填埋垃圾的降解主要是利用微生物的代谢作用来完成，而微生物作用下的反应大部分是酶促反应，pH 值表示的酸碱度对微生物酶活性影响较大。pH 值过高过低都会影响酶促反应速率，甚至导致微生物细胞内酶失活，从而抑制微生物活性，影响垃圾降解速率。例如产甲烷菌最适 pH 值范围为 6.8～7.2，而硝化细菌最适 pH 值范围为 7.0～8.5。微生物生长繁殖对 pH 值要求严格，超出其适宜 pH 值范围则不利于垃圾中有机物降解。

如果渗滤液回灌，对回灌前的渗滤液 pH 值进行调节，可调节填埋场内部的酸碱环境，从而影响微生物的种类和数量，以达到快速降解污染物的目的。由于酸化阶段会出现酸积累造成的酸抑制现象，不利于微生物的生长，因此，此阶段实施 pH 值调节效果显著，通过调节 pH 值，可减少由于有机酸积累而造成的抑制作用，有利于缩短生物反应器填埋场启动时间，让其尽快进入产甲烷阶段，从而促进污染物的降解。pH 值调节需在一定范围内实施，若 pH 值调节不当，有可能致使填埋场中微生物死亡，从而造成与预想相反的结果。同时，在选择 pH 值调节试剂上也应有所取舍，研究发现采用 CO_3^{2-} 或 HCO^- 进行调节效果要比使用 OH^- 好。

5.5.3　温度

温度能影响填埋场内部微生物的活性，进而影响填埋场中污染物降解速率及填埋场稳定化进程。通过温度控制，为填埋场内部微生物提供一个最适宜的生长环境，保持微生物活性，可确保微生物能高效降解污染物。一般来说，填埋场内部生化反应产生的热量足以让其内部微生物处在一个适宜的温度范围内。但在寒冷季节，特别是北方冬天的冰冻期，填埋场内部温度较低，微生物作用较弱甚至停止，不利于污染物的降解。此时采取一定的保温措施就能大大提高污染物的去除效率。然而，对于大型填埋场来说，实施保温措施难度较大，费用较高，其可行性需结合经济因素综合考虑。

温度变化会影响酶促反应的反应速率。一般来说，酶促反应随着温度的升高而加快，温度较低时会抑制酶促反应的反应速率。但温度过高且超过一定限度则会导致微生物酶失去活性，同样会影响酶促反应速率，从而延缓微生物降解垃圾的速率。根据相关研究，填埋场内大部分微生物为中温型微生物，适宜温度范围 25～45℃，最低生长温度为 10～20℃，最高生长温度为 40～45℃。

5.5.4　含水率

水分是微生物维持生长繁殖代谢必不可少的成分，也是微生物进行生化反应必需的介质，因此，垃圾含水率影响着垃圾中微生物降解垃圾的速率。含水率过低将抑制微生物活性，减缓垃圾降解速率；含水率增加可促进营氧物质溶解，促进微生物代谢，利于微生物生长繁殖，加快垃圾沉降和分解。学者[2]研究发现在厌氧状态下，当垃圾含水率在25%～70%范围内时，垃圾产气量与含水率呈对数关系。学者[3]研究发现垃圾含水率为60%～75%时，最有利于垃圾降解。李睿等[4]发现厌氧状态下，垃圾含水率变化主要源于垃圾沉降作用；而好氧状态下，前期垃圾内水量变化与垃圾含水率成正比，后期则与垃圾含水率成反比。兰吉武等[5]通过对比试验发现垃圾初始含水率增大将导致渗滤液产量增大。

5.5.5　运行调控措施

填埋场处理垃圾的过程实质是一个生物降解的过程。因此，通过改变其内部微生物的生长环境，可影响填埋场稳定化进程。对生物反应器填埋场实施人工调控，目的在于创造一个适合微生物生长繁衍的环境，从而加速填埋场内可生物降解有机物的分解转化，最终实现填埋垃圾的快速稳定。主要调控措施有渗滤液回灌、pH值调节和温度控制等。

5.5.6　渗滤液回灌

渗滤液回灌是生物反应器填埋场最核心的手段，通过渗滤液回灌，不但能使填埋场中垃圾保持较高的含水率，同时还能通过渗滤液流动加速传质速度。在厌氧-准好氧联合型生物反应器填埋场中，实施渗滤液回灌有利于微生物相互接种，可尽快达到微生物平衡，更好地促进垃圾的降解。处于不同阶段的填埋场实施不同频率的渗滤液回灌，对渗滤液中污染物浓度去除的影响也各不相同[6～8]。孙英杰等[9]通过试验总结得出结论：酸化阶段较高的回灌频率将导致渗滤液COD增大，而在产甲烷阶段较高的回灌频率有利于渗滤液污染物浓度的降低。但高回灌频率也会导致运作费用增加等诸如此类的运行负担，因此，在考虑去除效率的同时需兼顾经济因素。不同回灌方式对渗滤液中污染物的去除效果也影响较大，赵由才等[10]提出了同质回灌和异质回灌的概念，通过小试试验发现新鲜垃圾柱之间的异质回灌对渗滤液中COD和氨氮的去除效果优于同质回灌。

总之，在实施渗滤液回灌加速填埋场中污染物降解及其稳定化过程中，应综合考虑各种因素，结合实际情况采用不同的回灌方式、回灌频率以及回灌量。

5.6　生物反应器填埋技术

生物反应器填埋技术是指通过有目的的调控措施，强化微生物作用，从而加速垃圾降解，促进填埋场稳定化的一系列运行方式。这些调控措施主要包括渗滤液回灌、覆盖层改良、营养物添加、pH值调节、温度调节和供氧等，其核心是渗滤液回灌[11]。根据运行方式及氧气含量的不同，生物反应器填埋场可分为厌氧型、好氧型、准好氧型以及联合型。

5.6.1 厌氧生物反应器填埋技术

厌氧生物反应器填埋场是在传统卫生填埋场的基础上，通过增加渗滤液回灌、微生物接种等操作运行方式发展而来的。早在1975年，美国GeorgiaTech的Pohland教授率先在实验室开展了渗滤液回灌技术研究，研究发现渗滤液回灌可提高微生物的活性，加速垃圾的稳定化进程，并可大大降低有机污染物浓度[12]。此后，英国、澳大利亚、德国、意大利、日本等国相继开展了渗滤液回灌、污泥接种、pH值调节、温度调节、垃圾破碎以及营养物添加等对垃圾稳定化进程的影响研究。由于渗滤液回灌技术不仅能够改善渗滤液水质，减少渗滤液产生量，提高填埋气体产量，而且可以加速填埋垃圾的稳定化进程，缩短封场后的监管时间，降低填埋场环境风险，因而成为生物反应器填埋场技术研究的热点。

Tittlebaum[13]和Townsend等[14]相继通过试验证实实施渗滤液回灌可加速填埋场稳定。Warith[15]探究了渗滤液回灌等控制手段和填埋垃圾尺寸等垃圾自身的特征对垃圾降解的影响；Sponza等[16]和Sang等[17]研究发现，填埋初期由于垃圾大量降解，有机污染物大量溶出进入液相，渗滤液COD和VFA浓度迅速增大，pH值迅速下降，出现有机酸积累现象；同时，氨氮浓度长期居高不下。

Warith[15]在加拿大TrailRoad填埋场进行了现场试验，发现在厌氧型生物反应器填埋场中实施渗滤液回灌可明显增加填埋垃圾的含水率，从而提高填埋场内部微生物的活性，使得垃圾降解得到加强；Yazdani等[18]将厌氧型生物反应器填埋场和传统填埋场的产气量进行了比较，发现厌氧型生物反应器填埋场进入产甲烷阶段的时间更短，速度更快；Benson等[19]在美国北部5个不同类型的填埋场中同时进行了现场试验，通过比较得出实施渗滤液回灌的生物反应器填埋场更加有利于垃圾降解和稳定的结论。

从20世纪90年代开始，国内众多的专业技术人员和学者专家也开始进行了生物反应器填埋场技术的研究。同济大学的徐迪民和李国建等于1995年在国内率先开展了渗滤液回灌实验，研究表明经过渗滤液回灌的垃圾体相当于一个生物滤池，且垃圾体对渗滤液的COD、BOD的去除率均在95%以上[20,21]。

李启彬[22]通过模拟实验研究了渗滤液回灌频率这一重要指标对厌氧型生物反应器填埋场启动和稳定进程的影响。研究结果表明：厌氧型生物反应器填埋场启动阶段实施3d/次的回灌频率较为适宜；在对回灌渗滤液进行pH值调节的前提下，回灌频率越高，厌氧型生物反应器填埋场开始产甲烷的时间越短，速率越快。

蒋建国等[23]启动了中试规模的厌氧型生物反应器填埋场研究，结果表明：较大的渗滤液回灌负荷能显著加速填埋垃圾的降解，缩短垃圾填埋场稳定化的时间。

韩智勇等[24]研究了渗滤液回灌和温度对填埋垃圾产CH_4速率的影响，并建立了厌氧型生物反应器填埋场固相垃圾水解动力学模型，研究结果表明保持较高温度和较高回灌频率有利于固相垃圾的水解和厌氧生物反应器的快速稳定。

江娟等[25]对比了渗滤液直接回灌和将渗滤液 pH 值调节至 7.5 后再回灌对厌氧填埋结构的影响，结果显示，调节 pH 值之后再回灌能使填埋结构快速进入产甲烷阶段，同时对有机物有较好的去除效果。

郭辉东等[26]分别考察了渗滤液原位回灌和经好氧预处理后再回灌两种不同情况下渗滤液中氨氮和凯氏氮浓度的变化情况，通过对比发现经好氧预处理的渗滤液回灌后可显著加速垃圾中含氮物质的降解。

从国内外学者的研究结果可以得出：厌氧生物反应器填埋场具有加速垃圾降解、能回收利用甲烷气体、降低渗滤液中污染物浓度、减少渗滤液产量等优点，但其也具有一定的不足，如运行期间渗滤液氨氮浓度持续偏高，后期有机污染物浓度衰减速度较慢等[27~29]。

5.6.2　好氧生物反应器填埋技术

通过强制通风使垃圾堆体保持好氧状态，即形成好氧生物反应器填埋场，此时的填埋结构相当于一个大型的好氧静态堆肥反应器。

在国内，李轶伦[30]通过实验发现：好氧生物反应器填埋场中渗滤液 COD 和总氮浓度下降速度较快，去除率均稳定保持在 90% 左右。徐文龙等[31]研究表明：在好氧填埋条件下，渗滤液中有机物和氨氮浓度均能得到有效去除，COD 和氨氮的去除率分别高达 98.99% 和 99.78%。

在国外，大量研究表明，与其他类型生物反应器填埋场相比，好氧生物反应器填埋场污染物去除效率更高，垃圾稳定时间更短，渗滤液产量更少，温室气体甲烷的产量和浓度更低。通过其他一些强化措施，如间接通风、添加活性污泥等，更有利于氮类污染物的去除[32,33]；在填埋后期，渗滤液中重金属浓度很低，毒性较小，填埋场最终沉降可达 30% 左右[34]。

Mertoglu 等[34]研究了通风不足对好氧生物反应器填埋场运行和产甲烷微生物的影响。德国学者通过给稳定后期的填埋场进行通风供氧将其改造成好氧状态，发现在较短时间内便能够有效减少温室气体的释放，同时能促进残余有机物的降解，降低渗滤液中污染物的浓度[35,36]。

由于设计复杂，能耗较高，且不能实现填埋气体回收利用等不足，国内对好氧生物反应器填埋场应用较少；在国外也主要是在填埋场稳定后期考虑将厌氧生物反应器填埋场改造成好氧型，探讨其温室气体释放规律及其快速稳定化规律。因此，好氧生物反应器填埋场的应用较为有限。

5.6.3　准好氧生物反应器填埋技术

准好氧生物反应器填埋技术起源于日本，与 Pohland 教授关于厌氧生物反应器填埋场的研究几乎同步。1975年，日本固废处理专家首次提出了准好氧填埋的概念。此后，通过模拟试验并结合工程实例，日本的专家学者以及工程技术人员对准好氧填埋场的各个方面开展了大量的研究。为了减少渗滤液的处理量，又发展了循环式准好氧垃圾填埋技术。该技术在垃圾层中通入空气加速填埋垃圾中有机物的好氧分解的前提下，回灌渗滤液以保证填埋层中有充足的水分，这样既减少了渗滤液的排放量，又降低了渗滤液的污染强度。我国王琪等的实验研究表明：在回灌的条件下，可使渗滤液中氨氮去除率达到95%，NH_3-N浓度可以降到10mg/L以下；填埋层渗滤液中有机物浓度大大降低，同时渗滤液中硫化物也可得到有效的去除。日本福冈大学的花坞正孝教授，在"准好氧填埋"理论的基础上进行了"循环式准好氧填埋"的实验，并且已经用于实践中，实验得到的结论是：3年间垃圾中的有机污染物约90%转入气相，成为CO_2、N_2等气体；而厌氧填埋有机污染物约90%转入渗滤液中。Shimaoka等[37]通过室内渗漏实验得出的结论是在循环式准好氧填埋的垃圾层中含氮有机物发生硝化和反硝化反应的深度和非循环式准好氧填埋垃圾层中的深度有很大的不同。

垃圾准好氧填埋兼有好氧填埋和厌氧填埋的优点，近年来备受人们的重视，对它的研究也逐渐增多。通过增大渗滤液导排管和导气管管径，并使渗滤液导排管和导气管末端与大气连通，依靠填埋场内外温差产生的动力，使空气自然进入，从而增加填埋场内部好氧区域、促进垃圾降解的方法即为准好氧生物反应器填埋场技术。

从研究的情况看，主要集中在场内垃圾的稳定机理和渗滤液的特征上，对于空气在场内垃圾层中的扩散动力学和填埋气的研究较少。在准好氧填埋技术的基础上发展起来的循环式准好氧填埋是一种将准好氧填埋技术与生物反应器填埋技术相结合的垃圾渗滤液场内循环垃圾处理技术，其在改变渗滤液水质水量、加速垃圾稳定化速率等方面较生物反应器填埋技术和准好氧填埋技术的处理效果更好，对有机物含量高的垃圾处理具有很大的潜力，因此该技术更值得深入研究。对影响回灌的因素、回灌后对场内填埋气体及空气在场内垃圾层中扩散能力的影响、渗滤液的处理等方面的研究很少，几乎为空白。对我国而言仅限于初步的了解，以后很有必要开展这方面的研究，研究重点应放在渗滤液的处理、运行机理、影响因素和设计参数等方面。

Matsuto等[38]详细研究了准好氧填埋场的构造，并阐述了空气通量影响因素以及通过渗滤液收集管空气进入准好氧生物反应器填埋场的机理。Matsufuji等[39]通过建立室内模拟试验得出回灌型准好氧柱比好氧填埋柱有更多有机物转为气相，同时比厌氧柱温室气体产生量更小。

王琪等[40]根据准好氧填埋和厌氧填埋原理，构建了大型模拟填埋场，并对渗滤液水质进行了定期监测，结果表明准好氧填埋结构比厌氧填埋结构更有利于渗滤液中污染物的衰减，氨氮尤为明显。霍守亮等[41]通过室内试验研究了渗滤液回灌准好氧生物反应器填埋场的脱气特性和加速垃圾稳定化特性，研究结果显示回灌准好氧生物反应器填埋场具有较高的脱氮性能，同时能加速有机物降解和垃圾稳定。

郭丽芳[42]采用准好氧填埋结构进行了渗滤液自身回灌试验，证实准好氧填埋结构比厌氧填埋结构稳定化时间短。曾晓岚[43]对准好氧填埋结构进行了部分循环回灌和全循环回灌试验，并提出了深度处理渗滤液的新工艺。程家丽[44]通过对比试验探讨了准好氧填埋场渗滤液中氮类物质的变化规律。庞香蕊等[45]探讨了准好氧填埋结构渗滤液中含氮物质的迁移转化机理。李帆[46]研究了准好氧填埋结构的产甲烷特性。

西南交通大学对准好氧生物反应器填埋场进行了大量的研究，包括准好氧填埋场渗滤液中氨氮变化规律[47]、准好氧填埋场的氮素转化规律[48]、填埋作业对模拟准好氧填埋场稳定化进程的影响[49]、经济效益[50]等多个方面。

为提高渗滤液总氮处理效果，刘丹教授课题组将矿化垃圾生物反应床和准好氧填埋结构相结合，提出了准好氧矿化垃圾生物反应床（SAARB）工艺，并对准好氧矿化垃圾生物反应床的生物脱氮机理[51]、脱氮微生物[52]，反应器结构对渗滤液处理效果的影响，不同进水方式、不同水力负荷下渗滤液处理效果等方面进行了研究。

查坤等[53]在地处青藏高原的格尔木市进行了准好氧填埋单元现场试验研究，研究结果表明在准好氧填埋的基础上实施渗滤液回灌可有效加速垃圾降解。

概括以上研究内容可知：准好氧生物反应器填埋场由于自然进风，运行费用较低，兼具可加速垃圾降解、有效去除氮污染物、减少甲烷排放等优势；但其不能回收利用甲烷气体，也易造成二次污染[54,55]。

5.6.4　联合型生物反应器填埋技术

由不同形式的生物反应器填埋场在时间、空间上进行组合构成了多种形式的联合型生物反应器填埋场[11]。

He等[56]提出了厌氧填埋单元＋UASB反应器模型，并通过实验证明其可加速垃圾降解，提高产气量并有利于甲烷气体的收集。He等[57]针对厌氧填埋单元＋SBR反应器开展了研究，结果表明该联合型反应器可明显加快有机物降解。

刘丹提出了"厌氧生物反应器填埋场＋准好氧矿化垃圾生物反应床"控制技术。通过室内模拟试验，研究发现，由于厌氧-准好氧联合型生物反应器填埋场内部不但存在新鲜垃圾和矿化垃圾两种性质截然不同的垃圾类型，同时在空间结构上形成了好氧-兼氧-厌氧交替出现的复杂分区，这为不同的微生物提供了多样化的生长环境，极大地丰富了填埋场内部的微生物种群及数量。既能使有机物得以快速去除，又能有效地促进各种氮素的相互转化，具有很好的脱氮效果，同时还能降低渗滤液中的污染物浓度，减少后续处理费用。

综上所述：厌氧生物反应器填埋场可回收利用甲烷气体，经济效益较好，但存在运行期间氨氮浓度持续偏高等不足；好氧生物反应器填埋场脱氮效果好，垃圾降解速率快，但运行费用较高；准好氧生物反应器填埋场对氨氮去除效果较好，且运行费用也较低，但对总氮的去除效果有限；联合型生物反应器填埋场能充分利用不同类型的生物反应器填埋场的优势，在保持较高污染物去除效率的同时也能降低运行费用。

5.6.5　生物强化预处理及生物反应器填埋优化组合技术

有机废物是导致我国村镇生态环境污染、影响村容村貌和村镇居民健康的重要因素。目前在我国每年约40多亿吨有机废弃物，其中村镇生活源有机废物、人类粪便以及村镇服务业带来的有机垃圾量所占份额很大，且呈逐年增加趋势，农业污染控制与减排是我国"十二五"工作的重点。垃圾处理一般可以分为卫生填埋、焚烧、堆肥等几种方式。在我国，垃圾处理以填埋为主，占 70％以上，而这些填埋场中非正规填埋比例极高，近 50％为Ⅳ级简易填埋，存在场底无防渗，渗滤液处理、日常覆盖不达标等问题，80％以上会有不同程度渗漏，严重污染环境。因此长期以来垃圾资源化处理与二次污染控制一直是国家和社会关注的焦点。

垃圾填埋初期有机质以降解为主，类蛋白类物质和类腐殖质类物质均发生降解，苯环结构上的脂肪类取代基降解成羧基和羰基，有机质分子量降低；垃圾填埋中后期有机质降解速度减缓，随着时间延伸有机质分子量增大，腐殖化程度增强，稳定性提高。

生活垃圾生物强化预处理技术是一项易腐烂有机物充分腐殖化、稳定化，并促进有机污染物降解、重金属被腐殖质类物质络合降低其生物有效性的技术。该项技术包括生物强化腐殖化接种菌剂及配套使用的有机废物动态返混生物强化腐殖化堆肥技术（图 5-2）。

图 5-2　生活垃圾生物强化预处理系统

通过分阶段接种和动态返混富含有益功能微生物、醌基物质的发酵物料，实现接种菌剂与土著微生物协同共生，使发酵系统有益活菌量提升 1～2 个数量级，达到 10.0～11.01g CFU/g，同时醌基物质不断富集，加速小分子物质的定向腐殖化，腐殖化效率提高 24％。为实现技术转化和产业化推广，开发了有机废物有毒有害物质分选系统、螺旋滚筒堆肥反应器、多阶段接种搅拌堆肥反应器等 10 多项专利设备，并通过耦合模糊顶点和因子分析方法优化工艺技术参数，建立动态反馈调控系统，精确控制腐殖化条件，改善发酵微环境，同时利用富含腐植酸发酵物料作为高效吸附材料去除恶臭气体，形成了有机废物返混发酵全程自动化控制成套装备，使处理周期缩短了 14～16d。该技术不仅可用于填埋场修复筛分垃圾的污染土壤处理，也可以用于新鲜垃圾中有机组分处理。

针对不同的生物填埋方式，建立了填埋场中渗滤液有机物浓度动态变化模型，通过试验数据对模型中的参数进行率定，用效率系数法和 T 检验两种方法对模拟结果进行检验，结果表明实测值和模拟值具有较好的一致性，没有显著性差异（图 5-3）。对模型的参数进行了敏感性分析，为在填埋过程中找到影响污染物降解的关键因素提供了条件。

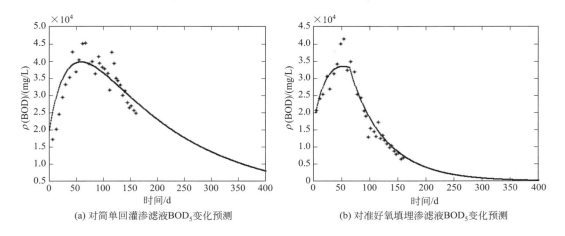

(a) 对简单回灌渗滤液BOD₅变化预测　　　　　　(b) 对准好氧填埋渗滤液BOD₅变化预测

图 5-3　不同填埋方式 BOD₅ 变化预测

5.7　农村卫生填埋场设计规范

5.7.1　设计原则

农村生活垃圾填埋系统设计流程如图 5-4 所示。

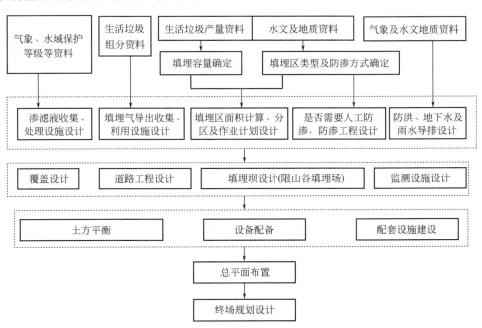

图 5-4　农村生活垃圾填埋系统设计流程

5.7.2 设计方法（以宁夏地区为例）

村镇生活垃圾填埋场涉及的工作和工程主要有场址选择、坝体工程、场区防渗工程、渗滤液无害化工程、填埋气导排工程、截洪沟工程。

5.7.2.1 场址选择

（1）选址原则

① 对预选场址方案进行技术、经济、社会及环境比较，推荐拟定场址，对拟定场址进行地形测量、初步勘查、环境评估和初步工艺方案设计，完成选址报告，通过审查确定场址。

② 农村生活垃圾填埋场应符合地区总体规划、环境卫生专业规划以及国家现行有关标准的要求。

③ 农村生活垃圾填埋处理单元的竖向设计应充分利用原有地形，尽可能做到土方平衡和降低能耗的要求。

④ 场址应远离村镇，应特别注意避开地质灾害容易发生的地区，不应设在下列地区：地震断裂带、活动的坍塌地带、灰岩坑及熔岩洞区、地下水集中供水水源地及补给区、洪泛区和泄洪道或基本农田地区等。

⑤ 农村生活垃圾填埋场设计的服务年限应为 10 年以上，对于设计年限大于 20 年的，需进行一次规划、分期建设。

⑥ 农村生活垃圾填埋场场址的选择需要考虑地理、气候、地表水文、水文地质和工程地质条件因素，此外还要综合经济、交通、社会及人员构成等因素，尽量不涉及征地费用。

⑦ 一般位于夏季主导风向下风向。

⑧ 综合地形、地貌及相关地形图，土石料条件，工程地质与水文地质条件，凡在地貌上呈现山岗三面环绕的地形都是优选场址，应位于工程地质条件稳定地区，不应在填埋后产生不均匀沉降，而且应避开地质灾害易发生的地区。

⑨ 场址基础应位于地下水主要补给区、强径流带之外，如果周围没有更合适的场址，也必须采取人工防渗措施加以弥补。

⑩ 场地基础的岩性最好为黏性土，天然地层的渗透系数应足够小，并且有一定厚度，且该处地下水流速较小。

⑪ 农村生活垃圾填埋场与当地的大气防护、水土资源保护及生态平衡要求相一致。

（2）选址影响因素及指标

村镇生活垃圾填埋场选址的影响因素及指标如表 5-2 所列。

（3）选址的方法及程序

宁夏生活垃圾填埋场选址的方法及程序如下。

① 根据当地农村区域的整体规划、区域地形，以所要填埋生活垃圾的区域中心为圆心，以一定的半径画圆，确定出一个范围，从中排除受到土地利用法规定的土地（如宁夏军事要地、自然保护区、文物古迹等保护目标），缩小可征用土地范围，如果在这个范围内没有合适的场址，需要扩大搜索半径，再次进行选择。

表 5-2　宁夏村镇生活垃圾填埋场选址的影响因素及指标

项目	名称	推荐性指标	排除性指标	参考资料
地质条件	岩层深度	>15m	9m	
	地质性质	页岩、非常细密、均质透水性差	有裂缝的、破裂的碳酸岩层；任何破裂的其他岩层	
	地震	0～1 级地区（其他震级或烈度在 4 级以上地区应有防震、抗震措施）	3 级以上地区（其他震级或烈度在 4 级以上地区应有防震、抗震措施）	
	地壳结构	距现有断层>1600m	<1600m，在考古、古生物学方面的重要地区	
自然地理条件	场址位置	高地、黏土盆地	湿地、洼地、洪水、漫滩	
	地势	平地或平缓坡地、平面作业法坡度 10% 为宜	石坑、沙坑、卵石坑，与陡坡相邻或冲沟，坡度>25%	
	土壤层深度	>100cm	<25cm	
	土壤层结构	淤泥、沃土、黄黏土渗透系数 $K<10^{-7}$ cm/s	经人工碾压后渗透系数 $K>10^{-7}$ cm/s	GJJ 17
	土层排水	较畅通	很不畅通	
水文条件	排水条件	易于排水的地质及干燥地表	易受洪水泛滥、受淹地区，洪水平原	GJJ 17
	地表水影响	离河岸距离>1000m	湿地、河岸边的平地及 50 年一遇的洪水漫滩	GB 3838—1988 标准 I ～ V 类
	分隔距离	与湖泊、沼泽至少>1000m，与河流相距至少 600m	与任何河流相距<50m、至流域分水岭边界 8km 以内	GB 3838—1988
	地下水	地下水较深地区	地下水渗漏、喷泉、沼泽等	GB/T 14848—1993
	地下水水源	具有较深的基岩和不透水覆盖层厚>2m	不透水覆盖层厚<2m	GB 5749—1985 GB/T 14848—1993
	水流方向	流向场址	流离场址	
	距水源距离	距自备饮用水水源>800m	<800m	
气象条件	降雨量	蒸发量超过降雨量 10cm	降雨量超过蒸发量地区应做相应处理	
	暴风雨	发生率较低的地区	位于龙卷风地区	
	风力	具有较好的大气混合扩散作用风向下，白天人口不密集区	空气不流畅，在下风向 500m 内有人口密集区	
交通条件	距离公用设施	>25m	<25m	
	距离国家主要公路	>300m	<50m	
	距离机场	>10km	<8km	
资源条件	土地利用	与耕地、农田相距>30m	<30m	GB 8172—1987
	黏土资源	丰富、较丰富	贫土、外运不经济	
	人文环境条件	人口密度较低地区>500m，离水源地>10km	人口密度较低地区<500m，距离水井 800m 以内，距地表水取水口<1000m	CJ 3020—1993 GB 5749—1985
	生态条件	生态价值低，不具有多样性、独特性的生态地区	稀有、濒危物种保护区	
	使用年限	>5 年	<8 年	

② 填埋场选址工作应充分利用现有的区域地质调查资料，包括气象资料、地形图、土壤分布图、土地使用规划图、交通图、水利规划图、洪泛图、地质图、航测图等，此外还应收集关于废物类型、填埋量、进场生活垃圾的有机质含量等。

③ 根据填埋场选址标准和准则，对前期筛选出的资料进行全面分析，在此基础上筛选出 2～3 个预选场地。

④ 实地勘察：对预选场地的地形、地貌、土地利用情况、交通条件、周围农村居民点分布情况、水文地质情况、工程条件，以及其他与填埋场选址有关的信息和资料。

⑤ 根据实地勘察结果和其他资料，确定预选场地的可选性，分别列出每个预选场地的有利和不利因素，并进行排序。

⑥ 调查地方的法律、法规和政策，如预选场地与当地的法律法规相冲突、相互抵触，则应剔除。

⑦ 通过相关分析方法，如模糊综合评判法、专家系统方法等决定场地可选性的限制因素，并将收集的一系列因素绘制成各种图表，且在图中突出限制性因素的作用。

⑧ 提交预选场地的可行性研究报告，由主管单位报请官方审批，列入国家或地方的计划项目。

⑨ 场地综合地质初步勘查，查明场地的地质结构、水文地质和工程地质特征。

⑩ 由钻探施工单位提出场地地质勘查技术报告，根据地质报告提供的技术资料和数据，由项目主管单位编制场地综合地质条件评价技术报告。

⑪ 工程实施：依据场地的综合地质条件评价技术报告进行场地的详细勘察设计和施工。

5.7.2.2 坝体工程

① 坝顶宽：4～5m。

② 坝内边坡：(1:2)～(1:3)。

③ 坝外边坡：(1:1.2)～(1:2)。

④ 密实度：≥93%。

5.7.2.3 场区防渗工程

（1）防渗层

1）单层衬层系统　单层衬层系统只能用在抗损性低的条件下，有一个防渗层，其上是渗滤液保护层。必要时其下有一个地下水收集系统和一个保护层。

2）复合衬层系统　复合衬层系统的防渗层是复合防渗层，即只由两种防渗材料相贴而形成的防渗层。它们相互紧密地排列，提供综合效力。比较典型的复合结构是上层为柔性膜、其下为渗透性低的黏土矿物层。与单层衬层系统相似，复合防渗层的上方为渗滤液收集系统，下方为地下水收集系统。复合衬层系统综合了物理、水力特点不同的两种材料的优点，因此具有很好的效果。复合衬层的关键是使柔性膜紧密接触黏土矿物层，以保证柔性膜的缺陷不会引起沿两者结合面的移动。

3）双层衬层系统　双层衬层系统含两层防渗层，两层之间是排水层，以控制和收集防渗层之间的液体或气体。同样，衬层上方为渗滤液收集系统，下方可有地下水收集系统。双层衬层系统有其独特的特点，透过上部防渗层的渗滤液或者气体受到下部防渗层的阻挡而在中间的排水层中得到控制和收集。在这一点上它优于单层衬层系统，但从施工和衬层的坚固性等方面看，它一般不如复合衬层系统。研究结果表明，用黏土和高密度聚乙烯（HDPE）材料做成的复合衬层和双层衬层，其中复合衬层的防渗效果优于双层衬层的防渗效果。高密度聚乙烯的防渗能力很强，在不发生破损的情况下，渗滤液穿过高密度聚乙烯防渗层的量非常小，因此即使使用了双层衬层系统，穿过高密度聚乙烯膜的微量渗滤液也将分散在下部黏土层中，高密度聚乙烯膜和黏土层之间的排水系统收集不到渗滤液。当高密度聚乙烯膜发生局部破损渗漏时，对于双层衬层系统而言，渗漏量在下排水层中的流动，可使其在较大面积的黏土层上分布。

但是双层衬层系统适用于以下 2 个方面：a. 在要求安全设施特别严格的地区建设危险废物安全填埋场；b. 在基础天然土层很差（$K > 8.6\text{mm/d}$）、地下水位又较高（距基础底 $< 2\text{m}$）的地方；建设混合型填埋场，即生活垃圾与危险废物共同处置的填埋场。

4）多层衬层系统　多层衬层系统是以上系统的一个综合。其原理与双层衬层系统类似，在两个防渗层之间设排水层，用于控制和收集从填埋场中渗出的液体；不同点在于，上部的防渗层采用的是复合防渗层。防渗层之上为渗滤液收集系统，下方为地下水收集系统。多层衬层系统综合了复合衬层系统和双层衬层系统的优点，具有抗损坏能力强、坚固性好、防渗效果好等优点。但多层衬层系统往往造价也高。

（2）衬层材料

卫生填埋场地表径流和降水会通过土层渗透进入生活垃圾层，在其渗透过程中，会因溶解或冲刷作用以及生活垃圾本身分解和地下水的浸入产生渗滤液。渗滤液是一种成分复杂的污染物质，它会对周围土壤和地下水造成严重污染，从而直接危害人类或通过植被和食物链危害生态及人类生存环境。使用防渗材料作填埋场衬层，可以防止和控制渗滤液的迁移，这是一种减轻或消除生活垃圾污染的可行方法。填埋场地的衬层材料可分为天然材料和人工材料两大类，具体描述如下。

1）天然材料

① 黏土。黏土的选择主要以场地条件下黏土可达到的压实渗透系数来确定。如果某种黏土的土样在最佳湿度条件下，固体密实度达到最大密实度的 $90\% \sim 95\%$，渗透率低于 8.6mm/d，就可用作衬层材料。液限高的黏土往往会导致干裂，塑性指数低的黏土不大适用，所以认真对黏土加以选择并经过适当的压实，便可使黏土衬层产生低渗透率的效果。因此，塑性指数、液限及粒径大小是其主要条件。

② 膨润土改良土壤。众所周知，膨润土吸水后，由于水的增多形成低渗透性的纤维，其体积膨胀可达 $10 \sim 30$ 倍。因此，在黏土中添加膨润土，不仅可以减少黏土的孔隙，使其渗透性降低，而且可以提高衬层吸附污染物的能力。污水与净水相比，污水对膨润土的渗透作用能使其渗透性增加至少一个数量级。在美国大部分卫生填埋场所用的膨润土，均预先经过化学处理，使其具有松散、防污染和高膨胀性的特点，与一定比例的砂子混合后，是一种良好的天然防渗材料。

天然衬层材料的优点在于其成本低、施工难度小，但天然材料的渗透性能不太高，因此铺设厚度要求高，需求量大，工程量大，并且天然材料的机械性能差，安全可靠性能差，这些条件都限制了天然材料的单独使用。

2）人工合成材料

① 合成薄膜。将几种聚合物掺在一起，加上不同的添加剂，形成热塑塑料，一般称为人工合成薄膜。构成这种塑料材料的分子很大，被称为聚合物。影响聚合物物理特性的因素包括分子量的大小、一种聚合物内各种大小不等分子的分布以及单个分子的形状和结构。在聚合物中加上不同的添加剂，以改善制作工艺及产品的实用性。目前，常用的聚合物为高密度聚乙烯、乙烯-丙烯橡胶、丁基橡胶、氯化聚乙烯等。人工合成薄膜的优点是阻水性好、渗透性极低，但这类合成薄膜用作衬层时，下面需要有很牢固、平整的基础层，这仍需要很大的工程量。同时，这类材料在受压不均匀的情况下，易发生剪切破坏，遇硬物、尖物易割破即造成衬层的撕裂，引起渗滤液的渗漏，所以其寿命短、可靠性差。现在，国外发达国家（如美国、英国、德国、加拿大等）将天然半衬层材料和人工合成薄膜结合起来使用，组成复合衬层，效果非常理想。这样可发挥它们各自不同的特点，相得益彰。

② 复合衬层。复合衬层是将人工合成薄膜铺设在压实的黏土层上，利用二者的协同作用，有效地防止渗滤液的渗漏。复合衬层必须严格保证合成薄膜在压实的黏土层之上，若合成薄膜与黏土之间空隙过大，从合成薄膜的小孔或撕裂处漏出的渗滤液就会在黏土衬层表面与合成薄膜之间扩散，从而使合成薄膜失效。

5.7.2.4 渗滤液无害化工程

（1）渗滤液导排

① 盲沟宜采用砾石、卵石、碎石（$CaCO_3$ 含量应不大于 10%）、高密度聚乙烯（HDPE）管等材料铺设，结构应为石料盲沟、石料与 HDPE 管盲沟、石笼盲沟等。

② 石料的渗透系数不应小于 1.0×10^{-3} cm/s，厚度不宜小于 40cm。

③ HDPE 管的直径干管不应小于 250mm，支管不应小于 200mm。

④ HDPE 管的开孔率应保证强度要求。HDPE 管的布置宜呈直线，其转弯角度应小于或等于 200°，其连接处不应密封。

（2）渗滤液处理

渗滤液的产生量根据下式进行计算：

$$W = \frac{YiA}{1000}$$

式中　W——渗滤液产生量，m^3；

　　　Y——区域降雨量，mm；

　　　i——填埋区降雨下渗系数，宁夏的取值一般为 0.5～0.7，具体数值根据当地的实际情况选取；

　　　A——填埋区域回水面积，m^2。

（3）回灌处理

宁夏农村地区由于干旱少雨，生活垃圾中的含水量相对较少，加上农村地区经济水平的限制，所以在源头分类的基础上，其中部分村镇生活垃圾填埋场的渗滤液可以采用回灌方式进行处理。

（4）渗滤液处理系统

对于渗滤液日产生量达到 10t 以上的，无法通过回灌实现减量的，需要设立渗滤处理系统。

适合的渗滤液处理工艺主要有 A/O 生化处理＋化学混凝法、两段好氧生化法、厌氧＋氧化沟法、沉淀＋回灌法等。

5.7.2.5 填埋气导排工程

当村镇生活垃圾中的有机成分含量小于 5％时，填埋过程中无需设置填埋气导排系统；当有机成分大于 5％时，则需设立填埋气导排系统。适合生活垃圾填埋场气体收集系统主要有垂直井收集系统和水平沟收集系统，其中垂直井收集系统适用于分区填埋场，水平沟收集系统适用于分层的填埋场以及山谷自然凹陷的填埋场。

（1）收集系统

① 填埋深度大于 20m 采用主动导气时，宜设置横管。

② 管道材料：PVC、PE。

③ 填埋气体的导排、处理和利用措施应根据填埋场库容、建设规模、生活垃圾成分、产气速率、产气量和用途等决定，应采用能够有效减少甲烷产生和排放的填埋工艺处理含甲烷填埋气体。

（2）处理系统

设备脱水方法一般采用冷凝器、沉降器、旋风分离器或过滤器等，试剂脱水方法一般通过分子筛吸附、低温冷冻、脱水剂三甘二醇等。

5.7.2.6 截洪沟工程

① 截洪沟尺寸：宽 0.6～1.2m，深 0.3～0.8m。

② 截洪沟构筑：混凝土板。

③ 截洪沟坡度：≥0.3％。

5.7.2.7 填埋作业

农村生活垃圾填埋作业详见 5.4 部分。

5.7.2.8 其他

（1）检测和控制

① 填埋场应按建设、运行、封场、跟踪监测、场地再利用等程序进行管理。

② 填埋场建设的有关文件资料，应按《中华人民共和国档案法》的规定进行整理与保管。

③ 在日常运行中应记录进场生活垃圾运输车辆数量、生活垃圾量、渗滤液产生量、材料消耗等，记录积累的技术资料应完整，统一归档保管，填埋作业管理宜采用计算机网络管理。

④ 对于日收纳生活垃圾量大于 50t 的村镇生活垃圾填埋场最少需要设立填埋场监测设施 1 套。

（2）辅助工程

① 填埋场应设置必要的消防器材，消防设施应符合国家现行的防火规范《建筑设计

防火规范》（GBJ 50016）的规定。

② 填埋场场外道路车行道宽度 3.5m，适当增加错车带。

③ 填埋场内生产管理、生活服务区与填埋区的距离应符合安全防护要求，生产管理、生活服务区与填埋区中间宜用绿化隔离带隔离，绿化隔离带宽度一般不小于 8m。

（3）劳动安全与职业卫生

① 填埋场作业人员应经过技术培训和安全教育，熟悉填埋作业要求及安全知识。

② 填埋场使用杀虫灭鼠药剂应避免二次污染。作业场所宜洒水降尘。

③ 填埋场应设道路行车指示、安全标识、防火防爆及环境卫生设施设置标志。

④ 填埋场的劳动卫生应按照《中华人民共和国职业病防治法》《工业企业设计卫生标准》（GBZ 1）、《生产过程安全卫生要求总则》（GB 12801）的有关规定执行，并应结合填埋作业特点采取有利于职业病防治和保护作业人员健康的措施。填埋作业人员应每年体检一次，并建立健康登记卡。

参 考 文 献

[1] 孙晓蕾，刘丹，李启彬. 垃圾压实密度对模拟回灌型准好氧填埋场稳定进程影响的试验研究 [J]. 安全与环境学报，2008，8（3）：64-67.

[2] 马溪平，等. 厌氧微生物学与污水处理 [M]. 北京：化学工业出版社，2005.

[3] 杨琦，尚海涛，施汉昌，等. UASB 结构模型理论探讨 [J]. 中国沼气，2004，22（4）：10-13.

[4] 李睿，刘建国，薛玉伟，等. 生活垃圾填埋过程含水率变化研究 [J]. 环境科学，2013，34（2）：804-809.

[5] 兰吉武，詹良通，李育超，等. 填埋垃圾初始含水率对渗滤液产量的影响及修正渗滤液产量计算公式 [J]. 环境科学，2012，33（4）：1389-1396.

[6] 张自杰. 排水工程下（第 4 版）[M]. 北京：中国建筑工业出版社，2007.

[7] Hessami M A，Christensen S，Gani R. Anaerobic digestion of household organic waste to produce biogas [J]. Renewable Energy，1996，9（1-4）：954-957.

[8] Smith P H，Math R A. Kinetics of acetate metabolism during anaerobic digestion [J]. Applied Microbiology，1966，14：368.

[9] 孙英杰，楚贤峰. 回灌运行参数对新鲜垃圾渗滤液的影响研究 [J]. 环境工程，2007，25（1）：55-55.

[10] 赵由才，石磊，孙英杰，等. 渗滤液的同质与异质回灌技术 [J]. 环境科学学报，2006，26（2）：241-245.

[11] 李启彬，刘丹. 生物反应器填埋场理论与技术 [M]. 北京：中国环境科学出版社，2010.

[12] Pohland F G. Accelerated solid waste stabilization and leachate treatment by leachate recycle through sanitary landfills [J]. Progress in Water Technology，1975，7（3）：753-765.

[13] Tittlebaum M E. Organic carbon content stabilization through landfill leachate recirculation [J]. Journal，1982，54（5）：428-433.

[14] Townsend T G，Miller W L，Lee H J，et al. Acceleration of landfill stabilization using leachate recycle [J]. Journal of Environmental Engineering，1996，122（4）：263-268.

[15] Warith M. Bioreactor landfills：experimental and field results [J]. Waste Management，2002，22（1）：7-17.

[16] Sponza D T, Ağdağ O N. Impact of leachate recirculation and recirculation volume on stabilization of municipal solid wastes in simulated anaerobic bioreactors [J]. Process Biochemistry, 2004, 39 (12): 2157-2165.

[17] Sang N N, Sei S K. Effect of Aeration on stabilization of organic solid waste and microbial population dynamics in lab-scale landfill bioreactors [J]. Journal of Bioscience & Bioengineering, 2008, 106 (5): 425-432.

[18] Yazdani R, Kieffer J, Akau H. Full scale bioreactor landfill for carbon sequestration and greenhouse emission control [J]. Office of Scientific & Technical Information Technical Reports, 2002.

[19] Benson C H, Barlaz M A, Lane D T, et al. Practice review of five bioreactor/recirculation landfills [J]. Waste Management, 2007, 27 (1): 13-29.

[20] 徐迪民, 李国建, 于晓华, 等. 垃圾填埋场渗滤水回灌技术的研究——Ⅰ. 垃圾渗滤水填埋场回灌的影响因素 [J]. 同济大学学报: 自然科学版, 1995 (4): 371-375.

[21] 李国建, 徐迪民. 垃圾填埋场渗滤水回灌技术的研究——Ⅲ. 填埋场对渗滤水净化能力 [J]. 同济大学学报: 自然科学版, 1997 (2): 195-199.

[22] 李启彬. 基于渗滤液回灌的厌氧型生物反应器填埋场快速稳定研究 [D]. 成都: 西南交通大学, 2004.

[23] 蒋建国, 黄云峰, 杨国栋, 等. 中试规模厌氧型生物反应器填埋场的启动 [J]. 中国环境科学, 2007, 27 (2): 145-149.

[24] 韩智勇, 刘丹, 李启彬, 等. 厌氧型生物反应器产 CH_4 期水解动力学模型研究 [J]. 环境科学研究, 2009, 22 (3): 299-303.

[25] 江娟, 詹爱平, 冯斌. 调节渗沥液 pH 回灌对厌氧填埋的影响 [J]. 环境科学, 2010, 31 (10): 2500-2506.

[26] 郭辉东, 何品晶, 邵立明, 等. 渗滤液回灌的氨氮和凯氏氮变化规律 [J]. 中国给水排水, 2004, 20 (1): 18-21.

[27] Pohland F G. Leachate recycle as landfill management option [J]. Journal of the Environmental Engineering Division, 1980, 106 (6): 1057-1069.

[28] Pohland F G, Kim J C. In situ anaerobic treatment of leachate in landfill bioreactors [J]. Water Science & Technology, 1999, 40 (8): 203-210.

[29] Chugh C. Effect of recirculated leachate volume on MSW degradation [J]. Waste Management & Research, 1998, 16 (6): 564-573.

[30] 李轶伦. 好氧回灌法处理城市垃圾填埋场渗滤液的机理研究 [D]. 北京: 中国农业大学, 2005.

[31] 徐文龙, 屈志云, 梁前芳, 等. 好氧填埋技术对渗滤液水质变化的影响 [J]. 环境工程, 2010, 28 (5): 9-12.

[32] Dong J, Zhao Y, Henry R K, et al. Impacts of aeration and active sludge addition on leachate recirculation bioreactor [J]. J. Hazard Mater, 2007, 147 (1): 240-248.

[33] Mertoglu B, Calli B, Guler N, et al. Effects of insufficient air injection on methanogenic Archaea in landfill bioreactor [J]. Journal of Hazardous Materials, 2007, 142 (1): 258-265.

[34] Das K C, Smith M C, Gattie D K, et al. Stability and quality of municipal solid waste compost from a landfill aerobic bioreduction process [J]. Advances in Environmental Research, 2002, 6 (4): 401-409.

[35] Ritzkowski M, Stegmann R. Controlling greenhouse gas emissions through landfill in situ aeration [J]. International Journal of Greenhouse Gas Control, 2007, 1 (3): 281-288.

[36] Heyer K U，Hupe K，Ritzkowski M，et al. Pollutant release and pollutant reduction—impact of the aeration of landfills [J]. Waste Management，2005，25（4）：353-359.

[37] Shimaoka T，Suematsu M，Park S，et al. Numerical simulation of self-purification capacity in a re-circulatory semi-aerobic landfill layer with solid waste [J]. Journal of the Japan Society of Waste Management Experts，1996，7（5）：234-243.

[38] Matsuto T，Tanaka N. Stabilization mechanism of leachate from semi-aerobic sanitary landfills of or-ganics-rich waste [J]. Third International Landfill Symposium，1991：876-887.

[39] Matsufuji Y，Hanashima M，Nagano S，et al. Generation of greenhouse effect gases from different landfill types [J]. Engineering Geology，1993，34（3-4）：181-187.

[40] 王琪，杨玉飞，黄启飞，等. 填埋结构对渗滤液水质变化影响研究 [J]. 环境工程，2005，23（4）：69-72.

[41] 霍守亮，席北斗，樊石磊，等. 回灌型准好氧填埋场脱氮特性及加速稳定化研究 [J]. 环境工程学报，2008，2（2）：253-259.

[42] 郭丽芳. 回灌型准好氧填埋场实验模拟研究 [D]. 重庆：重庆大学，2006.

[43] 曾晓岚. 垃圾渗滤液循环回灌原位处理试验研究 [D]. 重庆：重庆大学，2007.

[44] 程家丽. 准好氧填埋场内氮素动态变化特征研究 [D]. 重庆：西南大学，2007.

[45] 庞香蕊，黄启飞，汪群慧，等. 准好氧填埋渗滤液中氮转化机理 [J]. 生态环境学报，2008，17（5）：1802-1806.

[46] 李帆. 准好氧填埋场产甲烷特性研究 [D]. 杨凌：西北农林科技大学，2006.

[47] 张陆良. 准好氧填埋场垃圾渗滤液中氨氮变化规律的室内模拟研究 [D]. 成都：西南交通大学，2004.

[48] 林娜. 准好氧填埋场氮素转化规律模拟实验研究 [D]. 成都：西南交通大学，2009.

[49] 孔延花. 填埋作业对模拟准好氧填埋场稳定化进程的影响研究 [D]. 成都：西南交通大学，2008.

[50] 肖昱昱. 准好氧填埋现场试验及经济性研究 [D]. 成都：西南交通大学，2006.

[51] 陈锦文. 矿化垃圾处理渗滤液中氮化物的试验研究 [D]. 成都：西南交通大学，2007.

[52] 张爱平，刘丹，韩智勇，等. 准好氧矿化垃圾床处理渗滤液的脱氮菌群研究 [J]. 环境科学研究，2011，24（1）：102-109.

[53] 查坤，刘丹，李启彬. 青藏高原地区准好氧填埋单元试验研究 [J]. 环境工程学报，2007，1（8）：120-125.

[54] Park S，Kusuda T，Shimaoka T，et al. Simulation on behaviors of pollutants in semi-aerobic landfill layers [J]. Journal of the Japan Society of Material Cycles & Waste Management，1997，8（4）：147-156.

[55] Tanaka N. Special issues waste landfill and environment preservation. Quantity and quality issues on landfill leachate and the function of semi-aerobic landfill [J]. Waste Management Research，1993，4（1）：41-46.

[56] He R，Shen D S，Wang J Q，et al. Biological degradation of MSW in a methanogenic reactor using treated leachate recirculation [J]. Process Biochemistry，2005，40（12）：3660-3666.

[57] He P J，Shao L M，Qu X，et al. Effects of feed solutions on refuse hydrolysis and landfill leachate characteristics [J]. Chemosphere，2005，59（6）：837-844.

第**6**章 农村固体废物处理技术新方向

6.1 农村固体废物热解气化技术

6.1.1 技术简介

　　热解气化技术可用于处理农村垃圾、秸秆等可燃有机物,利用热解气化中不同时期和阶段将农村垃圾在相应的温度下还原后生成可燃气体并通氧高温燃烧的原理,无害化地将垃圾妥善处理[1]。本技术和装置的核心是热解气化技术,独特的热解气化室设计,有效地避免了垃圾架空、黏结等常见问题,实现垃圾气化充分和有机物的彻底分解。垃圾在200℃时开始气化分解,使垃圾中的可分解物质分解成为可燃气体,在缺氧条件下,温度在500~600℃时可燃气体浓度即达到最好条件。然后通过经独特设计的负压烟道将可燃气体引入燃烧室,再供以充足的空气,使可燃气体在850~1000℃的高温下充分燃烧,使有毒有害物质完全分解,达到无害化。

　　热解气化分为热解和气化两种,无氧条件下进行的是热解,缺氧条件下进行的为气化,因此,外热式一般被称为热解,内热式一般被称为气化[2]。根据产物可以分为垃圾制炭、垃圾制油和垃圾制气,一般情况下,慢速热解称为炭化,常速热解称为气化,快速热解称为液化[3]。

6.1.2 技术原理

　　热解气化炉内燃烧层次的分布如图 6-1 所示。

　　热解气化炉从上到下依次为干燥层、热解气化层、燃烧层、燃尽层[4]。垃圾首先在干燥层由炉膛壁面辐射,高温热解气化烟气对流以及热解气化层导热三方作用下干燥,其中的水分挥发。干燥后垃圾在热分解段和气化燃烧段分解成一氧化碳、气态烃类等可燃物进入混合烟气中。热解气化后的残留物(液态焦油、较纯的碳素以及垃圾本身含有的无机灰土和惰性物质)进入燃烧层充分燃烧。燃烧层沿高度方向可分为氧化区和还原区。氧化区内碳、焦油和氧气发生剧烈的氧化反应,燃烧温度可达到 850~1000℃,燃烧产生的热

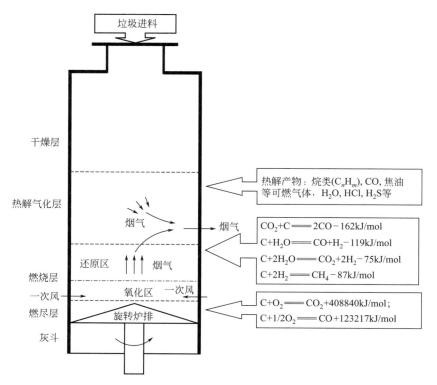

图 6-1　工作原理示意

量用来提供还原区、热解气化层和干燥层所需的热量。还原区内 CO_2 和 H_2O 被炽热的碳还原，产生 CO、H_2 等可燃气体，进入混合烟气中。

　　燃烧层产生的残渣经过燃尽层继续燃烧完全后，经炉排的机械挤压、破碎，落入灰斗，人工定期排出炉外。热解气化炉产生的混合烟气进入二燃室燃烧。助燃空气、来自预干燥装置的水蒸气和低沸点可燃气体由热解气化炉底部旋转炉排上方的一次风管送入炉膛。其中，空气能给燃烧层提供充分的助燃氧。当燃烧过程中消耗了大量氧后，空气在上行至气化段和热分解段时继续提供参与反应的氧。而干燥产生的水蒸气可作为热解气化层的部分气化剂。立式炉型和独特的风管送风方式满足了垃圾在关键的热分解气化阶段温度和反应空气量（欠氧和无氧），并能使参与反应的垃圾持续在这个环境下足够的时间。

　　由此可以看出，垃圾在热解气化炉内经热解后实现了能量的两级分配，热解成分进入二燃室焚烧，热解后的残留物在热解气化炉的燃烧层焚烧，垃圾的热分解、气化、燃烧形成了向下运动的动态平衡，在投料和排渣系统连续稳定运行的外部条件下，炉内各反应段的物理化学过程也连续、稳定地进行，因此热解气化炉可以连续、正常地运转。

　　烟气进入二燃室后向上折流 90°，与 1 级烧嘴提供的高温旋流空气充分混合，增加气体在二燃室的湍流程度，并剧烈燃烧；随后烟气经过 4 次折流，依次流过 2 级烧嘴、3 级烧嘴和 4 级烧嘴后，进入沉降室除尘。每级烧嘴均能提供高温旋流空气，补充烟气中的氧气，使热解过程产生的可燃物在二燃室的富氧、高温条件下充分燃烧。烟气在二燃室的停留时间超过 2.0s，焚烧温度达到 900℃左右。烟气在二燃室中的运动状况使得二燃室起到了离心和除尘的作用,烟气中夹带的粉尘很大一部分在二燃室的沉降室中收集,由排灰装置排出二燃室。

6.1.3 工艺流程

热解气化成套设备由预处理装置、进料装置、螺旋挤压式预干燥装置、一燃室、二燃室、旋转炉排、余热锅炉、袋式除尘器、引风机、烟囱、自动控制系统等组成[5]。垃圾经破袋、磁选、破碎后,由皮带输送机送入螺旋挤压式预干燥装置的进料口。该热解气化炉的燃烧过程分为两个阶段:第一阶段为缺氧状态的热解气化和燃烧,在一燃室内进行,工作温度控制在 750℃ 左右,使垃圾中的不挥发可燃物完全燃烧,而可燃的挥发性气体则进入二燃室;第二阶段为过氧燃烧,在二燃室内进行,工作温度控制在 900～1100℃,使一燃室送入的可燃气体与充足的高温空气混合,形成涡流,充分燃烧产生高温烟气在烟道中多次折流,进入 1 级和 2 级沉降室除尘后,送入余热锅炉,回收其热量用于供热。其工艺流程如图 6-2 所示。

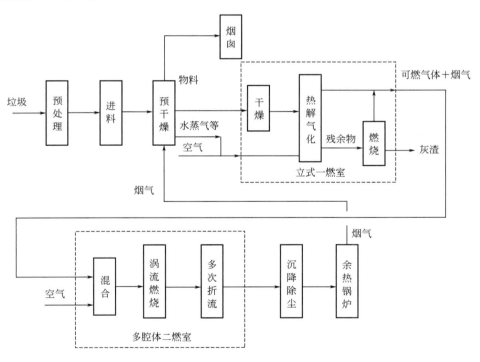

图 6-2 小型垃圾热解气化装置工艺流程框图

6.1.4 技术性能

热解气化技术区别于垃圾直接焚烧技术,焚烧技术中炉排直接焚烧是一个强氧化过程,焚烧过程中会产生大量的 SO_2、HCl 和 NO_x,同时,因炉排无法承受 1000℃ 以上的高温，使焚烧的工作温度受到限制，而 1000℃ 以下的焚烧温度难于使二噁英完全分解[6]。

热解气化焚烧技术的核心作用是可抑制二噁英。其一，在二燃室内，采用过氧燃烧，将温度控制在 850～1000℃ 的气体停留大于 2s，使多氯联苯类物质、残炭等完全燃烧分解，二噁英残留量极少。其二，已分解的多氯联苯类物质在有 $CuCl_2$、碳原子催化的条件下，在 250～300℃ 温度会再合成二噁英。但在一燃室内，温度控制在 600～800℃，控制给氧量呈还原气氛，铜、铝、铁不会被氧化，没有 CuO 等产生也不会有 $CuCl_2$ 的产生和存在，也就没有使二噁英再合成的催化剂（CuO、$CuCl_2$ 等化合物），没有了 $CuCl_2$ 和碳原子的催化，二噁英的合成也就不可能。

同时热解气化技术还能减少 NO_x 和 SO_2 的排放，这是因为一燃室缺氧燃烧属还原性气氛，N、S 极少氧化而被残留在残渣中。而独特的二燃室设计确保烟气形成湍流，与空气中的氧气充分混合，所需空气过量程度低，相应地减少了来自空气的 N 源，使得 NO_x 排放降低。

此外，有研究表明，热解气化反应后，垃圾中含有的氯元素绝大部分转移到固相产物（底渣）中，使得排烟中 HCl 含量大大低于常规生活垃圾焚烧炉的标准限值[7]。

主要炉型技术特点比较如表 6-1 所列。

表 6-1　主要炉型技术特点比较

比较项目	机械炉排炉	流化床炉	热解气化炉
燃料适应性	主要热值在 3300kJ/kg 以上的生活垃圾，成分和热值变化对焚烧有影响。对垃圾的均匀特性要求一般。当热值大于 3760kJ/kg，水分小于 50% 时，可不添加辅助燃料	主要热值在 3300kJ/kg 以上的垃圾、污泥等，成分和热值变化对焚烧影响不大，适应性广。一般需添加辅助燃料	主要热值在 3300kJ/kg 以上的垃圾，包括生活、工业和医疗垃圾等。除点火过程，一般不添加辅助燃料
焚烧方式	层燃方式	半室燃，采用煤粉流化燃烧技术，但由于垃圾性状的限制，流化状态不易控制	层燃与室燃相结合，分级燃烧，通过控制空气量、炉膛燃烧工况，合理分配化学能的释放，达到更优的燃烧状况
燃烧工况	无强烈辐射，容易局部断火形成夹生，甚至造成熄火	有石英砂辅料蓄热，燃烧工况较稳定	炉型紧凑，热强度大，炉温分层，有利于燃烧
燃烧性能	垃圾基本不需预热处理。炉膛燃烧温度为 900℃ 左右，当垃圾热值合适时，燃烧较充分，灰渣灼减量在 3%～5% 之间；当垃圾热值低于 3760kJ/kg 时，需投入较多辅助燃料；垃圾热值过高时，可能出现结焦	对燃料粒度有较高要求，需进行初分拣或破碎，一般垃圾粒径要求在 150mm 以下。由于炉膛内热容量很大，对垃圾成分、热值波动不敏感、燃料适应性较广，灰渣灼烧减量 <1%。但是具有一定的床料（如石英砂等）消耗	垃圾基本不需预热处理。一燃室热解温度为 700℃ 以下，二燃室温度控制在 850℃ 以上，可燃成分分解完全，燃料充分，灰渣灼烧减量 <3%
燃烧控制	缓慢燃烧，条件较复杂，温度自动控制较难	燃料适应性较好，温度波动不大，温度控制较易实现	燃料适应性好，燃烧稳定，温度控制容易实现
设备结构	焚烧炉外形较大，需多层钢平台供操作维护用。炉排为转动部件，维修较复杂，维修量大，维修成本高，焚烧与热交换一体	由于炉膛负荷大，炉子十分紧凑。无转动件，但炉内耐火层维修量大	总体分为一燃室、二燃室，结构紧凑，设备维护量小，需另配余热锅炉
垃圾预处理	无需预处理，垃圾在进料时被剪断	预处理为小粒径，以利于燃烧，因为瞬时燃烧，一般将垃圾破碎到 15cm 以下，要求较高	无需预处理，垃圾进料时被挤断

续表

比较项目	机械炉排炉	流化床炉	热解气化炉
排放物	粉尘排放较少,炉膛温度在850~1100℃,燃烧较充分,SO_2、NO_x 等酸性物质排放相对较高。燃烧炉出口含尘量<3500mg/m^3,正常情况下由于炉排的运动使垃圾不断翻滚,烟气在炉内停留时间超过 2s,能部分实现对二噁英的控制	可在炉内实现脱硫,SO_2 排放量小,炉膛温度在 750~900℃之间,空气量较易控制,氮氧化物生成少,但是具有生成 N_2O 的问题。粉尘量大,焚烧炉出口含尘量可达 15000~20000mg/m^3。烟气在炉内停留时间超过 3s,能较好地实现对二噁英的控制	炉料没有扰动,粉尘排放少,焚烧炉出口含量<3500mg/m^3。实现了分级燃烧,容易达标。一燃室温度<850℃,二燃室温度在 850℃以上,有毒物质分解完全,燃烧充分,烟气在二燃室停留时间超过 2s,二噁英排放趋近于零,由于烟气中含灰少,重金属极少
运行成本	电耗较低,总体运行成本高	电耗高,消耗石英砂,垃圾需破碎,运行成本偏高	电耗最低,运行成本低

6.1.5　热解气化技术优缺点

（1）占地省

热解气化技术装置结构紧凑、体积小，无需外加除尘装置，因此占地面积小，同时可采用多套或单套使用，选址容易，就近就地处理，就地排放，进多出少，节约大量土地[8]。

（2）运行成本低

装置体积小、投资小；除首次点火外，无需添加辅助燃料；在不添置除尘设备的条件下，也足以满足烟尘排放的有关法规；因此，运行成本低。

（3）污染自控能力强

由于本装置热解气化室采用固定床厚料层的热解气化反应方式，没有像直火型焚烧炉中的搅拌、翻转作用，且没有鼓风机，因而产生的飞灰极少[9]；加之燃烧室和烟道的独特设计，粉尘在设备内自行沉降，从而使从烟道排除的气体中灰尘极其有限，在不添置除尘设备的条件下，也足以满足烟尘排放的有关法规。

有利于对二噁英的分解控制，各项环境排放指标能达到《生活垃圾焚烧污染控制标准》（GB 18485—2014）10 项标准（烟尘、二氧化硫、氮氧化物、氯化氢、一氧化碳、汞、镉、铅、烟气黑度、二噁英）。

（4）减量化显著、对环境影响小

垃圾减量化显著、对环境的影响小。

（5）结构紧凑，操作简单

设备采用一体化设计，实现设备紧凑、小型化、便于安装和操作。

6.1.6　热解气化设备类型

根据炉型结构可以分为炉排床、回转窑、固定床（移动床）和流化床。

6.1.6.1　炉排床

炉排床热解气化炉主要根据炉排焚烧炉发展而来，具有结构紧凑、体积小、炉排固定和造价低、处理量大等优点。垃圾无需进行预处理，因此对垃圾成分和种类的变化适应能力强。经过燃烧后的气体中有害污染物含量低，易达到国家标准。但要控制其垃圾含水率，炉子的高温腐蚀问题较难解决。投资回收期长。

6.1.6.2 回转窑

回转窑热解气化炉对垃圾适应性很强，无论是大块垃圾、小块垃圾、工业垃圾等均可处理。垃圾经过稍微破碎分选后直接送至回转窑内低温热解气化。由于在无空气条件下热解气化，其热解气气体热值高，氮气含量低，由于垃圾处于还原性气氛下，垃圾中的金属能以单质状态随炉渣排出。但是回转窑体积庞大，投资稍大，且有效利用面积小，需要外加热源，增加其运行难度，其密封性较难处理。

6.1.6.3 固定床

固定床气化炉主要包括上吸式气化炉和下吸式气化炉两种（见图6-3）。上吸式气化炉的优点是：残炭与气化媒介充分混合燃烧，燃尽程度较高，灰渣的含碳量较低，排渣温度也低，炉排受到从下部供入的空气的冷却，炉排的工作条件得到缓和，燃气洁净度高。上层垃圾对气化气起过滤作用，气化气含灰量低。缺点是：气化气焦油含量高，混入气化气的焦油在温度降低时会凝结成固体造成输气管道和用气设备堵塞；加料不方便，由于气化气的出气口与垃圾进料口正好都在热解气化炉顶部，且炉内又是正压工况，因此必须采用密封式加料装置完成加料；下吸式气化炉的优点：气化气焦油含量低，热解气裂解充分，大部分焦油裂解为可燃气体，加料端不必进行密封，炉内处于为负压状态。密封性要求不高。缺点是：气化效率低，炉床的阻力较大，气化气热损失较大，灰渣中碳含量较高，炉排的工作条件较为恶劣，燃气中的含灰量很高。

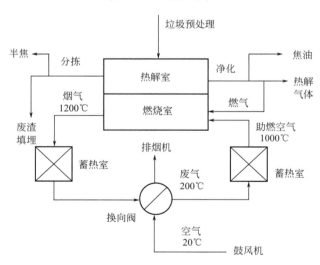

图6-3 固定床下吸式热解工艺流程

6.1.6.4 流化床

流化床气化炉主要有鼓泡流化床气化炉、循环流化床气化炉和双效流化床气化炉三种形式。鼓泡流化床气化炉气体流速较低，从而气化反应集中在气化炉下部的密相区。密相区压力大，在此处加料必须采取锁气措施。炉内垂直方向上喘动剧烈，而水平方向上相对较慢，对物料燃烧传播不利。循环流化床采用较高的气流速率，炉膛出口安装了气固分离装置和回送装置，物料循环倍率很高，对物料适应性强。可是，一旦循环状况不佳，可能会使炉内物料吹空或堵塞，造成安全隐患。双效循环流化床气化炉采用气化炉与燃烧炉分开形式，通常以砂子为传热介质，完成生物质或垃圾的气化。流化床气化炉一般需要较大的空气流量，获取的可燃气热值一般很低。

6.2　超临界水氧化技术

在超过水的临界温度 374℃ 和临界压力 22.1MPa 的高温高压条件下，处于超临界状态的水能与有机物完全互溶，同时还可以大量溶解空气中的氧，而无机物特别是盐类在超临界水中的溶解度则很低。超临界水氧化技术是利用超临界水作为特殊溶剂，水中的有机物和氧气可以在极短时间内完成彻底的氧化反应，无机盐作为沉淀物与固体物质一同析出，反应产物通过分离装置进行固、液、气分离，转化为无毒无害的水、无机盐以及二氧化碳、氮气等气体。

该技术效率高，处理彻底，有机物能完全被氧化成无毒的小分子化合物，有毒物质的清除率达 99.99% 以上；二噁英类有毒物质在 CH_3OH 和 Na_2CO_3 等试剂的促进作用下能被氧化而不产生其他有害物质；焚烧飞灰中的重金属也能通过超临界水氧化技术捕集。超临界水氧化技术也存在着一些有待解决的问题，如反应条件苛刻、对金属有很强的腐蚀性，但由于它本身所具有的处理有害废物方面的优势，是一项有着发展和应用前景的新型处理技术。

6.3　发酵床养殖技术

6.3.1　技术简介

发酵床生猪养殖法是利用高效有益菌种与垫料构建生猪生长的发酵床基质，通过床体中功能菌的新陈代谢消耗垫料中的纤维素、半纤维素等大分子物质，同时分解生猪排泄的粪尿，从而实现对周围环境零排放的一种生态养殖方法[10]。

6.3.2　技术原理

发酵床零排放养猪技术在养猪棚内根据不同类型猪群全面铺设一定厚度的谷壳、锯末和发酵床专用菌饲料添加剂等混合物，猪所排出的粪尿在猪棚内经微生物完全被发酵迅速降解消化，养猪场内外无臭味，氨气含量显著降低，不需要专门清理猪棚里的粪便，没有冲圈污水，也不会对环境及地下水源造成污染，从而达到免冲洗猪栏的零排放，源头实现环保无公害养殖的目的。发酵好的垫料可作肥料或作饲料（可用于饲养低等动物，用秸秆作垫料的发酵物还可用于养牛、养羊等)[11]。

6.3.3 技术工艺

发酵床零排放生态养猪技术用锯末、秸秆、稻壳、米糠、树叶等农林业生产下脚料配以专门的微生物制剂——益生菌来垫圈养猪，猪在垫料上生活，垫料里的特殊有益微生物能够迅速降解猪的粪尿排泄物，这样，不需要冲洗猪舍，从而没有任何废物排出猪场，猪出栏后，垫料清出圈舍就是优质有机肥，从而创造出一种零排放、无污染的生态养猪模式。发酵床养殖污染防控技术工艺流程图见图6-4。

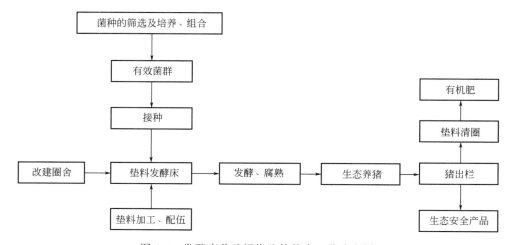

图 6-4　发酵床养殖污染防控技术工艺流程图

6.3.4 技术特点

发酵床养猪技术的特点可概括为六节约、三提高和一降低。

（1）六节约

① 节约人工，发酵床养猪可以2～3年清除一次圈舍垫料，仅减少猪圈清理一项，可以节约劳动力50%以上。

② 节约用水，猪舍地面无需冲洗，可节约用水90%以上。

③ 节约用料，猪舍垫料中拌入的乳酸等益生菌可促进生猪胃肠消化，提高饲料转化率，节约饲料10%左右。

④ 节约药费，猪生活在较多有益菌环境中，极少发病。

⑤ 节约土地，环保养猪场不需另建沼气、污水池和粪场等设施消纳污水和猪粪，进而少占用土地。

384

⑥ 节约取暖费用。

（2）三提高

① 提高生猪生长速度，微生物发酵过程产生热量，垫料表面夏天温度达到 27～28℃，冬天提高到 17～18℃，冬夏都有利于生猪生长，育肥期平均可以缩短 10～15d。

② 提高猪肉品质，发酵床养猪使猪的发病率极低，药物使用少，基本解决了猪肉的药物残留问题，达到了无公害食品标准；

③ 提高养猪经济效益，100kg 左右的肥猪，可以节约 20～25kg 饲料，节水 80％～90％，商品猪价格比普通猪高 0.6～1.0 元，即使不考虑人力节约因素，每头猪可增效 50～80 元。

（3）一降低

降低了污染，发酵床养猪技术解决了传统养猪业发展过程中排放的污水、臭气等污染物对农村河流、沟渠和饮用水源地造成的污染，有利于农村生态环境保护。

6.3.5　发酵床功能菌群的组成及其功能

发酵床功能菌群的粪便分解能力首先取决于发酵菌种的组成和活性，如果菌群的发酵温度不能在 50℃ 以上维持一段时间，则粪便中的病原菌不能有效被杀灭；但是如果菌群发酵持续发热，则会使发酵床垫料过快分解，若菌群的发酵方式均为有氧发酵，则氧气浓度较低的深层垫料中的有机物质则不能有效分解；若均为厌氧发酵，则垫料表层的大量粪便无法分解消除，发酵床养殖过程中还需要不同种类的菌种进行分工发酵，分别分解粪便中所含的糖类、淀粉、纤维素等不同有机物质[12]。同时，还要考虑生猪拱食的因素，使有益菌定植于生猪肠道，以增强其抗病性。因此，发酵床功能菌是由多种有益菌种及其代谢产物组成在养殖过程中粪便、垫料分解及动物体内代谢等方面发挥作用。发酵床制作过程中常用的菌种主要包括光合细菌、酵母菌、乳酸菌、芽孢杆菌和放线菌等。

参 考 文 献

[1] Chu C P，Lee D J，Chang C Y. Thermal pyrolysis characteristics of polymer flocculated waste activated sludge. [J]. Water Research，2001，35（1）：49-56.

[2] 战祺.固体废物气化基础研究 [D].沈阳：东北大学，2009.

[3] 董玉平，郭飞强，董磊，等.生物质热解气化技术 [J].中国工程科学，2011，13（2）：44-49.

[4] 卢苇.垃圾焚烧过程的流动、传热及热解机理研究 [D].广州：华南理工大学，2001.

[5] Ni M J，Gang X，Yong C，et al. Study on pyrolysis and gasification of wood in MSW. [J]. 环境科学学报：英文版，2006，18（2）：407-415.

[6] 蒋绍坚，张灿，匡中付，等.生物质高温气化实验研究 [C] // 2006 中国生物质能科学技术论坛.2006.

[7] 祝建中，祝建国，刘德启.影响垃圾焚烧灰渣中固相氯向气态氯转化因素的研究 [J].环境卫生工程，2005，13（2）：22-24.

[8] Shie J L，Tsou F J，Lin K L，et al. Bioenergy and products from thermal pyrolysis of rice straw using plasma torch. [J]. Bioresource Technology，2010，101（2）：761-768.

［9］　Jiang H，Ai N，Wang M，et al. Experimental Study on Thermal Pyrolysis of Biomass in Molten Salt Media ［J］. Electrochemistry，2009，77（8）：730-735.

［10］　贾涛. 发酵床技术在生猪养殖中的应用研究 ［J］. 猪业科学，2010，27（11）：30-35.

［11］　仲晓兰. 生猪发酵床养殖技术 ［J］. 当代畜牧，2014（29）：9-10.

［12］　秦竹，周忠凯，顾洪如，等. 发酵床生猪养殖中菌种与垫料的研究进展 ［J］. 安徽农业科学，2012，14（30）：14771-14774.

第7章

农村生活垃圾处理与资源化技术案例

7.1 嘉兴市元通街道垃圾分类减量资源化处理工程

浙江省嘉兴市元通街道区域面积 34.42km²，下辖新兴、凤凰、电庄、永福 4 个社区和青莲寺、兴隆 2 个行政村，户籍人口 2.08×10⁴ 人。为全面推进街道垃圾处置工作，缓解"垃圾围城"和处置危机，构建合理有效的垃圾处理体系，实现可再生资源循环利用，进一步改善街道人居环境，于 2017 年 3 月与 8 月分别发布了《元通街道垃圾分类和减量行动实施方案》《元通街道垃圾分类处理规范》，并确定了生活垃圾的分类与处理方法。

在垃圾分类中，街道试行"居民分类—社区收集—垃圾分拣—资源化处理"收集处理机制，生活垃圾分为可腐烂垃圾和不可腐烂垃圾两种，分类清运、分类处置取得了良好成效。

（1）可腐烂垃圾

即餐饮垃圾和厨余垃圾，其中餐饮垃圾指餐馆、饭店、单位食堂等的饮食剩余物以及后厨的果蔬、肉食、油脂、面点等加工过程中产生的废物；厨余垃圾指家庭日常生活中丢弃的果蔬和食物下脚料、剩菜剩饭、果壳瓜皮等以及各农贸市场和水果经营主体产生的废弃蔬菜、水果、水果皮、肉类、鱼类、动物内脏等有机垃圾。

（2）不可腐烂垃圾

指除可腐烂垃圾以外的各种废物，如塑料袋、泡沫盒、纸、玻璃、旧衣服、橡胶等。

元通街道垃圾分类资源化处理利用模式如图 7-1 所示，对于不可腐烂垃圾通过收集运输和集中再分拣，可回收垃圾进入市场再利用，剩下不可回收垃圾按原有处理渠道进行外运、焚烧或填埋处理；对于过期药品交由卫生管理部门，农药瓶（袋）由供销系统回收，废旧电池交由环保公益组织处理；对于可腐烂垃圾采用机械快速发酵技术处置。下面将对可腐烂垃圾的资源化处理技术进行重点介绍。

可腐烂垃圾采用浙江大学-浙江传超环保科技有限公司联合研发的机械快速成肥技术进行资源化处理，工艺流程如图 7-2 所示。可腐烂垃圾经破碎匀质后进入层递式好氧动态堆肥发酵仓体，通过间歇式鼓风曝气、机械搅拌、负压引风以及智能辅助加热强化生物作

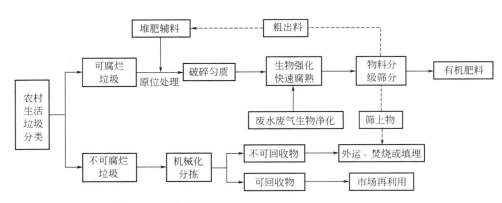

图 7-1　嘉兴市元通街道垃圾分类资源化处理利用模式

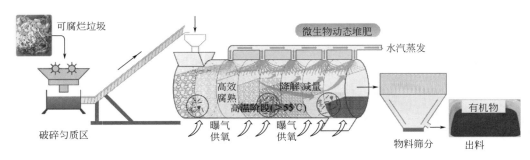

图 7-2　机械快速成肥技术工艺流程

用，10～15d 即可实现堆肥快速腐熟，且堆肥产品的各项指标均能够满足《有机肥料》（NY 525—2012）的相关要求。基于可编程逻辑控制器（PLC）智能控制的机械快速成肥设备如图 7-3 所示，全自动进料破碎均质一体化，出料自动筛分除杂，设备运行比能耗（运行成本）≤70kW·h/[t(垃圾)·d]，堆肥产品的植物种子发芽指数达到 90% 以上。

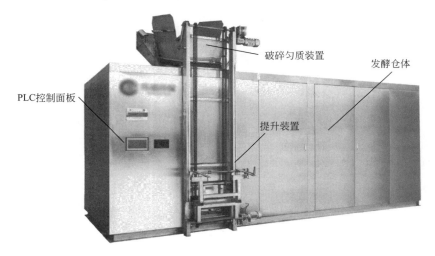

图 7-3　机械快速发酵成肥设备

由于可腐烂垃圾就地减量资源化产生的垃圾渗滤液水质水量变化大以及传统生化工艺

脱氮除磷效果差，该站点采用"UASB＋AO^{4}微氧曝气＋均相氧化絮凝深度处理"为核心的渗滤液原位达标处理技术（详见7.2节介绍），实现渗滤液的高效脱氮除磷、稳定处理与达标排放。堆肥过程中产生的以含硫、含氮化合物为主的恶臭气体，使用生物过滤强化吸附与转化装置进行处理，以减少恶臭气体对资源化站点及其周边环境的不良影响。

2017年街道参与垃圾分类覆盖人群已达到90%以上，该站点年处理可腐烂垃圾700t左右，显著降低了街道生活垃圾的外运量，为该街道进一步全面推进生活垃圾分类减量资源化工作奠定了良好的基础。

7.2 漕桥村生活垃圾分类与资源化利用一体化技术案例

7.2.1 工程概况

（1）工程名称

漕桥村生活垃圾分类与资源化利用一体化技术示范工程。

（2）工程地址

浙江省杭州市余杭区径山镇漕桥村。

（3）处理规模

工程设计规模为2t/d。

（4）服务范围

全村常住人口。

（5）自然环境

漕桥村地处杭州市余杭区径山镇以南2km，全村总面积12.8km²，属亚热带南缘季风气候区，气候特征为温暖湿润，四季分明，光照充足，雨量充沛，降雨集中在5~7月及8~9月的台风季节。年平均日照时数为1783.9h，年平均辐射量为110kcal/m²，最冷为1月，平均气温在4℃左右；最热为7月，平均气温为28.7℃。

（6）处理效果

项目所在地垃圾分类收集率在97%以上，农户垃圾分类参与率大于95%，分类正确率维持在90%以上。破碎筛分预处理工艺与传统的堆肥技术相结合，可缩短堆肥周期10~15d，堆肥品质完全达到有机肥料国家标准（NY 525—2012）要求，年产有机肥195t，土壤改良剂97t，农村生活垃圾减量高达56%以上，资源化利用率提高50%以上。

7.2.2 技术原理

结合农村生活垃圾的组分特征和农村村民的接受能力，以及农村实际的垃圾收集、运输及处理现状，将农村生活垃圾分为可腐有机垃圾和其他垃圾两大类，以好氧堆肥与焚烧两种无害化处理方式分别对其进行处理。可腐有机垃圾和其他垃圾所包含的内容见表7-1。

表 7-1 农村生活垃圾分类

分类类别	内容
可腐有机垃圾	主要指家庭生活、农业生产过程中产生的植物或动物类生物可降解垃圾,包括剩菜剩饭与西餐糕点等食物残余;菜根、菜叶,水果残余,果壳瓜皮,茶叶渣等;畜禽类排泄物、动物残体、骨头等;枯枝落叶,豆梗,秸秆等田地有机废物
其他垃圾	主要指除厨余垃圾、动植物类可降解垃圾之外的一些废物,包括报纸、旧书、纸质包装盒等纸类垃圾,旧铁锅、罐头等金属制品,玻璃、旧灯管灯泡、玻璃瓶罐等,橡胶制品、饮料瓶、塑料袋、废旧塑料盒等,庭院、房间、客厅等清扫泥渣

7.2.3 工艺流程

农村生活垃圾从源头开始分类,然后进行分类收集、运输,最终通过堆肥化及焚烧发电处理达到减量化和资源化的目的。

可腐有机垃圾经分类清洁直运车收运至处理站后,通过破碎机进行破碎匀质处理,并用堆肥辅料调节初始物料的含水率与碳氮比,同时接种微生物菌剂或腐熟的堆肥。然后,通过传送带将破碎后的堆肥原始物料传送至进料口,再进行好氧静态堆肥处理。在堆肥发酵过程中,适时进行曝气及调节堆体水分,以保证堆肥正常进行。待可腐有机垃圾腐熟稳定后进行机械筛分,筛下物作为有机肥料或土壤改良剂利用,筛上物并入其他垃圾。其他垃圾则直接在中转站完成压缩预处理,然后集中运送至生活垃圾焚烧发电厂(图 7-4)。另外,集中收集上述好氧静态堆肥及垃圾压缩过程中产生的渗滤液和恶臭气体,对于渗滤液采用 "UASB＋AO^4＋均相氧化絮凝" 工艺进行生化处理,达标后排放;对于恶臭采用活性炭吸附过滤系统进行处理,达标后排入大气。在该处理模式下,生活垃圾堆肥是核心,焚烧处理是辅助的处理技术。

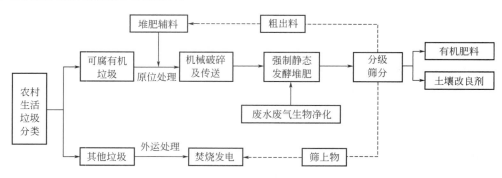

图 7-4 农村生活垃圾分类与资源化处理技术流程

7.2.4 工程参数

(1) 主要构筑物

以 2500 人左右的村庄为单位,每天处理 1～2t 的可腐有机垃圾,堆肥处理设施是由垃圾破碎间、堆肥发酵单元、堆肥筛分间、仓库、管理房、工具房等组成(图 7-5、图 7-6)。

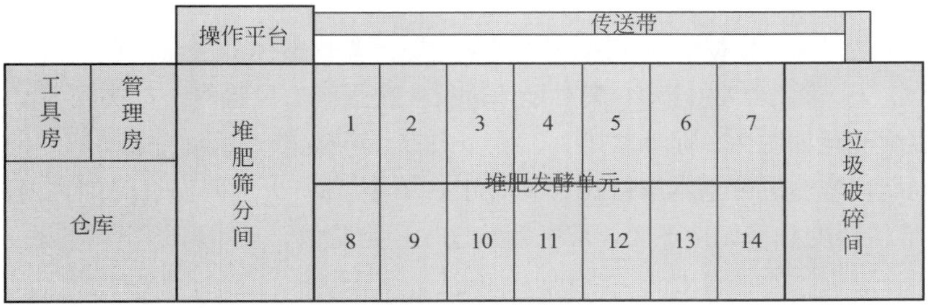

操作平台		传送带							
工具房	管理房	堆肥筛分间	1	2	3	4	5	6	7	垃圾破碎间
仓库			堆肥发酵单元						
			8	9	10	11	12	13	14	

图 7-5 堆肥处理设施俯视平面图

图 7-6 堆肥处理设施实物图

（2）农村生活垃圾分类

农村生活垃圾采用源头分类方法，分出的可腐有机垃圾和其他垃圾进行分类收集、分类运输和分类处理（图 7-7）。

(a)

(b)

(c)

(d)

图 7-7 垃圾分类收集设施

（3）堆肥发酵过程

堆肥总周期为 37d，根据堆体实际情况及温度变化调整整体的曝气时间及曝气量，分别在第 13 天、第 17 天、第 22 天、第 26 天对堆体进行 4 次强制通风曝气，每次曝气时间为 2h。堆肥过程中的温度变化如图 7-8 所示。其中，第 0～3 天为升温期，温度升至 55℃以上；第 4～27 天为堆肥高温期，堆体温度基本维持在 55℃以上；第 28～37 天为降温腐熟期，温度逐渐下降，第 36、37 天堆体温度几乎保持不变，堆肥开始进入稳定阶段，可以开始出料（图 7-8）。

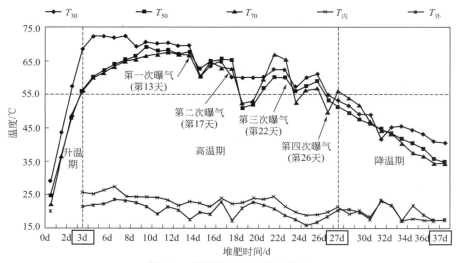

图 7-8　堆肥过程中温度的变化

T_{30}—堆高 30cm 处温度；T_{50}—堆高 50cm 处温度；T_{70}—堆高 70cm 处温度；

$T_{内}$—处理器内温度；$T_{外}$—处理器外温度

（4）堆肥产品

为防止品质低劣堆肥产品危害土壤质量和农田生态环境，出料后需对堆肥产品进行采样分析，以确保堆肥的质量符合浙江省地方标准《农村生活垃圾分类处理规范》（DB 33/T 2091—2018）标准要求，实现垃圾真正的资源化利用。表 7-2 为农村易腐垃圾好氧堆肥样品检测结果与标准限值对比。

表 7-2　农村易腐垃圾好氧堆肥样品检测结果与标准限值对比表

序号	检验项目	实测值		《有机肥料》 （NY 525—2012） 标准限值	《农村生活垃圾 分类处理规范》 （DB 33/T 2091—2018） 标准限值
		单位	数值		
1	总养分（$N+P_2O_5+K_2O$）	％	7.3	≥5.0	—
2	有机质的质量分数	％	37	≥45	≥30
3	水分（鲜样）的质量分数	％	20	≤30	≤30
4	酸碱度（pH 值）		7.8	5.5～8.5	5.5～8.5
5	总镉（以 Cd 计）	mg/kg	2	≤3	≤3
6	总汞（以 Hg 计）	mg/kg	2	≤2	≤2
7	总铅（以 Pb 计）	mg/kg	30	≤50	≤50
8	总铬（以 Cr 计）	mg/kg	42	≤150	≤150
9	总砷（以 As 计）	mg/kg	5	≤15	≤15

如表 7-2 所列，堆肥产品的所有指标均能满足《农村生活垃圾分类处理规范》（DB 33/T 2091—2018）的要求，对于堆肥产品的总养分含量（N＋P_2O_5＋K_2O）也达到 7.3％，除有机质的质量分数略低外，其他指标均优于《有机肥料》（NY 525—2012）标准要求限值。

研究表明，我国村镇生活垃圾中重金属污染情况不容乐观，而且伴随堆肥过程，重金属含量会随着总干物质重量下降而升高，因此堆肥产品普遍存在重金属污染问题。但是基于"二分法"（可腐有机垃圾与其他垃圾）的好氧堆肥产品总镉、总汞、总铅、总铬的含量均低于标准要求限值。因此，农村生活垃圾"二分法"分类系统，在一定程度上可以有效确保分类后的可腐有机垃圾堆肥产品重金属含量达标。尽管如此，为最大限度减少重金属的污染风险，农村生活垃圾"二分法"分类系统还需特别关注有毒有害垃圾，以避免其进入易腐垃圾桶。

（5）堆肥过程污染控制

堆肥产品标准在堆肥过程中，由于有机垃圾的含水率较高，在发酵过程中容易产生渗滤液，另外通风量不足及厌氧微生物发酵的存在，堆肥过程中亦会产生臭味。因此，渗滤液和恶臭是堆肥过程中不可避免的二次污染。对于渗滤液及臭气，必须通过各自相应的集中收集系统，再各自处理，防止二次污染的扩散。

渗滤液收集系统集中收集堆肥过程中的渗滤液，然后通过"UASB＋AO^4＋均相氧化絮凝"污水处理工艺处理达标后外排，具体工艺流程与污水处理效果如图 7-9 及书后彩图 30 所示。

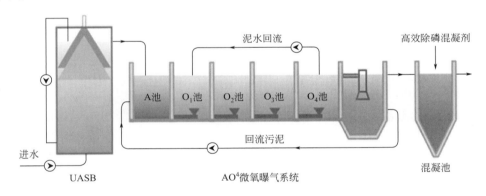

图 7-9 渗滤液处理工艺流程

UASB 的主要作用是通过厌氧发酵将原水中的 COD 转化为甲烷从而有效削减原水中的 COD 含量，去除率 50％～80％。

"AO^4 微氧曝气系统"是由前置厌（缺）氧池（A 池）后接 4 级微氧曝气池（O_1～O_4 池）组成，通过硝化反硝化、短程硝化反硝化、同步硝化反硝化等原理实现同步脱氮除碳。A 池为前置反硝化池，将硝态氮及亚硝态氮转化为氮气，是系统中 COD 和总氮削减的主要阶段。4 级微氧曝气池均保持在低溶解氧状态。其中 O_1 池溶解氧最低，主要是作为 A 池的反硝化反应的补充阶段，同时对原水中的氨氮进行部分氧化。O_2 和 O_3 的溶解氧相对较高，主要进行硝化反应，最大限度氧化原水中的氨氮。O_4 作为前面 3 级曝气池的补充阶段，不仅能对剩余氨氮进一步氧化，又能进行反硝化作用还原部分硝态氮和亚硝态氮。沉淀池污泥中含有大量硝态氮和亚硝态氮，通过回流至 A 池，一方面可以补充各个单元中污泥量，另一方面源源不断为 A 池中反硝化作用提供氮源。AO⁴ 阶段的 COD 去除率在 80%～90% 范围内，TN 去除率可达 90% 以上。

二沉池泥水分离后的上清液排入混凝池，往混凝池内加入混凝剂，通过曝气方式与废水混合均匀进行深度控碳脱氮除磷，再经物化沉淀池进行泥水分离，上清液进入清水池，出水水质可以稳定达到《生活垃圾填埋场污染控制标准》（GB 16889—2008）中表 2 标准（即 COD≤100mg/L，TN≤40mg/L，NH₃-N≤25mg/L，TP≤3mg/L）。该工艺具有运行效率高、运行成本低（每吨废水≤35 元）、稳定性好且操作简单等优势。

臭气收集系统集中收集恶臭气体后，通过活性炭吸附过滤除臭系统进行处理，具体如图 7-10 所示。

图 7-10　恶臭气体处理流程

如书后彩图 31 所示，原位除臭系统主要由臭气集中收集系统、活性炭层、土壤层及植被组成，主要处理堆肥过程中尤其是高温期产生的恶臭，减少空气污染。

（6）工程投资

该工程投资成本随服务人口变化，服务人口规模为 2500 人的垃圾资源化处理设施和设备，共需投入资金 36 万元，包含土建费、设备费、能源材料费、设计试验费等。

7.2.5　工程运行维护

该技术所需的运行维护费用包括前端垃圾分类的宣传奖励费用、收集人员工资、分类运输车辆的油耗与修理费用、处理设施（破碎、筛分、曝气等）用电以及废水废气处理过程消耗的药剂材料费用等。本垃圾处理设施若能维护良好，可长期使用。

7.2.6　工程特点

① 以是否可腐烂为分类原则的分类技术，将农村生活垃圾简易地分为易腐有机垃圾和其他垃圾两类。同时，创造性地建立农村生活垃圾分类清洁直运的收运模式，保证了示范区垃圾分类的效果，提高了农户参与垃圾分类的积极性。

② 该技术体系通过机械化破碎混匀及传送预处理、新型间歇式强制静态通风微发酵、堆肥全过程污染控制、机械分级筛分优化深加工等工艺技术，最终得到品质较高的有机肥料，堆肥产品的所有指标均能满足《农村生活垃圾分类处理规范》（DB 33/T 2091—2018）的要求，除有机质含量略低外，其他指标均可达到有机肥料国家行业标准（NY 525—2012），具有产业化推广应用的市场潜力。

③ 本项关键技术应用后的经济效益、环境效益、社会效益显著。既降低了农村生活

垃圾运输及处理成本，减少了环境污染，又产生了可利用的有机肥料，使垃圾分类与循环利用的环保理念深入人心，便于农村垃圾回收资源化处理与利用。

7.3 农村生活垃圾堆肥技术案例

7.3.1 工程概况

（1）工程名称

龙江镇中洞村生活垃圾处理工程。

（2）工程地址

海南省琼海市龙江镇中洞村双举岭村。

（3）处理规模

工程设计规模为 220t/a。

（4）服务范围

全村常住人口。

（5）自然环境

双举岭村隶属琼海市龙江镇中洞村，属于热带季风及海洋湿润气候区，年平均气温为24℃，年平均降雨量 2072mm，年平均日照时数为 2155h，年平均辐射量为 118.99kcal/m^2，终年无霜雪。

（6）处理效果

项目地生活垃圾收集率大于 90%，生活垃圾资源化利用率大于 60%，生活垃圾堆肥高温（＞55℃）时间达到 7d 以上。借助海南气候条件国内首次实现膜覆盖保温和翻堆通风堆肥方法的全天候运转，实现无机械电耗与全程无臭操作，得到当地政府和村民的高度支持，92% 的村民原意支付 3～5 元/（户·月）的垃圾处理费。

农村生活垃圾堆肥工程实例如图 7-11 所示。

(a)　　　　　　　　　　　　　　　(b)

图 7-11　农村生活垃圾堆肥工程实例

7.3.2　技术原理

农村生活垃圾以村委会为单位统一收集，源头分拣，将生活垃圾分拣为有机垃圾、可回收废品、不可回收垃圾和危险废物四类，根据不同特点采取不同的无害化处理方式。有机垃圾主要包括剩余饭菜、树枝花草等植物垃圾，通常采取堆肥技术进行资源化利用；可回收垃圾主要包括纸类、塑料、金属、玻璃、织物等，通过出售给废品收购站获取一定的经济收益；不可回收垃圾主要包括砖石、灰渣及建设垃圾等，主要以就地无害化填埋方式进行处理；危险废物主要包括日用小电子产品、废涂料、废灯管、废日用化学品和过期药品等，禁止该类垃圾汇入其他种类生活垃圾，由具有相关资格的企业进行收集及无害化处理。表7-3所列是农村生活垃圾分类情况。

表7-3　农村生活垃圾分类表

类别	垃圾成分构成
有机垃圾	剩余饭菜、树枝花草等植物类垃圾等
可回收废品	纸类、塑料、金属、玻璃、织物等
不可回收垃圾	砖石、灰渣等
危险废物	日用小电子产品、废涂料、废灯管、废日用化学品和过期药品等

7.3.3　工艺流程

农村居民产生的生活垃圾采用可移动容器方式收集，运输至村垃圾处理站进行人工分拣分别处理，可回收废品售给当地废品回收站；惰性废物就地填埋或运至就近城镇垃圾卫生填埋场处置；可堆肥物在底部铺有 0.1m 厚碎石的堆肥场地，把可堆肥物堆置呈条垛状，进行高温堆肥处理。

腐熟后的堆肥，采用孔径为 25mm×25mm 的钢丝网筛，进行人工筛分，筛下物即为成品堆肥。筛上物可降解残渣作为堆肥的接种物循环处理，基本均能降解至符合筛分要求，不产生额外的废物。

本技术流程如图 7-12 所示。

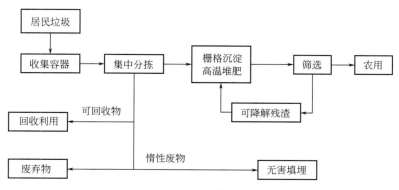

图 7-12　农村生活垃圾资源化处置技术流程

7.3.4 工程参数

（1）主要构筑物

以人口规模为 2000～3000 人的村庄为单位，生活垃圾处理规模为每天 400～600kg，配置生活垃圾资源化处置设施和设备，建设堆肥厂、存放库房等设施。堆肥场地人均占地 0.1～0.15m^2，堆肥场地底部做防渗处理，再覆盖 0.1m 的碎石用作导气用。

（2）生活垃圾分类

生活垃圾经集中收集、人工分拣后，不同类型垃圾分别进行处理。其中，生活垃圾主要分为可回收废品（当地废品市场回收的品种）、惰性废物（无机物，不可回收的塑料、橡胶、玻璃）和可堆肥物。

（3）堆肥操作程序

堆肥总周期 42d（6 周），前 2 周（14d）每天翻堆一次进行通风供氧；后 4 周（28d）每周翻堆一次。前 2 周不翻堆时，堆体始终以农用塑料膜覆盖保温；后 4 周不进行覆盖（降雨和夜晚除外），以充分利用自然通风供氧并干燥水分。

在堆肥过程中物料含水率和有机物含量持续下降，总氮含量在前 14d 下降明显，应与高温条件下氨有一定的挥发有关，14d 后稳定或略有上升，则说明在腐熟阶段，温度降低后，氨挥发受到限制，而有机物继续降解使物料总质量降低，可能相对增加了干物料中的氨含量。

因源头分拣，避免了有害垃圾的混入，重金属含量低于土壤环境质量标准的三级限值。堆体样品的有机物、含水率和总氮随时间变化情况见表 7-4。

表 7-4 堆肥过程中堆肥物料组分变化情况

堆制时间	1d	7d	14d	42d
含水率/%	48～62	29～52	37～46	32～38
干样有机物含量/%	33～49	24～43	24～33	20～29
干样总氮含量/%	1.2～2.9	1.1～2.9	1.0～1.5	1.4～2.0

（4）工程投资

该工程投资成本随服务人口变化，服务人口规模为 3000 人的垃圾资源化处理设施和设备，共需投入资金 30 万元，占地面积 300～600m^2。

7.3.5 工程运行维护

该技术运行维护费用主要包括收集、分拣工人工资，运输车辆油耗费及少量冲洗地面、洗手用水费等，人均运行费用小于 1.5 元/月；维护费用仅用于运输车辆、收集容器、堆肥设施的维护，堆肥过程中无水、电、药耗等。本垃圾资源化处置设施为永久性构筑物，如果维护良好，可长期使用。

7.3.6　工程特点

该技术以村庄为单元的生活垃圾处理完全可以达到现行国家的相关生活垃圾无害化处理标准要求；处理过程不产生污水，场内的臭气浓度达到恶臭控制要求。

① 操作简单，运行成本低，适用于农村的应用条件。以海南示范项目为例，本技术的运行成本折算为每个村民的负担全年仅 18 元，当地居民人均年收入约 4500 元，此成本仅占 0.4％ 左右，完全在其可承受的范围内。

② 有显著的直接效益，主要体现为处理农村生活垃圾控制其污染释放、分离利用农村垃圾中的废品、实现垃圾中有机物的还田，以及实现农村生活垃圾无害化的环境效益、资源效益与卫生效益。

③ 每年处理垃圾可达 220t 左右，每吨垃圾的生物可利用碳和氮量分别为 50kg 和 3kg；可削减的 COD 和氨氮负荷分别为 29t 和 1.8t，可为当地的污染控制目标实现提供非常重要的支撑条件。同样，本技术的应用，增加了每年废品回收量（以纸、塑料、玻璃为主）；实现一定量的有机物还田（相当于施用了氮肥），具有重要的肥料替代及土壤肥力保持作用。

④ 具有间接效益，本技术可以减少来自于垃圾的有害病菌感染风险，对于控制农村传染疾病的流行，提高农村的公共卫生水平具有重要的意义；同时本技术具有治理生活垃圾污染、回收资源的作用，还间接地有助于维持农村可持续发展的环境，成为建设社会主义新农村的重要支撑条件。

7.4　有机垃圾太阳能生物发酵制肥技术案例

7.4.1　工程概况

（1）工程名称
余姚市大岚镇农村生活垃圾处理工程。

（2）工程地址
该工程位于浙江省余姚市大岚镇。

（3）处理规模
全镇 14 个行政村（集镇内 1 个居委会与丁家畈村共享 1 座太阳能处理器）均建立太阳能有机垃圾处理系统。

（4）服务范围
太阳能有机垃圾处理系统全覆盖，全镇约 13100 多常住人口受益。

（5）自然环境
大岚镇面积 63.34km²，属亚热带海洋性季风区，阳光充沛，温暖湿润，四季分明，雨热同步。2010 年平均气温 17.3℃，最高气温 40.7℃，最低气温 −5℃，日照时间 1779.9h，无霜期 272d，总降水量 1395.6mm，自然条件优越。

（6）社会经济

大岚镇以农业为主，主产水稻与茶叶，形成高山云雾茶、花卉、水果、禽畜等产业，茶叶种植面积达 $1.67×10^7m^2$，2002 年大岚镇被授予"中国高山云雾茶之乡"。2000 年来，85 家企业中年产值 500 万以上企业 14 家。2007 年农民人均收入达 4790 元。

7.4.2　技术原理

太阳能有机垃圾处理技术的核心原理就是利用太阳能来促使细菌加快分解有机生活垃圾。太阳能有机垃圾处理器由太阳能热量收集板、消化反应池、石棉保温层、污水收集回用系统、臭气导排净化系统、垃圾升降装置、进料口及出料口组成。该处理器在垃圾提升和水循环喷淋功能上采用了自动化、半自动化技术，操作方便，提高了处理效率。处理器利用有机垃圾自身携带菌种进行消化反应，利用太阳能和发酵所积累的能量作为生活垃圾处理能量，实现垃圾的减量化、资源化处理。设置污水收集回流系统和臭气导排净化系统，利用有机生活垃圾本身所产生的液体来调节含水率，不仅能够增加厌氧生物量，而且能够为处理体提供充足的营养，从而提高消化反应处理的稳定性。处理过程中所产生的臭气可经脱臭后排放，污水、臭气无二次污染产生，处理后的有机生活垃圾可作为腐熟性有机物，当作毛竹林、花木地、茶园等的最佳生物肥；也可以作为土壤改良剂或生物肥与复合肥混合为复混肥，施于农作物，达到资源再生循环的要求。遇到阴雨天或外界气温较低时，依靠前期所积累的能量及消化反应过程中产生的能量来维持生物反应的进行，有机生活垃圾消化反应如果内部达不到一定湿度不能进行消化反应时，则不定期采用污水收集回用系统进行污水回用喷洒，以达到足够湿度，来加快消化反应。

7.4.3　工艺流程

将分拣的有机生活垃圾倒入处理池中，利用有机垃圾自身携带菌种或外加菌种进行消化反应，应用太阳能对有机生活垃圾进行无害化、减量化的生物处理。设置污水收集回流系统和臭气导排净化系统，处理过程中所产生的臭气可经脱臭后排放，处理后的有机生活垃圾可作为土壤改良剂，或作为生物肥与复合肥混合为复混肥（图 7-13）。

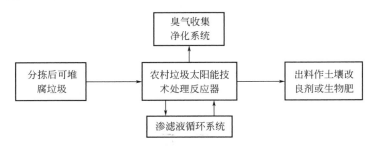

图 7-13　太阳能有机垃圾处理技术工艺流程

7.4.4 技术适用范围

该技术适用于日照时间较长、光照强度适中或较高的农村地区。项目服务区需已经配套垃圾分类收集、运输系统。

7.4.5 工程参数

（1）主要构筑物

太阳能有机垃圾处理器配备有停车和管理单独用房 $100m^2$ 左右，太阳能有机垃圾处理器占地约 $100m^2$，故总占地面积大概约 $200m^2$。主要设备包括太阳能热量收集板、消化反应池、污水收集回用系统、臭气导排净化系统等。其中，钢筋混凝土浇筑的垃圾中转房 1 座，水电设施 1 套，污水井 1 座，活性炭若干。

（2）生活垃圾堆肥

太阳能有机生活垃圾处理器的处理周期一般为 $45\sim60d$（根据室外气温而定），每个消化反应池一般能容纳 2000 人 60d 的有机生活垃圾。经过半年来的运作和测算，有机垃圾与无机垃圾量比率为 7∶3，达到了农村生活垃圾减量化、资源化、无害化处理目标。

（3）工程投资

以一座垃圾中转站和太阳能有机垃圾处理器为例，总投入资金约 16 万元，具体项目建造估算成本价格见表 7-5。

表 7-5　单座太阳能处理设施项目建造估算表

序号	工程项目	单位	数量	单价/元	金额/元
1	垃圾中转房	m^2	98	650	63700
2	土方开挖	m^3	224	22	4928
3	钢筋混凝土浇筑	m^3	15	1500	22500
4	砂浆粉刷	m^2	262	10	2620
5	马赛克外墙	m^2	60	62	3720
6	厚15cm混凝土地面浇筑	m^2	35	52	1820
7	铁件材料（铁网、铁件及附属件）	项	1	7500	7500
8	玻璃及安装（双层）	m^2	27	180	4860
9	水电设施	项	1	4000	4000
10	混凝土污水井	座	1	2500	2500
11	钛合金字	个	13	120	1560
12	活性炭				7000
13	附属设施（道路开挖及硬化）	m^2	124	65	8060
14	干砌块石基础及挡墙	m^3	85	135	11475
15	绿化				7500
16	政策处理	亩	0.5	5000	2500
17	单座投资共计				156243

注：1 亩≈666.7 m^2，下同。

7.4.6 工程运行维护

有机垃圾分类收集、运输、再分拣、太阳能有机垃圾处理器相关设备和材料保养、人工费（以村里保洁员增加补贴形式）等共计约 5000 元，若算上无机垃圾的各项运输及处理费用，总费用增加到 15000 元。

使用寿命：太阳能有机垃圾处理器设施比较结实耐用，估算可以用 10~20 年。

7.4.7 工程特点

该技术特别适合于偏远山区乡镇，地广人稀，具有居民分散和地域分散的特点。农村生活垃圾原则上按照日产日清、户集、镇运、市处理的原则进行处理，但偏远山区乡镇地域分散，运行成本高，运作起来工作难度较大，采用太阳能有机垃圾处理系统可有效解决上述问题，且几乎不受气候影响。

（1）优点

既节省了财力，降低了运行成本，又有利于资源的循环利用和生态环境保护。太阳能有机垃圾处理器设施比较结实耐用，估算可以用 10~20 年左右。

（2）缺点

垃圾回收后的分拣工作和太阳能垃圾处理器的日常维护工作等都需要非常有责任心的工作人员持之以恒的工作，而目前从事此类工作的人员大多是无正式编制的临时人员，待遇相对较低，人员上不够稳定。

书后彩图 32 所示为余姚市大岚镇农村生活垃圾处理工程实例。

7.5 太阳能中温厌氧发酵技术案例

7.5.1 工程概况

（1）工程名称

太阳能中温厌氧发酵处理工程。

（2）工程地址

云南省江川县前卫镇李忠村。

（3）自然环境

云南省江川县前卫镇李忠村位于星云湖流域，年平均温度 18.8℃，年平均日照 2334h，年均降水量 891.8mm，无霜期 337d。

（4）社会经济

居民 512 户，1643 人，耕地 618 亩（1 亩＝666.67m²），人均纯收入 4149 元，养殖

以仔猪为主（年出栏 3000～5000 头）。

李忠村实施农村环境连片整治工程，解决村庄内养殖户造成的环境污染问题。工程投资 196×10^4 元，建成的太阳能中温沼气站，所产沼气供全村住户使用，供气覆盖率达 95%。年处理牲畜粪便 4635.5t，资源化利用总氮 21.83t、总磷 4.42t、COD 143.27t、BOD 113.40t。每年减少污染物排放 COD 128.94t、BOD 102.06t、总氮 19.65t、总磷 3.98t、SO_2 0.79t、CO_2 68.96t。年产沼气 $8.21 \times 10^4 m^3$，相当于 $16.42 \times 10^4 kW \cdot h$ 电或者 58.86t 标准煤，年产值 16.43×10^4 元，液体有机肥 2137.80t、产值 19.81×10^4 元，精制有机肥 1158t，产值 57.95×10^4 元，合计产值 94.19×10^4 元。

7.5.2 技术原理

采用微生物发酵技术处理生物型废物（畜禽粪便、多汁秸秆、浮水植物、绿化垃圾、养殖污水），将其转化为生物能源和有机肥料，沼气净化生产管道燃气供居民生活用气，有机肥供农户用于农业生产，从而控制畜禽养殖有机废物对环境的污染，实现废物无害化和资源化的循环利用。

7.5.3 工艺流程

养殖粪便等有机垃圾由提升斗输送至料仓，定时定量地将原料由料仓送进高浓度厌氧发酵罐发酵生产沼气，进而固液分离。固体部分进行固态好氧堆肥，腐熟后制作成固态有机肥上市销售。液体部分进入低浓度厌氧发酵罐继续发酵产生沼气，发酵后产生的沼液调配分装成液体有机肥，出售给附近农户使用。高浓度和低浓度厌氧发酵产生的沼气脱硫脱水后存储于气柜，通过燃气管道送至附近村民家庭，作为生活燃料使用（图 7-14）。

7.5.4 技术适用范围

太阳能中温厌氧发酵技术适用于光照充足、稳定的农村地区环境综合整治项目，单项项目建设规模不宜太大。

7.5.5 工程参数

（1）主要构筑物

沼气站主要设备包括 $100m^3$ 高浓度厌氧发酵罐、$100m^3$ 低浓度厌氧发酵罐、$100m^3$ 调压储气罐、$400m^2$ 太阳能板、供气管道 12568m、燃气终端 405 户、$64m^3$ 液体调配池、$30m^3$ 原料调节池、$45m^3$ 堆肥棚。容积 $3.15m^3$ 沉砂井 4 个，收集管道 323m，容积 $70m^3$ 的污水收集池，容积 $100m^3$ 的好氧曝气罐，生态沟 160m。

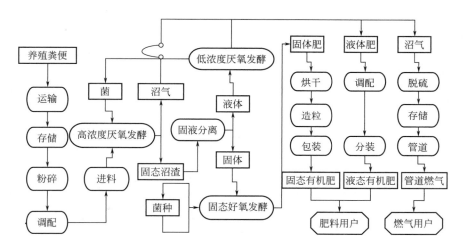

图 7-14 太阳能中温厌氧发酵技术工艺流程

（2）主要设备

太阳能中温厌氧发酵技术主体设备包括 100m³ 高浓度厌氧发酵罐、100m³ 低浓度厌氧发酵罐、100m³ 沼气净化储存罐、村落管道燃气系统（150～350 户），附属设施包括料棚、堆肥棚、缓冲池等。

1）高浓度厌氧发酵罐

① 用途：中温厌氧发酵处置畜禽粪便等生物垃圾。

② 参数：TS 10%～15%，周期 10～15d，日换料量 6%～9%，容积产气率 1.2～1.5m³/m³，温度 35℃±2.5℃，提升斗直接进料，全混合搅拌 5～25r/min，运行压力 5kPa，总功率 12.5kW。

③ 构造：发酵鼓主体直径 3m、长度 15m、体积 106m³，钢板焊制，内部防腐处理，外被保温层，下部为鞍式支座，顶部为太阳能装置，鼓体附装有提升进料、机械搅拌、盘管加温、固液分离、集气、采样、测温、检修孔等设备，动力配置交流电动机（380V）或者沼气内燃机（可附加发电）。

2）低浓度厌氧发酵罐

① 用途：中温厌氧发酵处置高浓度有机废水。

② 参数：TS 4%～8%，周期 6～10d，日换料量 8%～15%，容积产气率 0.5～1.0m³/m³，温度 35℃±2.5℃，泵进料，泵搅拌，运行压力 5kPa，总功率 5kW。

③ 构造：发酵鼓主体直径 3m、长度 15m、体积 106m³，钢板焊制，内部防腐处理，外被保温层，下部为鞍式支座，顶部为太阳能装置，鼓体附装有杂质泵（或螺杆泵）进料、污水泵循环搅拌、盘管加温、集气、采样、测温、检修孔等设备，动力配置交流电动机（380V）。

3）沼气净化储气鼓

① 用途：净化、储存和输送沼气。

② 参数：脱水、脱硫、存储、输送、运行压力 5kPa，总功率 7.5kW。

③ 构造：储气鼓主体直径 3m、长度 15m、体积 106m³，钢板焊制，内部防腐处理，下部为鞍式支座，鼓体附装有进出气口、脱水器、脱硫器、调压气袋、空压机、压力保护、止火器、采样、排水、检修孔等设备，动力配置交流电动机（380V）。

（3）工程投资

沼气站占地面积约 2 亩，总投资 135 万～200 万元，其中土建约 20 万～45 万元，整体装备约 105 万～150 万元，燃气管道铺设约 15 万～35 万元。

7.5.6 工程运行维护

该工程需要配备专职人员对设施进行日常运行维护管理，维护方法与普通沼气池趋同，重点注意发酵池内温度的控制。运维费用主要由人工费、设备维修费构成，为 7 万～10 万元。

7.5.7 工程特点

与常规沼气发酵池相比，该套设备具有的优点主要如下。

（1）中温发酵-全年供气：通过太阳能热循环系统的利用，保证整个发酵系统全年均能正常运行和稳定产气，从而实现全年正常供气，解决了常温发酵在冬春季因气温低不能正常产气的技术瓶颈。

（2）管道燃气-城市标准：当前在整个农业系统还没有相应的村落管道铺设和村落燃气供应的标准，项目参考执行城市燃气设计规范，确保村落管道的安全性和可行性。

（3）工业模式-长期稳定：整套装备的研制遵循标准化设计、工厂化生产、模块化制造、规范化安装的原则，从而保证了整套装备质量性能的可靠性，完整的装备说明书、运行管理手册和物业管理服务为其运行提供稳定支撑。

图 7-15 为李忠村太阳能中温厌氧发酵工程实例。

图 7-15 李忠村太阳能中温厌氧发酵工程实例

7.6 宁夏中宁县余丁乡生活垃圾填埋场

7.6.1 设计原则

按照《生活垃圾卫生填埋技术规范》（CJJ 17—2004）和《生活垃圾卫生填埋处理工程项目建设标准》（建标 124—2009），本工程填埋场设计主要为填埋场主体工程，包括填埋场区防渗工程、渗滤液收集系统、导气收集系统、填埋场场区截洪沟工程设计。

7.6.2 设计内容

7.6.2.1 垃圾填埋场设计年限

根据垃圾填埋场建设标准，本工程垃圾填埋场设计服务年限 8 年，设计库容为 $2.5 \times 10^4 \, m^3$。

7.6.2.2 填埋场库容预测

库容预测详见表 7-6、表 7-7。

表 7-6 余丁乡各年生活垃圾产量预测表

序号	年份/年	人口/人	日均产量/(t/d)	年均产量/(t/a)	年产量/$10^4 m^3$
1	2010	10706	5.35	1953	2441
2	2011	10813	5.41	1975	2469
3	2012	10921	5.46	1993	2491
4	2013	11030	5.52	2015	2519
5	2014	11140	5.57	2033	2541
6	2015	11252	5.63	2055	2569
7	2016	11364	5.68	2073	2591
8	2017	11478	5.74	2095	2618
9	2018	11593	5.79	2113	2641
累计	/	/	50.15	18305	22880

注：1. 人口数量根据项目区人口自然增长数计。

2. 压实后垃圾容重按 $0.8 t/m^3$ 计。

表 7-7 余丁乡各村生活垃圾产量预测表

村庄名称	人口/人	日均产量/(t/d)	年均产量/(t/a)	年产量/$10^4 m^3$	人口/人	日均产量/(t/d)	年均产量/(t/a)	年产量/$10^4 m^3$
黄羊村	2538	1.27	90	1.16	2741	1.37	85	1.16
余丁村	2585	1.29	90	1.16	2792	1.40	85	1.19
金沙村	3253	1.63	90	1.47	3513	1.81	85	1.49
石空村	2330	1.17	90	1.05	2516	1.26	85	1.07
合计	10706	5.36	360	4.82	11562	5.84	340	4.91

7.6.2.3 填埋场工程选址及地质评价

（1）填埋场选址

依据中宁县余丁乡的建议，垃圾卫生填埋场场址位于余丁乡北山。

① 场地为自然冲洪沟，沟深 12m，作为填埋场，挖土方量少，工程投资少，但施工难度较大。

② 经现场踏勘场地附近土质良好，周边地段地质存在石灰土。

③ 场地两侧山坡已有植被，减少洪水对填埋场的破坏，同时减少填埋场的绿化建设。

（2）场地评价

填埋场场址属闲置冲洪沟，承载力在 $80\sim130kPa$，而且越往下部，土质越密实，是良好的地基持力层（有待岩土工程进一步勘察确定）。

由于垃圾在填埋过程中，对于地基基础施加的荷载是一个缓慢均匀加载过程，根据垃圾填埋场填埋深度，垃圾填埋及覆土最终对地基基础施加的静载为 $15\sim20t/m^2$。垃圾场建成投入使用后，每日填埋均要进行压实，随着时间的推移，底层垃圾逐渐板结，从而进一步提高地基基础的承载能力。由于垃圾堆体的升高是在整体范围内进行的，所以不会导致地基的不均匀沉降，不会造成基础防渗层的破坏，堆体也将是稳定和安全可靠的。

7.6.2.4 填埋区工程设计

填埋场的防渗处理是填埋工艺的重要环节，直接影响到建成后的使用功能。场地均为粉质土，渗透系数远大于要求的 $1\times10^{-9}m/s$，因此必须进行人工防渗处理。

（1）场地处理

填埋场场地纵坡长 62m，宽度 $60\sim65m$，设计场底面积 $10804m^2$。

依照自然地形设计纵坡为 2.0%，设计横坡为 >2%。

按规范要求，首先对场底进行开挖整理，最大限度利用自然坡降。场底找坡整平后采用碾压机械进行碾压密实。设计要求碾压密实度 ≥93%。

（2）防渗结构层设计

垃圾填埋场场底及库区边坡均采用单层防渗结构，防渗结构层分述如下。

① 场底防渗层：场底找坡整平后，密实度 ≥93%。使得地基承载力 >200kPa，其后在黏土层上铺防渗层，防渗层为一布一膜（HDPE 膜为 1.5mm 厚，布为 $600g/m^2$ 长纤维无纺布），防渗层上再铺设 30cm 厚卵石导流层。导流层中间铺设带孔眼的"PE"导流管，导流管干管管径为 D_e315mm，支管为 D_e200mm，导流管设在盲沟内。渗滤液由支管汇集至干管，由干管排至渗滤液收集池内。渗滤液支管及干管采用热熔接头，以减少不均匀沉降对管道的影响。

② 场区整理工程量：开挖土方 $21330m^3$。

③ 场底找坡整平面积：$3931m^2$。

④ 黏土：$3144m^3$。

⑤ 渗滤液卵石导流层：$1180m^3$。

⑥ 防渗膜（HDPE，厚 1.5mm）：$4520m^2$。

⑦ 无纺布（$600g/m^2$）：$4520m^2$。

⑧ PE 导流管干管：$D_e 315mm$，$L=32m$。

⑨ PE 导流管支管：$D_e 200mm$，$L=103m$。

⑩ 导流盲沟：$L=32m$（$1.2m \times 0.8m$）。

⑪ 导流支盲沟：$L=103m$（$1.0m \times 0.8m$）。

填埋场区内侧边坡采用单层衬里结构进行防渗处理。内侧边坡坡度为 1：2，按设计坡度刷坡整平压实后（渗透系数小于 1.0×10^{-5} cm/s），再铺设一膜一布（HDPE1.5mm 厚、无纺布 $600g/m^2$），在防渗膜上加铺 10cm 厚黏土与草混合软化泥作为缓冲保护层。

工程量如下。

① 防渗膜（HDPE，1.5mm 厚）：$2973m^2$。

② 无纺布（$600g/m^2$）：$2973m^2$。

③ 黏土、草混合泥：$300m^3$。

（3）渗滤液收集处理系统

垃圾渗滤液产生量受多种因素的影响，如降雨、蒸发量、地面水流入、地下水渗入、地下结构层等情况。由于垃圾中含有一定量的有机物，填埋后在微生物的作用下发酵、分解，产生渗滤液，同时垃圾本身有一定量的水分，在达到饱和后，形成渗滤液。一般在工程中由经验公式估算，本工程采用"浸出系数法"计算，公式如下：

$$Q=I(C_1 A_1 + C_2 A_2)/1000$$

式中　Q——浸出水量，m^3/d；

　　　I——日降水量，mm/d；

　　C_1——正填埋区浸出系数（0.2～0.8 之间）；

　　C_2——已填埋区浸出系数（0.2～0.8 之间）；

　　A_1——正填埋区面积，m^2；

　　A_2——已填埋区面积，m^2。

根据气象资料，年平均降水量 180mm，降雨量多发生在 7～9 月。月平均降水量不足 15mm，最大月平均降水量为 30mm。

由以上参数计算出渗滤液量不足 32t/d。

按照 20 年一遇，50 年校核，综合考虑确定渗滤液调解池设计容积为 $300m^3$ 土池体。

渗滤液收集池平面设计尺寸，下底面面积为 $10m \times 10m$，上底面面积为 $18m \times 18m$，池体高 3.5m。池体内坡采用 1：1 变坡，防渗层采用一布一膜，防渗膜（HDPE，1.5mm 厚），无纺布（$600g/m^2$）其上采用 8cm 的素混凝土板砌护，工程量详见图纸。

根据国内一些运行垃圾填埋场渗滤液水质测量的资料，预测该工程垃圾渗滤液成分及性质，参照国内相关垃圾填埋场渗滤液水质资料，采用如下水质指标。

pH 值：7 左右。

BOD_5：1400～15000mg/L。

COD：2100～9400mg/L。

SS：4000～10000mg/L。

NH_3-N：60～200mg/L。

填埋场中的垃圾渗滤液经场底收集系统收集后进入填埋场下游的渗滤液收集池，垃圾

渗滤液水中的 BOD_5 和 COD 浓度高，考虑本工程垃圾填埋场规模小，渗滤液主要来自降水，本地区降水量少，在填埋过程中渗滤液采用回喷用以降尘。

（4）填埋场废气的导出

封场后再铺设收集干管，该工程量不包括在本次概算内。

垃圾填埋后，由于微生物的生化降解作用，会产生甲烷气体。在填埋初期，垃圾中有机物进行好氧分解，产生的气体主要为 CO_2、水和氨；后期进入厌氧阶段，有机物分解后产生的气体成分为 CH_4 和 CO_2、水和氨，根据资料一般含量分别占产气总量的 50％ 和 40％。CH_4 可以作为能源回收利用，但由于 CH_4 的产量及质量极不稳定，且含有 N_2、H_2、CO、H_2S 等气体，使得 CH_4 的回收利用带来较大困难。

填埋废气收集系统包括水平卵石导气层、竖向导气井、水平导气收集管。水平卵石导气层为 30cm 厚卵砾石，铺设在最终覆盖黏土层下。竖向排气井是在填埋场区内设钢筋石笼井，平面布置间距为 30m。排气竖井外形为圆台型，排气井中间设一根 D_e 250mm 的"PE"排气花管。填埋层中的废气通过排气竖井进入花管，排入空气中。终场覆盖土封顶后，各导气竖井采用水平导气管连通，将排气管引至安全地带，露出场地表 150cm 以上。

竖向排气井工程量主要为：钢筋石笼 4 个；卵砾石 $3.5m^3$。另外，导气管，D_e250，$L=2m$；D_e200，$L=8m$。

在填埋气体可利用之前，也可采用燃烧方式加以处理，即安装排放管和电子监控器，对排出的气体浓度进行监测，当 CH_4 气体浓度超过 5％ 时，应自动点燃，以防爆炸。

（5）截洪沟设计

距垃圾填埋场场顶 6m 处，在其上游和两侧设计两道截洪沟，截洪沟尺寸为 $1m \times 1.2m$，设计总长度 375m，因考虑资金有限截洪沟不做砌护。截洪沟纵坡随自然地形，采用最小坡度 0.3％。

（6）填埋场围栏设计

为确保填埋场安全运行，且防止垃圾飘飞，填埋场地界线上设计 2m 高钢丝网围栏，做法采用 $DN50mm$ 钢管做立柱，其上拉镀锌丝，间距 10cm。

7.6.2.5 填埋场机械设备配置

依据《城市生活垃圾卫生填埋处理工程项目建设标准》，填埋场的作业设备依工艺要求设置如表 7-8 所列。

表 7-8 填埋场主要机械设备及器材表

序号	名称	规格型号	单位	数量	备注
1	履带式推土机	TY120	台	1	设备暂时雇用
2	自卸车	5t	台	1	用于填埋场土方拉运，可用转运车辆兼用

7.6.2.6 填埋场其他设计

本工程项目区所在地为宁夏中部干旱带，项目区地下水位较低，年平均降雨量较少，地下水位较低，根据本地区的特点以及资金情况，填埋场设计为简易填埋场，即填埋场设计仅考虑主体设计，达到垃圾卫生填埋工艺要求以及防洪要求即可，其他的监测设施及附属管理房间设计暂时不做考虑。

7.7 生物发酵床养殖技术案例

7.7.1 工程概况

（1）工程名称

南靖县生物发酵床养殖处理工程。

（2）工程地址

福建省漳州市南靖县。

（3）自然环境

福建省漳州市南靖县年平均气温 21.5℃，年均日照时数达 1900h 以上，年均降雨量 1700mm，无霜期 340d 以上，冬无严寒，夏无酷暑，属典型的亚热带季风气候，森林覆盖率 70％以上，素有"树海""竹洋"之称。

（4）社会效益和经济效益

南靖县的温氏食品集团有限公司将生物发酵床技术应用于生猪、肉鸡养殖，在有效控制畜禽养殖污染的同时，取得了一定的经济效益，实现了畜禽养殖的零排放。其中，洪钵种猪场，一条生产线和隔离舍、生长保育舍采用了生物发酵养猪技术，建筑面积约为 9000m²；2011 年扩建的三条生产线，怀孕舍全部采用发酵床生物菌处理，建筑面积约为 10000m²。

7.7.2 技术原理

生物发酵床养殖技术从内环境上改善了生猪肠道的微生态平衡，提高了饲料的吸收率，减少了粪便的排放，在外环境上使畜禽粪、尿中的有机物质得到充分的分解和转化，达到无臭、无味、无害化的目的。总之，通过内外环境的共同作用达到无污染、无排放、无臭气的养殖效果。

（1）内环境改善方面

该技术将含有枯草菌和酵母菌的饲料添加剂按一定比例均匀拌入饲料喂养生猪，经特殊工艺加工的饲料添加剂进入生猪的肠道时，两种好氧菌（枯草菌和酵母菌）相互作用而产生淀粉酶、蛋白酶和纤维酶等代谢物质，同时消耗肠道内的氧气，给乳酸菌的繁殖创造了良好的厌氧生长环境。枯草菌和酵母菌的代谢物质本身不但具有较强的抗生作用，而且还是乳酸菌繁殖时很好的饵料，促成生猪肠道的乳酸菌（厌氧菌）大量繁殖，从而改善了生猪肠道的微生态平衡，增强抗病能力，提高对饲料的吸收率，大大减少生猪粪尿的臭味。

（2）外环境改善方面

利用自然界的微生物资源，即自然界中多种有益微生物，通过选择、培养、检验、扩繁，形成有活力的微生物母种，再按一定比例将其与锯末、谷壳等辅助材料、活性剂等混合和发酵制成有机垫料。畜禽排泄出来的粪、尿被垫料掩埋，水分被发酵过程中产生的热蒸发，使畜禽粪、尿中的有机物质得到充分的分解和转化，达到无臭、无味、无害化的目的，是一种无污染、无排放、无臭气的环保畜禽养殖技术。

7.7.3 工艺流程

将谷壳、锯末、米糠、水及制剂混合均匀，厌氧发酵腐熟后，垫入圈舍内，猪的粪、尿全部经微生物发酵分解，最终成为营养丰富的有机肥，实现生猪养殖的零排放。工艺流程如图 7-16 所示。

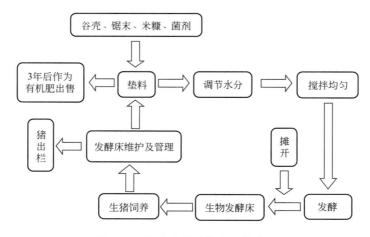

图 7-16　发酵床养殖技术工艺流程

7.7.4 技术适用范围

生物发酵床技术适用于农村地区中小型养殖户或养殖小区污染防治，适用畜禽种类包括猪、牛、羊、马、兔、狗、狐、貂、鸡、鸭、鹅、鹌鹑、鸽子、蚯蚓等。该项技术需重点关注卫生防疫，严格执行发酵床运行维护和管理要求。

7.7.5 工程参数

（1）垫料原料的选择

主料：通常这类原料的用量占到总物料的 80% 以上，由一种或几种原料构成，常用的主料有锯末、谷壳、秸秆粉等。

辅料：主要用来调节物料 C/N、水分、pH 值、通透性的一些原料，由一种或几种原料组成，通常这类原料占整个物料不超过 20%，常用的辅料有猪粪、米糠、麸皮等。

（2）垫料的制作

1) 垫料配方及用量　根据猪舍面积大小、垫料厚度，计算出所需要的谷壳、锯末、鲜猪粪、米糠以及发酵菌剂的使用数量，具体计算方法见表7-9。

表 7-9　垫料计算方法表

原料	谷壳/%	锯末/%	鲜猪粪/(kg/m³)	米糠/(kg/m³)	发酵菌剂/(g/m³)
冬季	50	50	5	3	200~300
夏季	60	40	0	3	200~300

2) 垫料的制作过程

① 酵母糠的制作：将所需的米糠与适量的发酵菌剂逐级混合搅拌均匀备用。

② 原料混合：将谷壳、锯末各取 10% 备用，将其余谷壳和锯末倒入垫料场内，在上面倒入生猪粪及米糠和发酵菌剂混合物，用铲车等机械或人工充分混合搅拌均匀。

③ 垫料堆积发酵：各原料在搅拌过程中需调节水分，一般 45% 比较合适。一般采用现场用手抓来判断，手抓成团，松手即散，指缝无水渗出，即为含水量适合发酵所需。将垫料混合均匀后，堆积成梯形，用麻袋或编织袋覆盖周围保温，待发酵备用。

④ 垫料的铺设：垫料经发酵，温度达 60~70℃，保持 3d 以上，彻底翻堆一次，等垫料温度下降到 50℃ 以下，将垫料摊开，气味清爽，没有粪臭味时即可摊开到每一个栏舍。高度根据不同季节、不同猪群而定。垫料在栏舍摊开铺平后，用预留的 10% 未经发酵的谷壳、锯末覆盖，厚度为 5~10cm，间隔 24h 后才可进猪饲养。

3) 垫料质量标准　垫料是否符合要求，通过以下标准判断：a. 发酵堆体物料疏松，水分含量在 40% 左右；b. 发酵料散发曲香或清香味，无臭味或其他异味；c. 发酵结束时堆体温度下降到 40℃ 左右。

4) 其他注意事项　包括：a. 调整水分要特别注意不要过量；b. 制作垫料时原材料要均匀混合；c. 堆积后表面应稍微按压，特别是在冬季里，周围应该使用通气性的东西如麻袋等覆盖，使它能够保温、透气；d. 所堆积的物料散开的时候，气味应很清爽，不能有恶臭的情况出现。

（3）圈舍

采用该技术养猪模式，猪舍一般采用单列式，猪舍跨度为 8~13m，猪舍屋檐高度 2.8~4m。栏圈面积大小可根据猪场规模大小（即每批断乳猪转栏数量）而定，一般掌握在 40m² 以上，饲养密度 0.8~1.5 头/m²。

猪舍地面根据地下水位情况，可水泥固化，也可不用固化。

（4）采食台和饮水台

在猪舍一端设一饲喂台（1.2~2m），在猪舍适当位置安装饮水器，要保证猪饮水时所滴漏的水疏导至栏舍外，以防漏水潮湿垫料，影响微生物生长。

（5）垫料池

垫料高度根据猪的生长时期不同而不同，如保育猪垫料池一般为 50~70cm、中大猪垫料池一般为 70~100cm。

（6）机械设备进入通道

圈舍建设时要留有挖掘机和猪进出圈舍垫料区的通道。在一栋圈舍内，垫料区一般都

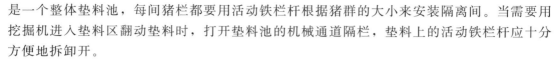

是一个整体垫料池，每间猪栏都要用活动铁栏杆根据猪群的大小来安装隔离间。当需要用挖掘机进入垫料区翻动垫料时，打开垫料池的机械通道隔栏，垫料上的活动铁栏杆应十分方便地拆卸开。

（7）工程投资

猪舍建设费用约为 180 元/m²，高标准猪舍建设费用约为 400 元/m²，旧猪舍改造费用约为 130 元/m²，垫料投资 70～100 元/m³，垫料一次投入可适用 2～3 年。

7.7.6　工程运行维护

发酵床养护的目的主要是两方面：一是保持发酵床正常微生态平衡，使有益微生物菌落始终处于优势地位，抑制病原微生物的繁殖和病害发生，为猪生长发育提供健康环境；二是确保发酵床对猪粪的消化分解能力始终保持在较高的水平，同时为生猪的生长提供一个舒适的环境。发酵床养护主要涉及垫料的通透性管理、水分调节、疏粪管理、垫料的补充与更新等多个环节。

（1）垫料管理

长期保持垫料的适当通透性，即垫料中的含氧量始终保持在正常水平，是发酵床保持较高分解粪尿能力的关键因素之一，同时也是抑制病原微生物繁殖，减少疾病的重要手段。通常比较简单的方式就是将垫料经常翻动，翻动的深度为 15～25cm，通常可以结合疏粪或补水将垫料翻匀，另外每隔一段时间（50～60d）要彻底翻动一次，并且将垫料层上下混合均匀。

（2）水分调节

由于发酵垫料中垫料水分的自然挥发，垫料水分会逐渐降低，垫料水分降到一定水平后，微生物的繁殖就会受阻或停止。因此，要定期根据垫料水分状况适时补充水分，保持微生物正常繁殖、维持垫料粪尿分解能力。垫料合适的水分为 38%～45%，因季节或空气的湿度不同而略有差异，常规补水方式可采用加湿喷雾补水，也可结合补菌时补水。

（3）疏粪管理

由于生猪具有集中定点排泄粪尿的特性，所以发酵床上会出现粪尿分布不均，粪尿集中的地方湿度大，消化分解速度慢，只有将粪尿分散地洒在垫料上，并与垫料混合均匀，才能保持发酵床水分的均匀一致，并在较短的时间内将粪尿消化分解干净。通常保育猪 2～3d 疏粪一次，中大猪 1～2d 疏粪一次。

（4）垫料的补充与更新

发酵床在消化分解粪尿的同时，垫料也会逐步消耗，及时补充垫料是发酵床性能稳定的重要措施。通常垫料减少量达 10% 后就要及时补充，补充的垫料要与发酵床上的垫料混合均匀并调节好水分。

7.7.7　工程特点

1）节省饲料、节省人力　在饲料中按一定比例加入的微生物菌剂，一般可以节省饲料 10%左右，与传统养猪工艺模式相比免除了传统的日常扫栏、清洗等繁重的日常管理工作，可节约劳动力 50%左右。

2）污染少、环境得到优化 无需每天清扫、冲洗猪栏，减少了废物、排泄物排出养猪场，大大减轻了养猪业对环境的污染。

3）节约水和能源 该技术只需提供猪的饮用水，不需要每天清除猪粪，可节水 90%以上。生物发酵床自行发酵产热，猪舍冬季无需耗煤耗电加温，可节省大量的能源。

4）提高了生猪的抵抗力，改善了肉质 生物发酵床中的生物菌剂通过参与肠道的营养消化作用，保持肠道的 pH 值，提高了生猪对不利环境的抵抗力。猪饲养在垫料上，满足了猪只拱掘的生物学习性，运动量增加，猪生长发育健康，提高了猪肉品质。

5）变废为宝 在发酵制作有机垫料时，锯末、稻壳、玉米秸秆等农业废物均可作为垫料原料加以利用。垫料在使用 2~3 年后，形成可直接用于果树、农作物的生物有机肥，达到循环利用效果。

图 7-17 所示为生物发酵床养殖圈舍的应用实例。

图 7-17 生物发酵床养殖圈舍应用实例

7.8 畜禽粪便综合利用技术案例

7.8.1 工程概况

（1）工程名称

浙江省宁波市鄞州区畜禽粪便粪综合利用工程。

（2）工程地址

浙江省宁波市鄞州区。

（3）自然环境

宁波市鄞州区地处宁绍平原，属亚热带季风性湿润气候，夏季盛行东南风，雨热同步，冬季盛行西北风，较寒冷干燥。区域年均气温 16.2℃，年均降水量 1538.8mm，年平均日照时数 2070h，无霜期 238d。境内东南部与西部地貌为丘陵与山地，中部为宽广的平原，总体呈现马鞍形地貌。

（4）社会经济

鄞州区是畜禽规模养殖大区，规模化率达 90% 以上，为防治畜禽养殖带来的污染，鄞州区启动了沼液物流配送项目。以沼液物流配送为纽带，带动全区生态农业大循环，宁波长泰农业发展有限公司具体负责沼液物流配送日常业务。鄞州区将沼液纳入政府补贴范围，制订了沼液液态肥配送使用补助办法，同时政府与运输企业签订沼液年度配送协议书，运输企业与牧场、基地分别签订"沼液配送协议书"和"沼液储存池建设及使用协议书"，层层落实任务和责任。

7.8.2　技术原理

农牧综合利用是指按照自然界规律，将动植物、微生物的生长消亡综合考虑，形成一条完整的食物链，促进人与自然的和谐共处。

沼气处理是指利用人畜粪便、秸秆、污水等各种有机物在密封的沼气池内，在厌氧条件下，被种类繁多的沼气发酵微生物分解转化，最终产生沼气的过程。在这个过程中微生物是最活跃的因素，它们把各种固体或是溶解状态的复杂有机物，按照各自身营养需要，进行分解转化，最终生成沼气。

7.8.3　工艺流程

根据猪粪污水可生化性好、营养成分齐全等特点，结合生态环境工程的要求，采用"粪水厌氧消化产生沼气"的处理工艺和"厌氧发酵出水综合利用"的处理方法。由于此工艺具有低成本运行、低成本投入的特点，使其具有良好的推广和示范效益。工艺流程如图 7-18 所示。

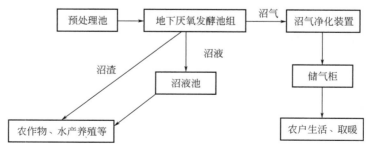

图 7-18　畜禽粪便沼气及农牧综合利用技术工艺流程

7.8.4 技术适用范围

沼气发酵技术适用范围较为广泛，可用于处理农村有机生活垃圾、畜禽粪便、秸秆等生产生活废物。针对处置设施规模，可分为户用（联户）沼气技术、大中型沼气技术。目前，在各地农村环境综合整治、农村清洁工程中广泛应用。

7.8.5 工程参数

工程投入资金 700 余万元，建成大型沼液中转池 3 个，容积 9600m^3；中型砖混结构储液池 99 个，容积 4950m^3；购置小型移动式沼液专用配送桶 625m^3，总容积达到 15175m^3；购置配送车辆 5 台，日运力达到 300t，保证了 10^{5}t 的运输任务；建立核心示范基地，在东吴镇小白村 500 亩的生态修复园内，建立了集试验、检测、浓缩及沼液系列产品开发为一体的核心示范基地。其中，连栋钢棚 4260m^2，种植各种植物 10 余种；沼液实验室及研发用房 600m^2，配置了相关检测试验设备；建造了沼液储存池、调节池、喷滴灌等配套设备，对沼液的成分、稳定、调节、配合、使用方法、浓缩技术及液态有机肥系列产品开发进行深入研究。

7.8.6 工程运行维护

（1）市场化运行

引进沼液专业化处置企业——宁波长泰农业发展有限公司，具体负责沼液物流配送日常业务的开展。其主要职责：开展沼液物流配送业务，制订收集、运输、应用等环节的管理制度，建立科学的配送流程，做到运转有序，高效节约；建设核心示范园区，试验示范，牧场与基地储液池的建造、管护；沼气池、储液池的日常维护。

（2）财政补贴与适度收费

将沼液纳入政府补贴范围，制订了沼液液态肥配送使用补助办法，列入沼液配送牧场每吨收费 5 元，政府补助每吨 20 元，三年内基地农户免使用费，三年后视情况进行调整。同时政府与运输企业签订沼液年度配送协议书，运输企业与牧场、基地分别签订"沼液配送协议书"和"沼液储存池建设及使用协议书"，层层落实任务和责任。这些政策的制订和落实极大地调动了牧场、运输企业、基地三方的积极性，稳定了人心，一方面保障沼液的来源和质量；另一方面保障种植基地沼液的及时供应，沼液配送量以每年翻一番的速度增加。

（3）科技创新

在沼液配送项目实施过程中，鄞州区专门成立了沼液研究所，与浙江大学环境与资源学院签订了长期合作协议，组织省、市、区专家联合申报市、区科技攻关项目，统筹解决了以下问题。

① 通过试验、验证及规范操作，实现了不同作物沼液的科学合理使用。

② 通过稳定性调节，解决不同畜禽品种、不同来源的沼液成分不稳定的问题。

③ 解决了牧场沼液产生的连续性与作物施肥的季节性矛盾。

④ 实施沼液使用的安全性评估。

⑤ 解决了喷滴灌系统等配套设施问题。

7.8.7　工程特点

沼气技术原理简单，施工、管理、使用也比较简便，是一项非常实用的技术。在厌氧消化过程中，不仅可以改善环境条件，而且产生的沼气是清洁能源，可供炊事、加温、发电等；沼液沼渣中富含植物所需的营养成分，是优质的有机肥。发展沼气有利于保护生态环境，促进农民增收节支，发展高效生态农业，有利于建设环境友好、资源节约、农业生态循环的新农村。

该项技术具有以下难点：

① 不同作物沼液的科学合理使用问题，需要进行试验、验证，并形成规范的操作。

② 不同畜禽品种、不同来源的沼液成分不稳定，需要进行稳定性调节，沼气中含有少量 H_2S，现有脱硫设备效率不高。

③ 牧场沼液产生的连续性与作物施肥的季节性矛盾，产气随气温波动较大，夏季产气多用不完，冬季产气少不够用。

④ 沼液使用的安全性评估。

⑤ 沼液使用的不方便制约了沼液的扩大使用，需要解决喷滴灌系统等配套设施问题。

⑥ 经厌氧处理后的沼液如直接排放，仍是高浓度污染物，若进行深度处理达标排放，投资、运行管理成本很高。

7.9　农村生活垃圾热解气化处理装置技术案例

7.9.1　工程概况

（1）工程名称

施甸县甸阳镇农村垃圾热解气化工程。

（2）工程地址

云南省施甸县甸阳镇。

（3）处理规模

工程设计规模为 3650t/a。

（4）服务范围

1.5 万人。

（5）自然环境

云南省施甸县甸阳镇气候属于中亚热带为主体的低纬山地季风气候。年平均气温17.0℃，最冷月（1月）平均气温9.9℃，最热月（6月）平均气温21.8℃，极端最高气温32℃，极端最低气温－3.2℃。年均日照2268.3h，年无霜期273d，年均降雨960mm。多南风和西风。辖区山地起伏交错，海拔相差较大，最高海拔2624m，最低海拔1470m，总面积132km²。现辖街道、文武、沙坝脚、张家、大竹蓬、团树、乌邑、大寨、同邑、蒋家、五福、甸头、菖蒲塘、袁家14个村（居）委会，109个自然村，170个村（居）小组，有村（居）民12479户40789人，农业户8867户，农业人口31135人，其中机关3612户10141人，两个社区居委会1296户3910人，山区七个村委会有3338户14838人，坝区五个村委会有4233户17299人，有劳动力19198人。居住有布朗族、回族、彝族、白族等少数民族。2007年人均纯收入2415元。

（6）处理效果

装置运行时，除首次点火需要借助外界能源外，正常运行后无需添加辅助燃料。可采用分布式就近、就地无害化处理，节约大量中转运输成本。通过热解气化可使垃圾体积减小95%、质量减少80%，占地面积小，既节约用地又减少运输成本，而且选址比较容易，可减轻政府征地困难，是一种投资和运行成本都很低、操作简单、高效清洁的垃圾处理技术和设备。该装置符合我国农村垃圾处理的现实需求，填补了乡镇一级垃圾处理设备的空白，是最新一代的生活垃圾处理设备。

书后彩图33所示为小型垃圾热解气化处理装置工程实例。

7.9.2　技术原理

热解气化炉从上到下，依次为干燥层、热解气化层、燃烧层、燃尽层。

垃圾首先在干燥层由二燃室高温烟气以及燃尽层的烘烤作用下干燥。

垃圾在热解气化层分解成CO、H_2以及其他气态烃类等可燃物进入混合烟气中。热解气化残留物（液态焦油、焦炭以及其他不可燃残渣）进入燃烧层充分燃烧。燃烧层沿高度方向可分为氧化区和还原区。氧化区内碳、焦油和氧气发生剧烈的氧化反应，燃烧温度可达到850～1000℃，燃烧产生的热量用来提供还原区、热解气化层和干燥层所需的热量。还原区内CO_2和H_2O被炽热的碳还原，产生CO、H_2等可燃气体，进入混合烟气中。

燃烧层产生的残渣经过燃尽层继续燃烧完全后，经炉排的机械挤压、破碎，落入渣斗，由排渣螺旋输送机排出炉外。

热解气化炉产生的混合烟气进入二燃室燃烧。助燃空气，以及来自预干燥装置的水蒸气由热解气化炉底部旋转炉排上方一次风管送入炉膛。其中，空气能给燃烧层、燃尽层和热解气化层提供充分的助燃氧。干燥产生的水蒸气可作为热解气化层的部分气化剂。立式炉型和独特的送风方式满足了垃圾在关键的热分解气化阶段温度和反应空气量（欠氧和无氧）的条件，并能使参与反应的垃圾维持在这个环境下足够的时间。

垃圾在热解气化炉内经热解后实现了能量的两级分配，热解成分进入二燃室高温燃烧，热解后的残留物在热解气化炉的燃烧段焚烧，垃圾的热分解、气化、燃烧形成了向下运动的动态平衡，在投料和排渣系统连续稳定运行的外部条件下，炉内各反应段的物理化学过程也连续、稳定地进行，因此热解气化炉可以连续地、正常地运转。

烟气进入二燃室后向上折流90°，与1级烧嘴提供的高温旋流空气充分混合，增加气体在二燃室的湍流程度，并剧烈燃烧；随后烟气经过多次折流沉降，每级烧嘴均能提供高温旋流空气，补充烟气中的氧气，使热解过程产生的可燃物在二燃室的富氧、高温条件下充分燃烧。烟气在二燃室的停留时间超过2s，焚烧温度超过850℃。

在设计中，适当提高烟道及相应冷却设备中的烟气流速，确保烟气能较快地冷却，减少了烟气在200～400℃区间内停留时间，极大地减少了二噁英二次生成。

7.9.3 工艺流程

垃圾由收集车从垃圾收集点或垃圾中转站装车后送到垃圾处理站，进场的垃圾通过卸料门卸入垃圾储坑。垃圾储坑储存6d的垃圾量，为完全封闭的负压空间，热解气化设备的助燃空气从垃圾存储区房间内抽取，以避免臭气外逸。

热解气化成套设备由垃圾抓斗、进料装置、粉碎装置、分选装置、螺旋挤压式预干燥装置、气化室、二燃室、旋转炉排、冷却装置、热交换器、袋式除尘器、引风机、烟囱、自动控制系统等组成。

垃圾由抓斗从储坑抓出送入送料系统，经破袋、磁选、破碎、筛分后，由输送机送入螺旋挤压式预干燥装置的进料口。

该热解气化炉的运行分两个阶段：第一阶段为缺氧状态的热解气化和燃烧，在气化室内进行，工作温度控制在600～800℃，使垃圾中不挥发的可燃物完全燃烧，而可燃的挥发性气体则进入二燃室；第二阶段为过氧燃烧，在二燃室内进行，工作温度控制在850～1000℃，并停留2s以上的时间，使气化室送入的可燃气体与充足的高温空气混合，形成涡流，充分燃烧产生高温烟气在烟道中多次折流并沉降除尘后，送入预干燥装置，烘干垃圾；然后送入冷却和热交换装置，回收其热量用于供热；冷却后的烟气经活性炭吸附、布袋除尘等尾气净化后达标排放。

而灰渣经过1200℃以上的高温熔融后作为一般性废物，可作为制砖厂、水泥厂的原材料，或者进行填埋。而垃圾渗滤液回喷炉内，进行高温分解，无渗滤液外排。工艺流程如图7-19所示。

7.9.4 工程参数

（1）主要构筑物

根据工艺流程、功能、风向，将厂区内的建、构筑物分为三个功能分区。

1）办公区 包括办公室、停车场，该区是厂区内比较洁净的分区，对环境的要求较高，布置时应远离各种污染源，并且位于盛行风向的上风侧。

2）主要生产区 包括设备运行车间、垃圾储坑、灰渣收集区和资源回收区，主厂房

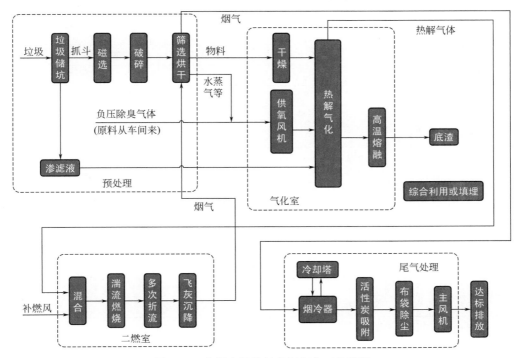

图 7-19　农村生活垃圾热解气化工艺流程

是厂区的主体建筑，在满足各种防护间距的前提下可以靠近各辅助生产区及办公楼。

3）热能供应区　包括水泵房、冷却塔、水处理装置、清水池。

为便于管理及外来联系业务的工作人员便利，将综合办公楼布置在靠近厂区大门一侧，而且位于盛行风向的上风侧。

办公楼与主厂房之间的空地集中布置绿化，作为防护隔离带。

（2）垃圾热解气化装置技术规范

中信利百川研发的小型垃圾热解气化处理装置是一种新颖的、基于农村垃圾无害化处理的垃圾处理技术。该装置主要针对城镇、农村普通生活垃圾及部分生产性垃圾的处理。

主体装置设计为气化区和燃烧区两个相对独立的单元：热解气化区实现垃圾中有机物的充分分解和炭化，燃烧区实现可燃气体的充分燃烧和无害化，整个过程把热解气化和高温燃烧有机地结合起来。

在无氧或缺氧条件下，温度控制在 600～800℃，使垃圾中的有机物分解成为可燃气体，热解残余物在炉内继续燃烧直至燃尽，然后将可燃气体引入二次燃烧室进行充分燃烧，使有毒有害物质完全分解，达到无害化处理的目的。

表 7-10 为热解气化装置的技术规范，表 7-11 为热解气化装置运行相关指标。

表 7-10　垃圾热解气化装置技术规范

项目	技术标准
处理能力	10t/d
入炉物料	热值≥3500kJ/kg，水分≤55%的生活垃圾

续表

项目	技术标准
辅助燃料	首次点火需借助木炭或木柴引燃；季节性高水分时油枪补燃
二燃室温度	≥850℃
二燃室烟气停留时间	≥2s
工作时间	8000h/a
垃圾可燃物减量率	≥95%
"三废"排放	废灰渣：炉渣热灼减率≤5%；炉渣低于《生活垃圾填埋场控制标准》(GB 16889—2008)的限值，卫生填埋 废气：低于《生活垃圾焚烧污染控制标准》(GB 18485—2014)的限值 飞灰：量少，交有危险废物处理资质的公司处理 废水：渗滤液回喷炉内，无其他废水
设备占地面积	650m²
电耗	400kW·h/d
产热量 / 热水产量（70℃）	6t/h
人工	每班2人/3班次
维修保养	每年停炉2～3次，每次5天
设备寿命	15～20a
项目建设周期/d	120

表 7-11　热解气化装置运行相关指标

序号	指标	单位	数值
1	额定处理量	t/d	10
2	超负荷能力	%	20
3	年垃圾处理能力	t/a	3650
4	占地面积	m²	1000
5	设备运行小时	h/a	8000
6	冷热交换器热效率	%	≥76
7	热灼减率	%	≤3
8	电机总功率	kW	98.15
9	平均电耗	kW·h/t	约400
10	垃圾减量率	%	≥95
11	温度	℃	≥850
12	二燃室烟气停留时间	s	3～5
13	设备寿命	a	15～20

（3）工程投资

该工程投资成本随服务人口变化，服务人口规模为30000人的垃圾资源化处理设施和设备，共需投入资金约700万元，总占地面积1000m²。

7.9.5 工程运行维护

该技术运行维护费用主要包括电费、运行人工工资、设备维护费、燃油费、灰渣处理费，人均运行费约为 1.04 元/月；维护费用用于每半年停炉一次，每次 5d，以及日常运行维护等。本垃圾资源化处置设施为永久性构筑物，如果维护良好，可长期使用。

7.9.6 工程特点

该技术以乡镇为单元的生活垃圾处理完全可以达到现行国家的相关生活垃圾无害化处理标准要求；处理过程不产生污水，该装置恶臭污染物执行《恶臭污染物排放标准》（GB 14554—1993）中二级标准，保证项目及周边不受恶臭影响。

① 排放达标，无二次污染。热解气化燃烧过程是在严格控制各阶段的温度及空气量的条件下完成的，烟气排放完全达到国家标准。尤其对抑制二噁英的产生有显著效果，这是本设备与垃圾直接焚烧技术最大的区别。

② 无需添加辅助燃料。除首次点火需要借助外界能源外，处理过程中再无需添加任何辅助燃料，即可持续稳定运行。

③ 全自动控制，运行稳定。通过传感信号反馈，经 PLC 程序自动调整电机的启停及变频调速，实现整个运行过程的全自动化，使燃烧温度、给氧量、进料量和进料频率得到稳定控制。全部指令、实时显示及监控都设置在控制柜的触摸屏上，简单明了，操作方便，运行安全可靠，使用寿命长。

④ 占地省。规划灵活，系统占地少，30t/d，主厂房占地面积 640m²，节约大量土地，可以采用多套或单套使用，选址容易，减轻政府征地困难。

⑤ 垃圾处理范围广，运行成本低，经济效益显著。

⑥ 垃圾收集后简单分类即可直接处理，可以处理各种类型的垃圾，应用范围广泛。正常操作只需 2 人/班次，耗电量少，维护成本低，还可充分回收垃圾的热能，生产热水、蒸汽，经济效益十分显著。

7.10 生活垃圾气化技术案例

7.10.1 工程概况

（1）工程名称

山县得胜村生活垃圾气化处理工程。

（2）工程地址

辽宁省盘锦市盘山县得胜村范围内各自然村。

（3）处理规模

工程设计规模为 965t/a。

（4）服务范围

服务范围为全村常住人口。

（5）自然环境

得胜村位于辽宁省盘锦市盘山县境内，属温带半湿润大陆性季风气候，四季分明，光照充足，年平均气温 8.3℃，年均降雨量 623.6mm，无霜期 172d。

（6）处理效果

得胜村于 2011 年 8 月建成 500m³ 可燃垃圾气化站，可供给 500 户农村居民的生活和冬季取暖用气，年产［热值 5000（标）kJ/m)³]燃气 193m³，相当于 330.86t 标准煤。年减排 CO_2 866.85t、SO_2 2.81t、氮氧化物 2.25t，节电 99.25×10^4 kW·h，消耗可燃垃圾和秸秆等废物 965t。

7.10.2　技术原理

玉米秸秆、玉米芯、杂草、稻壳、果树枝杈、木材边角余料等可燃生活垃圾和生产废弃原料，经过晾晒或固化成型后，高温裂解、厌氧燃烧，生产可燃气体和木炭、焦油等产品。生物质燃气主要作为居民和工厂的生产与冬季取暖用气，燃气热值高，使用安全，是一种清洁的绿色能源产品。

7.10.3　工艺流程

废弃的生物质原料通过收集、筛选、晾晒，当含水率小于 20% 时储存备用。使用前将原料切割成长度 30～500mm 左右（根据原料的种类而定），一次性装入发生器内，进行制气制炭，也可采用连续给料方式制气。发生器内产生的粗可燃气体经过除尘、除焦、气水分离、净化等设备转换成洁净的可燃气体，储存在半地下干式储气柜内，通过地下管网直接输送到周边农村居民家中，用于生活燃气和冬季取暖，居民按燃气表交费或用自己的废弃秸秆、果树枝杈、可燃垃圾等废弃的生物质原料到生物质气化站换取燃气，如图 7-20 所示为垃圾气化工艺流程。

7.10.4　技术适用范围

垃圾气化技术的适用范围较为广泛，主要用于人口相对集中，种植业生产较为发达的连片村庄。村庄需已经建立完备的生活垃圾收集、分类系统，配备专业化保洁人员。

7.10.5　工程参数

（1）主要构筑物

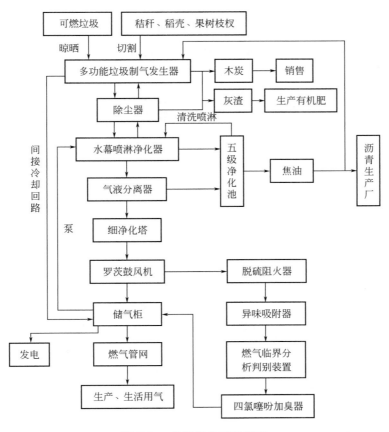

图 7-20　垃圾气化工艺流程

该工程主要包括垃圾制气发生器气化机组、干式储气柜、干式储气柜基础、地下净化池、焦油储存池等。具体参数如下。

（2）生物质气化机组

一套 500m³/h 生物质气化机组，可供给 500 户农村居民的生活和冬季取暖用能，年产 5000（标）kJ/m³ 的生物质燃气 193×10^4 m³，其中生活用气 73×10^4 m³，冬季取暖用气 120×10^4 m³。如表 7-12 为生物质垃圾制气发生器参数。

表 7-12　生物质垃圾制气发生器参数

型号	FGAS300～1000	LSAF300～1000-L2
额定产气量/(m³/h)	300～1000	300～1000
物料消耗量/(kg/h)	150～500	150～500
真空工作压力/MPa	0.002～0.008	0.002～0.008
循环水出口温度/℃	≥90	≥90
发生器粗气出口温度/℃	50～280	50～280
气体热值(标)/(kJ/m³)	4600～6000	4600～6000
气化效率/%	73	73
气化气体焦油含量(标)/(mg/m³)	<10	<10
气化气体灰分含量(标)/(mg/m³)	<10	<10

（3）几种典型物料气化的气体成分含量

通常利用可燃生活垃圾和农村的废弃原料作为气化物料，如玉米秸秆、玉米芯、杂草、稻壳、果树枝杈、木材边角余料、可燃生活垃圾等，如表 7-13 所列为物料气化后气体主要成分含量。

表 7-13　典型物料气化后气体主要成分含量

原料成分	CO_2/%	H_2/%	O_2/%	N_2/%	CH_4/%	CO/%	H_2S/%	热值/(kJ/m³)	产炭率/%
废木块	7.10	11.20	0.80	55.10	2.90	11.60	11.30	5935	38
秸秆	11.43	11.26	0.93	45.28	2.80	18.60	9.70	5069	
稻壳	13.38	10.37	0.94	51.62	2.84	12.36	8.49	4694	
果树枝	7.09	11.26	0.89	55.15	2.90	11.40	11.31	5479	29
可燃垃圾	12.36	11.20	0.95	48.89	3.80	10.40	12.40	5816	
锯末	7.03	11.12	0.81	53.17	3.91	12.74	11.22	6012	

（4）工程投资

建设气化站占地面积 5.1 亩，使用寿命 15a，总投资 228 万元，其中生物质制炭制气发生器气化机组 25 万元，气化站建筑物设备房 18 万元、材料库房 22 万元，半地下湿式储气柜建设费用 58 万元，地下管网建设费用 63 万元，围墙 5 万元，土地租赁费用及其他 10 万元，普通燃气表 6.25 万元，红外线（单灶）炉具 1.75 万元，用户室内其他管材配件 10 万元、安装费 6 万元。

7.10.6　工程运行维护

工程运行维护费用主要包括生活垃圾等生物质原料的购买，设备运行消耗的电费、专职管理人员工资等几部分。其中年需生活垃圾等生物质原料 965t，每吨按 240 元计算，年需购买原料 23.16 万元；年需电费 5.79 万元；气化站需司炉工 2 名，月工资 800 元，年工资需 1.92 万元；设备折旧按 15 年计算，年需 1.86 万元；维修费每年按 5000 元计算，共计每年运行维护费用为 33.23 万元。

7.10.7　工程特点

生活垃圾经过分拣筛选，将可燃垃圾进行气化处理，不仅极大地减少了垃圾对环境的污染，而且提高了垃圾的资源化利用，达到了垃圾"减量化、资源化"的目标，保护了珍贵的土地资源，节约了人力、能源等成本；同时，垃圾气化产生的可燃气代替了煤炭，二氧化硫的排放也相应减少，减少了因化石能源燃烧造成的大气污染。因此，垃圾气化技术获得了良好的环境效益，同时又具有良好的经济效益和社会效益。

附录1　农村生活垃圾分类处理规范

DB33

浙江省地方标准

DB33/T 2030—2018

农村生活垃圾分类处理规范

Specification for source separation and treatment of rural domestic solid waste

2018-01-18 发布
2018-02-18 实施

浙江省质量技术监督局发布

前　言

本标准按照 GB/T 1.1—2009 给出的规则起草。本标准由浙江省农业和农村工作办公室提出并归口。本标准由浙江省农业和农村工作办公室牵头组织起草。

本标准起草单位为：浙江省标准化研究院、浙江大学环境污染防治研究所、浙江省"千村示范、万村整治"工作协调小组办公室、安吉县农业和农村工作办公室、金华市金东区农业农村工作办公室、三门县农村工作办公室、金华市标准化研究院。

本标准主要起草人为：覃雅芳、孔朝阳、刘彦林、吴伟祥、邵晨曲、郑勤、应珊婷、王昊书、喻凯。

1　范围

本标准规定了农村生活垃圾的术语和定义，分类类别，以及分类投放、分类收集、分类运输、分类处理、长效管理等内容。

本标准适用于农村生活垃圾分类处理。

2　规范性引用文件

下列文件对于本文件的应用是必不可少的。凡是注日期的引用文件，仅所注日期的版本适用于本文件。凡是不注日期的引用文件，其最新版本（包括所有的修改单）适用于本文件。

GB 14554　　恶臭污染物排放标准

GB 16889　　生活垃圾填埋场污染控制标准

GB 18485　　生活垃圾焚烧污染控制标准

GB/T 19095　生活垃圾分类标志

GB/T 31962　污水排入城镇下水道水质标准

GB 50869　　生活垃圾卫生填埋处理技术规范

CJJ 27　　　 环境卫生设施设置标准

CJJ 52　　　 生活垃圾堆肥处理技术规范

CJJ 90　　　 生活垃圾焚烧处理工程技术规范

CJJ 184　　　餐厨垃圾处理技术规范

NY/T 90　　 农村户用沼气发酵工艺规程

NY 884　　　生物有机肥

NY 1109　　 微生物肥料生物安全通用技术准则

NY/T 2371　 农村沼气集中供气工程技术规范

3　术语和定义

下列术语和定义适用于本文件。

3.1　农村生活垃圾

农村日常生活、农户家庭生活及生活性服务业产生的固体废弃物，不包括农村的工业垃圾、建筑垃圾、医疗垃圾、农业生产产生的废弃物、畜禽和宠物的尸体。

3.2　"四分四定"

分类投放要定时、分类收集要定人、分类运输要定车、分类处理要定位的农村生活垃圾处置要求。

4 基本要求

4.1 以减量化、资源化、无害化为目标，因地制宜、源头减量、综合利用、科学治理。

4.2 以农村生活垃圾"四分四定"为原则，做到应收尽收，应分尽分，日产日清。

4.3 以农民可接受、操作较容易、设施设备全、环境效益好为导向，实施长效管理。

5 设施配套要求

5.1 农村生活垃圾分类投放、分类收集、分类运输和分类处理设施的布局、规模和用地指标应纳入县（市、区）相关规划。

5.2 乡镇（街道）应科学配置垃圾转运站或垃圾处理终端设施，配备密闭的垃圾转运车辆；建制村应合理配备分类垃圾桶、分类垃圾箱和分类垃圾收运车。也可通过政府购买服务的方式配置垃圾收集、转运和处理设施。

5.3 村庄内的车站、公园、商店等公共场所以及文体活动设施场所的经营、管理单位，应按照 CJJ 27 的要求配置生活垃圾分类收集设施。

5.4 农村新居建设及新建、改建、扩建工程项目，应按照 CJJ 27 和 GB 16889 的要求配置生活垃圾分类投放、分类收集、分类运输、分类处理设施。

6 分类

6.1 分类类别

农村生活垃圾分为易腐垃圾、可回收物、有害垃圾和其他垃圾四大类，分类标志见附录 A。

6.2 易腐垃圾

家庭生活和生活性服务业等产生的可生物降解的有机固体废弃物。示例如下：

——家庭生活产生的厨余垃圾；

——乡村酒店、民宿、农家乐、餐饮店、单位食堂等集中供餐单位产生的餐厨垃圾；

——农贸（批）市场、村庄集市、村庄超市产生的蔬菜瓜果垃圾、腐肉、肉碎骨、蛋壳、畜禽产品内脏等有机垃圾；

——村民自带回家的农作物秸秆、枯枝烂叶、谷壳、笋壳和庭园饲养动物粪便等可生物降解的有机垃圾。

6.3 可回收物

可循环使用或再生利用的废弃物品。示例如下：

——打印废纸、报纸、期刊、图书、烟花爆竹包装筒以及各种包装纸等废弃纸制品；

——泡沫塑料、塑料瓶、硬塑料等废塑料制品；

——废金属器材、易拉罐、罐头盒等废金属物；

——用于包装的桶、箱、瓶、坛、筐、罐、袋等废包装物；

——干净的旧纺织衣物和干净的各类纺织纤维废料等废旧纺织物；

——电视机、冰箱、洗衣机、空调、电脑、微波炉、音响、收音机、计算器、手机、打印机、电话机等废弃电器电子产品；

——各种玻璃瓶罐、碎玻璃片、镜子、暖瓶等废玻璃；

——牛奶饮料纸包装、泡沫塑料泡罩包装、牙膏软管、烟箔纸、方便面碗和纸杯等废弃纸塑铝复合包装物；

——旧轮胎、旧密封圈和橡胶手套等废弃橡胶及橡胶制品；

——桌、椅、沙发、床、柜等废旧家具。

6.4 有害垃圾

对人体健康或生态环境造成直接危害或潜在危害的家庭源危险废物。示例如下：

——家庭日常生活中产生的废弃药品及其包装物；

——废弃的生活用杀虫剂和消毒剂及其包装物；

——废油漆和溶剂及其包装物、废矿物油及其包装物；

——废胶片及废相纸；

——废荧光灯管；

——废温度计、血压计；

——废镍镉电池和氧化汞电池；

——电子类危险废物等。

6.5 其他垃圾

除易腐垃圾、可回收物、有害垃圾以外的生活垃圾。示例如下：不可降解一次性用品、塑料袋、卫生间废纸（卫生巾、纸尿裤）、餐巾纸、普通无汞电池、烟蒂、庭院清扫渣土等生活垃圾。

7 分类投放

7.1 投放要求

7.1.1 垃圾分类收集容器应有盖，应在显著位置印制垃圾分类标志。

7.1.2 每户应至少配备易腐垃圾及其他垃圾2个（一组）分类垃圾容器并分类投放。

7.1.3 易腐垃圾应沥干水分后投放，盖好垃圾桶。集中供餐单位的餐厨垃圾应单独投放。

7.1.4 可回收物应尽量保持清洁，清空内容物，避免污染。体积大、整体性强或需要拆分再处理的废弃家具、电器电子产品等大件垃圾，应预约再生资源回收服务单位上门收集，或投放至指定的废弃物投放点。

7.1.5 有害垃圾应投放到有害垃圾收集容器或有害垃圾独立贮存点。

7.1.6 其他垃圾投放至户分类垃圾容器，或村分类垃圾投放点。

7.2 管理要求

7.2.1 建制村应建立生活垃圾分类管理制度及分类投放管理台账，指导村民分类投放生活垃圾。设置垃圾分类投放点，并公告不同类别的生活垃圾的投放时间、投放地点、投放方式等。

7.2.2 建制村应保持公共场所收集容器完好和整洁美观，发现破旧、污损或者数量不足时，及时维修、更换、清洗或者补设。

8 分类收运

8.1 收运要求

8.1.1 分类投放后的各类垃圾应分类收集、分类运输。

8.1.2 易腐垃圾应每日定时收运，由生活垃圾收运单位直接运输至易腐垃圾处理站。集中供餐单位的餐厨垃圾应由政府部门确定的单位收运。收运单位应与集中供餐单位约定餐厨垃圾收运的时间和频次，收运过程应符合 CJJ 184 的要求，并及时清理作业过程中产生的废水、废渣，保持餐厨垃圾转运设施和周边环境整洁。

8.1.3 可回收物运输至资源回收处理单位。

8.1.4 有害垃圾由生活垃圾收运单位收集后，委托具有相应危险废物经营许可证的单位进行运输。

8.1.5 其他垃圾应每日定时收运，转运至所属区域的垃圾处理终端。

8.1.6 收运过程应实行密闭化管理。采用非垃圾压缩车直接清运方式的，应密闭清运，防止二次污染。

8.2 管理要求

8.2.1 分类后的垃圾由村收集、乡镇（街道）转运，或通过政府购买服务的方式进行收运。

8.2.2 生活垃圾收运单位应根据垃圾的类别、数量、作业时间等要求，配备相应的收集、运输设备和作业人员。

8.2.3 收集、运输车辆应明显标示相应的生活垃圾分类标志，并保持全密闭，具有防臭、防遗撒、防渗滤液跑、冒、滴、漏等功能。

8.2.4 生活垃圾收运单位应建立管理台账。

9 分类处理

9.1 处理要求

9.1.1 易腐垃圾应因地制宜采用机器成肥、太阳能辅助堆肥和厌氧产沼发酵等方式进行处理。集中供餐单位的餐厨垃圾由有资质的企业统一处理。

9.1.2 可回收物可由与主管部门签订购、销协议的废旧物品公司等定期收购并回收利用处置。

9.1.3 有害垃圾应委托有相应危险废物经营许可证的单位进行无害化处置。

9.1.4 其他垃圾转运至所属区域的生活垃圾焚烧厂或生活垃圾卫生填埋场进行无害化处理。

9.2 处理模式 易腐垃圾及其他垃圾的主要处理模式见表1。

厌氧产沼发酵利用微生物厌氧发酵技术将易腐垃圾转化为清洁燃料沼气进行资源化利用的处理方式。设施选址应符合沼气工程安全防护要求，容积在 50 立方米以下的农村户用沼气池应符合 NY/T 90 的要求，农村沼气集中供气工程应符合 NY/T 2371 的要求。沼渣和沼液应有合理消纳途径。

9.3 易腐垃圾处理管理要求

9.3.1 由建制村（或多村联合）规划建设易腐垃圾处理站。

9.3.2 运营单位应制定运行管理制度、安全生产制度，停电、设备故障、台风暴雨等自然灾害天气应急预案，建立运行管理台账。运行管理人员和维护检修人员应严格执行安全操作规程。

表 1 易腐垃圾及其他垃圾主要处理模式

序号	垃圾类型	处理模式	技术要求	适用范围
1	易腐垃圾	机器成肥	采用机械成肥设备,经破碎预处理、好氧堆肥发酵和除杂,处理易腐垃圾。设备应明确主体工艺、比能耗、发酵周期等运行技术参数以及菌种来源要求,堆肥发酵过程符合 CJJ 52 无害化要求	人口密度高,有机肥需求量较大的农村地区
		太阳能辅助堆肥	利用太阳能辅助堆肥方式处理易腐垃圾,应符合 CJJ 52 的要求。堆肥设施(阳光房)应根据垃圾日处理量合理设置单室体积,具备密封性、保温性,配备污水收集或废水和恶臭污染物达标排放处理系统	人口密度不高,日人均生活垃圾量也相对稳定的农村地区
		厌氧产沼发酵	利用微生物厌氧发酵技术将易腐垃圾转化为清洁燃料沼气进行资源化利用的处理方式。设施选址应符合沼气工程安全防护要求,容积在 50 立方米以下的农村户用沼气池应符合 NY/T 90 的要求,农村沼气集中供气工程应符合 NY/T 2371 的要求。沼渣和沼液应有合理消纳途径	人口密度较高、易腐垃圾量相对较大、易腐垃圾纯度高、有沼渣沼液消纳利用途径和一定沼气池使用经验的农村地区
2	其他垃圾	卫生填埋	处理技术应符合 GB 50869 的要求,污染控制应符合 GB 16889 的要求	所属区域建有生活垃圾卫生填埋场的建制村
		焚烧处理	处理技术应符合 CJJ 90 的要求,垃圾焚烧炉焚烧尾气应达标排放,飞灰、炉渣得到有效处置,污染控制应符合 GB 18485 的要求	所属区域建有生活垃圾焚烧厂的建制村

9.3.3 垃圾处理站应设置臭气处理设施、污水收集和处理设施。易腐垃圾处理设备应有产品合格证。污水收集后纳入管网的,应在处理站对渗滤液进行预处理,出水水质满足 GB/T 31962 的规定;若采用直接排放方式,应对渗滤液进行处理后排放,排放水质应稳定达到 GB 16889 的规定。恶臭污染物排放应符合 GB 14554 的要求。

9.3.4 运行空间环境无臭气、无污水、无地面垃圾,主体设备及附属设备运行状态良好,场地整洁。

9.3.5 易腐垃圾处理如需微生物菌种,菌种应安全、有效,有明确来源和种名。微生物菌种的安全性应符合 NY 1109 的规定。

9.3.6 机器成肥、太阳能辅助堆肥产出的成品肥料,植物种子发芽指数应≥60%,发芽实验方法见附录 B;粪大肠菌群数和蛔虫卵死亡率应达到 NY884 的要求。机器成肥产出的肥料技术指标应达到表 2 的要求。太阳能辅助堆肥产出的成品肥料重金属限量应达到表 3 的要求。

表 2 肥料技术指标

项目	技术指标
有机质的质量分数(以烘干基计)/%	≥30
水分(鲜样)的质量分数/%	≤30
酸碱度(pH 值)	5.5~8.5

表 3　肥料重金属限量指标

项目	限量指标/(mg/kg)
总砷(As)(以烘干基计)	≤15
总汞(Hg)(以烘干基计)	≤2
总铅(Pb)(以烘干基计)	≤50
总镉(Cd)(以烘干基计)	≤3
总铬(Cr)(以烘干基计)	≤150

10　长效管理

10.1　管理机制

10.1.1　建立农村生活垃圾分类处理责任制度，多级联动落实农村生活垃圾分类工作，健全建制村、乡镇（街道）检查和考核工作制度，定期开展生活垃圾分类实施情况的检查。

10.1.2　以乡镇（街道）为主负责生活垃圾分类投放、分类收集、分类运输、分类处理设施、设备的长效运行维护管理；对保洁人员实行定岗、定位、定责的责任制管理，抓好日常工作的督查、考核。

10.1.3　建制村应通过村规民约、实施奖惩措施等方式组织和引导村民开展生活垃圾源头分类减量工作。

10.1.4　逐步建立农村生活垃圾分类处理第三方服务运行模式，乡镇（街道）负责指导督促第三方服务单位规范操作。

10.1.5　鼓励垃圾处理技术革新，利用互联网、物联网等技术，提升农村生活垃圾分类处理智能化管理水平。

10.2　宣传教育

10.2.1　村民委员会应通过宣传栏、发放图册、上门指导、组织活动等方式定期开展农村生活垃圾"四分四定"的宣传，增强村民主动开展生活垃圾分类的意识，提高生活垃圾分类的准确率。

10.2.2　主管部门应建立农村生活垃圾分类投放、分类收集、分类运输、分类处理的宣传教育基地。

10.2.3　教育部门应把农村生活垃圾源头减量、分类、资源回收利用和无害化处理等知识作为学校教育和社会实践内容。

10.2.4　各类媒体应开展农村生活垃圾分类处理的公益宣传。

附录 A（规范性附录）

农村生活垃圾分类标志

农村生活垃圾分类标志见表 A.1，彩色标志的颜色可按照 GB/T 19095 的要求。

表 A.1　农村生活垃圾分类标志

序号	垃圾类型	标志
1	易腐垃圾	 易腐垃圾 Biodegradable waste
2	可回收物	 可回收物 Recyclable waste
3	有害垃圾	 有害垃圾 Harmful waste
4	其他垃圾	 其他垃圾 Other waste

附录 B

（规范性附录）

植物种子发芽试验

B.1　植物种子发芽试验方法

B.1.1　称取新鲜物料试样 3 个（每个试样干基质量不小于 20.0g），分别置于 500mL 具密封塞聚乙烯瓶中，按固液比 1∶10（W/V，以干重计）加入一定量的去离子水或蒸馏水，盖紧瓶盖后垂直固定于往复式水平震荡机上。调节频率不小于 100 次/min、振幅不小于 40mm，在室温下震荡浸提 1h，取下静置 0.5h 后，于预先安装好滤膜（或滤纸）的过滤装置上过滤。收集过滤后的浸出液，摇匀后供分析用。每次测定，做蒸馏水空白对照 3 个。如浸出液不能马上分析，应放在（0～4℃）冰箱保存，但保存时间不应超过 48h。

B.1.2　在生物培养皿内垫一张滤纸，均匀放入 10 粒水菫或萝卜种子，加入浸出液 5mL，盖上盖子，在 25℃黑暗的培养箱中培养 48h，测定发芽率和根长。每个样品做 3 个重复，以去离子水或蒸馏水作同样的空白试验。

B.2　种子发芽指数计算方法

$$发芽指数(\%)=\frac{堆肥浸出液的种子发芽率(\%)\times 处理的种子平均根长}{蒸馏水的种子发芽率(\%)\times 空白的种子平均根长}\times 100\%$$

该指数若小于 100％，则表示该堆肥产品具有植物毒性，该值越小毒性越强；若该系数大于 100％，则表示该堆肥产品对种子的发芽和根伸长有促进作用。

参 考 文 献

[1]　SB/T 11110—2014 废纸塑铝复合包装物回收分拣技术规范.

[2]　国务院办公厅. 生活垃圾分类制度实施方案：国办发〔2017〕26 号 http：//www.gov.cn/zhengce/content/2017-03/30/content_5182124.htm.

[3]　环境保护部. 国家危险废物名录：部令第 39 号 http：//www.mep.gov.cn/gkml/hbb/bl/201606/t20160621_354852.htm.

[4]　浙江省人民政府办公厅. 浙江省餐厨垃圾管理办法：省政府令〔2017〕351 号. http：//www.zj.gov.cn/art/2017/2/4/art_12455_290416.html.

[5]　中共浙江省委办公厅. 浙江省人民政府办公厅. 关于扎实推进农村生活垃圾分类处理工作的意见：（浙委办发〔2017〕68 号）.

附录2　农村生活垃圾处理技术规范

DB64

宁夏回族自治区地方标准

DB64/T 701—2011

农村生活垃圾处理技术规范

Technical Specifications of waste treatment for rural area

2011-09-05 发布
2011-09-05 实施

实施宁夏回族自治区环境保护厅
宁夏回族自治区质量技术监督局发布

前　言

本标准的编写格式符合 GB/T 1.1—2009《标准化工作导则第 1 部分：标准的结构和编写》的要求。本标准由宁夏回族自治区环境保护厅提出并归口。本标准主要起草单位：中国环境科学研究院、宁夏环境科学研究设计院、宁夏大学。本标准主要起草人：席北斗、杨天学、夏训峰、张列宇、刘锦霞、王德全、张生海。

1　范围

本标准规定了农村生活垃圾处理的术语和定义、处理模式和处理技术。本标准适用于农村生活垃圾处理工程的规划、立项、选址、设计、施工、验收及建成后的运行与管理。

2　规范性引用文件

下列文件对于本文件的应用是必不可少的。凡是注日期的引用文件，仅所注日期的版本适用于本文件。凡是不注日期的引用文件，其最新版本（包括所有的修改单）适用于本文件。

GB 8172　城镇垃圾农用控制标准

GB 8978　污水综合排放标准

GB 12801　生产过程安全卫生要求总则

GB 14554　恶臭污染物排放标准

GB 16889　生活垃圾填埋场污染控制标准

GB 18599　一般工业固体废物储存，处置场污染控制标准

GB 18918　城镇污水处理厂污染物排放标准

GB 50016　建筑设计防火规范

GB 50046　工业建筑防腐蚀设计规范

GB/T 50123—1999　土工试验方法标准

GB 50140　建筑灭火器配置设计规范

GB 50201　防洪标准

GB 50231　机械设备安装工程施工及验收通用规范

GBZ 1　工业企业设计卫生标准

GBJ 22　厂矿道路设计规范

CJJ 17　城市生活垃圾卫生填埋技术规范

NY/T 1220.3—2006 沼气工程规范　第 3 部分：施工及验收宁夏回族自治区危险废弃物管理办法（宁夏回族自治区人民政府，2011 年 4 月）

3　术语和定义

下列术语和定义适用于本标准。

3.1　村庄

农村村民居住和从事各种生产的聚居点，包括自然村和行政村。

3.2　连片村

地域相连并具有同类环境问题或相同环境敏感目标的多个村庄，一般以行政村为计算单位。

3.3 农村生活垃圾

农村日常生活中或为农村日常生活提供服务的活动中产生的固体废物以及法律、行政法规规定视为生活垃圾的固体废物。

3.4 垃圾处理

农村生活垃圾的收集、清运、处理处置、综合利用等活动。

4 处理模式

4.1 城乡一体化处理模式

原则上处于城市周边 20km 范围以内的村庄，生活垃圾通过户分类、村收集、乡/镇转运，纳入县级以上垃圾处理系统。

4.2 集中式处理模式

以连片村庄为单元建设垃圾处理场，建立可覆盖周边村庄的区域性垃圾转运、处置设施。

4.3 分散式处理模式

布局分散、经济欠发达、交通不便的村庄，推行垃圾分类，选取有机垃圾与秸秆、农业废弃物、畜禽粪便等可降解物料混合堆肥等资源化利用技术，无法资源化利用的垃圾进行村镇垃圾填埋处理。

4.4 农村生活垃圾收集、处理技术模式

如图 1 所示。

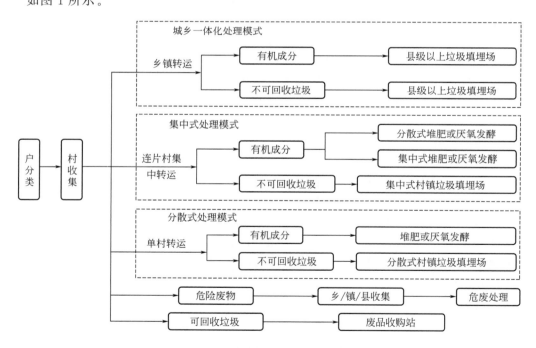

图 1　农村生活垃圾收集、处理技术模式图

5 处理技术

5.1 农村生活垃圾收运技术

5.1.1　一般规定

5.1.1.1　鼓励对农村生活垃圾进行分类收集。农村生活垃圾分为有机垃圾、可回收废品、不可回收垃圾和危险废物四类，见表1。

表1　农村生活垃圾分类表

类别	垃圾成分构成
有机垃圾	剩余饭菜、树枝花草等植物类垃圾等
可回收废品	纸类、塑料、金属、玻璃、织物等
不可回收垃圾	砖石、灰渣等
危险废物	农药瓶、日用小电子产品、废油漆、废灯管、废日用化学品和过期药品等

5.1.1.2　农村生活垃圾要及时收集、清运，转运必须密闭，收集箱（池）与垃圾转运工具要配套。

5.1.1.3　危险废物由具备资质的专业单位按照《宁夏回族自治区危险废物管理办法》收集、储运、处理处置，可回收废品应单独收集，鼓励收购回用。

5.1.1.4　垃圾转运站的垃圾堆放、储存应符合GB 18599的规定。

5.1.1.5　城乡一体化、集中式垃圾处理场周边5km以内的村庄，其垃圾直接收集转运进场，5km以外的可建立垃圾转运站，垃圾转运站的覆盖范围一般为5km。

5.1.2　设施标准

5.1.2.1　农村生活垃圾收集工具主要为单户垃圾桶、多户垃圾收集箱（池）、垃圾转运集装箱，其中单户垃圾桶、多户垃圾收集箱（池）箱体上应明确标识垃圾分类信息。

5.1.2.2　单户垃圾桶一般按每户1个配置；多户垃圾收集箱（池），每个服务农户数量10户左右、服务半径100m左右、容积40L左右；垃圾转运集装箱容积5m^{3}左右，数量根据实际需要配置。

5.1.2.3　农村生活垃圾转运站主要分为单村垃圾转运站、连片村转运站、乡镇垃圾转运站。

5.1.2.4　转运站日转运量≥50t时，应配备压缩装置。

5.1.2.5　垃圾转运站面积不小于100m^2，且能够存放每日产生的全部垃圾。

5.1.2.6　单村垃圾收集，垃圾收集车的载重量和收集半径以服务村庄垃圾产生量和农户分布情况为依据进行配置；连片村垃圾收集，垃圾收集车的载重量以2t为宜，收集半径小于5km。

5.1.2.7　乡镇垃圾转运，垃圾收集车的载重量以不大于10t为宜，转运距离一般小于20km。

5.1.3　场址选择

5.1.3.1　垃圾收集点（垃圾桶）遵循垃圾不出户原则，一般设置于农户院内，大型垃圾收集箱（池）遵循服务半径均等化和最大化、不产生二次污染的原则，不得影响交通、影响观瞻，箱、池应采取密闭措施。

5.1.3.2　垃圾转运站应设于村庄/乡镇夏季主导风向的下风向，距饮用水水源地最小距离不得小于600m，不得设在行洪、滞洪、泄洪区以及法律、行政法规规定不得设置的区域，垃圾转运站的防洪标准不应低于 GB 50201 的规定。

5.1.4　辅助工程

5.1.4.1　垃圾收集箱（池）的防腐设计应符合 GB 50046 的规定。

5.1.4.2　转运站的排水系统应实行雨污分流，废水排放应符合 GB 18918 的规定。

5.1.4.3　转运站消防设施的设置应满足站内消防要求，并应符合 GB 50016 和 GB 50140 的规定。

5.1.4.4　转运站应配置必要的通信设施，保证各生产岗位之间通信联系和对外通信的需要。

5.1.4.5　转运站规模达日转运 20t 且全天候作业的，可根据需要设置附属式公厕，公厕应与转运设施有效隔离，并符合国家现行有关标准的规定。

5.1.4.6　根据需要设置通风、除尘、除臭等环境保护设施，并设置消毒、杀虫、灭鼠等卫生装置。

5.1.4.7　转运站配套设施须与转运站主体工程设施同时设计、建设和启用，其装备标准应满足转运站正常进行、安全作业和保护环境的要求，改建、扩建工程应充分利用原有的设施。

5.1.5　运行管理

5.1.5.1　转运站的安全卫生措施应符合 GBZ 1、GB 12801 的规定。

5.1.5.2　转运站工程竣工验收应符合 GB 50231 的要求。

5.1.5.3　农村生活垃圾在收集转运过程中，鼓励因地制宜建立可回收利用垃圾的收集处置机制，实现资源再生利用。

5.2　农村生活垃圾填埋技术

5.2.1　一般规定

5.2.1.1　农村生活垃圾填埋，应遵循因地制宜、及时处理、资源化利用、节省投资的原则。

5.2.1.2　垃圾填埋场的选址应符合 GB 16889、CJJ 17 的规定。

5.2.1.3　新建垃圾填埋场，应开展环境影响评价。

5.2.1.4　垃圾填埋过程中产生的渗滤液经处理符合 GB 18918 要求后排放，防止二次污染。

5.2.2　设施标准

5.2.2.1　农村垃圾填埋场的选址要以当地区域发展规划为指导，与水源、生态环境等主要环境敏感目标的距离必须符合国家和地方相关法律和政策法规的规定。

5.2.2.2　农村垃圾填埋场的防渗工艺设计，应以不污染地下水为前提，尽可能利用当地自然条件、就近取材、因地制宜，采用经济实用的工艺和材料；在黄土层巨厚且地下水位埋深超过 15m 的南部山区和中部干旱风沙区，可不采取防渗工艺设计，直接填埋。

5.2.2.3　填埋场的建设应根据水文地质条件，结合环境卫生专业规划，合理确定填埋场类型、建设规模，并完善配套工程。

5.2.2.4　村镇垃圾填埋场的规模一般分为日处理规模 0.5～2t 的分散型填埋场、日处理规模为 5t～10t 的集中型填埋场，具体建设规模根据人口、生活垃圾产生量因素综合确定。

5.2.2.5 村镇垃圾填埋场主体工程与设备包括进场道路、自然或简易防渗工程、坝体工程、填埋气导排及渗滤液处理、水土保持、防飞散设施、封场工程、简单的填埋作业工具或设备等。

5.2.2.6 填埋场周围需设置截洪、排水沟等防止雨水入侵的设施，配备必要的环保设施。填埋场防洪要求符合 GB 50201 的规定。

5.2.2.7 村镇垃圾填埋场可将垃圾堆高或填坑，垃圾堆高或填坑幅度控制在 10m 以内。

5.2.2.8 村镇垃圾填埋场场底基础应符合 GB 16889 和 CJJ 17 的规定。

5.2.3 场址选择

5.2.3.1 填埋场的设计应充分利用原有地形，尽可能做到土方平衡和降低能耗的要求。

5.2.3.2 填埋场的服务年限为 10 年以上，填埋场应一次性规划设计、分期建设，分期建设容量及相应的使用年限应根据填埋量、场址条件综合确定。

5.2.3.3 填埋场场址的选择需要考虑地理、气候、地表水文、水文地质和工程地质条件因素，此外还要综合经济、交通、社会及人员构成等因素。

5.2.3.4 填埋场应位于工程地质条件稳定地区，不应在填埋后产生不均匀沉降，且应避开地质灾害易发生的地区。

5.2.3.5 填埋场一般设在当地夏季主导风向的下风向，场址选择在地下水主要补给区、强径流带之外，其基础应位于地下水（潜水）最高丰水位标高 1.5m 以上。

5.2.3.6 填埋场天然防渗层饱和渗透系数参照 GB 16889 和 GB/T 50123—1999 的规定执行。

5.2.4 平面布置

5.2.4.1 填埋场应结合工艺要求、气象和地质条件等因素经过技术经济比较确定，总平面应工艺合理，按功能分区布置，便于施工和运行作业，竖向设计应结合原有地形，便于雨污水导排，并使土石方平衡，减少外运或外购土石方。

5.2.4.2 填埋区的占地面积宜为总面积的 80%～90%，不得小于 70%。

5.2.4.3 填埋场应结合水文地质条件、地理位置合理规划基础处理与防渗系统，地表水及地下水导排系统，填埋气体导排及处理系统，场区简易道路，垃圾坝，封场工程及简易监测设施等，并设置垃圾临时存放等应急设施，垃圾坝及填埋体应进行安全稳定性分析。

5.2.5 辅助工程

5.2.5.1 填埋场应设置必要的消防器材，应符合防火规范 GB 50016 的规定。

5.2.5.2 填埋场进场道路车行道宽度 3.5m，道路工程应符合 GBJ22 的要求。

5.2.5.3 填埋场区周围应设安全防护设施及 8m 宽的防火隔离带，作业区应设防飞散设施。

5.2.5.4 填埋场借助周边的绿化带设置隔离带，封场覆盖后应进行生态恢复。

5.2.5.5 填埋场环境污染防治设施须与主体工程同时设计、同时施工、同时投产使用。

5.2.6　工艺设计

农村垃圾填埋场填埋工艺流程按图2所示设计。

图2　农村垃圾填埋场填埋工艺流程

5.2.7　运行管理

5.2.7.1　填埋场应按建设、运行、封场、跟踪监测、场地再利用等程序进行管理。

5.2.7.2　填埋场建设的有关文件资料，应按相关规定整理并归档。

5.2.7.3　填埋场施工前应根据设计文件或招标文件编制施工方案和准备施工设备及设施，并合理安排施工场地。

5.2.7.4　填埋场应保证全天候作业，宜在填埋作业区设置雨季卸车平台，并准备充足的垫层材料。

5.2.7.5　填埋作业分区的工程设施、配套工程及辅助设施，应按设计要求完成施工。

5.2.7.6　填埋场应设道路行车指示、安全标识、防火防爆及环境卫生设施设置标志。

5.2.7.7　对填埋物中的可能造成腔型结构的大件垃圾应进行破碎。

5.2.7.8　每年应对填埋场上下游的地下水水质和周围环境空气进行监测。

5.2.7.9　填埋场工程施工变更应按设计单位的设计变更文件进行。

5.2.7.10　填埋场作业人员应经过技术培训和安全教育，熟悉填埋作业的安全知识。

5.2.7.11　填埋场的劳动卫生应按照相关法律法规、GBZ 1、GB 12801的有关规定执行，并应结合填埋作业特点采取有利于职业病防治和保护作业人员健康的措施。

5.2.7.12　填埋场使用杀虫灭鼠药剂应避免二次污染，作业场所宜洒水降尘。

5.2.7.13　填埋场应配备干粉灭火剂和灭火沙土。

5.2.7.14　填埋作业规程应制定完备，并制定填埋气体引起火灾和爆炸等意外事件的应急预案。

5.3　农村生活垃圾堆肥技术

5.3.1　一般规定

5.3.1.1　堆肥技术主要包括庭院式堆肥技术、集中式堆肥技术。

5.3.1.2　农用废弃物垃圾（如废弃在田间的农药、化学肥料包装等）、村诊所医疗垃圾等有毒垃圾不得进入厌氧发酵系统。

5.3.1.3　垃圾堆肥原料为分类收集的有机垃圾，有机成分应≥70%，含水率以30%～50%为宜。

5.3.1.4　堆肥过程中提倡添加人粪尿，添加量20%～40%为宜，在有条件的情况下，添加牛粪、马粪或已经腐熟的堆肥土，添加量10%～20%为宜。

5.3.1.5　庭院式堆肥应使堆体温度在55℃以上维持8～14d，堆肥时间一般2～3个月以上，并用土覆盖。

5.3.2　设施标准

5.3.2.1　庭院式堆肥围护材料可就地取材（如木条、树木枝桠、砖石、钢筋或其他材料）。

5.3.2.2 集中式堆肥场主体工程包括发酵场地、后处理设施、制肥厂房和产品储存设施等。

5.3.2.3 集中式堆肥应将堆肥原料放置在开放的场地上堆成条垛或条堆进行发酵，通过自然通风、翻堆或强制通风方式，供给有机物降解所需的氧气。

5.3.2.4 条垛系统的堆体适宜规模参数为：底宽 3～5m、高 2～3m，其横截面呈三角形。

5.3.3 场址选择

5.3.3.1 庭院式堆肥技术是在田间、屋后所开展的一种分散式就地堆肥技术。

5.3.3.2 农村生活垃圾堆肥场的选址应符合地区总体规划、环境卫生专业规划以及国家现行有关标准的规定。

5.3.3.3 垃圾堆肥场址应满足恶臭物质卫生防护距离的要求，综合考虑运距对周围环境的影响、交通运输等的合理性，充分利用已有基础设施。

5.3.4 平面布置

5.3.4.1 堆肥场的总图布置应满足生产工艺技术要求。

5.3.4.2 按功能分区设置，做到分区合理，人流、物流顺畅，并尽量减少中间运输环节。

5.3.4.3 堆肥场主要生产部分与辅助生产部分应综合考虑地形、风向、使用功能及安全等因素，宜采取相对集中布置，处于当地夏季主导风向的下风方。

5.3.4.4 动力设备应安置在远离村舍外。

5.3.5 辅助工程设计

5.3.5.1 堆肥场的配套工程应与主体工程相匹配，装备标准应满足不污染环境的要求。

5.3.5.2 堆肥场的排水系统应实行雨污分流，排水应符合 GB 8978 的规定。

5.3.5.3 堆肥场消防设施的设置应满足消防要求，并应符合 GB 50016、GB 50140 的规定。

5.3.5.4 堆肥场应配备堆肥产品检验设施以及堆肥成品仓库，储存周期宜为 10～20d。

5.3.5.5 堆肥场绿化布置应满足总体规划要求，合理安排绿化用地，绿化率≥35％。

5.3.6 工艺设计

生产工艺系统主要由垃圾预处理、堆肥发酵、后处理及储存等系统组成，如图 3 所示。

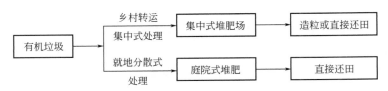

图 3 农村有机垃圾堆肥工艺流程

5.3.7 运行管理

5.3.7.1 堆肥作业区的允许噪声、粉尘的允许浓度应符合 GBZ 1 的规定，超过标准时应采取降噪声、防尘、除尘措施。

5.3.7.2 场区内排水，应实行雨污分流，并保证通畅。

5.3.7.3 堆肥场应设有防尘、除臭、灭蝇、消毒等措施，恶臭气体（H_2S、SO_2、NH_3 等）的允许浓度应符合 GBZ 1 和 GB 14554 的规定，作业区必须有良好的通风条件。

5.3.7.4 堆肥产品质量应符合 GB 8172 的要求，密度、粒度、含水率、pH 值、蛔虫卵、大肠杆菌值、细菌总数每月检测 1 次，总镉、总汞、总铅、总铬、总砷每半年检测 1 次，TN、TP、TK 视情况而定。

5.3.7.5 建筑物、构筑物等的避雷、防爆装置测试、检修周期应符合电力和消防部门的规定。

5.3.7.6 堆肥场的安全、卫生设施应符合 GBZ 1、GB 12801 的要求。

5.3.7.7 堆肥场作业区内，必须设立安全检测设施及醒目的安全标牌或标记。

5.4 农村生活垃圾厌氧发酵产沼技术

5.4.1 一般规定

5.4.1.1 厌氧发酵系统以庭院式就地设置为主。

5.4.1.2 农药、废弃家电、电池、村诊所医疗垃圾等有毒垃圾不得进入厌氧发酵系统。

5.4.1.3 原料适宜的理化性质应符合下列要求：含水率≥60％、有机物含量≥75％（以湿重计）、酸碱度环境为 6.8～7.5，防止 VFA 的过度累积、氧化还原电位（ORP）在 −100mV 以下、碳氮比（C/N）为（20∶1）～（30∶1）。

5.4.1.4 重金属含量指标应符合 GB 8172 的规定。

5.4.2 设施标准

5.4.2.1 厌氧发酵场主要由厌氧发酵构筑物/设备、辅助工程和配套设施等系统组成。

5.4.2.2 厌氧发酵构筑物/设备主要包括预处理设施、发酵池/罐、后处理系统及沼气储运系统。

5.4.2.3 厌氧发酵工艺主体根据构造材质分为厌氧发酵池和厌氧消化罐。

5.4.2.4 预处理设施主要包括破碎等机械设备及相关建筑物。

5.4.2.5 发酵设施主要包括：与厌氧发酵工艺相匹配的机械设备及相关建筑物、设备。

5.4.2.6 后处理设施主要包括：沼渣、沼液处理所需的机械设备及相关建（构）筑物。

5.4.2.7 沼气储运系统包括空气压缩机、沼气罐及输送管道等。

5.4.2.8 常用的发酵池包括：立式圆形水压式沼气池，立式圆形浮罩式沼气池，长方形（或正方形）发酵池，材质采用钢筋混凝土构造。

5.4.3 场址选择

5.4.3.1 综合考虑运距对周围环境的影响、交通运输等的合理性，充分利用已有基础设施。

5.4.3.2 厌氧发酵处理场址应符合恶臭物质卫生防护距离的要求。

5.4.3.3 厌氧发酵场应具备满足工程建设的工程地质条件和水文地质条件。

5.4.3.4 厌氧发酵构筑物和沼气储运系统的各种管线应统筹安排，避免相互干扰，便于清通、检修和维护。

5.4.4 辅助工程

5.4.4.1 辅助工程包括沼气储存、净化、加压、调压等设备和防火设备。

5.4.4.2 建筑物耐火等级应符合 GB 50016 的规定，地面材料应符合 GBJ 209 的规定。

5.4.4.3 厌氧发酵工程顶部或侧面宜设置金属防爆减压板。

5.4.4.4 厌氧发酵工程与相邻建筑物的距离应不小于 10m，当相邻建筑外墙为防火墙时，其防火间距可适当减少，但不应小于 4m。

5.4.5 工艺设计

农村生活垃圾厌氧发酵产沼技术工艺流程如图 4 所示：

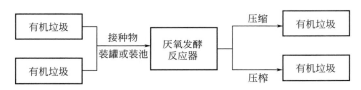

图 4　农村生活垃圾厌氧发酵产沼技术工艺流程图

5.4.6 运行管理

5.4.6.1 厌氧发酵场的运行、维护及安全管理应参照 NY/T 1220.3—2006 执行。

5.4.6.2 厌氧发酵场的运行管理应配备专业人员和设备，应熟悉处理工艺技术指标和设施、设备的运行要求，大中型厌氧发酵场工作人员应在经过技术培训后上岗。

5.4.6.3 厌氧发酵场的设计、建设、运行过程中应高度重视职业卫生和劳动安全，严格执行 GBZ 1、GBZ 2 和 GB 12801 的规定，工作人员必须按照安全规程操作，上、下沼气储气柜巡视、操作或维修时，必须配备防静电的工作服，并不得穿带铁钉的鞋或高跟鞋。

5.4.6.4 储气罐前端设置气体流量计装置，便于实时调控反应器产气率，以稳定运行。

5.4.6.5 厌氧发酵主体工程内应设置 pH 值自动检测系统，启动和运行时应保证 pH 值在 6.8～7.5 之间，pH 值不得降至 6.5 以下，必要时宜加入碳酸氢钠等碱性物质。

5.4.6.6 产气出口设置气体控制开关，以便检修。

5.4.6.7 沼渣性状宜每周检测 1 次。

5.4.6.8 厂内设置防火标识牌，配置灭火器材，禁止明火进厂。

附录3 农村生活垃圾处理设施运行操作规范

DB64

宁夏回族自治区地方标准

DB64/T 867—2013

农村生活垃圾处理设施
运行操作规范

2013-09-16 发布   2013-09-16 实施

宁夏回族自治区　环境保护厅
宁夏回族自治区质量技术监督局　发布

前　言

　　本标准的编写格式符合 GB/T 1.1—2009《标准化工作导则第 1 部分：标准的结构和编写》的要求。本标准由宁夏回族自治区环境保护厅提出并归口。本标准主要起草单位：中国环境科学研究院、宁夏环境科学设计研究院。本标准主要起草人：何连生、贾璇、李鸣晓、夏训峰、祝超伟、魏自民、刘锦霞、尹伟康、张生海。

1　范围

　　本标准规定了农村生活垃圾处理设施运行操作规范的一般规定、收运设施运行技术、填埋场运行技术、堆肥设施运行技术。

　　本标准适用于农村生活垃圾处理设施的运行管理、维护保养与安全操作。

2　规范性引用文件

　　下列文件对于本文件的应用是必不可少的。凡是注日期的引用文件，仅所注日期的版本适用于本文件。凡是不注日期的引用文件，其最新版本（包括所有的修改单）适用于本文件。

　　GB 2893　　　　　　安全色

　　GB 2894　　　　　　安全标识

　　GB 3096　　　　　　声环境质量标准

　　GB 4387　　　　　　工业企业厂内运输安全规程

　　GB/T 12801—2008　生产过程安全卫生要求总则

　　GB 18599　　　　　一般工业固体废物贮存、处置场污染控制标准

　　GB 50140　　　　　建筑灭火器配置设计规范

　　GBZ 1　　　　　　　工业企业设计卫生标准

　　HJ 564　　　　　　　生活垃圾填埋场渗滤液处理工程技术规范（试行）

　　DL 408　　　　　　　电业安全工作规程

　　CJJ 17　　　　　　　城市生活垃圾卫生填埋技术规范（附条文说明）

　　CJJ 93　　　　　　　城市生活垃圾卫生填埋场运行维护技术规程（附条文说明）

　　宁夏回族自治区危险废弃物管理办法（宁夏回族自治区人民政府，2011 年 4 月）

3　一般规定

3.1　运行管理

　　3.1.1　岗位作业人员应了解有关处理工艺，熟悉本岗位工作职责与工作质量要求；熟悉本岗位设施、设备的技术性能和运行维护、安全操作规程，特殊岗位需经专业培训。

　　3.1.2　岗位作业人员应坚守岗位，认真做好记录；管理人员应定期检查设施、设备、仪器、仪表的运行状况；发现异常情况，应采取相应处理措施，并及时逐级上报。

　　3.1.3　生活垃圾处理场所应建立各种机械设备、仪器仪表使用、维护的技术档案，并应规范管理各种技术、运行记录等资料。

　　3.1.4　变配电室的运行管理维护保养及安全操作应符合 DL408 的要求。

3.2　维护保养

3.2.1 道路、排水等设施应定期检查维护，发现异常及时修复。

3.2.2 供电设施、电器、照明设备、通讯管线等应定期检查维护。

3.2.3 中转站填装、起吊设备，填埋作业设备，机械分选设备及运输车辆应进行日常和定期分级维护保养、检修。

3.2.4 避雷、防爆等装置应由专业人员按有关标准进行检测维护。

3.2.5 各种交通、告示标识应定期检查、更换。

3.2.6 各种消防设施、设备应进行定期检查、更换。

3.3 安全操作

3.3.1 作业过程安全卫生管理应符合 GB/T 12801—2008 的规定。

3.3.2 消防器材设置应符合 GB 50140 的规定。

3.3.3 在易发生事故的地方应设置醒目标识，并应符合 GB 2893、GB 2894 的规定。

3.3.4 生活垃圾收集、处理场所内运输管理应符合 GB 4387 的规定。

3.3.5 易燃、易爆、剧毒等危险废物的收集、储运、处理处置应执行《宁夏回族自治区危险废物管理办法》。

4 收运设施运行技术

4.1 运行管理

4.1.1 收集设施

4.1.1.1 收集箱（池）与垃圾转运工具要配套。

4.1.1.2 垃圾转运箱应符合密封要求，避免运输时发生二次污染。

4.1.2 转运站

4.1.2.1 垃圾转运站的垃圾堆放、贮存应符合 GB 18599 的规定。

4.1.2.2 转运车间内卸、装料工位应满足车辆回车要求。

4.1.2.3 整个转运站使用调度要按照工艺流程，有序操作。

4.1.2.4 转运站控制室要专人专职，其他人员不得擅自进入，不得随意动用室内设备。

4.1.2.5 禁止改变管理间设备、设施的使用功能，工具按规定位置放置。

4.1.2.6 转运车、压装机等应配套使用。

4.1.2.7 保证垃圾转运作业对污染实施有效控制或在相对密闭的状态下进行。

4.1.2.8 垃圾转运车间应安装便于启闭的卷帘闸门，设置非敞开式通风口。

4.1.2.9 转运站应结合垃圾转运单元的工艺设计，强化在卸装垃圾等关键位置的通风、降尘、除臭措施；大型转运站应设置独立的抽排风、除臭系统。

4.1.2.10 转运站周围卫生整洁，无垃圾、污水等，绿化良好，并做好苍蝇日常消杀工作，转运站正面及视野范围内无有碍市容观瞻的物品。

4.1.2.11 站内应场地平整，不滞留渍水并设置污水导排沟（管），采取有效的污水处理措施，避免二次污染。

4.1.3 垃圾运输

4.1.3.1 采用人力车方式进行垃圾收集时，收集服务半径宜为 1km 以内，最大不应超过 2km。

4.1.3.2 采用小型机动车进行垃圾收集时，收集服务半径宜为 3km 以内，最大不应超过 5km。

4.1.3.3 垃圾收集后采用小型平板汽车转运的，平板车必须进入站内卸车作业，以减少二次污染。

4.1.3.4 平板车随到随装，尽量减少垃圾停留、暴露时间。

4.1.3.5 垃圾清运车辆应有良好的整体密封性能，清运过程严禁有垃圾散落、污水滴漏，并保持车身清洁、完好。

4.1.3.6 雨季转运时转运车司机应随时检查前后污水箱进、放水口是否通畅。

4.1.3.7 垃圾箱装车过程中箱体离开地面时应对箱体进行清扫，转运箱出站后应对站内进行清扫。

4.2 维护保养

4.2.1 垃圾箱应及时维修，保证正常使用。

4.2.2 垃圾车在规定地点完成垃圾箱卸料操作后，驾驶员应下车检查箱内垃圾是否卸完，并清理垃圾箱卸料门门框，严禁门框夹带垃圾。

4.2.3 垃圾车离站前应冲洗车身。

4.2.4 压装机、料槽、管理间、工具间、操作台等处应保持整洁。

4.2.5 定期对空气净化和污水处理设施进行检查清理。

4.2.6 维护中转站的外观整洁、标识清楚。

4.3 安全操作

4.3.1 转运站安全与劳动卫生应符合 GB/T 12801—2008、GBZ 1 的规定。

4.3.2 转运作业过程产生的噪声控制应符合 GB 3096 的规定。

4.3.3 转运站应在相应位置设置交通管制指示、烟火管制提示等安全标识。

4.3.4 填装、起吊、倒车等工序的相关设施、设备上应设置警示标识。

4.3.5 装卸料工位应根据转运车辆或装载容器的规格尺寸设置导向定位装置或限位预警装置。

4.3.6 清扫过程应保障清扫人员人身安全，清运车辆上应设置安全警示标识。

5 填埋场运行技术

5.1 运行管理

5.1.1 填埋作业

5.1.1.1 填埋垃圾前应制订填埋作业计划和方案，应实行分区域单元逐层填埋作业。

5.1.1.2 垃圾作业平台应在每日作业前准备，根据实际情况控制平台面积。

5.1.1.3 填埋作业现场应有专人负责指挥调度车辆。

5.1.1.4 填埋时应及时摊铺垃圾，每层垃圾摊铺厚度应控制在 1m 以内；单元厚度宜为 2～3m。

5.1.1.5 填埋场不得接收处理危险废物，对填埋物中可能造成腔型结构的大件垃圾应进行破碎。

5.1.1.6 每日填埋作业完毕后应及时覆盖。覆盖层应压实平整，日覆盖层的厚度不应小于 15cm；中间覆盖层的厚度不应小于 20cm；终场覆盖厚度按封场要求。

5.1.1.7 保持垃圾场排水沟、截水导流坝和顺水沟畅通。

5.1.2 导气系统运行

在填埋气体收集井不断升高过程中，应及时清除积水、杂物，保障井内管道连接顺畅，保持导气系统设施完好。

5.1.3 渗滤液收集

5.1.3.1 填埋区渗滤液收集系统应保持通畅。

5.1.3.2 填埋区内渗滤液应定期进行监测。

5.1.3.3 对渗滤液进行无害化处理，严禁直接外排，应符合 HJ 564 的要求。

5.1.3.4 及时回喷渗滤液防尘。

5.1.4 填埋作业机械运行

5.1.4.1 填埋作业前对作业机械应进行例行检查、保养。

5.1.4.2 填埋作业机械操作前应观察各仪表指示是否正常；运转过程发现异常，应立刻停机检查。

5.1.4.3 填埋作业机械应实行定车、定人、定机管理，执行交接班制度。

5.1.4.4 填埋作业完毕，应及时清理填埋作业机械上的垃圾杂物。

5.1.4.5 加强防风网的巡查监管，及时清理挂网垃圾。

5.1.5 填埋场环境监测与运行监督检查

5.1.5.1 填埋场运行及封场后应定期进行环境监测和评估。

5.1.5.2 每半年应对填埋场上下游水质和周围环境空气监测 1 次。

5.1.5.3 从填埋作业开始至封场期结束，对垃圾体应每年进行 1 次沉降监测。

5.1.6 消毒

定期、定时对填埋区及其他蚊蝇、鼠类密集区使用低毒、高效、高针对性药物进行消杀。

5.1.7 封场

5.1.7.1 填埋场封场应符合 CJJ 17、CJJ 93 的规定。

5.1.7.2 垃圾填埋场封场后应按设计要求对场区内排水、导气、交通、渗滤液处理等设施进行运行管理。

5.2 维护保养

5.2.1 填埋场应有专人负责填埋区内道路、截洪沟、排水渠、拦洪坝、垃圾坝、洗车槽等设施的维护、保洁、清淤等工作。

5.2.2 对场区内边坡保护层、尚未填埋垃圾区域内防渗和排水等设施应定期进行检查、维护。

5.2.3 对场区内管、井、池应定期进行检查、维护。

5.2.4 在填埋场内机械停置时间超过一周时，应对履带、压实齿等易腐蚀部件进行防腐防锈处理。

5.2.5 消杀设备、药品应定期进行维护保养和补充。

5.2.6 对场区监测井等设备应定期检查维护。

5.2.7 场区内应保持设施清洁，地面干净、平整。

5.3 安全操作

5.3.1 填埋场场区内应设置安全警示标识。

5.3.2 对操作和管理人员应定期进行防火、防爆安全教育和演习，并定期进行检查、考核。

5.3.3 填埋作业区内不得搭建封闭式建筑物、构筑物。

5.3.4 场区内甲烷气体浓度超过限值时，应立即采取安全措施。

5.3.5 机械设备无故障作业。

5.3.6 大雨和暴雨期间，应有专人值班，巡查排水系统的排水情况，发现设施损坏或堵塞应及时组织人员处理。

6 堆肥设施运行技术

6.1 运行管理

6.1.1 机械分选

6.1.1.1 板式给料机作业前，应检查受料部位有无卡滞现象，运行时应连续监视受料部位及其机电设备运转情况，出现故障立即停车检修。

6.1.1.2 皮带输送机应配有高于15cm的输送带上裙边。

6.1.1.3 皮带输送机运转过程中当出现皮带跑偏、物料散落等现象应及时调整，以保持连续平稳运行。

6.1.1.4 滚筒筛运行前应检查保证筛筒内无剩余物料、筛面无堵塞、筛筒割刀无缠绕、电机及传动装置完好、托辊无损坏偏离或松动。

6.1.1.5 运行中应检查确保受料连续平稳、电机或轴承无升温过高现象。

6.1.1.6 结束筛分作业后应及时清除筒筛内残留物料。

6.1.1.7 设备出现异常情况，应及时停机检修，故障排除后应空转3～5min后再运行。

6.1.2 堆肥场

6.1.2.1 堆肥场设有防尘、除臭、灭蝇、消毒，污水收集池等设施，生产区地面应硬化，恶臭气体（硫化氢、二氧化硫、氨气等）的允许浓度应符合GBZ1规定。

6.1.2.2 避免出现物料层厚、含水率不均，或物料挤压等不利于发酵升温的情况。

6.1.2.3 静态堆肥自然通风物料堆置高度宜为1.2～1.5m，堆底设置风沟时，物料堆置高度可为2.0～3.0m。

6.1.2.4 静态堆肥强制通风时，风量宜取0.05～0.20（标）m³/min·m³垃圾，应根据具体堆肥工艺要求调节送风量。

6.1.2.5 每日测定堆肥场温度变化情况，测温点应根据升温变化规律分层、分区设置。

6.1.2.6 堆肥场内各作业区应保证设备通道或人员通道的畅通。

6.1.3 辅助设施

6.1.3.1 风机运行时应记录风量、风压等主要运行参数。

6.1.3.2 堆肥场排水系统必须实行雨污分流，回流沟应及时清理疏通，保证渗滤液顺畅流至污水池。

6.1.4 控制监测

6.1.4.1 工艺设施运行前应检查控制、监测仪器设备是否完好。

6.1.4.2 控制室（或监测岗位）应保持良好视角以便观察控制相关工序及设备的运行状况。

6.1.4.3 控制室应将事故工序有关情况及时通知其前后有关工序。

6.2 维护保养

6.2.1 滚筒筛传动部位（摩擦轮或齿轮）的残余物应及时清除，筛面应定期清理、修补、更换。

6.2.2 风机、电机应定期检修维护，滤罩、滤网、滤袋应定期清扫、检修或更换，轴承等旋转部件应定期增加润滑油（脂）。

6.2.3 堆肥场底部水沟、风沟及底沟盖板应定期清理、疏通。

6.3 安全操作

6.3.1 板式给料机、滚筒等设备启动前，应查看运行记录，检查保证电机、调速装置无异常，整机及传动部位无卡滞。

6.3.2 板式给料机、滚筒等运行时，出现异常噪声、零部件出现断裂等故障、电机或轴承温升过高、受、出料口出现异物卡滞等现象时，应停机检修。

6.3.3 设备出现异物卡滞、堵塞、缠绕时，应立即停机排除故障。

6.3.4 未停机前，操作人员不得拉拽被卡滞、堵塞、缠绕的异物。

附录4 农村生活垃圾处理工程设施投资指南

DB64

宁夏回族自治区地方标准

DB64/T 874—2013

农村生活垃圾处理工程
设施投资指南

2013-09-16 发布　　2013-09-16 实施

宁夏回族自治区　环境保护厅
宁夏回族自治区质量技术监督局　发布

前　言

本标准的编写格式符合 GB/T 1.1—2009《标准化工作导则第 1 部分：标准的结构和编写》的要求。本标准由宁夏回族自治区环境保护厅提出并归口。本标准主要起草单位：中国环境科学研究院、宁夏环境科学设计研究院、市政西北设计院宁夏分院。本标准主要起草人：何连生、杨天学、夏训峰、魏自民、刘锦霞、尹伟康、张生海、张浦源。

1　范围

本标准规定了农村生活垃圾收集设施、垃圾车、转运站、填埋场、堆肥场及厌氧发酵设施的投资估算。

本标准适用于农村生活垃圾收集、清运及处理工程设施投资和建设管理。

2　规范性引用文件

下列文件对于本文件的应用是必不可少的。凡是注日期的引用文件，仅所注日期的版本适用于本文件。凡是不注日期的引用文件，其最新版本（包括所有的修改单）适用于本文件。

GB 50445	村庄整治技术规范
CJJ 47	生活垃圾转运站技术规范
CJJ/T 52—1993	城市生活垃圾好氧静态堆肥处理技术规程
CJJ/T 102—2004	城市生活垃圾分类及其评价标准（附条文说明）
CJJ 109	生活垃圾转运站运行维护技术规程
HJ 564	生活垃圾填埋场渗滤液处理工程技术规范
DB64/T 701—2011	农村生活垃圾处理技术规范

3　术语和定义

下列术语和定义适用于本标准。

农村生活垃圾处理工程设施

农村生活垃圾从收集到无害化处理过程中所涉及的收集、清运、处理等设备设施，包括收集设施、垃圾车、转运站，填埋场、堆肥场、厌氧发酵设施等。

4　收集设施

4.1　投资内容

垃圾收集设施包括垃圾箱、垃圾池。应符合 GB 50445、CJJ/T 102—2004、DB64/T 701—2011 的规定。

4.2　投资估算

垃圾收集设施的投资估算见表 1。

5　垃圾车

5.1　投资内容

垃圾车主要包括人力车、三轮车、四轮车等。

5.2　投资估算

垃圾车投资估算见表 2。

表1 垃圾收集设施投资估算

序号	设施名称	材质	容积/规格		单位	单价/元
1	垃圾箱	铁质	0.2m³	移动式	个	300～400
			0.45m³	固定式	个	350～400
			0.66m³	移动式	个	900～1000
			1.0m³	固定式	个	800～1000
			1.2m³	固定式	个	900～1100
			1.5m³	移动式	个	1200～1500
				固定式	个	800～1000
		钢质	0.2m³	圆形不锈钢	个	400～500
			0.8m³	固定式,2～2.5mm钢板	个	800～1200
			1.1m³	固定式,3mm钢板	个	1100～1300
			0.5m³	悬挂式,与悬挂式垃圾车配套使用	个	800～900
			3.0m³	钩臂式	个	5500～6000
			4.0m³	摆臂式	个	6000～7000
				钩臂式	个	8000～9000
			8.0m³	摆臂式	个	9000～12000
		复合材料	0.6m³	双格	个	700～800
			0.7m³	固定式	个	600～1000
			0.8m³	固定式	个	500～600
			1.0m³	固定式	个	800～900
			1.6m³	固定式	个	1000～1200
2	垃圾池	混凝土	1.2m³	1.5m×1.0m×0.8m	个	1000～1200
			1.8m³	1.5m×1.1m×1.0m	个	1000～1200
			2.0m³	1.7m×1.7m×0.7m	个	1900～2200
			4.0m³	地面式,2.3m×1.8m×1.0m	个	3500～4000
				地坑式,不含土建,2.3m×1.8m×1.0m	个	7500～8000
			5.0m³	地面式,1.5m×2.4m×1.4m	个	4200～5000
				地坑式,不含土建,1.5m×2.4m×1.4m	个	8000～9000
			8.0m³	地面式,4.0m×2.0m×1.0m	个	7000～8000
				地坑式,不含土建,4.0m×2.0m×1.0m	个	12000～1300

表2 垃圾车投资估算

序号	种类		容积/载重	单位	单价/万元
1	人力车	手推式垃圾车	0.2m³	辆	0.028～0.032
			0.6m³	辆	0.09～0.1
		三轮垃圾收集车	0.85m³	辆	0.15～0.2

续表

序号	种类		容积/载重	单位	单价/万元
2	三轮车	电动	0.24m³	辆	0.6～0.7
		农用自卸	1.0m³	辆	1.0～1.5
			2.0m³	辆	2.0～2.5
3	四轮车	钩臂式	3.0m³	辆	5.5～6.5
			4.0m³	辆	7.0～8.0
		悬挂式	3.5m³	辆	8.0～9.0
		密封式	3.6m³	辆	5.5～6.6
		摆臂式	4.0m³	辆	7.5～8.5
			8.0m³	辆	11.0～12.0
		压缩式	2.0m³	辆	15.0～16.5
			3.0m³	辆	16.5～18.0
4	其他	叉车	2.0t	辆	5.0～6.0
			3.0t	辆	6.0～6.5
			3.5t	辆	6.0～7.0
			6.0t	辆	14.5～15.5
			7.0t	辆	16.0～17.0
			8.0t	辆	24.5～25.5
			9.0t	辆	25.5～26.5
			10.0t	辆	27.0～28.0
		吸污车	3.0m³	辆	9.0～10.0
			4.5m³	辆	10.0～11.0

6 转运站

6.1 投资内容

转运站土建工程主要包括工作间、管理间，主要设备为压缩装置、吊装设备等，应符合 CJJ 47、CJJ 109 的规定。

6.2 投资估算

6.2.1 转运站土建工程投资估算见表 3。

表 3 转运站土建工程投资估算

序号	工程名称	材质及内容	规模	单位	单价/万元
1	工作间	砖混,高度≥3.2m	60～100	m²	0.19～0.20
		框架,高度≥4m	60～100		0.30～0.35
		框架,高度≥3.2m	100～120		0.25～0.30
2	管理间	框架,高度≥3.2m	20～30		0.25～0.30

6.2.2 转运站主要设备投资估算见表 4。

表 4   转运站主要设备投资估算

序号	设备名称	材质及内容	规格	单位	单价/万元
1	压缩装置	—	2.0~4.0t	台	18.0~20.0
			5.0t	台	20.0~20.5
			6.0t	台	20.5~21.0
			7.0~10.0t	台	21.0~21.5
2	起吊设备	电葫芦	2.0t,6m	套	0.4~0.5
			5.0t	套	0.7~0.8
			10.0t	套	1.4~1.5
		起重机	2.0t	台	7.5~8.5
			3.0t	台	8.0~8.5
			5.0t	台	11.0~13.0
			10.0t	台	15.0~17.0

7   填埋场

7.1   投资内容

填埋场土建工程主要包括土方、防渗工程、渗滤液导排工程、导气工程等。填埋场主要设备为装载机等,应符合 HJ 564 的规定。

7.2   投资估算

7.2.1   填埋场土建投资估算见表 5。

表 5   填埋场土建投资估算

库容(万方)	序号	工程内容	单位投资/(万元/$10^4 m^3$ 库容)
1~3	1	土方	17.1~18.7
	2	防渗工程	8.8~9.6
	3	渗滤液导排工程	3.9~4.2
	4	导气工程	0.7~0.8
	5	其他	6.5~7.1
		合计	37~40.4
4~6	1	土方	14.3~17.1
	2	防渗工程	7.3~8.8
	3	渗滤液导排工程	3.2~3.9
	4	导气工程	0.6~0.7
	5	其他	5.4~6.5
		合计	30.8~37

库容（万方）	序号	工程内容	单位投资/（万元/$10^4 m^3$ 库容）
7～9	1	土方	13.4～14.3
	2	防渗工程	6.9～7.3
	3	渗滤液导排工程	3.0～3.2
	4	导气工程	0.5～0.6
	5	其他	5.1～5.4
		合计	28.9～30.8
10～20	1	土方	12.8～13.4
	2	防渗工程	6.5～6.9
	3	渗滤液导排工程	2.9～3.0
	4	导气工程	0.5～0.5
	5	其他	4.9～5.1
		合计	27.6～28.9

7.2.2　填埋场主要设备投资估算见表 6。

表 6　填埋场主要设备投资估算

库容/$10^4 m^3$	序号	设备名称	规模/规格	单位	数量	投资/万元
1～3	1	装载机	20 型	辆	1	15.0～18.0
	2	潜污泵	40-20-3 型	台	1	0.2～0.3
		合计/万元				15.2～18.3
4～6	1	装载机	20 型	辆	1	15.0～18.0
	2	潜污泵	40-20-3 型	台	1	0.2～0.3
		合计/万元				15.2～18.3
7～9	1	装载机	30 型	辆	1	20.0～25.0
	2	潜污泵	120-20-18 型	台	1	0.6～0.7
		合计/万元				20.6～25.7
10～20	1	装载机	50 型	辆	1	30.0～35.0
	2	潜污泵	200-20-22 型	台	1	0.9～1.0
		合计/万元				30.9～36.0

8　堆肥场

8.1　投资内容

堆肥场工程土建主要包括土方、堆肥场房、有机肥生产车间、储存车间等，应符合 CJJ/T 52—1993 的规定，堆肥设备主要为翻堆机、粉碎机、输送设备等。

8.2　投资估算

8.2.1　堆肥场土建投资估算见表 7。

8.2.2　堆肥场主要设备投资见表 8。

表 7 堆肥工程投资估算

日处理有机固废的量/t	序号	建设内容	投资估算/万元
50～60	1	土方	158.4～188.1
	2	堆肥场房	44.0～59.4
	3	有机肥生产车间	30.4～36.0
	4	储存车间	52.8～69.3
	5	其他	35.2～49.5
	合计		320.8～～402.3
180～200	1	土方	570.2～677.2
	2	堆肥场房	158.4～213.8
	3	有机肥生产车间	109.1～129.6
	4	储存车间	190.1～249.5
	5	其他	126.7～178.2
	合计		964.4～1448.3

表 8 堆肥场主要设备投资估算

日处理有机固废的量/t	序号	设备名称	规模/规格	单位	数量	投资估算/万元
50～60	1	翻堆设备	—	台	1	7.1～7.9
	2	粉碎机	80 型	台	1	2.0～2.2
	3	鼓风机	—	台	2	1.0～1.2
	4	搅拌机	—	台	1	2.5～3.2
	5	输送设备	皮带式	套	1	4.0～4.4
	6	筛分机	滚筒式	台	1	2.5～2.7
	7	其他	—	套	1	28.3～31.2
	合计					47.4～52.8
180～200	1	翻堆设备	—	台	1	13.3～14.7
	2	粉碎机	1000 型	台	1	2.4～3.0
	3	鼓风机	7 号	台	1	1.7～1.9
			6 号	台	1	1.5～1.7
	4	搅拌机	—	台	2	6.0～7.6
	5	输送设备	TD-800	套	1	6.0～7.0
	6	滚筒筛分机	GS-1560	台	2	5.0～5.2
	7	造粒机	JCZ-804	台	1	5.5～6.1
	8	烘干设备	HG-121	台	1	7.4～8.2
	9	装载机	20 型	台	1	15.0～18.0
	10	其他	—	套	1	45.7～49.5
	合计					109.5～122.9

9 厌氧发酵设施

9.1 投资内容

厌氧发酵工程土建主要包括预处理工程、发酵工程、沼气系统、残余物后处理系统、辅助工程。

9.2 投资估算

9.2.1 厌氧发酵工程土建投资估算见表9。

表9 厌氧发酵工程土建投资估算

发酵罐容积/m³	序号	项目内容	总投资/万元
500	1	预处理工程	7.2～9.8
	2	发酵工程	17.6～19.5
	3	沼气系统	30.2～33.4
	4	残余物后处理系统	43.2～52.8
	5	辅助工程	37.6～43.8
	合计		135.8～159.3

9.2.2 厌氧发酵主要设备投资估算见表10。

表10 厌氧发酵主要设备投资估算

发酵罐容积/m³	序号	设备名称	规模/规格	单位	数量	投资/万元
800m³	1	钢制格栅	栅距5mm	个	2	1.8～2.2
	2	进料泵	50-10-4型	台	2	1.4～1.8
	3	沼液泵	50-10-4型	台	1	0.7～0.8
	4	厌氧反应罐	500m³	台	1	48.0～52.0
	5	回流循环泵	42-11-3型	台	6	2.4～3.0
	6	搅拌机	折桨式	台	1	4.7～5.2
	7	沼渣沼液泵	(G)-QD	套	3	2.7～3.6
	8	水封罐	钢制	台	2	1.8～2.2
	9	分气缸	钢制	台	1	0.5～0.7
	10	脱硫塔	钢制	台	2	3.6～4.4
	11	储气柜	钢制	台	150m³	30.0～35.0
	12	沼气锅炉	1×10^5 kcal	台	1	2.8～3.0
	13	有机肥加工设备	—	套	1	30.0～35.0
	14	辅助工程	—	套	1	50.0～60.0
	合计					180.4～208.9

附录5 农村畜禽养殖污染防治技术规范

DB64

宁夏回族自治区地方标准

DB64/T 702—2011

农村畜禽养殖污染防治技术规范

Technical codes for animal environmental pollution control in rural area

2011-09-05 发布　　2011-09-05 实施

宁夏回族自治区　环境保护厅
宁夏回族自治区质量技术监督局　发布

前　言

本标准的编写格式符合 GB/T 1.1—2009《标准化工作导则第 1 部分：标准的结构和编写》的要求。本标准由宁夏回族自治区环境保护厅提出并归口。本标准起草单位：中国农业科学院农业环境与可持续发展研究所、中国环境科学研究院、宁夏大学。本标准主要起草人：黄宏坤、罗良国、张庆忠、夏训峰、刘锦霞、王德全、张生海。

1　范围

本标准规定了农村畜禽养殖污染防治的总体要求、废弃物处理的场址及布局要求、粪污处理模式与工艺选择以及排放要求。

本标准适用于农村畜禽养殖场（小区、户）（存栏≥10 头奶牛单位）污染治理工艺选择和处理设施建设。

2　规范性引用文件

下列文件对于本文件的应用是必不可少的。凡是注日期的引用文件，仅所注日期的版本适用于本文件。凡是不注日期的引用文件，其最新版本（包括所有的修改单）适用于本文件。

GB 18596　　　　　　畜禽养殖业污染物排放标准
GB/T 25246—2010　　畜禽粪便还田技术规范
GB 50014　　　　　　室外排水设计规范
CJJ/T 54—1993　　　污水稳定塘设计规范
NY 525　　　　　　　有机肥料
NY/T 682—2003　　　畜禽场场区设计技术规范
NY/T 1220.1—2006　沼气工程技术规范第 1 部分：工艺设计
NY/T 1222—2006　　规模化畜禽养殖场沼气工程设计规范
HJ 2005　　　　　　　人工湿地污水处理工程技术规范
DB64/T 699—2011　农村生活污水处理技术规范好氧生物流化床（内循环）污水处理工程技术规范（国家环保部，征求意见稿，2011 年 6 月）

3　术语和定义

下列术语和定义适用于本标准。

3.1　厌氧发酵 anaerobic digestion

有机物质（如人、畜、家禽粪便、秸秆、杂草等）在一定的水分、温度和厌氧条件下，通过各类微生物的分解代谢，最终生成甲烷和二氧化碳等可燃性混合气体（沼气）的过程。本标准中特指畜禽养殖高浓度污水中的有机物在厌氧条件下被分解成甲烷和二氧化碳等气体的过程。

3.2　静态垛堆肥 static windrows composting

在好氧条件下，将混合好的畜禽粪便等固体废弃物堆成垛状，物料处于相对静止状态的堆肥发酵过程，需要定期翻动堆体达到供氧目的。

3.3　强制通风静态垛堆肥 air-forced static windrows composting

与静态垛堆肥类似，但通过强制通风方式给堆体供氧。

3.4　机械搅拌堆肥 mechanized composting

堆肥过程中的物料移动、通风等环节均由机械搅拌完成的堆肥工艺。

3.5　发酵床 fermentation bedding

利用微生物发酵控制技术，将微生物与木屑、谷壳或秸秆等按一定比例混合，进行高温发酵后平铺在圈舍内的有机物垫层。

4　总体要求

4.1　畜禽废弃物处理应坚持源头减量、过程控制和末端循环利用的原则，实现畜禽废弃物的减量化、无害化和资源化。

4.2　畜禽养殖业应与种植业结合，科学合理地将畜禽粪污就地消纳，既不污染环境，又实现废弃物资源化。

4.3　畜禽养殖场（小区）应建造配套的粪便无害化处理设施或建立有效的畜禽粪便处理（置）机制，农村散养密集区应建立集中处理设施或工程。

4.4　畜禽养殖粪污经过处理达到无害化标准后方可在农田施用，养殖产生的污水必须经过处理达到国家或地方排放标准后方能排放。

4.5　发生重大疫情时，区域内的畜禽养殖场（小区）的畜禽粪污必须按照国家兽医防疫有关规定处置。

5　处理场区选择及场区布局

5.1　新建、扩建和改建畜禽养殖场（小区）必须配置畜禽废弃物储存与处理设施。已建的畜禽养殖场（小区）和散养密集区应由当地县（区）级环境保护主管部门进行环境影响评价并责令畜禽养殖业主建设废弃物处理设施。

5.2　在下列区域内不得建设畜禽废弃物处理设施：

——生活饮用水水源保护区、风景名胜区、自然保护区的核心区及缓冲区；

——城市和城镇居民区，包括文教科研、医疗、商业和工业等人口集中地区；

——县级及县级以上人民政府依法划定的禁养区域；

——国家或地方法律、法规规定需特殊保护的其他区域。

5.3　在禁建区域附近建设畜禽废弃物处理设施，应设在 5.1 规定的禁建区域常年主导风向的下风向或侧下风向处，场界与禁建区域边界的最小距离不得小于 2000m。

5.4　畜禽废弃物处理设施应距离地表水体 500m 以上。

5.5　畜禽养殖场（小区）粪污处理设施按照 NY/T 682—2003 的规定执行，应设在养殖场（小区）的隔离区，与主要生产设施保持一定的安全防疫距离；畜禽粪便处理设施与畜禽养殖区域的最小距离不得小于 2000m。

5.6　畜禽粪便处理区域内应采取地面硬化、防渗漏、防扬散、防径流和雨污分离等措施。

6　粪污处理模式与技术工艺

6.1　粪便处理模式与工艺

农村畜禽养殖粪污污染防治技术模式应按表 1 或表 2 选取。

表 1　农村畜禽养殖粪污污染防治技术模式（按地区）

区域	模式	农户散养		散养密集区		养殖场（小区）	
	发酵床	粪便	污水	粪便	污水	粪便	污水
沿黄灌溉农业区	适用	静态垛	集中厌氧＋好氧	强制通风静态垛	集中厌氧＋好氧	机械搅拌堆肥	高效厌氧＋好氧
中部干旱风沙区	适用	静态垛	户用沼气＋农田	强制通风静态垛	集中厌氧＋农田	强制通风静态垛	厌氧＋灌溉
南部山区	适用	静态垛	户用沼气＋农田	强制通风静态垛	厌氧＋农田	强制通风静态垛	厌氧＋灌溉

表 2　农村畜禽养殖粪污污染防治技术模式（按种类和规模）

动物种类	5～1000头	5～99头		100～599头		600头以上	
	发酵床	粪便	污水	粪便	污水	粪便	废水
奶牛	不适用	静态垛	户用沼气＋灌溉	强制通风静态垛	厌氧＋灌溉	静态垛	高效厌氧＋灌溉
肉牛、羊	适用	静态垛	—	强制通风静态垛	厌氧＋灌溉	静态垛	高效厌氧＋灌溉
生猪	适用	静态垛	户用沼气＋灌溉	强制通风静态垛	厌氧＋灌溉	静态垛	高效厌氧＋好氧＋灌溉
禽类	适用	静态垛	—	强制通风静态垛	—	静态垛	—

注：换算比例：200只蛋鸡折算成1头奶牛，100只肉鸡折算成1头奶牛，10头猪折算成1头奶牛，50只羊折算成1头奶牛，1.5头肉牛折算成1头奶牛。

6.1.1　处理模式

6.1.1.1　经济实用型

本类型处理工艺采用静态垛堆肥技术，人工或铲车定期翻堆，适用于农村分散畜禽粪便处理和养殖密集区畜禽粪便集中处理。

6.1.1.2　工厂化处理型

本类型处理工艺采用机械式搅拌或强制通风静态垛堆肥技术，且可续接有机肥料加工工艺，适用于农村畜禽养殖场（小区）或养殖密集区畜禽粪便处理。

6.1.2　收集与储存

6.1.2.1　农村区域内新建、扩建和改建畜禽养殖场（小区）应采用先进的干清粪工艺，避免畜禽粪便与雨（雪）水和冲洗水等混合，减少污染物排放量，已建的畜禽养殖场（小区）应逐步改进清粪工艺；鼓励散养密集区内养殖户采用干清粪工艺。宜配置一批小型农用三轮车，车厢底部做好防渗防漏，以免运输途中粪便遗撒造成环境污染和畜禽疫病传播。

6.1.2.2　农村畜禽养殖场（小区）应设置专门的畜禽粪便储存设施；散养密集区应集中修建储存设施。

6.1.2.3　畜禽粪污储存设施应采取雨污分离、防渗、防雨（水）、防风等措施；储存设施应安装防护栏，防止人员跌落。

6.1.2.4　储存设施的容积为储存期内粪便的产生总量，其容积大小 S（m³）按式

（1）计算：

$$S = \frac{N M_w D}{M_d} \tag{1}$$

式中　N——动物单位的数量，头、只；

　　　M_w——每动物单位的动物日产粪便量，kg/d，其值见表3；

　　　D——储存时间，d，具体储存天数根据粪便后续处理工艺确定；

　　　M_d——粪便密度，kg/m^3，其值见表3。

表3　每动物单位的动物日产粪便量及粪便密度

参数	动物种类							
	奶牛	肉牛	羊	蛋鸡	肉鸡	鸭	马	猪
鲜粪量/(kg/d)	86	58	40	64	85	110	51	84
粪便密度/(kg/m³)	990	1000	1000	970	1000	＊＊	1000	990

注：每1000kg活体重动物日产鲜粪量；＊＊未测定。

6.1.3　处理工艺

农村畜禽养殖粪便处理工艺按照表1或表2选取，各工艺技术要点如下。

6.1.3.1　静态垛堆肥

适用于较为分散、存栏畜禽数量较少的农村畜禽养殖户。将农作物秸秆粉碎为5cm的段（截），按照秸秆/粪便体积2∶1比例进行混合搅拌，含水率调节至60％～65％。按照60～80cm高度进行堆肥，堆肥地面和场区要分别采取防渗、防雨措施。一般1次发酵周期30d左右，当堆体内部温度超过到70℃时，需要人工或铲车进行翻堆倒垛降温。2次发酵（腐熟阶段）时，堆体加高至2m，周期30d，当堆体内部温度稳定在40℃左右时即腐熟，残料用于农田施肥。

6.1.3.2　强制通风静态垛好氧堆肥

适用于分布较为集中、存栏动物数量适中的畜禽养殖小区或养殖户。堆体高度1.5m左右，堆肥地面铺设通风管道，在风机的作用下将新鲜空气供至堆体内，1次发酵堆肥周期约21d。2次发酵时间与静态垛堆肥一致。堆肥地面要求防渗，建有防雨棚或堆肥舍，地面铺设通风管道，通风量为8～10m³/min。

6.1.3.3　机械搅拌槽式堆肥

适用于农村散养密集区和养殖场（小区）。本工艺自动化程度较高，人员技术水平要求较高。工艺设施包括堆肥槽和搅拌设备。堆肥槽高度2m左右，1次发酵时间为21d，2次发酵时间与前两种一致。应依据堆肥搅拌机的安装要求进行堆肥舍的设计和建设。

6.1.3.4　发酵床

发酵床应坐北朝南，深度40～90cm；垫料层采用地下式，垫料的原料宜选择当地主要作物秸秆、锯末，每1m³垫料按锯末和作物秸秆粉各50％、麸皮或米糠2kg、固体菌种0.2kg配混，含水率调节至50％～60％；圈舍高度2.6～3.5m，圈舍跨度9～13m，单圈面积20～40m²；屋顶设置保温隔热材料；饮水器出水方向禁止朝向发酵床，畜舍之间用栅栏隔开，圈舍内不宜设水泥台；每天翻动粪便集中区域和湿度较大的区域，将新鲜粪便掩埋在地表 20cm 以下，每周翻动发酵床 1 次，每 2 个月重新混合垫料层；常规畜禽防疫应按照当地动物防疫规定执行，发酵床面应少用杀菌剂。

6.1.4 设计参数

农村畜禽养殖粪便处理各工艺设计参数按表 4 取值。

表 4 农村畜禽养殖粪便处理工艺设计参数取值表

工艺类型	供氧方式	设计参数		
		堆体高、宽/m	处理天数	长度计算
静态垛	周期性翻堆	0.6~0.8, 1.0~1.5	45~60d (堆体温度维持 45℃ 以上的时间不少于 14d)	$L = \dfrac{QDay}{WH}$
强制通风静态垛	管道通风	1.0~1.5; 3.0~7.0	约 51d (堆体温度维持 50℃ 以上的时间不少于 7d)	
机械强化槽式垛	机械翻转	1.5~2.0; 设备宽度	约 51d (堆体温度维持 50℃ 以上的时间不少于 7d)	

注：公式中，L 为堆肥槽长度，m；Q 为处理量，m^3/d；Day 为堆肥设计处理天数，d；W 为堆肥搅拌设备宽度，m；H 为堆肥搅拌设备高度，m。

6.1.5 处理效果与要求

6.1.5.1 固体畜禽粪便经过堆肥处理后应符合表 5 的指标。

表 5 固体畜禽粪便堆肥处理指标表

项目	指标
蛔虫卵	死亡率≥95%
粪大肠菌群数	≤105 个/kg
苍蝇	有效地控制苍蝇孳生,堆体周围没有活的蛆、蛹或新羽化的成蝇

6.1.5.2 经过无害化处理达到指标要求后的畜禽粪便用于农田施肥时，按 GB/T 25246—2010 规定执行；利用无害化处理后的畜禽粪便生产商品有机肥和有机-无机复混肥时，应符合 NY525 的技术要求；利用畜禽粪便制取生物质能源或进行其他类型的资源回收利用时，应避免二次污染。

6.2 污水处理模式与工艺

6.2.1 处理模式

6.2.1.1 经济实用型

本类型主要适用于中部干旱风沙区和南部山区畜禽存栏数量较少且分散的养殖户，畜禽粪便、污水与人粪尿同时处理，主要技术为沼气技术，处理后的沼渣、沼液回用于农田，该模式如图 1 所示。

6.2.1.2 综合利用型

本类型主要适用于农村畜禽养殖场（小区）和养殖密集区存栏数量较多且较为集中的养殖户，畜禽养殖污水经过厌氧处理后回用于农田灌溉。主要技术包括厌氧技术、沼气净化和利用技术等，该模式如图 2 所示。

6.2.1.3 深度处理型

本类型主要适用于沿黄灌溉农业区农村畜禽养殖场（小区）和养殖密集区存栏数量较

多的养殖户，主要技术包括高效厌氧技术、好氧处理技术和沼气利用技术等，该类型工艺如图 3 所示。

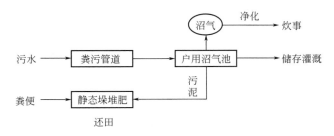

图 1　经济实用型畜禽养殖污水处理模式示意

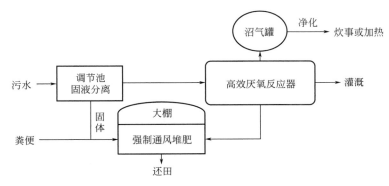

图 2　综合利用型畜禽养殖污水处理模式示意

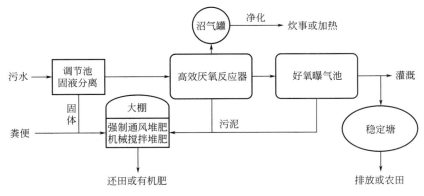

图 3　深度处理型畜禽养殖污水处理模式示意

6.2.2　处理工艺

6.2.2.1　污水收集

农村畜禽养殖污水收集分为管道收集和设备收集两类。采用管道收集时，管道应采用混凝土预制管道拼接，防止渗漏，为避免堵塞，应在圈舍污水出口处设置格栅，较长距离收集管道应在中间部分设置污水井，定期清理其中沉淀的固体残渣；设备收集一般适用于畜禽养殖户分散、距离较远、养殖规模较小的区域，宜选用专用设备（吸粪车、泵等）定期进行收集。

6.2.2.2 污水储存

农村畜禽养殖设置的养殖污水储存设施应采取雨污分离、防渗、防雨（水）、防风、安全防护等措施。畜禽养殖污水储存设施容积按式(2)计算：

$$V = L_w \pm R_o \pm P \tag{2}$$

式中　L_w——养殖污水体积，m^3；

　　　R_o——降雨体积，m^3；

　　　P——预留体积，m^3。

6.2.2.3 污水处理

农村畜禽养殖污水宜采用厌氧生物、好氧生物及自然处理等单一或组合技术进行处理。厌氧生物处理技术包括升流式厌氧污泥床（UASB）、升流式固体反应器（USR）、折流式厌氧反应器（ABR）和全混合厌氧反应器（CSBR）等；好氧生物处理技术包括序批式好氧技术（SBR）、A/O活性污泥法、生物滤池等；自然处理技术包括人工湿地、土地渗滤和生物稳定塘技术等。

6.2.3 设计参数

农村畜禽养殖污水处理各工艺设计参数取值按表6执行。

表6 农村畜禽养殖污水处理各工艺设计参数取值依据表

工艺类型	工艺设计参数取值依据
厌氧生物处理	NY/T 1220.1—2006 或 NY/T 1222—2006
好氧生物处理	GB 50014
生态处理技术	DB64/T 699—2011

6.2.4 处理效果与要求

6.2.4.1 农村畜禽养殖污水处理效果应符合表7的要求。

表7 农村畜禽养殖污水处理卫生学指标

项目	指标
寄生虫卵	死亡率≥95%
钩虫卵和血吸虫卵	在使用粪液中不得检出活的钩虫卵和血吸虫卵
粪大肠菌群数	常温沼气发酵≤10^5个/L，高温沼气发酵≤100个/L
蚊子、苍蝇	有效控制蚊蝇孳生，粪液中无蚊蝇幼虫，池的周围无活的蛆、蛹或新羽化的成蝇

6.2.4.2 农村畜禽养殖污染治理工艺各单元宜设计为密闭形式，减少恶臭对周围环境的不良影响，发酵床畜禽养殖舍除臭应采用生物除臭技术。

6.2.4.3 处理后污水排放污染物指标限值应按GB 18596的规定执行。

DB64

宁夏回族自治区地方标准

DB64/T 871—2013

畜禽粪便堆肥技术规范

2013-09-16 发布　　　　　　　　　**2013-09-16 实施**

宁夏回族自治区　环境保护厅
宁夏回族自治区质量技术监督局　发布

前　言

本标准的编写格式符合 GB/T 1.1—2009《标准化工作导则第 1 部分：标准的结构和编写》的要求。本标准由宁夏回族自治区环境保护厅提出并归口。本标准主要起草单位：中国环境科学研究院、宁夏环境科学设计研究院、宁夏农业技术推广总站。本标准主要起草人：席北斗、李鸣晓、贾璇、夏训峰、祝超伟、李英军、赵越、刘锦霞、尹雪红、尹伟康、张生海。

1　范围

本标准规定了畜禽粪便堆肥技术的术语和定义、工程选址与工艺流程、预处理、堆肥工艺控制、辅助工程、产品包装、标识、运输和储藏及环境要求、安全管理、检测要求。

本标准适用于日处理量大于 1t 的畜禽粪便堆肥设施及工艺过程。

2　规范性引用文件

下列文件对于本文件的应用是必不可少的。凡是注日期的引用文件，仅所注日期的版本适用于本文件。凡是不注日期的引用文件，其最新版本（包括所有的修改单）适用于本文件。

GB 4387　　　　　工业企业厂内铁路、道路运输安全规程

GB 8978　　　　　污水综合排放标准

GB 12348　　　　工业企业厂界环境噪声排放标准

GB 14554　　　　恶臭污染物排放标准

GB 50016　　　　建筑设计防火规范

GB 50140　　　　建筑灭火器配置设计规范（附条文说明）

GBZ 1　　　　　工业企业设计卫生标准

GB/T 12801—2008　生产过程安全卫生要求总则

NY 525　　　　　有机肥料

NY/T 682—2003　畜禽场场区设计技术规范 NY/T 798—2004 复合微生物肥料

NY 884　　　　　生物有机肥

HJ 618　　　　　环境空气 PM_{10} 和 $PM_{2.5}$ 的测定　重量法

3　术语和定义

下列术语和定义适用于本标准。

3.1　预处理

通过机械破碎、添加辅料、接种微生物菌种等方式改善畜禽粪便堆肥原料发酵条件的处理工艺。

3.2　一次发酵

堆肥原料中宜腐有机物经过升温、高温、降温至温度稳定的降解过程。

3.3　二次发酵

一次发酵后，堆肥的进一步熟化过程，也称之为陈化或腐熟阶段。

3.4　后处理

对熟化后的堆肥进行精加工处理，包括筛分、粉碎、烘干等过程。

4 工程与选址

4.1 堆肥厂建设工程

主体工程应包括：预处理区、1次发酵区、2次发酵区、后处理区、计量包装等；辅助工程应包括：地磅、污水处置、产品检测、成品仓库与消防等。

4.2 选址

4.2.1 应符合村镇建设发展规划、土地利用发展规划和环境保护规划要求。

4.2.2 统筹考虑畜禽养殖场（小区）区位特点，充分利用已建或拟建的堆肥处理设施，合理布局。

4.2.3 畜禽养殖场（小区）粪污堆肥处理设施安全防护距离执行 NY/T 682—2003 相关规定。

4.2.4 畜禽粪便堆肥厂及处理设施禁止在下列区域建设：

a）生活饮用水水源保护区、风景名胜区、自然保护区以及居民区；

b）受洪水或山洪威胁及泥石流、滑坡等自然灾害频发区；

c）在禁建区域附近建设畜禽废弃物处理设施，应在禁建区域常年主导风向的下风向或侧下风向处，厂界与禁建区域边界的最小距离应大于2000m；

d）畜禽粪便处理设施应距地表水体500m以外。

5 工艺流程

现有堆肥工艺包括静态垛、强制通风静态垛、机械翻堆搅拌堆肥，以及相关组合工艺，工艺流程如图1所示。

6 预处理

6.1 畜禽粪便堆肥前，宜加入秸秆、谷糠、豆粕及菌菇糠等农业废弃物作为辅料，调节堆肥原料含水率、碳氮比（C/N），并进行必要的破碎，保证堆肥原料符合发酵要求。预处理后堆肥原料应符合表1要求。

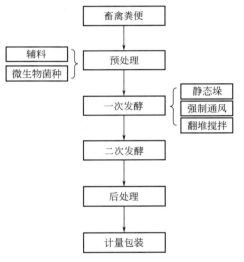

图1 畜禽粪便堆肥工艺流程

表1 堆肥原料控制指标

项目	指标
含水率	50%～65%
易降解有机质（以干基计）	≥45%
粒度	≤60mm
碳氮比（C/N）	（25∶1）～（35∶1）

6.2 接种微生物菌种，将微生物菌种按一定比例与原辅料搅拌均匀，接种量应符合

菌种使用要求，接种微生物菌种应执行 NY/T 798—2004 中的相关规定。

6.3 布料时应保证物料均匀、松散，防止出现物料层厚度、含水率不均等情况。

6.4 堆肥原料中严禁混入下列物质：

a) 有毒有害工业制品及其残弃物、城市污泥；

b) 有化学反应并产生有害物质的物品；

c) 有腐蚀性或放射性的物质；

d) 易燃、易爆等危险品；

e) 生物危险品和医疗垃圾；

f) 危害环境安全的微生物制剂；

g) 其他不易降解的固体废物。

7 堆肥工艺控制

7.1 一次发酵

7.1.1 有机物料的含水率宜控制在 60% 左右，即抓一把在手里，握紧成团，指缝间可见水但不滴水，松开手轻轻一碰即散开。

7.1.2 有机物料选择条垛式堆放，高度、宽度应根据堆肥季节、物料、接种微生物菌种、发酵环境及翻堆设备的不同来设定，一般高度宜为 0.6～2.0m，宽度宜为 0.8～2.0m。

7.1.3 在发酵过程中，应每天测定堆体温度 3～4 次，温度测量应从堆体表面向内 10～30cm 为准。堆肥温度应在 55℃ 以上保持 5～7d，达到无害化标准，最高温度不宜超过 70～75℃（以接种微生物菌种死亡温度为限）。

7.1.4 堆肥温度达到 60℃ 以上，保持 48h 后开始翻堆，每 3～5d 翻堆 1 次，但当温度超过 70～75℃ 时，宜立即翻堆。翻堆时需均匀彻底，应尽量将底层物料翻入堆体中上部，以便充分腐熟。

7.1.5 强制通风静态垛堆肥，风量宜为 0.05～0.20（标）$m^3/(min \cdot m^3)$，物料层高每增加 1m，风压增加 1.0～1.5kPa。

7.1.6 一次发酵周期一般应大于 15d。

7.1.7 发酵终止时，发酵物料不再升温、堆体基本无臭味、颜色接近灰褐色。

7.2 二次发酵

7.2.1 二次发酵过程中，严禁再次添加新鲜的堆肥原料。

7.2.2 含水率宜控制在 40%～50%。

7.2.3 为减少养分损失，物料温度宜控制在 50℃ 以下，可通过调节物料层高控制堆温。

7.2.4 pH 值应控制在 5.5～8.5，如果 pH 值超出范围，需进行调节。

7.2.5 二次发酵周期一般为 15～30d。

7.2.6 发酵终止时，腐熟堆肥应符合下列要求：

a) 外观颜色为褐色或为灰褐色、疏松、无臭味、无机械杂质；

b) 含水率宜小于 30%；

c) 碳氮比（C/N）小于 20：1；

d）耗氧速率趋于稳定。

7.3 后处理

7.3.1 充分腐熟、稳定的堆肥产品应进行粉碎、筛分、烘干、造粒。

7.3.2 堆肥产品作为有机肥应执行 NY 525 相关规定；作为生物有机肥应执行 NY 884 相关规定。

8 辅助工程

8.1 堆肥厂配套工程应与主体工程相适应。

8.2 排水系统应实行雨污分流；堆肥厂须有独立的渗沥液收集设施，渗沥液收集后，可作为堆肥原料一次发酵补水，或通过污水处理设施处理达标后排放，严禁直接排放。

8.3 应设有除臭设施、药剂或接种除臭作用良好的微生物菌种，净化、去除堆肥过程中产生的硫化氢、二氧化硫、氨气等恶臭气体。

8.4 消防设施的设置须满足消防要求，并应符合 GB 50016、GB 50140 的有关要求。

8.5 应配备堆肥产品检验设施以及堆肥成品仓库，储藏应符合 NY 525 和 NY/T 798—2004 的规定。

8.6 堆肥原料的储存应满足下列要求：

a）干、湿物料分别储存；

b）地面硬化。

8.7 作业区环境

8.7.1 作业区须有良好的通风条件，采取防尘、除尘措施。粉尘、有害气体（硫化氢、二氧化硫、氨气等）排放应符合 GBZ 1 的规定。

8.7.2 作业区地面应硬化，并保持整洁，不得存放与生产无关的材料。

8.8 厂内外环境

8.8.1 厂界噪声标准应符合 GB 12348 规定。

8.8.2 渗沥液和污水排放标准应符合 GB 8978 规定。

8.8.3 厂界恶臭污染物允许浓度应符合 GB 14554 规定。

8.8.4 厂区内应采取必要的灭蝇措施。

9 安全管理

9.1 生产过程安全卫生管理应符合 GB/T 12801—2008 的要求。

9.2 应具有完备的安全生产管理规章制度和安全生产操作规程，岗位操作人员应严格执行本岗位安全操作规程。

9.3 应为操作人员提供劳动安全卫生条件和劳动防护用品，操作人员应按规定使用安全防护及劳保用品。

9.4 机械设备中外露的驱动、传动、送料、辊筒等部件的运动链应有防护罩，或在操作者有可能接触到的地方安装接触预防装置。

9.5 机械设备中切削刀具除必要的外露部分，其余不得外露，否则要安装防护罩或接触预防装置或防止打飞装置。

9.6 设备切断电源后，在主轴由于惯性继续运转有可能引起危险时，要安装制动装置或紧急停机装置。

9.7 厂内及车间内运输管理，应符合 GB 4387 的规定。

9.8 为避免火灾、爆炸和其他重大伤害事故发生，厂区各明显位置都应配有禁烟、防火和限速的标识。

9.9 消防器材设置应符合 GB 50140 的规定，并定期检查、验核消防器材效用，及时更换。

9.10 应建立发生火灾、爆炸等重大事故时的应急预案。

9.11 应定期对全厂进行安全检查，并记录检查结果。

10 检测要求

10.1 检测基本要求

10.1.1 堆肥原料应至少每批次检测 1 次。检测内容应包括含水率、总有机质、pH 值等。

10.1.2 堆肥产品的质量及抽样检测方法应参照 NY 525 的相关方法。

10.2 环境监测

环境监测宜每年夏季进行 1 次，内容应包括总悬浮微粒物、异味。总悬浮微粒物检测应符合 HJ 618 的规定；异味检测应符合 GB 14554 的规定。

DB64

宁夏回族自治区地方标准

DB64/T 873—2013

农村畜禽养殖污染
防治项目投资指南

2013-09-16 发布　　　　　　　　　　2013-09-16 实施

宁夏回族自治区　环境保护厅
宁夏回族自治区质量技术监督局　发布

前　言

本标准的编写格式符合 GB/T 1.1—2009《标准化工作导则第 1 部分：标准的结构和编写》的要求。本标准由宁夏回族自治区环境保护厅提出并归口。本标准主要起草单位：中国农业科学院农业环境与可持续发展研究所、中国环境科学研究院、宁夏农业环境保护站、宁夏农林科学院、宁夏环境科学设计研究院、宁夏农业勘查设计院。本标准主要起草人：黄宏坤、尚斌、张庆忠、夏训峰、潘萍、韩飞、孙正风、刘锦霞、尹伟康、张生海、李友宏。

1　范围

本标准规定了农村畜禽养殖污染防治项目建设内容、处理设施及配套设备的投资估算要求。本标准适用于指导和管理农村地区畜禽养殖污染防治项目的设计、建设投资管理。

2　规范性引用文件

下列文件对于本文件的应用是必不可少的。凡是注日期的引用文件，仅所注日期的版本适用于本文件。凡是不注日期的引用文件，其最新版本（包括所有的修改单）适用于本文件。

CJJ/T 54—1993	污水稳定塘设计规范
HJ 2005	人工湿地污水处理工程技术规范
NY 525	有机肥料
NY/T 1220.3—2006	沼气工程技术规范第 3 部分：工程验收
NY/T 1222—2006	规模化畜禽养殖场沼气工程设计规范
DB64/T 702—2011	宁夏农村畜禽养殖污染防治技术规范

3　一般规定

3.1　项目类型及规模

DB 64/702—2011 中界定的项目类型及规模适用于本标准。

3.2　项目内容

包括发酵床养殖工程、静态垛堆肥工程、强制通风静态垛堆肥工程、机械搅拌堆肥工程、户用沼气池工程、污水综合利用处理工程、污水深度处理工程等。

3.3　估算基准

建设投资估算依据《宁夏市政工程计价定额 2008》《宁夏安装工程计价定额 2008》《宁夏建设工程费用定额 2008》，以 2013 年第 3 册建材价格为基准，取费标准类别三类工程、三类企业，计价定额人工费调整执行宁建（科）发（2013）6 号文件，税金费率执行 3.2205%，劳保基金执行 3%。材料、定额、费率等政策性调价按照实施当期文件调整投资估算金额。

4　发酵床养殖工程投资估算

4.1　投资建设内容

投资估算包括发酵舍建设、栏杆、发酵垫料制作，以及饲料槽和饮水器的直接费用和安装费用。

4.2 投资估算

4.2.1 生猪发酵床养殖工程土建投资估算见表 1，其他规模投资可参照此表，按比例估算。

表 1 生猪发酵床养殖工程土建投资估算

生猪饲养规模（年出栏量）/头	投资/万元			
	发酵舍	栏杆	垫料	总投资
100～200	3.7～7.3	0.6～1.2	0.5～0.9	4.7～9.5
200～400	7.3～14.7	1.2～2.4	0.9～1.9	9.5～18.9
400～600	14.7～22.0	2.4～3.6	1.9～2.8	18.9～28.4

4.2.2 生猪发酵床养殖工程主要设备投资估算见表 2，其他规模投资可参照此表，按比例估算。

表 2 生猪发酵床养殖工程主要设备投资估算

生猪饲养规模/年	序号	设备名称	材质	单位	数量	总投资/万元
100～200	1	饲料槽	铁制	套	5～10	0.65～1.30
	2	饮水器	铜质	套	5～10	0.05～0.10
		小计				0.70～1.40
200～400	1	饲料槽	铁制	套	10～20	1.30～2.60
	2	饮水器	铜质	套	10～20	0.10～0.20
		小计				1.40～2.80
400～600	1	饲料槽	铁制	套	20～30	2.60～3.90
	2	饮水器	铜质	套	20～30	0.20～0.30
		小计				2.80～4.20

5 静态垛堆肥工程投资估算

5.1 投资建设内容

投资估算包括堆肥原料存放和混合场地、堆肥车间和除臭车间的土建费用，以及铲车、搅拌机、秸秆粉碎机、风机以及通风控制系统等设备投资的直接费用和安装费用，堆肥后产品应符合 NY 525 的要求。

5.2 投资估算

5.2.1 静态垛堆肥工程土建投资估算见表 3。

表 3 静态垛堆肥工程土建投资估算

畜禽存栏数量（奶牛单位）/头	日处理粪便量/t	序号	建设内容	材质	单位	数量	单价/元	投资/万元
50	0.7	1	原料场	混凝土，地面15cm厚	m²	10.2	500～600	0.51～0.61
		2	堆肥车间	混凝土，地面15cm厚		24.0	500～600	1.20～1.44
		3	除臭车间	混凝土，地面15cm厚		6.0	500～600	0.30～0.36
			小计					2.01～2.41

5.2.2 静态垛堆肥工程主要设备投资估算见表 4。

表 4 静态垛堆肥工程主要设备投资估算

畜禽存栏数量（奶牛单位）/头	日处理粪便量/t	序号	设备名称	规模/规格	单位	数量	单价/万元	投资/万元
50	0.7	1	小型铲车	0.8t	辆	1	3～5	3～5
		2	搅拌混合机	定制,搅拌能力 3m³/h	台	1	3～5	3～5
		3	秸秆粉碎机	能将秸秆粉碎至 5cm 左右	台	1	0.8～1.5	0.8～1.5
		4	电动风机	$Q=300m^3/h$	台	5	0.2～0.3	1.0～1.5
		5	通风管	疏水管	m	30.0	0.002～0.004	0.06～0.12
		6	控制系统等	定制,控制风机运行	套	1	1～1.5	1～1.5
				小计				8.86～14.62

6 强制通风静态垛堆肥工程投资估算

6.1 投资建设内容

投资估算包括堆肥原料存放和混合场地、堆肥车间、腐熟车间、除臭车间、管理用房的土建费用，以及铲车、搅拌机、秸秆粉碎机、风机以及通风控制系统等设备直接费用和安装费用，堆肥后产品应符合 NY 525 的要求。

6.2 投资估算

6.2.1 强制通风静态垛堆肥工程土建投资估算见表 5。

表 5 强制通风静态垛堆肥工程土建投资估算

畜禽存栏数量（奶牛单位）/头	日处理粪便量/t	序号	建设内容	材质	单位	数量	单价/元	投资/万元
300	4.2	1	原料场	混凝土,地面15cm 厚	m²	61.1	500～600	3.05～3.66
		2	堆肥车间	混凝土,地面15cm 厚		98.7	500～600	4.94～5.92
		3	除臭车间	混凝土,地面15cm 厚		24.7	500～600	1.23～1.48
		4	腐熟车间	混凝土,地面15cm 厚		101.5	500～600	5.08～6.09
		5	管理用房	砖混		10.0	900～1100	0.90～1.10
			小计					15.20～18.26
500	7.1	1	原料场	混凝土,地面15cm 厚	m²	101.8	500～600	5.09～6.11
		2	堆肥车间	混凝土,地面15cm 厚		164.5	500～600	8.23～9.87
		3	除臭车间	混凝土,地面15cm 厚		41.1	500～600	2.06～2.47
		4	腐熟车间	混凝土,地面15cm 厚		169.2	500～600	8.46～10.15
		5	管理用房	砖混		10	900～1100	0.90～1.10
			小计					24.73～29.70

6.2.2 强制通风静态垛堆肥工程主要设备投资估算见表6。

表6 强制通风静态垛堆肥工程主要设备投资估算

畜禽存栏数量（奶牛单位）/头	日处理粪便量/t	序号	设备名称	规模/规格	单位	数量	单价/万元	投资/万元
300	4.2	1	小型铲车	1.2t 以上	辆	1	8～12	8～12
		2	搅拌混合机	定制,搅拌能力5m³/h	台	1	6～10	6～10
		3	秸秆粉碎机	能将秸秆粉碎至5cm左右	台	1	1～2	1～2
		4	电动风机	$Q=600\text{m}^3/\text{h}$	台	5	0.3～0.5	1.5～2.5
		5	通风管	疏水管	m	123.4	0.002～0.004	0.25～0.49
		6	控制系统等	定制,控制风机运行	套	1	1.2～1.8	1.2～1.8
			小计					17.95～28.79
500	7.1	1	小型铲车	1.2t 以上	辆	1	12～16	12～16
		2	搅拌混合机	定制,搅拌能力5m³/h	台	1	10～15	10～15
		3	秸秆粉碎机	能将秸秆粉碎至5cm左右	台	1	1.2～1.5	1.2～1.5
		4	电动风机	$Q=1000\text{m}^3/\text{h}$	台	5	0.5～0.8	2.5～4.0
		5	通风管	疏水管	m	205.6	0.002～0.004	0.41～0.82
		6	控制系统等	定制,控制风机自动运行	套	1	1.5～2.0	1.5～2.0
			小计					26.11～39.32

7 机械搅拌堆肥工程投资估算

7.1 投资建设内容

投资估算包括堆肥原料存放和混合场地、堆肥车间、腐熟车间、后处理车间以及成品库、管理用房的土建费用，以及铲车、秸秆粉碎机、混合机、风机、通风管、装袋机、皮带输送机、筛分机以及控制系统等设备直接费用和安装费用，堆肥后产品应符合 NY 525 的要求。

7.2 投资估算

7.2.1 机械搅拌堆肥工程土建投资估算见表7。

表7 机械搅拌堆肥工程土建投资估算

畜禽存栏数量（奶牛单位）/头	日处理粪便量/t	序号	建设内容	材质	单位	数量	单价/元	投资/万元
1500	21.2	1	原料场	混凝土,地面15cm厚	m²	43.7	500～600	2.19～2.62
		2	堆肥车间			494.7	500～600	24.74～29.68
		3	除臭车间			123.7	500～600	6.18～7.42
		4	腐熟间			508.8	500～600	25.44～30.53
		5	后处理车间			21.9	500～600	1.09～1.31
		6	成品库			265.0	500～600	13.25～15.90
		7	管理用房	砖混		20	900～1100	1.80～2.20
			小计					74.69～89.67

7.2.2 机械搅拌堆肥工程主要设备投资估算见表8。

表8 机械搅拌堆肥工程主要设备投资估算

畜禽存栏数量(奶牛单位)/头	日处理粪便量/t	序号	设备名称	规模/规格	单位	数量	单价/万元	投资/万元
1500	21.2	1	铲运机	1.8t以上	辆	1	14~18	14~18
		2	秸秆粉碎机	能将秸秆粉碎至5cm左右	台	1	1.5~1.8	1.5~1.8
		3	原料混合机	定制,搅拌能力5m³/h	台	1	10~15	10~15
		4	鼓风机	风量$Q=1500m^3/h$	台	15	0.5~0.8	7.5~12
		5	通风管	疏水管,直径75mm	m	1020.1	0.002~0.004	0.57~1.14
		6	堆肥控制系统	定制,控制风机自动运行	套	1	1.8~2.2	1.8~2.2
		7	皮带输送系统	$B=500mm$, $L=30m$	套	1	12~18	12~18
		8	筛分机	生产能力10t/h	台	1	6~10	6~10
		9	装袋机	5.5kW,3t/h	台	1	6~10	6~10
					小计			59.37~88.14

8 户用沼气池处理工程投资估算

8.1 投资建设内容

投资估算包括集水池、厌氧反应器、小型脱硫、脱水装置的直接费和安装费。

8.2 投资估算

8.2.1 户用沼气池处理工程土建投资估算见表9。

表9 户用沼气池处理工程土建投资估算

畜禽存栏数量(奶牛单位)/头	日处理污水量/(m³/d)	序号	建设内容	材质	单位	数量	单价/元	投资/万元
5~10	1~2	1	集水池	钢筋混凝土	m³	1~2	400~600	0.04~0.12
		2	厌氧反应器	钢筋混凝土		10~20	1200~1500	1.2~3.0
		3	沼液田间储存池	钢筋混凝土		12~24	400~600	0.47~1.44
					小计			1.72~4.56

8.2.2 户用沼气池处理工程主要设备投资估算见表10。

表10 户用沼气池处理工程主要设备投资估算

畜禽存栏数量(奶牛单位)/头	日处理污水量/(m³/d)	序号	设备名称	规模/规格	单位	数量	单价/万元	投资/万元
5~10	1~2	1	格栅	20mm空隙	套	1	0.1~0.2	0.1~0.2
		2	沼气脱硫、脱水装置	非标,处理能力20m³/d			0.2~0.3	0.2~0.3
		3	其他设备	镀锌管或PE管			0.05	0.05
					小计			0.35~0.55

9 污水综合利用处理工程投资估算

9.1 投资建设内容

投资估算包括集水池、厌氧反应器、净化车间、沼液储存池、沼渣干化场以及管理用房的土建费用以及固液分离机、搅拌系统、污水泵、搅拌系统、进料系统、储气系统和沼气脱硫装置、发电系统以及其他辅助设备的直接费和安装费。沼气处理单元建设要求应符合 NY/T 1220.3—2006 和 NY/T 1222—2006 的规定。

9.2 投资估算

9.2.1 污水综合利用处理工程土建投资估算见表 11。

表 11 污水综合利用处理工程土建投资估算

畜禽存栏数量（奶牛单位）/头	日处理污水量/(m³/d)	序号	内容	结构形式	单位	数量	单价/元	总投资/万元
300～500	40～60	1	集水池	钢筋混凝土	m³	40～60	400～600	1.6～3.6
		2	厌氧反应器	钢筋混凝土	m²	400～600	1200～1500	48～90
		3	净化车间	砖混	m²	20～30	700～800	1.4～2.4
		4	沼液储存池	砖混,底面四周防渗	m³	400～600	400～600	16～36
		5	沼渣干化场	混凝土地面	m²	100～150	250～350	2.5～5.3
		6	管理用房	砖混	m²	20～30	900～1100	1.8～3.3
							小计	71.3～140.6

9.2.2 污水综合利用处理工程主要设备投资估算见表 12。

表 12 污水综合利用处理工程主要设备投资估算

畜禽存栏数量（奶牛单位）/头	日处理污水量/(m³/d)	序号	设备名称	规模/规格	单位	数量	单价/万元	投资/万元
300～500	40～60	1	固液分离机	$Q=30m^3/h$	台	1	2～4	2～4
		2	污水泵	$Q=15m^3/h$	个	3～4	0.3～0.6	0.9～2.4
		3	搅拌系统	$P=1.5kW$	套	1	1～2	1～2
		4	进料系统	$P=1.5kW$	套	1	1.0～2.0	1.0～2.0
		5	储气系统	非标,钢质,容积250m³	套	1	4.5～7.5	4.5～7.5
		6	脱硫装置	非标,处理能力250m³/d	套	1	1～2	1～2
		7	发电系统	20kW	台	1	12～25	12～25
		8	其他设备	镀锌管或PE管	套	1	3.0	3.0
							小计	25.4～47.9

10 污水深度处理工程投资估算

10.1 投资建设内容

10.1.1 投资估算包括主要处理单元包括预处理单元（集水池、调节池、酸化池）、厌氧处理单元（厌氧反应器、净化车间）、沼渣沼液处理单元（沼液储存池、沼渣干化场、堆肥系统)、好氧单元(曝气池或稳定生物塘、人工湿地)以及管理用房的土建费用以及固液分离机、搅拌系统、污水泵、搅拌系统、进料系统、储气系统和沼气脱硫装置、发电系统、好氧鼓风机以及其他辅助设备的直接费和安装费。

10.1.2　处理后排放水必须满足 GB 18596 要求,沼气处理单元建设要求参见 NY/T 1220.3—2006 和 NY/T 1222—2006。如果需要后续处理,则生物稳定塘建设要求参见 CJJ/T 54—1993,人工湿地建设要求参见 HJ 2005。

10.2　投资估算

10.2.1　污水深度处理工程土建投资估算见表 13。

表 13　污水深度处理工程土建投资估算

畜禽存栏数量(奶牛单位)/头	日处理污水量/(m³/d)	序号	内容	结构形式	单位	数量	单价/元	总投资/万元
1000	40～100	1	集水池	钢筋混凝土	m³	40～100	400～600	1.6～6.0
		2	调节池	钢筋混凝土		40～100	400～600	1.6～6.0
		3	酸化池	钢筋混凝土		40～100	400～600	1.6～6.0
		4	厌氧反应器	钢筋混凝土	m³	400～1000	1200～1500	48～150
		5	好氧池	钢筋混凝土	m³	20～50	1200～1500	2.4～7.5
		6	净化车间	砖混	m²	20～50	700～800	1.4～4.0
		7	沼液储存池	砖混,底面四周防渗	m³	400～1000	400～600	16～60

10.2.2　污水深度处理工程主要设备投资估算见表 14。

表 14　污水深度处理工程主要设备投资估算

畜禽存栏数量(奶牛单位)/头	日处理污水量/(m³/d)	序号	设备名称	规模/规格	单位	数量	单价/万元	投资/万元
1000	40～100	1	固液分离	$Q=30m^3/h$	套	1～2	3～5	3～10
		2	污水泵	$Q=15m^3/h$	个	4～5	0.3～0.6	1.2～3.0
		3	搅拌系统	$P=1.5kW$	套	1	3～6	3～6
		4	进料系统	$P=1.5kW$	套	1	1～2	1～2
		5	储气系统	非标,钢质,容积 500m³	套	1	10～15	10～15
		6	沼气脱硫装置	非标,处理能力 500m³/d	套	1	1.5～2.5	1.5～2.5
		7	沼气发电系统	30kW	台	1	18～25	18～25
		8	好氧鼓风机	$Q=5m^3/h$, $P=5kW$	台	1～2	1.5～2.5	1.5～5.0
		9	其他设备	镀锌管或 PE 管	套	1	3～4	3～4
			小计					42.2～67.5

索　引

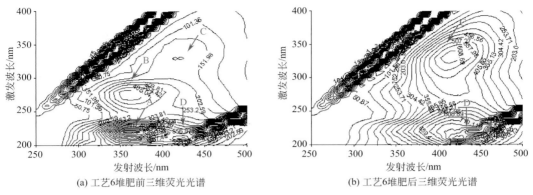

(a) 工艺6堆肥前三维荧光光谱   (b) 工艺6堆肥后三维荧光光谱

彩图1　工艺6堆肥前后三维荧光光谱

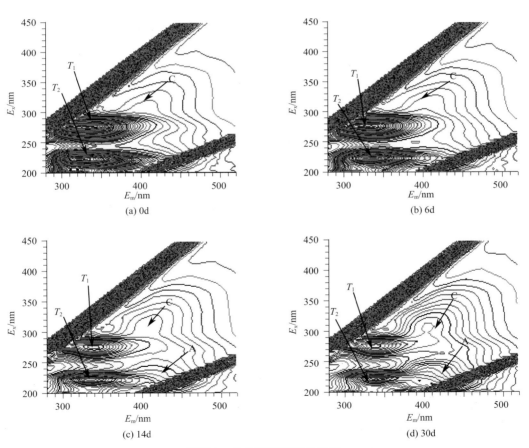

(a) 0d

(b) 6d

(c) 14d

(d) 30d

彩图2　T_1 处理三维荧光光谱

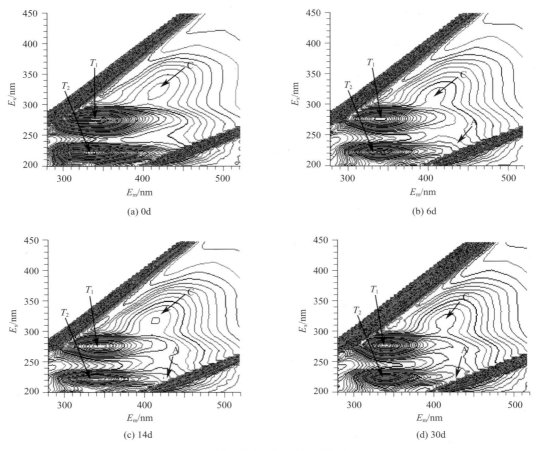

(a) 0d   (b) 6d

(c) 14d   (d) 30d

彩图 3 T_2 处理三维荧光光谱

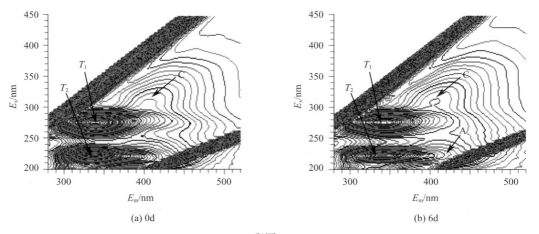

(a) 0d   (b) 6d

彩图 4

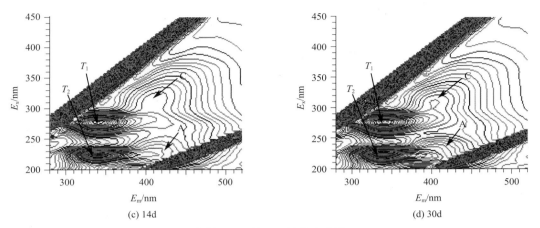

(c) 14d

(d) 30d

彩图 4 T_3 处理三维荧光光谱

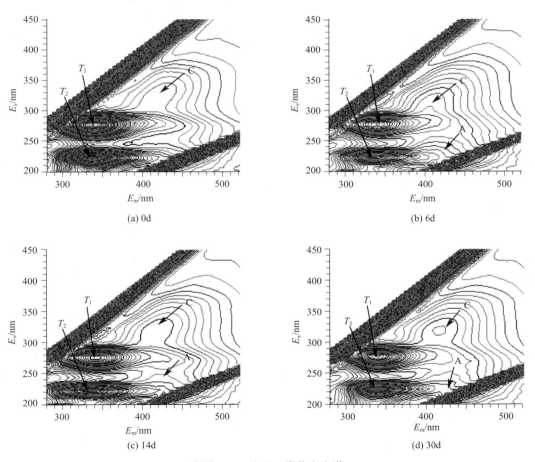

(a) 0d

(b) 6d

(c) 14d

(d) 30d

彩图 5 T_4 处理三维荧光光谱

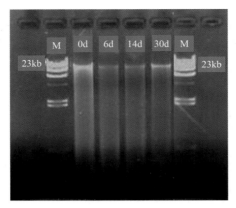

彩图 6　基因组 DNA 的琼脂糖凝胶电泳图像

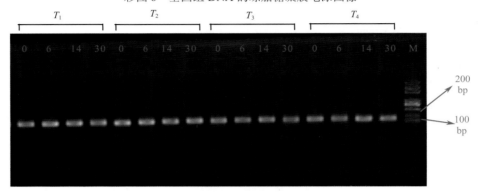

彩图 7　细菌 PCR 扩增产物凝胶电泳图像

注：0、6、14、30 分别代表堆肥 0d、6d、14d、30d 样品

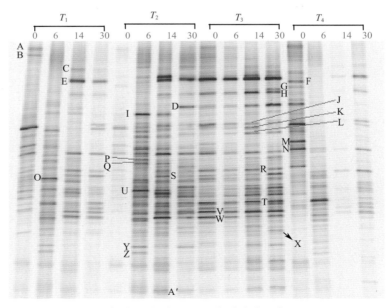

彩图 8　细菌 DGGE 凝胶电泳图像

注：0、6、14、30 分别代表堆肥 0d、6d、14d、30d 样品

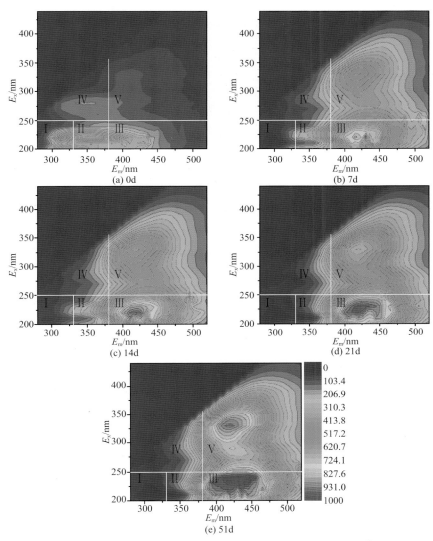

彩图 9　多阶段接种堆肥过程 DOC 结构演化的三维荧光光谱图

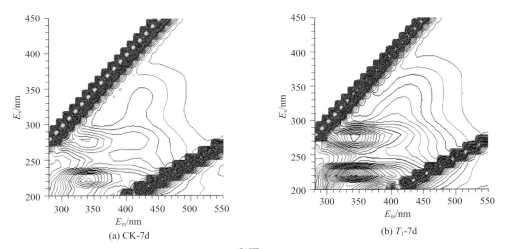

彩图 10

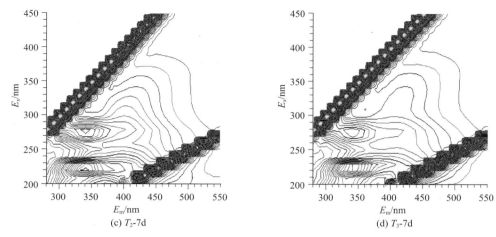

(c) T_2-7d

(d) T_3-7d

彩图 10　多阶段接种堆肥第 7 天 DOM 三维荧光图谱

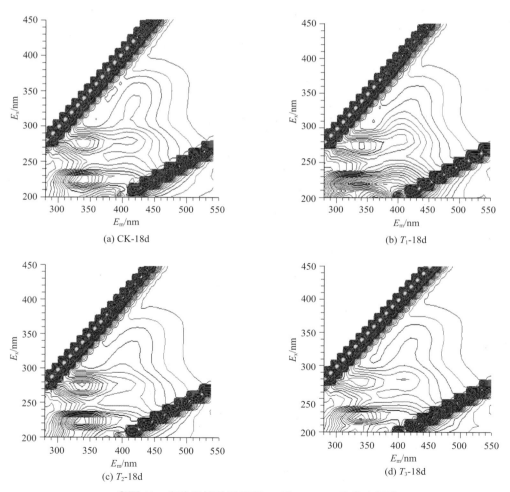

(a) CK-18d

(b) T_1-18d

(c) T_2-18d

(d) T_3-18d

彩图 11　多阶段接种堆肥第 12 天 DOM 三维荧光图谱

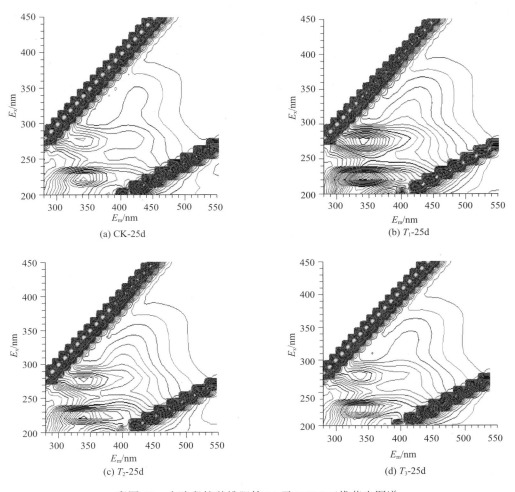

(a) CK-25d

(b) T_1-25d

(c) T_2-25d

(d) T_3-25d

彩图 12　多阶段接种堆肥第 25 天 DOM 三维荧光图谱

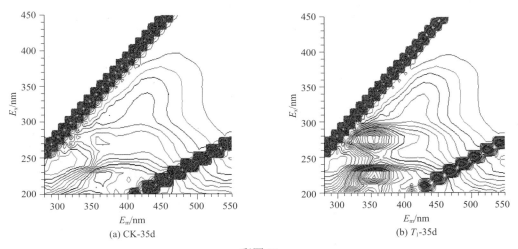

(a) CK-35d

(b) T_1-35d

彩图 13

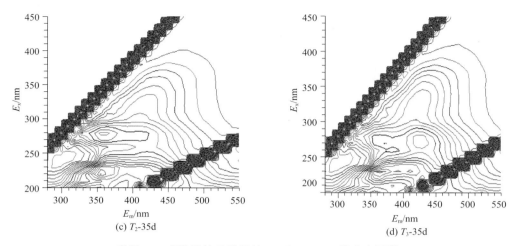

(c) T_2-35d   (d) T_3-35d

彩图 13　多阶段接种堆肥第 33 天 DOM 三维荧光图谱

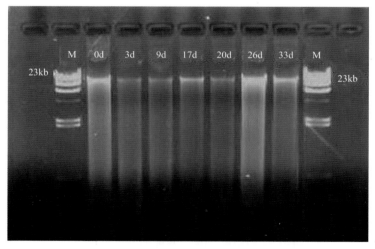

彩图 14　基因组 DNA 的琼脂糖凝胶电泳图像

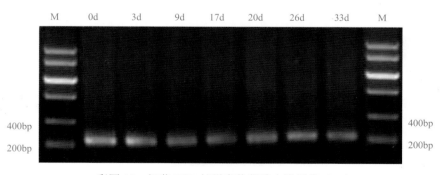

彩图 15　细菌 PCR 扩增产物凝胶电泳图像（一）

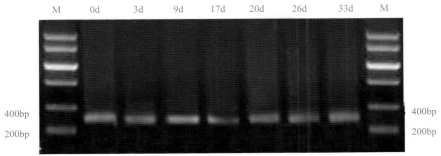

彩图 16　放线菌 PCR 扩增产物凝胶电泳图像（一）

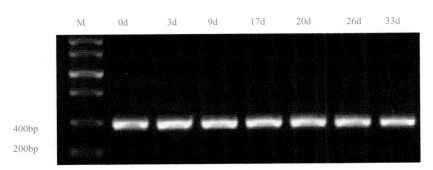

彩图 17　真菌 PCR 扩增产物凝胶电泳图像（一）

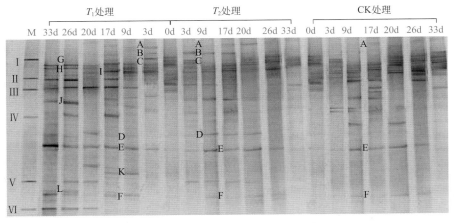

彩图 18　细菌 DGGE 凝胶电泳图像

注：M 为接种菌剂 marker

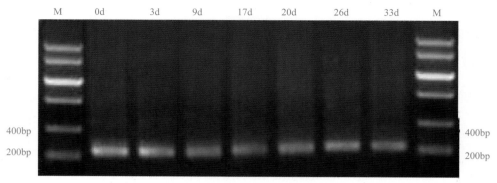

彩图 19　细菌 PCR 扩增产物凝胶电泳图像（二）

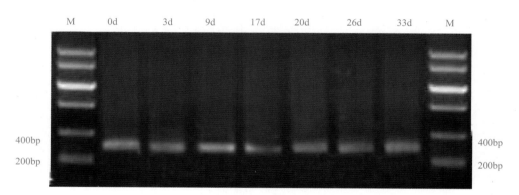

彩图 20　放线菌 PCR 扩增产物凝胶电泳图像（二）

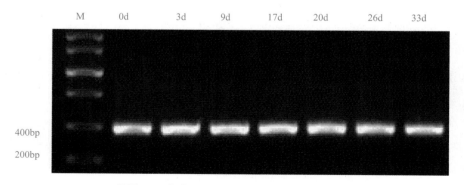

彩图 21　真菌 PCR 扩增产物凝胶电泳图像（二）

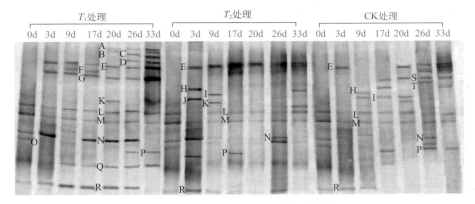

彩图 22 放线菌 DGGE 凝胶电泳图像

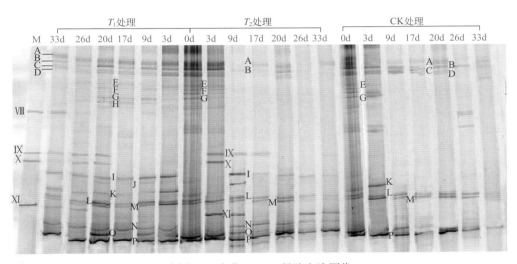

彩图 23 真菌 DGGE 凝胶电泳图像

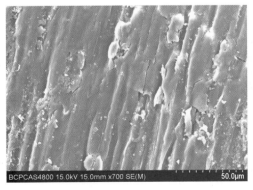

(a) 0d (×50μm)

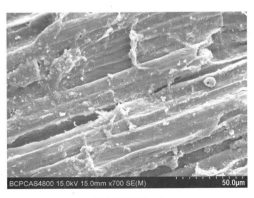

(b) 10d (×50μm)

彩图 24

(c) 20d (×50μm)   (d) 35d (×50μm)

彩图 24　TS 为 20% 的处理过程中 ESEM 图片

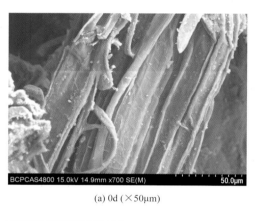

(a) 0d (×50μm)   (b) 10d (×50μm)

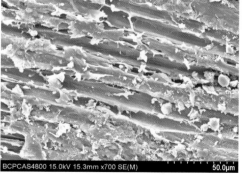

(c) 20d (×50μm)   (d) 35d (×50μm)

彩图 25　TS 为 25% 的处理过程中 ESEM 图片

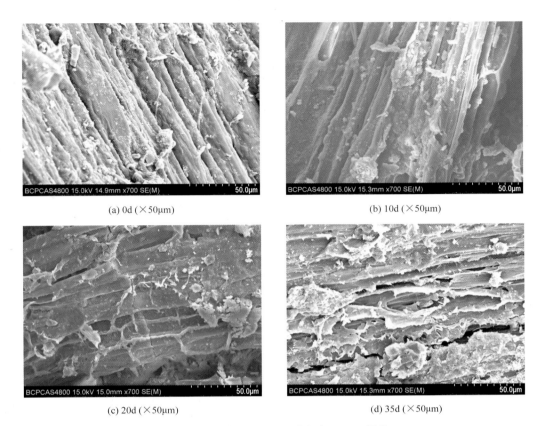

(a) 0d (×50μm)

(b) 10d (×50μm)

(c) 20d (×50μm)

(d) 35d (×50μm)

彩图 26　TS 为 30% 处理过程中 ESEM 图片

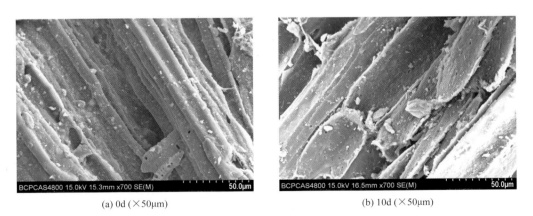

(a) 0d (×50μm)

(b) 10d (×50μm)

彩图 27

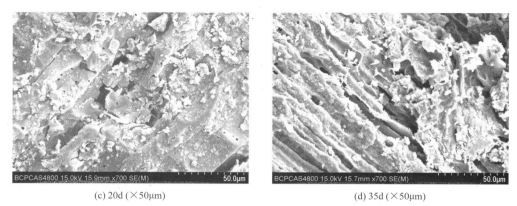

(c) 20d (×50μm)　　　　　　　　　　(d) 35d (×50μm)

彩图 27　TS 为 35% 处理过程中 ESEM 图片

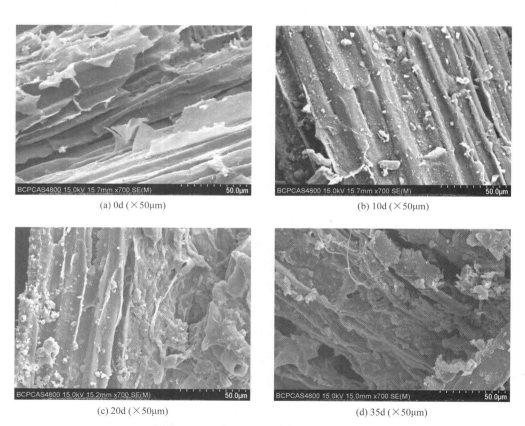

(a) 0d (×50μm)　　　　　　　　　　(b) 10d (×50μm)

(c) 20d (×50μm)　　　　　　　　　　(d) 35d (×50μm)

彩图 28　TS 为 40% 处理过程中 ESEM 图片

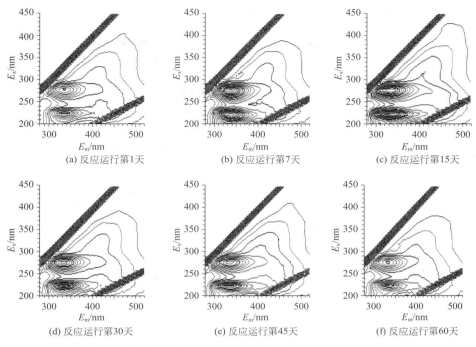

(a) 反应运行第1天　　(b) 反应运行第7天　　(c) 反应运行第15天

(d) 反应运行第30天　　(e) 反应运行第45天　　(f) 反应运行第60天

彩图 29　发酵过程中不同运行时间的三维荧光光谱图

彩图 30　"UASB+AO⁴+ 均相氧化絮凝"污水处理效果

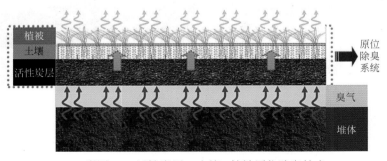

彩图 31　活性炭层＋土壤 - 植被原位除臭技术

(a)

(b)

彩图 32　余姚市大岚镇农村生活垃圾处理工程实例

(a)

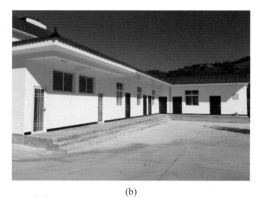
(b)

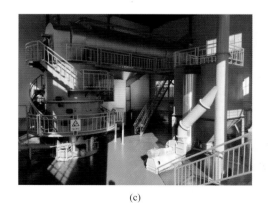
(c)

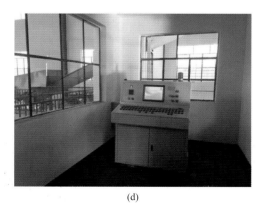
(d)

彩图 33　小型垃圾热解气化处理装置工程实例